Taschenatlas der Immunologie

Grundlagen – Labor – Klinik

Antonio Pezzutto
Timo Ulrichs
Gerd-Rüdiger Burmester

Unter Mitarbeit von Alexandra Aicher

2., vollständig überarbeitete
und aktualisierte Auflage

152 Farbtafeln von Jürgen Wirth

Georg Thieme Verlag
Stuttgart · New York

Bibliographische Information –
der Deutschen Nationalbibliothek

Die Deutsche Nationalbibliothek verzeichnet diese Publikation in der Deutschen Nationalbibliographie; detaillierte bibliographische Daten sind im Internet über http://dnb.ddb.de abrufbar

1. Auflage 1998

1. englische Auflage 2003, Color Atlas of Immunology

1. französische Auflage 2005
1. holländische Auflage 2005
1. portugiesische Auflage 2005
1. türkische Auflage 2005
1. italienische Auflage 2003 in Vorbereitung
1. russische Auflage in Vorbereitung
1. chinesische Auflage in Vorbereitung
1. japanische Auflage in Vorbereitung

Wichtiger Hinweis: Wie jede Wissenschaft ist die Medizin ständigen Entwicklungen unterworfen. Forschung und klinische Erfahrung erweitern unsere Erkenntnisse, insbesondere was Behandlung und medikamentöse Therapie anbelangt. Soweit in diesem Werk eine Dosierung oder eine Applikation erwähnt wird, darf der Leser zwar darauf vertrauen, dass Autoren, Herausgeber und Verlag große Sorgfalt darauf verwandt haben, dass diese Angabe **dem Wissensstand bei Fertigstellung des Werkes** entspricht.
Für Angaben über Dosierungsanweisungen und Applikationsformen kann vom Verlag jedoch keine Gewähr übernommen werden. **Jeder Benutzer ist angehalten**, durch sorgfältige Prüfung der Beipackzettel der verwendeten Präparate und gegebenenfalls nach Konsultation eines Spezialisten festzustellen, ob die dort gegebene Empfehlung für Dosierungen oder die Beachtung von Kontraindikationen gegenüber der Angabe in diesem Buch abweicht. Eine solche Prüfung ist besonders wichtig bei selten verwendeten Präparaten oder solchen, die neu auf den Markt gebracht worden sind. **Jede Dosierung oder Applikation erfolgt auf eigene Gefahr des Benutzers.** Autoren und Verlag appellieren an jeden Benutzer, ihm etwa auffallende Ungenauigkeiten dem Verlag mitzuteilen.

Rüdigerstraße 14
D- 70469 Stuttgart
Telefon: + 49/ 0711/ 8931-0
Unsere Homepage: http://www.thieme.de

Printed in Germany

Zeichnungen: Jürgen Wirth, Dreieich
Umschlaggestaltung: Thieme Verlagsgruppe
Satz: Mitterweger & Partner, Plankstadt
gesetzt in ThiemeGulliver-Regular
Druck: Appl · aprinta Druck GmbH, Wemding

ISBN 3-13-115382-2 1 2 3 4 5 6
ISBN 978-3-13-115382-1

Vorwort

Die Immunologie hat sich in den letzten acht Jahren – seit der ersten Ausgabe des *Taschenatlas der Immunologie* – enorm entwickelt. Immunologisches Verständnis braucht man heute in allen Bereichen der Medizin: bei Krankheiten wie Krebs, rheumatischen und Autoimmunerkrankungen sowie bei allergischen Erkrankungen der Haut und Atemwege. Die therapeutischen Ansätze der Immunologie spielen darüber hinaus in der Transplantationsmedizin, in der Kardiologie, Endokrinologie, Neurologie und Gastroenterologie eine immer wichtigere Rolle. Überhaupt wird viel zu oft vergessen, dass die größten Erfolge der Medizin durch Impfungen, also eine „ur-immunologische" Methode par excellence, erreicht wurden.

Dennoch sind Infektionen nach wie vor für einen Großteil der Erdbevölkerung eine alltägliche Bedrohung: HIV, Tuberkulose, Malaria, eine ganze Reihe von Bakterien, Viren und Parasiten gefährden das Leben von Millionen von Menschen oder verursachen chronische, teilweise lebenslang mutilierende Krankheiten. Dabei könnten Impfstoffe selbst gegen biologische Waffen wirksam sein.

Die immunologischen Mechanismen mit ihrer hohen Sensitivität und Spezifität werden immer besser verstanden und in ihrer Komplexität beleuchtet. Wir zeigen im Taschenatlas die vielfältigen Interaktionen zwischen Grundlagenbereichen, Anwendungen im Labor und klinischen Aspekten.

Die Darstellung von immunologischen Sachverhalten, von Prozessen in zeitlichen Abläufen und Interaktionen der verschiedenen Zellen und Stoffe wie Zytokinen und chemischen Mediatoren gelingt graphisch am besten. Um diese „Protagonisten" klar erkennbar zu machen, haben wir archetypische Modellbilder mit geeigneter Farbgebung entworfen, die weitgehend dem allgemeinen Verständnis entsprechen. Wir haben bewusst darauf verzichtet, die einzelnen visuellen Elemente mit Details zu überfrachten, um die Hauptaussagen hervorzuheben.

In unserem Taschenatlas steht die Immunologie des Menschen im Vordergrund. Im Gegensatz zu ausführlichen Textbüchern konzentriert sich der Taschenatlas auf die wesentlichen Aspekte zu den Bereichen *Grundlagen, Labor, Klinik und Therapie*. Gerade in seiner deutlichen Orientierung an klinischen Problemen unterscheidet sich der Taschenatlas aber grundsätzlich von den gängigen Immunologie-Büchern, die auf dem Markt sind. Wir haben im Vergleich zur ersten Auflage viele Sektionen erheblich erweitert, andere werden wir sicherlich in den kommenden Auflagen noch besser berücksichtigen können. Bei der rasanten Entwicklung in der immunologischen Forschung ist es eine Herausforderung, auf dem aktuellen Stand zu bleiben, insbesondere im Hinblick auf die komplexe Regulation der Immunantwort, Toleranz und Autoimmunität. Dennoch ist der Taschenatlas in allen Bereichen aktualisiert: *Grundlagen, Labor,* vor allen Dingen im Bereich Therapie. Hier haben wir mit neuen Tafeln die Therapiemöglichkeiten mit monoklonalen Antikörpern aufgenommen.

Wir möchten auch die künftigen Veränderungen aufgreifen und den Taschenatlas auf den aktuellen Kenntnisstand bringen. Dabei helfen uns die Anregungen, Ergänzungen und Korrekturvorschläge der Leser, für die wir schon jetzt herzlich danken.

Im Herbst 2006

Antonio Pezzutto
Timo Ulrichs
Gerd-Rüdiger Burmester

Anschriften

Dr. med. Alexandra Aicher
Univ.-Klinikum Frankfurt
Abt. Molekulare Kardiologie
Haus 25, 4. OG.
Theodor-Stern-Kai 7
60590 Frankfurt

Prof. Dr. med. Gerd-Rüdiger Burmester
Charité – Universitätsmedizin Berlin
Campus Mitte
Medizinische Klinik mit Schwerpunkt
Rheumatologie und Klinische Immunologie
Schumannstr. 20-21
10117 Berlin

Prof. Dr. med. Antonio Pezzutto
Charité – Universitätsmedizin Berlin
Campus Virchow Klinikum
Medizinische Klinik mit Schwerpunkt
Hämatologie / Onkologie
Augustenburger Platz 1
13353 Berlin

Dr. med. Timo Ulrichs
Koch-Metschnikow-Forum
Langenbeck-Virchow-Haus
Luisenstr. 59
und
Bundesministerium für Gesundheit
Friedrichstr. 108
10117 Berlin

Prof. Jürgen Wirth
Rückertsweg 13
63303 Dreieich

Zu den Autoren

Antonio Pezzutto hat an der Universität Padua von 1972 bis 1978 Medizin studiert. Nach Abschluß des Studiums promovierte er über ein tumorimmunologisches Thema und erwarb danach die Facharztbezeichnung für klinische Hämatologie und Laborhämatologie. 1983 wechselte er an die Medizinische Klinik und Poliklinik der Universität Heidelberg, wo er 10 Jahre lang durch die außergewöhnliche fachliche und menschliche Persönlichkeit von Werner Hunstein geprägt wurde. Hier habilitierte er sich auf dem Gebiet der Hämatologie und klinischen Immunologie. Seit 1994 ist Antonio Pezzutto als Universitätsprofessor in Berlin tätig, zunächst am Campus Berlin-Buch der Charité, seit 2001 als stellvertr. Leiter der Abteilung Hämatologie-Onkologie am Campus Virchow-Klinikum der Charité. Er leitet die Arbeitsgruppe Molekulare Immuntherapie am Max-Delbrück-Centrum für Molekulare Medizin in Berlin-Buch. Schwerpunkt seiner Arbeit ist die Tumorimmunologie.

Timo Ulrichs hat von 1990 bis 1996 an der Philipps-Universität zu Marburg Medizin studiert. In Marburg promovierte er bei Peter von Wichert über ein rheumatologisch-immunologisches Thema. Für das AiP wechselte er zu Gerd-Rüdiger Burmester nach Berlin und begann gleichzeitig, wissenschaftlich am Max-Planck-Institut für Infektionsbiologie bei Stefan Kaufmann zu arbeiten. Nach einer Postdoc-Zeit in Boston und New York ist er seit 2001 wieder zurück in Berlin. Seine Forschungsschwerpunkte sind die Infektionsimmunologie und besonders die Tuberkulose im Menschen. An letzterer forscht er in mehreren Kooperationsprojekten mit Wissenschaftlern aus Russland. Neben seiner Tätigkeit im MPI für Infektionsbiologie arbeitete er als Mikrobiologe im Institut für Infektionsmedizin der Charité – Universitätsmedizin Berlin, wo er 2005 den Facharzt machte. Die deutsch-russischen Kooperationsprojekte zur Immunologie, Mikrobiologie und Epidemiologie der Tuberkulose mündeten 2006 in die Gründung des Koch-Metschnikow-Forums zur Bekämpfung der Infektionskrankheiten, das an den Petersburger Dialog angegliedert ist. Zur Zeit arbeitet Timo Ulrichs im Bundesministerium für Gesundheit im Referat „Übertragbare Erkrankungen, AIDS, Seuchenhygiene".

Gerd-Rüdiger Burmester hat von 1972 bis 1978 an der Medizinischen Hochschule Hannover studiert und bei Joachim R. Kalden promoviert. Bereits während des Studiums beschäftigte er sich intensiv mit Fragestellungen der klinischen Immunologie und Rheumatologie, die er anschließend als Postdoctoral Fellow an der Rockefeller University in New York bei Henry Kunkel und Robert Winchester als Stipendiat der Deutschen Forschungsgemeinschaft fortsetzte. Er ging dann an die Universitätsklinik Erlangen, wo er sich 1989 habilitierte und 1990 zum Universitätsprofessor berufen wurde. Schließlich folgte er einem Ruf auf den Lehrstuhl für Rheumatologie und Klinische Immunologie an die Charité – Universitätsmedizin Berlin. Sein Arbeitsgebiet ist die klinische und experimentelle Rheumatologie sowie die klinische Immunologie. Weitere Interessen liegen in der Didaktik der Medizin sowohl im studentischen Unterricht als auch bei der Postgraduiertenausbildung.

Alexandra Aicher hat in Ulm und Kiel Medizin studiert und 1995 promoviert. Sie hat ihre Forschungstätigkeit an der Rössle-Klinik und am Max-Delbrück Centrum für Molekulare Medizin in Berlin begonnen und am Department of Immunology and Microbiology der University of Washington in Seattle fortgesetzt. Ihr aktueller Forschungsschwerpunkt ist die regenerative Medizin, insbesondere die Mobilisierung und das Homing von Stamm- und Progenitorzellen während des Neovaskularisierungsprozesses. Seit 2000 arbeitet sie in der Molekularen Kardiologie der Universität Frankfurt, an der sie 2006 über ein immunologisches Thema habilitierte.

Jürgen Wirth Studium freie Grafik und Illustration an der Werkkunstschule Offenbach und an der Hochschule für Bildende Künste Berlin. Diplom Hochschule für Gestaltung Offenbach. Ab 1963 wissenschaftliche Grafik für Publikationen und Schausammlungen des Forschungsinstituts und Naturmuseums Senckenberg in Frankfurt/M mit innovativen Darstellungsmethoden und Ausstellungskonzepten. Ab 1965 Freie Mitarbeit bei verschiedenen Verlagen mit Illustration und Grafik für Schulbücher, Lehrbücher und wissenschaftliche Publikationen. 1978 Professor an der FH für Gestaltung in Schwäbisch Gmünd. 1986 Professor am FB Gestaltung der FH Darmstadt. Lehrgebiete wissenschaftliche Grafik und Darstellungsmethoden. Ab 1999 Verantwortlich für die grafische Ausstattung des vom BMBF geförderten Forschungsprojekts „k-med“, ein e-Learning Wissensnetz mit multimedialen Modulen, für Studierende der Humanmedizin. Jürgen Wirth erhielt mehrere Auszeichnungen für Buchgrafik und -gestaltung.

Danksagung

Die Autoren bedanken sich herzlich bei Prof. Dr. Falk Hiepe, Dr. Susanne Priem, Dr. Bruno Stuhlmüller und Dr. Bernhard Thiele, Medizinische Klinik mit Schwerpunkt Rheumatologie und Klinische Immunologie der Charité, für die Mithilfe bei der Erstellung des Laborteils. Ein besonderer Dank gilt Prof. Dr. Hans-Eberhard Völker und Prof. Dr. Herrmann Krastel, Augenklinik der Universität Heidelberg, für hilfreiche Anregungen und Überlassung von Diapositiven zu den immunologischen Erkrankungen des Auges, sowie Herrn Prof. Dr. Wolfgang Schneider, Leiter des Pathologischen Institutes des Krankenhauses Berlin Buch, für die konstruktiven Kommentare und zahlreichen Bilder zu den immunologischen Erkrankungen der Niere.

Darüber hinaus haben Herr PD Dr. Uwe Pleyer, Universitätsaugenklinik der Charité, Prof. Dr. Heidrun Moll, Universität Würzburg, Zentrum für Infektionsforschung, Prof. Dr. Peter Möller, Direktor des Instituts für Pathologie, Universität Ulm, Prof. Dr. Michael Hüfner, Medizinische Klinik und Poliklinik, Universität Göttingen, Prof. Dr. Herwart Otto, Direktor des Instituts für Pathologie, Universität Heidelberg, Dr. Hans R. Gelderblom, Robert-Koch-Institut, Berlin, Prof. Dr. Hans-Michael Meinck, Neurologische Klinik der Universität Heidelberg und Dr. Thomas Wolfensberger, Hôpital Jules Gonin, Lausanne, wertvolle Bilder und Diapositive zur Verfügung gestellt.

Ein besonder Dank gilt **Herrn Oliver Schmetzer,** Medizinstudent der Arbeitsgruppe Molekulare Immuntherapie um A. Pezzutto am Max-Delbrück Zentrum in Berlin und Diplom-Biochemiker. Er hat maßgeblich an den Tafeln über T-Zell-Entwicklung und Mukosale Immunität sowie an der Aktualisierung der Chemokin-Tabelle mitgewirkt und uns seine Arbeit freundlicherweise zur Verfügung gestellt.

Inhaltsverzeichnis

Labor

Klinik

Anhang

Abkürzungsverzeichnis

AA	Aminosäuren
ACE	Angiotensin converting enzyme
Ach	Acetylcholin
ADCC	antibody-dependent-cell-mediated cytotoxicity, antikörperabhängige zelluläre Zytotoxizität
AIDS	acquired immunodeficiency syndrome, Erworbenes Immundefektsyndrom
AIHA	autoimmunhämolytische Anämie
AILD	Angioimmunoblastische Lymphadenopathie mit Dysproteinämie
AK	Antikörper
ALCL	anaplastic large cell lymphoma / anaplastisches großzelliges Lymphom
ALL	akute lymphoblastische Leukämie
AMA	antimitochondriale Antikörper
AML	akute myeloische Leukämie
ANA	antinukleäre Antikörper
ANCA	Antineutrophile zytoplasmatische Antikörper
AP	alkalische Phosphatase
APC	antigenpräsentierende Zellen
ARC	AIDS related complex
BAL	bronchoalveoläre Lavage
BALT	bronchus-associated lymphoid tissue, Bronchus-assoziiertes lymphatisches Gewebe
BCG	Bazillus Calmette-Guérin
BCR	B-Zell-Rezeptor
CALLA	Common acute lymphoblastic leukemia-associated antigen
CD	cluster of differentiation
CDR	complementarity determining region, komplementaritätsdeterminierende Region
CFU	colony forming unit
CLL	chronische lymphatische Leukämie
CMV	Zytomegalievirus
C(n)	Komplementfaktor n
COX	Cyclooxygenase
CR	Komplementrezeptor
CSF	colony stimulating factors
CTL	cytotoxic T-lymphocytes, zytotoxische T-Lymphozyten
CVID	common variable immune deficiency
cyt	intrazytoplasmatisch
DAF	komplementabbaubeschleunigender Faktor
DC	dendritische Zelle(n)
del	chromosomale Deletion
DPT	Diphterie, Pertussis, Tetanus
DT	bei den Impfungen: Diphterie, Tetanus
DTH	delayed type hypersensitivity, Hypersensitivitätsreaktion vom Spättyp
EAE	experimental autoimmune encephalomyelitis
EAU	experimentelle Autoimmunuveoretinitis
EBV	Epstein-Barr-Virus
EC	Endothelzelle
ECP	eosinophil cationic protein
EGF	Epithelial growth factor
ELISA	Enzyme-linked immunosorbent-assay
EMA	epitheliales Membranantigen
ENA	extrahierbare nukleäre Antigene
ER	endoplasmatisches Retikulum
FACS	fluoreszenzaktivierter Zellsorter
Fc(γ-ε)R	Rezeptor für das Fc-Fragment der γ, α, δ, μ, ε-Immunglobuline
FDC	follikuläre dendritische Zellen
FGF	fibroblast growth factor, Fibroblastenwachstumsfaktor
FISH	Fluoreszenz-in-situ-Hybridisierung
FITC	Fluoresceinisothyocianat
GAD	Glutamat Decarboxylase
GALT	gut-associated lymphoid tissue, Darm-assoziiertes lymphatisches Gewebe
GBM	glomeruläre Basalmembran
GCDC	Germinal Center DC
G-CSF	Granulozyten-Colony-stimulating-Faktor
GM-CSF	Granulozyten-Makrophagen-Colony-stimulating-Faktor
GN	Glomerulonephritis
GPI	glykosiliertes Phosphatidylinositol
GVHD	Graft versus host disease
GVL	Graft-versus-leukemia-Effekt
HAMA	humaner antimuriner Antikörper
HD	Hodgkin
HEV	high endothelial venules
HIV	human immunodeficiency virus
HLA	humane Leukozytenantigene
hsp	heat-shock protein
HSV	Herpes-simplex-Virus
HTLV	human T lymphotropic virus

ICAM	interzelluläres Adhäsionsmolekül
ICE	Interleukin-1b-Converting-Enzym
IDC	interdigitierende DC
IDDM	insulin dependent diabetes mellitus
IFN	Interferon
Ig	Immunglobulin
IK	Immunkomplex
IL	Interleukin
inv	chromosomale Inversion
IRBP	Interfotorezeptor-Retinoid-bindendes Protein
ITIM	Immunrezeptor-tyrosinreiches inhibitorisches Motiv
ITP	idiopathische thrombozytopenische Purpura
IVIG	intravenöse hochdosierte Immunglobulintherapie
JCA	juvenile chronische Arthritis
KBR	Komplementbindungsreaktion
kDa	Kilodalton
KIR	Killer-inhibitorische Rezeptoren
L	Ligand
LAM	Lipoarabinomannane
LBL	lymphoblastisches Lymphom
LC	Langerhans-Zellen
LCF	lymphozytenchemotaktischer Faktor
LFA	lymphozytenfunktionassoziiertes Antigen
LGL	large granular lymphocytes
LKM	liver-kidney microsomal antibodies
LPS	Lipopolysaccharid
LTR	long terminal repeats
MAG	Myelinassoziiertes Glykoprotein
mAK	monoklonale Antikörper
MALT	mucosa-associated lymphoid tissue
MBP	major basic protein
MBP	myelin basic protein
MCP	monocyte chemoattractant protein
M-CSF	monocytes-colony-stimulating-factor
MCTD	mixed connective tissue disease, Mischkollagenose
MGUS	monoclonal gammopathy of unknown significance
MHC	major histocompatibility complex, Haupthistokompatibilitätskomplex
MIF	Migrationsinhibitionsfaktor
MIRL	Membraninhibitor der reaktiven Lyse
MOG	Myelin-Oligodendrozyten-Glykoprotein
MPGN	membranoproliferative Glomerulonephritis
MPO	Myeloperoxidase
MPS	mononukleäres phagozytäres System
NF	nuclear factor
NF-AT (NFAT)	nukleärer Faktor aktivierter T-Zellen
NGF	nerve growth factor
NHL	Non-Hodgkin-Lymphom
NK-Zellen	natürliche Killerzellen
NPM-ALK	nucleophosmin-anaplastic lymphoma kinase
NSAR	nichtsteroidale Antirheumatika
PAF	plättchenaktivierender Faktor
PALS	periarterioläre Lymphozytenscheide
PBC	primär biliäre Zirrhose
PCR	polymerase chain reaction, Polymerasekettenreaktion
PDGF	platelet-derived growth factor
PE	Phycoerythrin
PEG	Polyethylenglykol
PFC	plaques-forming cell
PIBF	progesteroninduzierter Blockierungsfaktor
PLP	Proteolipidprotein
PMN	polymorphkernige neutrophile Granulozyten
PMR	Polymyalgia rheumatica
poly-IgR	polymerischer Immunglobulinrezeptor
POX	Peroxidase
PSC	primär sklerosierende Cholangitis
RA	rheumatoide Arthritis
REAL	revidierte europäisch-amerikanische Lymphomklassifikation
RF	Rheumafaktor
Rh	Rhesus
RID	radiale Immundiffusion
RPGN	rasch progrediente Glomerulonephritis
RR	relatives Risiko
RS	Reed-Sternberg
S	Svedberg-Einheit
SAA	Serum Amyloid A
SAP	Serum Amyloid P
SCID	severe combined immune deficiency / schwerer kombinierter Immundefekt
SLE	systemischer Lupus erythematodes
TAP	transporter associated with presentation
TBII	TSH-Bindung inhibierendes Immunglobulin
TCR	T-Zell-Rezeptor
TdT	terminale Desoxyribonukleotransferase
TG	Thyreoglobulin

TGF transforming growth factor
TIL tumorinfiltrierende Lymphozyten
TNF Tumornekrosefaktor
t(n:n) chromosomale Translokation von Chromosom n zu n
TPO thyreoidale Peroxidase
TSBI Thyreoideastimulation-blockierendes Immunglobulin
TSH thyreoideastimulierendes Hormon
TSI thyreoideastimulierendes Immunglobulin
VCAM vascular cell adhesion molecule

Das Immunsystem

Über 400 Millionen Jahre hat die Evolution benötigt, um den hochdifferenzierten und anpassungsfähigen Abwehrapparat in Form unseres Immunsystems zu entwickeln. Es hat die Aufgabe, uns vor Mikroorganismen, Fremd- und Schadstoffen, Toxinen und malignen Zellen zu schützen. Nur durch die ständige Fortentwicklung dieses Systems war es möglich, lebende Organismen gegen die fortwährenden Angriffe des äußeren und inneren Umfeldes zu erhalten. Das Immunsystem hat dabei gelernt, destruktive Antworten gegen körpereigene Substanzen auszuschalten oder irreparable Zerstörungen umliegender Gewebe zu verhindern. Auch haben die meisten immunologischen Antworten nur eine begrenzte Lebensdauer und werden ständig durch regulatorische Mechanismen begrenzt, um eine Überreaktion zu vermeiden.

Eine wesentliche Aufgabe des Immunsystems ist es, zwischen „gefährlich“ und „ungefährlich“ zu unterscheiden. So sind gefährliche Angriffe auf den Organismus ein Befall mit Mikroorganismen oder das Eindringen von bakteriellen Toxinen, während das Einatmen von Pollen oder das Eindringen von Nahrungsmittelantigenen in die Blutbahn bei der Nahrungsaufnahme ungefährlich sind. Das Zerstören von malignen Zellen oder fremdem Zellmaterial z.B. bei parasitärem Befall ist erwünscht, während der direkte Angriff auf eigenes Gewebe wie etwa bei den Autoimmunerkrankungen unerwünscht ist. Die Prozesse, durch die das Immunsystem es vermeidet, eine zerstörerische Selbstreaktivität zu entfalten, werden als Toleranz bezeichnet. Zunächst wird hierbei der Großteil der Lymphozyten, die sich gegen allgegenwärtige Selbstantigene richten, innerhalb der primären lymphatischen Organe im Rahmen einer zentralen Toleranz zerstört. Für die weniger häufigen körpereigenen Strukturen oder solche, die sich nur in bestimmten Regionen des Körpers befinden, gibt es einen weiteren Mechanismus, der als periphere Toleranz bezeichnet wird.

Unspezifisches Immunsystem

Die entwicklungsgeschichtlich älteren angeborenen Abwehrmaßnahmen werden als unspezifisch bezeichnet, da sie zunächst unabhängig vom jeweils eindringenden Erreger aktiv werden. Sie werden auch nichtklonale Abwehrmechanismen genannt, da zu ihrer spezifischen Ausprägung keine individuellen Zellklone erforderlich sind. Zu ihnen zählen zunächst der Säuremantel der Haut sowie und die intakte Epidermis, das Komplementsystem, antimikrobielle Enzymsysteme sowie unspezifische Mediatoren wie Interferone und Interleukine. Auf dem zellulären Sektor sind die Granulozyten, das Monozyten-Makrophagensystem sowie die natürlichen Killerzellen zu nennen, wobei letztere eine Zwischenstellung zwischen dem spezifischen und unspezifischen Immunsystem einnehmen.

Ein wichtiger unspezifischer Abwehrvorgang ist die Entzündungsreaktion, die eine Konzentration der Abwehrkräfte am Ort des Geschehens durch ein komplexes Zusammenspiel löslicher und zellulärer Komponenten ermöglicht. Zunächst werden Mediatoren freigesetzt, die die Blutgefäße erweitern und eine höhere Durchlässigkeit der Kapillarwände bewirken. Dann wandern Granulozyten in den Herd ein, die im weiteren Verlauf von den Makrophagen abgelöst werden. Die Granulozyten bilden die erste „Verteidigungslinie“, bei der ein Großteil der eingedrungenen Erreger bereits vernichtet wird. Verbliebene Erregerreste und Abfallprodukte dieser ersten Verteidigungsreaktion werden dann von den Makrophagen phagozytiert.

Spezifisches Immunsystem

Im Rahmen einer solchen Entzündungsantwort werden die Weichen für die spezifische Immunantwort gestellt. Durch ein spezifisches Zytokin-Milieu kann eine Richtung in eine mehr humoral oder zellulär orientierte Abwehr vorgegeben werden; das Auswandern antigenpräsentierender Zellen in die lymphatischen Organe ruft die systemische Immunantwort und die spätere Gedächtnisreaktion hervor. Hierfür ist das spezifische Immunsystem verantwortlich, das aus den T- und B-Lymphozyten besteht. Diese Zellsysteme können hochspezifisch auf ihr jeweiliges Antigen reagieren und klonal expandieren, so daß, eine sehr effektive Antwort sowie eine Gedächtnisreaktion möglich sind. Die Feinabstimmung dieser spezifischen Immunantwort erfolgt über Zytokine sowie regulatorische T-Lymphozyten, so dass eine adäquate Reaktion und ein Abschalten nach erfolgter Immunantwort gewährleistet wird.

A. Ursprung der Zellen des Immunsystems

Alle Komponenten des Blutes stammen von pluripotenten hämatopoetischen Zellen des Knochenmarks ab. Mit Hilfe von löslichen Mediatoren (Zytokinen) und Signalen aus den Stromazellen (Gerüstzellen) des Knochenmarks, differenzieren sich Stammzellen weiter. Sie gehören zu den wenigen Zellen des Körpers, die zur Selbsterneuerung befähigt sind. Das Knochenmark produziert $1{,}75 \times 10^{11}$ Erythrozyten (rote Blutkörperchen) und 7×10^{10} Leukozyten (weiße Blutzellen) pro Tag und hat die Fähigkeit, bei Bedarf diese Produktivität noch um ein Vielfaches zu erhöhen. Myeloische Progenitorzellen können in die folgenden Zellen differenzieren: Megakaryozyten, dies sind sehr große, vielkernige Zellen, aus welchen die Blutplättchen (Thrombozyten) entstehen; Erythroblasten, die sich weiter teilen und in zirkulierende Erythrozyten differenzieren; Myeloblasten, welche sich in neutrophile, eosinophile und basophile Granulozyten weiterentwickeln (sie alle haben einen segmentierten Kern und werden so polymorphkernige Leukozyten genannt); Monoblasten (monozytäre Vorläufer) und dendritische Zellen. Granulozyten, Monozyten und dendritische Zellen haben die Fähigkeit, Partikel, Mikroorganismen und Flüssigkeiten aufzunehmen und werden daher Phagozyten genannt (vom griechischen Wort ‚*phagein*' = essen).

Als Antwort auf lösliche Mediatoren, die sogenannten Chemokine, wandern Leukozyten vom Blut ins Gewebe ein, wo sie zerstörtes Gewebe reparieren und Bakterien, Parasiten und tote Körperzellen entfernen. Nach der Migration ins Gewebe differenzieren sich Monozyten zu Makrophagen.

Zwei Haupttypen von Lymphozyten lassen sich unterscheiden: T-Lymphozyten, welche für die zelluläre Immunantwort verantwortlich sind, und B-Lymphozyten, welche Antikörper produzieren (humorale Immunantwort). Zellen eines dritten Typs, die natürlichen Killerzellen, sind ebenso Teil des lymphatischen Systems. Diese Zellen sind den T-Zellen verwandt. T- und B-Lymphozyten tragen auf ihrer Oberfläche Antigen-Rezeptoren, welche aus zwei Glykoprotein-Ketten bestehen und von Zelle zu Zelle unterschiedlich aufgebaut sind. Jeder Antigenrezeptor erkennt und bindet nur ein spezielles Antigen (Schlüssel-Schloß-Prinzip). B-Lymphozyten können zu Plasmazellen differenzieren, ihre Rezeptoren in größeren Mengen produzieren und als zirkulierende Antikörper ins Blut abgeben.

B. Abwehrmechanismen gegen Infektionen

Die angeborene Immunität ist eine ältere Form der Verteidigung, welche zwischen den verschiedenen Tierarten hochkonserviert ist. Sie setzt sich hauptsächlich aus Phagozyten, Blutproteinen wie dem Komplementsystem sowie natürlichen Killerzellen zusammen. Molekulare Strukturen, die bei verschiedenen Pathogenen gemeinsam exprimiert werden, werden hierbei erkannt. Die angeborene Immunität wird innerhalb von Stunden in Gang gesetzt.

Phagozytose ist der Hauptmechansismus der angeborenen Immunität. Die Mikroorganismen werden mit Blutkomponenten wie den Komplementproteinen bedeckt, welche die Eindringlinge lysieren oder die Freisetzung lytischer Enzyme induzieren.

Erworbene (erlernte, adaptive) Immunität ist ein entwicklungsbiologisch moderner Mechanismus, der auf der Gegenwart von hochspezifischen Rezeptoren basiert. Diese sind entweder zellgebunden (T-Lymphozyten und einige B-Lymphozyten) oder werden sezerniert (Antikörper). Ein einzelner spezifischer T- oder B-Lymphozyt proliferiert dann und produziert eine große Anzahl identischer Tochterzellen (klonale Expansion). Daher dauert es Tage bis Wochen, bis die spezifische Immunantwort ablaufen kann.

C. Plastizität von Stammzellen

Hämatopoetische Stammzellen können in die verschiedenen Zellen des Blutes als auch in nicht-hämatopoetische Gewebe wie Hepatozyten, Neurone, Muskelzellen oder Endothelzellen differenzieren, sofern sie Zellkontakt zu den entsprechenden reifen Geweben haben. Die genauen Signale, welche diese Differenzierung vermitteln, sind noch weitgehend unbekannt. Hämatopoetische Stammzellen zirkulieren in sehr geringer Anzahl im peripheren Blut. Morphologisch lassen sie sich nicht von kleinen Lymphozyten unterscheiden.

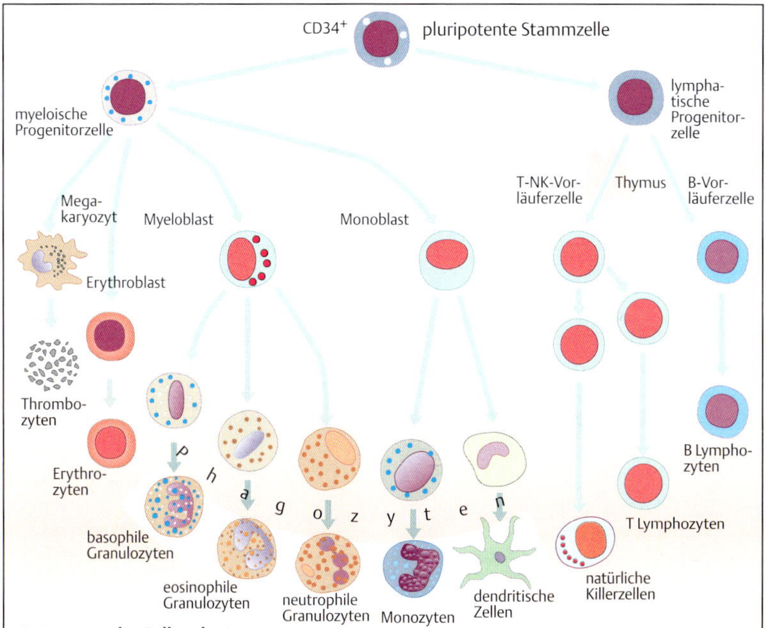

A. Urprung der Zellen des Immunsystems

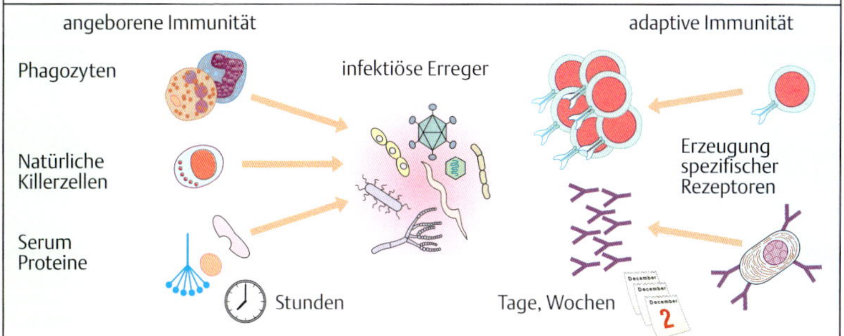

B. Abwehrmechanismen gegenüber Infektionen

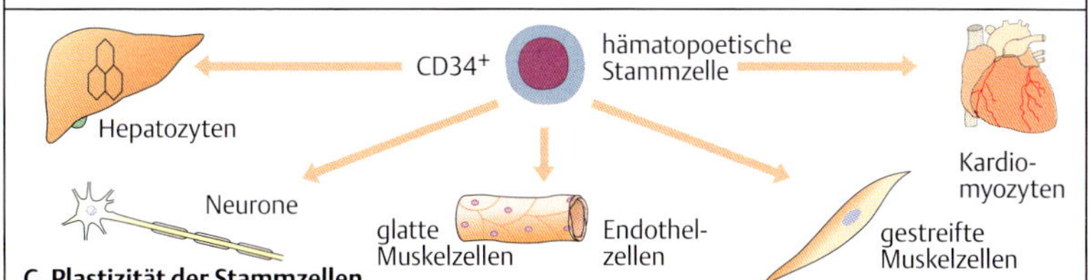

C. Plastizität der Stammzellen

A. Struktur des lymphatischen Systems

Alle Blutzellen entwickeln sich aus gemeinsamen pluripotenten Knochenmarkstammzellen. Im Foetus findet man diese ab der 8. Entwicklungswoche in der Leber, die bis kurz vor der Geburt zur Blutbildung befähigt ist. Aus den Stammzellen entstehen die Vorläuferzellen des lymphatischen und des myelopoetischen Systems. Kleine Moleküle, sog. Chemokine, sind verantwortlich für die Regulation der Zellmigration (s. Anhang). Das Chemokin CXCL12 ist auf Stroma- und Endothelzellen des Knochenmarks exprimiert und induziert die Migration von hämatopoetischen Stammzellen, welche den passenden Rezeptor CXCR4 exprimieren. Wenn diese Interaktion aufgehoben wird, können die Stammzellen das Knochenmark verlassen. Ab der 13. Entwicklungswoche wandern einige Stammzellen in Thymus und Knochenmark, die sog. primären lymphatischen Organe ein. Dort vermehren und differenzieren sie sich weiter: im **T**hymus die **T**-Lymphozyten, im Knochenmark (äquivalent zur **B**ursa Fabricii der Vögel) die **B**-Lymphozyten. Neben anderen, noch nicht identifizierten Faktoren spielen die Chemokine CXCL12 und CCL25 (auch **T**hymus-**e**xprimiertes **C**hemo**k**in, **TECK**) für die Migration der Vorläuferzellen in den Thymus eine Rolle.

Im Thymus treffen die noch unreifen **T-Lymphozyten** auf spezialisierte Epithelzellen, dendritische Zellen und Makrophagen. Dieser Kontakt dient der Auswahl und Differenzierung von T-Zellen, die für die Abwehr nützlich sein können. Wichtig ist dabei ebenfalls der Einfluß von Zytokinen (lösliche Regulationsfaktoren, „Botenstoffe" des Immunsystems): Interleukin-1, -2, -6 und -7. Lymphozyten, die für den eigenen Organismus schädlich sein könnten, sterben während dieses Selektionsprozesses. Die Expression des Chemokins CCR7 auf den Thymozyten ermöglicht das Verlassen des Thymus durch Interaktion mit dem entsprechenden Liganden, CCL19 (ELC) auf den Endothelzellen der thymischen Venolen.

B-Lymphozyten entwickeln sich aus Stammzellen, die um die 14. Entwicklungswoche das Knochenmark besiedeln. Sie werden von hohen lokalen Konzentrationen von CXCL12 chemotaktisch angezogen. Wichtig für die Differenzierung der B-Zellen sind sowohl der Kontakt mit Stroma-Zellen als auch die Zytokine Interleukin-1, -6 und -7. Das Knochenmark bleibt lebenslang Produktionsort der B-Lymphozyten.

Sowohl reife T- als auch B-Lymphozyten verlassen ihre Differenzierungsorte und wandern zu den peripheren (sekundären) lymphatischen Organen (Milz, Lymphknoten und Mukosa-assoziierte lymphatische Gewebe).

Das **Mukosa-assoziierte lymphatische Gewebe** (**m**ucosa-**a**ssociated **l**ymphoid **t**issue = **MALT**) besteht aus Ansammlungen lymphatischer Zellen in den Schleimhäuten und Drüsen.

Der Nasen-Rachen-Bereich enthält ausgedehnte lymphatische Strukturen, die **Tonsillae palatinae** (**Mandeln**) und die **Tonsillae pharyngeae**. Beide bilden den **Waldeyerschen Rachenring** und werden auch als **n**asopharyngeal-**a**ssoziiertes **l**ymphoepitheliales Gewebe (**NALT**) bezeichnet. In den Bronchien befinden sich lymphatische Zellen im **B**ronchus-**a**ssoziierten **l**ymphatischen **G**ewebe (**BALT**). Dendritische Zellen, Makrophagen und intraepitheliale Lymphozyten bilden im Darm das **G**astrointestinaltrakt-**a**ssoziierte **l**ymphatische **G**ewebe (**GALT**) (s. auch S. 8, 58).

B. Lymphozytenmigration

Die Zellen des lymphatischen Systems zirkulieren kontinuierlich. In die Lymphknoten (1), gelangen sie über ein spezialisiertes Endothel der postkapillären Venolen, die „**h**igh **e**ndothelial **v**enules" (**HEV**). Die Zellen dieses Endothels sind wesentlich höher als übliche Endothelzellen und exprimieren Adhäsionsmoleküle, die als „homing"-Rezeptoren für Lymphozyten dienen (s. auch S. 76). Naive Lymphozyten, d.h. Lymphozyten welche noch nie Kontakt mit Fremdantigenen hatten, exprimieren auf ihrer Oberfläche sog. L-Selektin (CD62L). Die HEV exprimieren sog. „peripheral node Adressine" (pNAd), hierbei handelt es sich um Glykosaminoglykane, welche zusätzlich an unterschiedliche gewebspezifische Sialomuzine binden (z.B. GlyCAM-1 im Lymphknoten, MadCAM-1 in den Peyerschen Plaques). In Antwort auf chemotaktische Faktoren migrieren die Lymphozyten dann in das darunterliegende Gewebe (Diapedese). Die Chemokine CCL25, CCL28 und CCL27 sind für die Migration der Lymphozyten in den Darm (2) bzw. in die Haut (3) verantwortlich. Die entsprechenden Rezeptoren sind auf Lymphozyten exprimiert. An die Endothelzellen der Haut binden Lymphozyten, wenn sie das kutane (cutaneous) Lymphozyten-Antigen CLA exprimieren.

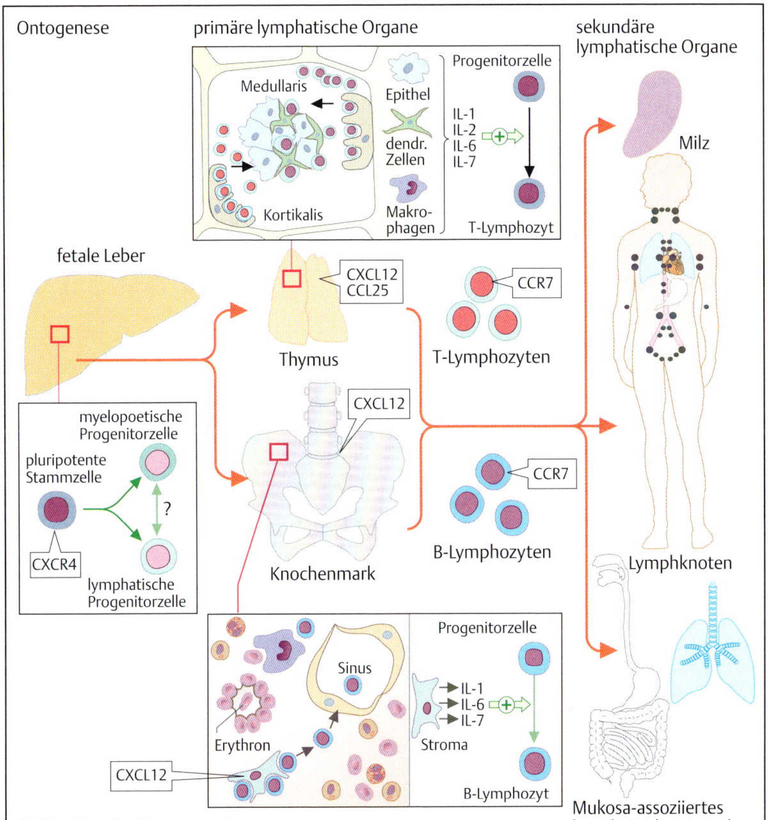

A. Struktur des Immunsystems

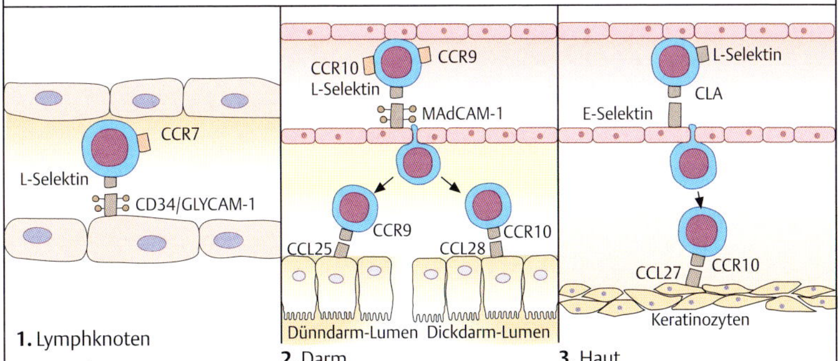

B. Lymphozytenmigration

Der Thymus ist das zentrale Organ für die Differenzierung und funktionelle Reifung der T-Lymphozyten. Neben dem Knochenmark und der Bursa Fabricii (bei Vögeln) gilt er deshalb als sogenanntes primäres lymphatisches Organ, das von sekundären lymphatischen Organen wie Milz, Lymphknoten und Mukosa-assoziierten lymphatischen Geweben unterschieden wird.

A. Anatomie und Entwicklung des Thymus

1. Ontogenetisch entwickelt sich der Thymus aus der 3. Kiementasche und wandert später ins vordere Mediastinum zu seinem endgültigen Sitz zwischen Sternum und großen Gefäßstämmen. Er besitzt zwei Lappen, die sich nach kranial zu Thymushörnern verjüngen und mitunter bis zur Schilddrüse reichen.

2. Seine Größe ist altersabhängig: Das mit ca. 40 g größte Ausmaß erreicht er analog der Reifung des Immunsystems um das 10. Lebensjahr. Danach nimmt das Parenchym kontinuierlich ab. Infolge der Involution besteht der Thymus im höheren Lebensalter fast ausschließlich aus Fett und Bindegewebe; nur wenige Parenchyminseln mit Lymphozyten bleiben erhalten (siehe auch 3. und 4.). Oftmals ist das rückgebildete Organ makroskopisch nicht sicher vom mediastinalen Fettgewebe abzugrenzen.

3. und **4.** Jeder Thymuslappen wird durch fibröse Septen (Trabekel) in kleinere Lappen geteilt, die jeweils aus äußerer Rinde (Kortex) und innerem Mark (Medulla) bestehen.

Der *Kortex* enthält dichte Ansammlungen von Lymphozyten; zahlreiche Mitosen weisen auf eine ausgeprägte Proliferation hin. Demgegenüber ist das *Mark* sehr viel schwächer mit lymphatischen Zellen besiedelt. Dort befinden sich außerdem Strukturen, die als Hassallsche Körperchen bezeichnet werden und aus dicht gepackten Zellagen bestehen. Sie exprimieren Thymus-Stroma-Lymphopoietin (TSLP), das dendritische Zellen dazu aktiviert, CD80 und CD86 zu exprimieren (s. S. 54 ff.). Dendritische Zellen induzieren Proliferation und Differenzierung von $CD4^+/CD25^+$-regulatorischen T-Zellen im Thymus.

Eine intrathymische Barriere, die der Blut-Hirn-Schranke ähnelt, trennt den Kortex vom zirkulierenden Blut, während für das Mark keine derartige Schranke existiert.

Die im Thymus zu T-Zellen reifenden Lymphozyten werden aus funktionellen und anatomischen Gründen häufig *Thymozyten* genannt. Die Zusammensetzung wichtiger Oberflächenmarker ermöglicht auch eine immunphänotypische Unterscheidung von Thymozyten und ausgereiften T-Zellen: Je nach ihrem Entwicklungsstadium besitzen Thymozyten zunächst eine ausgeprägte Kortisonempfindlichkeit (wichtig für Reifungsstudien), die jedoch mit zunehmender Differenzierung einer Kortisonresistenz weicht. Anatomisch sind die *kortisonsensitiven, unreiferen Thymozyten* vorwiegend im Kortex und die *kortisonunempfindlichen Thymozyten* mehrheitlich in der Medulla lokalisiert.

5. Im Thymus befinden sich neben Lymphozyten und Hassallschen Körperchen noch Epithelzellen mit großem Zytoplasma sowie dendritische Zellen und Makrophagen (s. o., letztere beiden Zellgruppen nicht abgebildet). Der Thymus ist außerdem stark vaskularisiert und besitzt efferente lymphatische Gewebe, die zu den mediastinalen Lymphknoten drainieren.

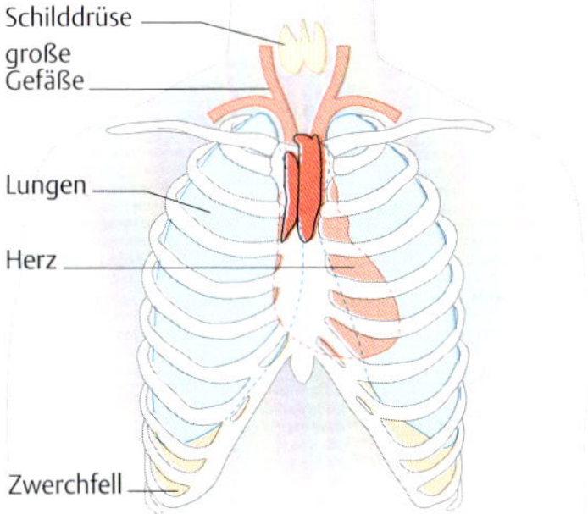

1. Lage des Thymus

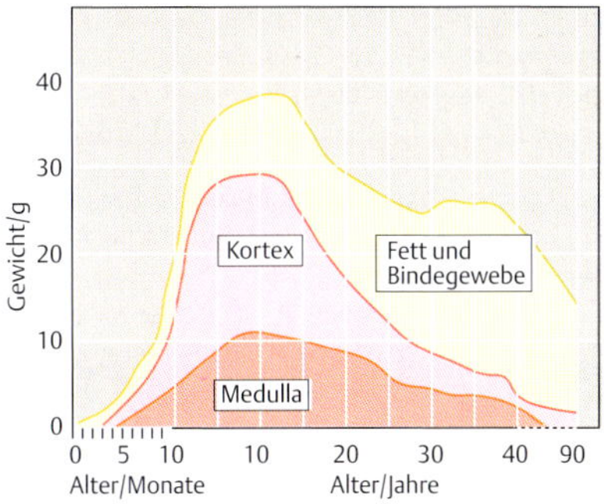

2. Wachstumskurve

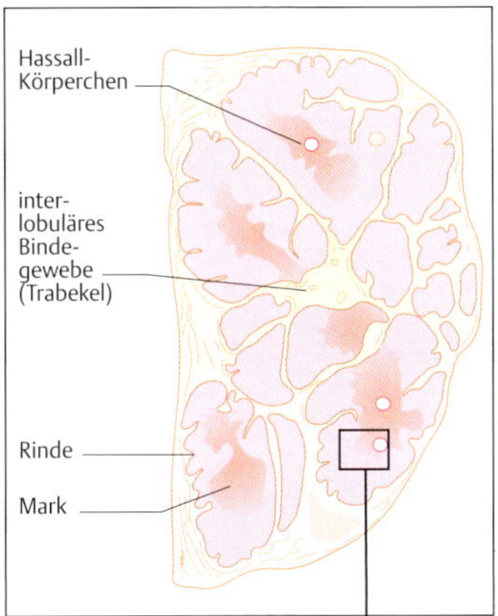

3. Thymus eines Säuglings

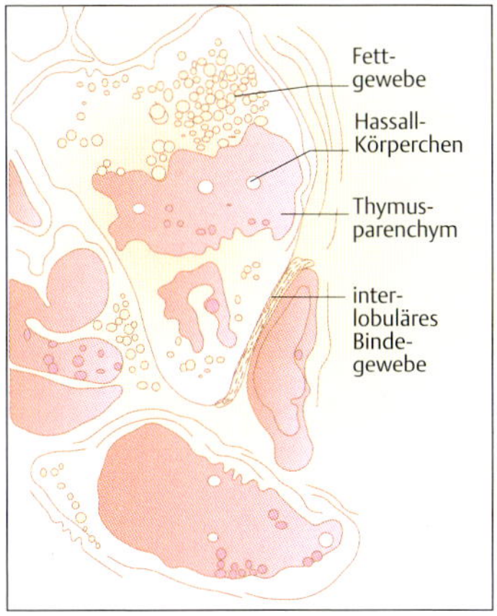

4. Thymus eines Erwachsenen

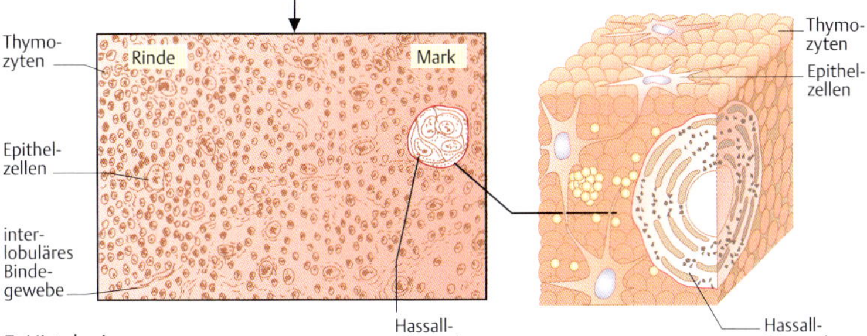

5. Histologie

A. Anatomie und Entwicklung des Thymus

Lymphozyten-Migration und -Rezirkulation werden gesteuert durch Adhäsionsmoleküle auf der Oberfläche von Lymphozyten, Endothelzellen und Bindegewebe, sowie durch Chemokine (s. S. 76). Nach Reifung im Thymus bzw. im Knochenmark haben die T- und B- Lymphozyten den Chemokinrezeptor CCR7 erworben. Im Lymphknoten und in der Milz sind die CCR7-Liganden CCL19 und CCL21 (**S**econdary **l**ymphoid tissue **c**hemokine, **SLC**) exprimiert. Bei B-Lymphozyten ist der Chemokinrezeptor CXCR5 wichtig, dessen Ligand, CXCL13 auf Stromazellen der sekundären lymphatischen Organen exprimiert ist.

A. Struktur der Milz

Die Milz ist das größte lymphatische Organ (ca. 12 x 7 x 4 cm groß, ca. 200 g schwer). Sie besteht aus der weißen und der roten Pulpa. Die *weiße Pulpa* besteht aus Lymphozyten, die *rote Pulpa* ist mit einem Schwamm voller Erythrozyten vergleichbar und Eliminationsort alter und/oder geschädigter Erythrozyten. Die Milz ist von einer Kapsel aus Kollagenfasern umgeben. Begleitet von Arteriolen strahlen von der Kapsel aus Kollagensepten (Trabeculae) in das Milzparenchym ein. In diesem Bereich ist die weiße Pulpa lokalisiert: T-Lymphozyten befinden sich vorwiegend periarteriolär in der sog. **p**eri**a**rteriolären **L**ymphozyten**s**cheide (**PALS**) und werden von B-Lymphozyten umgeben, die die sog. *Marginalzone* bilden. Im Randbereich der PALS sind immer wieder kleine Ansammlungen von B-Lymphozyten anzutreffen *(Primärfollikel)*. Diese entwickeln sich im Rahmen einer Immunreaktion zu größeren Follikeln mit Keimzentrum und Follikelmantel *(Sekundärfollikel)*.
B-Zellen gelangen aus der Blutbahn in die T-Zellreiche periarterioläre Region, erreichen dann den Follikel und wandern anschließend über die Marginalzone und venöse sinusoidale Gefäße in der Umgebung der weißen Pulpa zurück in das Blut (s. a. S. 30 und S. 32).

B. Struktur des Lymphknotens

Lymphknoten liegen an der Mündung von Lymphbahnen und bilden ein komplexes Netzwerk, das Haut und innere Organe drainiert. Die Kapsel besteht aus Kollagenfasern. Normale Lymphknoten sind 1 bis ca. 15 mm groß und rund bis nierenförmig. Die Lymphbahnen durchdringen die Kapsel, verlaufen subkapsulär als *Randsinus* und vertiefen sich als *interfollikuläre Sinus* bis zur Mitte des Lymphknotens, wo sie in den zentralen *Marksinus* zusammenfließen. Die Lymphe verläßt den Lymphknoten über eine efferente Lymphbahn, die entlang der Blutgefäße verläuft.
Die randständige *Kortikalis* enthält vor allem B-Lymphozyten, während die T-Lymphozyten vorwiegend in der darunterliegenden *Parakortikalis* lokalisiert sind. Nach Antigenstimulation entwickeln sich aus lockeren B-Zell-Aggregaten der Kortikalis *(Primärfollikel)* sog. *Sekundärfollikel*, in denen ein Keimzentrum aus großen blastischen Zellen und ein Mantel aus kleinen Lymphozyten erkennbar sind.

C. Mukosa-assoziierte Peyersche Plaques

Die **Peyerschen Plaques** des Dünndarms sind besonders gut organisierte Strukturen des **M**ukosa-**a**ssoziierten **l**ymphatischen Gewebes (**t**issue) (= **MALT**). Sie bestehen aus lymphatischen Follikeln. Die Schleimhaut oberhalb der Follikel wird als Domepithel bezeichnet, hier kommen spezielle Zellen vor (M-Zellen, welche zahlreiche Mikrofalten aufweisen und Antigene intrazellulär transportieren (s. S. 59). T-Lymphozyten sind locker im interfollikulären Gewebe und auch intraepithelial verteilt.

D. Kutanes Immunsystem

Die Epidermis besteht vorwiegend aus Keratinozyten, Melanozyten, epidermalen Langerhans-Zellen und intraepithelialen T-Lymphozyten. Keratinozyten können verschiedene Zytokine bzw. Chemokine produzieren und so an zu Entzündungsprozessen beitragen. Die Langerhans-Zellen sind unreife dendritische Zellen, sie bilden ein dichtes Netzwerk und nehmen über die Haut eingedrungene Antigene auf. Danach migrieren sie in die Lymphknoten und setzen dort eine Immunreaktion in Gang. Die meisten Lymphozyten der Haut exprimieren **CLA** (kutanes Lymphozyten-Antigen-1), sie sind in unmittelbarer Nähe der Gefäße der Dermis zu finden, gelegentlich wandern sie in die Epidermis (s. auch S. 4). Auch in der tiefer gelegenen Dermis sind dendritische Zellen vorhanden (s. S. 54).

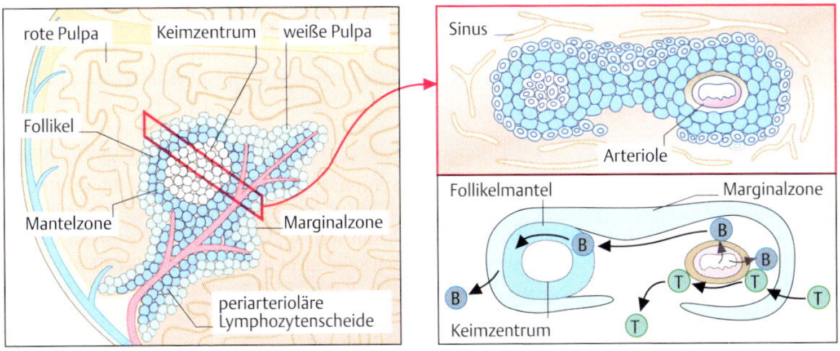

1. Anatomische Struktur

2. Querschnitt durch Arteriole und Follikel; Lymphozytenzirkulation

A. Struktur der Milz

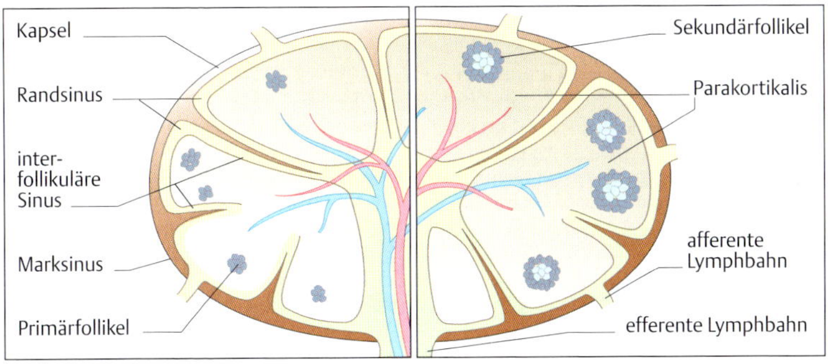

1. Inaktiver Lymphknoten

2. Aktiver Lymphknoten

B. Struktur des Lymphknotens

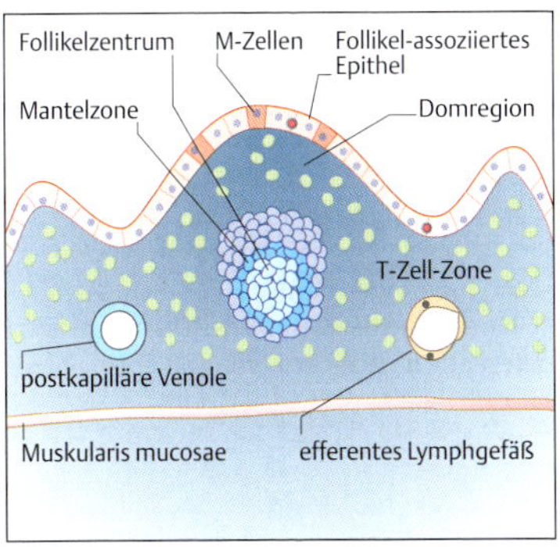

C. Mukosa-assoziierte Peyersche Plaques

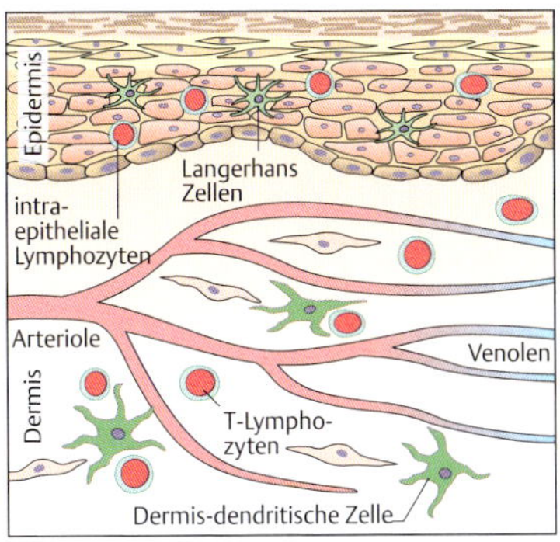

D. Kutanes Immunsystem

A. Reifung der T-Zellen

Im Erwachsenen entwickeln sich T-Zellen im Thymus aus lymphoiden Vorläuferzellen des Knochenmarks, welche durch Aktivierung der Transkriptionsfaktoren **PU.1**, **c-Myb** und **Ikaros** zur lymphatischen Linie differenzieren. Im Fetus entstammen diese Zellen der Leber. Sie werden in geringer Zahl im Blut zum Thymus transportiert und verlassen dort mittelgroße postkapilläre Venolen an der Kortex/Medulla-Grenze und dringen in das Thymus-Parenchym ein. Die Zellen durchlaufen danach innerhalb von vier Wochen die drei Hauptstadien der T-Zell-Entwicklung: **DN** (**d**oppelt**n**egativ, d.h. die Zellen exprimieren weder CD4 noch CD8), **DP** (**d**oppelt**p**ositiv für CD4 und CD8) und **SP** (**s**ingle-**p**ositive, entweder CD4 oder CD8). Besonders wichtig für die T-Zell-Entwicklung sind der Rezeptor **Notch-1** und der Transkriptionsfaktor **GATA-3**, die in Thymozyten durch das Thymusstroma aktiviert werden und die Entwicklung zu B-Zellen blockieren.

Thymozyten der ersten beiden Stadien **DN1** und **DN2** befinden sich im Thymus-**Kortex**, exprimieren weiter CD34, wenig CD38 und können sich noch zu anderen lymphoiden Zellen differenzieren (**d**endritische **Z**elle, **DC**, **n**atürliche **K**iller-Zelle, **NK**). In diesem Stadium werden noch Gene exprimiert, die nicht typisch für die T-Zell-Linie sind, wie den Rezeptor für den Wachstumsfaktor **G-CSF**, das Zytokin **TARC** und Immunglobulin-Gene. – In den nächsten Stufen werden solche Gene reprimiert, während Gene der T-Zell-Entwicklungslinie aktiviert werden. Die Thymozyten sind noch abhängig von den Wachstumsfaktoren **IL-7** und **SCF** (**S**tamm**z**ell**f**aktor, c-Kit-Ligand), die an ihre Rezeptoren CD127 (IL-7Rα), CD132 (gemeinsame γ-Kette) und c-Kit binden. Während der ersten 2 Wochen wandern diese Zellen langsam zur Thymuskapsel.

DN2-Zellen teilen sich in dieser Zeit 8–10mal und exprimieren schon die typischen T-Zell-Gene des **CD3**-Komplexes und die intrazellulären Signaltransduktion-Proteine **Lck** und **ZAP-70**. Am Übergang von DN2 zum **DN3**-Stadium exprimieren die Zellen CD34, **CD5**, **CD7**, **CD1a**, die **R**ekombinations-**a**ktivierenden **G**ene **Rag1** und **Rag2**, und bilden die α-Kette des vorläufigen T-Zell-Rezeptors (**p**rä-**T**CR-**α**): **pTα**.

DN3-Zellen migrieren dann in den subkapsulären Raum. Hier beginnen sie, ihre rekombinierte TCR-β-Kette zu exprimieren, und die negative Selektion beginnt. Die negative Selektion beruht auf der Expression des prä-TCR, welcher aus der Prä-α-Kette und der rekombinierten β-Kette besteht. Aktivierung des prä-TCR führt durch dieselben Signalkaskaden wie beim reifen αβ-TCR zur Aktivierung der Transkriptionsfaktoren NF-AT und Egr1/Id3. Zusätzlich führt Proteinkinase C zum Kerntransport von NFκB. Nur T-Zellen, die eine translatierbare α-Kette generiert haben, können so zum DN4-Stadium fortschreiten. Weitere Transkriptionsfaktoren während der negativen Selektion sind die der „high-mobility"-Gruppe (HMG) angehörende T-Zell-Faktor 1 (TCF-1) und der **l**ymphoid **e**nhancer **f**actor (**LEF**). Die Induktion von Apoptose in Thymozyten ohne funktionierende α-Kette wird durch den Austausch des antiapoptotischen Bcl-2 gegen die proapoptotischen Bcl-X_S und NFκB und durch Expression des proapoptotischen FAS-Rezeptors ermöglicht. Zusätzlich wird der Transkriptionsfaktor AP-1 inaktiviert, was die Expression von auto- und parakrinen Zytokinen blockiert.

Im DN4-Stadium teilen sich die Thymozyten etwa 6–8mal. Um eine größere TCR-Variabilität durch Mutation zu ermöglichen, wird p53 inaktiviert, ein Protein, welches Fehler bei der DNA-Translation verhindert. Die Expression von Chemokinrezeptoren, darunter CCR9 mit dem von der Medulla exprimierten CCL25 (**T**hymus-**e**xprimiertes **C**hemo**k**in, **TECK**), dirigiert die Zellen nun in Richtung Thymus-Medulla. Die Proliferation stoppt, wenn die Zellen den subkapsulären Raum verlassen.

Das **i**ntermediäre **s**ingle-**p**ositive **ISP**-Stadium ist charakterisiert durch eine schwache CD8-Expression, welche im DP-Stadium zusammen mit CD4 und CD1a eine hohe Expressionsdichte erreicht. Die Zellen exprimieren jetzt zum ersten Mal die TCR-αβ-Kette und durchlaufen die Positiv- und Negativselektion (s. S. 12). Nach erfolgreicher Positivselektion dürfen die Zellen in die Medulla einwandern. Dort erfolgt die Negativselektion. Nur etwa 5–10 % der DP-Thymozyten verlassen den Thymus nach den Positiv- und Negativselektionsprozessen als naive T-Zellen. Insgesamt führen im Thymus des Erwachsenen lediglich ein paar hundert pro Tag immigrierte DN1-Thymozyten zu einer T-Zell-Produktion von 5×10^8 Zellen pro Tag.

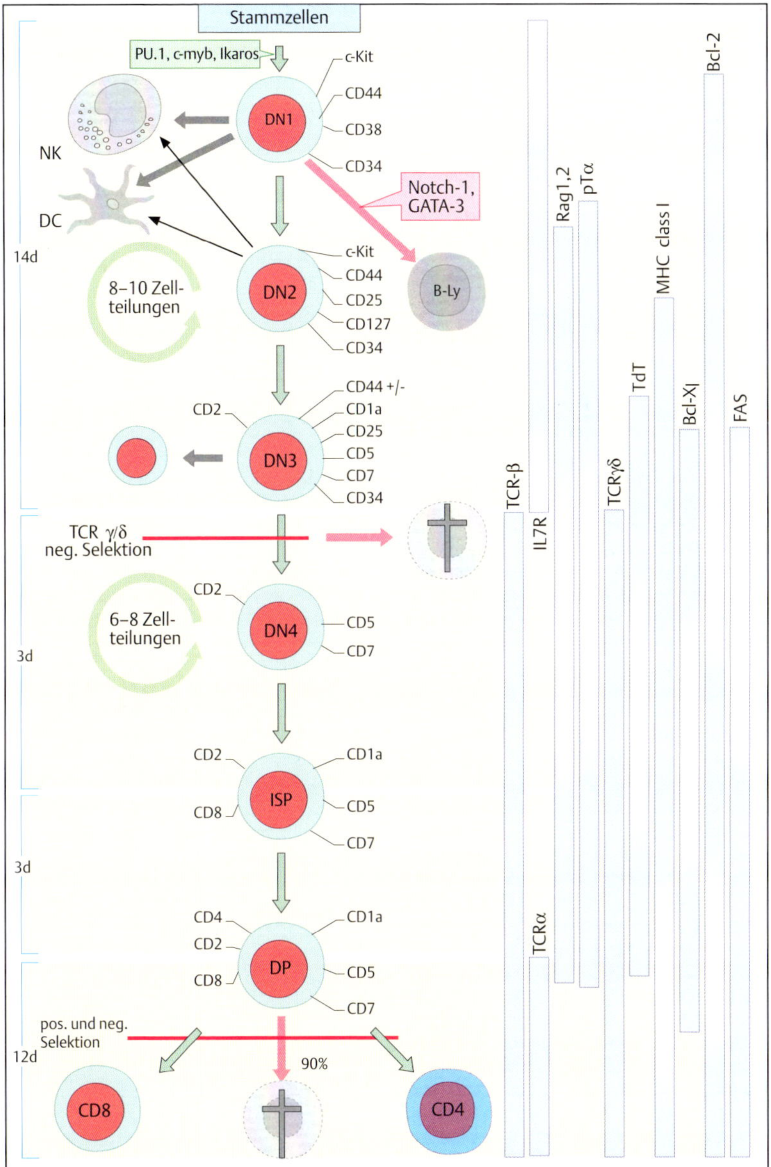

A. T-Lymphozyten: Entwicklung und Differenzierung

Der Thymus stellt sicher, daß überwiegend solche T-Zellen in die Zirkulation entlassen werden, die mit den passenden *MHC-Komponenten* („major histocompatibility complex" = *Haupthistokompatibilitätskomplex*) des eigenen Immunsystems zusammenarbeiten, jedoch körpereigene Substanzen nicht als fremd erkennen.

A. Mechanismen der T-Zell-Selektion im Thymus

Zunächst wandern die Prä-Thymozyten in den Thymus ein und treten hier mit den Thymusepithelzellen in Kontakt. Der T-Zell-Rezeptor (TCR) bildet sich aus (vgl. S. 10, 11) und interagiert mit den MHC-Molekülen auf der Epithelzelle. Dabei können folgende Situationen eintreten:
Die Thymozyten sind nicht in der Lage, über ihren TCR mit den MHC-Molekülen des eigenen Organismus eine Bindung einzugehen (Beispiel A). Diese ist jedoch z.B. zur Vernichtung von virusinfizierten Zellen erforderlich, die den T-Zellen das Virusantigen auf den passenden MHC-Molekülen präsentieren. Wäre nun solch eine bindungsunfähige T-Zelle der „Kooperationspartner" für die infizierte Zelle, könnte die Antigenerkennung nicht stattfinden und damit die Zelle auch nicht abgetötet werden. Eine derartig „fehlprogrammierte" T-Zelle ist damit für den Organismus ohne Wert und wird von vornherein eliminiert. Dabei werden solche Zellen nicht aktiv getötet, sondern es läuft ein endogenes „Selbstmordprogramm", der sog. „programmierte Zelltod" oder Apoptose ab, das in diesem Fall durch positive Rettungssignale nicht unterbrochen wird (s. a. S. 87).
Anders ist es, wenn die T-Zelle für die Kooperation mit dem richtigen, zu ihr passenden MHC-Molekül vorbereitet ist. Der TCR kann eine Bindung mit den Thymusepithelzellen über die MHC-Moleküle eingehen, und die T-Zelle erhält Signale, die das Selbstmordprogramm anhalten und ihr Überleben sichern. Eine solche Zelle kann weiter reifen und schließlich in die Zirkulation entlassen werden. Dazwischen ist jedoch noch ein weiterer wichtiger Schutzmechanismus eingebaut: Ist die Bindung zwischen dem TCR und den MHC-Molekülen zu stark, könnte später eine zytotoxische Reaktion gegenüber den eigenen antigenpräsentierenden Zellen eingeleitet werden. In diesem Fall wird die T-Zelle ebenfalls vernichtet (Beispiel B).
Schließlich kann auch der Fall eintreten, daß zwar der TCR und MHC-Antigene zueinander passen, jedoch der Rezeptor ein körpereigenes Antigen erkennt. Eine anschließende Reaktion einer solchen „autoimmunen" T-Zelle könnte zu einer Selbstzerstörung des Körpers führen. Daher werden auch solche Zellen „ausgemustert". Dies wird vermutlich über in den Thymus eingewanderte dendritische Zellen vermittelt, die auf ihrer Oberfläche die meisten, jedoch nicht alle möglichen Autoantigene des Körpers tragen (s. a. S. 81A). Reagiert nun eine T-Zelle mit diesen körpereigenen Antigenen, erhält sie ebenfalls keine Rettungssignale und stirbt ab (Beispiel C).
Nur die Zellen, die das passende MHC-Molekül in einer mittelstarken Bindung erkennen und nicht gegen Autoantigene gerichtet sind, können ausreifen und gelangen als funktionsfähige T-Zellen in die Zirkulation (Beispiel D). Die Selektion der T-Zellen im Thymus wurde durch Versuche an Mäusen nachgewiesen, deren Knochenmark vollständig durch dasjenige eines Mausstammes mit einem anderen MHC-Typ ersetzt wurde (sogenannte Knochenmarkchimären).
Bei dieser strengen Auslese der geeigneten Thymozyten gehen über 90% der eingewanderten Thymozyten im Thymus unter. Neben diesem Ausleseprozeß gibt es noch periphere Sicherheitsmechanismen, die autoaggressive T-Zellen unterdrücken können, und damit für zusätzliche Sicherheit sorgen, falls solche T-Zellen der Selektion entgehen (s. a. S. 81B).

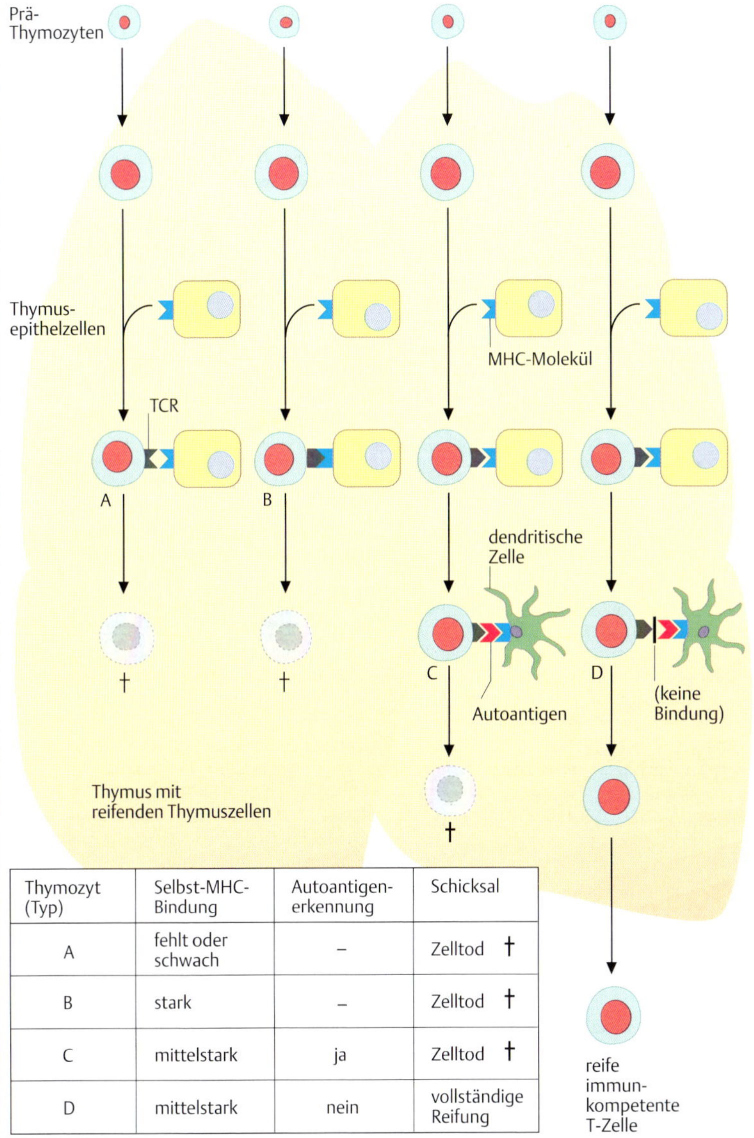

Thymozyt (Typ)	Selbst-MHC-Bindung	Autoantigen-erkennung	Schicksal
A	fehlt oder schwach	–	Zelltod †
B	stark	–	Zelltod †
C	mittelstark	ja	Zelltod †
D	mittelstark	nein	vollständige Reifung

A. Mechanismen der T-Zell-Selektion im Thymus

A. T-Zell-Rezeptor(TCR)-Genfamilien

Die α- *und die* β*-Kette* sind die am häufigsten exprimierten Gene des TCR. Auf unreifen T-Zellen bzw. auf einer Minderheit im peripheren Blut wird der TCRγ/δ exprimiert. Die α- und δ-Kette befinden sich auf Chromosom 14, die β- und die γ-Kette auf Chromosom 7. Analog zu den Immunglobulinen befinden sich die variablen Teile des TCR auf verschiedenen Exons, die anschließend durch Splicing mit den konstanten Regionen der Rezeptoren gekoppelt werden. Dabei entsteht die sehr große Variabilität der Rezeptoren, die durch eine unterschiedliche Auswahl der *J-Elemente* (α- und β-Kette) und zusätzlich noch durch *D-Segmente* (β-Kette) verstärkt wird.

B. T-Zell-Rezeptor-Rearrangement

Bei der *Neukombination* beim genetischen Aufbau der Information für die Ketten des TCR kommt es zu unterschiedlichen *Rearrangements*, wobei z. T. Genelemente entweder deletiert oder durch einen ungleichen Chromosomenaustausch verändert werden. Bei der *Inversion* kommt es durch die Bildung von Schlingen („Loops“), anschließenden Chromosomenbrüchen und erneuten Verbindungen zur Richtungsumkehr, d. h. die ursprüngliche genetische Information befindet sich in einer umgekehrten Transkriptionsrichtung.

C. Aufbau des T-Zell-Rezeptors

Die α-Kette des TCR ist ein 40–60 kD schweres Glykoprotein, während die β-Kette ein Molekulargewicht von 40–50 kD besitzt. Wie die Immunglobuline, haben auch die Ketten des TCR variable und konstante Regionen. Die carboxyterminalen Enden der V-Region (Verbindung zwischen V- und C-Regionen), werden durch ein J-Segment-Gen bzw. durch ein zusätzliches D-Segment-Gen bei der β-Kette kodiert. Die V-Regionen der α- und β-Ketten sind 102 bis 119 Aminosäuren lang und beinhalten 2 Cysteinverbindungen, die die Formation einer Disulfidbrücke erlauben.

Die C-Regionen der α- und β-Ketten sind 138 bis 179 Aminosäuren lang, wobei jede aus 4 funktionellen Domänen besteht, die gewöhnlich von unterschiedlichen Exons kodiert werden.

Die aminoterminale C-Domäne enthält 2 Cystein-Verbindungen mit Disulfidbrücken innerhalb der Kette, so daß die Tertiärstruktur vermutlich der konstanten Region der Immunglobulinmoleküle entspricht. Die transmembrane Domäne besteht aus 20–24 überwiegend hydrophoben Aminosäuren.

Im Gegensatz zu den α- und β-Ketten befinden sich die γ- und δ-Ketten nur auf T-Zellen, die CD3, nicht jedoch die α/β-Rezeptoren exprimieren. Ihre Struktur ähnelt den α- und β-Ketten: Die Aminosäurensequenz der γ-Kette ist der TCR-β-Kette sehr ähnlich, die δ-Ketten stimmen mit den α-Ketten überein.

D. Mögliche Kombinationen des T-Zell-Rezeptors (α,β)

Analog den Immunglobulinen ergibt sich durch die unterschiedlichen V x D x J-Verbindungen und durch andere Mechanismen eine sehr hohe Kombination von 10^{15} möglichen T-Zell-Rezeptoren. Das Repertoire der γ/δ-TCR ist eingeschränkt, so daß sie nur eine begrenzte Zahl von Antigenen erkennen können.

E. Verteilung der α,β- und γ,δ-T-Zellen

Die ganz überwiegende Mehrzahl der reifen T-Zellen im Blut (vermutlich aber auch die gewebeständigen T-Zellen) exprimiert den TCRα/β. Hierunter fallen etwa 66 % CD4-positive und 33 % CD8-positive T-Zellen (Durchschnittswerte). Doppelt negative oder doppelt positive T-Zellen (s. a. S. 11) werden nur selten mit dem TCRα/β gefunden. Im Gegensatz dazu sind die meisten γ/δ-T-Zellen doppelt negativ, einige doppelt positiv, nur wenige exprimieren das CD4-Antigen.

γ/δ-T-Zellen finden sich in der Mukosa des Darmes. Darüber hinaus spielen sie eine wichtige Rolle beim Übergang von der unspezifischen zur spezifischen Immunantwort bei der Abwehr von Mykobakterien (vgl. Kapitel über unkonventionelle T-Zellen, S. 28, 29).

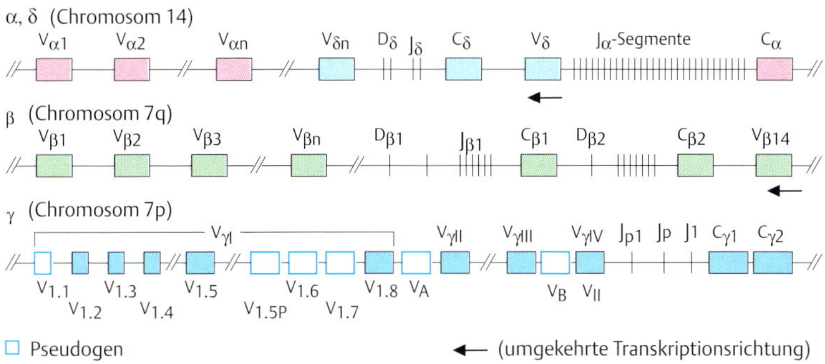

A. T-Zell-Rezeptor-Genfamilien

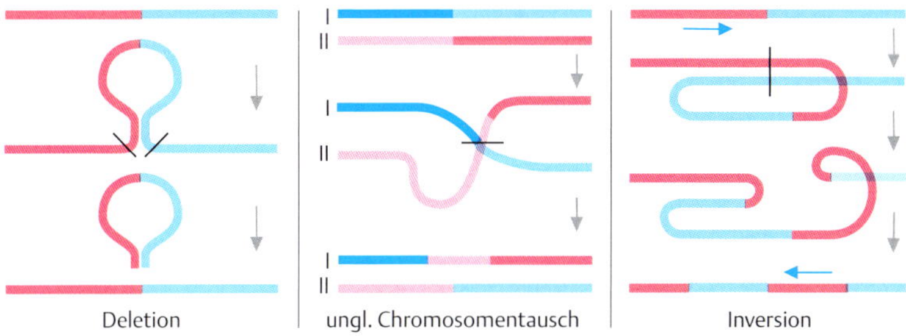

B. T-Zell-Rezeptor-Rearrangement

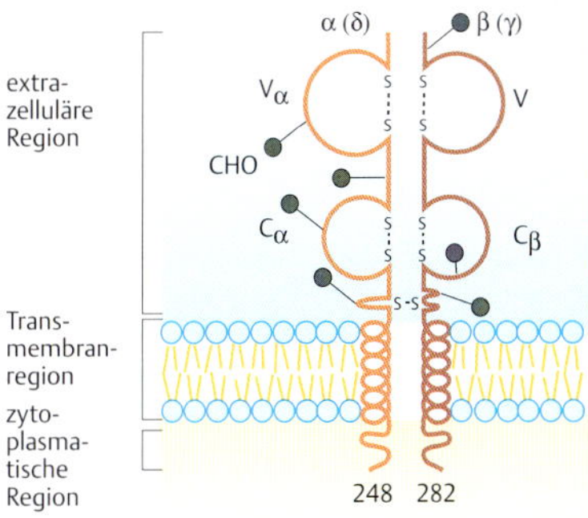

α-Kette = V - J - C

β-Kette = V - D - J - C

δ-Kette = V - D - J - C

γ-Kette = V - J - C

C. Aufbau des T-Zell-Rezeptors

Gensegmente	α-Kette	β-Kette
V	100	100
D	0	2
J	100	13
V x D x J-Verbindungen	10^4	2×10^3
N-Sequenzen	10^4	10^4
Gesamtzahl der möglichen αβ-Kombinationen		10^{15}

D. Mögliche Kombinationen des T-Zell-Rezeptors (αβ)

			αβ	γδ	
insgesamt:			95 %	5 %	
Marker:	$CD4^+$	$CD8^-$	66 %	< 1 %	
	$CD4^-$	$CD8^+$	33 %	25 %	schwach
	$CD4^-$	$CD8^-$	< 1 %	70 %	
	$CD4^+$	$CD8^+$	< 1 %	< 12 %	

E. Verteilung der αβ- und γδ-T-Zellen

Grundlagen

Für die Entwicklung, Differenzierung bzw. Aktivierung und Antigenerkennung der T-Zellen sind neben dem T-Zell-Rezeptor zahlreiche Hilfsmoleküle erforderlich. Letztere sind besonders an der Bindung zwischen den T-Zellen und den antigenpräsentierenden Zellen (APC) beteiligt. Einige dieser Moleküle befinden sich ausschließlich auf den Zellen der T-Zell-Linie, so z. B. die CD3-Antigene, während andere auch auf B-Zellen und APC vorkommen. Mit Hilfe von monoklonalen Antikörpern können diese Moleküle erkannt und analysiert werden. Diese Methode hat nicht nur wesentlich zum Verständnis der Funktion lymphatischer Zellen beigetragen, sondern ist auch aus diagnostischer Sicht einer der wichtigsten Fortschritte in der Immunologie: Mit ihr werden der Immunstatus erhoben und lymphatische Malignome typisiert. Auf Konsensus-Konferenzen wurden (und werden) den durch monoklonale Antikörper erkannten Antigenen international gültige Bezeichnungen verliehen, die mit „CD" („Cluster of Differentiation") und einer Numerierung bezeichnet werden (s. Anhang).

A. Humane T-Zell-Differenzierungsmoleküle

Das **CD1**-Antigen kommt in den Isoformen a, b, c, d und e vor. Es ist auf kortikalen Thymozyten und auf dendritischen Zellen exprimiert. CD1-Moleküle haben strukturelle Ähnlichkeiten zu MHC-Klasse-I-Molekülen und bilden wie diese Komplexe mit β2-Mikroglobulin. Sie sind an der Präsentation von lipidhaltigen Antigenen an T-Zellen beteiligt. Auch mykobakterielle Lipidantigene können über CD1 präsentiert werden (s. S. 28 B).

Das **CD2**-Molekül stellt den Rezeptor für das CD58 (LFA-1)-Antigen dar und ist ein wichtiges Molekül bei der alternativen Aktivierung der T-Zelle. Es ist ein früher T-Zell-Marker und wird von sämtlichen T-Lymphozyten sowie NK-Zellen kodiert.

Die **CD3**-Molekülgruppe besteht aus einer Reihe von wichtigen membranständigen Molekülen, die eng mit dem TCR assoziiert sind. Nur in Verbindung mit diesen Molekülen, insbesondere der ζ- und η-Kette, kann eine Signaltransduktion nach Kontakt mit den antigenbeladenen MHC-Molekülen stattfinden, die dann zur eigentlichen T-Zell-Aktivierung führt. Die genaue Funktion dieser Moleküle ist auf S. 17 aufgezeigt.

Das **CD4**-Molekül ist charakteristisch für die T-Helfer-Zellen; es wird neben unreifen Thymozyten jedoch auch von APC und eosinophilen Granulozyten exprimiert. Es ist wichtig für die Bindung an MHC-Klasse-II-Moleküle und interagiert mit der Tyrosinkinase $p56^{lck}$. Außerdem ist es das Bindungsprotein für das humane Immundefizienz-Virus (HIV). Das CD4-Antigen entspricht dem **CD8**-Molekül, das aus 2 Ketten besteht und für die zytotoxischen T-Zellen charakteristisch ist. Dieses findet sich ebenfalls auf unreifen Thymozyten und charakterisiert in schwacher Ausprägung NK-Zellen. Es ist für die Bindung an MHC-Klasse-I-Moleküle zuständig und interagiert ebenfalls mit der Tyrosinkinase $p56^{lck}$.

Zwei weitere für die T-Zellen charakteristische Moleküle sind das **CD5**-Molekül, das an Signaltransduktion und an Zell-Zell-Interaktionen beteiligt ist, während die Funktion des **CD7**-Antigens, das als frühester T-Zell-Marker gelten kann, noch weitgehend unbekannt ist. Das CD5-Antigen ist auch auf einer Subpopulation von B-Lymphozyten exprimiert.

Die Moleküle **CD28** und **CD152** (CTLA-4) interagieren mit den Molekülen CD80 und CD86 auf APC: Die Interaktion von CD28 mit CD80/CD86 liefert ein wichtiges kostimulatorisches Signal für die T-Zell-Aktivierung und -Proliferation, während die Bindung von CTLA-4 an diese Moleküle ein negatives Signal für die T-Zelle darstellt.

ICOS (**i**nduzierbares **cos**timulatorisches Molekül) ist ein kostimulatorisches Molekül, das CD28 und CLTA-4 strukturell sehr ähnlich ist. Es wird auf CD4- und CD8-Zellen erst nach Interaktion des TCR mit dem MHC-Molekül gebildet, die Expression wird nach CD28-Ligation weiter verstärkt. Sein Ligand ist ICOS-L (B7h, B7RP-1, GL50, B7-H2) auf der APC-Seite; über ICOS scheinen besonders T_H2-Immunantworten reguliert zu werden, insbesondere die IL-4-, IL-5- und IL-10-Sekretion. Es erhöht nicht die IL-2-Produktion.

Ein weiteres verwandtes Protein, PD-1 ist exprimiert auf T-Zellen aber auch auf B-Zellen und myeloischen Zellen. Es interagiert mit den Liganden PD-L1 und PD-L2 auf antigenpräsentierenden Zellen, Endothelzellen, Myozyten.

Molekül	Molekular-gew. (kD)	Genort	Zellexpression	Funktion
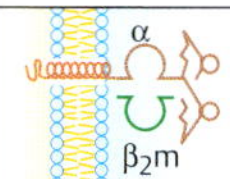 α β$_2$m CD1a, b,c,d,e	43 – 49	1q22 – 23	Thymozyten, dendritische Zellen, einige B-Zellen (CD1c)	Antigen-präsentation (Glykolipide)
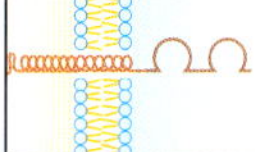 CD2	50	1p13	Thymozyten, alle T-Zellen, NK-Zellen	Rezeptor für CD58 (LFA-1), T-Zell-Aktivierung
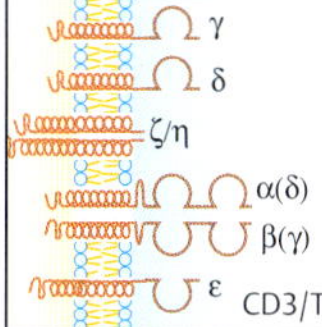 γ δ ζ/η α(δ) β(γ) ε CD3/TCR	TcRα 40-60 TcRβ 40-60 TcRγ 40-60 TcRδ 40-60 CD3γ 25 CD3δ 20 CD3ε 20 ζ-Kette 16 η-Kette 22	IGq11 7q35 7p14 14q11 11q23 11q23 11q23 1q22 1q22	reifende Thymozyten, T-Zellen	Signal-transduktion nach MHC-TCR-Kontakt
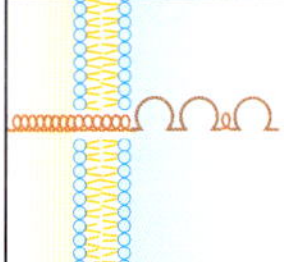 CD4	55	12p12	Thymozyten, T-Helferzellen, Monozyten/Makrophagen, dendritische Zellen, eosinophile Granulozyten	Bindung an MHC-Klasse-II-Moleküle
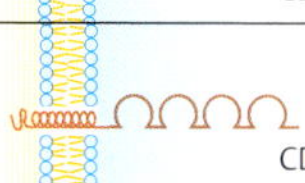 CD5	67	11q13	Thymozyten, alle reifen T-Zellen, einige B-Zellen	Signaltransduktion
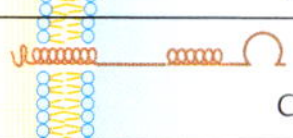 CD7	40	17q25	alle Zellen der T-Zell-Linie	unbekannt
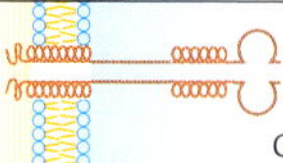 α β CD8	CD8α 33 CD8β 33	2p12 2p1	Thymozyten, zytotoxische T-Zellen, NK-Zellen (schwach, CD8a)	Bindung an MHC-Klasse-I-Moleküle
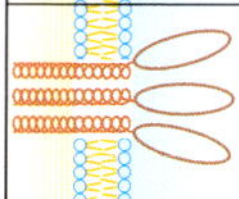 CD154 (CD40L)	33	Xq26.3 - 27.1	CD4$^+$-T-Zellen (nach Aktivierung), CD8$^+$-T-Zellen (Subpopulation), Basophile	bindet an CD40, aktiviert B-Zellen und dendritische Zellen
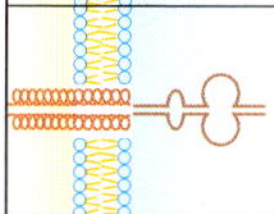 CD28	40	2q33	Thymozyten, CD4$^+$-T-Zellen, CD8$^+$-T-Zellen, (Subpopulation)	Ligand für CD80, CD86 („costimulatorisches Signal")
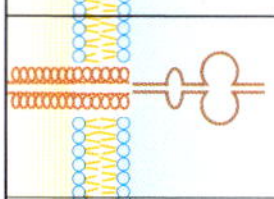 ICOS	55–60	2q33	aktivierte CD4$^+$- und CD8$^+$-T-Zellen	Ligand für ICOS -L. Costimulatorisches Signal. Induziert IL-10-Sekretion
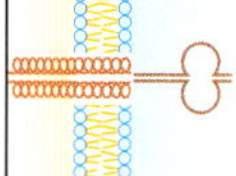 CD152 (CTLA-4)	33	2q33	aktivierte T-Zellen	Ligand für CD80, CD86 (negativer Regulator der T-Zell-Aktivierung)

A. Humane T-Zell-Differenzierungsmoleküle

Grundlagen

A. T-Zell-Aktivierung: Signaltransduktion

Von den MHC-Molekülen I und II wird das antigene Peptid nach Prozessierung (s. S. 66-69) der spezifischen T-Zelle präsentiert. Diese geht zunächst über die α- und β-Ketten eine Bindung in Form eines *trimolekularen Komplexes* ein (s. S. 45). Verstärkt wird diese Bindung durch das CD4- bzw. CD8-Molekül. Anschließend findet vor allem über die *ζ- und η-Moleküle* des CD3-Komplexes die eigentliche Signaltransduktion statt. Neben dem CD4- bzw. CD8-Molekül (α-Kette), die über die *$p56^{lck}$-Tyrosinkinase* an der Signaltransduktion beteiligt sind, ist das CD45-Antigen von besonderer Bedeutung: Es kommt in mehreren Isoformen vor und weist eine intrazelluläre Tyrosinphosphatase-Aktivität auf. Somit sind Phosphorylierungsereignisse, die durch die Phosphotyrosinkinasen vermittelt werden, die ersten Schritte der T-Zell-Aktivierung nach der Bindung des Liganden an den TCR. Dieser Vorgang erlaubt nun anderen Proteinen, die spezifische Tyrosinphosphat-Bindungseigenschaften haben, an diese phosphorylierten Proteine zu binden. Diese Bindungsmotive sind strukturell konserviert und werden *Src-Homologie-2(SH2)-Domänen* genannt, da sie in dem src-Protein zuerst identifiziert wurden.

Die Phosphorylierung der Tyrosin-Aminosäuren an den zytoplasmatischen Teil eines Membranproteines führt somit zur Bindung von SH_2-enthaltenden Proteinen an diese Bindungsstelle. Neben CD45, $p59^{fyn}$ und $p56^{lck}$ sind das *ζ-assoziierte Protein* (70 kd) bzw. die *ZAP („ζ-associated protein")-Kinase* bedeutsam.

Im Rahmen dieser Aktivierung kommt es zur Stimulation des Enzyms *Phosphatidyl-Inositol-Phospholipase (PIP)*, die schließlich über weitere Vorgänge zu erhöhten zytoplasmatischen Spiegeln von *Inosil-Triphosphat (IP_3)* und *Diacylglycerol (DAG)* führt. Danach kommt es zu einem erheblichen Anstieg von Calcium in der Zelle, das aus membrangelagerten intrazellulären Calcium-Speichern mobilisiert wird. Durch den Einstrom von DAG und Calcium wird die *Proteinkinase C (PKC)*, eine Serin/Threonin-Phosphokinase, aktiviert. Schließlich werden auch das Protoonkogenprodukt *ras* und dadurch über eine eigene Signaltransduktionskaskade Transkriptions-Aktivatoren, wie z. B. *AP-1*, aktiviert (s.u.). Beteiligt sind auch Calmodulin und Calcineurin. So kommt es schließlich zur Gen-Aktivierung und nachfolgender Transkriptionsregulation.

Wichtigster Vorgang bei der T-Zell-Aktivierung ist, die Transkription des Interleukin-2-(IL-2)-Gens in Gang zu setzen. Dafür ist die Umwandlung des Transkriptionsfaktors „nukleärer Faktor aktivierter T-Zellen" (NFAT) aus einer präexistenten in die aktive Form mittels Phosphorylierung entscheidend. Der NFAT wandert dann in den Kern ein, bindet an die spezifische IL-2-Promotor-Region und aktiviert gemeinsam mit einem weiteren Kernbindungsfaktor, dem AP-1-Komplex, die Transkription des IL-2-Gens durch die RNA-Polymerase II.

B. T-Zell-Aktivierung: Zeitlicher Ablauf der Genexpression

Man unterscheidet zwischen sofortigen (immediate), frühen (early) und späten (late) Aktivierungsvorgängen der T-Zelle. Daran sind zunächst Protoonkogene (c-fos und c-myc), Kernbindungsproteine (s. a. **A.**) und schließlich die Zytokin-Gene in der gezeigten Reihenfolge beteiligt. Erst nach Tagen kommt es dann zur vermehrten Expression von MHC-Determinanten (auf bestimmten Zellsystemen) und Adhäsionsproteinen.

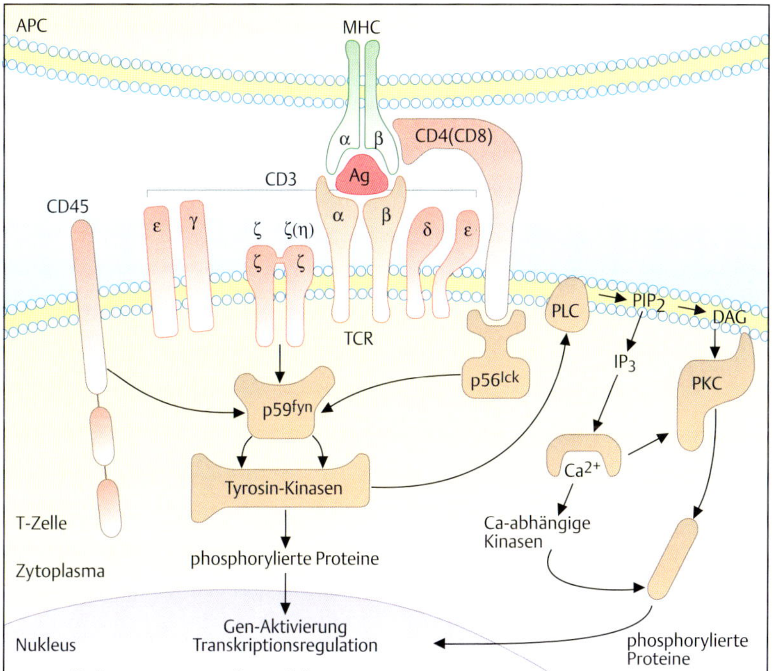

A. T-Zell-Aktivierung: Signaltransduktion

sofort	Protoonkogene	c-fos		c-myc
	Kernbindungsproteine		NFAT-1	$NF_{\kappa}B$
	Minuten	15		30

früh	Zytokine	IFN-γ IL-2	TGF-β IL-3			IL-4 IL-5 IL-6			GM-CSF		
	Rezeptoren	Insulin-R		IL-2R				Transferrin-R			
	Aktivierungs-antigene			CD69							
	Enzyme, intrazelluläre Proteine	ODC	Actin		Cyclin		Transferrin				Histone
	Stunden	1	2	3	4	5	6	12	18	24	48

spät	MHC		HLA-DR			
	Zytokine		Rantes			
	Adhäsionsproteine		VLA-4			VLA-1
	Tage	2	4	6	8	10

B. T-Zell-Aktivierung: zeitlicher Ablauf der Gen-Expression

Der Ausgang der Interaktion zwischen einer antigenspezifischen T-Zelle und der antigenpräsentierenden Zelle (**APC**) hängt von Dauer und Affinität der **TCR**-Peptid-Interaktion ab. Die meisten **TCR** haben eine sehr niedrige Affinität für MHC-Peptidkomplexe, mit Dissoziationskonstanten (Kd) von 10^{-5} bis 10^{-7} M (wesentlich geringer als die Affinität der meisten Antikörper für ihre Zielantigene). Man kann davon ausgehen, daß ein einziger TCR lediglich für die Dauer von etwa 10 Sekunden an den MHC-Peptidkomplex bindet. Eine **APC** kann daher gleichzeitig nur mit wenigen **TCR** in Interaktion treten. Damit die T-Zelle aktiviert wird, muß aber eine kritische „Schwelle" der Signalübertragung in das Zellinnere überschritten werden: Eine geringe Rekrutierung von „second messenger"-Proteinen führt zu keiner oder zu einer abortiven T-Zell-Antwort. Um die Dichte der Transduktionssignale zu erhöhen, kommt es daher innerhalb von wenigen Minuten zu einer Reorganisation der interagierenden Moleküle auf der Zelloberfläche. Dies dient dazu, den Kontakt zwischen T-Zelle und APC zu stabilisieren und die Signale von der Zellmembran in das Zellinnere zu koordinieren, mit dem Ziel, eine stärkere Stimulation der T-Zelle zu erreichen. Die Mikrodomänen der Zellmembran, in denen diese Reorganisation stattfindet, sind reich an Cholesterol und gesättigten Fettsäuren und werden als „lipid-raft" bezeichnet. Insgesamt bildet sich in diesen Regionen eine Synapsen-ähnliche Verbindung. Die Moleküle der immunologischen Synapse werden in sog. supramolekulare Komplexe („**s**upra **m**olecular **a**ctivation **c**lusters", **SMACs**) organisiert.

Die unreife Synapse enthält Integrine im zentralen Bereich, während sich TCR-MHC-Komplexe in der peripheren Region befinden. Nach Reifung zeigt sich eine Umkehrung dieser Verteilung.
Eine Reorganisation des Aktin-Zytoskeletts erfolgt mit Hilfe von sog. Linker-Proteinen und führt zu einer Translokation von TCR-Molekülen und **P**rotein**k**inase C Theta, (**PKC θ**) in die Synapse. Dieser aktive Transportprozeß wird von Myosin und Mikrotubuli unter ATP-Verbrauch bewerkstelligt. Die Vernetzung von Membranproteinen in der Synapse mit dem Zytoskelett wird von ubiquitär exprimierten mikrovillären **ERM**-Proteinen und dem CD2-assoziierten Protein **CD2AP** verursacht. **CD2AP** bindet intrazellulär an CD2. **E**zrin, **R**adixin, **M**oesin und Talin gehören zur Proteinfamilie **ERM**. Die Proteine dieser Familie verbinden CD43, CD44, P-Selectin und ICAMs mit dem Zytoskelett. Ihre Aktivität wird durch PIP2 und Phosphorylierung durch PKC θ und Rho-Kinase bei T-Zellaktivierung mittels Konformationsänderung erhöht und sie interagieren mit den zentralen Signalproteinen RhoGDI, Phosphoinositol-3-kinase, Fas, PKA, PKC θ und der **f**okalen **A**dhäsions**k**inase (**FAK**).
Die effiziente Aktivierung der T-Zelle und die Induktion der Zytokinexpression ist zusätzlich von dem **d**istalen **P**ol-**C**omplex (**DPC**) abhängig, welcher sich innerhalb von 5-15 Minuten nach APC-Kontakt bildet. Er dient zur Entfernung von Proteinen aus der Synapsenregion, welche dann in einer kappenartigen Struktur an der von der APC abgewandten Seite konzentriert werden. So wird das Mucin CD43 aktiv mittels ERM-Proteinen von den **SMACs** in den **DPC** transportiert. Dies ermöglicht eine volle T-Zell-Aktivierung.

A. Lokalisation der Proteine in der Synapse und Synapsen-Reifung

DC-SIGN wird von dendritischen Zellen (DC) exprimiert und stellt einen frühen Kontakt mit **ICAM-2** und **ICAM-3** auf T-Zellen her. Anschließend erfolgt die Bindung von **LFA-1** (**CD11a/CD18**) der T-Zellen an ICAMs der DC. **CD80/CD86** auf den APC mobilisieren die Adhäsionsmoleküle CD58 (LFA-3) und ICAM-1 in die Synapse. Diese Adhäsionsmoleküle führen auf der T-Zellseite zur Integration von CD2, welches die Zell-Zellinteraktion weiter stabilisiert und aktivierende sowie Apoptose-verhindernde Signale übermittelt. CD4 führt intrazellulär zur Rekrutierung von lck-Tyrosinkinasen in die Synapse.

B. Neuorganisierung der „lipid-raft"-Mikrodomänen

Im Zentrum der hochgeordneten, dynamischen Synapse befinden sich die **c**entralen **s**upra-**m**olekularen **K**omplexe (**cSMACs**), die hauptsächlich aus **TCRs**, **CD3**, **CD28-CD80/CD86**, **MHC**, **Agrin**, Proteinkinase C θ (**PKC θ**) und früh **CD45** bestehen. Ringförmig wird diese Struktur von den Adhäsionsmolekülen LFA1 und den zytoskelettbindenden Proteinen im sogenannten **p**eripheral **p**SMAC umgeben. Peripher im **d**istalen **d**SMAC befinden sich die größeren Proteine CD44, früh CD43 und später auch CD45.

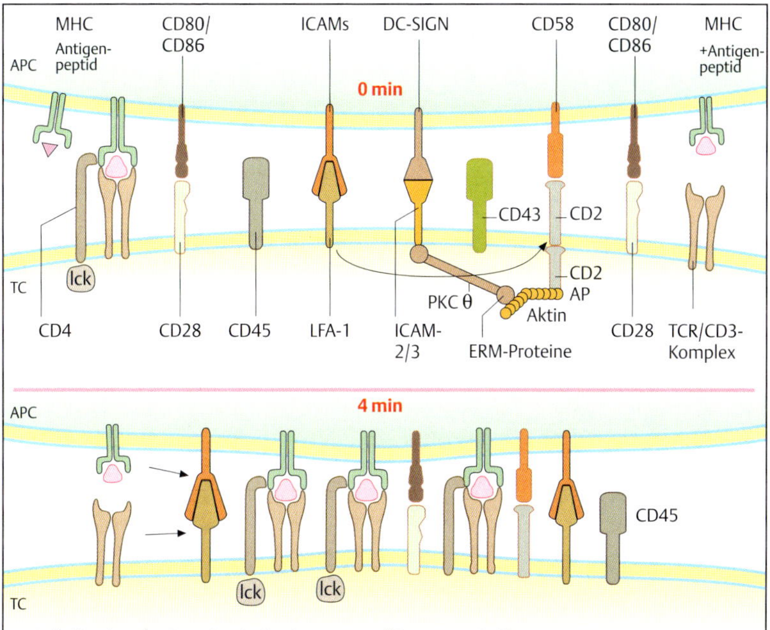

A. Lokalisation der Proteine in der Synapse und Synapsen-Reifung

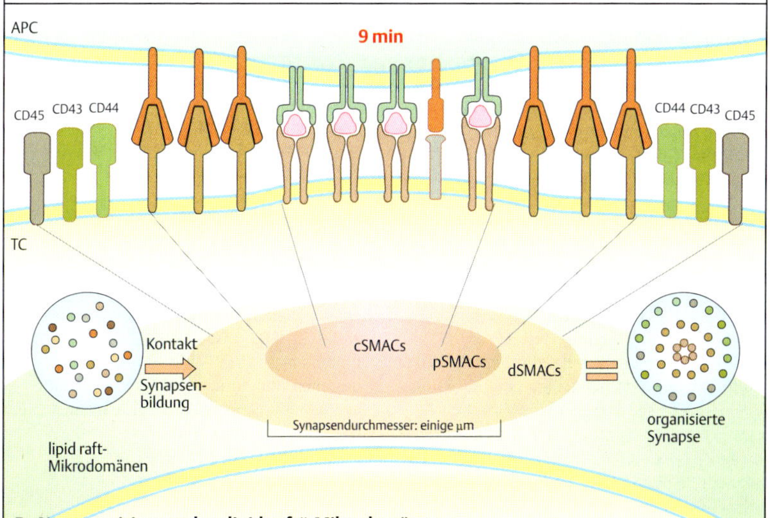

B. Neuorganisierung der „lipid-raft"-Mikrodomänen

A. Differenzierung in T_H1- und T_H2-Zellen

Nach Antigenkontakt gibt es eine funktionelle Differenzierung der T-Helfer-Zellen in zwei unterschiedliche Subpopulationen: die T_H1- und die T_H2-T-Zellen.

Nach Erstkontakt mit den unterschiedlichen Antigenen, z. B. Bakterien, Pilzen, Protozoen oder Gräserpollen, treten diese mit Zellen überwiegend des unspezifischen Immunsystems in Kontakt, insbesondere mit Makrophagen, NK-Zellen und Mastzellen. Beeinflußt werden diese Kontaktaufnahme und Antigenreaktion durch die genetische Suszeptibilität (Prädisposition) des Wirtsorganismus, in die neben MHC-Komponenten und dem TCR noch andere bisher unbekannte Faktoren eingehen.

Die Antigenverarbeitung durch die unspezifischen Abwehrzellen schafft ein Zytokinmilieu, das die weitere Immunreaktion entscheidend beeinflußt. Wichtig ist hier auch das von Makrophagen sezernierte Interleukin-12. Die weitere Antigenpräsentation wird durch die „professionellen" antigenpräsentierenden Zellen (APC, vor allem dendritische Zellen) vorgenommen. Hierbei ist neben dem trimolekularen Komplex aus TCR/antigenes Peptid/MHC die Bindung zwischen den CD80- und CD28-Molekülen von Bedeutung. Bedingt durch das vorherrschende Zytokinmilieu sowie durch unterschiedliche Wege in der Antigenpräsentation wird aus der ursprünglich nicht determinierten T-Helfer-0-Zelle (T_H0) entweder eine T_H1- oder eine T_H2-Zelle.

T_H1-T-Zellen sezernieren vor allem Interleukin-2, Interferon-γ, TNF-β sowie GM-CSF und führen über Makrophagen-Aktivierung vor allem zu ausgeprägten Entzündungsvorgängen, die auch das Abtöten von intrazellulären Erregern ermöglichen.

T_H2-Zellen bilden vor allem Interleukin-4 und Interleukin-5 (daneben IL-3, IL-6, IL-7, IL-8, IL-9, IL-10 und IL-14) und aktivieren B-Zellen zur Produktion von Antikörpern.

Regulatorische T-Zellen (T_{reg}) organisieren zusätzlich zum Zytokinmilieu die Differenzierung und Aktivierung in T_H1- und T_H2-Zellen (vgl. Kapitel über regulatorische T-Zellen, S. 26 f).

Exemplarisch wurden diese Vorgänge vor allem bei der Leishmanien-Infektion untersucht, wobei verschiedene Maus-Stämme je nach Zytokinmuster die Infektion unterschiedlich bewältigen: Ein T_H1-Zytokinmuster sichert nach Kontakt mit dem Erreger das Überleben der Versuchstiere, während das Überwiegen von T_H2-Zellen zu einer tödlichen Infektion führt.

Beide T_H-Zellgruppen sind in der Lage, durch die eigenen Zytokine die jeweils andere Zellgruppe in ihrer Aktivierung zu inhibieren. So führt Interferon-γ zu einer Behinderung der T_H2-Zellen, während IL-10 die Makrophagenaktivierung behindert und zur ausgeprägten Immunsuppression führt. Umgekehrt wirken die charakteristischen Zytokine positiv verstärkend auf die jeweilige Subpopulation, so z. B. IL-2 auf T_H1- und IL-4 auf T_H2-Zellen. Zu betonen ist jedoch, daß zumindest im humanen Abwehrsystem häufig keine strikte Trennung zwischen den Subpopulationen besteht, sonders daß vielmehr erregerabhängig fließende Übergänge möglich sind.

B. Regulation der IgE-Produktion

Beispielhaft soll die Regulation der IgE-Produktion durch T_H-Zellen vorgestellt werden. IgE wird zur Abwehr von Parasiten, aber auch im Rahmen einer Überempfindlichkeitsreaktion vom Typ 1 gebildet. Bei der Regulation der IgE-Produktion ist die T_H2-Zelle wesentlich beteiligt. Die Aktivierung der B-Zelle erfolgt vor allem über das CD40/CD40-Liganden-System. Interleukin-4 und Interleukin-13 bzw. lösliche Rezeptoren des IL-4 (IL-4R) werden freigesetzt, die zusätzlich zur IgE-Produktion beitragen: IL-4 führt zur Differenzierung von B-Zellen in IgG1- und IgE-produzierende Plasmazellen, wohingegen IL-13 die Bildung von IgG4- und IgGE-Antikörpern induziert.

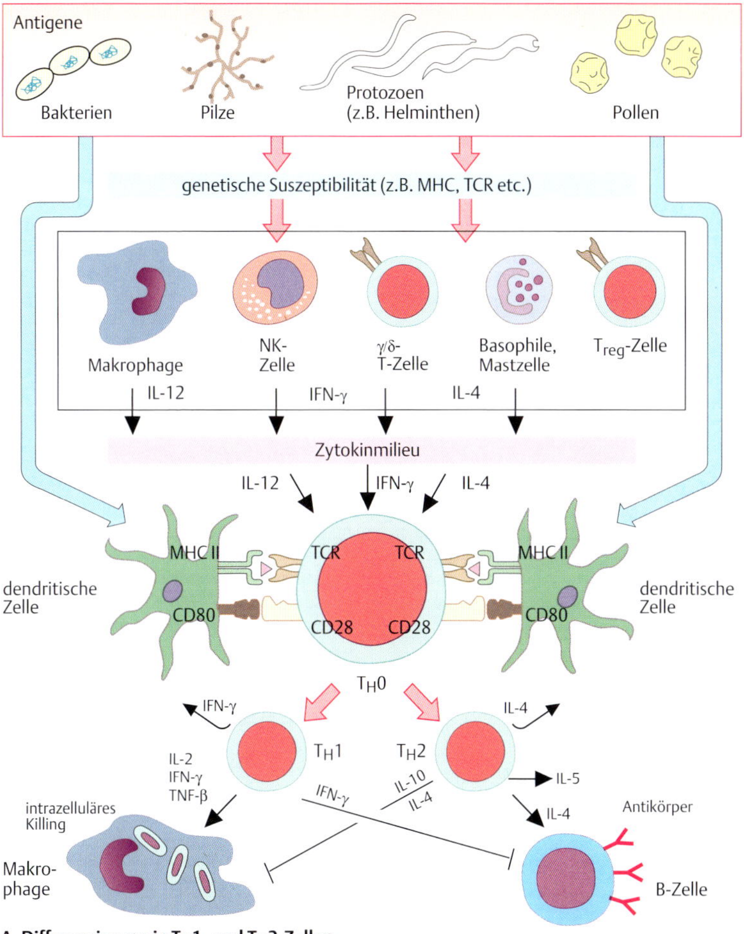

A. Differenzierung in T_H1- und T_H2-Zellen

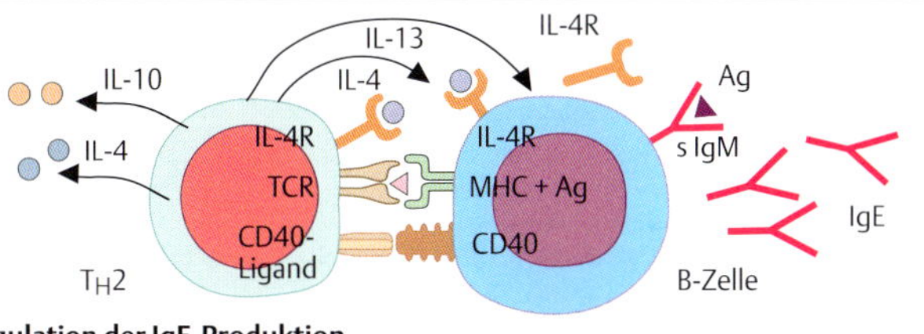

B. Beispiel: Regulation der IgE-Produktion

Entwicklung von Gedächtnis und Effektor-T-Zellen

Nach Antigenstimulation kommt es in den CD4-T-Zellen zur Expression der Aktivierungsmarker CD45RO (eine alternative Splice-Variante des allgemeinen Leukozytenantigens CD45RA), CD69 und CD25 (Bestandteil des hochaffinen IL-2-Rezeptor).

Die unreife T_H0-Gedächtnis-T-Zelle (T **c**entral **m**emory, TCM) entsteht nach Aktivierung von naiven CD4 Zellen und sezerniert nach Peptidstimulation vor allem IL-2. Sie differenziert sich in zwei unterschiedliche Phänotypen: Die prä-T_H1- und die prä-T_H2-T-Zellen. Diese stellen die Extremformen eines ganzen Spektrums dar, wobei die T-Zellen am Anfang ihrer Differenzierung durch ihre Plastizität noch im Phänotyp wechseln können. Erst spät in der Differenzierung entwickeln sich die CD4-T-Zellen zu „polarisierten“ T_H1- oder T_H2-Effektor-T-Zellen. CD4-Zellen in den Keimzentren der Lymphknoten (follicular Helfer T-Zellen, TFH oder Germinal Center T Helferzellen GCTH) exprimieren CXCR5 und reichlich kostimulatorische Moleküle (z.B. ICOS), um B-Lymphozyten zu stimulieren.

Beim Wechsel von „zentraler Gedächtniszelle“ zur „Effektor-Gedächtniszelle“ werden die Antigene CCR7 und CD62L herabreguliert, damit die Lymphozyten die zentralen lymphatischen Organe verlassen und in die Peripherie migrieren können. T_H1-Effektor-T-Zellen entstehen durch Interaktion mit DC1 (s. Seite 54 ff.) und den Zytokinen IL-12, IL-23 und IL-27. Sie setzen große Mengen an IFNγ, GM-CSF und TNFα frei. Auf der Oberfläche zeigen sie eine hohe Expression von CCR5, CXCR3, CCR2, CD40L und FasL. Damit sind die T_H1-Zellen in der Lage, eine zytotoxische CD8-T-Zell-vermittelte Immunantwort auszulösen. T_H1-Zellen sind über die Stimulation von zytotoxischen CD8-Zellen für die Virusimmunantwort unentbehrlich. CCR5 bindet inflammatorische Chemokine und leitet die T_H1-T-Zellen so zu Entzündungsherden. CXCR3 bindet IP-10, auch ein Chemokin der Gewebsmakrophagen mit ähnlicher Funktion.

T_H2-Effektor-T-Zellen setzen nach Antigen-Stimulation vor allem die B-Zell-stimulierenden Zytokine IL-4 und IL-5 frei. Diese werden von B-Zellen zum Wechsel von IgM zur IgG Produktion benötigt. IgG Antikörper deuten meistens auf das Vorhandensein antigenspezifischer T_H2-Zellen hin. T_H2-Zellen zeigen eine Oberflächenexpression von CD40L, CCR3 und CCR4. Weitere von ihnen gebildete Zytokine umfassen IL-3, GM-CSF, IL-10, TGFβ und Eotaxin. TGFβ bewirkt in B-Zellen den Immunglobulinklassenwechsel zu IgA. CCR3 bindet Eotaxin-2, Eotaxin-3, MCP-2, MCP-3 und MCP-4; CCR4 bindet die Chemokine TARC und MDC, das von Hautmakrophagen und reifen DC sezerniert wird; CCR4 spielt so eine Rolle bei der Interaktion der T_H2-Zellen mit DC. Die Liganden von CCR3 werden dagegen im entzündeten Gewebe gebildet.

CD8-Effektorzellen entwickeln sich ebenfalls aus naiven T-Zellen, welche die CCR7 Expression verloren und dafür CCR5 erworben haben. Zwei Hauptgruppen lassen sich erkennen: $CD45RO^+/CXCR6^+$-Zellen und $CD45RA^+/CXCR3^+$-Zellen, welche besonders reich an Peforine sind und starke zytotoxische Aktivität besitzen.

T-Zell-Schicksal nach Aktivierung

Abhängig von der Stärke und der Dauer der TCR-Stimulation können T-Zellen aktiviert oder zur Apoptose gebracht werden. Letzteres ist für die Entstehung der Toleranz von Bedeutung. Ein kurzes, schwaches Signal reicht nicht um die T-Zelle zu aktivieren, und führt meist zur „Ignoranz“. Auch eine stärkere Stimulation über den TCR führt bei fehlender Kostimulation zur Apoptose der Zellen (Toleranzinduktion durch Parenchymzellen: „low-zone tolerance“, s. S. 44 ff.). Lediglich nach starker und lang andauernder Stimulation entwickeln sich die T-Zellen zu Gedächtnis- bzw. Effektorzellen. Längere Signale führen hier vor allem zu den $CCR5^+$-Effektorzellen, die in der Peripherie zirkulieren und durch Interaktion mit DC in lokalen Entzündungsreaktionen aktiviert werden. Ein kürzeres Signal führt zu den längerlebigen $CCR7^+$-zentralen Gedächtniszellen, die durch die Lymphe und Lymphknoten zirkulieren (wichtige Liganden von CCR7 sind ELC und SLC, die in Lymphknoten gebildet werden). Eine zu starke Stimulation der naiven T-Zellen führt zu AICD (**a**ctivation **i**nduced **c**ell **d**eath bei der „high zone tolerance“) und damit zum Tod der Zellen (s. S. 86 ff.).

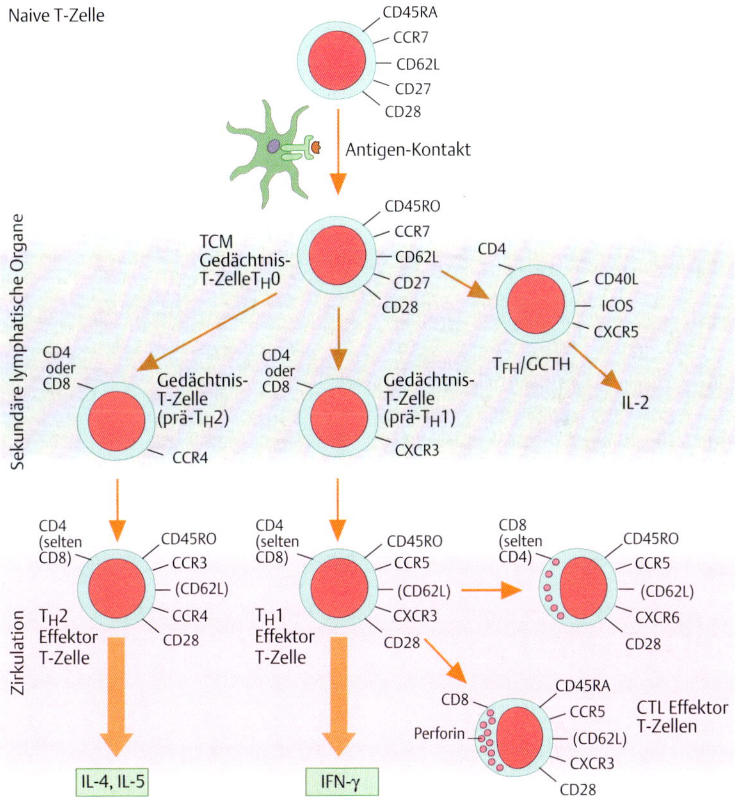

A. Entwicklung von Gedächtnis- und Effektor-T-Zellen

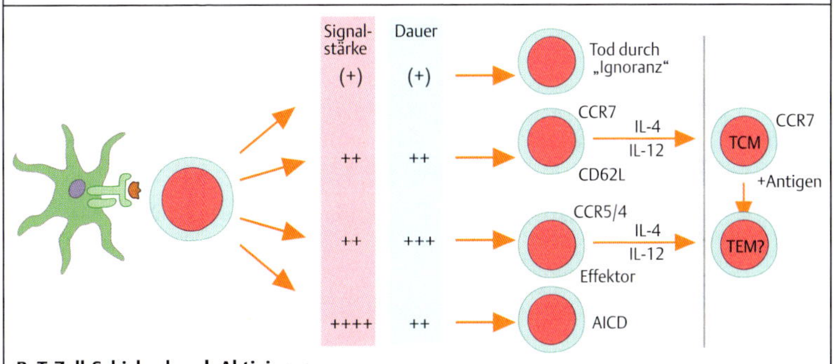

B. T-Zell-Schicksal nach Aktivierung

Damit eine effektive Immunantwort nicht in eine überschießende und autoaggressive Immunreaktion übergeht, ist die Regulation der T_H-Zellen notwendig. Lange Zeit wurden ($CD8^+$) Suppressor-T-Zellen postuliert. Erst in den letzten Jahren ist es gelungen, eine Subpopulation der $CD4^+$-T-Zellen zu identifizieren, die regulatorische Funktionen wahrnehmen. Nach heutigem Kenntnisstand werden natürliche und induzierte regulatorische T-Zellen (T_{reg}) unterschieden.

A. Natürliche und induzierte T_{reg}

Natürliche T_{reg} machen etwa 5-10 % der peripheren T-Zell-Population aus und sind durch folgendes Oberflächenantigenmuster charakterisiert: CD25 (α-Kette des IL-2-Rezeptors), niedrige CD45RB-Expression, CTLA-4 (CD152, ein auf aktivierten T-Zellen exprimierter Rezeptor für B7-Moleküle), α_E-Integrin (CD103). Keines dieser Oberflächenmoleküle ist exklusiv für regulatorische T-Zellen. Andererseits übernehmen viele andere $CD4^+$- und $CD8^+$-T-Zellen, die kein CD25 exprimieren, regulatorische Funktionen. Die Expression des Transkriptionsfaktors **FoxP3** scheint hingegen exklusiv für die natürliche T_{reg}-Population und entscheidend für die Entstehung dieser Zellpopulation zu sein. FoxP3-positive regulatorische Zellen sind zahlreich im Nabelschnurblut vorhanden. Über den TCR werden T_{reg} hauptsächlich über Autoantigene aktiviert, zeigen aber nur geringe proliferative Aktivität. Stattdessen werden supprimierende Zytokine sezerniert: IL-10 und TGF-β. Natürliche T_{reg} wirken direkt auf APC und aktivierte T-Zellen.

Die zweite Gruppe $CD4^+$-T_{reg} entsteht nach Induktion aus dem aktivierten $CD4^+$ ($CD25^-$ oder $CD25^+$ natürlichen T_{reg}) T-Zell-Pool. Ihre CD25-Expression ist variabel. Sie sind spezifisch für Auto- und Fremdantigene und produzieren ebenfalls IL-10 und TGF-β (s. Tabelle S. 328).

B. T_{reg} und Infektionen

T_{reg} spielen eine wichtige Rolle in der Organisation einer adäquaten Immunantwort bei Infektionen. *Candida albicans* oder *Pneumocystis jiroveci* z. B. aktivieren T_{reg}, die ihrerseits die Stärke der protektiven Immunantwort vermindern. Ohne T_{reg} nehmen bei beiden Infektionen im Tiermodell die immunpathologischen Prozesse im Gewebe zu. Manche Erreger machen sich strategisch die Hemmung der protektiven Immunantwort durch T_{reg} zunutze (Immunevasion). *Bordetella pertussis* etwa aktiviert durch sein filmentöses Hämagglutinin gezielt T_{reg}, die über eine verstärkte IL-10-Sekretion die IL-12-Expression und damit die Immunantwort gegen den Erreger hemmen.

C. Regulation der T_{reg}-Aktivität

1. Während einer Infektion und des begleitenden Entzündungsprozesses werden durch Zellzerstörung fremde und Autoantigene von APC aufgenommen und prozessiert. Durch ihre Präsentation werden neben konventionellen T-Zellen auch autoreaktive natürliche T_{reg} und autoreaktive und pathogen-erkennende induzierte T_{reg} aktiviert, die vorher chemotaktisch an den Entzündungsort gerufen worden sind. Darüber hinaus besitzen T_{reg} viele **T**oll **L**ike **R**ezeptoren, s. S. 74 ff TLR (u. a. TLR4 für LPS) auf ihrer Oberfläche, über die sie auch direkt durch **p**athogen-**a**ssociated **m**olecular **p**atterns (PAMP, s. S. 74) aktiviert werden können. Über TLR aktivierte APC wiederum hemmen durch lösliche Mediatoren die Aktivität der T_{reg}.

2. Darüber hinaus regulieren T_{reg} ihre Aktivität untereinander: Durch Kontakt mit antigenspezifischen T-Zellen über CD2 werden Subgruppen (MHC Klasse II^+ und IL-2-$Rezeptor^+$) aktiviert. MHC-II^+-T_{reg} hemmen T-Zellen in Proliferation und Zytokinproduktion während IL-2-R^+-T_{reg} eine T_H2-Antwort induzieren, die von den MHC-II^+-T_{reg} gehemmt werden kann. IL-10 hemmt wiederum diese Subpopulation.

Insgesamt sind T_{reg} für die Immunhomöostase verantwortlich und verhindern überschießende Immunreaktionen. Die Zunahme von Autoimmunerkrankungen v.a. in den Industrieländern (durch eine T_H1-Reaktion verursachte chronisch entzündliche Darmerkrankungen [s. S. 226 ff.] oder Diabetes [s. S. 250] und durch eine T_H2-Reaktion verursachte allergische Reaktionen [s. S. 34 ff.]) könnte u.a. durch eine Fehlregulation durch T_{reg} erklärt werden. Die Abnahme von (chron.) Infektionskrankheiten hat eine Abnahme der Aktivierung des Immunsystems und damit der T_{reg} zur Folge. Eine verminderte T_{reg}-Aktivität kontrolliert wiederum nur noch unzureichend autoimmune Prozesse, so daß sich Autoimmunerkrankungen ausbreiten können (sog. „Hygiene-Hypothese").

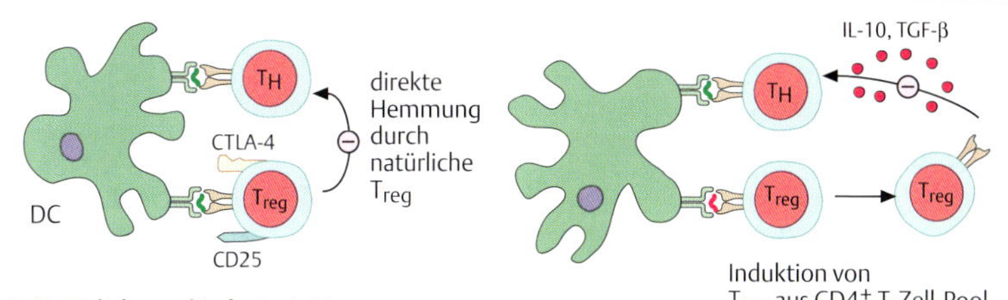

A. Natürliche und induzierte T_{reg}

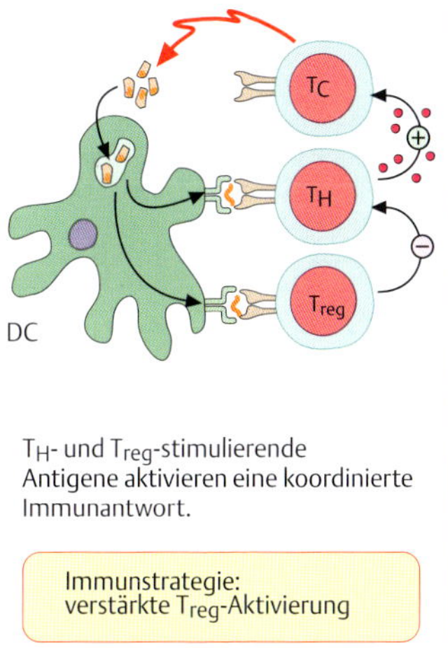

B. T_{reg} und Infektion

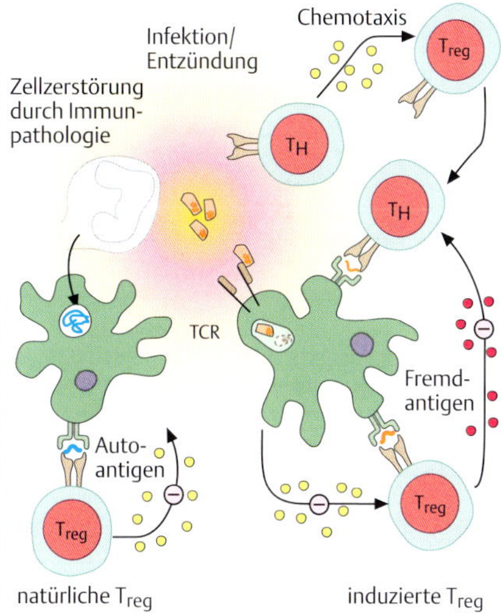

C. Modell der Funktion von T_{reg} in Infektionen

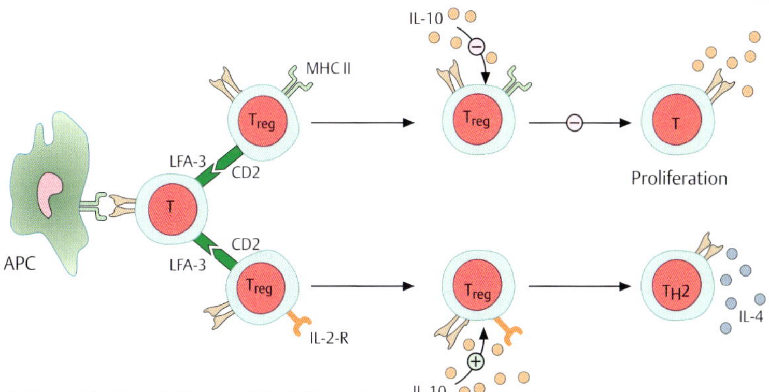

D. Modell der Regulation der Aktivität von T_{reg}

A. Übersicht

Neben den klassischen MHC-restringierten T-Zellen ($CD4^+$ erkennen über MHC-Klasse II präsentiertes Antigen, $CD8^+$ über MHC-Klasse I präsentiertes Antigen, s. S. 66–69) gibt es eine Reihe weiterer T-Zellen, die Antigene im Kontext anderer antigenpräsentierender Moleküle erkennen und eine wichtige Rolle bei der Infektabwehr und Immunregulation übernehmen. Dazu gehören CD1-restringierte αβ-TCR-tragende T-Zellen, NKT-Zellen und γ/δ-T-Tellen.

B. CD1-Moleküle (CD1-restringierte T-Zellen)

Eine Gruppe nicht-klassischer Antigenpräsentationsmoleküle stellen die CD1-Moleküle dar. Sie sind nicht im MHC-Komplex codiert (vgl. S. 60-65), sondern haben ihre Gene auf Chromosom 1. Im Gegensatz zu den MHC-Molekülen sind sie *nicht* polymorph, d. h. ihre Struktur ist hochkonserviert, und es gibt keinen interindividuellen Unterschied in Aussehen und Antigenität. CD1-Moleküle finden sich in allen Säugetieren und sind wahrscheinlich in der Evolution zusammen mit MHC-Molekülen aus einem gemeinsamen Vorläufermolekül entstanden. Im Menschen gehören zu dieser Gruppe 4 Isoformen. CD1a, b und c bilden die Gruppe 1, CD1d Gruppe 2. Gruppe-1-CD1-Moleküle finden sich auf dendritischen Zellen und präsentieren mykobakterielle Lipidantigene an spezifische, CD1-restringierte ($CD4^+$, $CD8^+$ oder doppelt negative [DN], $αβ\text{-}TCR^+$) T-Zellen, die nach Aktivierung IFN-γ sezernieren oder zytotoxische Aktivität entfalten (vgl. S. 240). Lipidantigenspezifische T-Zellen finden sich in hoher Frequenz im peripheren Blut von Menschen, die mit *Mycobacterium tuberculosis* infiziert, aber nicht erkrankt sind. TB-Patienten weisen eine wesentlich niedrigere Frequenz dieser Zellen im Blut auf. Mykobakterielle Lipide und Glykolipide bestehen meistens aus einem hydrophilen Kopf und zwei Fettsäureketten. Der hydrophobe Teil interagiert mit der engen Bindungstasche des CD1-Moleküls, während der hydrophile Teil dem T-Zell-Rezeptor präsentiert wird.

C. NKT-Zellen

Das Gruppe-2-CD1-Molekül (CD1d) findet sich auf B-Zellen, Makrophagen, dendritischen Zellen und Epithelzellen. Es präsentiert körpereigene (Phosphatidylinositol) und -fremde (Phosphatidylinositol-Tetramannosid aus der Mykobakterienzellwand, GPI-verankerte Proteine aus Parasiten und α-Galaktosylceramid aus Meeresschwämmen) Lipide an NKT-Zellen. NKT-Zellen exprimieren Marker wie NK-Zellen und entfalten nach Aktivierung eine ebensolche Aktivität (s. S. 46–49). Ihr TCR-Repertoire ist stark limitiert: Neben einer invarianten Vα-Kette (Vα24JαQ im Menschen) weist ihr TCR nur wenige Vβ-Varianten auf. Sie sezernieren gleichzeitig IL-4 und IFN-γ, d. h. sie können sowohl T_H1- als auch T_H2-Zellen aktivieren und rekrutieren NK-Zellen zum Ort der Entzündung. Darüber hinaus übernehmen sie eine Schlüsselrolle in der Lyse von Tumorzellen. Ihre *schnelle* Zytokinsekretion verleiht ihnen eine wichtige immunregulatorische Funktion, indem sie den Übergang von angeborener unspezifischer Immunantwort zur Aktivierung spezifischer T-Zellen koordinieren und dabei eine ausreichende Immunantwort sicherstellen.

D. γ/δ-T-Zellen

T-Zellen mit einem γ/δ-TCR (hier Vγ2/Vδ2) erkennen das Molekül Isopentenylpyrophosphat ohne ein antigenpräsentierendes Molekül. Die Bindung erfolgt antikörperähnlich. Aktivierte γ/δ-T-Zellen entfalten eine zytotoxische Aktivität und initiieren eine T_H1-Immunantwort durch IFN-γ-Sekretion. Zellen unter Streß exprimieren die Oberflächenmoleküle MICA und MICB, die von einer weiteren ($Vδ1^+$) Gruppe γ/δ-T-Zellen erkannt werden. Ihre Aktivierung führt zur Lyse der Zielzelle. $Vδ1^+$-γ/δ-T-Zellen erkennen auch CD1c-Moleküle auf dendritischen Zellen und werden aktiviert, die Zielzelle über Granulysin zu töten. γ/δ-T-Zellen spielen eine wichtige Rolle bei der Infektabwehr am Übergang von angeborener zu erworbener Immunantwort. Ihre Funktionen variieren in verschiedenen Organen. Besonders stark sind sie als intraepitheliale Lymphozyten im Darm präsent (s. S. 58).

Zusammenfassend läßt sich feststellen, daß unkonventionelle T-Zellen eine (immunregulatorische) Mittlerfunktion zwischen angeborener und erworbener Immunität übernehmen und besonders schnell auf eine Infektion reagieren können, bis die Produktion spezifischer konventioneller T-Zellen angelaufen ist. Ob sie die Bildung von Gedächtniszellen auslösen können und ihre Rolle in autoimmunologischen Prozessen, ist bisher ungeklärt.

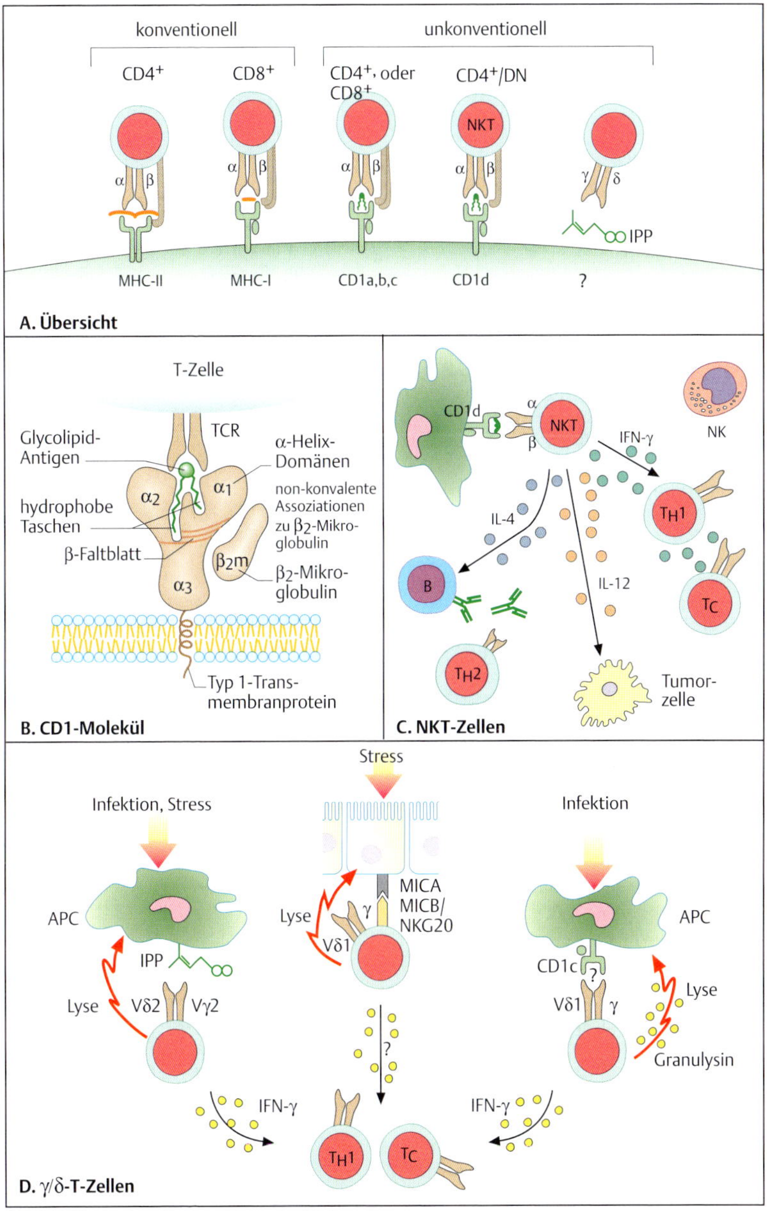

A. Übersicht

B. CD1-Molekül

C. NKT-Zellen

D. γ/δ-T-Zellen

A. Entwicklung der B-Lymphozyten

B-Lymphozyten differenzieren im Knochenmark aus pluripotenten Stammzellen als Reaktion auf Signale von Stromazellen (lösliche Zytokine, Zell-Zell-Kontakt).

Die erste erkennbare Entwicklungsstufe der B-Zellen ist die Progenitor-B-Zelle (Pro-B). Pro-B-Zellen sind selbsterneuerungsfähig; sie exprimieren „Stammzell-assoziierte" Antigene (CD34 und CD117) sowie die B-linienspezifischen Antigene CD19 und CD22 (letzteres nur im Zytoplasma).

In der weiteren Entwicklung beginnt die Immunglobulin-Synthese: Im Zytoplasma von Prä-B-Zellen lassen sich Schwerketten der IgM-Immunglobuline (μ-Ketten) nachweisen. Die nächste Differenzierungsstufe wird „Virgin-B-Zelle" genannt, weil die Zellen noch nicht mit Fremdantigenen in Kontakt gekommen sind. Diese exprimieren komplette IgM-Immunglobuline auf der Oberfläche. Die weitere Differenzierung ist antigengesteuert: Unreife B-Zellen sterben durch Apoptose, wenn ihre Immunglobuline an Autoantigene binden, die ihnen vermutlich von Knochenmarkstromazellen präsentiert werden (klonale Deletion bzw. klonale Anergie). Die anderen verlassen in diesem Reifungsstadium das Knochenmark und wandern zunächst in die T-Zell-reichen Zonen der peripheren lymphatischen Organe. Die Wanderung der B-Zellen wird gesteuert durch die Chemokin-Rezeptoren CCR7, CXCR4 und CXCR5. In den lymphatischen Organen findet erneut eine Selektion statt: Alle Zellen, die nicht von den T-Zellen ein „Überlebenssignal" erhalten, sterben durch Apoptose. Die verbliebenen B-Zellen wandern in die Lymphfollikel. Sie exprimieren auf der Zelloberfläche auch IgD-Immunglobuline sowie die Differenzierungsantigene CD21, CD22, CD23 und CD37 und rezirkulieren als zirkulierende follikuläre B-Zellen ständig zwischen Knochenmark und sekundären lymphatischen Organen, bis sie auf ein passendes Antigen treffen. Der Chemokin-Rezeptor CXCR5 ist stark exprimiert auf reifen rezirkulierenden B-Zellen und bindet an CXCL13, das in der B-Zell-Zone der sekundären lymphatischen Organe von Stromazellen und follikulären dentritischen Zellen sezerniert wird. Rezirkulierende B-Zellen treffen auf Antigene in den Lymphknoten oder im Mukosa-assoziierten lymphatischen Gewebe. Sie differenzieren hier zu IgM-produzierenden Plasmazellen (primäre B-Zell-Antwort). Diese IgM-Antikörper haben aber nur eine geringe Affinität zum Antigen. Um „bessere" Antikörper zu produzieren, durchlaufen B-Zellen noch eine spezielle Entwicklung in den Lymphfollikeln (Keimzentrumsreaktion) (s. a. S. 32. ff.), wenn sie auf Immunkomplexe treffen, die an follikuläre dendritische Zellen gebunden sind. Durch die Keimzentrumsreaktion entwickeln B-Zellen die Fähigkeit, Antikörper der anderen Klassen zu produzieren („Immunglobulin-Switch"). Die terminale Ausreifung der Plasmazellen findet dabei im Knochenmark oder in der Schleimhaut des Gastrointestinaltraktes statt.

Ein Teil der antigenstimulierten B-Zellen wandert in die Marginalzone der peripheren Organe und differenziert sich in IgD-negativeÇD23-negative und CD39-positive Zellen (extrafollikuläre B-Zellen). Diese können im Gegensatz zu den meisten B-Zellen auch auf Kohlenhydrat-Antigene reagieren (T-Zell-unabhängige Antwort), generieren jedoch nur IgM-Antikörper niedriger Affinität.

B. CD5$^+$-B-Zellen

Eine kleine Fraktion der B-Zellen ist durch die Expression des T-Zell-assoziierten Differenzierungsantigens CD5 (Ly-1-Antigen der Maus) charakterisiert. Diese B-Zellen (B1+B-Zellfraktion) gehören zu einer separaten Population, die sich früh im Laufe der Ontogenese von der normalen B-Zell-Reihe spaltet und den Pleura- und Peritonealraum kolonisiert. Die Existenz dieser B-Zell-Subpopulation ist bislang nur in der Maus wirklich gesichert. CD5$^+$-B-Zellen sind langlebig, selbsterneuerungsfähig und sezernieren niedrigaffine, polyreaktive Autoantikörper der IgM-Klasse. Gerade die Differenzierung im Pleural- und Peritonealraum könnte die Ursache der Autoreaktivität dieser Zellen erklären (fehlende klonale Deletion durch Kontakt mit Stromazellen des Knochenmarks).

Interessanterweise sind alle Fälle von chronischen lymphatischen Leukämien vom B-Zell-Typ CD5$^+$ (s. S. 152 ff.).

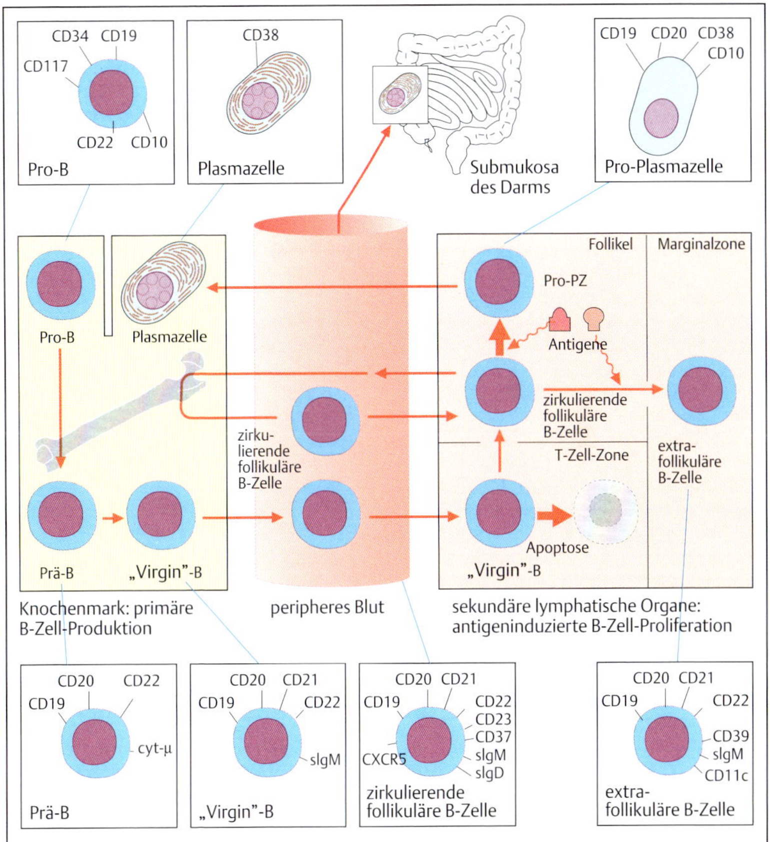

A. Entwicklung der B-Lymphozyten

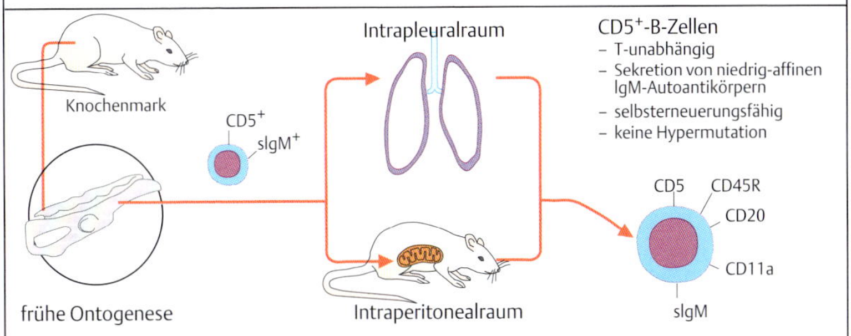

B. CD5^{+}-B-Zellen

A. B-Zell-Aktivierung: die Keimzentrumsreaktion

Ruhende, unstimulierte Lymphfollikel, wie z. B. in fetalen Lymphknoten, bestehen aus einem Netzwerk von follikulären dendritischen Zellen (FDC) in lockerem Kontakt mit kleinen follikulären B-Zellen, die IgM und IgD auf ihrer Oberfläche exprimieren. Nach Antigenkontakt entstehen sekundäre Lymphfollikel, die durch prominente Keimzentren charakterisiert sind: Bereits 3-4 Tage nach Antigenkontakt findet im Zentrum des Follikels ein exponentielles Wachstum von B-Zellen statt, die sich zunächst zu großen Zellen mit viel Zytoplasma entwickeln (primäre B-Blasten) und kleine ruhende Zellen an den Rand des Follikels drängen. Wenige Tage später sind die Blasten vorwiegend in der basalen Region des Follikels konzentriert (*dunkle Zone* des Keimzentrums). Die zytoplasmatischen Ausläufer der FDC bilden hier ein feines, lockeres Netzwerk. Die Blasten (Zentroblasten) haben eine Verdopplungszeit von ca. 7 Stunden; dennoch nimmt ihre Zahl nicht zu, da sie gleich in kleine Zellen mit gelapptem Kern (Zentrozyten) differenzieren und aus der dunklen Zone herauswandern. Diese Zentrozyten bilden die sog. *helle Zone* des Keimzentrums, in der sie engen Kontakt mit einem sehr dichten Netz dendritischer Zellen bekommen. Ein großer Teil der Zentrozyten stirbt durch Apoptose, insbesondere in der angrenzenden Region zur dunklen Zone: Hier sind zahlreiche Makrophagen mit phagozytierten apoptotischen Zellkernen („tingible bodies") erkennbar. Die Keimzentrumsreaktion dauert ca. 3 Wochen, nach 2-3 Monaten sind nur noch wenige B-Zell-Blasten (sekundäre B-Blasten) im Zentrum eines „ausgebrannten" Follikels erkennbar. Auch die T-Zellen spielen eine wichtige Rolle im Keimzentrum. Hier ist eine besondere T-Zell-Population anzutreffen: germinal-center T-Helper cells (GC-TH, s. a. S. 24) exprimieren CXCR5 und CD57, sind nicht in T_H1 oder T_H2 polarisiert und exprimieren das Chemokin CXCL13, das entscheidend ist, um B-Zellen in den Follikel migrieren zu lassen. GC-TH-Zellen exprimieren auch besondere Transkriptionsfaktoren und bilden wahrscheinlich eine funktionell getrennte Subpopulation.

B. Antigenprofil der B-Zellen während der Keimzentrumsreaktion

Zentroblasten und Zentrozyten zeigen eine hohe Expression des CD38-Antigens: Im Vergleich zu den follikulären und extrafollikulären B-Zellen haben sie das CD23- und das CD39-Antigen verloren. Zentroblasten exprimieren außerdem in hoher Dichte das CD77-Antigen.

Während der „somatischen Hypermutation" in den Zentroblasten wird die Transkription der Immunglobulin-Gene vorübergehend eingestellt; daher sind Zentroblasten Oberflächen-Ig negativ. Zentrozyten exprimieren wieder Immunglobuline, was ihnen ermöglicht, mit dem Antigen auf der Membran von FDC zu reagieren. Sie können erneut zu Zentroblasten differenzieren, jedoch auch zu Gedächtnis-B-Zellen oder zu Plasmoblasten, welche dann im Knochenmark oder in der Schleimhaut des Gastrointestinaltraktes terminal zu Plasmazellen differenzieren.

C. Selektion hochaffiner Antikörper durch Hypermutation im Keimzentrum

Zentroblasten weisen eine extrem hohe Mutationsrate in den Immunglobulin-Genen auf (somatische Hypermutation), um Antikörper unterschiedlicher Affinität zu generieren. Als Zentrozyten migrieren sie in die helle Zone des Keimzentrums, wo nur eine starke Bindung an antigenpräsentierende FDC die Apoptose verhindern kann. Von den T-Zellen der hellen Zone bekommen die Zentrozyten über das CD40-Antigen ein weiteres Überlebenssignal. Sie migrieren zurück in die dunkle Zone und beginnen eine erneute Zellteilung als Zentroblasten: Durch Punktmutationen kann sich die Affinität der Oberflächenimmunglobuline für das Antigen steigern. Die Substitution einer einzelnen Aminosäure beispielsweise kann die Affinität des Immunglobulins um das Zehnfache erhöhen. Über diesen Mechanismus werden B-Zellen selektioniert, die hochaffine, Antigen-adaptierte Antikörper produzieren. Die „Nachfrage" bestimmt demnach, ob eine B-Zelle überleben und Antikörper mit der gewünschten Affinität und Spezifizität produzieren kann.

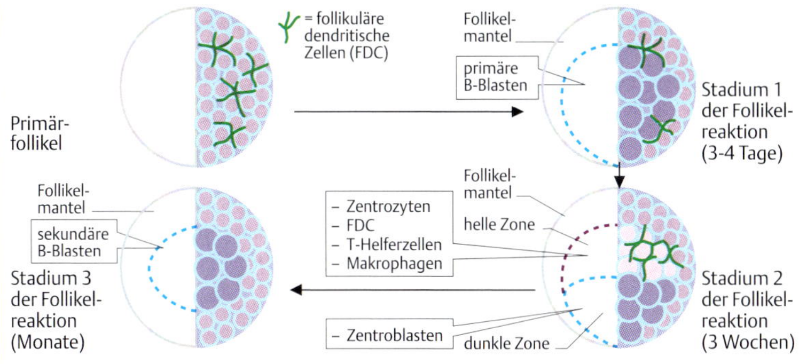

A. B-Zell-Aktivierung: die Keimzentrumsreaktion

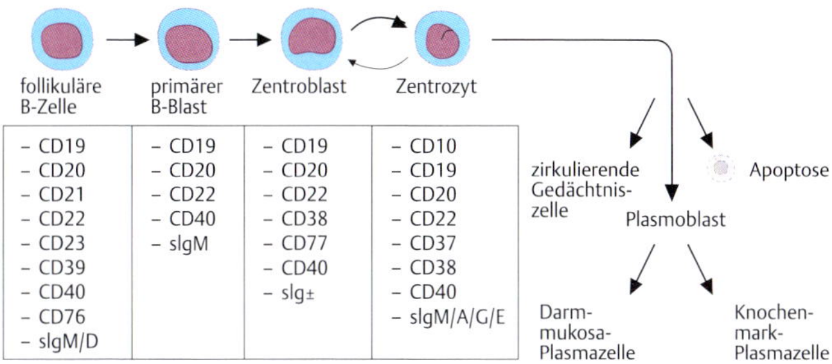

Antigen-profil	follikuläre B-Zelle	primärer B-Blast	Zentroblast	Zentrozyt
	– CD19 – CD20 – CD21 – CD22 – CD23 – CD39 – CD40 – CD76 – sIgM/D	– CD19 – CD20 – CD22 – CD40 – sIgM	– CD19 – CD20 – CD22 – CD38 – CD77 – CD40 – sIg±	– CD10 – CD19 – CD20 – CD22 – CD37 – CD38 – CD40 – sIgM/A/G/E

B. Antigenprofil der B-Zellen während der Keimzentrumsreaktion

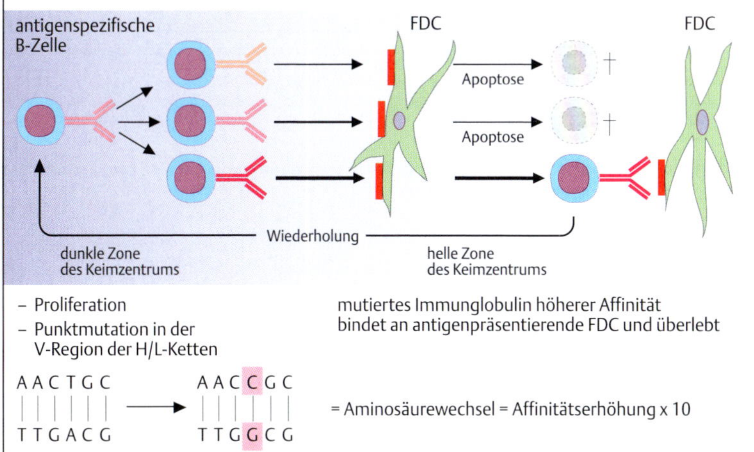

C. Selektion hochaffiner Antikörper durch Hypermutation im Keimzentrum

A. Immunglobuline: Struktur

Die Antigenrezeptoren der B-Zellen sind die Immunglobuline. Sie werden auf der Zelloberfläche reifer B-Zellen exprimiert sowie von terminaldifferenzierten B-Zellen, den Plasmazellen, produziert und als Antikörper ins Blut abgegeben. Immunglobuline sind Glykoproteine, die aus zwei identischen Schwerketten (H = „heavy chain") und zwei identischen Leichtketten (L = „light chain") bestehen. Ihr Molekulargewicht beträgt 50- bis 70000 Da bzw. 25000 Da. Leichtketten existieren in zwei verschiedenen Formen: kappa (κ) und lambda (λ).

Cysteinreste bilden Brücken zwischen den Ketten eines Immunglobulins. Das Enzym Papain spaltet zwei identische Fragmente, die die Antigenbindungsfähigkeit besitzen (Fab-Fragmente), von einem nicht antigenbindenden Fc-Fragment (F**c** = kristallisierbar). Auf den Fc-Fragmenten befinden sich die Bindungsstellen für den Komplementfaktor C1q (s. a. S. 52).

Die Leichtketten bestehen aus zwei in etwa gleich großen Regionen (Domänen): Der konstante Teil (C_L) unterscheidet sich bei den verschiedenen Immunglobulinen nur geringfügig; der variable Teil (V_L) dagegen zeichnet sich durch eine extreme Variabilität der Aminosäuresequenz aus. Beide Domänen bestehen aus ca. 110 Aminosäuren (AS). Die Schwerketten bestehen aus einer variablen (V_H, ebenfalls ca. 110 AS) und 3 (bei IgM und IgE 4) konstanten Domänen (C_H). Die verschiedenen Domänen der Immunglobuline haben eine ähnliche globuläre Struktur mit mehreren gegenläufig angeordneten β-Faltblattstrukturen und Disulfidbrükken.

B. Immunglobulin-„Superfamilie"

Ähnlich aufgebaute globuläre Domänen sind charakteristisch für eine ganze Reihe von Molekülen des Immunsystems: die Immunglobulin-Superfamilie. Zu dieser gehören neben den Immunglobulinen die T-Zell-Rezeptoren (TCR), die Klasse-I- und Klasse-II-Moleküle des Haupthistokompatibilitätskomplexes (MHC), an Zell-Zell-Interaktionen beteiligte Moleküle wie die CD4-, CD8-, CD19- und CD22-Antigene, der polymerische Immunglobulin-Rezeptor (Poly-IgR), der für die Durchschleusung von IgA und IgM durch Epithelzellen verantwortlich ist, sowie Adhäsionsmoleküle wie CD56.

C. Hypervariable Regionen bestimmen die Antigenspezifizität

In den variablen Domänen der Schwer- und der Leichtketten gibt es Bereiche, die eine extreme Variabilität der Aminosäuresequenz aufweisen: die sog. hypervariablen Regionen.

Dabei handelt es sich um jeweils 6 bis 8 Aminosäuren um die Positionen 30, 50 und 93 der Leichtketten bzw. 32, 55 und 98 der Schwerketten. Sie bestimmen die Spezifität der Antigenbindung und werden **k**omplementaritäts**d**eterminierende **R**egionen oder **CDR** genannt (s. a. **A.**). Die Substitution einer einzelnen Aminosäure in diesen Regionen ist für die Bindung eines bestimmten Antigens entscheidend.

Der konstante Teil des Immunglobulins bestimmt die Effektorfunktion, z. B. Komplementbindung und Interaktion mit spezifischen Rezeptoren (Fc-Rezeptoren) verschiedener Zellen sowie die transplazentare Übertragung.

Immunglobuline können selbst als Antigene fungieren, da sie 3 verschiedene antigene Determinanten besitzen: isotypische, allotypische und idiotypische Determinanten. *Isotypische Determinanten* sind für die Unterschiede zwischen verschiedenen Ig-Klassen, Subklassen und zwischen Schwer- und Leichtketten verantwortlich. *Allotypische Determinanten* bestimmen die Unterschiede zwischen Immunglobulinen eines gleichen Isotyps, insbesondere bei IgG. *Idiotypische Determinanten* sind die individuellen Determinanten jedes einzelnen Antikörpermoleküls, entsprechend der Variabilität der CDR der Immunglobuline.

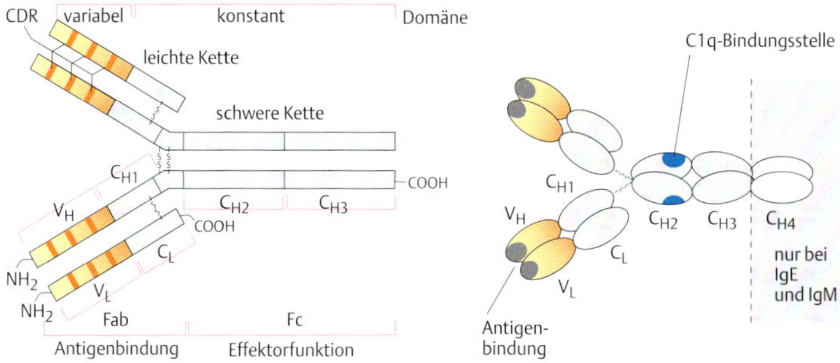

CDR = Komplementaritätsdeterminanten
Fab = antigenbindendes Fragment
Fc = kristallisierbares Fragment

V_H = variable Domäne der schweren Ketten
V_L = variable Domäne der leichten Ketten
$C_{H/L}$ = konstante Domäne der schweren/leichten Ketten

A. Immunglobuline: Struktur

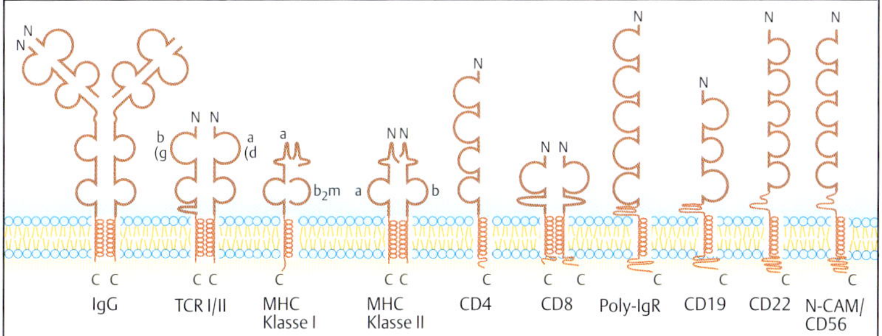

B. Immunglobulin-„Superfamilie"

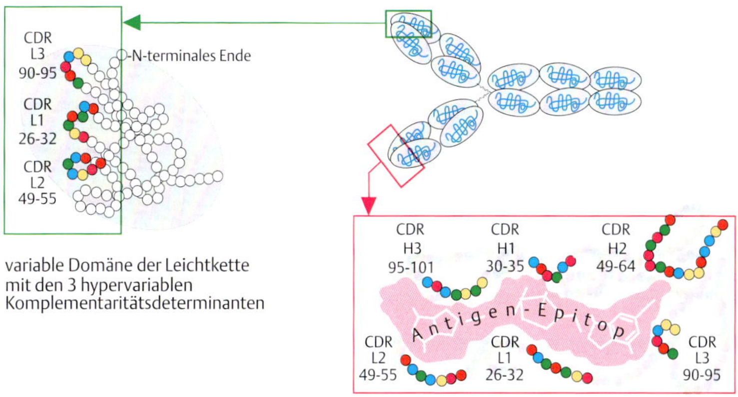

C. Hypervariable Regionen bestimmen die Antigenspezifität

A. Eiweißelektrophorese

In einem elektrischen Feld trennen sich die Serumproteine in Albumin, α_1-, α_2-, β und γ-Globuline. IgG-Immunglobuline migrieren in der γ-Globulinfraktion, andere Ig, insbesondere IgM und IgD sind aufgrund einer geringeren elektrophoretischen Mobilität vor allem in der β-Globulin-Fraktion (teilweise auch in der α_2-Fraktion) zu finden.

B. Immunglobuline: verschiedene Formen

Die zirkulierenden Antikörper werden von den Plasmazellen im Knochenmark und im Mukosa-assoziierten lymphatischen Gewebe produziert und sezerniert. IgA-Immunglobuline dominieren im Speichel, in Sekreten des Bronchialtraktes und der Harnwege, in Tränen, Kolostrum und Milch, wo sie Schutz gegen Bakterien leisten.

Reife B-Zellen exprimieren Immunglobuline auf der Zelloberfläche. Ein Teil der körpereigenen Immunglobuline ist an andere Zellen gebunden (Granuloyzten, Mastzellen, Monozyten/Makrophagen, Epithelzellen), meist über Rezeptoren für das Fc-Fragment.

C. Immunglobuline: Struktur, Merkmale

IgG-Immunglobuline haben den größten Anteil an den Serum-Immunglobulinen. Es gibt 4 Subklassen: IgG1, IgG2, IgG3, IgG4. Diese unterscheiden sich durch unterschiedliche γ-Ketten ($\gamma 1$ bis $\gamma 4$). Die Schwerketten bestehen aus einer variablen und 3 konstanten Domänen. IgG haben ein Molekulargewicht von insgesamt ca. 150000 Da; auf die Leichtketten (ca. 212 Aminosäuren) entfallen ca. 23000 und auf die Schwerketten (ca. 450 Aminosäuren) ca. 50000 bis 70000 Da in den verschiedenen Subklassen. IgG3 ist schwerer als die übrigen IgG, da es eine lange Serie von Disulfidbrücken in der sog. „Hinge"-Region aufweist; zudem bindet es besonders gut Komplement.

Die meisten IgA-Immunglobuline des Serums sind Monomere, etwa 15 % kommen als Dimere vor, selten bilden sich Polymere. IgA-Dimere sind durch eine J-Kette zusammengehalten. Es gibt 2 verschiedene IgA-Subklassen: IgA1 und IgA2. Sie unterscheiden sich in den Disulfidbrükken der „Hinge"-Region. IgA-Moleküle sind sehr kohlenhydratreich und fixieren kein Komplement.

IgM-Moleküle kommen in der Regel als Pentamere (Molekulargewicht ca. 900000), gelegentlich auch in Form anderer multimerer Komplexe und selten als Monomere vor. Sie sind die klassischen Oberflächen-Immunglobuline auf der Zellmembran reifer B-Zellen. IgM haben 4 konstante Domänen, in der pentameren Form werden sie, wie die IgA-Dimere, durch eine J-Kette zusammengehalten. IgM fixiert mit hoher Affinität Komplement.

IgD ist zusammen mit IgM das häufigste Membranimmunglobulin menschlicher B-Zellen; seine genaue Funktion im Serum ist nicht bekannt.

Freies IgE ist im Serum nur in sehr geringer Konzentration nachweisbar; es ist an basophile Granulozyten und an Mastzellen gebunden und bei Allergikern auf Epithelzellen der Bronchial- und Gastrointestinalschleimhaut nachweisbar. IgE ist wichtig für die Abwehr gegen Parasiten und spielt eine wichtige Rolle bei Überempfindlichkeitsreaktionen vom Soforttyp (s. S. 78).

D. Transport von Immunglobulinen durch das Darmepithel

Die Immunglobulin-Moleküle der Muttermilch werden im Darm des Säuglings von spezialisierten Epithelzellen aufgenommen und über einen pH-Gradienten ins Blut abgegeben (s. auch S. 58). IgA und IgM werden durch den polymeren Ig-Rezeptor (pIgR), IgGs (auch im Erwachsenen) durch den neonatalen Fc-Rezeptor für IgG (FcRn) aktiv transzellulär transportiert.

E. Ausschleusen von IgA

Sekretorische IgA-Moleküle liegen als Dimere vor, die zusätzlich eine sekretorische Komponente besitzen (ca. 70000 Da): Dabei handelt es sich um einen Teil des Membranrezeptors, der auf der extraluminalen Seite der Epithelzellen IgA bindet. Dieser Rezeptor wird Poly-Ig-Rezeptor genannt (s. S. 34). Er wird von den Epithelzellen der Schleimhaut synthetisiert und auf der basalen und lateralen Membran exprimiert. Der Komplex aus Poly-Ig-Rezeptor und IgA-Dimer (einschließlich der J-Kette) wird in die Epithelzelle eingeschleust, der extrazelluläre Teil des Rezeptor mit den gebundenen IgA wird abgespalten und im Darmlumen freigesetzt. Mit diesem Mechanismus werden auch die IgAs der Gallenflüssigkeit, des Sputums, der Milch, des Speichels und des Schweißes sezerniert.

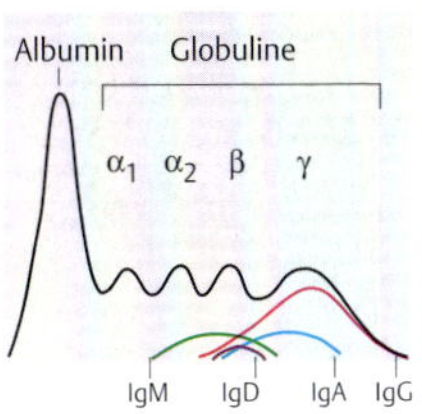

A. Eiweißelektrophorese

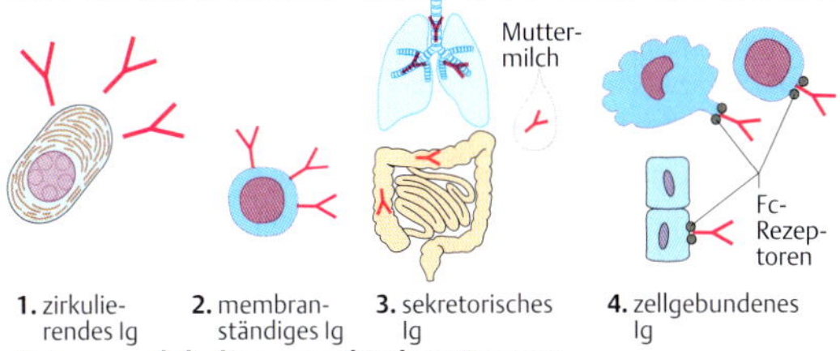

B. Immunglobuline: verschiedene Formen

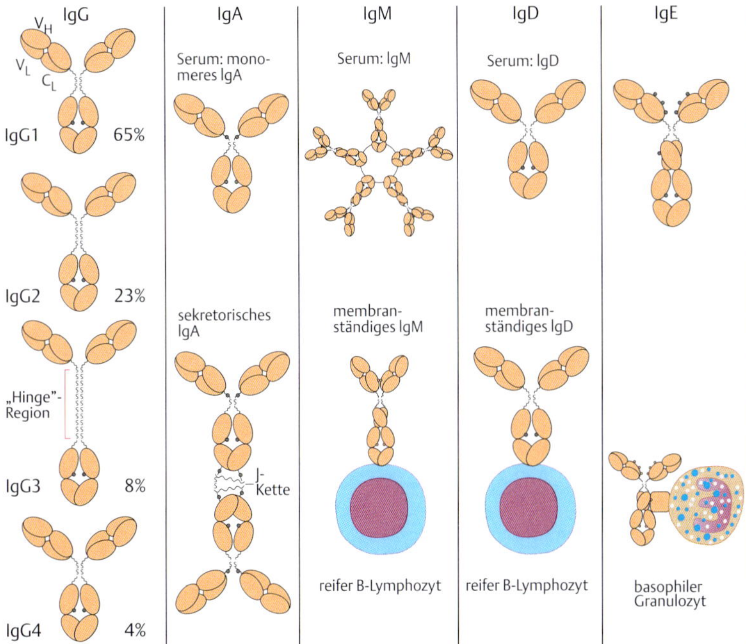

	IgG	IgA	IgM	IgD	IgE
Serum-Ig	80%	13%	6%	0,1%	0,002%
Halbwertzeit	23	6	5	3	2,5 Tage

C. Immunglobuline: Struktur, Merkmale

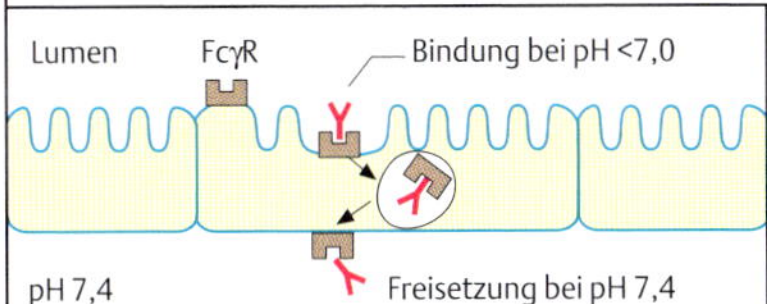

D. Transport von IgG durch Darmepithel

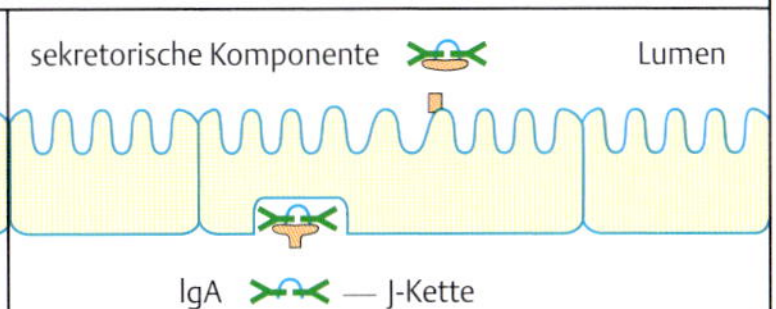

E. Ausschleusen von IgA

Ein Mensch kann ca. 10^8 bis 10^9 unterschiedliche Antikörper produzieren. Grundlage für diese Vielfalt ist die große Zahl an Genen, die für die variablen Regionen der Immunglobuline kodieren.

A. Organisation und Rearrangement der Immunglobulin-H-Gene

Die Gene für die schweren (H) Ketten der Immunglobuline befinden sich auf dem Chromosom 14. In der Keimbahnkonfiguration unreifer Zellen sind diese Gene in 4 getrennten Gensegmenten gelagert: Ca. 50 funktionell aktive V-Gene kodieren für die Aminosäure (AA) 1 bis 95 der variablen Region (V = variable-Gene), 10 bis 30 D-Gene für die AA 96 bis 101 (D = diversity-Gene) und 6 Gene für die AA 102 bis 110 (J = joining-Gene). Weitere 9 Gene bestimmen den konstanten Teil der schweren Kette (C = constant-Gene: μ für IgM, γ1 für IgG1, γ2 für IgG2, etc.). Vor jedem V-Gen befindet sich eine L-Sequenz (L = leader). Während der Reifung wird ein D-Gen mit einem J-Gen verknüpft (D-J-Rearrangement), indem die dazwischen liegende DNA deletiert wird. Aus der DJ-Sequenz und dem Gen für den konstanten Teil der IgM (Cμ) wird eine mRNA abgelesen und ein vorläufiges DJ-Cμ- Protein synthetisiert (s. a. S. 40). In der weiteren Reifung werden die Sequenzen der V-Gene umgelagert, so daß ein V-Gen (mit dazugehörigem L-Segment) neben die rearrangierten DJ-Gene gebracht wird (V-DJ-Rearrangement). Es wird nun eine VDJ-Cμ mRNA abgelesen und ein VDJ-Cμ Protein synthetisiert, aus welchem nach Spaltung der L-Sequenz die μ-Schwerkette des Immunglobulins entsteht. Aus ca. 50 V-Genen, 10 bis 30 D-Genen und 6 J-Genen ergibt sich eine Zahl von etwa 3×10^3 bis 9×10^3 möglicher Kombinationen der AA-Sequenzen für den variablen Teil der schweren Ketten. Dieser Prozeß wird als somatische Rekombination bezeichnet.

B. Organisation der Gene für die κ-Leichtkette

Die Gene für die κ-Leichtketten befinden sich auf Chromosom 2. Ca. 35 bis 40 funktionell aktive V-Gene (mit entsprechenden L-Genen) kodieren für die Aminosäuren 1 bis 95 des variablen Teils der κ-Leichtketten, und 5 verschiedene J-Gene kodieren für die Aminosäuren 96 bis 110. Beim Rearrangement der DNA wird ein V-Gen neben ein J-Gen umgelagert und diese Sequenz dann zusammen mit der Sequenz des konstanten Teils der κ-Leichtkette (C_κ) in eine vorläufige mRNA abgelesen. Es folgt die Abspaltung der L-Sequenz vom Protein. Aus den 35 bis 40 V-Genen und 5 J-Genen ergibt sich eine Zahl von ca. 175 bis 200 unterschiedlichen κ-Leichtkettenspezifitäten.

C. Organisation der Gene für die λ-Leichtkette

Die Organisation der Gene der λ-Leichtketten auf dem Chromosom 22 ist noch nicht klar definiert. Es gibt mehrere Gene für den konstanten Teil, und die J-Sequenzen liegen dabei direkt vor den C-Genen. Die Zahl der Gene für die λ-Kette ist vermutlich etwa so hoch wie für die κ-Kette. Da jede H-Kette immer an eine κ- oder λ-Kette gekoppelt ist, ergibt sich rein rechnerisch eine Zahl von $5{,}2 \times 10^5$ ($175 \times 3 \times 10^3$) bis $1{,}8 \times 10^6$ ($200 \times 9 \times 10^3$) unterschiedlichen κ-tragenden Antikörperkombinationen und vermutlich eine ähnliche Zahl für unterschiedliche λ-tragende Immunglobuline. Die Zahl der tatsächlich möglichen Antikörpermoleküle liegt allerdings weit darüber. Dies ist bedingt durch: 1. Mutationen auf DNA-Ebene während der Ontogenese, 2. Fehler im Rahmen der Deletion und Rekombination der V-, D- und J-Gene, bei denen Nukleotide aus sonst nicht abgelesenen DNA-Sequenzen eingebaut werden, 3. im Rahmen der Keimzentrumsreaktion (s. S. 32), bei der Aminosäuren durch Punktmutationen ausgetauscht werden, so daß neue Immunglobuline mit besserer Affinität synthetisiert werden.

D. Immunglobuline: Klassen-Switch

Während der ablaufenden Immunantwort werden Immunglobuline verschiedener Klassen gebildet: Reifende B-Zellen produzieren zunächst IgM-Immunglobuline. Im Laufe des Reifungsprozesses werden die rearrangierten VDJ-Sequenzen direkt neben anderen C-Genen angeordnet. Vor jedem C-Gen liegt eine sog. S-(Switch)-Sequenz, die diesen Umlagerungsprozeß steuert, indem sie sich aufgrund starker Homologie mit anderen S-Sequenzen rekombiniert. Dabei werden die zwischen den VDJ-Sequenzen und dem neuen C-Gen liegenden Cμ-Sequenzen ausgeschnitten.

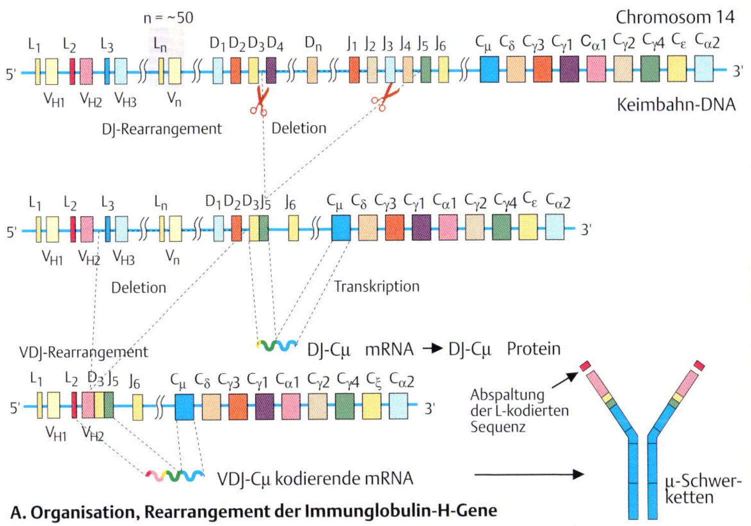

A. Organisation, Rearrangement der Immunglobulin-H-Gene

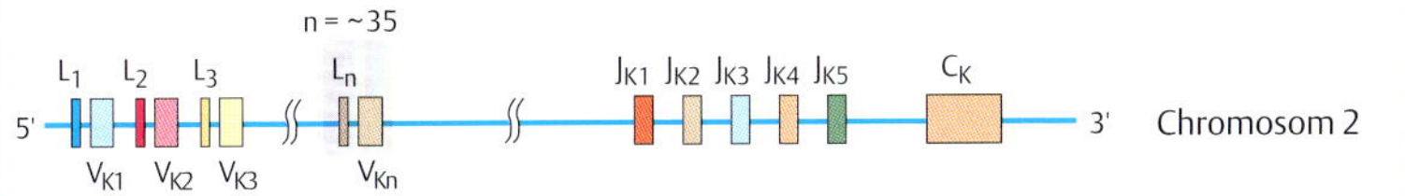

B. Organisation der Gene für die κ-Leichtkette

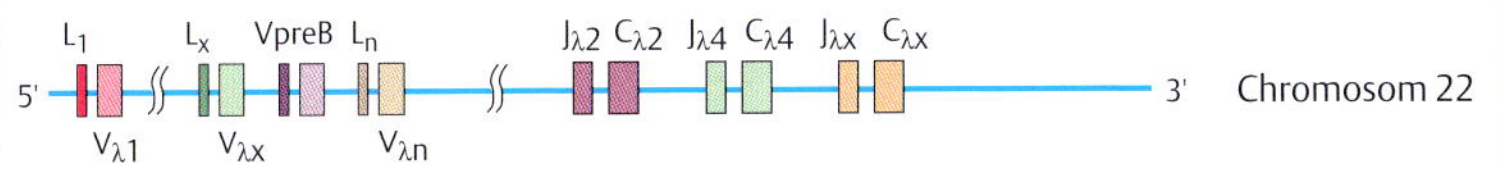

C. Organisation der Gene für die λ-Leichtkette

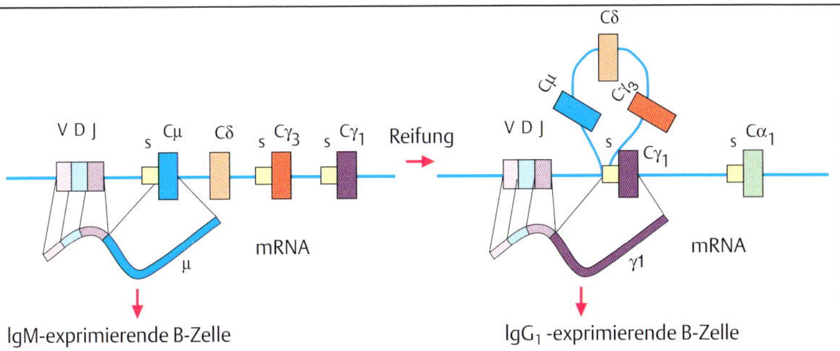

D. Immunglobulin-Klassen-Switch

A. B-Zell-Differenzierungsschema

Mit Hilfe von Antikörpern gegen Oberflächenantigene können verschiedene B-Zell-Differenzierungsstufen definiert werden. Die Antigene CD19 und CD22 sind die frühesten B-Zell-spezifischen Marker, wobei letzteres zunächst nur im Zytoplasma und erst im Laufe der B-Zell-Reifung auf der Oberfläche exprimiert wird. Progenitor-B-Zellen exprimieren auch Stammzell-assoziierte Antigene wie CD34 und CD117 (c-kit / stem cell growth factor Rezeptor), sowie das CD10-Antigen, das zunächst auf Zellen von Leukämie-Patienten beschrieben wurde (**CALLA** = **C**ommon-**A**cute **L**ymphoblastic-**L**eukemia-associated **A**ntigen). Einerseits sind reife zirkulierende Zellen CD10-negativ, andererseits wird CD10 auf Keimzentrumzellen jedoch wieder exprimiert. Die Expression von CD20 findet etwa ab der Ebene der Prä-B-II-Zelle statt.

Marker für reife B-Zellen ist neben dem CD21-Antigen das CD23-Antigen (niedrig-affiner Fc-IgE-Rezeptor). CD21 ist gleichzeitig Rezeptor für das Ebstein-Barr-Virus und für das C3d-Fragment des Komplements.

B. Immunglobulinmodulation während der B-Zell-Differenzierung

Immunglobuline werden auf der Oberfläche reifer B-Zellen exprimiert und von Plasmazellen in großen Mengen sezerniert. Die Aminosäuresequenzen für die verschiedenen Teile des fertigen Immunglobulins werden jedoch bereits in Vorläuferzellen im Laufe der B-Zell-Ontogenese festgelegt.

Auf **Pro**genitor **B**-Zellen (**Pro-B**) ist die DNA auf dem Locus der H- und L-Ketten als sogenannte Keimbahnkonfiguration noch unmodifiziert. Auf dem Chromosom 22 befinden sich neben den Genen für die λ-Leichtkette zwei weitere Gene (VpreB und λ5), die für gleichnamige Leichtketten-ähnliche Proteine kodieren („Ersatz"-Leichtketten). Diese Ersatzleichtketten werden zunächst zusammen mit einem Glykoproteinkomplex von 130 kDa auf der Zellmembran exprimiert. Sie binden vermutlich an zelluläre oder lösliche Liganden und geben Signale für die weitere B-Zell-Entwicklung in das Zellinnere weiter.

Weiter differenzierte B-Zellen (Prä-B-I-Zellen) haben auf dem H-Locus des Chromosoms 14 rearrangierte D_H- und J_H-Gene. Beim Ablesen der DJ-Cμ mRNA wird ein DJ-Cμ Protein kodiert, welches ein negatives Feedback für die weitere Synthese von DJ-Cμ Proteine induziert. VpreB/λ5-Ketten können sowohl mit dem p130-Glykoprotein als auch mit den DJ-Cμ Protein auf der Zellmembran assoziieren.

Prä-B-II-Zellen haben V_H-D_H-$J_H$bereits rearrangiert und synthetisieren ein VDJ-Cμ Protein, das einer kompletten μ-Kette entspricht. Diese μ-Kette (Hμ) wird auf der Zellmembran zusammen mit der VpreB/λ5-Ersatzkette exprimiert, das als Signal für den Beginn des Rearrangements der Leichtkette wirkt. Unreife B-Zellen lassen sich durch die gleichzeitige Expression der μ-Schwerketten in Assoziation sowohl mit VpreB/λ5-Ersatzketten (Hμ/V-prä-B) als auch mit normalen κ- oder λ-Leichtketten (komplette IgM/k [Hμ/Lκ] oder IgM/λ [Hμ/Lλ] Immunglobuline) definieren. Wenn die Umlagerung eines Leichtketten-Locus erfolgreich abgelaufen ist und eine Leichtkette synthetisiert wird, werden weitere Umlagerungen auf den L-Loci unterdrückt. Hat z. B. eine Zelle eine produktive Umlagerung auf dem κ-Locus durchgeführt, wird die Umlagerung des λ-Locus unterdrückt und umgekehrt. Ist dagegen die Umlagerung des κ-Locus abortiv verlaufen, besteht die Möglichkeit einer λ-Locus-Umlagerung. Die B-Zelle produziert daher immer nur ein Typ von Leichtketten = Leichtkettenrestriktion.

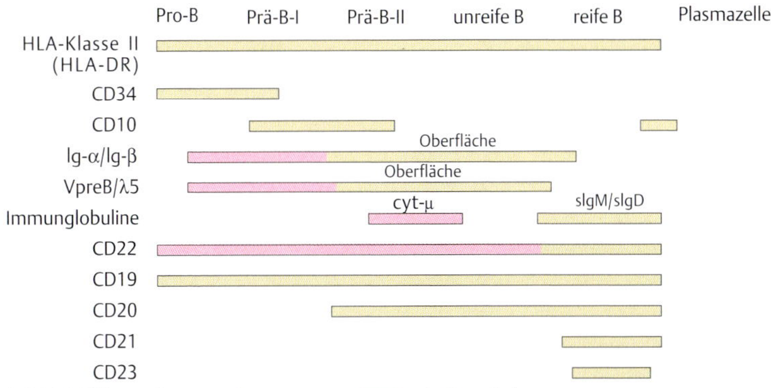

A. B-Zell-Differenzierungsschema

zytoplasmatisch

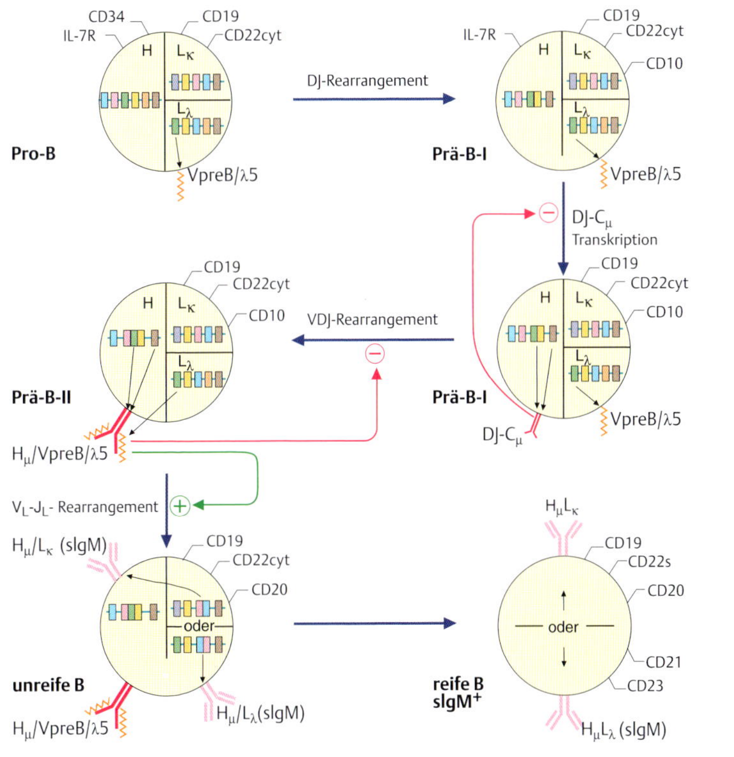

B. Immunglobulinmodulation während der B-Zell-Differenzierung

Die Bindung eines Antigens an die Oberflächen-Immunglobuline löst eine Kaskade biochemischer Signale innerhalb der B-Zelle aus. Da die Immunglobuline selbst aber nur einen sehr kurzen intrazytoplasmatischen Teil haben, brauchen sie akzessorische Moleküle, ähnlich dem CD3-Komplex des T-Zell-Rezeptors. Diese Funktion übernehmen die Ig-α-(CD79a) und Ig-β-(CD79b) Ketten. Sie sind strukturell den γ-, δ- und ε-Ketten des T-Zell-Rezeptors ähnlich und bilden zusammen mit den Ig den B-Zell-Rezeptor-Komplex (BCR).

Das **CD10**-Antigen wird **CALLA**-Antigen genannt, weil es zunächst auf Lymphoblasten von Patienten mit der häufigsten Variante der akuten lymphatischen Leukämie („**c**ommon **ALL**") gefunden wurde. Es ist eine extrazelluläre Zink-bindende Metalloprotease, welche in der Lage ist, verschiedene Peptide (wie z. B. Substanz P, Endothelin, Oxytozin, Bradykinin und Angiotensin I und II) zu spalten und wird auf Stromazellen, unreifen T- und B-Zellen im Knochenmark und auf Zellen des Keimzentrums in den sekundären lymphatischen Organen exprimiert.

Das **CD19**-Antigen ist auf der Membran aller B-Lymphozyten exprimiert und somit ein Marker der gesamten B-Zell-Reihe. Es bildet zusammen mit den Molekülen CD21, CD81 und Leu-13 einen Komplex, welcher die Signalübertragung durch den BCR moduliert. Dies ist vor allem in sehr frühen B-Zellen wichtig.

Das **CD20**-Antigen, das mit Ausnahme von Progenitor-B-Zellen ebenfalls auf allen B-Zellen exprimiert ist („pan-B"-Marker), gleicht strukturell einem Ionen-Kanal. Sein Transmembranteil überquert 4 mal die Zellmembran und scheint mit dem Zytoskelett assoziiert zu sein.

Das **CD21**-Antigen ist der niedrig-affine Rezeptor für die Komplementspaltprodukte iC3b und C3d und wird gleichzeitig vom Ebstein-Barr-Virus als Rezeptor benutzt. Funktionell ist es zusammen mit den CD19-, CD81- und Leu-13-Antigenen mit dem B-Zell-Rezeptor assoziiert.

Das **CD22**-Antigen hat, wie das CD3-Antigen auf T-Zellen, eine bimodale Expression: Es ist im Zytoplasma aller B-Zellen exprimiert, auf der Zellmembran jedoch nur bei reifen B-Zellen nachweisbar. Funktionell ist CD22 ein Adhäsionsmolekül, es interagiert mit Sialyl-Glykokonjugaten. Die Ligation von CD22 führt zu einer Herabregulation der Reizschwelle für die Signalübertragung durch den BCR.

Das **CD23**-Antigen ist der B-Zell-assoziierte Rezeptor für den Fc-Teil des IgE. Die Bindung von IgE oder IgE-haltigen Immunkomplexen an CD23 induziert eine gegenregulatorische Hemmung der IgE-Synthese. Ein Spaltprodukt des Moleküls ist ein autokriner/parakriner B-Zell-Wachstumsfaktor.

Das **CD40**-Antigen wird von den meisten B-Zellen, aber auch von dendritischen Zellen (DC), follikulären dendritischen Zellen (FDC), hämatopoetischen Progenitorzellen, Epithelzellen und Karzinomzellen exprimiert. Dieses Antigen gehört zur Familie der TNF-Rezeptoren. Ein TNF-verwandtes Glykoprotein, das vorwiegend auf $CD4^+$-T-Zellen exprimiert wird (CD40-Ligand), liefert ein wichtiges Überlebenssignal für B-Zellen. Bei defekter CD40/CD40-Ligand-Interaktion können keine vollständigen Keimzentren entstehen, d. h. die B-Zellen können keine anderen Immunglobuline als IgM produzieren (blockierter Ig-Klassen-Switch).

Das **CD72**-Antigen gehört, wie das CD23-Antigen, der Asialoglykoprotein-Rezeptorfamilie an. Es ist wie CD19 ein breiter B-Zell-Marker, seine Funktion ist noch nicht geklärt. Frühere Hinweise, daß CD72 ein Ligand für CD5 ist, konnten bislang nicht bestätigt werden.

Das **CD80**- und das **CD86**-Antigen sind nicht B-linienspezifisch. Sie sind auch auf anderen antigenpräsentierenden Zellen wie Monozyten und dendritischen Zellen exprimiert. Die Interaktion von CD80/CD86 mit ihren Liganden auf der T-Zelle (CD28 und CTLA-4) ist entscheidend für die vollständige Aktivierung bzw. Abschaltung der T-Zelle (s. S. 44).

CD80 und **CD86** sind die ersten Mitglieder einer ganzen Familie kostimulatorischer Rezeptoren, zu der auch die Antigene ICOS-Ligand (s. a. S. 16), PD-L1 und PD-L2 gehören. Alle diese Moleküle sind strukturell verwandt, sie binden an entsprechenden Liganden auf den T-Zellen, den CD28 verwandten Proteinen, von denen einige aktivierend wirken (CD28, CD152), einige inhibierend (ICOS, PD-1) (s. a. S. 44).

Molekül	Molekular-gew. (kD)	Genort (Chromosom)	Zellexpression	Funktion
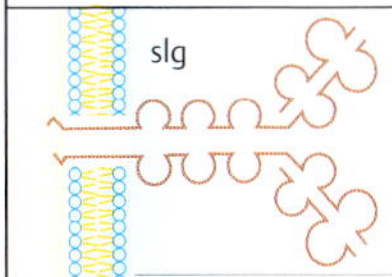 sIg	150-900	14 (H-Ketten) 2 (κ-Kette) 22 (λ-Kette)	reife B-Zellen	antigenbindender Teil des B-Zell-Antigen-rezeptors (BCR)
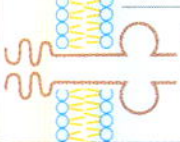 Ig-α(CD79a) Ig-β(CD79b)	34 39	19q132 17q23	Prä-B-Zellen reife B-Zellen	sIg-assoziierte Moleküle, signaltransduzierender Teil des BCR
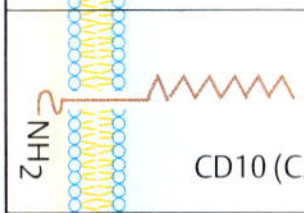 CD10 (CALLA)	100	3q21-q27	Prä-B-Zellen B-Zellen im Keimzentrum Granulozyten	neutrale Endopeptidase
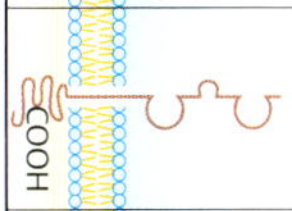 CD19	95	16p11.2	alle B-Zellen inkl. Progenitor	mit CD21-, CD81-, Leu-13-Korezeptor für BCR
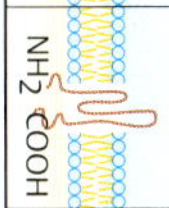 CD20	35-37	11q-q13	Prä-B-Zellen reife B-Zellen	Ionenkanal-Untereinheit
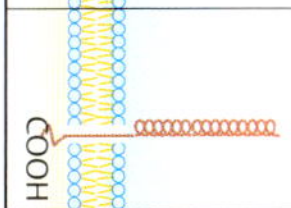 CD21	140	1q32	reife B-Zellen follikuläre dendritische Zellen (FDC)	C3d/EBV-Rezeptor (CR2) BCR-Assoziation, Signaltransduktion
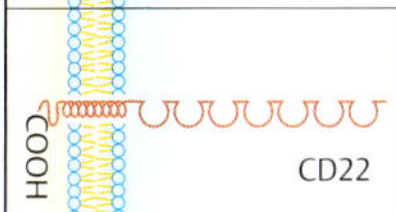 CD22	135	19q13.1	alle B-Zellen (Zytoplasma) reife B-Zellen (Oberfläche)	B-Zell-Adhäsions-molekül (B-B- und B-T-Interaktion) Modulation des BCR
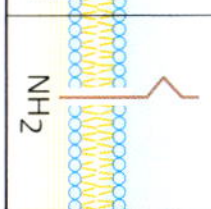 CD23	45	19p13.3	reife B-Zellen FDC akt. Monozyten Eosinophile	niedrig-affiner Fc-ε-Rezeptor (Fc-ε RII) Spaltprodukt = B-Zell-Wachstumsfaktor
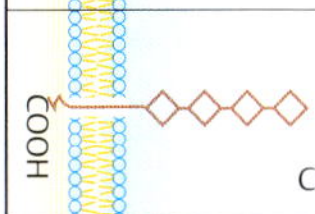 CD40	48	20q12-q13.2	Prä-B-Zellen reife B-Zellen dendritische Zellen (DC)	Interaktion mit CD40-Liganden (T-Zelle) Anti-Apoptosesignal
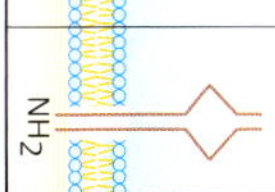 CD72	43-39	9p	alle Zellen der B-Linie Makrophagen	Adhäsionsmolekül?
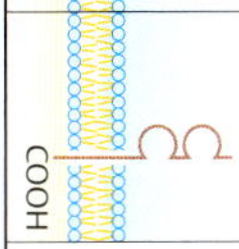 CD80/86	60	3q21	B-Zellen akt. Makro-phagen dendritische Zellen (DC)	T-APC-Interaktion (Liganden für CD28/CTLA-4)

A. Wichtige B-Zell-Antigene

A. T-APC-Interaktion: beteiligte Moleküle

Zahlreiche Adhäsions- und akzessorische Moleküle verstärken die Interaktion der T-Zellen mit antigenpräsentierenden Zellen (APC), wie z. B. B-Zellen, dendritische Zellen und Monozyten.

Das ubiquitäre „Leukozyten-Funktion-assoziierte Antigen-1“ (**LFA-1**) bindet an das **I**nter**z**elluläre **A**dhäsions**m**olekül 1 (**ICAM-1**). CD2, der Rezeptor für Schaferythrozyten auf T-Zellen, bindet an das LFA-3-Antigen (CD58). Dies ist ein Glykoprotein, das besonders auf Endothelzellen, Epithelzellen und Bindegewebe exprimiert ist. Die Interaktion CD40/CD40-Ligand liefert den B-Zellen des Keimzentrums ein Überlebens-(Anti-Apoptose-)Signal und induziert den Immunglobulin-Klassen-Switch. Dendritische Zellen produzieren nach CD40-Ligation große Mengen IL-12 und beginnen ihre terminale Reifung. Die Adhäsion der B-Zellen an T-Zellen wird weiter über die Interaktion zwischen dem CD106-Antigen **VCAM** (**V**ascular-**C**ell-**A**dhesion-**M**olecule), das vorwiegend auf Endothelzellen exprimiert wird, und dem CD49d-Antigen auf aktivierten T-Zellen stabilisiert. Die Interaktion des T-Zell-Moleküls CD28 mit den Antigenen CD80/CD86 wirkt stimulatorisch, die Interaktion von CTLA-4 (CD152) mit denselben Antigenen inhibitorisch.

B. Mehrere Signale sind zur T-Zell-Aktivierung erforderlich

Die Antigenerkennung durch den T-Zell-Rezeptor (TCR) liefert das erste aktivierende Signal für eine T-Zelle, ist aber nicht hinreichend, um eine volle Aktivierung auszulösen. In Abwesenheit des zweiten Signals wird die T-Zelle tolerant oder anerg. Das zweite Signal wird durch die Interaktion mit dem CD28-Antigen geliefert, das konstitutiv auf ruhenden T-Zellen exprimiert wird und mit den kostimulatorischen Molekülen B7.1 (CD80) und B7.2 (CD86) auf APCs interagiert. Nach Aktivierung beider Signale wird das Antigen CTLA-4 (CD152) in T-Zellen binnen 24-48 h hochreguliert. CTLA-4 ist ein hochaffiner Rezeptor für CD80/CD86, der mit CD28 kompetiert und den Zellzyklus hemmt. Dieses negative Signal wird wahrscheinlich durch CTLA-4 ausgelöst, um die T-Zellaktivierung zu beenden und eine überschießende T-Zellantwort zu vermeiden. Ein weiterer inhibitorischer Rezeptor ist als „programmed death-gene 1“ (PD-1) bekannt, der mit zwei Molekülen der B7-Familie verwandt ist: PD-L1 oder B7-HI und PD-L2 oder B7-DC. Terminal differenzierte DCs können große Mengen IL-12 nach der Interaktion ihres CD40-Rezeptors mit CD40-Ligand produzieren, woraufhin sie die Freisetzung von Interferon-γ (IFN-γ) und die Differenzierung von $CD4^+$-Zellen in T_H1-Zellen induzieren. IL-12 ist auch ein direkter und potenter Stimulus von zytotoxischen T-Lymphozyten (CTLs) und natürlichen Killerzellen (NK-Zellen). IFN-γ stimuliert die antimikrobielle und proinflammatorische Aktivität von Makrophagen und verstärkt die Aktivierung von CTLs.

C. ICOS bei der T-Zell-Aktivierung

Anders als CD28 ist das CD28 Homolog induzierbarer T-Zell Co-Stimulator (ICOS) nicht konstitutiv auf ruhenden T-Zellen exprimiert, sondern erst nach Aktivierung des TCR/CD3-Komplexes. Stimulation von ICOS, genauso wie von CD28, kann eine potente Ko-Stimulation von T-Zellen vermitteln und die T-Zell-Proliferation fördern. Neuere Studien zeigen, daß Stimulation von ICOS sowohl eine T_H1- als auch eine T_H2-Differenzierung vermitteln kann. ICOS interagiert mit dem ICOS-Liganden (ICOSL), welcher auch als B7h, B7RP-1 und B7-H2 bekannt ist. ICOSL ist konstitutiv auf B-Zellen, DCs, Makrophagen und Endothelzellen exprimiert. TNF-α sowie andere inflammatorische Stimuli regulieren ICOSL hoch.

D. T-Zell-Stimulation durch Superantigene

Superantigene sind vor allem bakterielle Produkte, wie z. B. Staphylokokken-Enterotoxin, die eine nicht-selektive T-Zell-Aktivierung verursachen. Für die spezifische Interaktion eines Peptids mit dem T-Zell-Rezeptor beispielsweise müssen die Sequenzen der α- und β-Kette stimmen: Vα, Jα, Vβ, Dβ, Jβ. Superantigene binden zwar an MHC-Moleküle, für die Interaktion mit den T-Zellen reicht in diesem Fall aber die Übereinstimmung einer bestimmten Sequenz des variablen Teils der β-Kette (Vβ) aus. Auf Superantigene reagieren etwa 100 mal mehr T-Zellen als auf normale Antigene. Außerdem benötigen Superantigene keine intrazelluläre Prozessierung, um an MHC-Moleküle binden zu können.

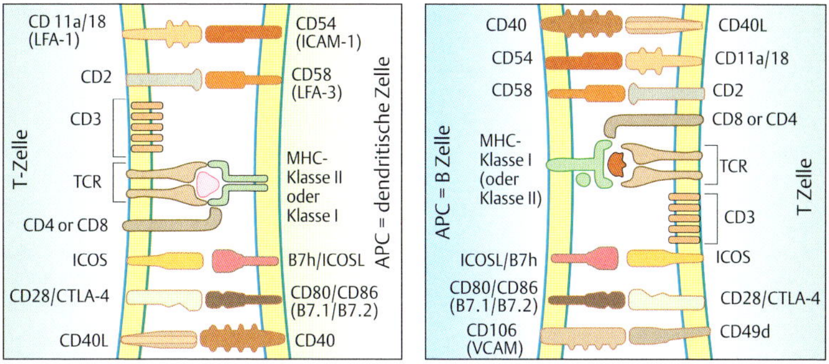

A. T-APC-Interaktion: beteiligte Moleküle

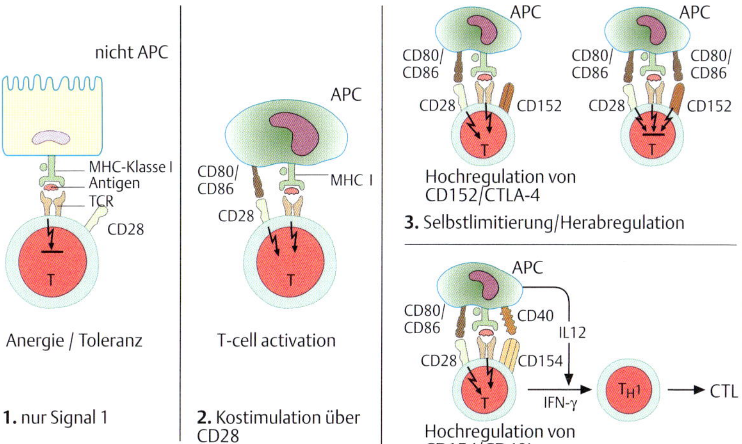

B. Mehrere Signale sind für die T-Zell Aktivierung notwendig

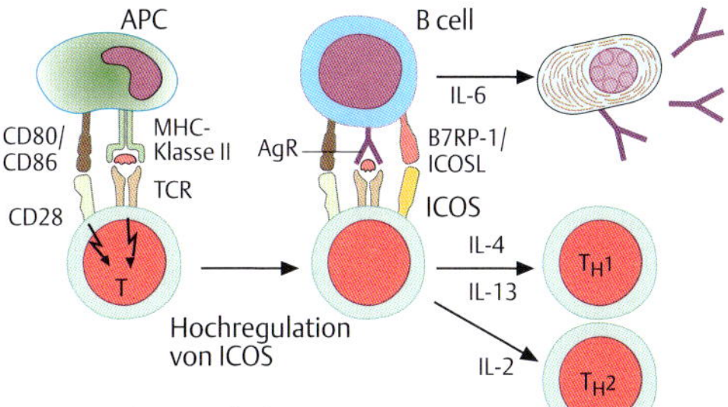

C. ICOS in der T-Zell Aktivierung

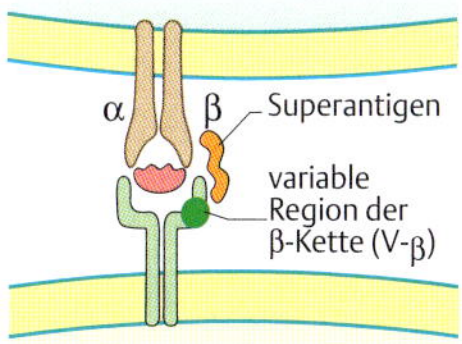

D. Superantigen-Aktivierung

Natürliche **K**illerzellen (**NK**) machen etwa 10 % der Blutlymphozyten aus. Sie können fremde Zellen, Tumorzellen oder Virus-infizierte Zellen ohne vorherige Aktivierung oder Immunisierung töten. Im Blut zirkulieren sie als große Lymphozyten mit azurophilen (roten) Granula (**l**arge **g**ranular **l**ymphocytes, **LGL**). Reife NK-Zellen findet man in den Sinusoiden der Leber und in der roten Pulpa der Milz, aber nur vereinzelt in Lymphknoten und den meisten Organen. Die Chemokinrezeptoren CXCL12 und MIP1 steuern die Einwanderung von NK-Zellen ins Gewebe. Ihre Halbwertszeit liegt zwischen 7 und 10 Tagen.

A. NK-Zell-Ontogenese

NK-Zellen entwickeln sich aus hämatopoetischen Stammzellen (HSC) und sind bereits in der fetalen Leber nachweisbar. Gemeinsame Vorstufen der NK- und der T-Zellen (T/NK-**Pr**ecursor) findet man im fetalen Thymus und Milz, beim Erwachsenen entwickeln sich NK-Zellen aus gemeinsamen (**c**ommon) **l**ymphoiden **P**rogenitorzellen (**CLP**) des Knochenmarks, wo ihre Differenzierung zu NK-Vorläuferzellen (**NK-P**, NK-**p**recursor) durch Zellkontakt mit Stroma initiiert wird. Wichtig sind auch die Zytokine Lymphotoxin-α, c-KIT-Ligand (Stem cell factor), FLT3-Ligand, IL-7 und IL-15.

B. Regulation der NK-Zell-Entwicklung

Die Transkriptionsfaktoren **Ikaros** und **PU-1** steuern die Entwicklung von CLP aus HSC: **Ikaros** kontrolliert die Expression von c-KIT und FLT3, während PU-1 die Expression verschiedener Zytokinrezeptoren, insbesondere IL-7Rα kontrolliert. Wenn diese Transkriptionsfaktoren fehlen, können sich keine normalen T-, B- und NK-Zellen entwickeln. Sog. Helix-loop-helix-(HLH)Transkriptionsfaktoren binden an die DNA und bewirken die weitere Differenzierung: NOTCH-1 in die T-Zell-Reihe, PAX-5 in die B-Zell-Reihe. Das DNA-bindende Protein Id2 verhindert die Andockung der Helix-loop-helix-Transkriptionsfaktoren und somit die Entwicklung von T- und B-Lymphozyten: hierdurch differenzieren mehr Zellen in Richtung NK-Zellen.

C. Differenzierung von NK-Zellen

Die Expression der β-Kette des Rezeptors für IL-2 und IL-15 charakterisiert die Transition von T/NK-Precursorzelle zu NK-Vorläuferzellen (NK-P). Interleukin-15 ist für Überleben, Funktion und Proliferation von NK-Zellen und NK-T-Zellen (s. S. 28) notwendig. Weiterhin wichtig sind IL-12 und TNF-α sowie IL-18: alle stimulieren die Interferon-γ-Freisetzung, IL-18 verstärkt auch die zytotoxische Aktivität.

Unreife NK-Zellen sezernieren IL-13, sie exprimieren lediglich NKR-P1A (**CD161**), andere spezifische NK-Rezeptoren fehlen. IL-12 induziert HLA-spezifische inhibitorische Rezeptoren wie NKG2A/B/CD94 (s. S. 48) und das Adhäsionsmolekül CD56. In der weiteren Reifung werden aktivierende Rezeptoren (NKp30, 44, 46) sowie der niedrig-affine Rezeptor für den Fc-Teil des IgG (CD16) exprimiert. Im Zytoplasma beginnt die Anreicherung von Perforin in den Granula. Teilweise tragen NK-Zellen das CD8-Antigen und die ζ-Kette des CD3-Komplexes; die Gene des T-Zell-Rezeptors sind aber nicht umgelagert.

Nach einer viralen Infektion proliferieren NK-Zellen in Antwort auf erhöhte Spiegel von IL-15. Es folgt eine „spezifische" Proliferation von NK-Zellen mit den passenden HLA-spezifischen Aktivierungsrezeptoren über 5 bis 6 Tage. Mit dem Beginn der T-Zell-Immunantwort führt IL-21, welches von $CD4^+$-Lymphozyten freigesetzt wird, zu einer Abnahme der NK-Zellen.

D. Zytolytische Mechanismen von NK-Zellen

NK-Zellen exprimieren 3 Liganden der TNF-Familie: FAS-Ligand (**FasL**), TNF und **T**NF-**r**elated **a**poptosis **i**nducing **l**igand (**TRAIL**). Die Interaktion dieser Liganden mit ihren Rezeptoren auf Zielzellen induziert apoptotische Vorgänge (**D1.**) (s. S. 86). Der häufigste Mechanismus der Zell-Lyse ist aber die Freisetzung lytischer Granula (**D2.**): diese enthalten *Perforin*, das Poren in den Membranen der Targetzelle bildet und *Granzyme*, eine Gruppe unterschiedlicher Proteinasen. Durch Endozytose gelangen diese ins Zytoplasma der Targetzelle, in Anwesenheit von *Perforin* erreicht Granzyme-B den Zellkern, wo es u.a. Caspasen (Apoptose-fördernde Proteine) aktiviert. Außerdem können NK-Zellen Antikörper-beladene Zellen töten: über den Fc-Rezeptor (CD16) wird das zytolytische Programm aktiviert (**a**ntibody-**d**ependent **c**ell mediated **c**ytotoxicity, **ADCC**[**D3.**]).

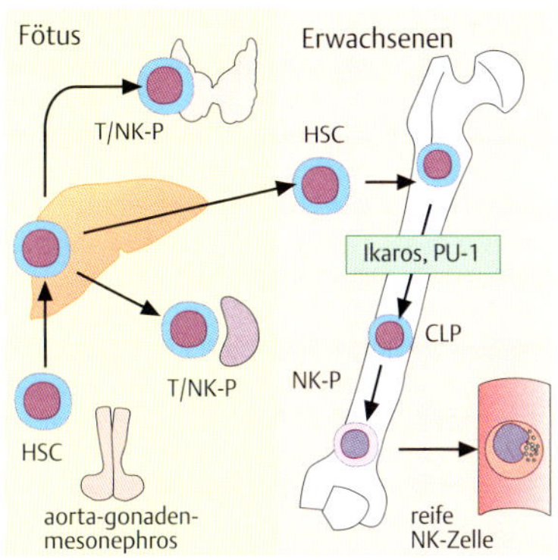

A. NK-Zell Ontogenese

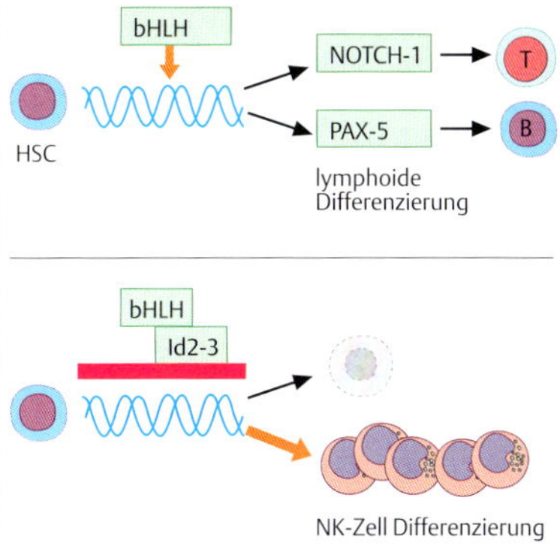

B. Regulation der NK-Zell Entwicklung

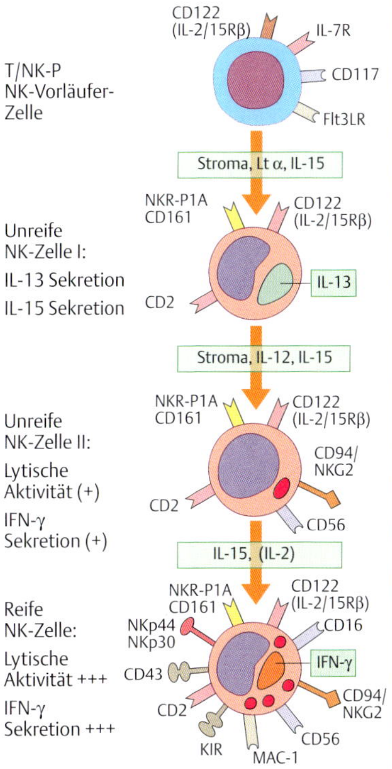

C. Differenzierung von NK-Zellen

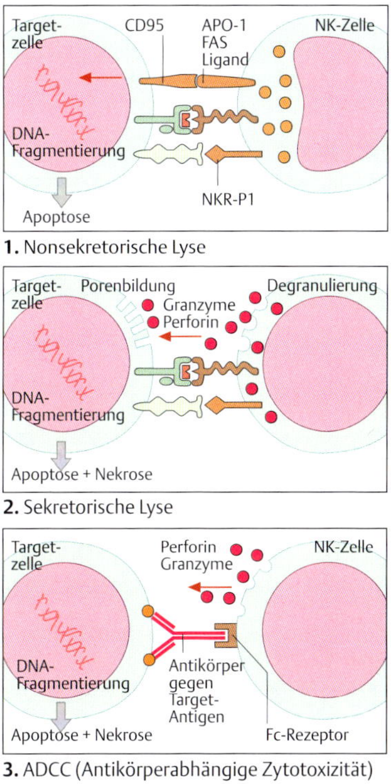

D. Zytolytische Mechanismen von NK-Zellen

Die Funktion von NK-Zellen wird reguliert durch ein Gleichgewicht zwischen aktivierenden und inhibitorischen Signalen. Die Rezeptoren für diese Signale sind in zwei großen strukturellen Familien unterteilt: Immunglobulin (Ig)-ähnliche Familie, und C-Typ Lektin-ähnliche Rezeptorfamilie.

A. NK-Rezeptoren: Immunglobulin-ähnliche Familie

Aktivierende NK-Rezeptoren (**NCR, natural cytotoxicity receptors**, eine Art „on"-Schalter der NK-Zellen) werden selektiv von NK-Zellen exprimiert. Ihre Liganden (vermutlich Kohlenhydrat-Strukturen) sind noch nicht bekannt. Sie haben eine (z. B. NKp30, NKp44) oder zwei (NKp46) Ig-ähnliche Domänen aber nur kurze intrazytoplasmatische Sequenzen: sie benötigen daher zur Weiterleitung des Signals die Interaktion mit sog. Adapter-Proteinen, wie z. B. DAP12, CD3ζ, FcεRIγ. Diese verfügen über phosphorylierbare Domänen (sog. **I**mmunrezeptor-**T**yrosin-basierte **a**ktivierende **M**otive = **ITAMs**), Kinasen wie **ZAP-70** oder **Syk** werden hierdurch rekrutiert. Die **Killer-Immunglobulin-like-Rezeptoren (KIRs)** haben zwei (KIR2D) oder drei (KIR3D) extrazelluläre Ig-ähnliche Domänen und können kurze (S = short: KIR2DS und KIR3DS) oder lange (L = long: KIR2DL und KIR3DL) intrazytoplasmatische Domänen haben. KIRs erkennen HLA-A-, B- und C-Moleküle. Kurze KIRs (p58) interagieren mit den o.g. Adapter-Proteinen und wirken aktivierend, lange Domänen der KIRs (p70) hingegen enthalten Tyrosin-haltige Motive (**I**mmunrezeptor-**T**yrosin-**i**nhibierende **M**otive = **ITIMs**) und wirken inhibierend (siehe **D.**). Verschiedene KIRs erkennen unterschiedliche HLA-Moleküle. So erkennt z. B. KIR2DL1 HLA-C-Moleküle, während KIR3DL1 vorwiegend HLA-B-Allele erkennt und KIR3DL2 HLA-A-Allele. Weitere Rezeptoren, welche NK Zellen aktivieren können, sind CD244, CD160, sowie einige Integrine. Murine Zellen haben keine KIR-Gene. Die Regulation der NK-Aktivierung spielt sich hierbei vorwiegend durch Ly49, einem Protein der C-Typ Lektinfamilie ab.

B. NK-Rezeptoren: Lektin-ähnliche Familie

Diese Heterodimere bestehen aus einer invarianten Kette, CD94 und einer inhibitorischen (NKG2A, NKG2B) oder aktivierenden (NKG2C, NKG2E) Kette. CD94/NKG2A interagiert mit HLA-E, einem Molekül, das sog. Leader-Peptide von HLA-A, -B, -C, und -G bindet. Über CD94/NKG2A wird so die Integrität der HLA-Klasse-I-Moleküle auf der Zellmembran der Targetzelle überprüft. Sind die HLA-Klasse-I-Moleküle exprimiert, wird die Aktivität der NK-Zelle gebremst. Auch CD94/NKG2C kann dieselben Peptid-HLA-E-Komplexe erkennen, jedoch mit geringerer Affinität, so daß der inhibitorische Effekt von CD94/NKG2A überwiegt. NKG2D ist ein aktivierendes Homodimer, das auch auf NK-T-Zellen (s. S. 28) und vielen $CD8^+$-T-Zellen exprimiert wird, und das Adapter-Protein DAP10 verwendet. Es erkennt MIC-A- und -B-Moleküle, HLA-ähnliche Moleküle, welche von beschädigten (gestreßten) Darmzellen, aber auch von Tumorzellen produziert werden. Auch Zytokine (z. B. IL-12 oder IL-18) können die Balance zwischen inhibitorischen und aktivierenden Signalen zugunsten der Aktivierung verschieben. Proteine, welche von Virus-infizierten Zellen produziert werden, wie z. B. ULBP, binden an NKG2D und triggern die lytische Maschinerie der NK-Zelle (**D.**).

C. + D. Wirkung der inhibitorischen Rezeptoren und Targeterkennung durch NK-Zellen

Die extrazellulären Domäne der KIRs sind identisch, so daß dieselben HLA-Moleküle mit inhibitorischen und aktivierenden Rezeptoren interagieren können. Die Tyrosin-Residuen von ITIM-haltigen KIR werden phosphoryliert, was zu einer Aktivierung von SHP-Tyrosin-Phosphatasen führt. Diese Phosphatasen wiederum dephosphorylieren die ITAM-Domänen der aktivierenden Adapter-Proteine, so daß das aktivierende Signal blockiert wird. Inhibitorische KIRs haben eine höhere Affinität für die MHC-Klasse-I-Moleküle als die kurzen KIRs, daher wird unter normalen Bedingungen die zytotoxische Aktivität der NK-Zelle gebremst. Tumorzellen oder Virus-infizierte Zellen haben haüfig herabregulierte MHC-I-Moleküle und exprimieren häufig Proteine (ULBP, MICA, MIC-B), welche aktivierende Signale liefern: das lytische Programm der NK Zelle wird aktiviert.

E. NK-Rezeptoren kodierende Gene

Die Lektin-ähnlichen Gene (z. B. CD94 und NKG2) sind in einer Region des Chromosoms 12 (NK-Komplex) lokalisiert, während die Rezeptoren der Immunglobulin-Familie auf dem Leukozyten-Rezeptor-Komplex (LRC) auf Chromosom 19q3,4 lokalisiert sind. Die KIR-Sequenzen sind sehr polymorph, so daß unterschiedliche Menschen i.d.R. unterschiedliche KIR-Haplotypen exprimieren.

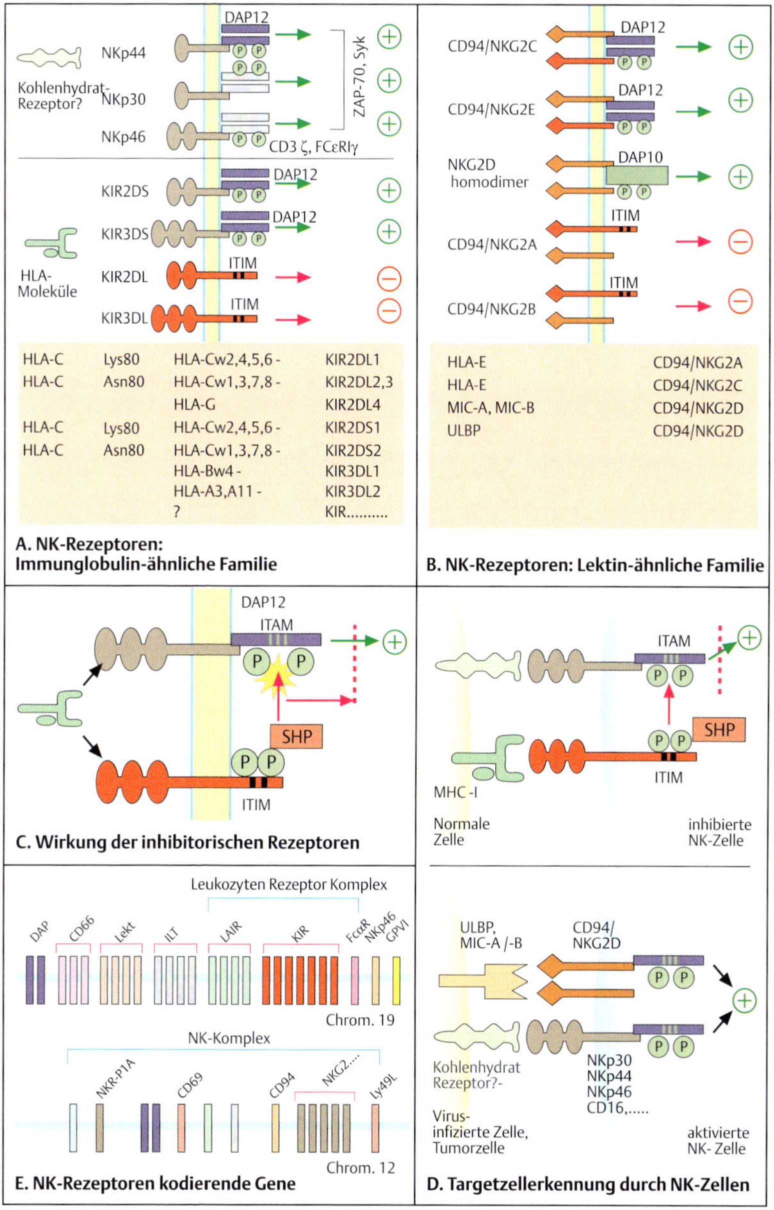

A. NK-Rezeptoren: Immunglobulin-ähnliche Familie

B. NK-Rezeptoren: Lektin-ähnliche Familie

C. Wirkung der inhibitorischen Rezeptoren

D. Targetzellerkennung durch NK-Zellen

E. NK-Rezeptoren kodierende Gene

A. Das Phagozytensystem

Granulozyten, Monozyten und **d**endritische **Z**ellen (**DCs**) haben phagozytotische Eigenschaften (vom griechischen Wort *phagein* = essen). Das Zytokin „**g**ranulocyte **c**olony **s**timulating **f**actor" (**G-CSF**) fördert die Differenzierung von Blut-Vorläuferzellen in Granulozyten, während „**g**ranulocyte-**m**acrophage **c**olony **s**timulating **f**actor" (**GM-CSF**), IL-4 und Tumor-Nekrose-Faktor (TNF-α) die Differenzierung in Monozyten und DCs fördern. Zirkulierende Monozyten haben im Blut eine Halbwertszeit von wenigen Stunden, sie differenzieren im Gewebe rasch zu Makrophagen, und verbleiben dort den Rest ihres Lebens (bis hin zu Jahren). Monozyten sind größer als Lymphozyten. Sie haben einen hufeisenförmig oder bizarr geformten Kern und einen breiten Zytoplasmasaum mit Granula, die Enzyme (Peroxidase und Hydrolase) enthalten. DCs sind große, bewegliche Zellen mit langen zytoplasmatischen Ausläufern (einige > 10 μm). DCs sind selten im Blut zu finden; ihre Vorläufer wandern in die Haut, um dort die Langerhans-Zellen der Epidermis und dermale DCs zu bilden. In den Lymphknoten bilden sie **i**nterdigitierende **DCs** (**IDC**) in den T-Zell-Zonen, und „**g**erminal **c**enter **DCs**" (**GCDCs**) in den Keimzentren. „Lymphoide" DCs oder Typ-2 DCs entstehen in der Gegenwart von IL-3 und dem Zytokin Flt3L: Sie sind in der parakortikalen Region der Lymphknoten zu finden. Wahrscheinlich sind diese DCs mit den „thymischen DCs" verwandt.

B. Mechanismen der Endozytose

Die Aufnahme von kleinen Flüssigkeitspartikeln (Pinozytose, vom griechischen Wort *pinein* = trinken) geschieht durch Bildung von Membraneinbuchtungen, welche durch den Membrankomplex *Clathrin* voran getrieben wird. Clathrin-beschichtete Vesikel oder „*coated pits*" fusionieren mit Lysosomen, in denen Antigene verdaut werden. Bei der Makropinozytose kann die Zelle bis zu 0,5 μm große Tropfen absorbieren. Wasser verläßt die Zelle durch Kanäle, die Aquaporine genannt werden. Eine Polymerisation des Zytoskelettproteins Aktin wird zur Bildung größerer phagozytotischer Partikel benötigt. Langerhans-Zellen der Haut benutzen zur Phagozytose Birbeck-Granula (kleine Vesikel mit einem typischen schmalen Hals). Einige Bakterien (z.B. *Legionella pneumophila*) werden durch *Coiling-Phagozytose* internalisiert, bei der ein zytoplasmatischer Ausläufer, genannt Pseudopodium, sich spiralenartig um das Bakterium wickelt, um ein *Coiling-Phagosom* zu bilden.

C. Fc-vermittelte Phagozytose

Verschiedene Rezeptoren können den Fc-Teil von Immunglobulinen binden (s. S. 52). Rezeptoren für IgG, IgA und IgE werden FcγR, FcαR und FcεR genannt. Diese Rezeptoren vermitteln ihre Signale durch **I**mmunrezeptor **T**yrosin-basierte **a**ktivierende **M**otive (**ITAMs**), welche intrazytoplasmatische Domänen sind, die zwei Tyrosin(Y)-Reste aufweisen, die durch 9-12 Aminosäuren getrennt sind. Nach Stimulation werden diese Tyrosine phosphoryliert, was zur Rekrutierung der Tyrosinkinase **Syk** führt. Dies wiederum triggert verschiedene intrazelluläre Signalkaskaden, welche transkriptionelle Aktivierung, Zytoskelett-Neubildung und Freisetzung inflammatorischer Mediatoren induzieren. FcγRIIA hat selbst ein ITAM in der intrazellulären Domäne, nicht aber FcγRI und FcγRIII. Diese interagieren jeweils mit γ- und ζ-transduzierenden Proteinen, welche ITAMs enthalten, die für die Signaltransduktion benötigt werden.

D. Mannose-Rezeptor

Makrophagen und DCs können die Zucker Mannose und Fucose erkennen, die auf verschiedenen Pathogenen vorhanden sind. Dies geschieht mittels Mannoserezeptoren (MR), Moleküle mit einer sehr langen extrazellulären Kette, die aus mindestens 8 Lektin-artigen Domänen besteht. Stimulation des Mannoserezeptors führt zu einer Freisetzung von Zytokinen wie IL-1β, IL-6, GM-CSF, TNF-α und IL-12.

E. Komplementrezeptor-vermittelte Phagozytose

Komplement-Proteine des Serums bedecken (opsonisieren) veränderte, beschädigte Zellen oder Bakterien. Die Komplementrezeptoren CR1, CR3 und CR4 sind auf Monozyten und Makrophagen vorhanden. CR1 bindet an die Komplementfraktionen C3b, C4b und C3bi. CR3 und CR4 (s. S. 52) binden spezifisch an C3bi. Opsonisierte, gealterte rote Blutzellen werden direkt aufgenommen, fast ohne Bildung von Pseudopodien. In diesen Prozeß sind Vinculin, Paxillin und F-Aktin involviert. Inflammatorische Zytokine werden dabei nicht freigesetzt.

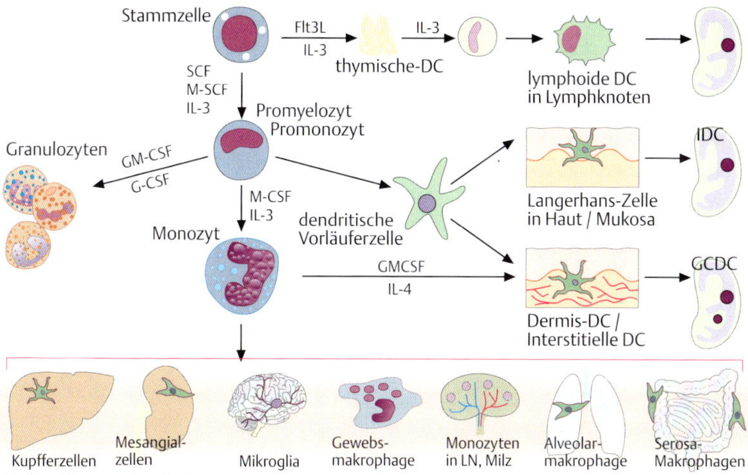

A. Das Phagozyten System

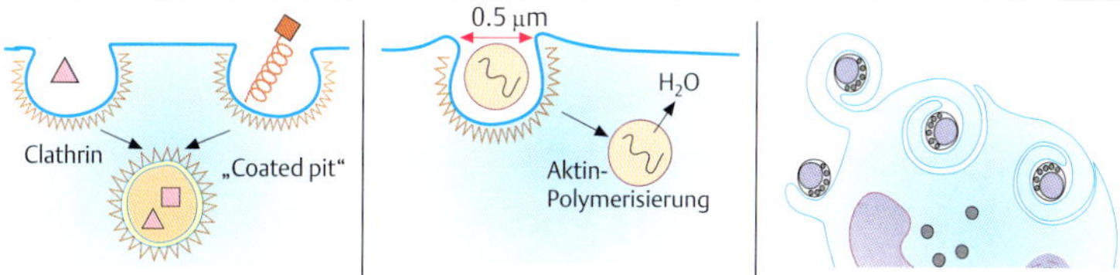

1. Pinozytose **2.** Phagozytose **3.** Coiling-Phagozytose

B. Endozytosemechanismen

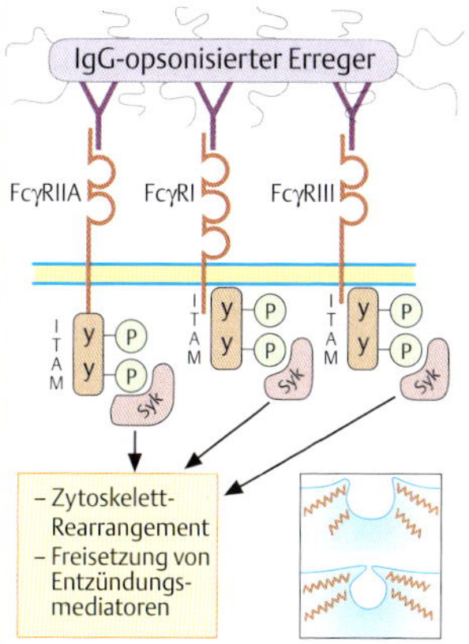

C. Fc-vermittelte Phagozytose

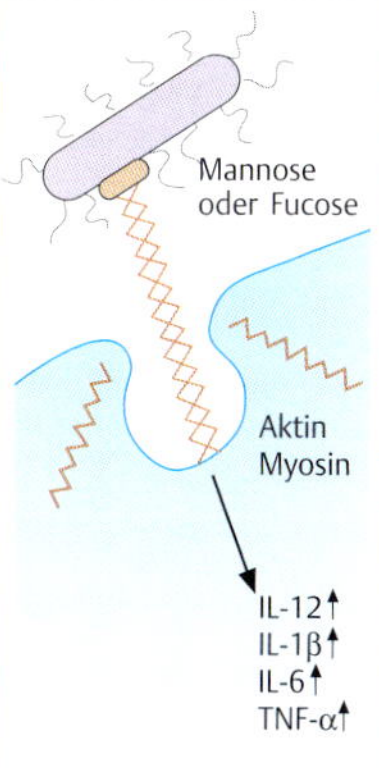

D. Mannose-Rezeptor

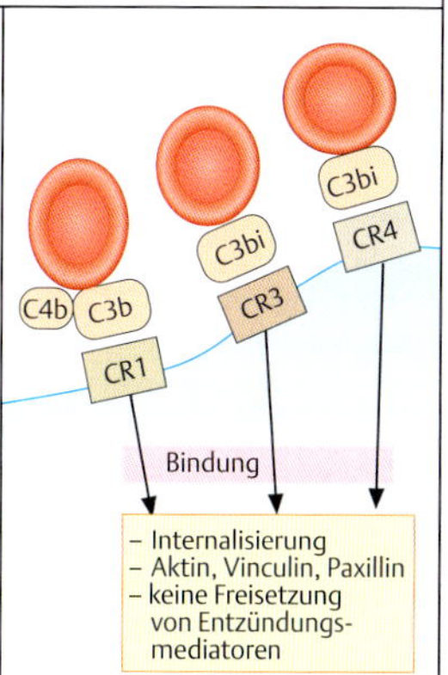

E. Komplementrezeptor-vermittelte Phagozytose

A. Funktion von Monozyten und Makrophagen

Monozyten und Makrophagen werden durch T-Zell-Zytokine (z. B. Interferon-γ; **IFN-γ**) aktiviert, sie sezernieren Zytokine wie IL-1, TNF-α und IL-6. Diese wiederum induzieren in der Leber die Freisetzung von „Akut-Phase-Proteinen" wie C-reaktives Protein und Mannan-bindendes Lektin, welche Pathogene opsonieren und ihre Elimination erleichtern. IL-1, TNF-α und IL-6 wirken auch auf den Hypothalmus ein und verursachen Fieber. Sie induzieren die Mobilisation von Neutrophilen aus dem Knochenmark ins periphere Blut (Leukozytose). IL-1 und TNF-α erhöhen auch die Gefäßpermeabilität und erleichtern das Auswandern von Zellen ins Gewebe. Dies wird synergistisch durch IL-8 unterstützt. Granulozyten und Makrophagen kooperieren bei der Phagozytose von Pathogenen und Entfernung von zerstörtem Gewebe (Scavenger-Funktion) durch Proteolyse. Die Gewebereparatur wird durch die Bildung neuer Gefäße erleichtert (Angiogenese). TNF-α und IFN-γ wirken synergistisch bei der Induktion der reaktiven Stickstoffmonoxidderivate, die für viele Effektorfunktionen verantwortlich sind, z. B. das Abtöten intrazellulärer Bakterien und Tumorzellen. Reaktive Sauerstoffradikale (NO^-, NO^+), ebenso wie Proteasen, nehmen an diesen Prozessen teil. Monozyten sind für die Antigenpräsentation an T-Zellen wichtig (s. S. 44). Durch Freisetzung von IL-10 und IL-12 wirken sie als Regulatoren der T-Zell-Antwort (T_H1 versus T_H2).

B. Monozyten- und Dendritische Zell-Antigene

Monozyten weisen 3 wichtige Adhäsions-Rezeptoren auf: **L**eukozyten **F**unktion-**a**ssoziiertes Antigen-1 (**LFA-1**) und die Komplement-Rezeptoren **CR3** und **CR4.** Diese 3 Antigene gehören zur Familie der ***Integrine,*** sie bestehen aus zwei nicht-kovalent gebundenen Polypetiden (α- und β-Ketten). LFA-1, CR3 und CR4 haben eine identische β-Kette von 95 kDa, die von anti-CD18-Antikörpern erkannt wird. Die 3 verschiedenen α-Ketten sind größere Moleküle von 180 (CD11a), 170 (CD11b) und 150 (CD11c) kDa. Mit Antikörpern gegen die α-Ketten kann die Adhäsion von Zellen gehemmt werden.

CD14 und **CD68** sind in hoher Dichte auf Monozyten des peripheren Blutes (CD14) bzw. im Gewebe (CD68) exprimiert. Sie sind für die Immunphänotypisierung von Leukämien und für die Immunhistologie sehr nützlich. **CD14** ist ein Rezeptor für den Komplex aus Lipopolysaccharid (LPS) und LPS-bindendem Protein. LPS stammt aus der Zellmembran von Bakterien und ist ein starkes Mitogen, das zur vermehrten Freisetzung von inflammatorischen Mediatoren und zu einer erhöhten mikrobiziden Aktivität führt. CD68 ist ein lysosomales/endosomales Glykoprotein.

Monozyten exprimieren Rezeptoren für das Fc-Fragment der IgG: diese haben hohe (**FcγR I = CD64**), mittlere (**FcγR II = CD32**) und niedrige (**FcγR III = CD16**) Affinität. Alle 3 Arten sind auf Monozyten bzw. Makrophagen nachweisbar: CD64 wird stärker auf Monozyten, CD32 auf Granulozyten und CD16 auf Natürlichen Killerzellen exprimiert. Granulozyten exprimieren auch eine Isoform des CD16-Moleküls, die durch glykosiliertes Phosphatidyl-Inositol (**GPI**) in der Membran verankert ist. IgG1 und IgG3 binden sehr gut an Fc-Rezeptoren, IgG2 und IgG4 nur sehr schwach. Auch murine Antikörper können an humane Fc-Rezeptoren binden, wobei IgG2a und IgG3 besonders gut binden, IgG1 kaum.

Die **CD40**-, **CD80**- und **CD86**-Antigene sind kostimulatorische Moleküle für die Antigenpräsentation (s. S. 44). Sie werden auf B-Zellen, Monozyten und dendritischen Zellen (DCs) exprimiert.

Das **CD83**-Antigen wird zur Charakterisierung des Reifungstadiums von DCs benutzt, da es nur von reifen DCs exprimiert wird. Es ist ebenfalls auf einigen Keimzentrums-B-Zellen und auf aktivierten T-Zellen zu finden. Es scheint bei der Zelladhäsion eine Rolle zu spielen.

Das **CD206**-Antigen oder Mannose-Rezeptor ist ein Typ-C-Lektin (Lektine binden an Kohlenhydrate, welche auf Makrophagen und DCs exprimiert sind). Es bindet mit hoher Affinität an Mannose-Zuckerreste, welche auf einigen Bakterien und Viren vorkommen. Eine ähnliche Struktur wird CD205 genannt und findet sich auf DCs. CD205 dient als Antigen-Aufnahme-Rezeptor.

Das **CD1a**-Molekül ist ein MHC-Klasse-I-ähnliches Molekül, welches Lipidantigene präsentiert (s. a. S. 28). Es ist auf unreifen DCs und Langerhans-Zellen exprimiert.

Grundlagen

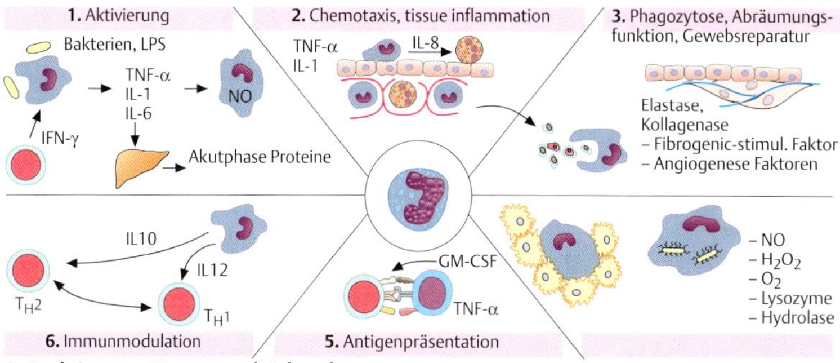

A. Funktion von Monozyten/Makrophagen

Molekül	Molekular-gew. (kDa)	Genort (Chromosom)	Zellexpression	Funktion
CD11a / CD18 (LFA-1)	CD11a: 180 CD18: 95	16p11-13.1 21q22.3	Monozyten, MΦ, Lymphozyten (T-B), Granulozyten	Zell-Zell- und Zell-Matrix-Adhäsion Ligand für ICAM-1, ICAM-2
CD11b / CD18 (CR3)	CD11b: 170 CD18: 95	16p11-13.1 21q22.3	myeloische Zellen, NK-Zellen	Zell-Zell- und Zell-Matrix-Adhäsion Ligand für iC3b, C4b, ICAM-1
CD11c / CD18 (CR4)	CD11c: 150 CD18: 95	16p11-13.1 21q22.3	Makrophagen, myeloische Zellen	Zell-Zell-Adhäsion Ligand für iC3b, C4b, ICAM-1, LPS, Fibrinogen
CD14	55	5q31	Monozyten, MΦ, Granulozyten, (B-Zellen)	Rezeptor für LPS und LPS/LPB-Komplex
or CD16 (FcγRIII)	50–80	1q23	Monozyten, MΦ, NK-Zellen, Granulozyten (GPI)	Fc-IgG-Rezeptor niedriger Affinität
CD32 (FcγRII)	40	1q23-24	Phagozyten, B-Zellen, Thrombozyten	Fc-IgG-Rezeptor mittlerer Affinität
CD64 (FcγRI)	72	1q21	Monozyten, MΦ	hochaffiner Fc-IgG-Rezeptor
CD40 (COOH)	48	20q12-q13.2	Prä-B-Zellen, reife B-Zellen dendritische Zellen (DC)	Interaktion T-APC CD40-Ligand (T-Zellen Anti-Apoptose-Signal
CD80/86 (COOH)	60	3q21	B-Zellen, aktive Makrophagen, DC	Interaktion T-APC, Liganden für CD28/ CTLA-4
CD83	45	6p23	reife dendritische Zellen, einige B- und T-Zellen	Adhäsionsmolekül
Mannose-Rezeptor	180	10p13	Phagozyten, lymphatisches Endothel	Mustererkennungs-rezeptor
CD1a	43–49	1q22-23	Thymozyten, dendritische Zellen	Präsentation von Glykolipiden
CD68	11	17p13	Monozyten, MΦ, Granulozyten, Basophile, LGL-Lymphozyten	lysosomales und endosomales Glykoprotein

B: Monocytes and DC antigens

Dendritische Zellen (**DC**) machen weniger als 0,5% der mononukleären Zellen im Blut aus, sie sind aber in nahezu allen Organen anzutreffen. Es sind große Zellen mit langen zytoplasmatischen Ausläufern (teilweise >10 μm), wenigen intrazytoplasmatischen Organellen, jedoch zahlreichen Mitochondrien. Sie haben eine hohe Motilität. Nur DCs können naive T-Zellen aktivieren.

A. Unterschiedliche DC-Populationen

DC gehören zur myeloischen Reihe. Sie differenzieren aus hämatopoetischen Vorläuferzellen als Antwort auf TNF-α, IL-4 und GM-CSF. In der Haut finden sich DCs in der Epidermis (**L**angerhans-**Z**ellen, **LCs**) und in der Dermis. LCs besitzen charakteristische Einschlußkörperchen (Birbeck-Granula). Diese sind vermutlich Endosomen, die eine Rolle bei der Antigenaufnahme spielen. Nach der Aufnahme von Antigenen in der Haut beginnen LCs als Antwort auf inflammatorische Zytokine wie TNF-α in die T-Zell-Region von Lymphknoten zu wandern, wo sie Antigen-spezifische T-Zellen aktivieren. Reife Monozyten können in verschiedenen Organen in interstitielle DC differenzieren; ein wesentlicher Schritt in diesem Prozeß ist die Interaktion mit Adhäsionsmolekülen und Chemokinen, die von Endothelzellen exprimiert oder freigesetzt werden und denen die DCs während der transendothelialen Migration begegnen. Von Monozyten abgeleitete DC und interstitielle DCs migrieren bevorzugt zu den Keimzentren von Lymphknoten, wo sie sowohl B- als auch T-Zellen aktivieren. Reife DCs lassen sich im peripheren Blut nur selten finden, aber 0,1 bis 0,5% der mononukleären Zellen des Blutes zeigt morphologische und immunologische Züge von unreifen DC (kleinere zytoplasmatische Ausstülpungen, geringe Expression von MHC-Molekülen, kostimulatorischen Molekülen und des DC-assoziierten Antigens CD83). Diese Zellen werden **Prä-DC-1** genannt; sie exprimieren myeloische Antigene wie CD13, CD11c und CD1c, ebenso wie BDCA-3. Sie differenzieren in typische DCs als Antwort auf IL-4, GM-CSF und TNF-α. Sie sezernieren große Mengen von IL-12 (Typ-1-DC oder DC-1). Eine Subpopulation des peripheren Blutes reagiert auf IL-3 und Flt3L, wodurch die Expression der myeloischen Antigene CD13 und CD33 ausbleibt, während T-Zell-assoziierte Antigene wie CD2, CD5 und CD7, sowie BDCA-2, BDCA-4 und Toll-like Rezeptor 9 (TLR9) exprimiert werden. Diese Zellen migrieren zur parakortikalen Region von Lymphknoten in naher Assoziation zu HEV. Im Hinblick auf ihre Expression von T-Zell-Antigenen und ihre Morphologie wurden diese Zellen früher als „plasmazytoide" T-Zellen/Monozyten beschrieben. Sie werden nun **Prä-DC-2** genannt. Als Antwort auf Stimulation mit CD40 und IL-3 erhalten sie eine typische dendritische Morphologie und sezernieren große Mengen an IFN-α und IL-10 (Typ-2-DC; DC-2; **i**nterferon **p**roducing **c**ells, IPC).

B. Wanderung der dendritischen Zelle

Antigene können durch die Haut von Langerhanszellen aufgenommen werden. Diese migrieren dann als „Schleierzellen" (veiled cells) in die Lymphgefäße und transportieren die Antigene in die regionalen Lymphknoten, wo sie $CD4^+$-T-Zellen aktivieren. Aktivierte T-Zellen exprimieren CD40-Ligand (CD154) und CD28, so daß eine starke Stimulation durch die DC möglich ist. Die aktivierten T-Zellen bewegen sich dann zur Antigeneintrittspforte hin, wo sie IL-2 und IFN-γ sezernieren. Dadurch kommt es schließlich zu einer Anreicherung von T-Zellen, Makrophagen und anderen inflammatorischen Zellen. Diese Reaktion (verzögerte Hypersensitivität) kann etwa 48 h nach Antigeneintritt beobachtet werden. Sie manifestiert sich als rötliche Papelbildung auf der Haut.

C. Rekrutierung dendritischer Vorläuferzellen/DC-Migration

Die Epithelien von Tonsillen und Darm sezernieren MIP-3α, den Liganden für CCR6 auf unreifen DCs (und auch auf T-Zellen, die in die Darmepithelien wandern). MIP-3α wird während entzündlicher Prozesse induziert. Bei der Reifung verlieren DC CCR6 an ihrer Oberfläche und entgehen so dem lokalen MIP-3α-Gradienten. Dafür erwerben sie die Expression des Chemokin-Rezeptors CCR7. Das macht sie für die Chemokine MIP-3β und SLC (**s**econdary **l**ymphoid tissue **c**hemokine) empfindlich, die von Lymphgefäßen, Endothelzellen und Stromazellen der Lymphknoten freigesetzt und gebunden werden. T-Zellen werden ebenfalls durch diesen Gradienten in die Lymphknoten gelockt. In den T-Zell-Zonen der Lymphknoten interagieren DC mit Antigen-spezifischen T-Zellen. DC, die im Lymphknoten residieren, produzieren selbst SLC und MIP-3β, was zur weiteren T-Zell-Rekrutierung führt und DCs anlockt, wodurch die Immunantwort verstärkt wird.

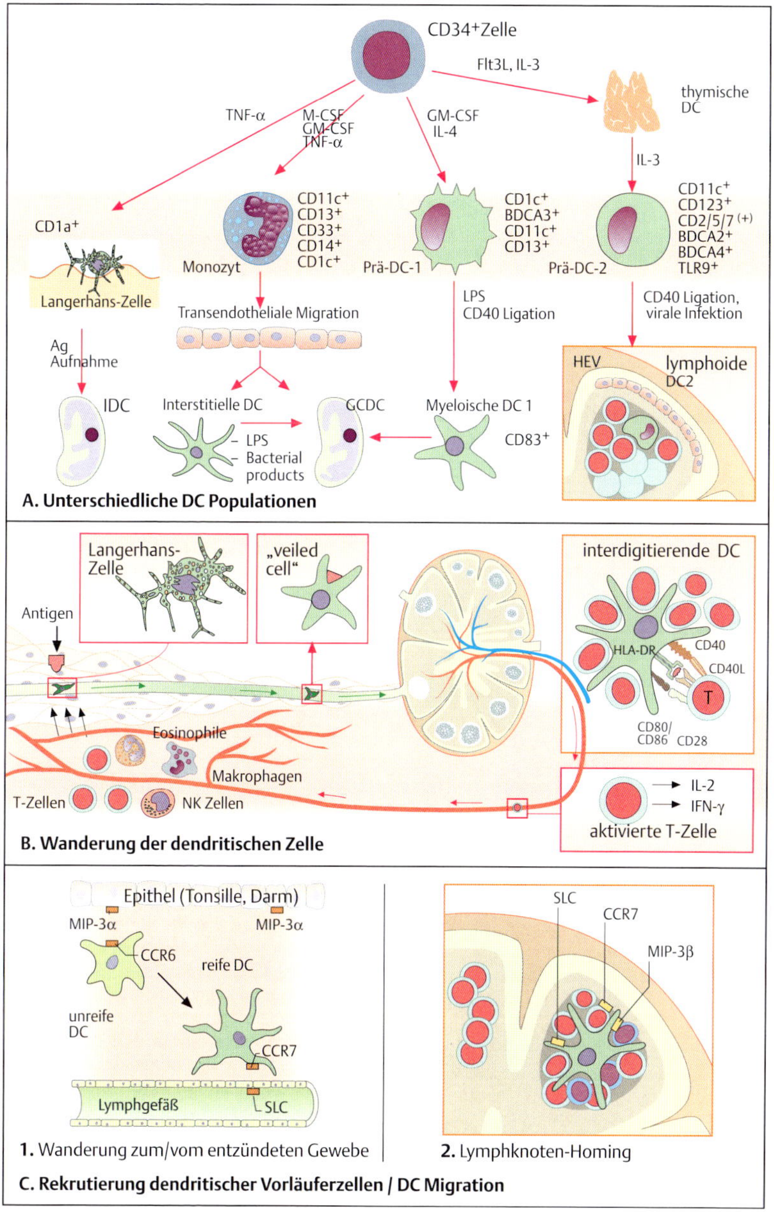

A. Unterschiedliche DC Populationen

B. Wanderung der dendritischen Zelle

1. Wanderung zum/vom entzündeten Gewebe
2. Lymphknoten-Homing

C. Rekrutierung dendritischer Vorläuferzellen / DC Migration

A. DC-Reifung: Wechsel von Phänotyp und Funktion

Unreife DCs exprimieren die myeloischen Antigene CD13 und CD33 stark, ebenso die Chemokinrezeptoren CCR1, CCR5 und CCR6, sowie Fc-Rezeptoren. Die kostimulatorischen Moleküle CD40, CD80, CD86 sind schwach exprimiert bei fehlender Expression von CD83 und „lysosome-associated membrane protein (LAMP)". Einige unreife DCs, insbesondere die Langerhans-Zellen der Haut, exprimieren das CD1a-Antigen reichlich. Das Niveau der Expression der MHC-Moleküle I und II ist noch niedrig, da diese Moleküle von der Zelloberfläche wieder von den Lysosomen aufgenommen werden. Daher sind präsentierte Peptide nur für eine kurze Zeit für die Erkennung durch T-Zellen verfügbar. Unreife DCs zeigen eine hohe phagozytotische Aktivität, während reife DC durch die hohe Expression kostimulatorischer Moleküle effektiv T-Zellen stimulieren. Inflammatorische Stimuli (z. B. TNF-α, IL-1, IL-6, LPS, Bakterien und Viren) induzieren die Reifung. Der Umsatz an MHC-Klasse-II-Molekülen sinkt 10 bis 100-fach. Folglich sind Peptide, die von aufgenommenen Antigenen stammen, nun mehrere Stunden lang für die Erkennung von T-Zellen verfügbar. Die Hochregulation von Adhäsionsmolekülen wie DC-SIGN, ein C-Typ-Lektin, das mit ICAM-3 auf naiven T-Zellen interagiert, trägt weiter zur T-Zell-Stimulation bei. Die finale Reifung wird schließlich durch CD40-Ligation hervorgerufen, wodurch DC große Mengen an IL-12 produzieren.

B. Polarisierung der T_H-Immunantwort durch DC: Linientrennung versus Plastizität

DCs sind wichtige Regulatoren der Immunantwort und können sie in eine T_H1- oder T_H2-Antwort lenken. In Gegenwart von großen Mengen an IL-12 werden T-Zellen in eine T_H1-Antwort dirigiert und sezernieren IFN-γ und IL-2 (inflammatorische T-Zell-Antwort). Im Gegensatz dazu erleichtert eine niedrige IL-12-Konzentration die Differenzierung von T_H2-Zellen (Sekretion von IL-4 und IL-10; Förderung der Differenzierung von B-Zellen in Plasmazellen). Unklar ist, ob die Sekretion großer Mengen an IL-12 bei Typ-1 myeloischen DCs (DC-1) konstitutiv auftritt. Lymphoide DCs oder DC-2 hingegen entstehen als Antwort auf Flt3-Ligand und IL-3 (oberer Teil von Abbildung **B**). Ein alternatives Modell besagt, daß beide Arten von DCs, abhängig vom Stimulus, unterschiedliche Mengen an IL-12 produzieren: bakterielle Produkte wie LPS, unmethylierte CpG-Oligonukleotide, CD40-Ligation, sowie ein hohes DC/T-Zell-Verhältnis bringen DCs dazu, große Mengen an IL-12 zu sezernieren. Im Gegensatz dazu führt die Gegenwart von IL-10, TGF-β, Prostaglandin PGE_2, sowie ein niedriges DC/T-Zell Verhältnis dazu, daß DCs nur geringe Mengen an IL-12 sezernieren und die Immunantwort in Richtung T_H2 läuft (unterer Teil von Abbildung **B**).

Typischerweise exprimieren DC-1 das Antigen BDCA-3, Mannose-Rezeptoren, CD1 sowie die Toll-like Rezeptoren (TLR) 2 und 4 DC-2 hingegen exprimieren das Antigen CD123 (IL-3 Rezeptor α-Kette), BDCA-2 und BDCA-4, ebenso TLR7 und TLR9. Typ-2-DCs weisen eine niedrige phagozytische Aktivität auf und sezernieren Typ-1-Interferone (IFN-α und IFN-β). Daher werden sie auch Interferon-produzierende Zellen, „interferon-producing cells" (IPC), genannt. Die finale Reifung von DC-2 wird durch virale Antigene in Gegenwart von IL-3 eingeleitet, während LPS und bakterielle Antigene für die Reifung von Typ-1-DCs wichtig sind. Die Ligation von CD40 ist wichtig für beide Zelltypen.

C. Feedback-Regulation der DC-1 und DC-2

Differenzierung von T-Zellen in T_H2-Zellen induziert die Sekretion von IL-4. Dieses Zytokin ist wichtig für die Generierung von DC-1, während es die Differenzierung von Typ-2-DCs aus Vorläuferzellen hemmt. Somit wird eine gewisse Balance der T_H1/T_H2-Antwort unabhängig vom initialen Stimulus aufrechterhalten.

D. Tolerogenes Potential unreifer DCs

Die Antigenaufnahme durch unreife DCs in der Haut und Schleimhaut und sogar in Tumoren kann Antigen-spezifische Toleranz eher als T-Zell-Aktivierung induzieren, sofern Reifungsstimuli (z. B. TNF-α, LPS) fehlen. Unter diesen Bedingungen werden kostimulatorische Moleküle nicht hochreguliert. IL-10 wird dann anstelle von IL-12 produziert. Antigene, die unter diesen Bedingungen präsentiert werden, werden wahrscheinlich toleriert. Diese Effekte könnten einen wichtigen Mechanismus darstellen, Autoimmunität zu vermeiden. Andererseits stellen sie einen „Escape"-Mechanismus dar, über welchen Tumor-assozierte Antigene eher Toleranz statt Immunität induzieren.

	unreife DC	reife DC
CD13, CD33, CD14	++	(+)
CD40, CD80, CD86	(+)	+++
CD83	-	++
LAMP	-	++
CCR1, CCR5, CCR6	++	-
CCR7	-	+
Phagozytose	+++	(+)
Antigenpräsentation	+	+++
IL-12 Freisetzung	+	++++

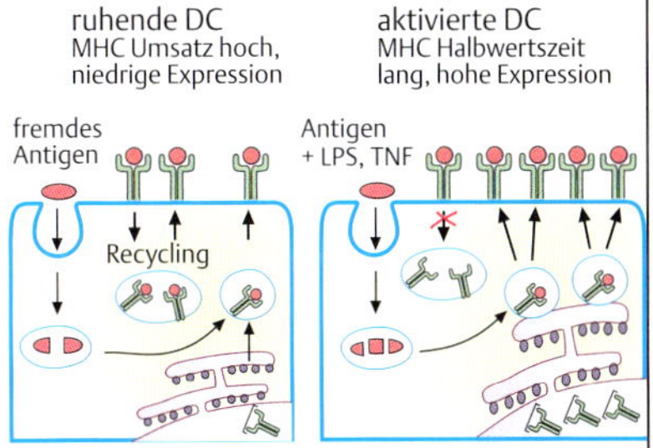

A. DC Reifung: Änderung von Phänotyp und Funktion

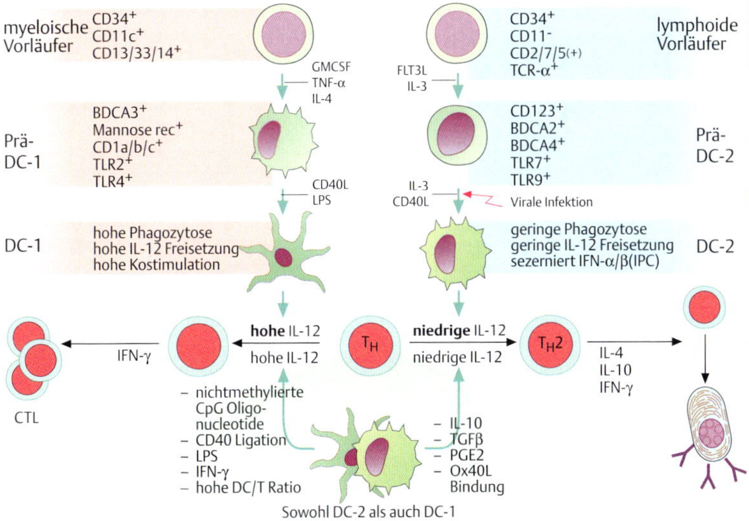

B. Polarisierung der TH Immunantwort durch DC: Linientrennung vs. Plastizität

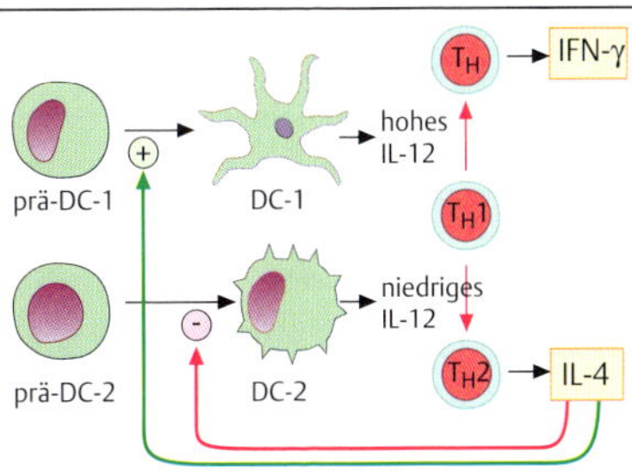

C. Feedback Regulation der DC-1 und –2

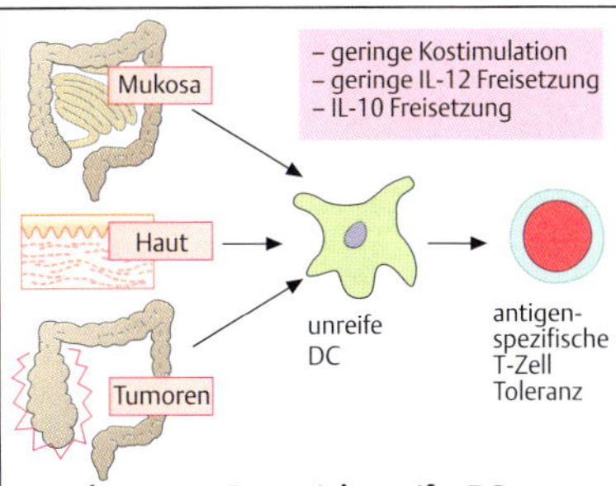

D. Tolerogenes Potential unreifer DC

A. Funktionen der Epithelzellen

Die Schleimhäute müssen das Eindringen von Schädlingen verhindern. Sog. „tight junctions" zwischen den Epithelzellen verhindern das parazelluläre Eindringen. IL-6, TNF-α und IFN-γ lokkern die „tight junctions"; während TGF-β, IL-10 und IL-15 diese verstärken. Die Regeneration der Schleimhaut und damit das Schließen von Lücken wird durch EGF, FGF, HGF und Peptide des **i**ntestinalen **t**refoil (Kleeblatt) **f**actor **ITF** induziert. LPS von gram-negativen Bakterien bindet an **t**oll **l**ike **r**eceptor (TLR, s. S. 74) TLR4, bakterielles Flagellin an TLR5, mikrobielle CpG-DNA an TLR9 und Lipoteichonsäuren von gram-positiven Bakterien an TLR3. Nach Aktivierung induzieren alle TLRs über NFκB (s. auch S. 76) die Synthese von Prostaglandin E2, D2, F2α, 6-keto-prostaglandin $F_1\alpha$, IL-8, ENA78, GROα, MIP1-α, MCP, IL-1α, IL-1β, IL-6, IL-10, IL-15. Auch TNF-α und TGF-β werden nach Aktivierung durch TLRs gebildet. Nach Aktivierung und/oder Zytokinstimulation werden dann auch mikrobizide Faktoren der β-Defensingruppe, Lysozym, Laktoperoxidase, Phospholipase-A_2, Laktoferrin und Komplement-Komponenten (C3, C4, Faktor B) gebildet. Laktobazilli können in Epithelzellen über CD1d die Sekretion von IL-10 induzieren. Paneth-Körner-Zellen im Dünndarm bilden sog. Kryptine (HNP5, HNP6), die gegen pathogene Bakterien, z. B. *S. typhimurium* und *Listeria monocytogenes* besonders potent sind.

B. Antigenpräsentation in der Schleimhaut

Zwischen den Epithelzellen der Schleimhäute sind häufig **intra**e**pitheliale **L**ymphozyten (**IEL**) eingeschleust. Die Epithelzellen nehmen Antigene durch Pinozytose, Bindung an Mannose-Rezeptoren und als Immunkomplexe (über poly-IgR oder FcRn) auf. Peptide werden nach Degradation an MHC-I oder an MHC-II, Lipide an CD1d gebunden präsentiert. MHC-Peptid-Komplexe werden von α/β-T-Zellen, Lipid-CD1d-Komplexe von γ/δ-T-Zellen erkannt. Akzessorische Signale werden an IEL durch CD54 und CD58 abgegeben. Darmepithelzellen können im Rahmen einer Entzündung CD86 exprimieren, Bronchialzellen CD40. Die vielen $CD28^-$-IELs werden durch Interaktion des E-Cadherins mit dem Integrin $\alpha^E\beta_7$auf den IELs oder durch das homophile CD66a (CEA-CAM1) kostimuliert.

C. M-Zellen als Antigentransporter

M-Zellen (M = Mikrofalten, s. S. 8) transportieren Antigene, die sie aus dem Darmlumen aufnehmen, innerhalb von kleinen Vesikeln durch das Zellinnere (Transzytose) und geben sie an Lymphozyten und APC weiter, die von ihrer Basalmembran eng umschlossen sind. Reoviren, *S. typhimurium* und *Myc. tuberculosis* nutzen M-Zellen als Vehikel um den Wirt zu infizieren.

D. Lymphozytenpopulationen in der Darmschleimhaut

In der Darmschleimhaut des Menschen gehört eine große Fraktion der T-Lymphozyten zu den γ/δ-T-Lymphozyten. Diese sind besonders intraepithelial lokalisiert. Etwa 5-10 % der IELs sind CD4/CD8-doppeltpositive α/β-T-Zellen. Die anderen ordnet man in 3 Gruppen: Neben γ/δ-T-Zellen unterteilt man die α/β-T-Zellen in CD4/CD8 a/β einzelpositiv (**SP**) und doppeltnegativ (**DN**). γ/δIELs erkennen CD1d-Lipid-Komplexe und ähneln NK-Zellen: Die meisten γ/δ^+-IELs sind $V\delta1^+$und binden an die induzierbaren Rezeptoren **MICA** (engl. **M**HC-**I** **c**lass like **a**ntigen) und **MICB** mit ihrem TCR und durch die NKG2D-Expression (s. S. 48). Einige DN sind $CD28^-$-$CD2^-V\alpha7.2$-$J\alpha33^+$, binden MR1 (MHC-I ähnlich) und zeigen NK-Zell-Verhalten. Aktivierte IELs exprimieren als einzige T-Zellen CD8α/α. Einige dieser IELs nutzen FcεRIγ (Bestandteil von CD16) im CD3-Komplex zur Aktivierung und werden nicht im Thymus negativ selektioniert. Im Gegensatz zu $CD8\alpha/\beta^+$-IELs exprimieren diese die „verbotenen" Vβ3, Vβ6 und Vβ7. In der Lamina propria und den Peyerschen Plaques-Keimzentren sind ≍50 % der Lymphozyten IgA^+-B-Zellen.

E. Regulation der IgA-Sekretion

Die Migration von Lymphozyten in die Mukosa wird vor allem durch die Chemokinrezeptoren CCR9 und CCR10 reguliert (s. auch S. 5B). DCs werden durch CCL20 (LARC, MIP3) in die Peyerschen Plaques gelockt. T_H2-Zellen ($CD4^+\alpha/\beta^+$-IELs) werden dort durch DCs aktiviert. In den Lymphfollikeln liegt eine hohe Konzentration an TGFβ vor, da Stammzellen der Epithelschicht diesen Faktor zum Proliferieren und Differenzieren brauchen. TGFβ löst in B-Zellen den class-switch zu IgA^+-B-Zellen aus, dadurch sezernieren diese bevorzugt IgA. Die T_H2-Zellen modulieren mittels TGFβ, IL5, IL6 und IL10 den IgA-Expressionslevel.

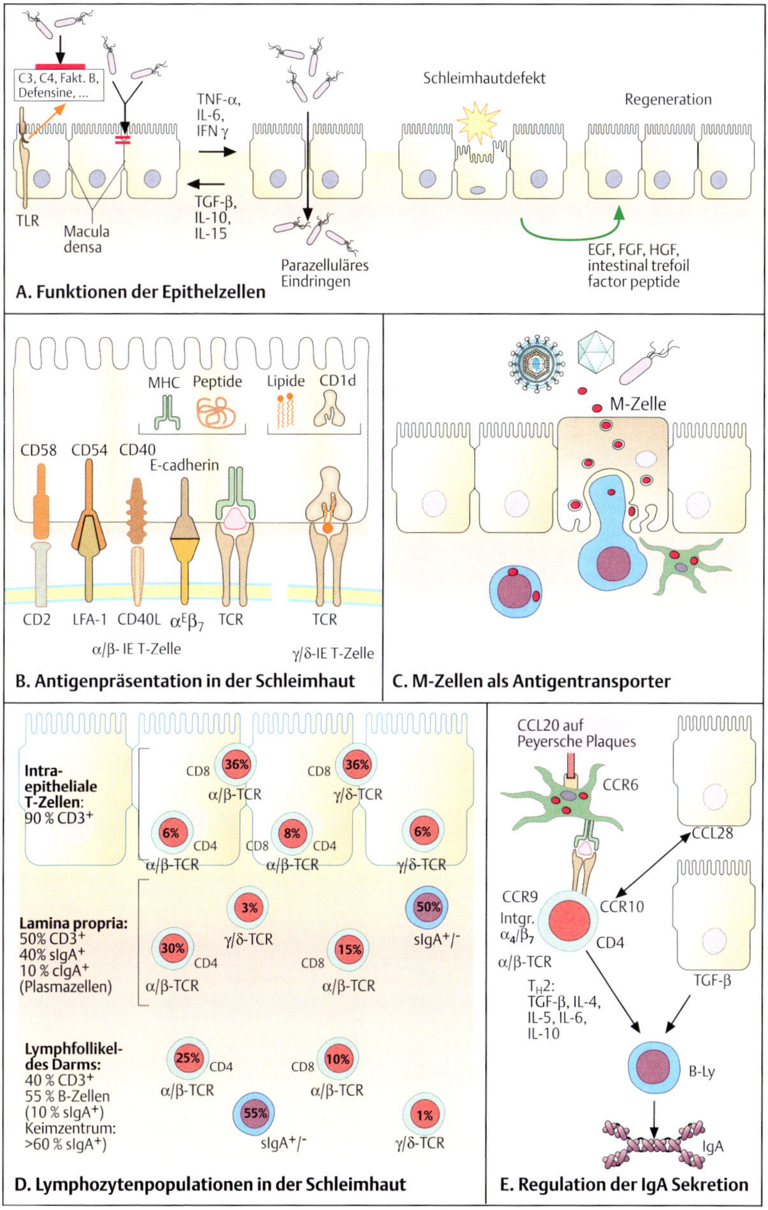

A. Funktionen der Epithelzellen

B. Antigenpräsentation in der Schleimhaut

C. M-Zellen als Antigentransporter

D. Lymphozytenpopulationen in der Schleimhaut

E. Regulation der IgA Sekretion

A. Genomische Organisation des HLA-Komplexes

Anhand von Tierexperimenten bei Transplantationsuntersuchungen wurde festgestellt, daß bei genetisch nicht identischen Tieren Transplantate abgestoßen wurden, wofür die Haupthistokompatibilitätsantigene (MHC-Antigene) verantwortlich gemacht werden konnten. In den 1950er Jahren gelang es, auch beim Menschen die entsprechenden Strukturen zu entdekken. Da im humanen System nach Transplantationen Antikörper gegen humane Leukozyten technisch am einfachsten dargestellt werden konnten, wurden die so definierten MHC-Antigene als „humane Leukozyten-Antigene" (HLA) bezeichnet, obwohl sie schließlich auf nahezu allen kernhaltigen Zellen entdeckt wurden. Das HLA-System zeichnet sich durch einen extremen Polymorphismus aus, d. h. es kodiert für genetische Merkmale, die in mehr als einer phänotypischen Ausprägung vorkommen und nach Mendelschen Gesetzen vererbt werden. Dies ist mit der Funktion des MHC-Systems einer möglichst umfassenden Antigen-Präsentation verbunden. Es wird beim Menschen auf dem kurzen Arm des Chromosoms 6 kodiert.

Zunächst werden die *Klasse-I-Antigene* unterschieden. Ihre Bezeichnung hat sich – wie auch bei den anderen Spezifitäten – geschichtlich in der Reihenfolge ihrer Entdeckung ergeben und entspricht daher nicht ihrer eigentlichen Anordnung auf dem Chromosom. Sie bilden einen Komplex von drei miteinander benachbarten Genorten: *HLA-A, HLA-B* und *HLA-C*. Während diese Antigene zunächst serologisch definiert wurden, wurden *HLA-D-Antigene* zellulär im Rahmen der gemischten Leukozyten-Kultur beschrieben. Letztere bilden einen Komplex, zu dem *HLA-**DR***-(= **D**-**r**elated), *HLA-DQ-* und *-DP-Antigene* gehören.

Im Gegensatz zu den Klasse-I-Antigenen, deren schwere Ketten mit der gleichen leichten Kette eine Bindung eingehen (β2-Mikroglobulin, nicht auf dem Chromosom 6 kodiert), gibt es bei den Klasse-II-Antigenen unterschiedliche Genorte, die für die α-Kette (DRA, DQA und DPA) bzw. für die β-Kette (DRB, DQB und DPB) kodieren. Anzahl und Struktur dieser Genorte sind – abhängig vom HLA-Haplotyp – individuell verschieden. So bildet die Kombination der unterschiedlichen β-Ketten der DR-Antigene verschiedene Gruppen aus, die in **4.** dargestellt sind. Benachbart sind den DP-, DQ- und DR-Genen noch weitere in der Struktur verwandte Gene (**3.**), die jedoch häufig als nicht übersetzte Pseudogene keine bekannte Funktion haben.

Der Aufbau der eigentlichen Genstruktur gliedert sich in verschiedene Exons, die unterschiedliche Domänen bilden. Zwischen den MHC-Klasse-I- und -II-Genen befinden sich die für die *Komplementfaktoren C2, C4* und *Bf* kodierenden Gene (**2.**), deren Expressionsprodukte ursprünglich als *Klasse-III-Antigene* bezeichnet wurden (**1.**). Auch hier gibt es einen ausgeprägten Polymorphismus, der noch durch Gen-Duplikation bzw. eine unterschiedliche Gen-Länge bei den C4-Genen kompliziert wird. Gewissermaßen eingestreut in den HLA-Komplex liegen weitere wichtige Gene, z. B. für den Tumor-Nekrose-Faktor-α und -β (TNF) und das verwandte *Lymphotoxin* (**LT**) sowie für die Enzyme *CY21a und CY21b*. Nicht dargestellt in der Grafik sind die Gene für die *Transportproteine TAP 1 und 2*, die sich zwischen DP und DQ befinden. Deren Expressionsprodukte sind für den Transport von antigenen Peptiden zu den HLA-Molekülen wichtig (s. S. 66).

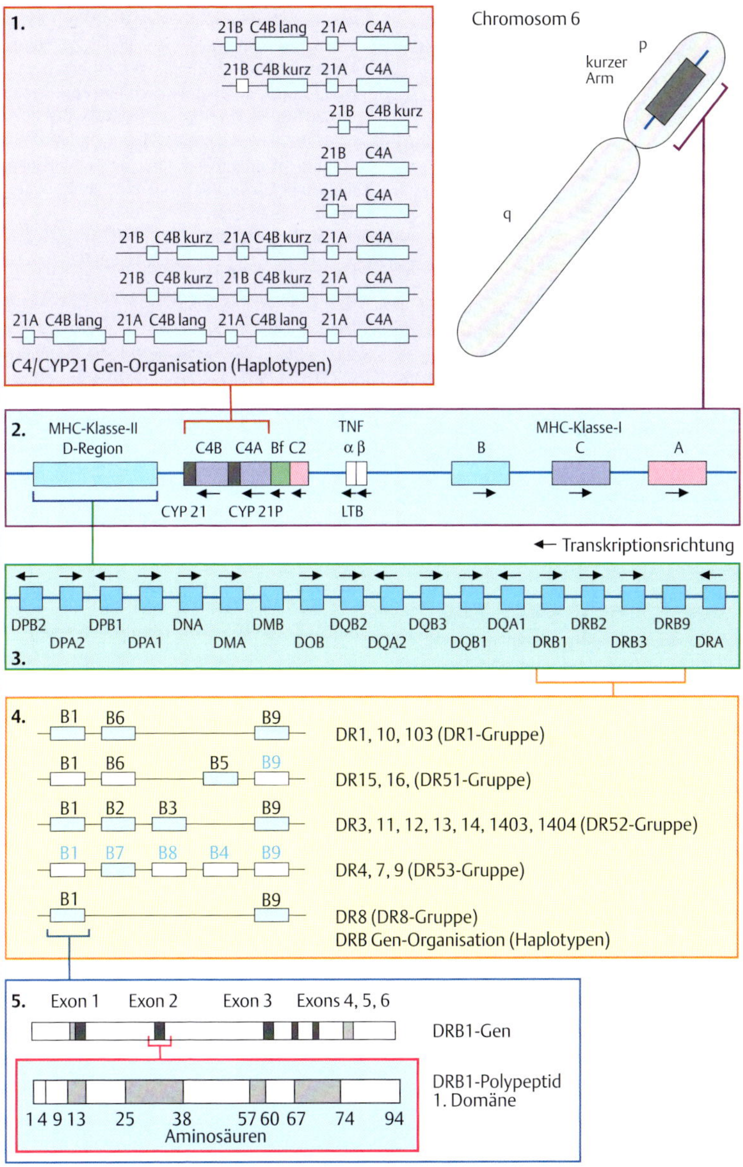

A. Genomische Organisation des HLA-Komplexes

Grundlagen

A. HLA-Moleküle (Schema)

Die HLA-Klasse-I-Moleküle bestehen aus einer schweren Kette von 44 kD und der leichten Kette von 12 kD, dem β_2-Mikroglobulin (β_2m). Die α-Kette ist ein Transmembranpotein mit drei Domänen α_1, $\alpha_2$und α_3 (jeweils etwa 90 AS) sowie einem transmembranen (25 AS) und einem intrazellulären Anteil (30 AS). Sie geht eine nicht-kovalente Bindung mit dem extrazellulären β_2m ein.

Die HLA-Klasse-II-Moleküle bestehen aus je zwei Ketten, der α-Kette mit 33–35 kD und der β-Kette mit 26–28 KD. Beide Ketten bestehen aus je zwei extrazellulären Domänen von je 90–100 kD (bezeichnet als α_1, α_2 bzw. β_1, β_2), an die sich jeweils ein transmembraner Teil von 20–25 AS und ein intrazellulärer Teil von 8–15 AS anschließen. Im Gegensatz zu den konservierten α_2- und β_2-Domänen sind die α_1- und β_1-Domänen hochpolymorph. Sie bestehen aus einer „Bodenplatte" aus β-Faltblattsträngen, an die sich seitlich α-Helices anschließen. Zusammen wird eine korbähnliche Struktur zur Antigenaufnahme gebildet (s. a. **B.**).

B. Struktur eines HLA-Klasse-I-Moleküles

Mit Hilfe der Röntgenstrukturanalyse kann die räumliche Struktur der HLA-Antigene dargestellt werden: hier schematisch an einem Klasse-I-Molekül gezeigt. Die α_1- und α_2-Domänen bestehen aus je 4 antiparallel verlaufenden β-Faltblattsträngen, an die sich C-terminal jeweils eine α-Helix anschließt. Dabei entsteht eine Antigen-aufnehmende Struktur, die der Peptid-Bindungsgrube entspricht (s. Aufsicht). Der T-Zell-Rezeptor erkennt nun sowohl das zu ihm passende HLA-Antigen (MHC-Molekül) als auch das in seiner Grube enthaltene Peptid (*„trimolekularer Komplex"*). Stabilisiert wird die Bindung zwischen der Antigen-tragenden Zelle und der T-Zelle noch durch „Hilfsmoleküle" wie dem CD8 im Fall zytotoxischer T-Zellen.

C. HLA-Klasse-I-Allele

Traditionell wurden die HLA-Antigene in der geschichtlichen Reihenfolge ihrer Entdeckung nach A, B und C (Klasse I) und D (Klasse II) bezeichnet und innerhalb dieser Gruppen numeriert. Da sich hier jedoch unterschiedliche und unübersichtliche Bezeichnungen ergaben und durch molekularbiologische Methoden die genauen Strukturen der Gene bekannt wurden, konnte eine international einheitliche Nomenklatur eingeführt werden. Hierbei folgt bei den HLA-Klasse-I-Molekülen nach der Bezeichnung für die Region des Gens die Identifikationsnummer für das Allel, getrennt durch einen Stern. In der Tabelle sind die derzeit bekannten neuen und traditionell definierten Allele gegenübergestellt.

Folgende Doppelseite: HLA-DR-, -DQ- und -DP-Allele im HLA-System

Diese Tabellen enthalten eine analoge Aufschlüsselung der Klasse-II-Antigene. Hier ist aufgrund der polymorphen α- und β-Ketten die Nomenklatur noch etwas komplizierter. So enthält die Subregion HLA-DR ein Gen für die α-Kette (DRA1) und mehrere für die β-Kette (DRB1, DRB2, DRB3, DRB4, DRB5, DRB6 und DRB9), die jedoch nicht alle gleichzeitig vorhanden sind (s. **3.** auf S. 61). Die Subregion HLA-DP enthält die kodierenden Gene DPA1 und DPB1, die Subregion HLA-DQ die kodierenden Gene DQA1 und DQB1. Nach der Bezeichnung für das Gen der Subregion folgt dann – getrennt durch einen Stern – die Identifikationsnummer für das Allel und unmittelbar dahinter die Nummer des Subtypes. Daher bedeutet HLA-DRB1*0101: DRB1-Locus (kodiert für die β-Kette 1), Allel 01, Subtyp 01. Die Tafel auf S. 64/65 zeigt die traditionelle Nomenklatur (Beispiel DR4), gefolgt von der zellulären Typisierung und schließlich die weitere Aufschlüsselung durch die Oligonukleotid-Typisierung.

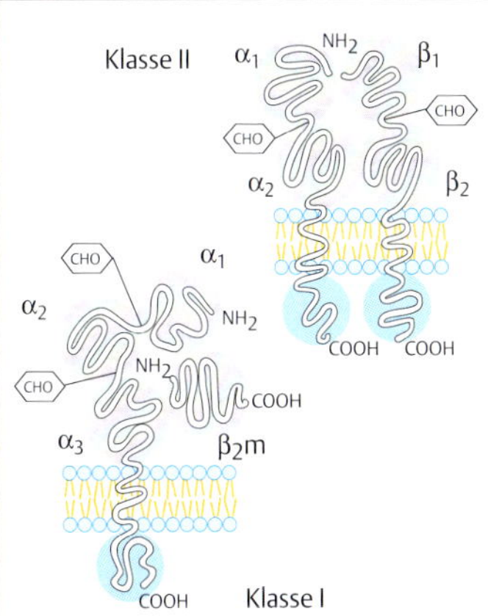

A. HLA-Moleküle (Schema)

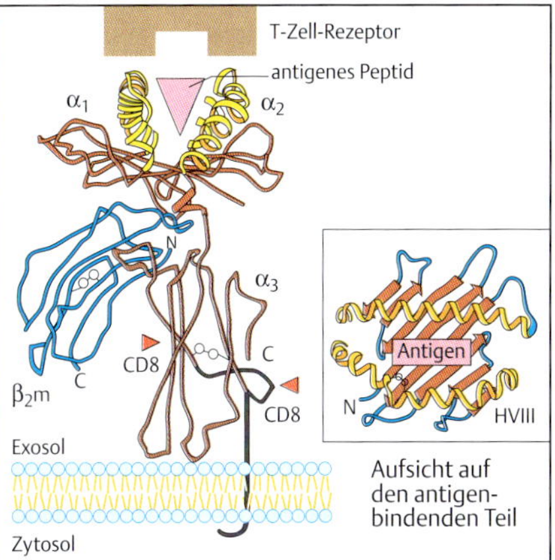

B. Struktur eines HLA-Klasse-I-Moleküls

HLA-A-Allele		HLA-B-Allele		HLA-C-Allele	
Neue Nomenklatur	Alte Nomenklatur	Neue Nomenklatur	Alte Nomenklatur	Neue Nomenklatur	Alte Nomenklatur
A*0101	A1	B*0701	B7, B7.1	Cw*0101	Cw1
A*0201	A2, A2.1	B*0702	B7, B7.2	Cw*0201	Cw2, Cw2.1
A*0202	A2, A2.2F	B*0801	B8	Cw*02021	Cw2, Cw2.2
A*0203	A2, A2.3	B*1301	B13, B13.1	Cw*02022	Cw2, Cw2.2
A*0204	A2	B*1302	B13, B13.2	Cw*0301	Cw3
A*0205	A2, A2.2Y	B*1401	B14	Cw*0501	Cw5
A*0206	A2, A2.4a	B*1402	Bw65 (14)	Cw*0601	Cw6
A*0207	A2, A2.4b	B*1501	Bw62 (15)	Cw*0701	Cw7
A*0208	A2, A2.4c	B*1801	B18	Cw*0702	Cw7, JY328
A*0209	A2, A2-ZB	B*2701	B27, 27f	Cw*1101	Cw11
A*0210	A2, A2-LEE	B*2702	B27, 27e, 27K, B27.2	Cw*1201	Cx52
A*0301	A3, A3.1	B*2703	B27, 27d, 27J	Cw*1202	Cb-2
A*0302	A3, A3.2	B*2704	B27, 27b, 27C, B27.3	Cw*1301	CwBL18
A*1101	A11, A11E	B*2705	B27, 27a, 27W, B27.1	Cw*1401	Cb-1
A*1102	A11, A11K	B*2706	B27, 27D, B27.4		
A*2401	A24 (9)	B*3501	B35		
A*2501	A25 (10)	B*3502	B35		
A*2601	A26 (10)	B*3701	B37		
A*2901	A29 (w19)	B*3801	B38 (16), B16.1		
A*3001	A30 (w19), A30.3	B*3901	B39 (16), B16.2		
A*3101	A31 (w19)	B*4001	Bw60 (40)		
A*3201	A32 (w19)	B*4002	B40, B40*		
A*3301	Aw333 (w19), Aw33.1	B*4101	Bw41		
A*6801	Aw68 (28), Aw68.1	B*4201	Bw42		
A*6802	Aw68 (28), Aw68.2	B*4401	B44 (12), B44.1		
A*6901	Aw69 (28)	B*4402	B44 (12), B44.2		
		B*4601	Bw46		
		B*4701	Bw47		
		B*4901	B49 (21)		
		B*5101	B51 (5)		
		B*5201	Bw52 (5)		
		B*5301	Bw53		
		B*5701	Bw57 (17)		
		B*5801	Bw58 (17)		
		B*7801	B'SNA'		

C. HLA-Klasse-I-Allele

Neue Nomenklatur	Alte Nomenklatur
DRB1-Allele	
DRB1*0101	DR1, Dw1
DRB1*0102	DR1, Dw20
DRB1*0103	DR' BR', Dw' BON'
DRB1*1501	DR2, DRw15, Dw2
DRB1*1502	DR2, DRw15, Dw12
DRB1*1601	DR2, DRw16, Dw21
DRB1*1602	DR2, DRw16, Dw22
DRB1*0301	DR3, DRw17, Dw3
DRB1*0302	DR3, DRw18,
DRB1*0401	DR4, Dw4
DRB1*0402	DR4, Dw10
DRB1*0403	DR4, Dw13, 13.1
DRB1*0404	DR4, Dw14, 14.1
DRB1*0405	DR4, Dw15
DRB1*0406	DR4, Dw'KT2'
DRB1*0407	DR4, Dw13, 13.2
DRB1*0408	DR4, Dw14, Dw14.2
DRB1*0409	DR4
DRB1*0410	DR4
DRB1*0411	DR4
DRB1*1101	DR5, DRw11, Dw5, DRw11.1
DRB1*1102	DR5, DRw11, DRw11.2
DRB1*1103	DR5, DRw11, DRw11.3
DRB1*1104	DR5, DRw11
DRB1*1201	DR5, DRw12, Dw'DB6'
DRB1*1202	DR5, DRw12, DRw12b
DRB1*1301	DRw6, DRw13, Dw18, DRw6a
DRB1*1302	DRw6, DRw13, Dw19, DRw6c
DRB1*1303	DRw6, DRw13, Dw'HAG'
DRB1*1304	DRw6, DRw13

Neue Nomenklatur	Alte Nomenklatur
DRB1-Allele	
DRB1*1304	DRw6, DRw13
DRB1*1305	DRw6, DRw13
DRB1*1401	DRw6, DRw14, Dw9, Drw6b
DRB1*1402	DRw6, DRw14, Dw16
DRB1*1403	DRw6, DRw14
DRB1*1404	DRw6, DRw6b.2
DRB1*1405	DRw6, DRw14
DRB1*0701	DR7, Dw17
DRB1*0702	DR7, Dw'DB1'
DRB1*0801	DRw8, Dw8.1
DRB1*08021	DRw8, Dw8.2
DRB1*08022	DRw8, Dw8.2
DRB1*08031	DRw8, Dw8.3
DRB1*08032	DRw8, Dw8.3
DRB1*0804	DRw8
DRB1*09011	DR9, Dw23
DRB1*09012	DR9, Dw23
DRB1*1001	DRw10
Andere DRB-Allele	
DRB3*0101	DRw52a, DW24
DRB3*0201	DRw52b, Dw25
DRB3*0202	DRw52b, Dw25
DRB3*0301	DRw52c, Dw26
DRB4*0101	DRw53
DRB5*0101	DR2, DRw15, Dw2
DRB5*0102	DR2, DRw15, Dw12
DRB5*0201	DR2, DRw16, Dw21
DRB5*0202	DR2, DRw16, Dw22

A. HLA-DR-, HLA-DQ- und HLA-DP-Allele im HLA-System (Klasse-II-Allele)

Neue Nomenklatur	Alte Nomenklatur
DQA1-Allele	
DQA1*0101	DQA 1.1, 1.9
DQA1*0102	DQA 1.2, 1.19, 1.AZH
DQA1*0103	DQA 1.3, 1.18, DRw8-Dqw1
DQA1*0201	DQA 2, 3.7
DQA1*03011	DQA 3, 3.1, 3.2
DQA1*03012	DQA 3, 3.1, 3.2, DR9-DQw3
DQA1*0302	DQA 3, 3.1, 3.2, DR9-DQw3
DQA1*0401	DQA 4.2, 3.8
DQA1*0501	DQA 4.1, 2
DQA1*05011	DQA 4.1, 2
DQA1*05012	DQA 4.1, 2
DQA1*05013	DQA 4.1, 2
DQA1*0601	DQA 4.3
DQB1-Allele	
DQB1*0501	DQw5 (w1), DQB 1.1, DRw10-DQw1.1
DQB1*0502	DQw5 (w1), DQB 1.2, 1.21
DQB1*05031	DQw5 (w1), DQB 1.3, 1.9, 13.1
DQB1*05032	DQw5 (w1), DQB 1.3, 1.9, 13.2
DQB1*0504	DQB 1.9
DQB1*0601	DQw6 (w1), DQB 1.4, 1.12
DQB1*0602	DQw6 (w1), DQB 1.5, 1.2
DQB1*0603	DQw6 (w1), DQB 1.6, 1.18
DQB1*0604	DQw6 (w1), DQB 1.7, 1.19
DQB1*0605	DQw6 (w1), DQB 1.8, 1.19b
DQB1*0201	DQw2, DQB 2
DQB1*0301	DQw7 (w3), DQB 3.1
DQB1*0302	DQw8 (w3), DQB 3.2
DQB1*03031	DQw9 (w3), DQB 3.3
DQB1*03032	DQw9 (w3), DQB 3.3
DQB1*1401	DQw4, DQB 4.1, Wa
DQB1*0402	DQw4, DQB 4.2, Wa

Neue Nomenklatur	Alte Nomenklatur
DPA1-Allele	
DPA1*0101	LB14/LB24, DPA1
DPA1*0102	pSBα-318
DPA1*0103	DPw4α1
DPA1*0201	DPA2, pDAα13B
DPB1-Allele	
DPB1*0101	DPw1, DPB1, DPw1a
DPB1*0201	DPw2, DPB2.1
DPB1*02011	DPw2, DPB2.1
DPB1*02012	pDPw2, DPB2.1
DPB1*0202	DPw2, DPB2.2
DPB1*0301	DPw3, DPB3
DPB1*0401	DPw4, DPB4.1, DPw4a
DPB1*0402	DPw4, DPB4.2, DPw4b
DPB1*0501	DPw5, DPB5
DPB1*0601	DPw6, DPB6
DPB1*0801	DPB8
DPB1*0901	DPB9
DPB1*1001	DPB10
DPB1*1101	DPB11
DPB1*1301	DPB13
DPB1*1401	DPB14
DPB1*1501	DPB15
DPB1*1601	DPB16
DPB1*1701	DPB17
DPB1*1801	DPB18
DPB1*1901	DPB19

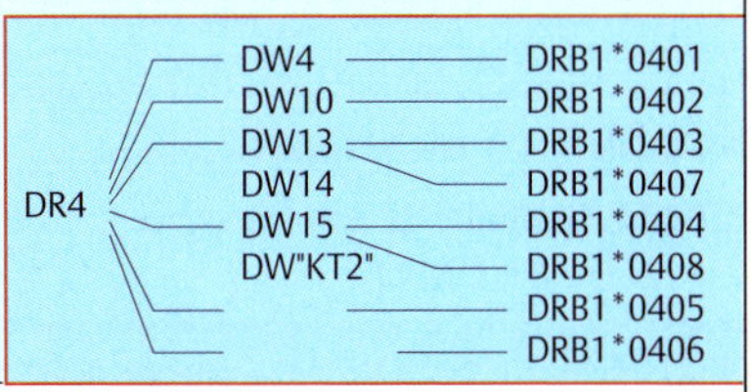

B. HLA-DR-, DQ- und DP-Allele im HLA-System (Fortsetzung)

A. Prozessierung und Präsentation von endogenen Antigenen

MHC-Klasse-I-präsentierte Peptide leiten sich von zytoplasmatischen Proteinen ab: Das Immunsystem erfährt von intrazellulären Viren, Bakterien oder mutierten Tumorproteinen.

Degenerierte, nicht bzw. falsch zusammengebaute Proteine oder normale körpereigene Proteine, müssen ständig abgebaut und ersetzt werden (mit Halbwertszeiten zwischen wenigen Minuten bis zu Wochen). Das Protein Ubiquitin markiert die Proteine für den Abbau. Vielfach ubiquitinierte Proteine werden durch das Proteasom erkannt, einen großen Proteasekomplex mit 2000 kDa Molekulargewicht. Er ist faßförmig, besteht aus einer Kerneinheit von 20 S (650 kDa) und aus zwei zusätzlichen äußeren Ringen von 19 S (jedes 700 kDa). Die 4 Ringe des 20-S-Proteasoms bestehen aus zwei inneren β- und α-Einheiten. Der Großteil der Proteine wird im Proteasom durch zytosolische oder nukleäre Enzyme schnell in einzelne Aminosäuren (AS) abgebaut. Nur ein paar Peptide (meist 8-10 AS lang) werden durch einen Proteinkomplex ins Endoplasmatische Retikulum (ER) transportiert, der „**t**ransporter associated with **a**ntigen **p**rocessing (**TAP**)" genannt wird. Im ER binden die Peptide an die peptidbindende Grube der MHC-Klasse-I-Proteine, sofern die Seitenketten ihrer Aminosäuren perfekt zu den Aminosäuren der Bindungsgrube der MHC-Klasse-I-α-Kette passen. Am Anfang wird die α-Kette durch sog. „Chaperon"-Moleküle wie Calnexin, Calreticulin und Erp57 gebunden, die die Peptidbindung regulieren. Tapasin bildet eine Brücke von der α-Kette zu TAP. Zwei oder drei Taschen in jedem MHC-Molekül, die Anker-AS, akzeptieren nur ganz bestimmte Aminosäuren. Meist sind die AS der Position 2 und 9 wesentlich für die Bindung.

B. Anker-Positionen

Anker-AS von Peptiden, die mit hoher Affinität an drei häufige HLA Allele binden, zeigt **B**. Peptide mit verschiedenen AS an diesen Positionen binden auch, aber mit niedriger Affinität.

C. HLA2-A2 bindende Epitope eines 314 AS langen Proteins

Wegen der Anker-AS kann von einem ganzen Protein nur eine kleine Anzahl an Peptiden mit hoher Affinität an ein bestimmtes HLA Allel binden (**C.**). Da jedoch jedes Individuum bis zu 6 verschiedene HLA Allele aufweist (mütterliche und väterliche HLA-A, -B, und -C) kann ein breites Spektrum von Peptiden präsentiert werden. Computerprogramme, die über das Internet erhältlich sind, können die Epitopbindung vorhersagen und sind für die häufigsten HLA Haplotypen verfügbar.

D. Immunproteasom

Lymphoides Gewebe und Zellen nach IFN-γ-Exposition haben einen leicht unterschiedlichen Proteasomenkomplex, da einige der β-Untereinheiten durch Untereinheiten ersetzt sind, die unterschiedliche Substratpräferenzen haben, wie LMP2, LMP7 und MECL1 (Immunoproteasom, **D.**). Die proteolytische Aktivität des Immunoproteasoms scheint, verglichen mit dem konstitutiven Proteasom, stärker zu sein. Dies stimmt überein mit dem höheren Bedarf an Antigenprozessierung, den APC und Virus-infizierte Zellen aufweisen, die IFN-γ ausgesetzt waren. Proteine, die durch das Immunproteasom prozessiert wurden, können ein ganz anderes Peptidmuster hervorbringen.

E. „Immunescape"-Mechanismen

T-Zell-Erkennung kann durch „Immunescape" Mechanismen (**E.**) verhindert werden, z. B. durch Mutationen, in denen die Sequenz der TAP-Proteine verändert ist. So kann der Transport von Peptiden in das ER verhindert werden, so daß leere MHC-Moleküle generiert werden, die unstabil sind und leicht von der Zellmembran abdiffundieren. Virale Proteine wie die Herpes Virus Proteine US2 und US11 können den aktiven Export von MHC-Molekülen aus dem ER induzieren. Dabei verhindern sie die Beladung von viralen Peptiden in die MHC-Moleküle. So werden in der Tat niedrige Expressionsdichte von MHC-Molekülen häufig bei viralen Infektionen gefunden.

F. + G. Zentrale und periphere Toleranz für „Selbst"-Peptide

Da viele „Selbst"-Peptide durch MHC-I-Moleküle an T-Zellen präsentiert werden, gibt es zwei Methoden, Autoimmunität zu vermeiden. Im Thymus führt die Präsentation von Selbstantigenen durch Thymusepithelien oder DCs zur klonalen Deletion von antigen-spezifischen T-Zellen (zentrale Toleranz durch thymische Deletion, (**F.**) und S. 12). In der Peripherie führt die Erkennung von Selbstantigenen durch antigen-spezifische T-Zellen, die die thymische Selektion überlebt haben, zur abortiven Aktivierung oder Apoptose aufgrund des Mangels an kostimulatorischen Molekülen (periphere Toleranz, **G.**).

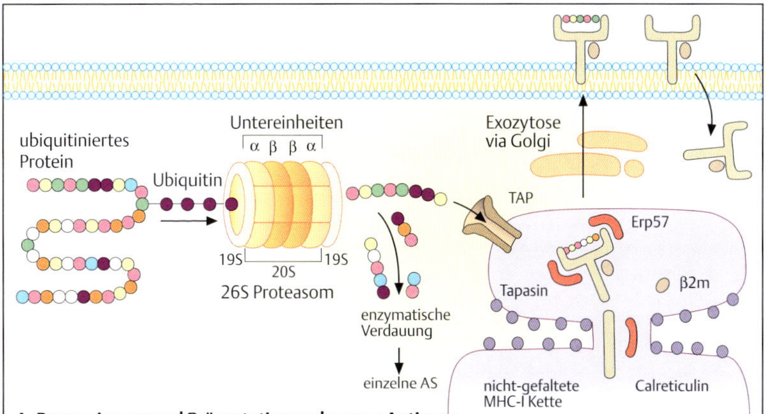

A. Prozessierung und Präsentation endogener Antigene

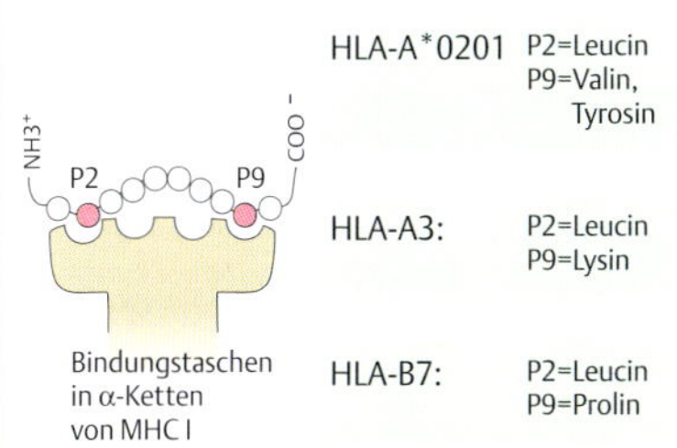

B. Anker Positionen

MAPPQVLAFGLLLAAATATFAAAQEECVLENY
KLAVNCFVNNNRQCQCTSVGAQNTVICSKL
AAKCLVMKAEMNGSKLGRRAKPEGALQNND
GLYDPDCDESGLFKAKQCNGTSTCWCVNTA
GVRRTDKDTEITCSERVRTYWIIIELKHKAREK
PYDSKSLRTALQKEITTRYQLDPKFITS ILYENN
VITIDLVQNSQQKTQNDVDIADVAYYVEKDV
KGESLFSHKKMDLTVNGEQLDLDPGQTLIYY
VDEKAPEFSMQGLKAGVIAVIVVVVIAVVAGI
VVLVISRKKRMAKIEKAEIKEMGEMHRELNA

C. HLA-A2 bindende Epitope eines 314 AS-langen Proteins

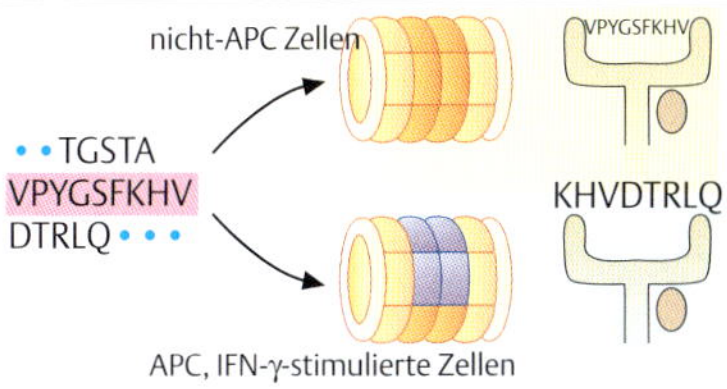

D. Immunproteasom

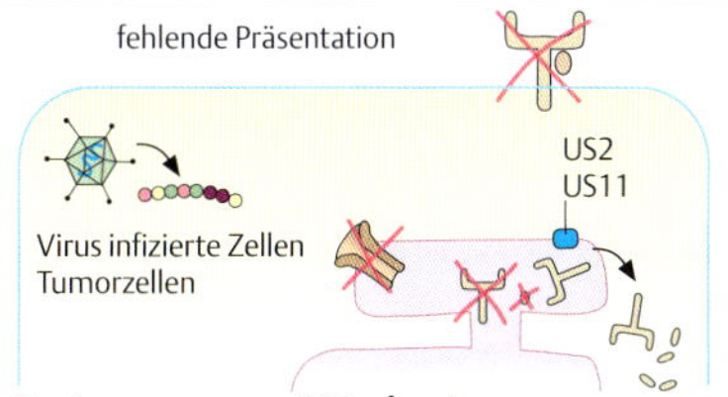

E. „Immunescape" Mechanismen

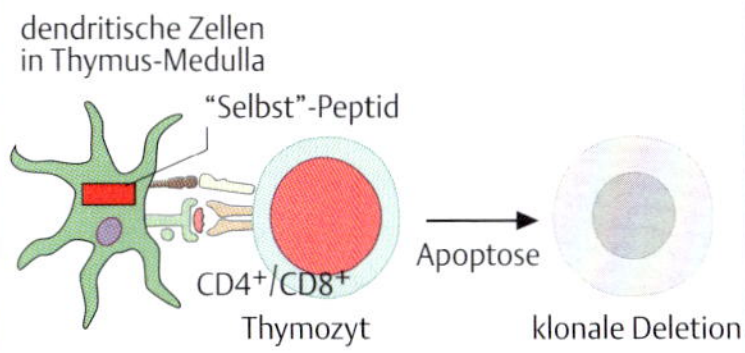

F. Zentrale Toleranz für "Selbst"-Peptide

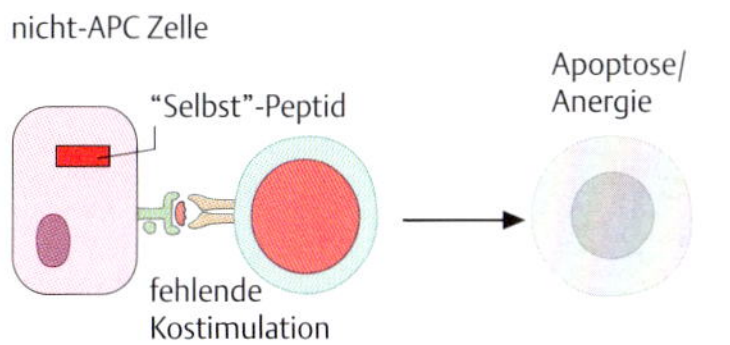

G. Periphere Toleranz für "Selbst"-Peptide

A. MHC-Klasse-II-abhängige Antigenprozessierung

Exogene Antigene werden zur MHC-Klasse-II-abhängigen Antigenprozessierung internalisiert, in Peptidfragmente abgebaut, und schließlich $CD4^+$-T-Zellen präsentiert. Durch Rezeptor-mediierte Endozytose oder Phagozytose (siehe S. 50) werden exogene Antigene aufgenommen und in endosomale Vesikel weitergeleitet. Diese entstehen aus Teilen der internalisierten Zellmembran und haben einen neutralen pH. Innerhalb von Stunden nimmt der pH der Endosomen ab und die internalisierten Proteine werden durch Cystein-Proteasen (Cathepsine) verdaut. Die Endosomen fusionieren dann mit Vesikeln, die MHC-Klasse-II-Moleküle enthalten. Frisch synthetisierte Transmembranproteine wie MHC-Moleküle werden vom Zytoplasma ins ER befördert. Dort werden sie gefaltet und korrekt zusammengebaut. Sie erscheinen zunächst als Dimer von α- und β-Ketten. Eine dritte Kette, die γ-Kette oder invariante Kette (Ii-Kette) bindet nicht-kovalent an das MHC-II α–β Heterodimer und blockiert seine Bindungsstelle. Das verhindert die Bindung von endogen synthetisierten Peptiden, die im ER reichlich vorhanden sind (siehe S. 66). Der Teil der invarianten Kette, der den antigenbindenden Spalt des α–β-Heterodimers blockiert, wird „**cl**ass-II associated **i**nvariant chain **p**eptide (**CLIP**) genannt. Das Protein Calnexin hält dabei den Komplex im ER zurück, bis der Zusammenbau korrekt ist. Dann dissoziiert Calnexin und ermöglicht dem MHC-II/Ii-Komplex, das ER durch kleine coatomer („*coat proteins of Golgi transport vesicles*")-beschichtete Vesikel zu verlassen. Sie fusionieren mit dem Golgi-Apparat nach Dissoziation von den coatomer-beschichteten Vesikeln. Die invariante Kette leitet den MHC-Komplex zu den Vesikeln des „Trans-Golgi-Netzwerks" die dann zu den endosomalen Vesikeln weitergeleitet werden. Die invariante Kette wird abgespalten und und läßt nur das kleine CLIP-Fragment zurück, das an die Bindungsregion des MHC-Heterodimers gebunden ist. Die Transportvesikel fusionieren mit den Endosomen im **M**HC-Klasse-**II**-Kompartment (MIIC). Ein MHC-Klasse II-ähnliches Molekül, das **HLA-DM**, induziert die Freisetzung des CLIP-Peptids von der Bindungsgrube des MHC-Moleküls und stabilisiert das leere MHC-II-Heterodimer, bis ein adäquates exogenes Peptid gebunden ist. Schließlich dissoziiert HLA-DM vom Peptid/MHC-II-Komplex, der in die Zellmembran transportiert wird. Peptide, die nicht an MHC-Moleküle binden, werden in den Lysosomen degradiert.

B. Anker-Aminosäuren in MHC-II-Peptiden

Die peptidbindende Grube von MHC-Klasse-II-Molekülen ist auf beiden Seiten offen, so daß bindende Peptide typischerweise zwischen 12 bis 24 AS lang sind. Beide Ketten des MHC-Klasse-II-Moleküls interagieren mit den Seitenketten des Peptids und bestimmen seine Bindungsaffinität. Jedes Klasse-II-Allel hat verschiedene Seitenketten-Kontakte, die es nur Peptiden mit bestimmten AS erlauben, an spezielle Schlüsselpositionen (Ankerpositionen) zu binden. Die Ankerposition, die dem NH_2-Ende am nächsten ist (Position 1), akzeptiert nur aromatische oder lange aliphatische Aminosäuren – dies ist für die hochaffine Peptidbindung wichtig. Andere bedeutsame, wenn auch weniger essentielle Ankerpositionen, sind die AS an AS-Position 4, 6 und 9. Andererseits können Seitenketten bestimmer AS mit der Peptidbindung interferieren (inhibitorische AS). Ankerpositionen sind die wichtigsten Kontaktpunkte des Peptids mit MHC-Klasse-II-Molekülen. AS, die die Peptidbindung an HLA-DRB1*0401 fördern oder hemmen sind in **C.** dargestellt. Das CLIP-Peptid der invarianten Kette kann promiskuitiv an verschiedene MHC Moleküle binden: es hat Methionin an Position 1 und Seitenketten, die von allen DR Allelen in Position 2–9 akzeptiert werden. Computerprogramme können nun die Bindungsmotive für ein bestimmtes HLA-DR-Allel aufgrund der Proteinsequenz vorhersagen.

D. T-Zellaktivierung via MHC II

Der Peptid/MHC-Klasse-II-Komplex kann $CD4^+$-T-Zellen aktivieren und induziert die Proliferation und Sekretion verschiedener Zytokine. TNF-α, der von APC freigesetzt wird, spielt in diesem Prozeß eine wichtige Rolle. Er führt zur Bildung von Sauerstoffradikalen, die in der Lage sind, intrazelluläre Mikroorganismen abzutöten. Weiterhin können aktivierte $CD4^+$-T-Zellen die Antikörperproduktion in B-Zellen stimulieren. Beide Mechanismen zielen dabei auf die Eliminierung extrazellulärer Pathogene.

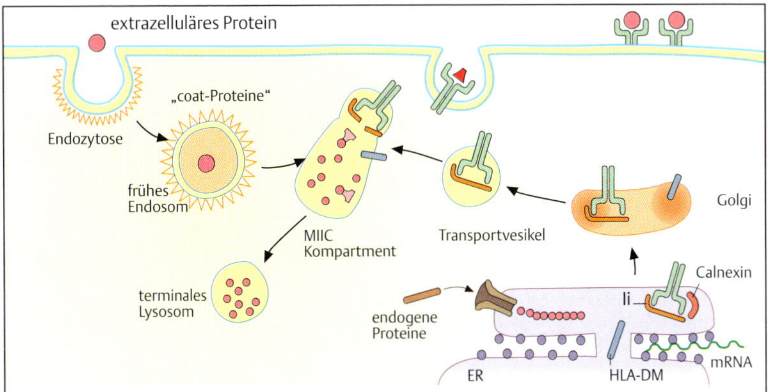

A. MHC-Klasse II-abhängige Antigenprozessierung

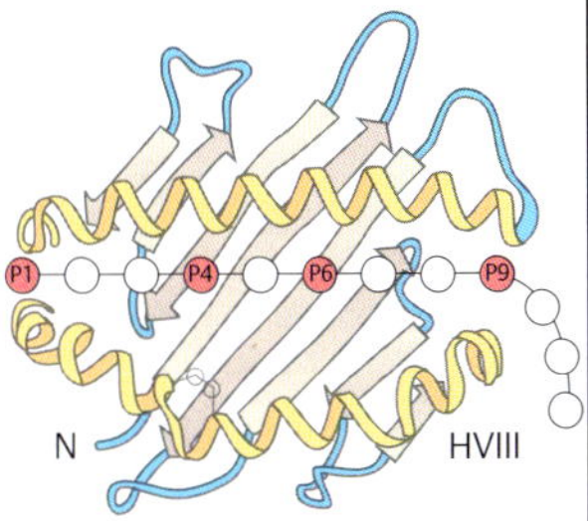

B. Anker AS von MHC-II Peptiden

	Anker AS	inhibitorische AS
P1	Phe, Ile, Leu, Met, Val, Trp, Tyr	
P4	Asp, Met, Gln, Ser	Gly, Lys, Pro, Arg, Trp, Tyr
P6	Ser, Thr, Val	Gln, Phe, Gly, His, Lys, Leu, Met, Tyr
P9	Ser	Asp, Gln, Leu, Asn, Pro

C. Kritische AS für DRB1* 0401-bindender Peptide

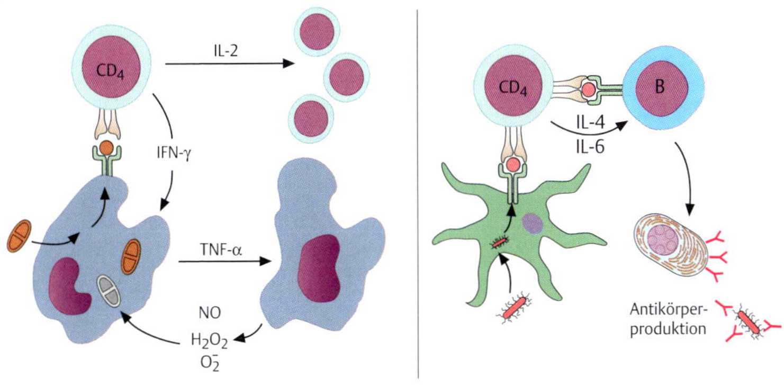

D. T-Zell Aktivierung via MHC- II

A. Komplementaktivierung

Damit Zellen oder Bakterien von Antikörpern lysiert werden, ist die „komplementäre" Wirkung des Serums notwendig. Verantwortlich für diese Eigenschaft des Serums sind eine Reihe von Proteasen, die als Komplement-Komponenten bezeichnet werden. Historisch bedingt werden diese Proteine mit dem Großbuchstaben C, gefolgt von einer Zahl, bezeichnet. Die meisten Komplement-Proteine sind *Zymogene*, d. h. Pro-Enzyme, die erst nach proteolytischer Spaltung aktiv werden. Ihre Spaltprodukte werden mit einem zusätzlichen Kleinbuchstaben versehen.

Eine zentrale Rolle spielt das *C3-Protein*, das im Plasma in einer Konzentration von 1 g/l nachweisbar ist. Es gibt zwei unterschiedliche Wege der Komplement-Aktivierung; beide führen zur Bildung eines proteolytischen Komplexes, der als *C5-Konvertase* bezeichnet wird.

Der *klassische Weg* ist Antikörper-abhängig: Aggregierte Immunglobuline, wie sie in Immunkomplexen vorkommen, haben eine hohe Affinität für den C1q-Teil des Mannan-bindenden C1-Proteins. Die C1q-Bindung bewirkt eine Konformationsänderung von C1 mit Aktivierung von C1r und C1s, welche das Serumprotein C4 in C4a und C4b spalten. Das größere Fragment C4b bindet an das Komplement-Protein C2, welches ebenfalls von C1s in C2a und C2b gespalten wird (in der Tafel leicht verändert dargestellt). Das C2a-Fragment bleibt an C4b gebunden, es entsteht die *C3-Konvertase C4b2a*. Diese spaltet C3 in C3a und das „reaktionsfreudige" C3b. Als Endprodukt der Aktivierung des klassischen Weges wird die *C5-Konvertase C4b2a3b* gebildet.

Kleine Mengen von C3 im Plasma werden kontinuierlich zu C3a und C3b hydrolysiert. Bindet C3b an die Oberfläche eines Mikroorganismus, kann der *alternative Weg* der Komplementaktivierung ausgelöst werden: Die Plasmafaktoren Faktor B und Faktor D bewirken durch Reaktion mit C3b die Spaltung des Faktors B in Ba und Bb. Faktor Bb bildet zusammen mit C3b den Komplex *C3bBb*, der ebenfalls eine *C3-Konvertase* darstellt. Der C3bBb-Komplex wird durch Bindung von Properdin (P) stabilisiert. Dieser stabile Komplex fördert die weitere, vollständige Spaltung von C3 (Amplifizierung). C3bBb bindet weitere C3b-Fragmente, es entsteht die *C5-Konvertase* des alternativen Weges *C3bBb3b*.

B. Lytische Terminalsequenz

Als Terminalprodukte bei den klassischen und alternativen Komplementaktivierungs-Wegen werden also 2 proteolytische C5-Konvertasen gebildet. Bei beiden stellt C3b die Bindungsstelle für das Serumprotein C5 dar, das wiederum in 5a und b gespalten wird. C5b ist schließlich in der Lage, die Komplementproteine C6 und C7 zu binden. Der trimolekulare Komplex C5b67 ist hydrophob und verankert sich gut in der Lipid-Doppelschicht der Zellmembran. Danach binden die Komplementproteine C8 und C9, es entsteht der *C5b6789*- oder *C5b-C9*-Komplex. C9 bildet einen polymeren Komplex aus bis zu 14 C9-monomeren Molekülen. Dieser gesamte Komplex wird als *Membranangriffskomplex (MAK)* bezeichnet und bildet Poren in der Zellmembran. Körperzellen verfügen über einen Schutzmechanismus, der sie vor der Lyse durch MAK schützt und durch Oberflächenproteine vermittelt wird. CD59 beispielsweise ist an der Zellmembran über einen sog. *Glykophospholipidanker (GPI)* gebunden: GPI-verankerte Moleküle sind in der lipid-haltigen Zellmembran „löslich" und haben daher eine ausgeprägte „laterale" Mobilität. CD59 inhibiert die Insertion und Polymerisation von C9. Eine gestörte Funktion von GPI-verankerten Proteinen kann zu einer Überempfindlichkeit der Erythrozyten auf Lyse durch autologes Komplement führen (z. B. bei Paroxysmale Nächtliche Hämoglobinurie, PNH).

Diese Erkrankung ist eine seltene erworbene Störung der Stammzelle des Knochenmarks. Die GPI-gebundenen Proteine CD55 (decay-accelerating factor) und CD59 sind vermindert, die Patienten leiden an Hämolyse und Thrombosen, oft entwickelt sich eine aplastische Anämie (s. a. S. 140). Eine Therapie mit monoklonalen Antikörpern gegen C5 (Eculizumab) scheint effektiv zu sein.

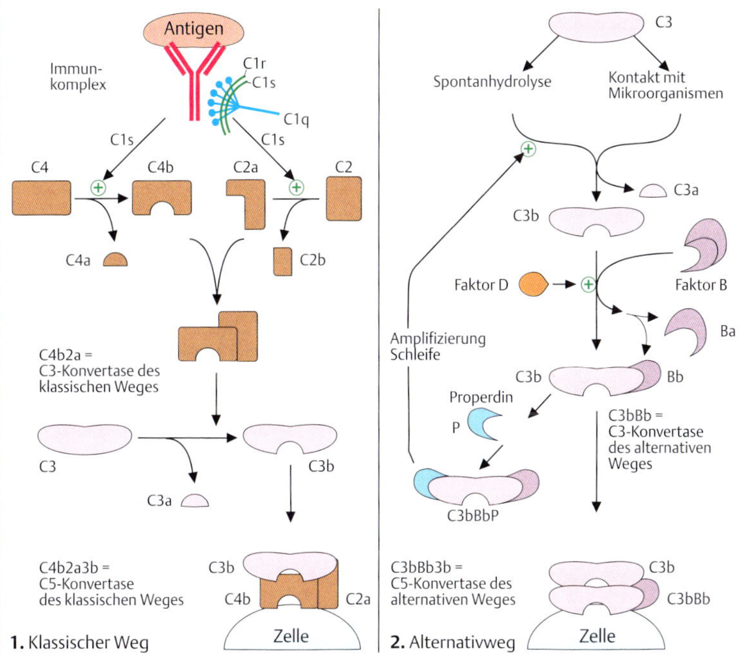

A. Komplementaktivierung

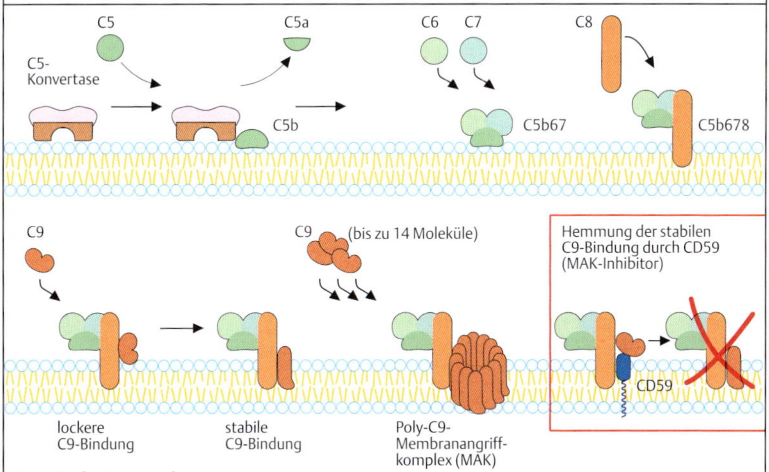

B. Lytische Terminalsequenz

Grundlagen

A. Regulation der Komplementwirkung: Schutz der autologen Zellen

Im Serum befinden sich mehrere gegenregulatorische Proteine, die verhindern, daß durch Komplement körpereigene Zellen angegriffen werden; darunter ein Proteaseinhibitor (*C1-Inhibitor*), der C1r und C1s inaktiviert. Ein angeborener erblicher Mangel an C1-Inhibitor führt zur chronischen spontanen Komplementaktivierung, die sich in rezidivierenden starken Schwellungen manifestiert (angioneurotisches Ödem).
Außerdem gibt es eine Reihe von Komplement-kontrollierenden Proteinen, wie der ***d****ecay-****a****ccelerating-****f****actor (****DAF****, Komplementabbau-beschleunigender Faktor*, CD55) und *CR1*, der *Komplement-Rezeptor Typ I*. DAF hemmt einerseits die Bindung von C2 an C4b (**1.**) und fördert gleichzeitig die Aufspaltung bereits vorhandener C4b2a-Komplexe (**2.**). Der Komplement-Rezeptor CR1 hat eine ähnliche Wirkung wie DAF, zusätzlich fördert er die Spaltung von C4b durch das Enzym ***Faktor I*** (***FI***; **3.**). Faktor I spaltet außerdem C3b an mehreren Stellen: zunächst in ein Intermediärprodukt iC3b, dann in die Fragmente C3c und C3dg. Letzteres bleibt an die Zellmembran gebunden. Auch in dieser Funktion benötigt FI die Wirkung von CR1.

B. Biologische Effekte von Komplementfaktoren: inflammatorische Wirkung

Aus der Spaltung von C3 und C5 resultieren 2 kleine Fragmente C3a und C5a, welche die Degranulation von Basophilen und Mastzellen bewirken. Sie werden als *Anaphylatoxine* bezeichnet. C5a ist besonders potent, etwa 100 mal stärker als C3a. Ein weiteres Anaphylatoxin ist das C4a, was allerdings eine wesentlich schwächere Wirkung hat (etwa ein Zehntel im Vergleich zu C3a). Die Effekte der Anaphylatoxine werden durch Rezeptoren vermittelt, die eine Kontraktion der glatten Muskulatur, eine erhöhte Permeabilität der Gefäße, eine Degranulierung von Basophilen und Mastzellen sowie die Chemotaxis und Aktivierung der Granulozyten mit Freisetzung von proteolytischen Enzymen und Entstehung freier Radikaler induzieren.

C. Biologische Effekte des Komplements: immunologische Effekte

Die terminale Sequenz des Komplements führt zur direkten Lyse von Bakterien durch Porenbildung (**1.**). Die Beladung der Mikroorganismen mit Komplement-Intermediärprodukten (*Opsonierung*) führt zu einer verstärkten Phagozytose der Mikroorganismen. Gleichzeitig wird hierdurch verhindert, daß sich ein gefährlicher Überschuß an Antikörper-reichen Immunkomplexen bildet.
Es gibt insgesamt vier Komplement-Rezeptoren:
CR1 oder CD35 wird vorwiegend von Erythrozyten, Neutrophilen, Monozyten und Makrophagen exprimiert und bindet an C3b. Die CR1-Rezeptoren auf den Erythrozyten spielen eine wichtige Rolle bei der Elimination von Immunkomplexen aus dem Blutkreislauf (**2.**).
CR2 wird als CD21 vorwiegend auf B-Lymphozyten, einigen T-Zellen und Epithelialzellen exprimiert und bindet an C3d.
CR3 oder CD18/CD11b gehört wie auch **CR4** (CD18/CD11c) zu den Integrinen; beide werden auf Zellen der myeloischen Reihe exprimiert und binden an iC3b.
Komplementprodukt-tragende Immunkomplexe werden effizient aus der Zirkulation entfernt, insbesondere via Phagozytose durch Komplementrezeptor-tragende Zellen. Komplementrezeptoren und Komplementproteine auf der Zellmembran fördern auch die Interaktionen von Zellen (**3.**). Dies spielt sowohl in der Interaktion zwischen T-Zellen und antigenpräsentierenden Zellen als auch zwischen natürlichen Killerzellen und ihren Zielzellen eine wichtige Rolle. Um eine lange Stimulation der B-Lymphozyten durch Immunkomplexe zu gewährleisten ist insbesondere die Interaktion zwischen follikulären dendritischen Zellen und B-Zellen über Komplementrezeptoren und Fc-Rezeptoren bei der Generierung von Gedächtnis-B-Zellen wichtig (**4.**).

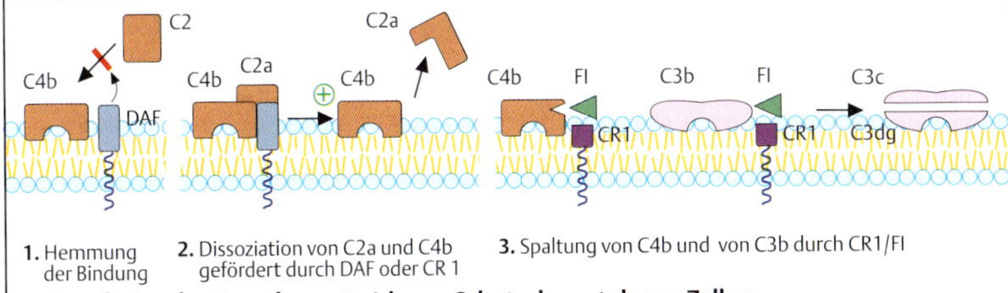

A. Regulation der Komplementwirkung: Schutz der autologen Zellen

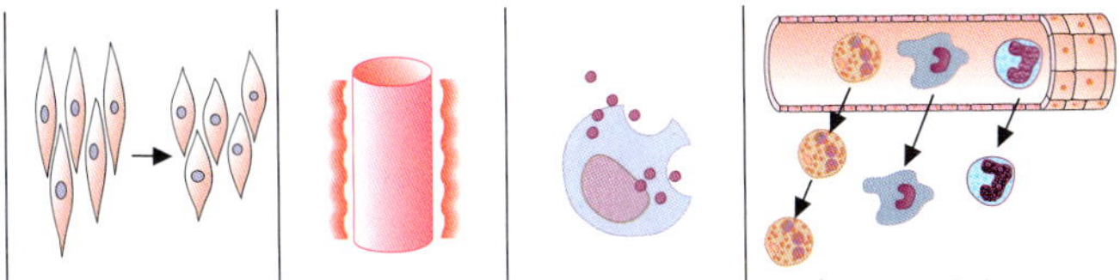

Anaphylatoxine	1. Kontraktion der glatten Muskulatur	2. erhöhte Gefäßpermeabilität	3. Degranulierung von Basophilen	4. Chemotaxis, Freisetzung von O_2-Radikalen und von lysosomalen Enzymen
C3a	+	+	+	-
C4a	(+	(+	(+	-
C5a	++++	++++	+	++++

B. Biologische Effekte von Komplementfaktoren: inflammatorische Wirkung

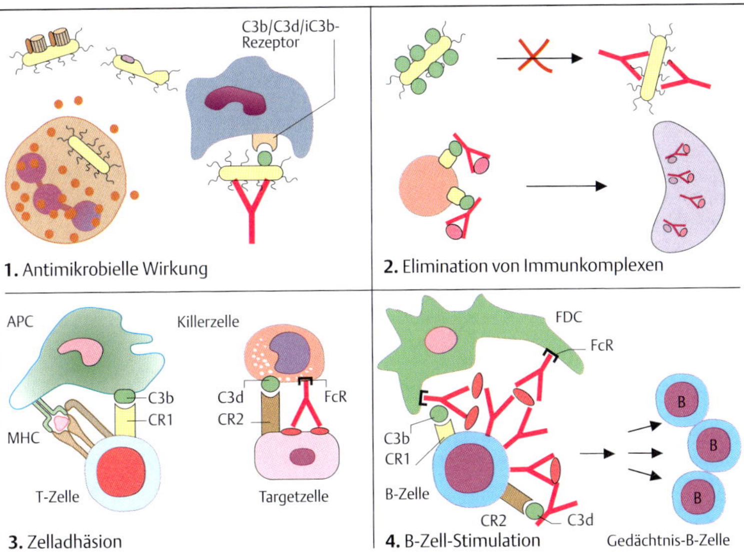

C. Biologische Effekte des Komplements: immunologische Effekte

Grundlagen

A. Pathogen-assoziierte molekulare Muster und Muster-Erkennungsrezeptoren

Die angeborene Immunität erkennt Pathogen-assoziierte molekulare Muster (engl.: **P**athogen-**a**ssociated **m**olecular **p**atterns; **PAMP**s). Es handelt sich um Aminosäure-Sequenzen, die hochkonserviert in Mikroorganismen, nicht jedoch in normalem Wirtsgewebe zu finden sind. Sie werden von spezifischen Muster-Erkennungsrezeptoren auf Phagozyten erkannt (engl.: **P**attern **r**ecognition **r**eceptors; **PRR**).
Bakterielle DNA ist ein typisches PAMP, bei dem häufig unmethylierte Paare von Cytosin (C)- und Guanosin (G)-Dinukleotiden (CpG) auftreten. CpG-reiche Regionen werden von **T**oll-**L**ike **R**ezeptor 9 (TLR9) erkannt. Momentan gibt es mindestens 10 Mitglieder aus der Familie der TLR: TLR4 ist der Rezeptor für Lipopolysaccharid (LPS), das die Hauptkomponente der Zellwand Gram-negativer Bakterien darstellt. LPS-bindendes Protein (LBP) spielt eine wichtige Rolle als Opsonin, das den Abbau LPS-haltiger bakterieller Moleküle beschleunigt. Der Komplex aus LPS und LBP wird dazu von CD14 aufgenommen. Bei unphysiologisch hoher LPS-Konzentration, kann LPS auch über sogenannte Scavenger-Rezeptoren (SR) (engl. to scavenge = Unrat beseitigen) in die Zelle aufgenommen werden. Im Gegensatz zu Gram-negativen Bakterien exprimieren Gram-positive Bakterien Peptidoglykane auf ihrer Zelloberfläche und werden durch TLR2 erkannt. Weitere Liganden für TLR2 sind Lipoproteine, Lipopeptide und Lipoarabinomannan. Letzteres ist ein Glykolipid, das in Mykobakterien vorkommt und T-Zellen über CD1 präsentiert wird. Die Hefezellwand-Komponenten Zymosan und Mannan binden an Mannose-Rezeptoren (MR) und werden durch Phagozytose aufgenommen. Dieser Vorgang wird durch opsonierende Mannose-bindende Lektine (MBL) unterstützt.

B. Muster-Erkennungsrezeptoren (Pattern recognition receptors)

Es gibt sezernierte, endozytische und Signal-übertragende PRR: Sezernierte PRR sind Opsonine, die an mikrobielle Zellwände binden, um sie für den Abbau zu markieren (**B1.**). Bekanntester Rezeptor dieser Klasse ist das von der Leber als „Akute-Phase-Protein“ sezernierte Mannose-bindende Lektin (MBL). Es erkennt Kohlenhydrate auf Bakterien, Hefen sowie einigen Parasiten und Viren. MBL enthält zwei Mannan-bindende Lektin-assoziierte Proteasen (MASP 1 und 2), die mit C1r und C1s des klassischen Komplementweges verwandt sind und C3 des Komplementsystems spalten (siehe S. 70).
Endozytische PRR sind auf Phagozyten exprimiert und vermitteln die Aufnahme und den Transport zu den Lysosomen (**B2.**). Nach lysosomalem Abbau und Antigenprozessierung werden die mikrobiellen Peptide T-Zellen über MHC-Klasse-II-Moleküle (erworbene Immunität) präsentiert. Der MR und der SR gehören zu den endozytischen PRR. Der MR erkennt Mannose-Motive, die in Mikroorganismen exprimiert sind. Der SR wiederum bindet an Bakterienwände, um sie aus dem Blutkreislauf zu entfernen.
Die Signal-übertragenden PRR beeinhalten die Mitglieder der TLR Familie (**B3.**). Der am besten untersuchte Signalweg ist die Signalüberleitung von TLR4 nach Bindung von LPS. MD-2 bindet dabei an die extrazelluläre Domäne von TLR4 und wird für die Signalübertragung benötigt. TLR4 hat eine dem IL-1-Rezeptor (IL-1R) ähnliche zytoplasmatische Domäne. Gemeinsame Signaltransduktionsschritte sind die Bindung des Adaptermoleküls MyD88, die Aktivierung der **IL-1R-a**ssoziierten **K**inase (IRAK) und des Adaptormoleküls **T**NF-**R**ezeptor-**a**ssoziierter **F**aktor **6** (TRAF6), die Beteiligung von **M**itogen-**a**ktivierten **P**rotein**k**inasen (MAPK), sowie die Freisetzung des Transkriptionsfaktors NF-κB von seinem Inhibitorprotein IκB, wodurch schließlich die Transkription von Genen der Immunantwort induziert wird.

C. Dendritische Zellen als Bindeglied zwischen angeborener und adaptiver Immunität

Dendritische Zellen (DC) exprimieren sowohl Signal-übertragende PRR wie TLR als auch endozytische PRR wie SR. TLR erkennen LPS als Teil der Zellwand Gram-negativer Bakterien und vermitteln Signale, die in der Sekretion von pro-inflammatorischen Zytokinen und Chemokinen resultieren. Dabei wird die angeborene Immunität binnen Stunden aktiviert. Durch SR werden Bakterien phagozytiert und zerstört. Außerdem induzieren TLR die die Reifung von DC durch Hochregulation kostimulatorischer Moleküle wie CD80/CD86, wodurch die Präsentation mikrobieller Peptide gefördert wird. Erst nach drei bis fünf Tagen liegt durch die Stimulation von DC eine ausreichende Anzahl klonal expandierter Antigen-spezifischer T-Effektor- und T-Helferzellen vor, den Komponenten der erworbenen Immunität.

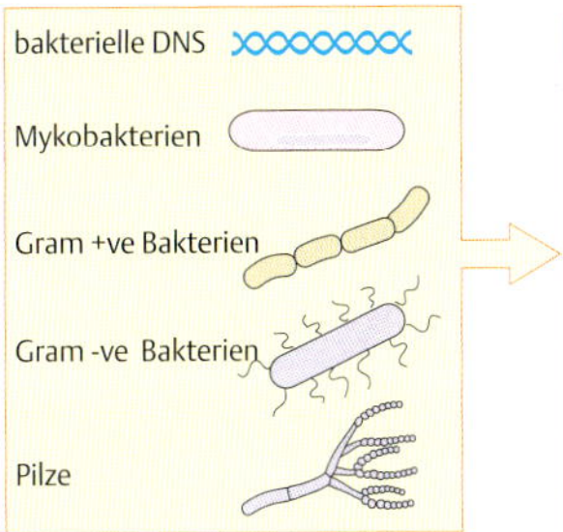

PAMPS	PRR
– CpG	Toll-like Rezeptor 9
– LPS	Scavenger-Rezeptor, LBP, CD14, Toll-like Rezeptor 4
– Lipoproteine	Toll-like Rezeptor 2
– Peptidoglykane	CD14, Toll-like Rezeptor 2
– Lipoarabinomannan	CD1, Toll-like Rezeptor 2
– Mannan	Mannose Rezeptor Mannose bindendes Protein
– Zymosan	Mannose Rezeptor, β-Glukan rezeptoren, Toll-like Rezeptor 2

A. "Pathogen Associated Molecular Pattern" und Pattern Recognition Receptors

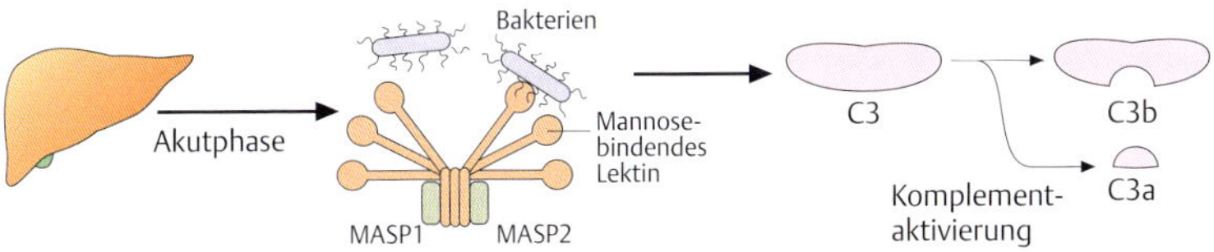

1. Lösliche Pattern recognition receptors

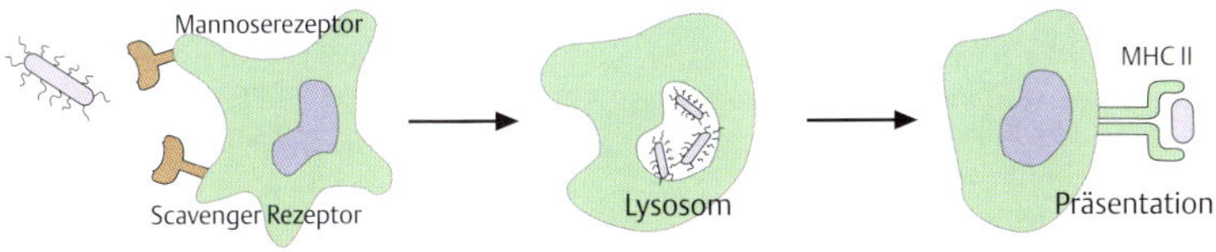

2. Endozytische Pattern recognition receptors

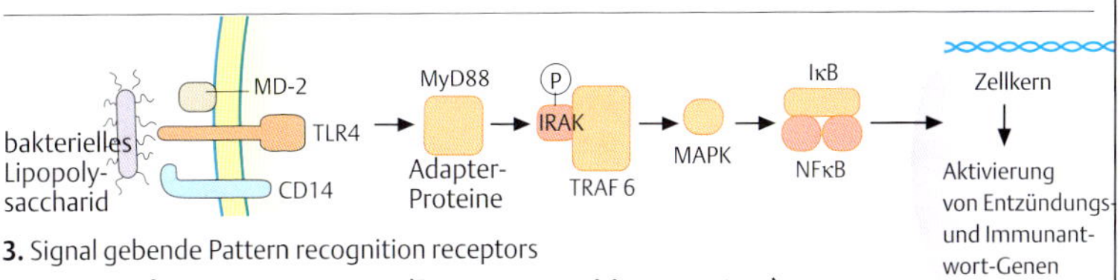

3. Signal gebende Pattern recognition receptors

B. Muster-Erkennungsrezeptoren (Pattern recognition receptors)

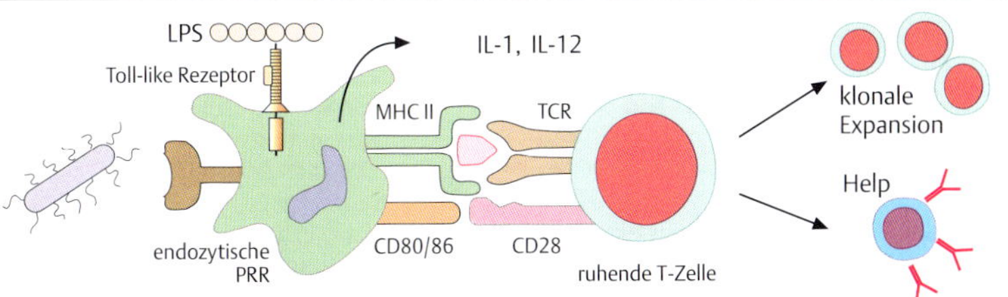

C. Dendritische Zellen an der Schnittstelle zwischen angeborener und erworbener Immunität

A. Leukozytenadhäsion und Extravasation

Ruhende Leukozyten (LZ) verlassen die Blutbahn, indem sie sich durch die HEV der Lymphknoten (LK) und der Peyerschen Plaques (PP) zwängen. Zunächst nehmen die LZ zur Geschwindigkeitsreduktion Kontakt zu Adhäsionsmolekülen (AM) auf. Diese Bindungsphase wird durch Selektine vermittelt. L-Selektin ist auf LZ exprimiert, während Endothelzellen (EZ) E- und P-Selektin auf ihrer Oberfläche tragen. Alle Selektine binden Sialomuzin-artige Glykoproteine des Sialinsäure-Lewis^{x}-Typs, wie. „**P**-**s**electin **gl**ycoprotein **l**igand-1 (PSGL-1), einen wichtigen Liganden aller Selektine. Außerdem bindet L-Selektin auch an Addressine wie „**p**eripheral **n**ode **ad**dressin (PNAd), das spezifisch für periphere LK ist, sowie an „**m**ucosal **ad**dressin **c**ell **a**dhesion **m**olecule-1 (MAdCAM-1), das typisch für die PP ist. Die Bindungen an die AM dissoziieren und bilden sich neu. Dadurch rollen die LZ langsamer. Das Anhaften und Rollen der LZ wird weiter durch α-Integrine wie $\alpha_4\beta_1$ (auch als VLA-4 bezeichnet) vermittelt. Selektinbindungen reichen jedoch nicht aus, die Zellen dauerhaft anzuhalten. EZ sezernieren Chemokine, die an spezifische Chemokinrezeptoren binden, die 7 transmembranäre Domänen aufweisen (7TMR). Nach der raschen Aktivierung von β_2-Integrinen, z. B. $\alpha_L\beta_2$ (LFA-1, CD11a/CD18), $\alpha_M\beta_2$ (Mac-1, CD11b/CD18), sowie α_4-Integrinen, binden diese Integrine an Immunglobuline, wie z. B. ICAM-1 (CD54), ICAM-2 (CD102), VCAM-1 (CD106), und MAdCAM-1. Dies bewirkt eine festere Bindung der LZ.

B. T-Zell-Migration

Um Antigene zu finden, wandern T-Zellen periodisch zu den sekundären lymphatischen Organen (SLO). Wenn T-Lymphozyten nach Beginn der Selektin-vermittelten Adhäsion an den EZ entlangrollen, treffen sie auf das „**s**econdary **l**ymphoid tissue **c**hemokine" (SLC) auf HEVs. SLC wird von den HEVs produziert, aber auch von Stromazellen in der T-Zell-Zone der SLO. T-Zellen exprimieren den Chemokinrezeptor CCR7, einen Rezeptor für SLC und den „**E**pstein-Barr virus induced receptor **l**igand **c**hemokine" (ELC), das auch „**m**acrophage **i**nflammatory **p**rotein-3 β" (MIP-3 β) genannt wird. Die T-Zellmigration wird durch SLC vorangetrieben, das von Stromazellen produziert wird, und ELC, das von DCs und Makrophagen in der T-Zell-Zone des LK hergestellt wird. Gedächtnis-T-Zellen zeigen eine geringe Expression von CCR7, verglichen mit naiven T-Zellen, und zirkulieren daher nicht so häufig durch die Lymphknoten. Dennoch reagieren sie schnell wieder auf SLC und ELC, sobald sie mit Antigenen restimuliert werden. T_H2-Zellen exprimieren ebenfalls nur wenig CCR7, so migrieren sie nicht in die T-Zell-Zone, sondern finden sich eher an den Rändern von B-Zell-Arealen, wo sie B-Zellen Hilfe leisten (s. a. S. 24).

C. B-Zell-Migration

B-Zellen treffen im Blut, den LK oder in der Milz auf Antigene. Sie können auch Antigene auf der Oberfläche von APZ oder **f**ollikulären **d**endrischen **Z**ellen (FDCs) innerhalb von Follikeln erkennen. B-Lymphozyten finden ihren Weg in die LK, da sie durch das „**B l**ymphocyte **c**hemoattractant" (BLC) angezogen werden, das von FDCs und Stromazellen produziert wird. Der entsprechende Rezeptor für BLC auf B-Lymphozyten ist der Chemokinrezeptor CXCR5.

D. Migration dendritischer Zellen in entzündetes Gewebe

Im Bereich einer Entzündung werden mikrobielle Antigene von Langerhans-Zellen (LC) der Epidermis aufgenommen. Mikrobielle Komponenten, wie z. B. **Lipo**poly**s**accharid (LPS), initiieren die Reifung von LC, die dann in die dermalen Lymphgefäße wandern. LPS induziert in dermalen DC und Makrophagen die Sekretion inflammatorischer Zytokine, wie z. B. TNF-α, sowie von Chemokinen, wie z. B. MIP-1 α, MCP-1, IL-8 und RANTES. Unreife DC werden angelockt, da sie die entsprechenden Chemokinrezeptoren CCR1, CCR2, CCR5, CCR6 und CXCR1 für die inflammatorischen Chemokine exprimieren. Während der Reifung werden diese Rezeptoren herunterreguliert, so daß die DC den Ort der Infektion wieder verlassen können. Gleichzeitig regulieren reifende DCs die Chemokinrezeptoren CCR7 und CXCR4 hoch. Reife DCs, die CCR7 exprimieren, werden von endothelialen Zellen dermaler lymphatischer Gefäße angezogen, die den CCR7-Liganden SLC exprimieren, und bewegen sich dann in die subkapsulären Sinus der regionalen LK. Hier werden sie sowohl durch den ELC- also auch den SLC-Gradienten in die T-Zell-Zonen geleitet.

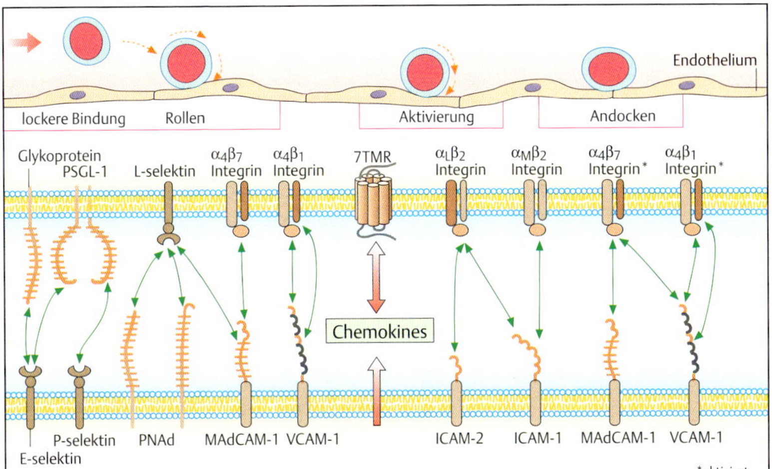

A. Leukozytenadhäsion und Extravasation

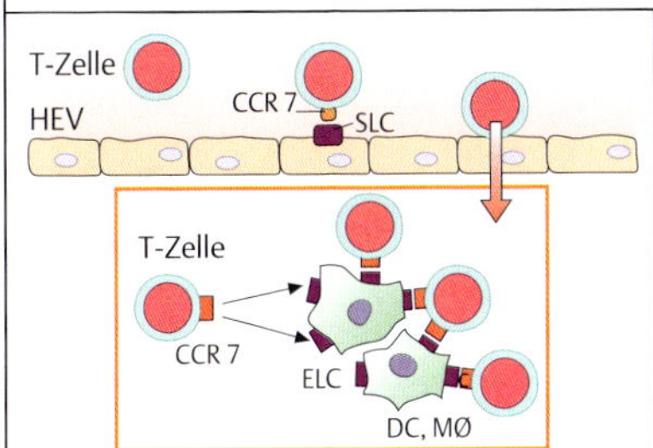

B. T-Zell-Migration

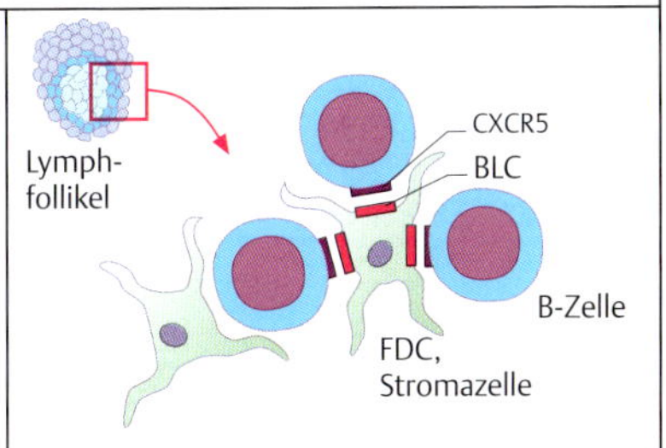

C. B-Zell-Migration

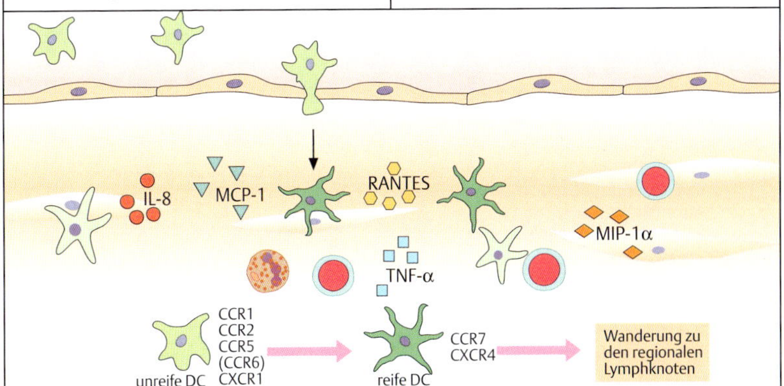

D. Migration dendritischer Zellen in entzündetes Gewebe

Überschießende Immunreaktionen auf fremde Antigene können zur Gewebsschädigung führen. Solche Reaktionen nennt man *Überempfindlichkeits-* oder *Hypersensititvitätsreaktionen* nach Gell und Coombs. Sie werden in vier Typen eingeteilt: Typ-I- bis Typ-III-Reaktionen sind durch Antikörper vermittelt, die Typ-IV-Reaktion hingegen durch T-Zellen.

A. Typen der Überempfindlichkeitsreaktionen

Typ I: Sofortreaktion. Einige Antigene (Allergene), wie z. B. Insektengift, Nahrungsmittel, Gräser, Milbenstaub u. a., können bei genetisch prädisponierten Menschen (Atopikern, s. a. S. 218 ff.) die Bildung von IgE-Antikörpern induzieren. Diese binden über Fc-Rezeptoren an Mastzellen (*Sensibilisierung*). Bei Reexposition mit dem Allergen kommt es zu einer Kreuzvernetzung des membrangebundenen IgE, was eine sofortige Freisetzung von Mediatoren (z. B. Histamin, Kininogene) zur Folge hat. Diese führen zur Vasodilatation, Spasmen der glatten Muskulatur, Schleimbildung, Ödem und Bläschenbildung in der Haut.

Typ II: Zytotoxische Antikörperreaktion.Ein typisches Beispiel für eine Typ-II-Reaktion ist die Immunisierung gegen Erythrozyten-Antigene während einer Schwangerschaft (s. a. S. 130): Kinder, die das RhD-Erythrozytenantigen vom Vater geerbt haben, können in RhD-negativen Müttern eine Immunisierung gegen das RhD^+-Antigen induzieren: Die Sensibilisierung geschieht in der Regel während der Geburt, wenn fetale Blutzellen mit dem mütterlichen Immunsystem in Kontakt kommen. In einer Folgeschwangerschaft können nun die mütterlichen anti-RhD-Antikörper vom IgG-Typ die Plazenta passieren und zu einer schweren Hämolyse der fetalen RhD^+-Erythrozyten führen.

Weitere Beispiele: Medikamente (z. B. Penicillin) können passiv an Erythrozyten binden. Antikörper, die gegen Penicillin gerichtet sind, führen dann zu einer Lyse der Erythrozyten (s. a. S. 138). Im Rahmen von Nierenentzündungen kann es zur Bildung von Antikörpern gegen die Basalmembran (BM) des Glomerulums kommen (s. a. S. 242). Durch eine Kreuzreaktion dieser Antikörper mit der Basalmembran der Lunge ist das gleichzeitige Auftreten von Lungenschädigungen mit Blutung und einer Nierenentzündung (Glomerulonephritis) möglich (Goodpasture-Syndrom).

Typ III: Immunkomplexreaktion.Bei einer Immunreaktion kann es zur Bildung von Antikörper-Antigen-Komplexen (Immunkomplexe) kommen. Zirkulierende Immunkomplexe können sich in den Gefäßwänden, in der Basalmembran von Lunge und/oder Nieren und in den Gelenken (Synovia) absetzen und durch Bindung der Komplementfaktoren C3a und C5a (Anaphylatoxine) Entzündungsprozesse hervorrufen.

Typ IV: Überempfindlichkeitsreaktion vom verzögerten Typ. Haptene sind Moleküle mit sehr kleinem Molekulargewicht (oft unter 1 kDa). Sie sind zu klein, um selbst als Antigene zu wirken. Sie können aber die Epidermis durchdringen und an Hautproteine (Carrier-Proteine) binden. Hapten-Carrier-Komplexe werden von antigenpräsentierenden Zellen der Haut (Langerhans-Zellen) aufgenommen, welche dann zu regionalen Lymphknoten wandern (s. a. S. 54). Dort findet eine T-Zell-Stimulation statt. Diese sog. Sensibilisierungsphase dauert ca. 10 bis 14 Tage. Bei einer Reexposition mit dem Hapten migrieren die antigenspezifischen T-Zellen in die Haut, in der sie sich ansammeln und vermehren, zur Ödem-Bildung führen und über Zytokine eine lokale Entzündung verursachen. Typische Auslöser einer Typ-IV-Überempfindlichkeitsreaktion sind Nickel- oder Chrom-haltige Verbindungen sowie Chemikalien, die z. B. in Gummi vorkommen (s. a. S. 216 ff.).

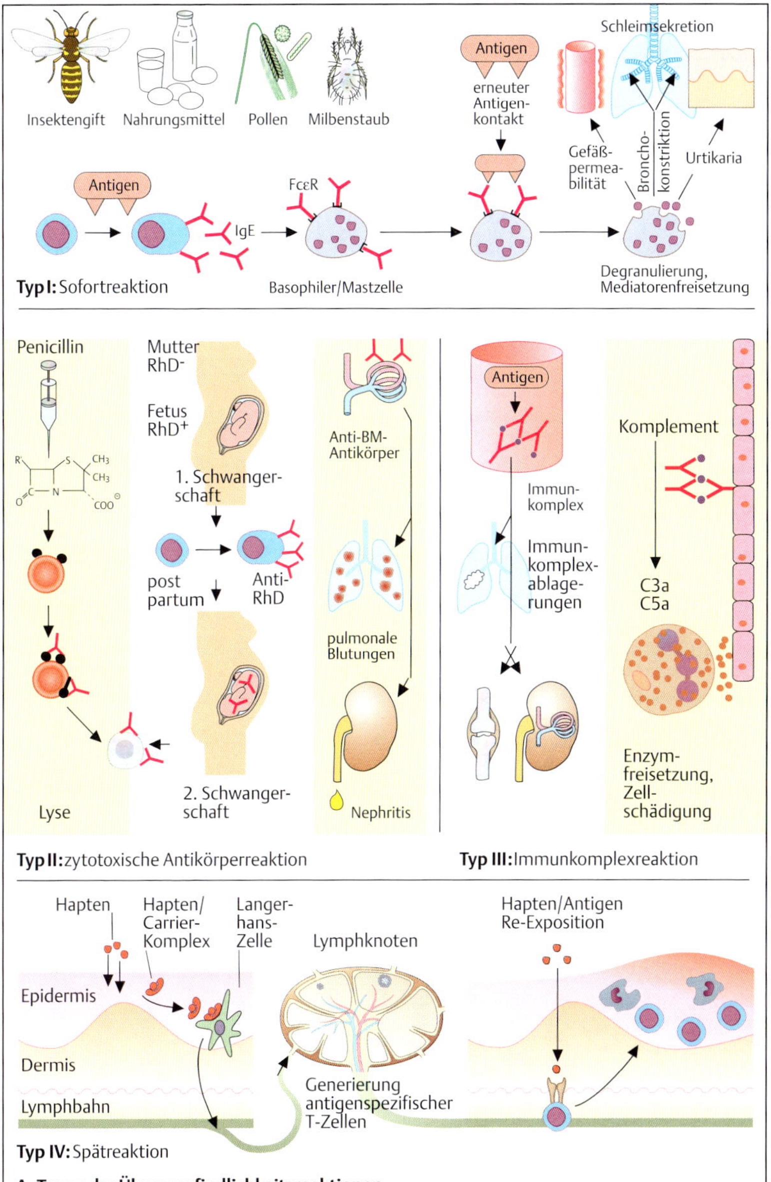

A. Typen der Überempfindlichkeitsreaktionen

A. Induktion der T-Zell-Toleranz durch antigenpräsentierende dendritische Zellen

Folgender experimenteller Ansatz belegt die Induktion der Toleranz durch zentrale Mechanismen: Einer adulten Maus des Stammes A wurden Teile der Milz entnommen und Zellpräparationen etabliert, die dendritische Zellen enthielten. Solche Zellen wurden mit *reifen* T-Zellen des fremden Stammes B inkubiert. Erwartungsgemäß kam es hier zur Aktivierung und Reaktion der Zellen des Stammes B. Anders war die Situation, als die fremden Zellpräparationen des Stammes A mit *unreifen* Thymus-Zellen des Stammes B inkubiert wurden. Es trat eine spezifische Nichtreaktivität – also Toleranz – auf. Offenbar wurde diese im Thymus durch den pränatalen Kontakt mit den fremden dendritischen Zellen erzeugt. Eine entscheidende Bedeutung bei der Toleranzinduktion, d. h. bei der Verhinderung einer späteren Autoimmunität, kommt somit der vorgeburtlichen Phase und einer kurzen postnatalen Zeitspanne zu (s. a. S. 10 – 13).

B. Periphere Mechanismen der Toleranzinduktion

Die in der vorgeburtlichen und unmittelbar postnatalen Phase stattfindenden Selektionsmechanismen funktionieren immer dann, wenn das potentielle Autoantigen vor der Geburt in den Thymus gelangt ist. Autoreaktive T-Zellen, deren Antigene nicht im Thymus präsent sind, entgehen der negativen Selektion. Sie können jedoch durch periphere Toleranzmechnismen, z. B. Regulatorzellen, noch „im Zaum" gehalten werden (s. a. S. 26). Erst wenn auch dieser Mechanismus versagt, sind autoimmune Reaktionen möglich.

Neben den aktiven Suppressionsmechanismen ist bedeutsam, daß potentiell autoreaktive T-Zellen ihr Antigen nicht erkennen können, wenn es „versteckt" ist (extravasal oder intrazellulär) oder aber nicht durch professionelle antigenpräsentierende Zellen geeignet präsentiert wird (Ignoranz-Modell, s. a. S. 83A). Wichtig ist auch, daß die meisten Organzellen keine akzessorischen T-Zell-aktivierenden Moleküle tragen, so daß selbst bei einer Bindung über den TCR keine Immunantwort entsteht.

Zum anderen kann aber der Kontakt mit Selbstantigenen zu einem Aufbrauchen der reaktiven Zellen, zur TCR-Modulation und schließlich zur Anergie führen.

C. Transgene Mäuse

Wesentliche Impulse zur Erklärung der Toleranzinduktion und deren Erhaltung sind von der Untersuchung transgener Mäuse oder Ratten ausgegangen. Dabei werden ein oder mehrere fremde Gene in die Keimbahn eingebracht, indem man die für diese Gene kodierende DNA in die Pro-Nuclei befruchteter Eizellen mikroinjiziert. Diese werden anschließend in scheinschwangere Mäuse implantiert, so daß die sich aus diesen Eizellen entwickelnden Nachkommen „transgen" sind: Sie haben ein fremdes Gen fest in die eigene Keimbahn integriert und vererben es weiter. Ein entscheidender Vorteil dieses experimentellen Systems besteht darin, daß das Genprodukt, dessen toleranzinduzierende Eigenschaften untersucht werden sollen, von Anfang an im sich entwickelnden Organismus vorhanden ist und nicht erst zu einem späteren Zeitpunkt artifiziell zugeführt werden muß, wie es unter den bisherigen experimentellen Bedingungen der Fall war.

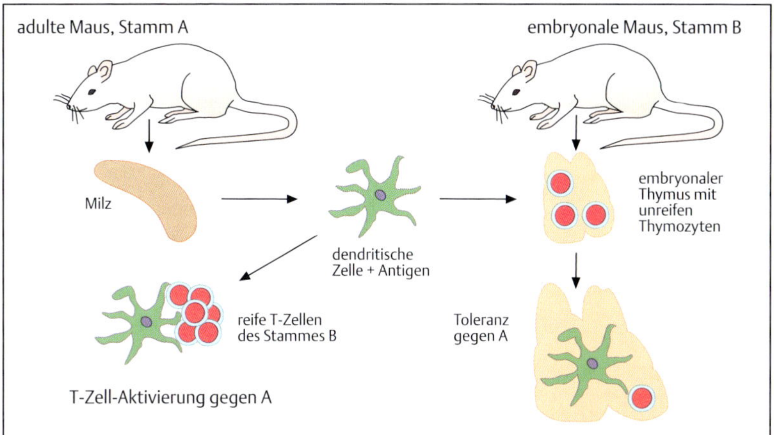

A. Induktion der T-Zell-Toleranz durch antigenpräsentierende dendritische Zellen

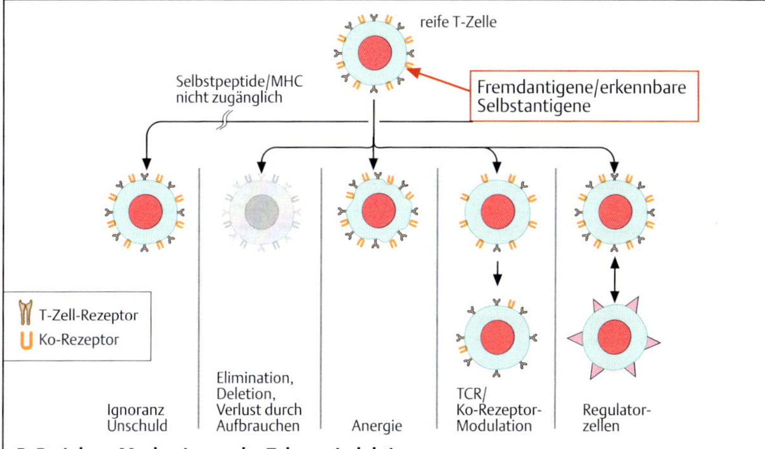

B. Periphere Mechanismen der Toleranzinduktion

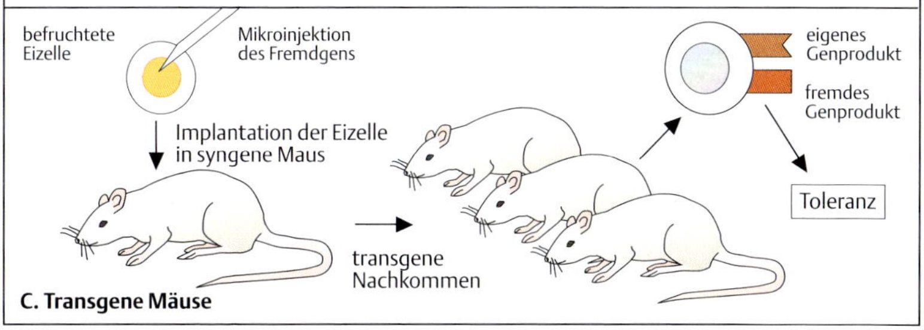

C. Transgene Mäuse

A. Induktion einer Autoimmunantwort durch virusinduzierte T-Zellaktivierung

Autoreaktive T-Zellen können durch Zielzellen nicht aktiviert werden, wenn ihnen ein Ko-Stimulator-Signal fehlt (s. a. S. 81 B). Erst wenn – z. B. durch eine Infektion – das Antigen durch professionelle APC den T-Zellen dargeboten wird, kommt es zur T-Zell-Aktivierung mit Zerstörung der Zielzellen.

In dem hier dargestellten Experiment wurden doppelt-transgene Mäuse erzeugt, deren T-Zellen alle den gleichen T-Zell-Rezeptor trugen, der gegen ein Protein des lymphozytären Choriomeningitis-Virus (LCMV) gerichtet war. Zusätzlich wurde das Gen für dieses Virusprotein an den Insulin-Promotor gekoppelt und in den gleichen Tierstamm eingebracht, so daß alle Inselzellen dieses Protein über ihre MHC-Moleküle exprimierten. Im Prinzip hätten nun die Inselzellen rasch abgetötet werden müssen, da sie ein Molekül trugen, das von den zytotoxischen T-Zellen erkannt wurde. Vorgeburtlich hatte sich keine Toleranz entwickelt, offenbar weil das transgene Genprodukt nicht in den Thymus gelangt war. Dennoch trat keine Reaktion der T-Zellen ein, und die Tiere entwickelten keinen Diabetes mellitus. Infizierte man sie jedoch mit dem LCM-Virus selbst, wurden die T-Zellen aktiviert und die Inselzellen zerstört. Erst jetzt wurde den zytotoxischen T-Zellen also ein (Ko-Stimulator-)Signal über APC und aktivierte T-Helfer-Zellen übermittelt.

B. Induktion einer Autoantikörperbildung mit T-Zell-Hilfe nach autoantikörpervermittelter Antigenpräsentation

Autoreaktive B-Zellen können nicht zur Autoantikörperbildung aktiviert werden, wenn die T-Zell-Hilfe fehlt. Über ihr zellständiges Immunglobulin sind sie jedoch fähig, Moleküle zu erkennen, zu binden, zu prozessieren und schließlich auch zu präsentieren, die aus einem körpereigenen („Autoantigen“) und einem Fremdantigen-Bestandteil bestehen. Nach Prozessierung eines solchen Antigens präsentieren nun die B-Zellen über ihre MHC-Moleküle den fremden Teil des Antigens den T-Zellen. Diese senden dann auch Signale zur B-Zell-Hilfe aus, in diesem Fall jedoch zu einer B-Zelle, die ein Autoantigen erkennt und demzufolge auch Autoantikörper sezerniert.

C. Induktion einer Autoimmunität durch molekulare Mimikry

Die *„molecular mimicry“-Hypothese* besagt, daß ein bestimmtes Antigen, z. B. ein Virus- oder Bakterienantigen, große Ähnlichkeit mit körpereigenen Strukturen aufweist. Aufgrund einer Verwechslung richtet sich der Körper dann bei einer Infektion mit diesem Agens nicht nur gegen fremde, sondern auch gegen eigene Moleküle.

D. Induktion einer Autoimmunreaktion nach Virusinfektion durch aberrante MHC-Klasse-II-Antigene

Bei vielen Autoimmunkrankheiten werden HLA-Klasse-II-Antigene auf Zielzellen gefunden, die die korrespondierenden Zellsysteme im gesunden Organismus nicht aufweisen. Ein möglicher Mechanismus dieser „aberranten“ Klasse-II-Antigen-Expression könnte in der Induktion durch IFN-γ liegen: Ein Virus infiziert eine bestimmte Zellgruppe, und seine Oberflächenmoleküle werden von spezifischen T-Lymphozyten als fremd erkannt. Diese sezernieren im Rahmen des Abwehrvorgangs IFN-γ, das auf anderen, bisher nicht beteiligten Zellen die Induktion von MHC Klasse-II-Antigenen bewirkt. Diese „aberrante“ Expression von Klasse-II-Antigenen könnte autoreaktive T-Zellen veranlassen, im Zusammenhang mit den sonst nicht exprimierten Klasse-II-Antigenen Autoantigene auf der Zelloberfläche als fremd zu erkennen und die eigenen Zellen zu zerstören.

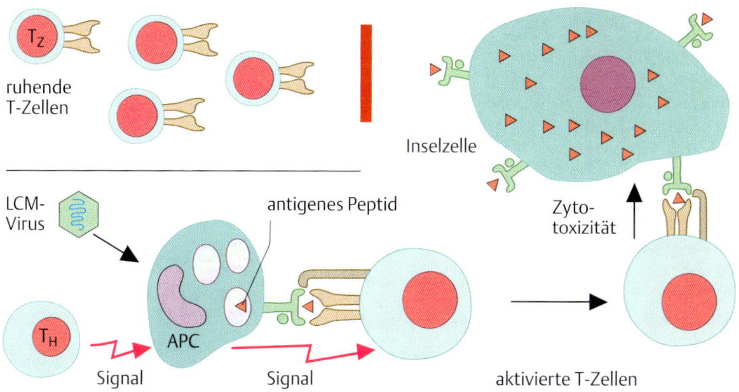

A. Induktion einer Autoimmunantwort durch virusinduzierte T-Zell-Aktivierung

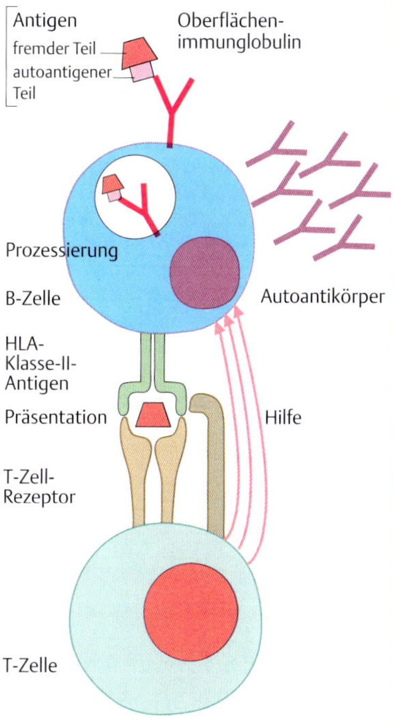

B. Induktion von Autoantikörpern durch T-Zell-Hilfe nach autoantikörper-vermittelter Antigenpräsentation

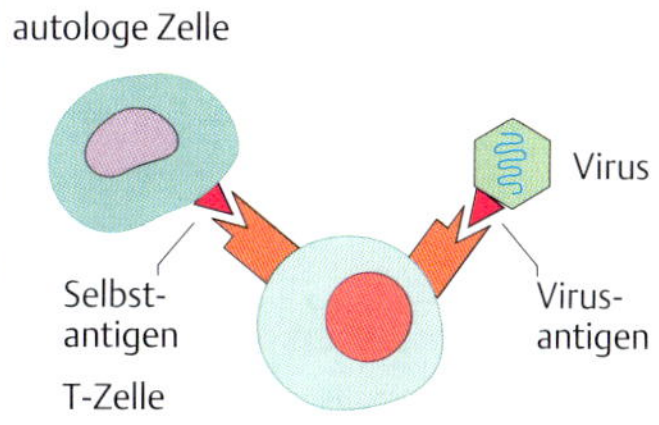

C. Induktion einer Autoimmunreaktion durch molekulare Mimikry

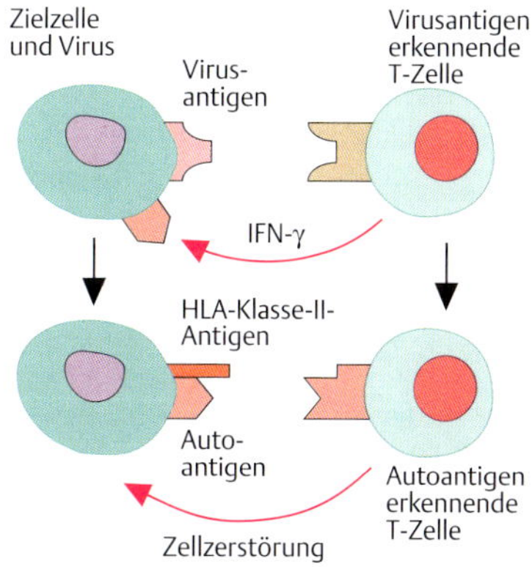

D. Induktion einer Autoimmunreaktion nach Virusinfektion durch aberrante MHC-Klasse-II-Antigene

A. Induktion von Autoimmunität durch Verlust von Regulationsmechnismen

Nach der frühen Ausschaltung von autoreaktiven T-Zell-Klonen im Thymus (s. S. 11) gibt es noch periphere Regulationsmechanismen (in der Grafik als „Regulatorzellen" bezeichnet). Neben CD8-positiven T-Zellen können auch CD4-positive Zellen regulierend wirken. Durch den Verlust solcher Regulatorzellen kann eine Autoimmunität entstehen.

Neben zellulären gibt es auch humorale Mechanismen der Toleranzerhaltung. Anti-idiotypische Antikörper, die sich gegen Determinanten der hypervariablen Region anderer Antikörper richten, bilden ein anti-idiotypisches Netwerk (n. *N. Jerne*) das zur Toleranz beiträgt. Störungen in diesem Netzwerk durch einen Verlust anti-idiotypischer Antikörper oder ein Überwiegen von pathogenen Autoantikörpern führt dann zum Verlust der Toleranz. Durch ein Hinzufügen von außen, beispielsweise durch die Gabe von normalen Immunglobulinen, kann dieses Gleichgewicht wieder hergestellt werden.

B. Organspezifische und nicht-organspezifische Autoimmunerkrankungen

Autoimmunopathien können sich gegen ganz spezifische Organdeterminanten oder aber organübergreifend gegen verschiedene Gewebestrukturen („systemische Autoimmunerkrankungen") richten.

C. Sequestrierte Antigene

Die Beobachtung, daß – z. B. nach bestimmten Augenverletzungen – plötzlich das andere, gesunde Auge an dem Krankheitsbild der „sympathischen Ophthalmie" erkrankte, führte zu dem *Konzept der „sequestrierten" Antigene*. Danach sind bestimmte Regionen des Körpers dem Immunsystem nicht zugänglich – eben „sequestriert". Neben Linsenproteinen trifft dies z. B. auch auf Knorpel und Hodengewebe zu. Nach Durchbrechung dieser Abgeschlossenheit, z. B. durch Verletzungen oder schwere Entzündungen, hat das Immunsystem Zugang zu dem dann als „fremd" erkannten Gewebe.

D. Assoziation zwischen Krankheiten und dem HLA-System

Die Entstehung von Autoimmunerkrankungen bedarf zweier Voraussetzungen: einerseits einer genetischen Komponente und andererseits Umwelteinflüssen, den sog. Realisationsfaktoren. Letztere führen zum Ausbruch einer Autoimmunkrankheit auf dem Boden einer genetischen Disposition. Die entscheidende Rolle bei der genetischen Komponente spielt das *HLA-System* (s. S. 60–65), da mit bestimmten HLA-Konstellationen auch eine hohe Krankheitsempfänglichkeit vererbt wird. Bestimmte HLA-Antigene sind überraschend häufig mit bestimmten Determinanten einiger Autoimmunerkrankungen assoziiert (in der Tabelle der Einfachheit halber in der alten Nomenklatur aufgeführt). Die Spondylarthritiden sind sogar so häufig mit dem HLA-B27-Antigen verbunden, daß die Bestimmung dieser Determinante einen wichtigen Baustein für die Diagnostik darstellt. Besonders wichtige Assoziationsbereiche sind

1. für die Klasse-I-Assoziation das HLA-B27-Antigen und die seronegativen Spondarthritiden,
2. für die Klasse-II-Assoziation die rheumatoide Arthritis (chronische Polyarthritis) mit den HLA-DR-Antigenen 4 und 1, der Diabetes mellitus Typ I mit den HLA-Antigenen DR3 und DR4 sowie die Narkolepsie, bei der die Assoziation mit dem DR2-Antigen derart häufig ist, daß aus mathematischen Gründen das relative Risiko nicht errechnet werden kann. (Relatives Risiko = [Patienten mit HLA-Antigen x Kontrollen ohne HLA-Antigen] : [Patienten ohne HLA-Antigen x Kontrollen mit HLA-Antigen]).

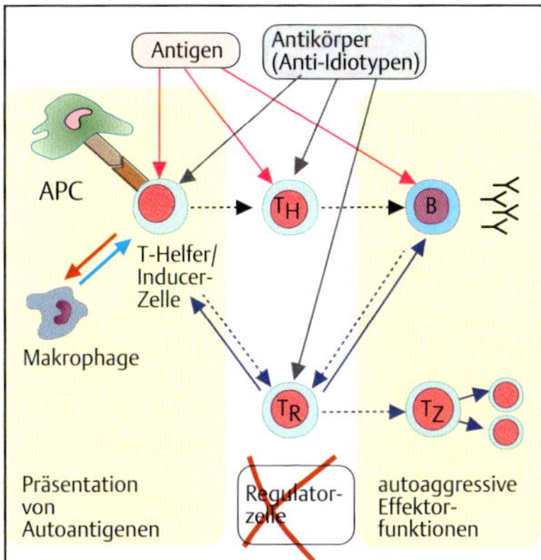

A. Induktion der Autoimmunität durch Verlust von Regulationsmechanismen

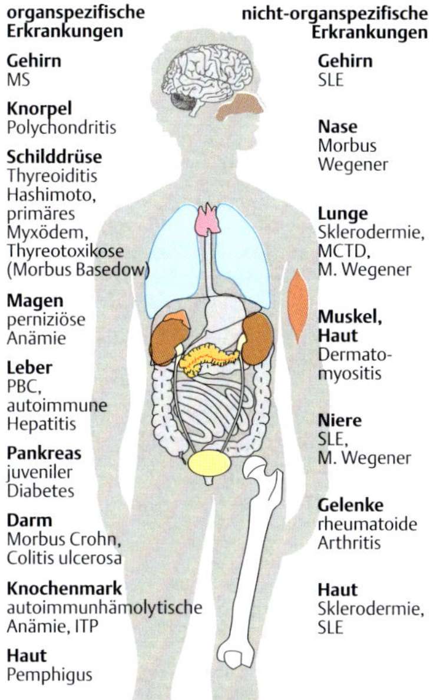

B. Organspezifische und nicht-organspezifische Autoimmunerkrankungen

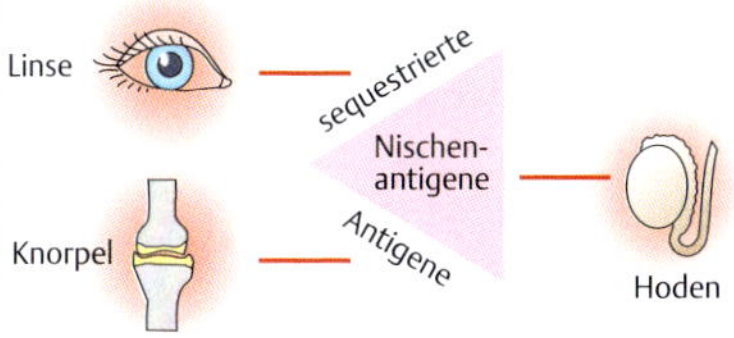

C. Sequestrierte Antigene

Krankheit	Allel*	Häufigkeit (%) Patienten	Häufigkeit (%) Kontrollen	Relatives Risiko
Morbus Behçet	B5	41	10	6,3
ankylosierende Spondylitis	B27	90	9	87,4
Morbus Reiter	B27	79	9	37,0
akute anteriore Uveitis	B27	52	9	10,4
subakute Thyreoiditis	B35	70	15	13,7
Psoriasis vulgaris	Cw6	87	33	13,3
Dermatitis herpetiformis	DR3	85	26	15,4
Zöliakie	DR3	79	26	10,8
Morbus Basedow	DR3	56	26	3,7
Diabetes mellitus Typ I	DR3 und/oder DR4	91	57	7,9
Myasthenia gravis	DR3	50	26	2,5
syst. Lupus erythematodes	DR3	70	26	5,8
idiopath. membr. Nephropathie	DR3	75	26	12,0
Narkolepsie	DR2	100	25	nicht berechenbar
multiple Sklerose	DR2	59	25	4,1
rheumatoide Arthritis	DR4	50	19	4,2
Hashimoto-Thyreoiditis	DR5	19	6	3,2
perniziöse Anämie	DR5	25	6	5,4
juvenile chronische Arthritis	DRw8	23	8	3,6

D. Assoziationen zwischen Krankheiten und dem HLA-System (*alte Nomenklatur)

A. Unterschiede zwischen Nekrose und Apoptose

Nekrose tritt in den Zellen als Folge starker Zellschädigung auf. Dabei setzt die nekrotische Zelle toxischen Zellinhalt in die Umgebung frei, wodurch es zu einer entzündlichen Reaktion kommt. Apoptose (programmierter Zelltod) hingegen beginnt mit der Schrumpfung der Zelle. Dann stülpt sich die Zellmembran aus *(„blebbing")* und die genomische DNA sowie das Zytoskelett werden fragmentiert. Die Zelle gibt nun ihren Inhalt ohne Entzündung in Vesikel (apoptotische Körperchen) ab, die von Phagozyten aufgenommen werden.

B. Regulation der Apoptose

Das Apoptose-Programm der Zelle kann durch verschiedene Mechanismen initiiert werden, die schließlich alle in der Aktivierung von Caspasen („**c**ystein-specific **asp**artate prote**ases**") enden.

Über den **extrinsischen Weg** kann Apoptose durch Stimulation von Zellmembran-*Todesrezeptoren* der TNF-Rezeptor(TNF-R)-Familie durch ihre entsprechenden Liganden (L) ausgelöst werden: *TNF-R1* (TNF), *Fas-R*/CD95 (FasL), „Death receptor" *DR4/DR5* („TNF-related apoptosis-inducing ligand" TRAIL) und „TNF-like weak inducer of apoptosis" *TWEAK-R* (TWEAK). Die Liganden-Bindung führt zur Bildung des multimeren Komplexes *DISC* (**d**eath **i**nducing **s**ignaling **c**omplex), der aus dem Todesrezeptor (z. B. trimerer Fas-R), Adaptormolekülen wie FADD (**F**as-**a**ssociated **d**eath **d**omain-containing protein) und Caspase-8 besteht. Aktive Caspase-8 entsteht dann durch proteolytische Spaltung und aktiviert wiederum Effektor-Caspasen wie Caspase-3. Durch das pro-apoptotische Protein *Bid*, das durch Caspase-8 gespalten und aktiviert wird, besteht eine Querbindung zum **mitochondrialen Weg**, bei dem die Mitochondrien von zentraler Bedeutung sind. Auch eine Freisetzung von Calcium aus dem Endoplasmischen Reticulum (ER) kann eine Streßreaktion verursachen, die Apoptose über den **ER-Weg induziert**, der Caspase 12 aktiviert.

C. Caspase-Aktivierung durch Mitochondrien/Regulation des Apoptosoms

Durch Apoptose-induzierende Stimuli wird ein zentraler pro-apoptotischer Faktor, *Cytochrom C*, aus den Mitochondrien ins Zytoplasma ausgeschüttet. Durch anti-apoptotische (z. B., bcl-2, bcl-x_L, mcl-1) und pro-apoptotische (z. B. bax, bad, bcl-x_S) Mitglieder der Bcl-2-Familie wird die Freisetzung von Cytochrom C beeinflusst. So interagiert z. B. *bax* mit einem Porenkomplex der Mitochondrienmembran. Auch *Ceramide* induzieren Apoptose, indem sie auf die Mitochondrien wirken. Ebenso diffundieren die beiden Transkriptionsfaktoren *Nur77* und *p53* aus dem Zellkern zu den Mitochondrien und permeieren die äußere Membran. Nachdem Cytochrom C ins Zytoplasma freigesetzt ist, bindet es an das Adaptermolekül „apoptosis protease activating factor-1" (*Apaf-1*) und aktiviert zusammen mit desoxy-ATP die Pro-Caspase-9. Dieser Komplex wird als *Apoptosom* bezeichnet. Apoptose kann durch Interaktion des Apoptosoms mit *Hitzeschockproteinen (HSP)* gehemmt werden. Caspase 9 aktiviert wiederum die Caspasen 3 und 7. Dies führt zu DNA-Fragmentierung und Apoptose. Caspasen wiederum können durch „**i**nhibitor of **a**poptosis **p**roteins" (IAPs) gehemmt werden. Andererseits fördert das Protein *Smac/Diabolo* (wird auf pro-apoptotischen Stimulus hin mit Cytochrom C aus den Mitochondrien in das Zytoplasma ausgeschüttet) die Apoptose durch Bindung und Inhibition der IAPs. Eine Herabregulation von pro-apoptotischen Faktoren wie z. B. bax oder Smac/Diabolo könnte bei der Entstehung von Neoplasien eine Rolle spielen.

D. Phagozytose von apoptotischen Zellen

Durch verschiedene Mechanismen können apoptotische Zellen von Phagozyten erkannt und abgebaut werden: Apoptotische Zellen exprimieren *Phosphatidylserin (PS)* an der Zelloberfläche. Phagozyten können über *Scavenger-Rezeptor A* und den Endotoxinrezeptor *CD14* direkt an PS binden. Thrombospondin (TSP) kooperiert außerdem mit dem TSP-Rezeptor *CD36* und dem *Vitronektin-Rezeptor* ($\alpha v\beta 3$/$\alpha v\beta 5$). „Milk fat globule"-EGF (epidermal growth factor) 8 (*MFG-E8*; *Laktadherin*; sezerniert von Makrophagen und unreifen DC)' bindet einerseits spezifisch an das PS apoptotischer Zellen, andererseits durch sein RGD-Motiv (Arginin-Glycin-Aspartat) an Vitronektin-Rezeptor-positive Phagozyten, wodurch der Abbau apoptotischer Zellen gefördert wird. Die Aktivierung dieser Rezeptoren führt schließlich zur Zytoskelett (Aktin)-Umlagerung. Dies induziert schließlich die Internalisierung apoptotischer Zellen. Die Freisetzung proinflammatorischer Zytokine und Chemokine ist dabei herunterreguliert.

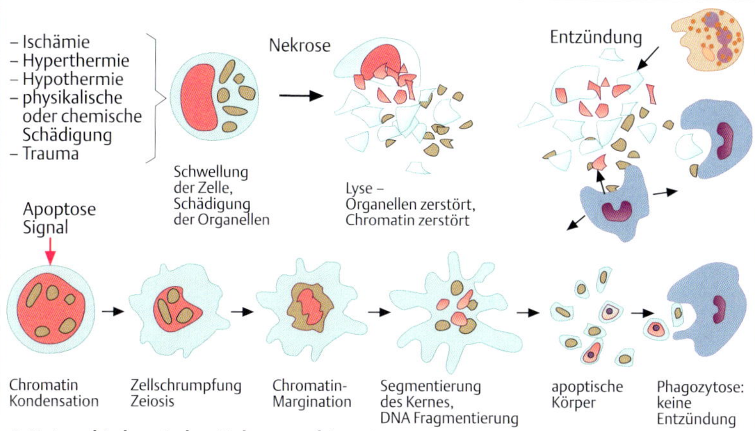

A. Unterschiede zwischen Nekrose und Apoptose

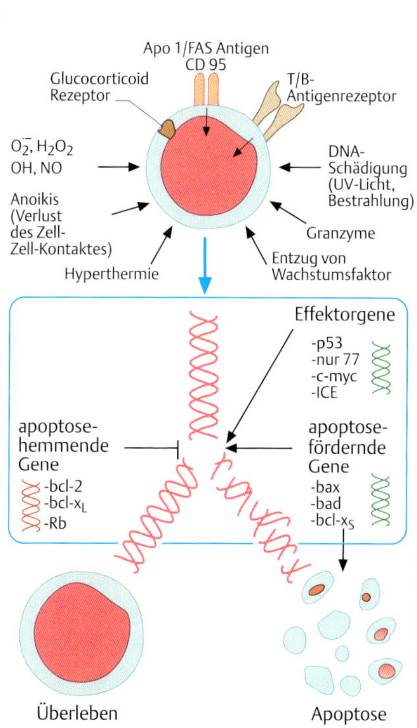

B. Regulation der Apoptose

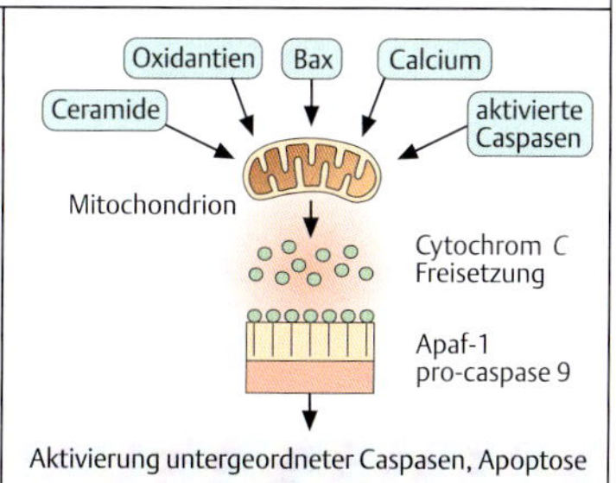

C. Aktivierung von Caspasen durch Mitochondrien

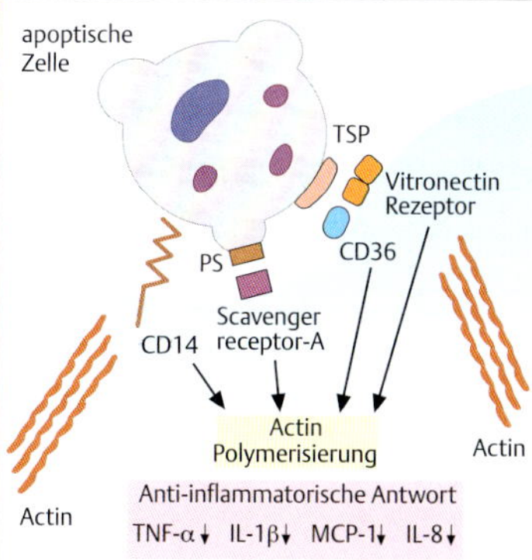

D. Phagozytose apoptotischer Zellen

A. Heidelberger Kurve

Präzipitationstechniken dienen zur Konzentrationsbestimmung von Antigenen oder Antikörpern. Sie können in fester Phase (radiale Immundiffusion und Immunelektrophorese) oder in flüssiger Phase (Turbidimetrie und Nephelometrie) angewandt werden.

Die Heidelberger Kurve beschreibt folgenden Sachverhalt: Im Bereich des Antikörper-Überschusses (niedriges Verhältnis Ag/Ak) bilden sich lösliche Immunkomplexe, deren Menge proportional zur Antigen-Konzentration ist. Bei steigender Antigen-Konzentration wird der Äquivalenzbereich erreicht; hier bilden sich unlösliche Immunkomplexe (Präzipitate), die ausfallen und sichtbar gemacht werden können. Bei anschließendem Antigen-Überschuß liegen hauptsächlich lösliche Immunkomplexe vor, deren Konzentration mit steigender Antigen-Konzentration zunimmt. Es wird so eine zu niedrige Antigen-Konzentration vorgetäuscht. Um die Antigen-Konzentration im aufsteigenden Ast der Heidelberger Kurve zu halten und so ein der Antigen-Konzentration proportionales Ergebnis zu erhalten, muß das zu untersuchende Material verdünnt werden.

B. Präzipitation und Agglutination

Präzipitation: Immunkomplexbildung mit molekularen Antigenen. Bei der Immunpräzipitation wird das Antigen bei bekannter Antikörper-Konzentration durch Diffusion so weit verdünnt, bis eine Präzipitatbildung erfolgt, da ein Antigen-Antikörper-Verhältnis im Äquivalenzbereich vorliegt.

Agglutination: Immunkomplexbildung mit partikulären Antigenen. Es werden die direkte Agglutination (z. B. Hämagglutinationstest zur Blutgruppenbestimmung und Bakterien-Agglutination nach Widal) und indirekte Agglutinationsteste unterschieden (z. B. Latex-Agglutination und passive Hämagglutination nach Boyden).

C. Präzipitationstechniken in der Flüssigphase

Turbidimetrie: Eine Meßküvette enthält die antigenhaltige Probe, der ein Antiserum mit dem korrespondierenden Antikörper im Überschuß zugesetzt wird. Es entstehen lösliche Immunkomplexe. Die Trübungsänderung in der Meßküvette wird photometrisch ermittelt. Bei der Endpunktbestimmung ist die Adsorptionszunahme in einer bestimmten Zeiteinheit das Maß für die Antigen-Konzentration.

Nephelometrie: Auch hier ist das Reaktionsprinzip die Immunkomplexbildung durch die antigenhaltige Probe und das korrespondierende Antiserum. Durch die Küvette werden Strahlen einer Lichtquelle (Laser) geschickt, die von den Immunkomplexen gestreut werden. Dieses Streulicht wird über Linsen auf einen Photodetektor fokussiert und die Antigen-Konzentration anhand einer Eichkurve über das Streulichtsignal ermittelt.

D. Einfache radiale Immundiffusion (RID) nach Mancini

Platten werden mit einem Gel beschichtet, in dem der zu dem bestimmenden Antigen korrespondierende Antikörper homogen verteilt ist. Das Untersuchungsmaterial kommt in ausgestanzte Löcher. Das darin enthaltene Antigen diffundiert nun radial in das Gel und wird dadurch verdünnt. Im Äquivalenzbereich präzipitieren die entstehenden Immunkomplexe. Bei der Auswertung nach Mancini ist die Antigen-Konzentration mit dem Durchmesser des Präzipitatringes im Quadrat proportional. Sie wird über eine Eichgerade aus mitgeführten Standardverdünnungen ermittelt.

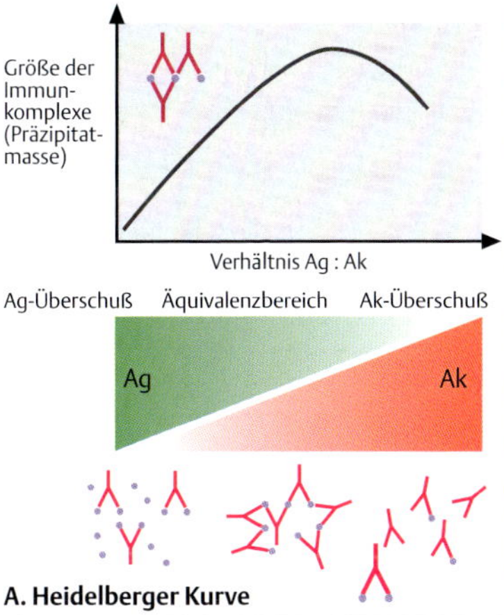

A. Heidelberger Kurve

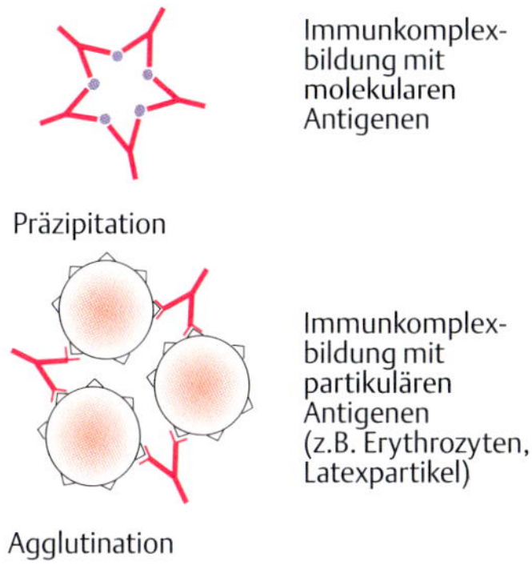

B. Präzipitation und Agglutination

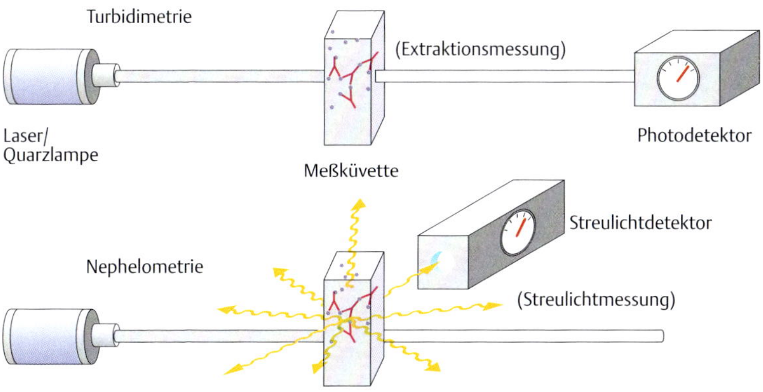

C. Präzipitationstechniken in der Flüssigphase

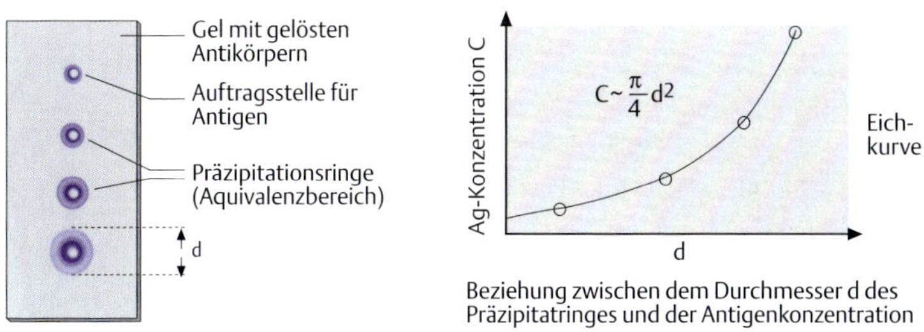

D. Einfache radiale Immundiffusion (RID) nach Mancini

A. Radiale Doppeldiffusion (Ouchterlony)

Bei dieser Technik diffundieren sowohl Antigene als auch Antikörper im wäßrigen Agarosegel. Dort, wo es zur Bindung zwischen Antigen und Antikörper kommt, bilden sich anfärbbare Präzipitatbanden. Diese Methode ist besonders für den Identitätsnachweis unbekannter Antigene geeignet, der durch das Symmetrieverhalten der Präzipitationsmuster geführt wird. Bei Identität zweier Antiseren (in Bezug auf das zu erkennende Antigen) verschmelzen die Präzipitationskurven, bei fehlender Identität überkreuzen sie sich, bei Teilidentität kommt es zu einer „Spornbildung".

B. Überwanderungselektrophorese/ Gegenstromelektrophorese

Bei Einstellung eines bestimmten pH-Wertes (z. B. pH 8,2 bei dem Testantigen: extrahierbare nukleäre Antigene, ENA) wandern Antigen und Antikörper aufgrund ihrer unterschiedlichen Ladung im Gel in entgegengesetzter Richtung. Bei Überwanderung kommt es zur Bildung von Immunkomplexen, wenn im Patientenserum der zum Antigen korrespondierende Antikörper vorhanden ist. Die Immunkomplexe sind durch anfärbbare Präzipitationslinien nachweisbar.

C. Immunelektrophorese

Sie ist eine Kombination aus Eiweiß-Elektrophorese und Immunpräzipitation. Zuerst werden die zu untersuchende Probe und eine Referenzprobe elektrophoretisch aufgetrennt. Anschließend diffundiert ein Antiserum senkrecht zur Trennrichtung. Im Äquivalenzbereich kommt es durch die Bildung von präzipitierenden Immunkomplexen zur Ausbildung scharfer Präzipitationslinien. Anhand von Stärke, Form und Lage der Präzipitationslinien können die Proteine identifiziert werden.

Die Immunelektrophorese wird bei Verdacht auf mono- und polyklonale Gammopathien angewendet. Polyklonale Immunglobuline sind nach der elektrophoretischen Auftrennung in der Gamma-Globulinfraktion homogen verteilt. Monoklonale Immunglobuline bilden in der Gamma-Globulinfraktion einen lokalen Anstieg (M-Gradient), wodurch im gebildeten Immunpräzipitat eine markante Ausbuchtung entsteht.

D. Elektrophorese in antikörperhaltigem Gel (Rocket)

Auch bei dieser Technik wandern Antigene unter geeigneten Bedingungen in einem antikörperhaltigen Gel in Richtung Anode. Es entstehen langgestreckte, ausgebuchtete Präzipitate (Raketen, rockets), die angefärbt werden können. Mit dieser Technik ist eine quantitative Konzentrationsbestimmung des Antigens möglich, wenn zeitgleich ein Standard-Antigen mitgeführt wird.

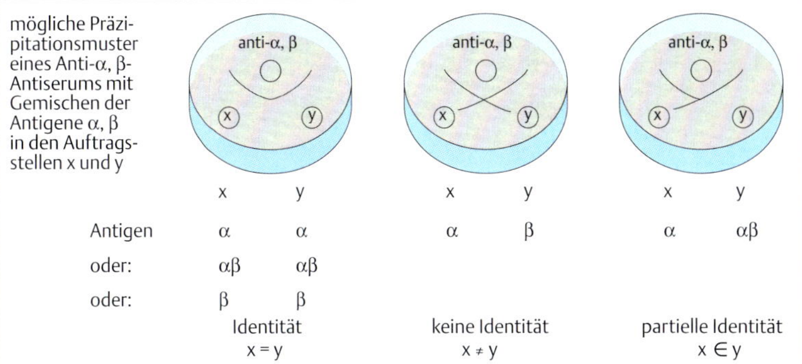

A. Radiale Doppeldiffusion (Ouchterlony)

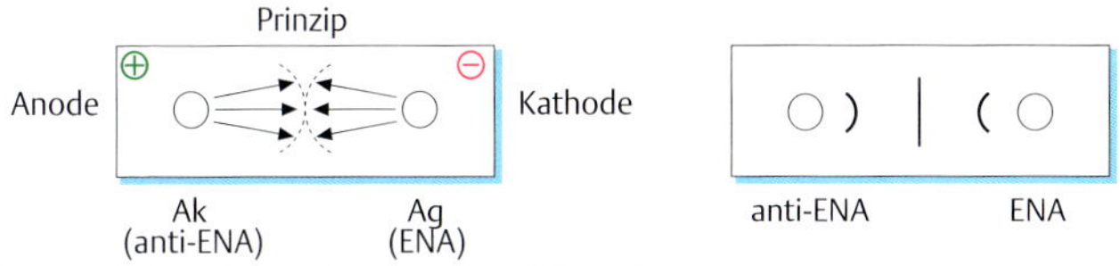

B. Überwanderungselektrophorese/Gegenstromelektrophorese

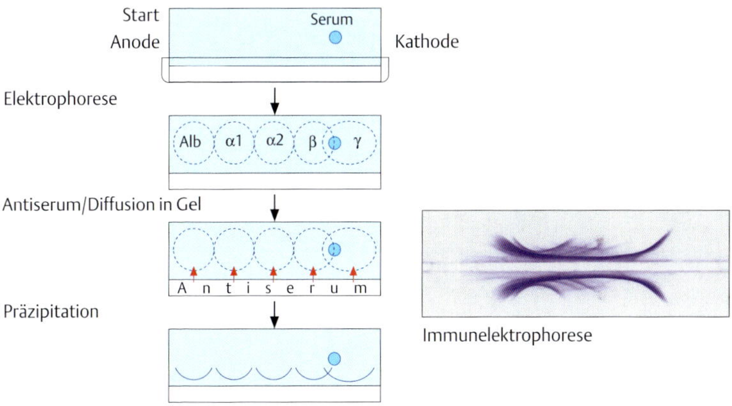

C. Immunelektrophorese (zeitlicher Ablauf des Arbeitsganges)

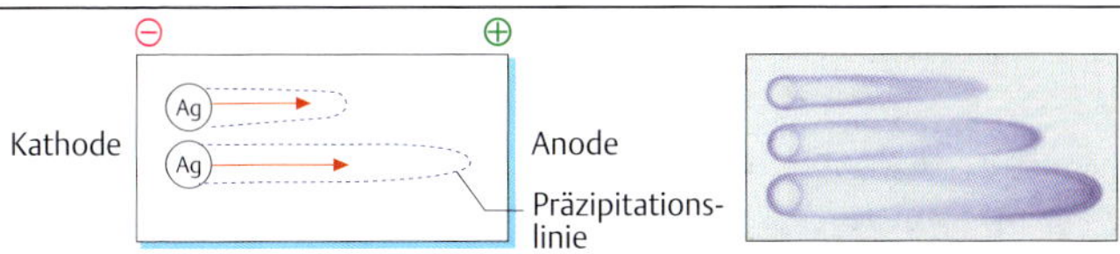

D. Elektrophorese in antikörperhaltigem Gel (Rocket)

A. Agglutinationstechniken

1. *Hämagglutination:* Nachweis von agglutinierenden Antikörpern im Patientenserum. Komplette (natürliche) Antikörper sind Immunglobuline der Klasse IgM, die als Pentamer an die antigenen Determinanten der Erythrozyten binden und diese agglutinieren können („komplett" genannt, da sie aufgrund ihrer pentameren Struktur für sich allein zur Agglutination führen). Beispiel für komplette Antikörper sind Antikörper gegen Blutgruppenmerkmale.
Außerdem gibt es inkomplette (IgG-) Antikörper. Diese binden zwar an die antigenen Determinanten der Erythrozyten, können aber nicht zwei Zellen miteinander verbinden. Eine Hämagglutination ist hier erst dann möglich, wenn der Abstand zwischen den Erythrozyten durch Supplementzugabe (Albumin) oder durch Lösungen niedriger Ionenstärke verringert wird und so von den IgG- (inkompletten) Antikörpern überbrückt werden kann. Ein Beispiel für inkomplette Antikörper ist die Antikörper-Bildung gegen Rh-positive Erythrozyten bei Rh-negativen Patienten (z. B. nach einer Rh-inkompatiblen Transfusion).
2. *Latexagglutination:* An Latexpartikel ist der Reaktionspartner des nachzuweisenden Antikörpers gebunden. Im aufgeführten Beispiel (Screening auf **R**heuma**f**aktoren = **RF**) wird IgG an die Latexpartikel gebunden. Bei Vorhandensein von RF (= IgM-Anti-IgG) im Patientenserum kommt es zu einer Agglutination der Latexpartikel (= positive Reaktion).
Bakterienagglutination (ohne Abbildung):
Nachweis von *Antikörpern (Widal-Reaktion):* Als Antigen dienen Bakterienaufschwemmungen, die mit einer Verdünnungsreihe des Patientenserums inkubiert werden. Bei Agglutination ist der zum Antigen korrespondierende Antikörper im Patientenserum vorhanden.
Nachweis von *Antigenen (Gruber-Reaktion):* Inkubation von Bakterienkulturen mit Klassen- und Typen-spezifischen Antikörpern. Nutzung für Typisierung von Bakterien.

B. Komplementbindungsreaktion (KBR)

Bindung und Aktivierung von Komplement durch Antigen-Antikörper-Komplexe zum Nachweis von Antikörpern in Patientenserum oder -liquor. Zum Patientenserum (komplementfrei durch Inaktivierung) werden Antigen und Komplement gegeben, die dem gesuchten Antikörper entsprechen. Wenn dieser Antikörper im Patientenserum vorhanden ist, wird das Komplement gebunden und verbraucht. Als Indikatorsystem werden dann mit Testantikörpern beladene Testerythrozyten (Immunkomplexe) zugesetzt. Bei positivem Testausgang erfolgt keine komplement-vermittelte Hämolyse des Indikatorsystems, da das Komplement verbraucht ist. Bei negativem Testausgang steht Komplement zur Verfügung, um die Testerythrozyten des Indikatorsystems zu lysieren.
Ein Problem dieser Methode sind falsch positive Ergebnisse, z. B. durch Serumeigenhemmung (u. a. durch Rheumafaktoren oder Immunkomplexe). Diese Eigenhemmung wird durch ein positives Ergebnis der Kontrollreaktion (Patientenserum allein, ohne Antigen-Zusatz) nachgewiesen. Ferner können fremde Stoffe das eigentliche Antigen kontaminieren und mit dem gesuchten Antikörper im Patientenserum Immunkomplexe bilden, durch die dann Komplement gebunden wird. Hier erfolgt der Nachweis durch positive Reaktion des Kontroll-Antigens.

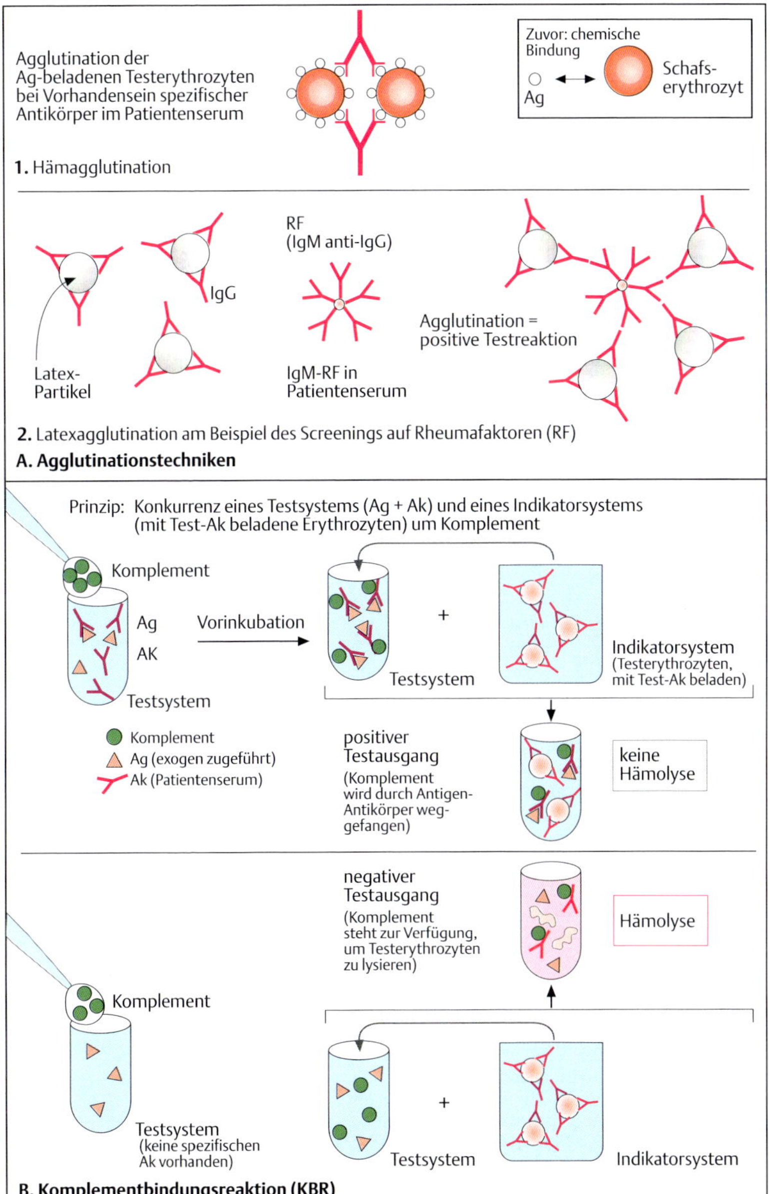

A. Agglutinationstechniken

B. Komplementbindungsreaktion (KBR)

A. Enzyme-linked immunosorbent-assay (ELISA)

Der Enzymimmunoassay ist eine quantitative analytische Methode, bei der ein Reaktionspartner enzymatisch markiert ist. Dieser kann entweder das Antigen oder der Antikörper sein.
Im vorliegenden Fall wird die Trägersubstanz (meistens eine Mikrotiterplatte) mit dem zum *gesuchten Antikörper*korrespondierenden Antigen beschichtet. Sind diese Antikörper im Untersuchungsmaterial (z. B. Serum) vorhanden, binden sie an das Antigen. Ein enzymmarkierter Sekundärantikörper (z. B. Schaf-anti-human-IgG, Fab-Fragment) bindet im nächsten Reaktionsschritt an die gesuchten Antikörper. Durch das Enzym wird in der Farbreaktion Substrat umgewandelt. Anhand eines mitgeführten Standards kann dann, nach Erstellung einer Eichkurve, die Farbreaktion direkt mit der Antikörperkonzentration korreliert werden.
Beim *Sandwich-ELISA* zum *Antigennachweis* ist der Antikörper für das gesuchte Antigen an die feste Phase gebunden. Die Menge des gebundenen Antigens aus der Probe wird durch die Zugabe eines markierten Zweitantikörpers, der unter Bildung eines „Sandwich" an das Antigen bindet, ermittelt.

B. C1q-Festphasen-ELISA

Hier wird C1q kovalent an chemisch aktivierte Polystyren-Mikrotiterstreifen gebunden. Aus dem Untersuchungsmaterial (z. B. Serum) binden zirkulierende **I**mmun**k**omplexe (**IK**) an das C1q. Der Nachweis der Immunkomplexe erfolgt mit einem enzymmarkierten Antikörper gegen humanes IgG. Auch hier entwickelt sich nach Zugabe der Substratlösung ein Farbstoff, dessen Intensität der Konzentration zirkulierender Immunkomplexe proportional ist.

C. Radioimmunoassay (klassischer Test)

Der klassische Radioimmunoassay basiert auf dem kompetitiven Bindungsprinzip. Im dargestellten Fall wird das zum gesuchten Antikörper korrespondierende Antigen an die feste Phase gebunden. Um die antigenen Bindungsstellen konkurrieren nun die Antikörper aus dem Untersuchungsmaterial und radioaktiv markierte Testantikörper; freibleibende Antikörper werden anschließend durch Auswaschen entfernt. Je mehr Antikörper im Serum vorhanden sind, desto weniger markierte Testantikörper können an das Antigen binden. Somit ergibt ein hoher Antikörper-Titer im Serum im Anschluß eine niedrige gemessene Radioaktivität und umgekehrt.

D. Immunoblot (Western blot)

Mit einer **SDS**-**P**olyacryl**a**mid-**G**el**e**ktrophorese (**SDS-PAGE**) werden Proteine nach ihrem Molekulargewicht aufgetrennt. Durch die Anwesenheit von SDS (Na-Dodecylsulfat) erhalten alle Proteine eine negative Ladung (*SDS-Bindung*), und der Zusatz von 2-Mercaptoethanol verringert die internen Disulfidbrücken. Indem die Charakteristika „Ladung" und „Form" also ihren Einfluß bei der elektrophoretischen Auftrennung verlieren, ist das „Molekulargewicht" die Eigenschaft, nach der Proteine hier aufgetrennt werden.
Anschließend werden die Proteine aus dem Gel auf eine immobilisierende Membran (**N**itro**z**ellulose = **NZ**) transferiert (*„blotting"*) und können hier von spezifischen Antikörpern im Untersuchungsmaterial (im Beispiel gegen Borrelia burgdorferi) erkannt werden. Der Vorteil des Verfahrens liegt im *Spezifitätsnachweis* durch die vorangegangene Protein-Auftrennung.

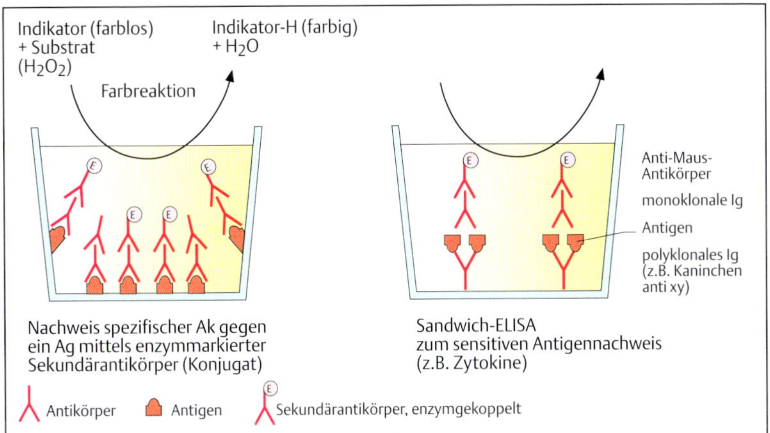

A. Enzyme-linked immunosorbent assay (ELISA)

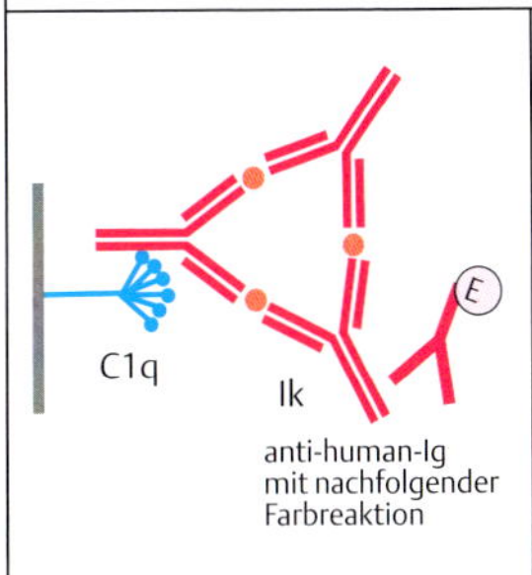

B. C1q-Festphasen-ELISA

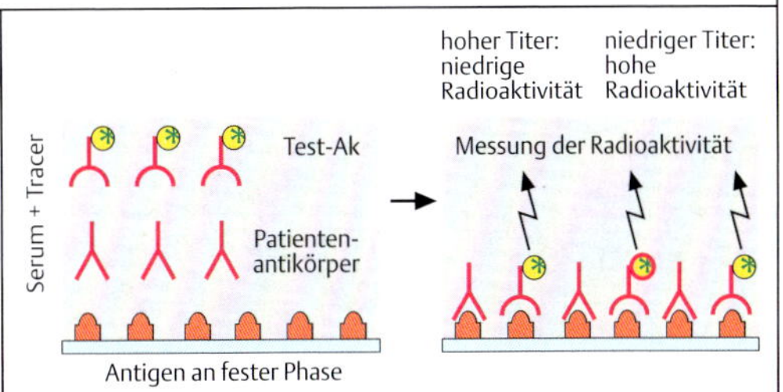

Prinzip: Antikörper im Patientenserum konkurriert mit radioaktiv markiertem Testantikörper

C. Radioimmunoassay (klassischer Test)

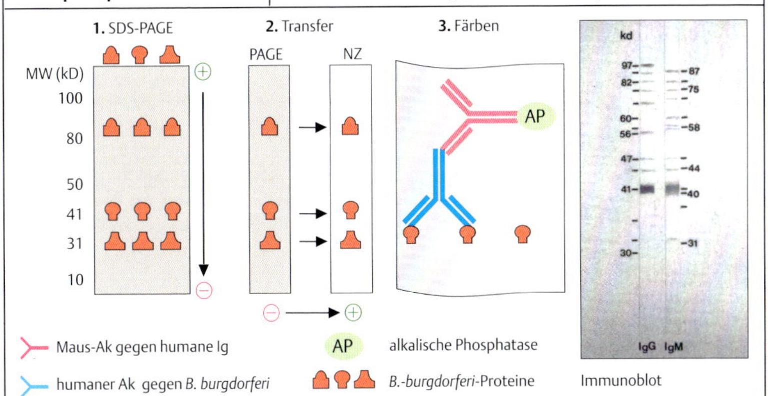

D. Immunoblot (Western blot)

A. Fluoreszenzstrahlung

Das Leuchten eines Stoffes, der von einer Strahlung angeregt wurde, wird *Fluoreszenz* genannt. Dabei wird nicht die gesamte eingestrahlte Energie von dem fluoreszierenden Stoff absorbiert, so daß die „ungenutzte" Energie mit geringerer Energie, d.h. größerer Wellenlänge abgestrahlt werden kann. Am häufigsten eingesetzt wird **F**luorescein-**I**so-**T**hio-**C**yanat (**FITC**), das durch energiereiches Licht der Wellenlänge von 450 bis 500 nm (Blau) angeregt wird und energieärmeres Fluoreszenzlicht mit einer Wellenlänge zwischen 500 und 550 nm (Gelb-Grün) ausstrahlt.

Beim Fluoreszenzmikroskop wird nur das Licht einer bestimmten Wellenlänge (z.B. 470 nm) durch einen Sperrfilter durchgelassen und auf das fluoreszierende Präparat zugeleitet, fluoreszierendes Licht mit einer Wellenlänge von 520 bis 550 nm wird durch Farbteiler und Bandpaßfilter zum Betrachter durchgelassen.

B. Immunfluoreszenz

Bei der *direkten Immunfluoreszenz* sind die Antikörper bereits an fluoreszierende Farbstoffe gekoppelt, bei der *indirekten Immunfluoreszenz* hingegen wird nach Bindung des antigenspezifischen Primärantikörpers in einem zweiten Schritt ein Fluorochrom-markierter Sekundärantikörper addiert. Mit der direkten Immunfluoreszenz können 2 oder noch mehr Antigene gleichzeitig untersucht werden. Bei der indirekten Immunfluoreszenz können schwach exprimierte Antigene besser sichtbar gemacht werden, da am Primärantikörper gleich mehrere Moleküle des markierten Sekundärantikörpers binden können. Durch Fixierung kann die Zellmembran durchlässig gemacht werden, so daß auch intrazytoplasmatische Antigene nachweisbar werden. So ist auch die Färbung von Zellen in Suspension, Gewebeschnitten oder Zytozentrifugen-Präparaten (**B.2.**) möglich.

C. Durchflußzytometrie

Beim Durchflußzytometer (**C.1.**) werden die Zellen durch eine vibrierende Fließkammer in Einzelzellsuspension gebracht und in Tröpfchenform an einem Laserstrahl vorbeigeleitet. Photomultiplikatoren messen die Streuung des Laserlichts. Die *Vorwärts-Lichtstreuung* korreliert mit der Größe der Zellen, die *seitliche Lichtstreuung* (im 90°-Winkel gemessen) mit der Granularität bzw. dem Plasma/Kern-Verhältnis der Zellen. So lassen sich große Zellen mit großer Plasma/Kern-Relation und granuliertem Zytoplasma (Granulozyten) von kleinen Zellen mit hohem Kernanteil (Lymphozyten) abgrenzen. Monozyten zeigen ein intermediäres Verhalten (**C.2.**).

D. Durchflußzytometrie-Histogramme

Als weiterer Parameter in den so eingegrenzten Zellfraktionen kann die Fluoreszenz bestimmt werden; z.B. in derselben Probe die Immunfluoreszenzen von Lymphozyten und Monozyten getrennt. Die Intensität der Fluoreszenz korreliert in etwa mit der Antigendichte auf der Zelloberfläche und wird durch Photomultiplikatoren quantifiziert (**D.1.**).

Es ist möglich, gleichzeitig mehrere Antikörper einzusetzen, die gegen verschiedene Antigene gerichtet sind und an unterschiedliche Farbstoffe gekoppelt sind, z.B. an Fluorescein-Isothiocyanat (FITC) und an Phycoerythrin (PE). Beide Farbstoffe werden mit Laserlicht von 488 nm Wellenlänge angeregt, haben jedoch unterschiedliche Fluoreszenz-Emissionsgipfel: im Grün-Bereich (FITC) bzw. im Rot-Bereich (PE). Mit dieser Methode werden z.B. Zell-Populationen abgegrenzt, die beide Antigene exprimieren (sie fluoreszieren sowohl rot als auch grün), solche, die nur eines der beiden Antigene exprimieren (entweder rot oder grün), und solche, die völlig antigen-negativ sind und keine Fluoreszenz ausstrahlen.

Im Beispiel **D.2.** lassen sich 4 Populationen erkennen: eine $CD3^-$ und $CD4^-$ Population, z.B. bestehend aus Lymphozyten oder NK-Zellen, eine $CD3^+$ und $CD4^+$ doppelpositive Population (die $CD4^+$-T-Lymphozyten), eine $CD3^+/CD4^-$-Population (die $CD8^+$-T-Lymphozyten) und eine $CD3^-/CD4^+$-Population von monozytären Zellen.

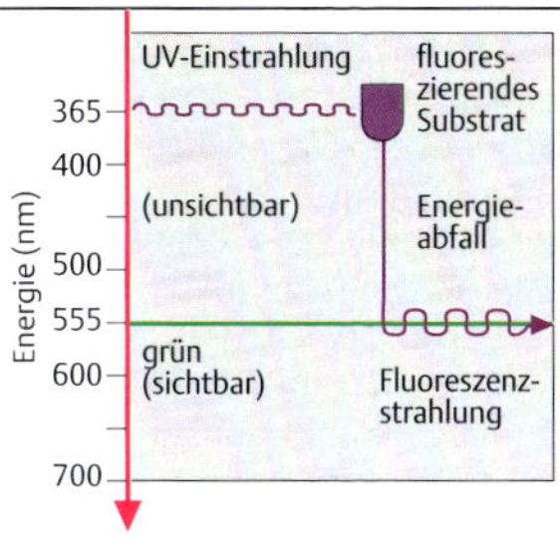

1. Entstehung

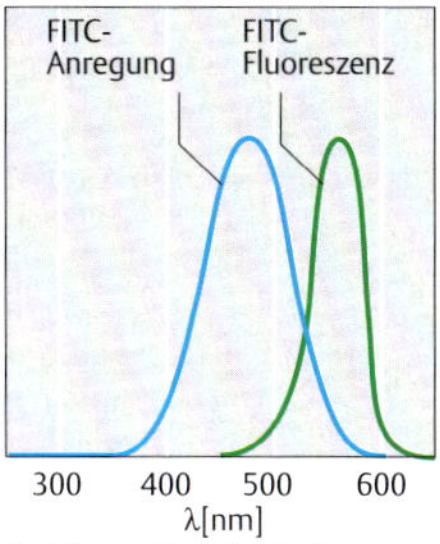

2. Absorption/Emissionsspektrum von FITC

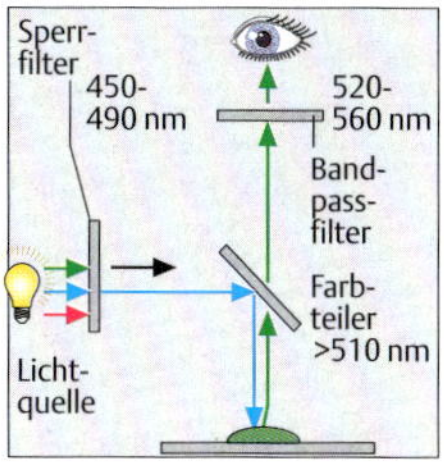

3. Fluoreszenzmikroskop

A. Fluoreszenzstrahlung

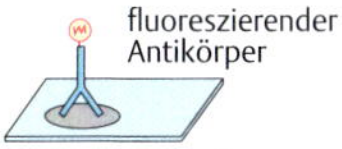

1. Direkte Immunfluoreszenz

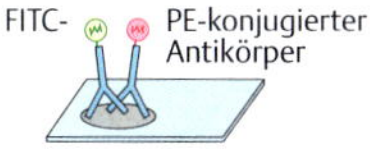

2. Doppel-Fluoreszenz

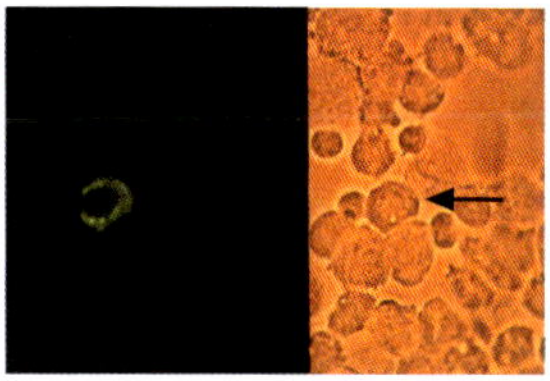

4. Intrazytoplasmatische Fluoreszenz

3. Indirekte Immunfluoreszenz

B. Immunfluoreszenz

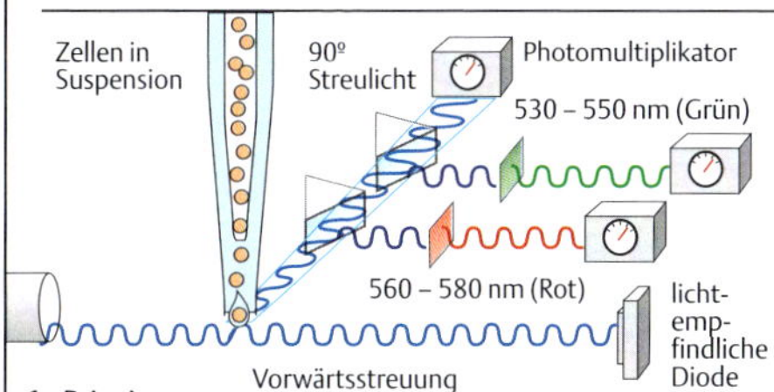

1. Prinzip

C. Durchflußzytometrie

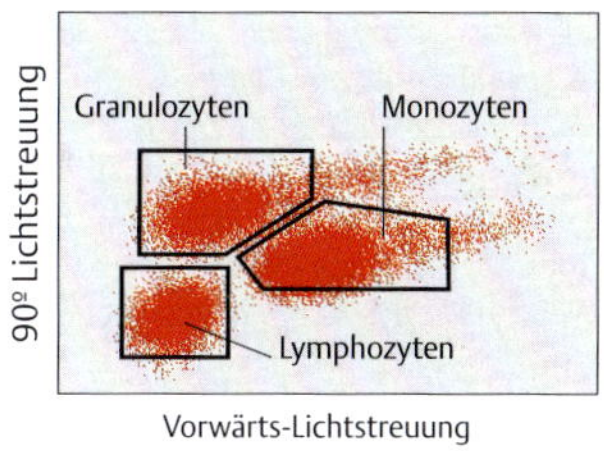

2. Abgrenzung von Zellfraktionen

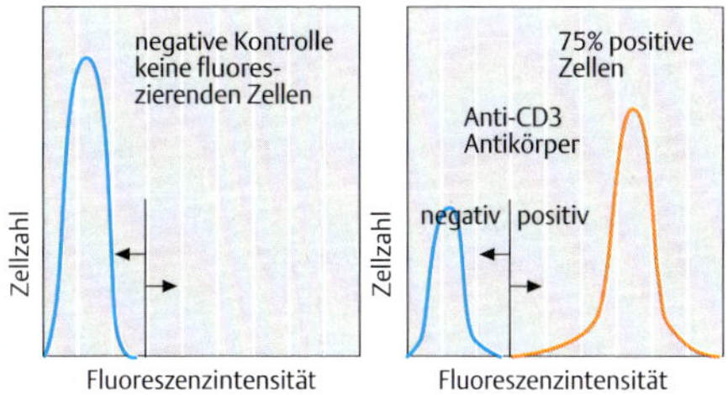

1. Histogramme

D. Durchflußzytometrie-Histogramme

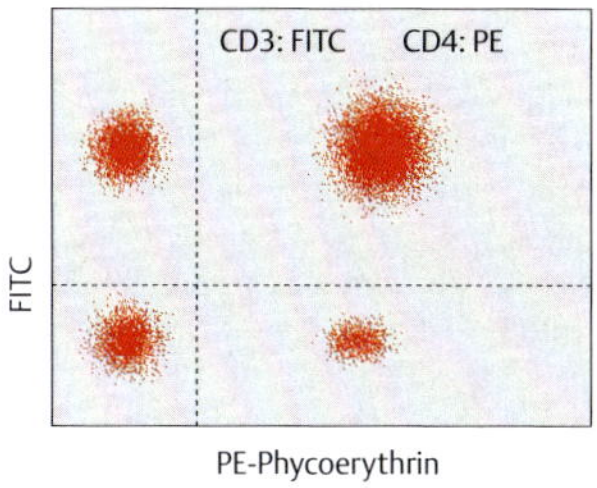

2. „Dot-Plot" 2-Farben-Analyse

Labor

A. Immunhistologische Färbungen

Gewebeproben für die histologische Befundung werden routinemäßig in Formalin fixiert. Da diese Prozedur jedoch die antigenen Merkmale vieler zellulärer Strukturen verändern kann, fertigt man für die Immunhistologie Kryostat-Schnitte von schock-gefrorenen Proben an. Die Präparate werden dann für 20 bis 30 min. bei +4°C mit Antikörpern (vorwiegend monoklonalen Antikörpern aus der Maus) gegen das Zielantigen inkubiert; nach einem Waschvorgang kommt dann ein Sekundärantikörper gegen Maus-Ig dazu. Oft werden biotinylierte, d.h. mit dem Vitamin Biotin gekoppelte Sekundärantikörper eingesetzt. Biotin weist eine extrem hohe Affinität für das Protein Streptavidin auf, welches als Komplex aus Streptavidin und dem Enzym Peroxidase zugefügt wird: Peroxidase gelangt so in enge Nähe des Zielantigens. Bei Zugabe eines chromogenen Substrats wie **Dia**mino**b**enzidin (**DAB**) oder **A**mino**e**thyl**c**arbazol (**AEC**) entsteht eine Farbreaktion, welche die Antigenverteilung im Gewebe genau widerspiegelt.

Eine weitere verbreitete Technik ist die sog. *APAAP-Methode:* Nach Bindung des Primärantikörpers an das Zielantigen wird zunächst ein Anti-Maus-Ig-Antikörper („Brückenantikörper") und anschließend ein Komplex aus dem Enzym Alkalische Phosphatase (**AP**) und einem monoklonalen Maus-Antikörper gegen Alkalische Phosphatase (**A**nti-**AP**) addiert. Dieser Komplex bindet über Brücken- und Primärantikörper an das Zielantigen; die enzymatische Reaktion mit einem chromogenen Substrat führt dann zu einer Antigen-abhängigen Farbstoffpräzipitation im Gewebe. Eine Steigerung der Empfindlichkeit dieser Nachweismethode ist durch Wiederholung der Brücken-Reaktion möglich. Beispiele für immunhistologische Reaktionen zeigen die zwei Abbildungen: in **4.** kann mit Antikörpern gegen epitheliale Zellen eine einzige Tumorzelle im negativ-reagierenden Knochenmark gefärbt werden; in **5.** färben CD22-Antikörper besonders gut die B-Lymphozyten des Follikelmantels, so daß die Struktur des Keimzentrums erkennbar wird.

B. Fluoreszenz-in situ-Hybridisierung (FISH)

Diese Methode dient zum Nachweis molekularer Strukturen auf DNA- oder RNA-Ebene. Eine Behandlung mit Hitze, Chemikalien oder alkalischem pH führt zur Ruptur der DNA-Doppelstränge. Gegen bestimmte DNA-Sequenzen gibt es spezifische Sonden, d.h. DNA-Komplementärsequenzen, die mit einem Marker-Molekül versetzt sind. Die markierten DNA-Sonden hybridisieren mit der DNA der Probe, wobei durch das Markermolekül die Hybridisierung sichtbar wird.

Auch gegen RNA sind spezifische Sonden vorhanden: auf Histologie-Präparaten kann sogar RNA für bestimmte Zellprodukte, wie z.B. Zytokine, auf Einzelzell-Ebene identifiziert werden. Neben Fluorescein oder Biotin werden auch andere Immunkomplexe (z.B. Digoxigenin-Anti-Digoxigenin-AK) als Marker benutzt.

C. Beispiel einer FISH-Färbung bei der 8:21 Translokation

In der Interphase können bei normalen Zellen das ETO Gen auf Chromosom 8 und das AML 1 Gen auf Chromosom 21 durch FITC- bzw. PE-markierte DNA-Sonden sichtbar gemacht werden. Dabei markiert eine Sonde das AML 1 Gen gegen ein längeres DNA-Segment.

Bei einigen Fällen von akuter myeloischer Leukämie (s. S. 142) kommt es zu einer Translokation eines Teils des Chromosoms 21 auf das Chromosom 8 und umgekehrt: ein Teil des FITC-markierten AML 1 Gens wird neben das PE-markierte ETO Gen gebracht und damit die Fusion der beiden Gene durch ein Nebeneinander der rot- und grün-fluoreszierenden Sonden sichtbar.

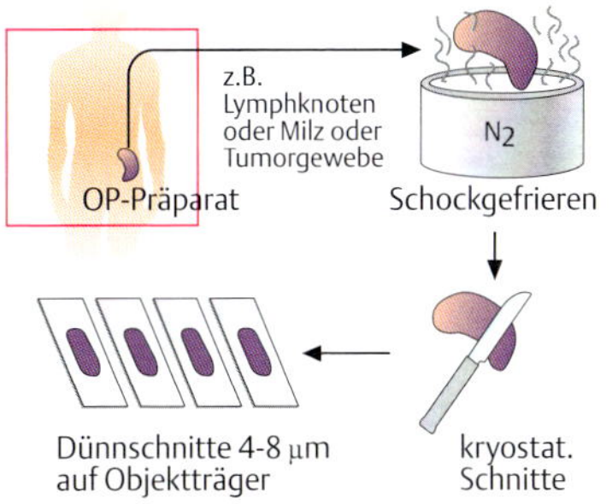

1. Vorbereitung der Proben

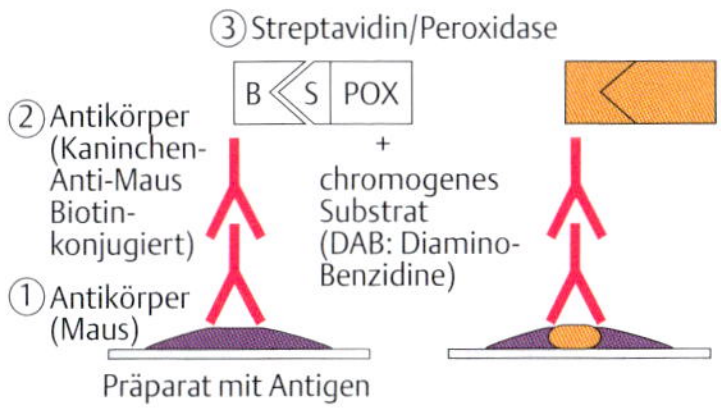

2. Biotin-Avidin/Peroxidase-Färbung

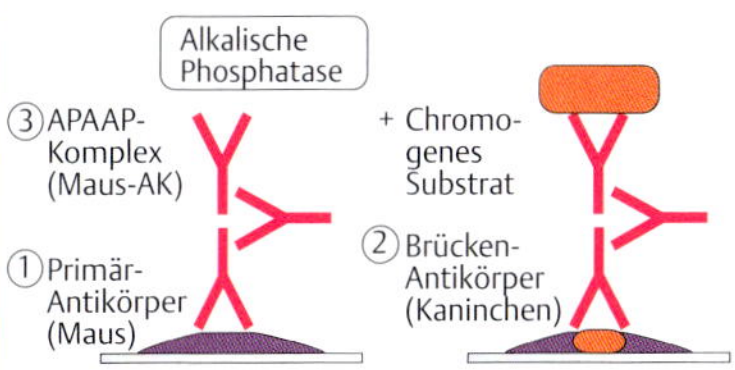

3. APAAP-Färbung

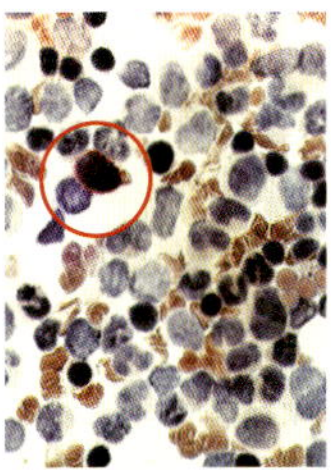

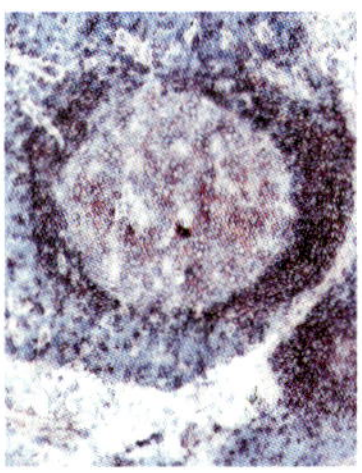

4. Nachweis von Tumorzellen im Knochenmark

5. Färbung des Follikelmantels mit CD22-Antikörpern

A. Immunhistologische Färbungen

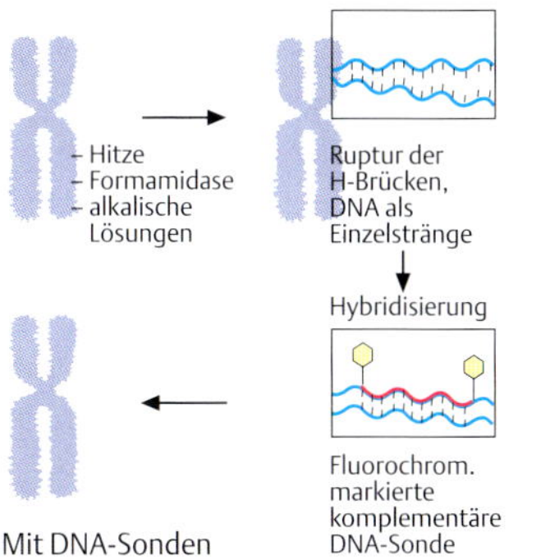

1. Mit DNA-Sonden

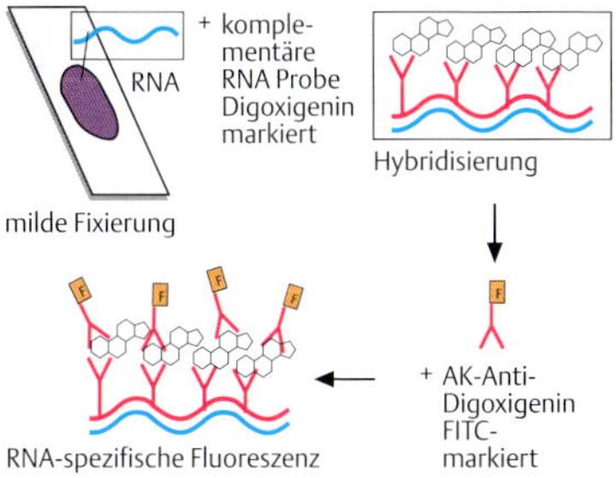

2. Mit RNA-Sonden

B. Fluoreszenz-in situ-Hybridisierungsmethoden

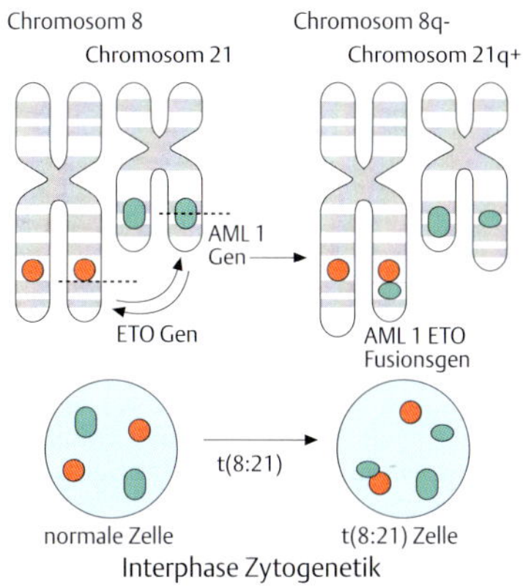

C. Beispiel der FISH-Färbung bei der 8:21 Translokation

A. Isolierung von mononukleären Zellen aus peripherem Blut

Die mononukleären Zellen des peripheren Blutes können wegen ihrer Dichte von den anderen Bestandteilen des Blutes getrennt werden. Man schichtet verdünntes, heparinisiertes Blut über eine Schicht von Ficoll-Hypaque (Dichte von 1,077 g/Liter). Nach Zentrifugation flottieren die Zellen mit geringer Dichte (Lymphozyten und Monozyten) über dem Ficoll, während alle anderen Blutbestandteile ein Pellet am Boden des Röhrchens bilden. Die mononukleären Zellen können aus der Zwischenschicht zwischen Ficoll und verdünntem Plasma mit einer Pipette abgezogen werden. Nach Inkubation der Zellen in Kulturflaschen haften die Monozyten am Plastik. Dadurch können die Lymphozyten weiter angereichert werden.

B. Trennung von T- und B-Lymphozyten: Rosettierung

T-Lymphozyten exprimieren Adhäsionsmoleküle, wie z. B. das CD2-Molekül. Dieses Antigen interagiert mit LFA-3 (CD58) auf der Oberfläche von Schafserythrozyten. Nach enzymatischer Behandlung mit Neuraminidase oder mit 2-**A**mino**e**thylisothiouronium-bromid (**AET**) ist das Adhäsionsmolekül auf der Oberfläche der Erythrozyten zugänglicher für die Interaktion mit den T-Lymphozyten: es bilden sich „Rosetten" aus einer T-Zelle und mehreren Schafserythrozyten. Rosetten-bildende Zellen können durch Zentrifugation über einen Ficoll-Gradienten isoliert werden. Nach hypotonischer Lyse der Erythrozyten werden ca. 95% reine T-Lymphozyten isoliert.
Zellen, die keine Rosetten gebildet haben (E- oder non-T-Zellen, vorwiegend B-Lymphozyten und Monozyten), flottieren über der Ficoll-Schicht und sind ebenfalls isolierbar.

C. Antikörpervermittelte Trennung von Zellfraktionen

Kulturflaschen oder Plastikschalen können bei alkalischem pH mit Antikörpern beschichtet werden („*Panning*"). Wenn dann ein Zellgemisch auf der antikörperbeschichteten Oberfläche inkubiert wird, bleiben die Zellen, die das Zielantigen exprimieren, am Plastik haften. Antigen-negative Zellen werden leicht aus der Kulturflasche dekantiert.
Durch mechanisches Einwirken oder nach enzymatischer Verdauung können auch die Antigen-positiven Zellen isoliert werden.
Durch Kopplung von Antikörpern an kleine eisenhaltige Kügelchen (Beads, in verschiedenen Durchmessern erhältlich), ist es ebenfalls möglich, sowohl antigen-positive als auch antigen-negative Zellfraktionen anzureichern (immunomagnetische Separation). Zur Trennung der antigentragenden Zellen wird ein Magnet benutzt, der die Eisen-beladenen Zellen anzieht. Besonders geeignet ist diese Methode, um nicht erwünschte Zellen aus einer Suspension zu entfernen. Dabei kann bis zu eine kontaminierende Tumorzelle unter 1000 normalen Zellen entfernt werden, d. h. man erreicht eine Depletion unerwünschter Zellen von 3 bis 4 „Logarithmen".

D. Zelltrennung mittels Durchflußzytometrie

Im Vergleich zum normalen Durchflußzytometer (s. S. 96) werden beim Fluoreszenz-aktivierten Zellsorter (**FACS**) die feinen Tröpfchen mit den Zellen unter Computerkontrolle elektrisch beladen: Tröpfchen, die fluoreszierende Zellen enthalten, positiv und Tröpfchen mit nichtfluoreszierenden (d. h. Antigen-negativen) Zellen negativ. Der Zellstrom wird dann durch elektrische Ablenkungsplatten geleitet: hier erfolgt eine Trennung der Antigen-positiven und Antigen-negativen Zellen, die getrennt gesammelt werden. Mit dieser Methode ist eine 99%ige Reinheit der Zellen erreichbar.
Von der Fa. Miltenyi Biotec werden verschiedene Systeme für die Zellseparation angeboten, die auf magnetischen Partikeln basieren (MACS®), von kleinen Säulen für die Anreicherung kleiner Zellfraktionen bis zu großen geschlossenen Systemen für die Zell-Therapie. Magnetische Separationssysteme werden neuerdings auch für die Gewinnung gereinigter Proteine oder von Nukleinsäuren eingesetzt.

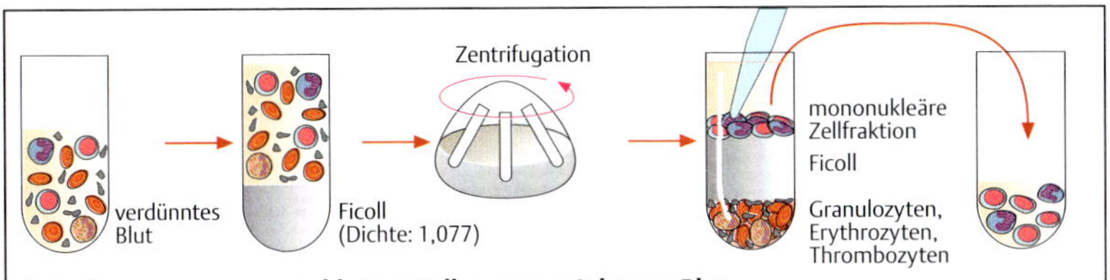

A. Isolierung von mononukleären Zellen aus peripherem Blut

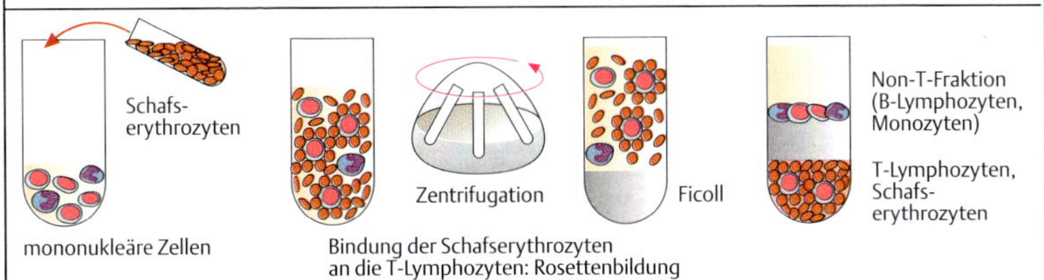

B. Trennung von T- und B-Lymphozyten: Rosettierung

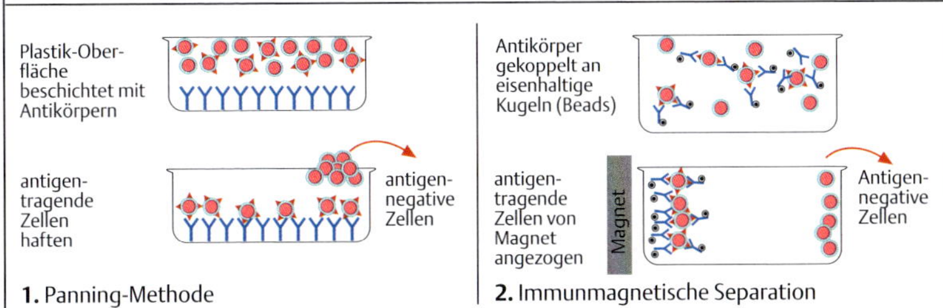

C. Antikörpervermittelte Trennung von Zellfraktionen

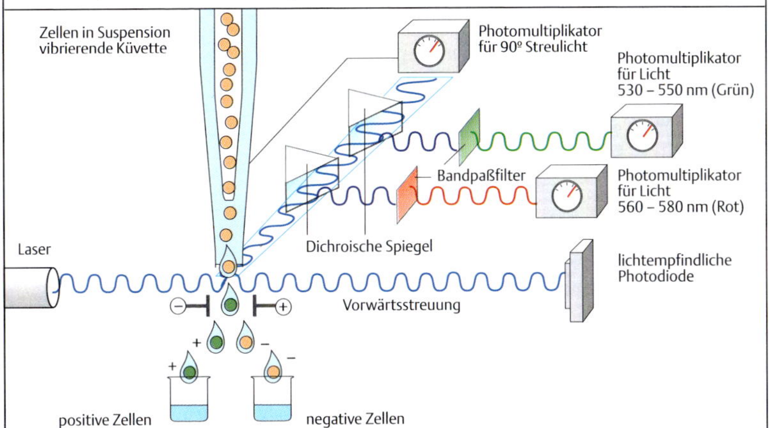

D. Zelltrennung mittels Durchflußzytometrie

A. Aktivierungstests

T-Zellen werden durch spezifischen Antigenkontakt aktiviert und zur Proliferation angeregt. Im peripheren Blut reagiert allerdings nur ein verschwindend kleiner Teil der T-Zellen (in der Größenordnung von 1/10000 Zellen oder weniger) mit einem bestimmten Antigen. Zur Überprüfung der T-Zell-Funktion in vitro werden daher polyklonale Aktivatoren eingesetzt, d. h. Substanzen, die unabhängig vom antigenspezifischen Rezeptor alle T-Zellen stimulieren, z. B. die *Lektine Phytohämagglutinin* oder *Concanavalin A.*

Antikörper gegen den CD3-Komplex des T-Zell-Rezeptors können zu einer Kreuzvernetzung der CD3-Moleküle führen und so die physiologische Bindung eines Antigens imitieren, wodurch die meisten T-Zellen stimuliert werden. Als Parameter für die T-Zell-Aktivierung werden dann Zytokine, z. B. GM-CSF, IL-2, IL-4 und IFN-γ, im Überstand gemessen. Ein sehr frühes Aktivierungsmerkmal ist die Erhöhung der intrazytoplasmatischen Kalzium-Ionen-Konzentration, die bereits wenige Sekunden nach Kreuzvernetzung des Antigenrezeptors stattfindet (s. S. 18). Der intrazytoplasmatische Kalziumanstieg wird mit Hilfe von speziellen Farbstoffen (z. B. *Indo-1*) gemessen: diese ändern ihr Fluoreszenzemissionsspektrum, wenn sie an Kalzium gebunden sind, wobei die Verschiebung der Fluoreszenz am Durchflußzytometer (s. S. 96) genau quantifiziert werden kann.

Mit Hilfe der Durchflußzytometrie untersucht man auch die Expression von aktivierungsabhängigen Oberflächenantigenen: Moleküle wie CD69 oder der Transferrinrezeptor CD71 werden bereits wenige Stunden nach Aktivierung auf der Zellmembran hochreguliert, andere, z. B. CD25 oder MHC-Moleküle, brauchen hierfür 1 bis 3 Tage.

Eine weitere, jedoch aufwendigere Methode zur Prüfung der Zellaktivierung ist die *Zellzyklusanalyse,* mit der man die Zahl von ruhenden, aktivierten und sich teilenden Zellen genau berechnen kann.

B. Proliferationstest

Als Parameter für die T-Zell-Funktion wird oft auch die Proliferationsfähigkeit der Zellen untersucht (*Lymphozyten-Stimulationstest* oder *Transformationstest*). Hierfür kultiviert man die Zellen für 72-96 Stunden im Brutschrank bei 37 °C in 5 % CO_2.

Nach etwa 48 Stunden beginnt die Zellteilung: dieser Vorgang ist mit einer Verdopplung des DNA-Gehaltes verbunden. Zuvor zugesetztes radioaktiv markiertes Thymidin im Kulturmedium (eine H-Position des Moleküls ist mit Tritium ^3H ersetzt) führt dazu, daß sich teilende Zellen radioaktives Tritium in ihre DNA einbauen.

Nach weiteren 16–24 Stunden Zellkultur werden die Zellen mit automatisierten Geräten „geerntet“: d. h. aus den Löchern der Kulturplatte herausgespült und durch einen Glasfaserfilter geleitet: hier bleiben die Zellen bzw. die hochmolekulare radioaktiv markierte DNA hängen. Die Radioaktivität der Filter wird in einem β-Zähler ermittelt. Sie korreliert mit dem Ausmaß an DNA-Replikation und Proliferation.

C. T-Zell-Funktion in vivo: Multitest Mérieux

Der Multitest Merieux ist ein gebrauchsfertiger Teststempel mit 8 Köpfen und kleinen Spitzen, in denen verschiedene bakterielle oder Pilz-Antigene in Gelatine gelöst sind. Mit diesen Antigenen hatten die meisten Menschen Kontakt. Sie werden durch Stempeldruck auf die Haut intrakutan appliziert. Nach etwa 48 Stunden mißt man die Hautreaktion, die nach dem Muster einer Hypersensitivitätsreaktion vom verzögerten Typ (s. S. 78) abläuft. Eine Hautinduration $>$ 2 mm ist als positive Reaktion zu werten.

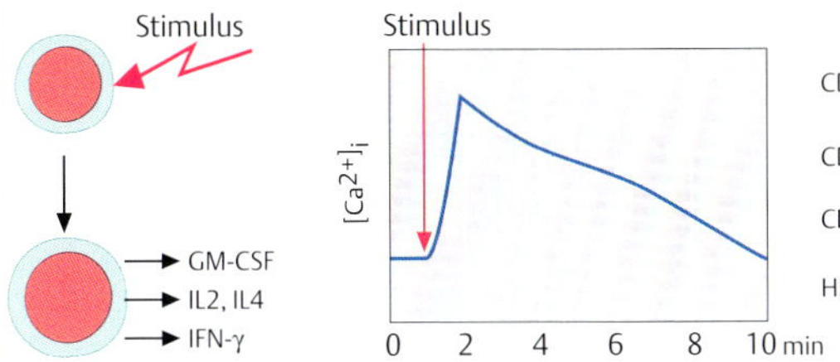

1. Zytokinmessung (ELISA)

2. Durchflußzytometrie $[Ca^{2+}]_i$

	T_0	4	12	24 h
CD 69	–	+	+	+
CD 71	–	–	+	+
CD 25	–	–	–	+
HLA-DR	–	–	–	±

3. Expression von Aktivierungsantigenen

A. Aktivierungstests

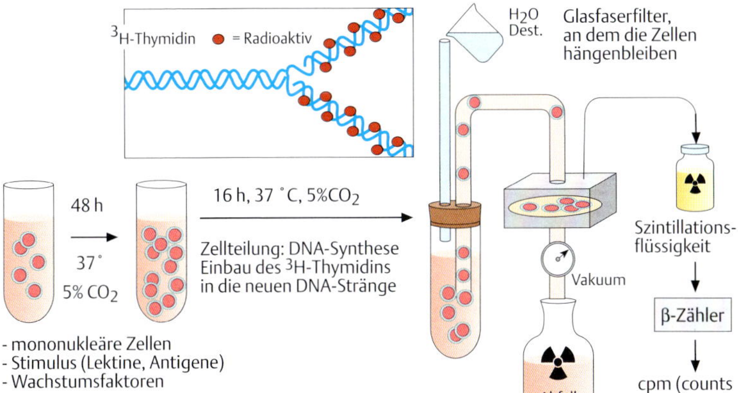

B. Proliferationstest

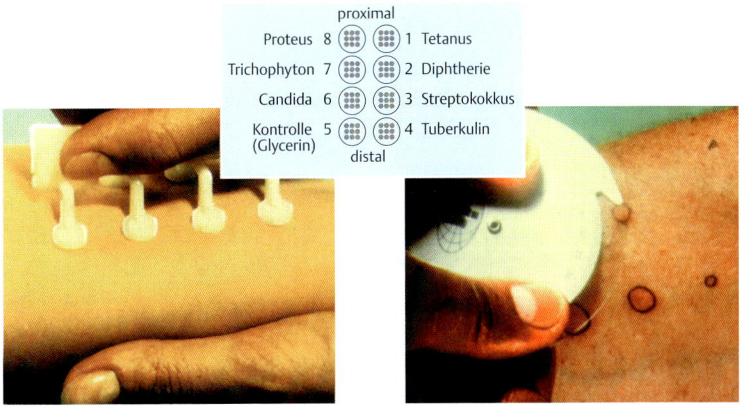

C. T-Zell-Funktion in vivo: Multitest Mérieux

A. Generierung von antigenspezifischen T-Zell-Klonen

Antigen-spezifische T-Zellen können trotz ihrer niedrigen Frequenz im peripheren Blut (in der Regel zwischen 1/10 000 und 1/100 000) isoliert und in vitro expandiert werden. Die Zellen werden hierfür in Anwesenheit des Antigens, von IL-2 sowie von bestrahlten autologen mononukleären Zellen kultiviert. Hierbei dienen die mononukleären Zellen als antigenpräsentierende Zellen. Nach etwa 7 Tagen gibt man erneut Antigen und antigenpräsentierende Zellen dazu. Diese Form der Stimulation wird mehrfach in wöchentlichen Abständen wiederholt. Unter den genannten Bedingungen vermehren sich zwar die wenigen antigenspezifischen T-Zellen, die in der Startkultur vorhanden waren; sie sind aber immer noch in der großen Mehrheit von nicht-antigenspezifischen T-Zellen verdünnt. Aus den Kulturen mit makroskopisch sichtbarem Wachstum (proliferierende Zellen bilden teilweise riesige Zellaggregate) erfolgt deshalb eine *Grenzverdünnung* („*limiting dilution*"), so daß in einigen Löchern der Kulturplatte nur eine einzige T-Zelle vorhanden ist. Durch erneute Zugabe von IL-2 und Antigen werden nun aus diesen Löchern die antigenspezifischen T-Zellen klonal expandiert.

B. Zytotoxizitätstest: Chrom-release-assay

Antigenspezifische, zytotoxische T-Lymphozyten (CTL) können Zellen, die das entsprechende Antigen in ihren HLA-Molekülen exprimieren, abtöten. Natürliche Killerzellen (NK-Zellen) dagegen töten Zellen ab, die entweder keine, fremde, oder aberrierende MHC-Moleküle exprimieren (s. S. 46). Der klassische Test zur Funktionsprüfung von NK-Zellen und CTL ist der „*Chrom-release-assay*" (oder *Chrom-Freisetzungstest*). In diesem Test werden die Targetzellen mit radioaktivem Chrom (^{51}Cr) markiert, das an intrazytoplasmatische Proteine bindet. Nur ein kleiner Teil der Radioaktivität wird von den Zellen spontan freigesetzt (Spontanlyse oder *Background*). Durch Zugabe von Effektorzellen in verschiedenen Konzentrationen für 4-6 Stunden werden die Targetzellen lysiert. Die Ruptur der Zellmembran erfolgt durch Perforine und Granzyme (s. S. 46) und bewirkt die Freisetzung von radioaktivem Chrom, das im Überstand gemessen wird. Je effektiver die Lyse (auch „*Killing*" genannt), desto höher ist auch die Menge an freigesetztem Chrom. Die maximale Chrom-Freisetzung wird ermittelt, indem alle Zellen durch ein Detergens (wie z. B. Triton) lysiert werden. Die Effizienz der Zellyse hängt u. a. vom Verhältnis Effektorzellen/Targetzellen ab. Man berechnet sie mit einer Formel. Nachteil: durch Apoptose absterbende Zellen werden bei dieser Testmethode nicht erfaßt (s. u.).

C. Zytotoxizitätstest: Jam-Test

Mit dem Chrom-release-assay wird die Killer-Effizienz der Effektorzellen allerdings häufig unterschätzt: einige Zellen sterben nicht durch Lyse, sondern durch Apoptose und werden mit diesem Test nicht erfaßt, da apoptotische Vesikel eine intakte Membran aufweisen und somit das ^{51}Chrom nicht freisetzen.

Beim sog. „*Jam-Test*" werden die Targetzellen zunächst in Anwesenheit von Tritium-markiertem Thymidin kultiviert, das diese in ihre DNA einbauen. Beim Absterben durch Apoptose (s. S. 86) erfolgt die Fragmentierung der DNA in kleine Bruchstücke. Werden die kultivierten Zellen schließlich mit einem automatisierten Zellerntegerät geerntet, so bleibt lediglich die hochmolekulare DNA intakter Zellen am Filter hängen, während die niedrigmolekulare DNA apoptotischer Zellen als Abfall herausgewaschen wird. Mit Hilfe einer Formel kann die Lyse-Rate ermittelt werden.

Labor

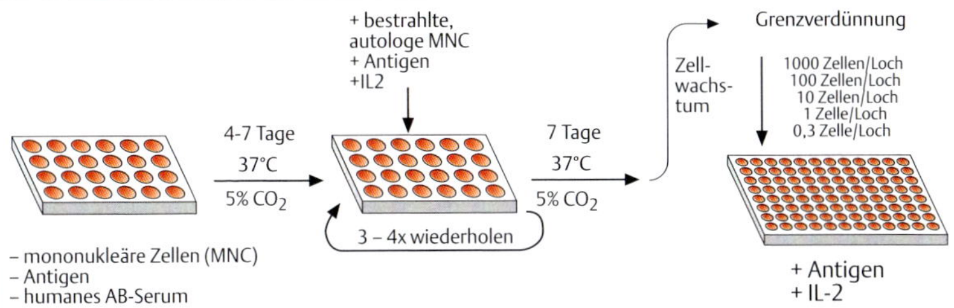

A. Generierung von antigenspezifischen T-Zell-Klonen

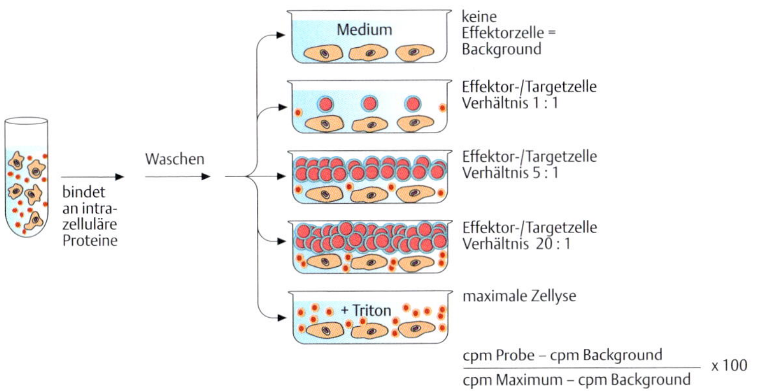

B. Zytotoxizitätstest: Chrom-release-assay

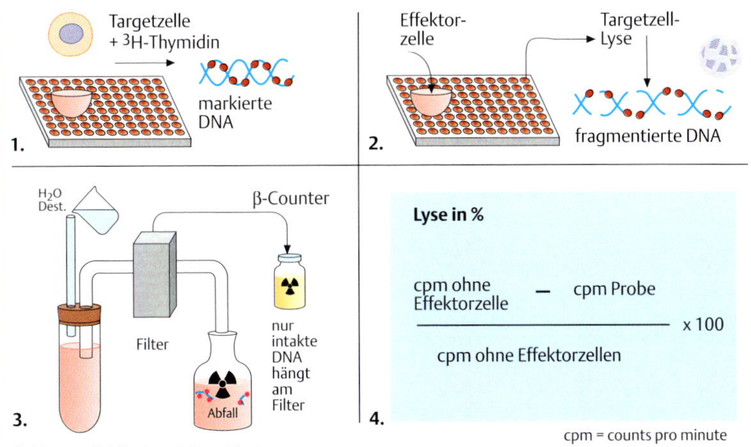

C. Zytotoxizitätstsest: Jam-Test

A. IFN-γ-ELISPOT

Mit Hilfe des ELISPOTs (enzyme-linked immunosorbent spot assay) soll die Frequenz antigenspezifischer T-Zellen in einer Zellkultur bestimmt werden. Die Antigenspezifität wird über die antigenabhängige Aktivierung der Zytokinproduktion gemessen. In ein mit dem Antikörper gegen das zu bestimmende Zytokin (z. B. IFN-γ) beschichtetes Reaktionsgefäß (meist eine membranbeschichtete Mikrotiterplatte) werden Antigen, antigenpräsentierende Zellen und die T-Zellen gegeben und 24 bis 48 h inkubiert. Antigenaktiverte Zellen produzieren IFN-γ, das an Ort und Stelle von den membranständigen Antikörpern gebunden wird. Nach der Inkubationszeit werden die Zellen durch sorgfältiges Waschen entfernt, das gebundene IFN-γ wird mit einem zweiten Antikörper gegen IFN-γ inkubiert, der mit Biotin gekoppelt ist. In einem dritten Schritt bindet Streptavidin an das Biotin des zweiten Antikörpers. Das an Streptavidin gekoppelte Enzym kann ein chromogenes Substrat umsetzen, das die Stellen anfärbt, an denen zuvor aktivierte T-Zellen IFN-γ produziert haben. Die Anzahl der Spots ergibt die Frequenz der zytokinproduzierenden Zellen, die in „spot forming cells (SFC)/ 100 000 cells" angegeben wird.

B. Intrazelluläre Zytokinfärbung

Während mit dem ELISPOT lediglich die Frequenz zytokinproduzierender T-Zellen bestimmt werden kann, ermöglicht die intrazelluläre Färbung zudem noch die genaue Charakterisierung der aktivierten T-Zellen. Nach einer Stimulation mit Antigen wird die Zellkultur mit Brefeldin A inkubiert, das ein Ausschleusen des intrazellulär vorhandenen Zytokins inhibiert. Dadurch akkumulieren größere Mengen des produzierten Zytokins in der Zelle. Die Zellen werden zunächst an ihrer Oberfläche gefärbt (beispielsweise gegen CD4 und CD8) und dann mit Paraformaldehyd (PFA) fixiert. Eine Behandlung mit dem Detergens Saponin permeabilisiert die Membranen und macht die Zelle durchlässig für Antikörper, die intrazelluläre Zytokine erkennen. Mit zwei verschieden markierten Antikörpern (IFN-γ-AK mit FITC gekoppelt und IL-4-AK mit PE markiert) können so Zellen, die IFN-γ produzieren, von IL-4-Produzenten unterschieden werden. Für die Markierung der Oberflächenmarker werden Fluoreszenzfarbstoffe verwendet, die aufgrund ihrer unterschiedlichen Emissionswellenlängen im Rotbereich in einem FACS-Gerät mit zwei Lasern differenziert werden können – im Beispiel CD4 mit PerCP (Peridinchlorophyllprotein, 675 nm) und CD8 mit APC (Allophycocyanin, 660 nm). Auf diese Weise können alle vier Fluoreszenzen gleichzeitig erfaßt werden. Dies ermöglicht die Identifizierung von $CD4^+$- oder $CD8^+$-T-Zellen sowie ihres Zytokinmusters.

C. Zytokin-Sekretions-Assay

Mit Hilfe eines bispezifischen Antikörpers (catch reagent®, Miltenyi) ist es möglich, von aktivierten T-Zellen sezernierte Zytokine direkt auf ihrer Oberfläche zu binden. Der Antikörper bindet zunächst an CD45, einen ubiquitären Oberflächenmarker. Das sezernierte Zytokin (im Beispiel IFN-γ) wird an der Oberfläche gebunden und kann dort mit einem zweiten fluoreszenzmarkierten Antikörper erkannt werden. Die so gefärbten T-Zellen können dann entweder im FACS-Sorter isoliert oder weiter mit einem eisenkerngekoppelten Antikörper markiert werden, mit dessen Hilfe die Zellen im Magnetfeld isoliert werden können (MACS). Im Gegensatz zur intrazellulären Färbung bleiben die Zellen intakt und können weiter in Funktionsassays untersucht werden.

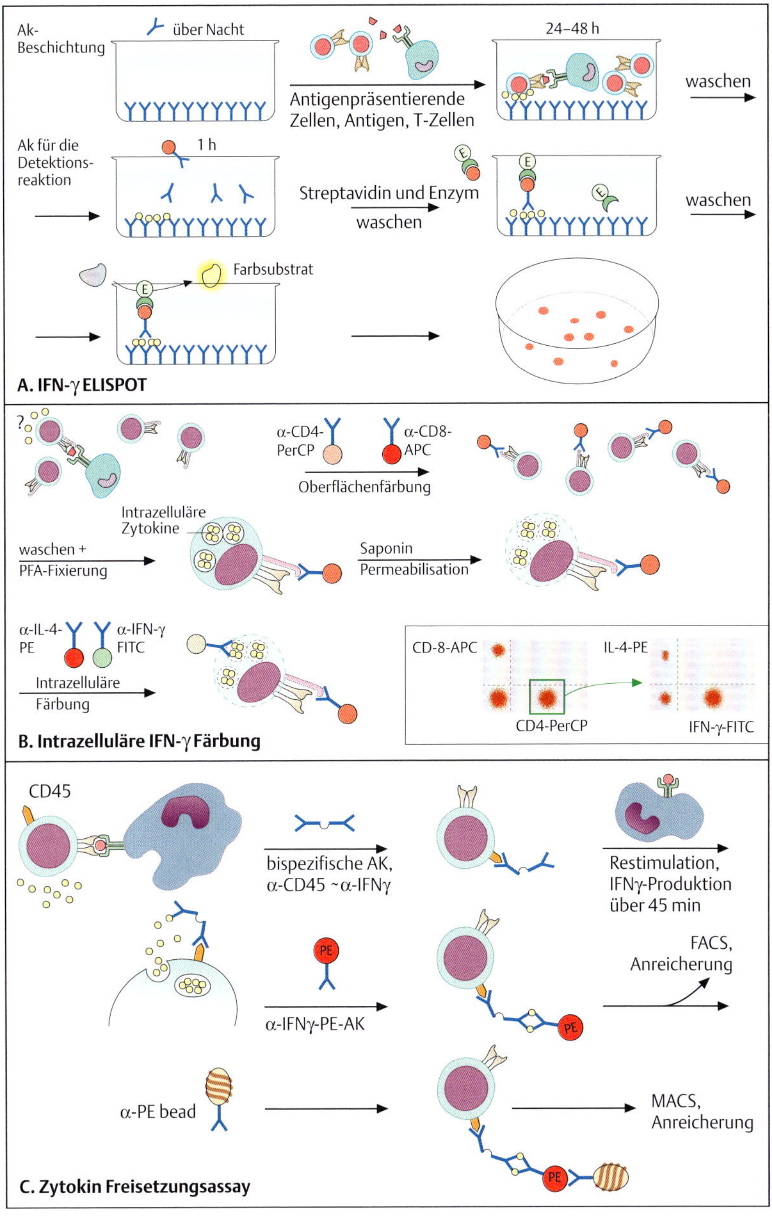

A. IFN-γ ELISPOT

B. Intrazelluläre IFN-γ Färbung

C. Zytokin Freisetzungsassay

Neben den genannten Assays, die sich darauf beschränken, aktivierte T-Zellen über ihre Zytokinproduktion zu detektieren, gibt es Verfahren, die darauf beruhen, die antigenspezifischen T-Zellen über ihren spezifischen TCR zu erkennen und zu isolieren.

A. Tetramerfärbung

Die direkte Anfärbung antigenspezifischer T-Zellen ist durch die so genannte Tetramertechnik möglich. Die schweren Ketten von MHC-Klasse-I-Molekülen (beispielsweise des Typs HLA-A2) werden zu einem Tetramer verbunden, das mit einem Fluoreszenzfarbstoff (PE) markiert wird. Anschließend erfolgt eine Beladung der Bindungstaschen der MHC-Klasse-I-Moleküle mit einem (synthetischen) Peptid. Dieses Konstrukt kann in Zellkulturen eingesetzt werden zur Anfärbung nur derjenigen ($CD8^+$) T-Zellen, die das jeweilige Peptid im Zusammenhang mit HLA-A2 erkennen. Die markierten Zellen können per FACS sortiert werden, um antigenspezifische T-Zell-Linien zu generieren.
Der große Vorteil gegenüber den in der vorigen Tafel vorgestellten Methoden besteht in der Selektion von T-Zellen mit einem TCR, der nur für ein einziges Peptid spezifisch und zudem noch MHC-restringiert ist. Diese Zellen können zur weiteren Analyse lebend isoliert und expandiert werden. Die Methode ist allerdings abhängig vom verwendeten MHC-Molekül für die Tetramere und funktioniert nur, wenn derselbe HLA-Typ auf den zu untersuchenden Zellen vorhanden ist.

B. Streptamerfärbung

1. Eine Weiterentwicklung der Tetramerfärbung stellt die Verwendung von Streptameren dar zur Isolierung von antigenspezifischen T-Zellen. Anders als beim Tetramer sind peptidbeladene MHC-Moleküle an ein kurzes Peptid mit einer Länge von 8 Aminosäuren, das Strep-tag®, gebunden. Strep-tag® hat eine hohe Affinität zu einem synthetisierten Streptavidin, Strep-Tactin®. An dieses sind magnetische Beads gebunden. Die Zellsuspension wird mit dem MHC-I-Strep-tag-Strep-Tactin-Bead inkubiert, so daß die peptidspezifischen MHC-restringierten T-Zellen binden können. Die Bindung wird erleichtert durch das Hintereinanderschalten von mehreren MHC-Molekülen. Über eine MACS-Säule (s. a. S. 100) können unmarkierte und markierte T-Zellen voneinander getrennt werden. Die Bindung der beads an die selektierten Zellen kann durch Zugabe von Biotin aufgehoben werden, das die Bindung zwischen Strep-tag® und Strep-Tactin® löst. Danach dissoziieren die gebundenen Strep-tag-markierten MHC-Moleküle spontan von den spezifischen TCR, und die so isolierten Zellen können weiter verwendet werden (**2.**, nach Produktmonographie Streptamer®, 2004).

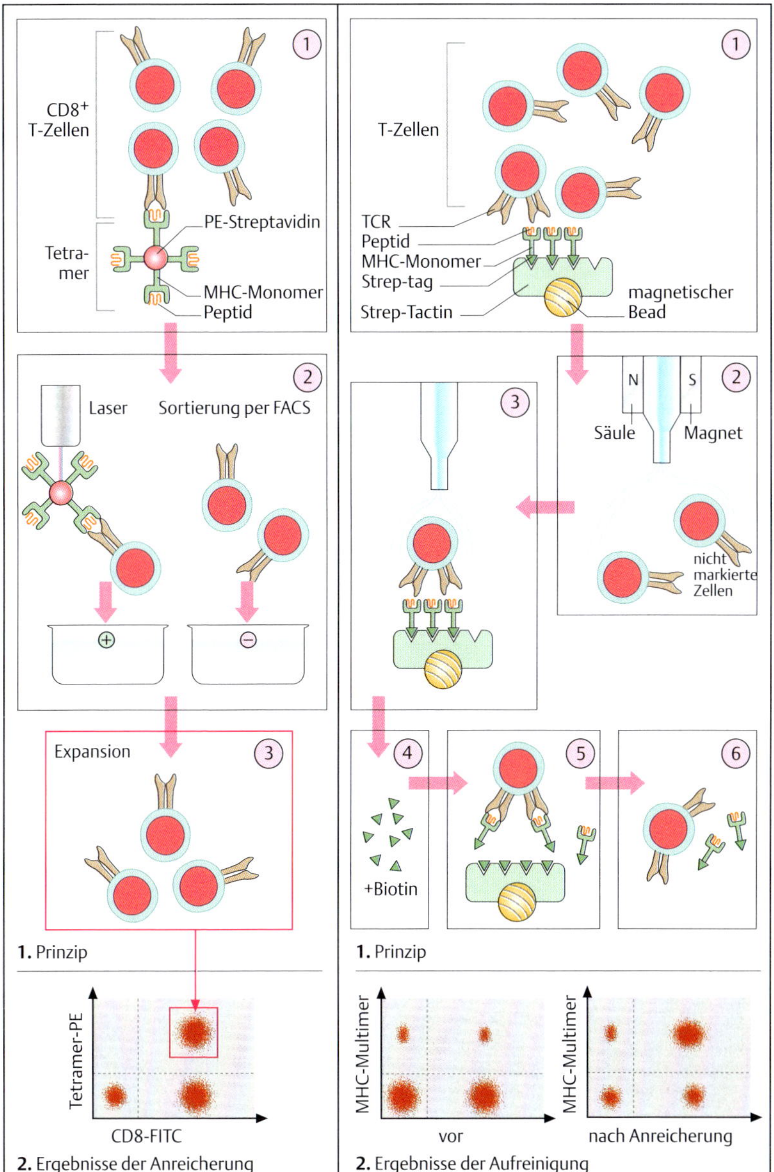

A. Tetramerfärbung

B. Streptamerfärbung

Labor

A. B-Zell-Aktivierung

Die quantitative Immunglobulin-Bestimmung ist ein guter Parameter für die B-Zell-Funktion in vivo. Bei Antikörpermangel müssen hingegen funktionelle Untersuchungen durchgeführt werden:

Antikörper gegen Oberflächen-Immunglobuline führen zu ihrer Kreuzvernetzung und imitieren dabei die physiologische Stimulation durch ein Antigen. Da die Bindung von Immunglobulinen an Fc-Rezeptoren inhibitorisch wirkt, werden dafür Fab-Fragmente von Anti-IgM-Antikörpern benutzt. Eine besonders starke Kreuzvernetzung wird dabei durch lyophilisierte **S**taphylococcus **a**ureus-Bakterien der Gruppe **C**owan **C** (**SAC**) induziert. Wie bei den T-Zellen, führt die Antigenbindung innerhalb weniger Sekunden zu einer meßbaren Steigerung der intrazytoplasmatischen Kalziumkonzentration und binnen weniger Stunden zu einer Überexpression der Antigene CD69 und CD71 (Transferrin-Rezeptor); nach 2 bis 3 Tagen werden auch die Antigene CD25 und CD23 auf der Zellmembran hochreguliert.

B. B-Zell-Proliferation

Nach der Aktivierung durch Ig-Kreuzvernetzung brauchen B-Zellen einen zweiten Stimulus, um zu proliferieren: z. B. durch Zytokine wie IL-2, IL-6, IL-14 (B-Zell-Wachstumsfaktor), durch lösliche Rezeptoren (z. B. ein lösliches Spaltprodukt des CD23-Antigens) oder durch Bindung des CD40-Liganden an das CD40-Antigen. Ähnlich wie für T-Zellen wird der Einbau von Tritium-Thymidin in 72-Stunden-Kulturen als Proliferationsparameter gemessen (s. S. 81B).

Wenn die Kreuzvernetzung der Immunglobuline besonders effektiv ist, wie z. B. durch SAC, produzieren B-Zellen möglicherweise eigene autokrine Wachstumsfaktoren, so daß weitere exogene Stimuli nicht mehr notwendig sind.

C. B-Zell-Differenzierung: AK-Sekretion

Nach 5–7 Tagen Zellkultur können B-Zellen zu Plasmazellen differenzieren und die Antikörperproduktion im Überstand dann durch ELISA oder RIA quantifiziert werden. Wieviele B-Zellen aber tatsächlich AK produzieren, bleibt dabei unbekannt. Diese Zahl kann jedoch durch verschiedene hämolytische **P**laques-**f**orming **c**ell (**PFC**)-Tests ermittelt werden:

1. Im „*inversen hämolytischen PFC-Assay*" werden Schafserythrozyten mit Anti-humanen-Ig von Ziegen oder Kaninchen beladen und zusammen mit B-Zellen auf Agarose kultiviert. Terminal differenzierte B-Zellen sezernieren Ig, welche in Agarose diffundieren und mit den Anti-humanen-Ig-Ak auf der Oberfläche der nahegelegenen Erythrozyten Immunkomplexe bilden. Nach Zugabe von Komplement werden die Erythrozyten, die sich um die Antikörper-sezernierenden Zellen angesammelt haben, lysiert. Die Zahl der hämolytischen Plaques entspricht der Zahl von terminal differenzierten B-Zellen.

Auch Subpopulationen antikörper-produzierender Zellen können so untersucht werden: Durch Benutzung von anti-IgM-beladenen Schafserythrozyten werden nur solche B-Zellen sichtbar, die IgM sezernieren. Durch Antigenkopplung an Erythrozyten ist es möglich, die B-Zellen zu ermitteln, die Antikörper gegen ein bestimmtes Antigen bilden.

2. Beim *ELISPOT-Test* werden B-Zellen in antigenbeschichteten Kulturschalen ausgestrichen. Von ihnen produzierte spezifische Antikörper binden an das Antigen, Überstände freier Antikörper und Zellen werden ausgewaschen. Anschließend gibt man Enzym-gekoppelte Antikörper gegen Immunglobuline dazu, gefolgt von einem Gel mit dem korrespondierenden Chromogen: Die enzymatische Farbreaktion findet nur dort statt, wo die spezifischen Antikörper gebunden sind. So werden farbige Flecken (*Spots*) sichtbar, anhand derer man die Zahl der AK-produzierenden Zellen ermittelt.

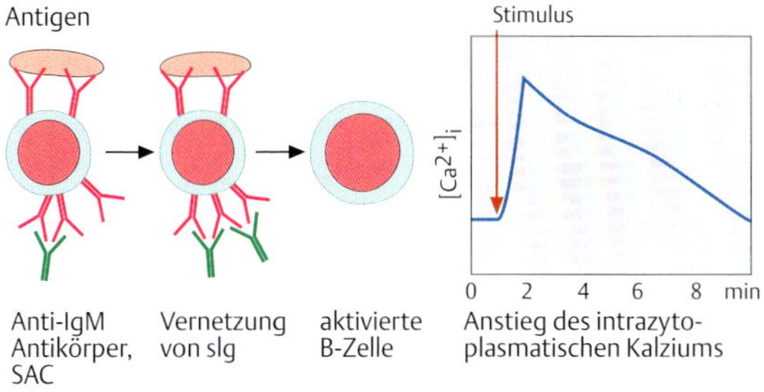

Marker	T_0	4	24 h
CD 69	–	+	+
CD 71	–	–	+
CD 25	–	–	(+)
CD 23	(+)	(+)	+

Expression von Aktivierungsantigenen

A. B-Zell-Aktivierung

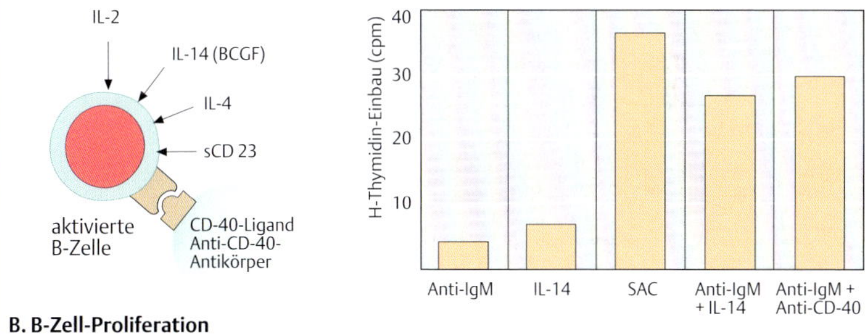

B. B-Zell-Proliferation

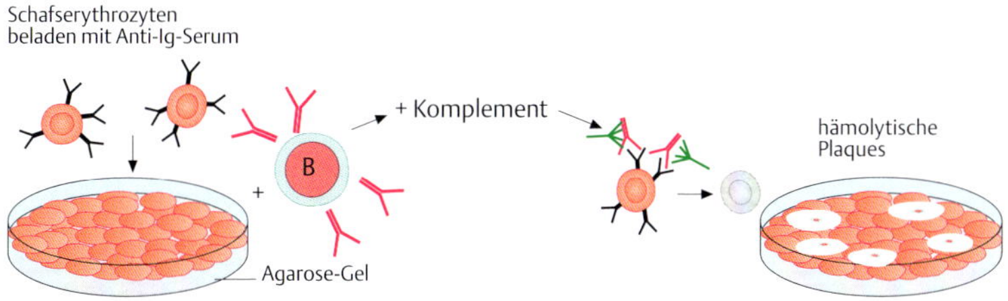

1. Inverser Plaque-forming-cell-assay

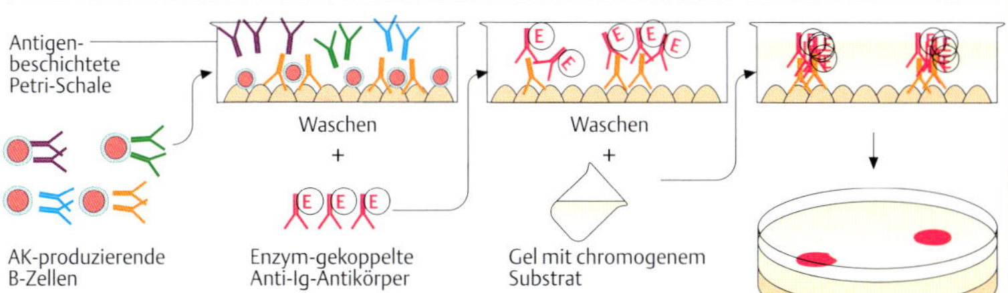

2. „ELISPOT"-Test

C. B-Zell-Differenzierung: AK-Sekretion

A. Southern blot

Beim *Southern blot* werden DNA-Fragmente nach elektrophoretischer Auftrennung durch kapilläre oder elektrophoretische Kräfte vom Gel auf eine immobilisierende Membran transferiert, um sie dann mit spezifischen Sonden zu hybridisieren. Die DNA-Fragmente können entweder aus genomischer DNA durch Restriktionsenzymverdau oder mittels Polymerase-Kettenreaktion (PCR; s. **C.**) generiert werden. Der Nachweis der DNA-Fragmente erfolgt mit markierten (radioaktiv oder nicht-radioaktiv) Hybridisierungssonden, die sich an komplementäre Sequenzen über Wasserstoffbrücken binden. Diese markierten Sonden werden dann spezifisch detektiert (Autoradiographie oder Chromogen-Detektion).

B. Northern blot

Die Hybridisierung von RNA (-Fragmenten) wird *Northern blot* genannt. Hier werden Größe und Zahl spezifischer mRNA-Moleküle nach Präparation von totaler oder poly(A)-RNA determiniert. Die RNA wird gelelektrophoretisch aufgetrennt und anschließend auf eine immobilisierende Membran transferiert. Die gesuchte RNA-Sequenz wird dann über die Hybridisierung mit markierten Sonden nachgewiesen.

C. Polymerase-Kettenreaktion (PCR)

Bei der **PCR** (**p**olymerase **c**hain **r**eaction) werden die nachzuweisenden spezifischen Nukleinsäuresequenzen vor der abschließenden Detektion enzymatisch amplifiziert. Das Reaktionsprinzip besteht in der Wiederholung eines zyklischen Reaktionsablaufs, dessen Einzelschritte bei genau definierten Temperaturen durchgeführt werden.

Zuerst wird die zu untersuchende doppelsträngige DNA (oder cDNA nach reverser Transkription von RNA) denaturiert. An die nun vorliegenden Einzelstränge lagern sich die für die gesuchte Nukleinsäuresequenz spezifischen Oligonukleotide (*Primer*) an (*Annealing*). Im nächsten Reaktionsschritt werden die Primer dann an ihrem 3'-Ende von einer thermostabilen Polymerase (z.B. Taq-Polymerase) komplementär zur Matrix verlängert (*Elongation*). Die Reaktionsschritte Denaturierung, Annealing und Elongation werden nun ca. 30 mal wiederholt. Die gesuchte Nukleinsäuresequenz wird dadurch exponentiell vervielfacht, da jeder von der Polymerase neu synthetisierte Nukleinsäurestrang in der folgenden Reaktion als neue Matrix genutzt werden kann. Die PCR-Produkte (Amplifikate) werden nach gelelektrophoretischer Auftrennung mittels Ethidiumbromid-Interkalierung im UV-Licht sichtbar gemacht.

D. DNA-Sequenzierung

Die am weitesten verbreitete Methode der Sequenzierung von DNA-Fragmenten ist die enzymatische Synthese von DNA-Fragmenten, die sog. Kettenabbruch-Methode. Mittlerweile sind verschiedene automatisierte Sequenzierungssysteme entwickelt worden, bei denen Fluoreszenzfarbstoff-markierte *Primer* oder *Terminatoren* (sog. kettenterminierende Dideoxynukleotide) genutzt werden. Die vier verschiedenen Farbstoffe fluoreszieren bei unterschiedlichen Wellenlängen. Detektoren eines Argon-Lasers registrieren die Farbstoff-spezifischen Signale bei der Gelwanderung. Die Analyse der Daten erfolgt anhand eines Chromogramms.

Eine neuere Methode ist die Einzelstrang-Sequenzierung mit Hilfe von biotinylierten Primern. In der Abbildung ist die spezifische Sequenz in einem Insert eines Phagen (γ-gt II) enthalten. Der biotinylierte Primer (sog. *forward primer*) enthält die spezifische („gesuchte") Sequenz und eine 5'-Sequenz, die identisch mit einem universellen Sequenzierungs-Primer ist. Der nicht-biotinylierte Primer (sog. *reverse primer*) enthält die spezifische 3'-Sequenz und eine 5'-Sequenz komplementär zum reversen universellen Primer. Nach einer Amplifikation mittels PCR unter anteiliger Verwendung von Terminatoren können die spezifisch biotinylierten Amplifikate dann durch Streptavidin-beschichtete paramagnetische Beads gebunden und anschließend alkalisch eluiert werden. Die Beads können dann zur Festphasen-Sequenzierung genutzt werden.

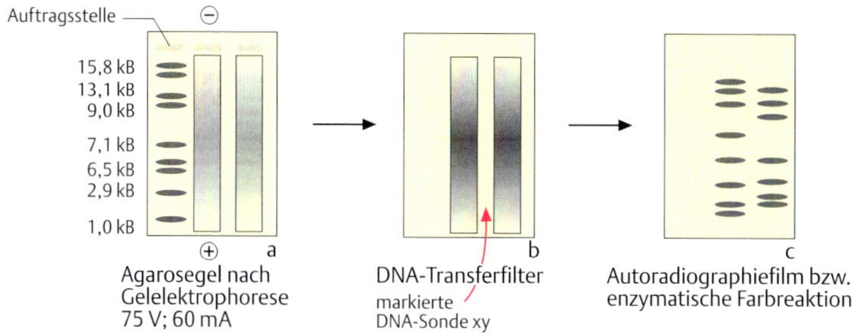

A. Southern blot

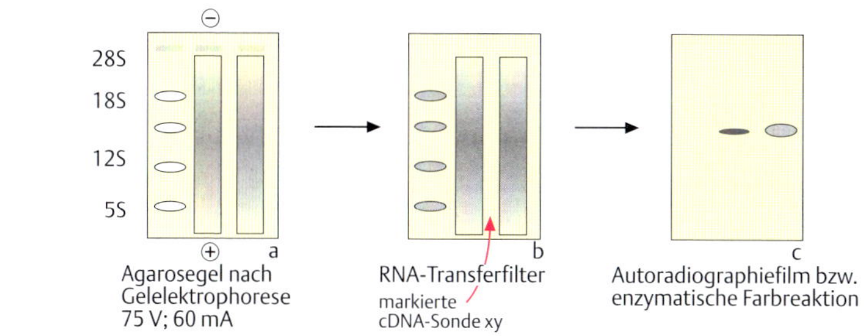

B. Northern blot

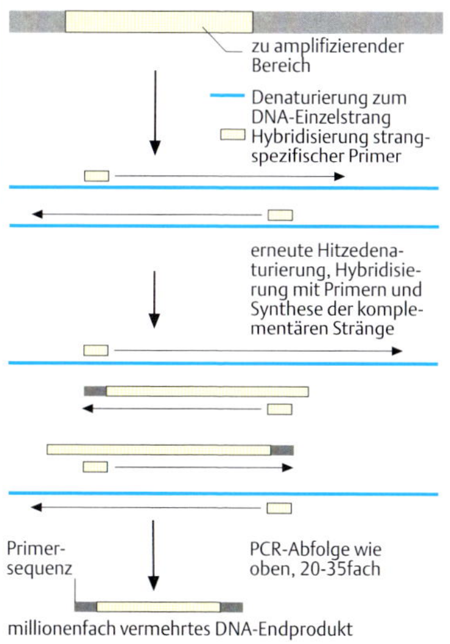

C. Polymerase-Kettenreaktion

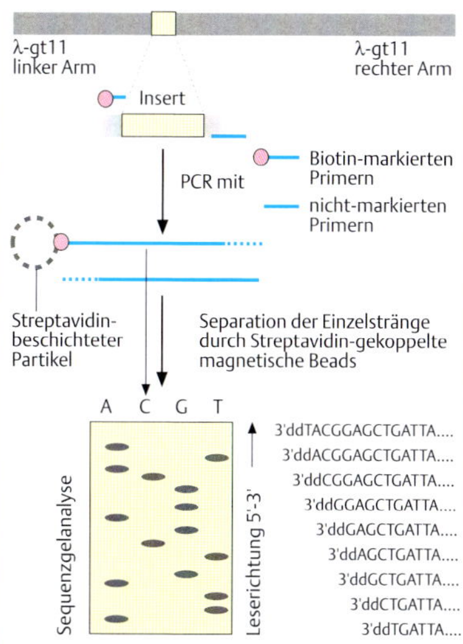

D. DNA-Sequenzierung

A. Bruton-Agammaglobulinämie

Ursache dieser X-chromosomal rezessiv vererbten Krankheit sind Mutationen im Gen der B-Zell-spezifischen Tyrosinkinase. Dies hat eine B-Zell-Reifungsstörung mit einer Arretierung im Prä-B-Zellstadium zur Folge. Klinisch äußert sich der Mangel an IgG v. a. in rezidivierenden Infekten der Atemwege. Darüber hinaus können Meningitis, Pyodermie und Sepsis auftreten. Die typischen Erreger dieser Infektionen sind kapselbildende Eiterbakterien wie Staphylokokken, Pneumokokken und Streptokokken. In einem Drittel aller Fälle wird eine Assoziation zu einer seronegativen Oligoarthritis beobachtet. Therapeutisch läßt sich die Agammaglobulinämie gut durch die intravenöse Substitution von IgG beherrschen.

B. Dysgammaglobulinämien

Selektiver IgA-Mangel: Der Mangel an IgA in den Körpersekreten ist mit Abstand die häufigste Form der humoralen Immundefekte. Er tritt sporadisch oder familiär gehäuft auf und ist häufig mit einer atopischen Disposition (erhöhter IgE-Spiegel) sowie den HLA-Typen B8 und DR3 assoziiert. 50% der Patienten bleiben asymptomatisch. Neben rezidivierenden Infekten der Luftwege kann der IgA-Mangel mit Autoimmunerkrankungen wie SLE und mit Sprue assoziiert sein.

Selektive IgG-Subklassen-Defekte (B.1.): Je nach ihrer speziellen Eigenschaft kann ein Mangel an IgG-Subklassen zu Störungen der humoralen Immunabwehr führen. Besonders ein Mangel an IgG2 führt zu mitunter schweren Infektionen mit Haemophilus influenzae, Meningokokken und Pneumokokken. Bei rezidivierenden Infektionen der Luftwege ohne bekannte Ursache sollte eine quantitative Analyse der IgG-Subklassen durchgeführt werden.

Selektive Antikörper-Defizienz bei normalen Serum-Immunglobulin-Spiegeln: Trotz normaler Immunglobulin-Konzentrationen erkranken manche Menschen wiederholt an Infektionen mit bestimmten Erregern. Ihr Immunsystem erkennt nur dieses eine Antigen nicht und ist deshalb gegen die Infektion wehrlos. Therapeutisch eignet sich ein das Antigen enthaltender Impfstoff zusammen mit einem Adjuvans (s. S. 270 - 273).

Hyper-IgM-Syndrom (B.2.): Hierbei handelt es sich um einen Differenzierungsstop der B-Zellen auf IgM-Niveau (switch defect). Im Blut der Patienten befinden sich viele μ- und δ-positive, aber kaum γ- oder α-positive B-Zellen. Der Defekt wird X-chromosomal rezessiv vererbt. Ihm liegen Mutationen im Gen des Liganden für CD40 zugrunde, so daß über CD40 kein „class switch" der B-Zellen mehr vermittelt werden kann. Klinisch äußert sich der Mangel an IgG und IgA in rezidivierenden Atemwegsinfektionen. Neben dem charakteristischen B-Zellmuster treten auch Thrombo- und Neutropenien auf. Therapie der Wahl ist die Gabe von IgG und von Antibiotika.

C. CVID

CVID (**c**ommon **v**ariable **i**mmune **d**eficiency) ist eine heterogene Gruppe von Krankheiten, denen eine inadäquate Produktion von Immunglobulinen gemeinsam ist. CVID ist häufig mit HLA-A1, -B8 und -DR3 assoziiert und ähnelt damit der HLA-Assoziation des SLE (s. S. 198–201). Ursachen für eine verminderte Immunglobulin-Produktion können sein:

- eine Arretierung im Prä-B-Zellstadium, so daß keine Plasmazellen gebildet werden,
- Störung der B-Zell-Regulation durch T-Helfer-Zellen,
- Erkennung reifender B-Zellen durch Autoantikörper,
- Blockierung der Ig-Sekretion durch fehlerhafte Glykosilierung.
- CVID wird als Krankheit zuweilen erst spät erkannt, so daß rezidivierende bronchopulmonale Infektionen häufig bereits zu Bronchiektasen geführt haben.

Entsprechend der Heterogenität der Pathomechanismen ist das Spektrum klinischer Symptome sehr variabel. Das Durchschnittsalter bei Diagnosestellung liegt zwischen 28 und 33 Jahren, die Krankheitsgeschichte beginnt etwa 5–7 Jahre vor Diagnosestellung. Neben den bronchopulmonalen Infektionen kommen gastrointestinale Infektionen, Hepatitiden, aber auch Autoimmunerkrankungen und Lymphome häufig vor.

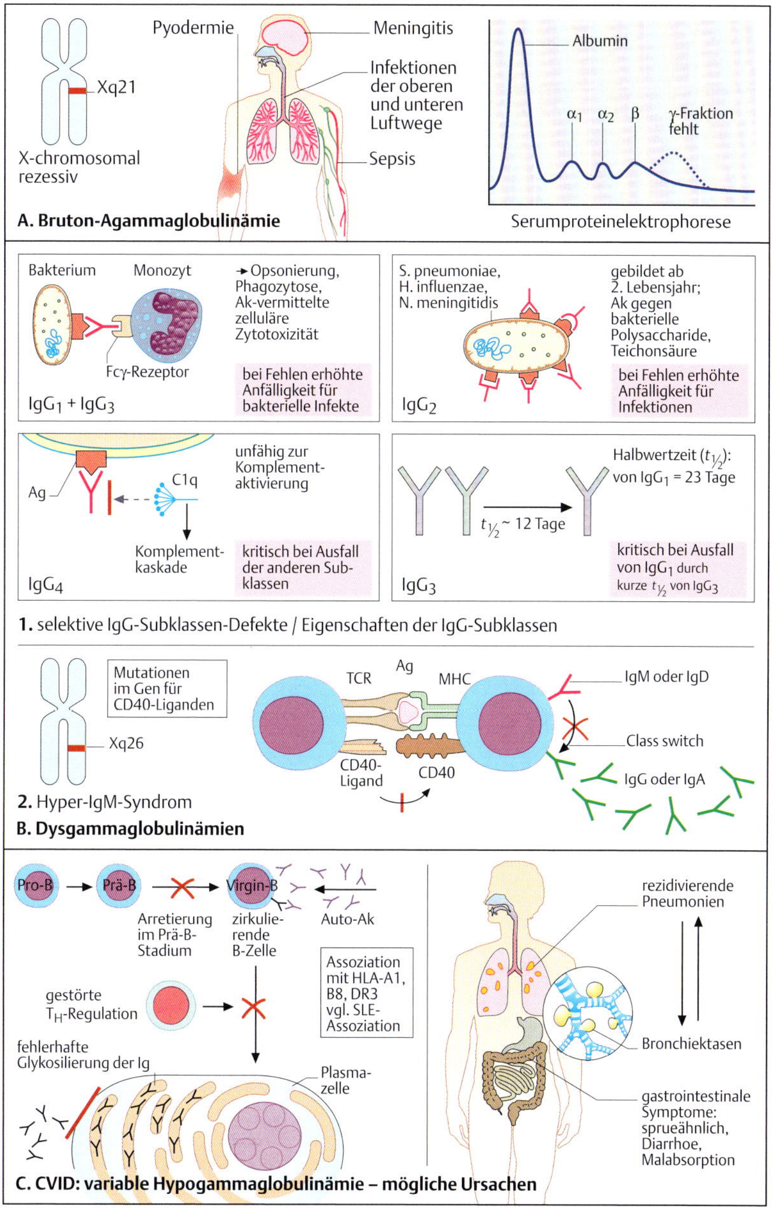
Pyodermie
Meningitis
Xq21
Infektionen der oberen und unteren Luftwege
X-chromosomal rezessiv
Sepsis
A. Bruton-Agammaglobulinämie
Albumin
α1
α2
β
γ-Fraktion fehlt
Serumproteinelektrophorese
Bakterium
Monozyt
→ Opsonierung, Phagozytose, Ak-vermittelte zelluläre Zytotoxizität
Fcγ-Rezeptor
bei Fehlen erhöhte Anfälligkeit für bakterielle Infekte
IgG1 + IgG3
S. pneumoniae, H. influenzae, N. meningitidis
gebildet ab 2. Lebensjahr; Ak gegen bakterielle Polysaccharide, Teichonsäure
bei Fehlen erhöhte Anfälligkeit für Infektionen
IgG2
unfähig zur Komplement-aktivierung
Ag
C1q
Komplement-kaskade
kritisch bei Ausfall der anderen Sub-klassen
IgG4
Halbwertzeit (t½): von IgG1 = 23 Tage
t½ ~ 12 Tage
kritisch bei Ausfall von IgG1 durch kurze t½ von IgG3
IgG3
1. selektive IgG-Subklassen-Defekte / Eigenschaften der IgG-Subklassen
Mutationen im Gen für CD40-Liganden
Xq26
TCR
Ag
MHC
IgM oder IgD
Class switch
CD40-Ligand
CD40
IgG oder IgA
2. Hyper-IgM-Syndrom
B. Dysgammaglobulinämien
Pro-B
Prä-B
Virgin-B
Arretierung im Prä-B-Stadium
zirkulie-rende B-Zelle
Auto-Ak
Assoziation mit HLA-A1, B8, DR3 vgl. SLE-Assoziation
gestörte TH-Regulation
fehlerhafte Glykosilierung der Ig
Plasma-zelle
rezidivierende Pneumonien
Bronchiektasen
gastrointestinale Symptome: sprueähnlich, Diarrhoe, Malabsorption
C. CVID: variable Hypogammaglobulinämie – mögliche Ursachen

A. SCID

SCID (**s**evere **c**ombined **i**mmune **d**eficiency) ist eine heterogene Gruppe von T-Zell-Defekten. Kinder mit diesem Syndrom werden im dritten bis sechsten Lebensmonat auffällig, wenn der Leih-Antikörper-Schutz der Mutter nachläßt. Es treten Gedeihstörungen und rezidivierende Infektionen auf: Besonders die Atemwege (mit Pneumocystis jiroveci und Candida) und der Gastrointestinaltrakt (mit Rotaviren) sind betroffen. Hautekzeme sind ein weiteres typisches Symptom. Bei den Patienten sind weder Thymus noch Lymphknoten oder Tonsillen nachweisbar. Im Blut fehlen CD3-positive Zellen.

Es gibt verschiedene Ursachen für das SCID-Syndrom:

- Autosomal rezessiv wird ein Defekt im Gen der Rekombinase vererbt, so daß die V-, D- und J-Gene für den TCR und die Immunglobuline nicht richtig verknüpft werden können.
- Eine Punktmutation im Gen für die γ-Kette des IL-2-Rezeptors kann den Rezeptor funktionsuntüchtig machen.
- Verschiedene Defekte im Purinstoffwechsel können ebenfalls SCID hervorrufen:
- Ein Mangel an Adenosindesaminase (ADA) bewirkt über einen Anstieg von Desoxyadenosin eine Hemmung der Thymidylatsynthetase und damit der Zellteilung besonders von T-Zellen.
- Ein Mangel an Purinnukleosidphosphorylase verhindert den Abbau von Inosin zu Hypoxanthin, so daß toxische Inosin-Metabolite gebildet werden, die die T-Zellen schädigen.

Als Therapie der Wahl gilt die allogene Knochenmarktransplantation, da wegen des Defekts keine Abstoßung durch körpereigene T-Zellen erfolgen kann. Bei Kindern mit X-SCID konnte die Gentherapie ihre ersten Erfolge feiern, ein gesundes Gen in Stammzellen des Knochenmarks einschleusen und zur Entwicklung eines funktionierenden Immunsystems führen. Der als Genfähre verwendete retrovirale Vektor führte allerdings bei einigen Kindern durch sog. „Insertionsmutagenese" zu Leukämiefällen.

B. DiGeorge-Syndrom

Hierbei handelt es sich um eine embryonale Hemmungsmißbildung der 3. und 4. Schlundtasche. Alle Organe, die daraus hervorgehen, sind in ihrer Funktion stark eingeschränkt. Der primäre Hypoparathyreoidismus manifestiert sich klinisch in einer hypokalzämischen Tetanie. Die Thymushypoplasie geht in etwa 20 % der Fälle wegen der verminderten T-Zellzahl mit erhöhter Infektanfälligkeit einher. Außerdem werden bei diesem Syndrom Gesichtsdysmorphien und Aortenbogenfehlbildungen sowie in einigen Fällen auch eine Hypothyreose und Ösophagusatresie beobachtet. Die Therapie erfolgt überwiegend symptomatisch mit Ca^{2+} und Vitamin D.

C. Ataxia teleangiectatica Louis-Bar

Dieses Syndrom zeichnet sich durch die klinische Trias progrediente Immundefizienz, Kleinhirnataxie und okulokutane Teleangiektasien aus. Es wird durch eine heterogene Gruppe autosomal rezessiv vererbter Defekte hervorgerufen, die eine chromosomale Instabilität gemeinsam haben. Brüche und Translokationen besonders in Chromosom 14 führen zu Schäden in den Genloci für den TCR und die Immunglobuline. Da die Reparatur von DNA-Schäden ebenfalls stark eingeschränkt ist, reagieren die Patienten besonders sensibel auf ionisierende Strahlen, so daß auch die Indikation für eine Röntgenaufnahme sehr vorsichtig zu stellen ist. Neben der typischen Klinik ist meist das α-Fetoprotein erhöht, IgA und IgE hingegen stark vermindert. Die progrediente Immundefizienz führt zu schweren Sinusitiden und Lungeninfektionen (sog. sinupulmonales Syndrom). Die Therapie erfolgt symptomatisch.

D. Wiskott-Aldrich-Syndrom

Das Wiskott-Aldrich-Syndrom zeichnet sich durch die Symptomentrias thrombozytopenische Purpura, erhöhte Infekt- und Ekzemneigung aus. Es wird X-chromosomal rezessiv vererbt. Die Ursache besteht in einer fehlerhaften Expression von CD43, das eine wichtige Stellung im Zytoskelett einnimmt. Elektronenmikroskopisch ist eine mangelhafte Aktinbündelung in T-Zellen und Thrombozyten sichtbar.

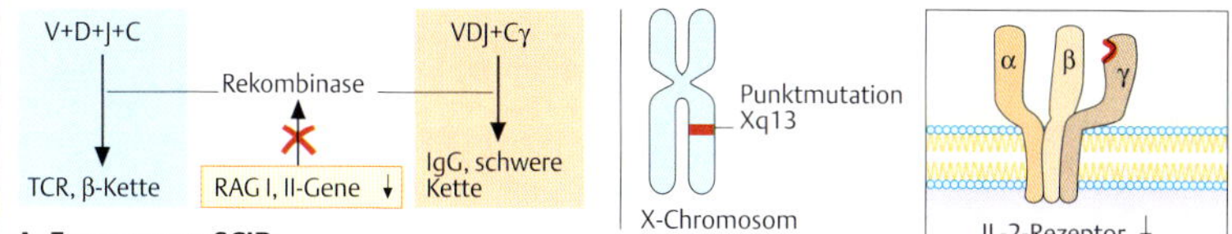

A. Formen von SCID

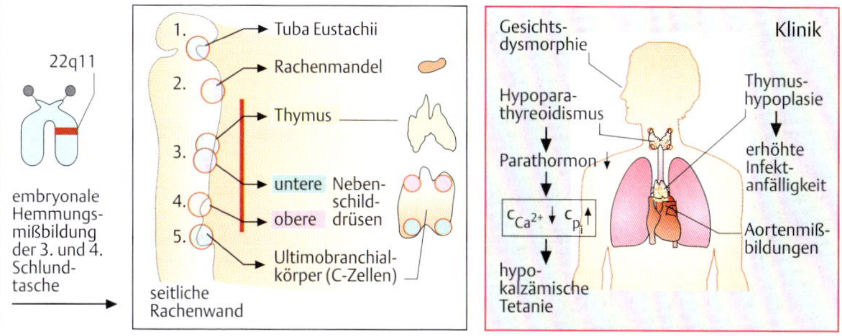

B. DiGeorge-Syndrom

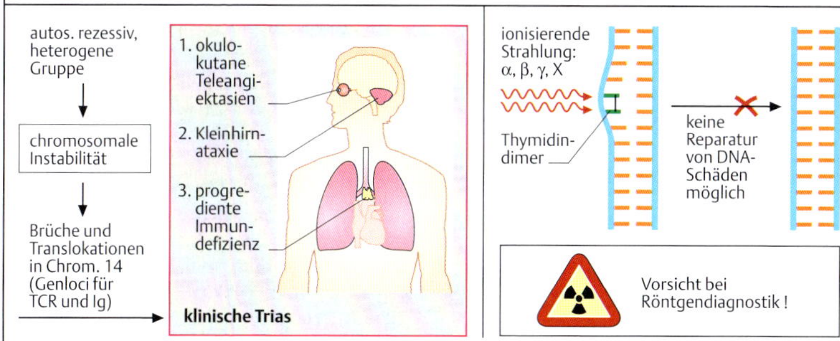

C. Ataxia teleangiectatica

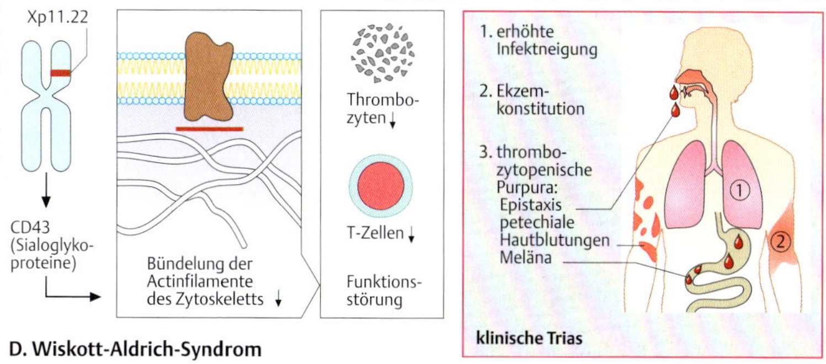

D. Wiskott-Aldrich-Syndrom

A. Infantile septische Granulozytose

Bei diesem Krankheitsbild ist die intrazelluläre Abtötung der Bakterien durch mikrobizide Sauerstoffradikale gestört. Die Bakterienbindung und -phagozytose funktionieren hingegen normal. Der Defekt beruht auf einem Mangel an Cytochrom b_{558} in der Phagosomenmembran der Granulozyten. Die zur Bildung von Sauerstoffradikalen benötigten Elektronen können von NADPH nicht durch die Membran geschleust und auf O_2 übertragen werden. Der Cytochrom b_{558}-Mangel wird X-chromosomal rezessiv vererbt. Ein Defekt der NADPH-Oxidase, die ebenfalls essentiell an dieser Redoxreaktion beteiligt ist, sowie ein Mangel an Glucose-6-Phosphat-Dehydrogenase, die im Zytoplasma NADPH aus dem Hexosemonophosphatweg zur Verfügung stellt, führen ebenfalls zur Unfähigkeit der Granulozyten, phagozytierte Bakterien abzutöten. Der Granulozytendefekt äußert sich klinisch in einer Lymphadenitis, in Pyodermien im Mund- und Nasebereich und in septischen Absiedlungen in Lunge, Darm, Knochen und Leber. Die häufigsten Erreger sind Staphylokokken, Serratia, Klebsiellen und Aspergillus-Arten. Katalase-negative Arten wie Streptokokken und Haemophilus influenzae können hingegen intrazellulär abgetötet werden, da sie H_2O_2, das von den Granulozyten zur Bakterizidie verwendet wird, nicht unschädlich machen können.

Die Therapie erfolgt symptomatisch durch die Gabe von Antibiotika und die operative Sanierung der septischen Absiedlungen.

Ein potentiell kurativer Ansatz ist die allogene Knochenmarktransplantation (s. a. S. 174). Versuche mit gentherapeutischen Ansätzen werden gegenwärtig erprobt.

B. Chediak-Higashi-Syndrom

Dieser Defekt wird autosomal rezessiv vererbt und tritt überdurchschnittlich oft bei Patienten jüdischer Herkunft auf. Chemotaxis und intrazelluläre Bakterizidie sind gestört. Mikroskopisch fallen abnormale Riesengranula auf. Es findet keine Degranulation statt, was auf eine gestörte Mikrotubuli-Funktion zurückgeführt wird. Neben der Granulozytenaktivität sind auch die der NK-Zellen und die Antikörper-abhängige zelluläre Zytotoxizität (ADCC) vermindert. Klinische Manifestationen sind ein partieller okulokutaner Albinismus mit Photophobie sowie neurologische Symptome. Patienten mit diesem Defekt sind besonders empfindlich gegenüber Infektionen mit Katalase-negativen Bakterien. Therapeutisch wirksam sind Cholinergika, da sie über eine Erhöhung des intrazellulären cGMP-Spiegels den Mikrotubuli-Aufbau fördern.

C. Leukozytenadhärenz-Proteindefekte

Man unterscheidet zwei Formen: Beim Typ 1 sind Adhärenz, Chemotaxis und Phagozytose gestört. Ursache ist die verminderte Expression von CD 18, der β-Kette in den Adhärenz-Oberflächenproteinen LFA-1, Komplement-Rezeptor 3 und dem C3dg-Rezeptor. Beim Typ 2 ist die Interaktion zwischen den Granulozyten und den Endothelzellen gestört, so daß die Adhäsion, das Entlangrollen der Granulozyten an der Gefäßwand und die Transmigration zum Entzündungsherd beeinträchtigt sind. Diese Interaktion wird normalerweise durch Selektine und ihre Rezeptoren vermittelt. Die Rezeptoren sind das Sialoglykoprotein Sgp50 für das L-Selektin der Leukozyten und das Sialyl-Lewis-X-Oligosaccharid für das E-Selektin der Endothelzellen. Beide tragen Fucose in ihren Kohlenhydratketten, die jedoch aufgrund eines Enzymdefektes nicht aus Mannose erzeugt werden kann.

D. Myeloperoxidasemangel

Myelo**p**er**o**xidase (**MPO**) setzt H_2O_2 und Chlorid-Ionen zu OCl^- um, das in speziellen Granula gespeichert wird. Die Granula sind bei diesem Mangelsyndrom in Granulozyten und Monozyten stark vermindert. Die intrazelluläre Bakterizidie ist infolgedessen verlangsamt, aber nicht ganz aufgehoben. Candida albicans kann ohne Myeloperoxidase jedoch nicht abgetötet werden.

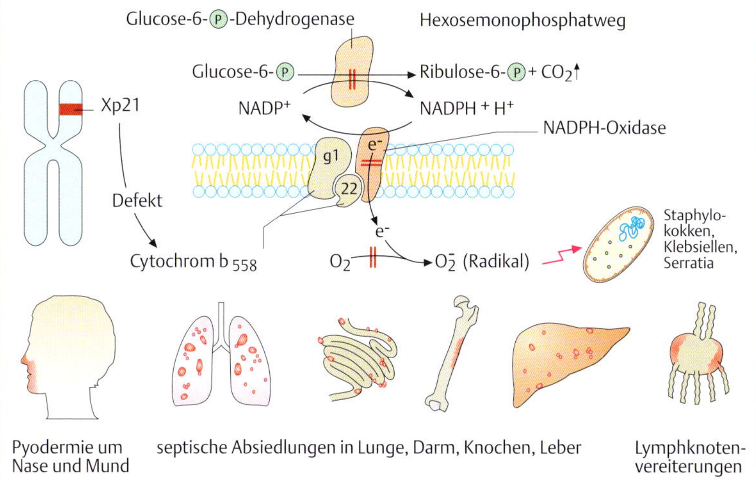

A. Infantile septische Granulomatose

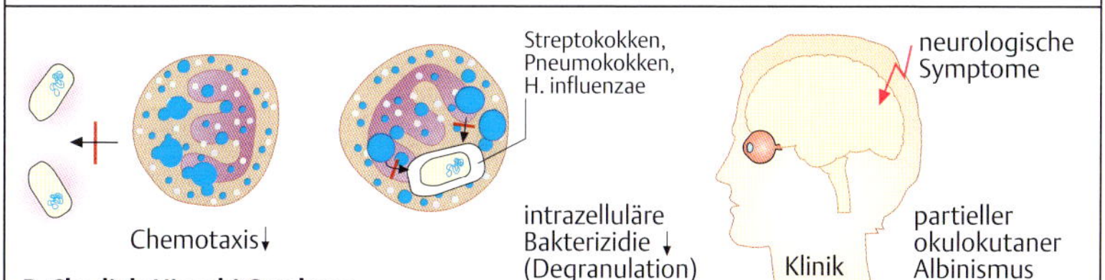

B. Chediak-Higashi-Syndrom

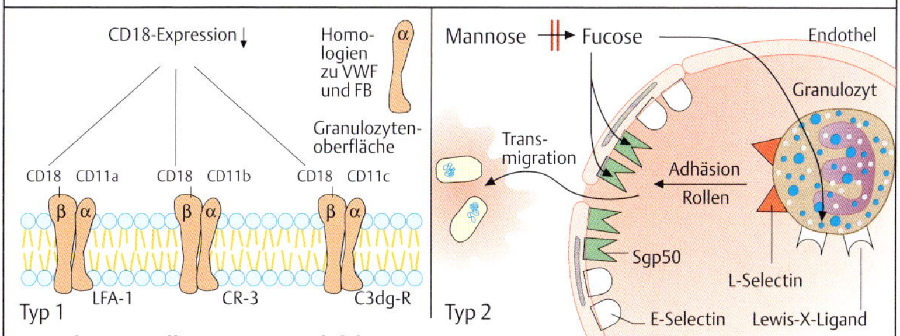

C. Leukozytenadhärenz-Proteindefekte

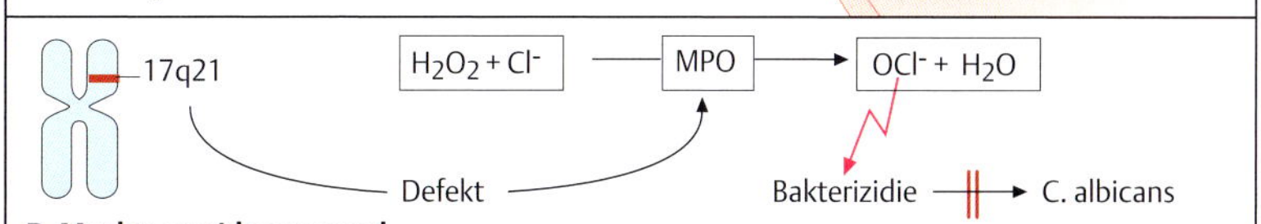

D. Myeloperoxidasemangel

Klinik

Ein Mangel an funktionierenden Komplementproteinen hat ähnliche Konsequenzen für die Abwehrlage wie ein Immunglobulinmangel. Häufig werden schwere bakterielle Infektionen beobachtet, die der gesunde Organismus normalerweise durch Opsonierung und Komplementlyse beherrschen kann. Eine zweite Erscheinungsform ähnelt in ihren Symptomen dem SLE und anderen Vaskulitiden (s. Tabelle).

A. C1-Inhibitor-Mangel

Klinisch führt ein erniedrigter C1-Serumspiegel zu rezidivierenden angioödematösen Schwellungen von Haut und Schleimhäuten, die im Bereich des Oropharynx zu einer akuten Verlegung der oberen Luftwege führen können. Man unterscheidet eine autosomal dominant erbliche von einer erworbenen Form. In beiden Fällen übersteigt der erhöhte Abbau die Produktionsrate des C1-Inhibitors. Die unkontrollierte Aktivität der Proteasen führt außerdem zur Freisetzung von Entzündungsmediatoren, die die lokale Gefäßpermeabilität erhöhen und damit ein Ödem verursachen. Therapeutisch werden Androgenderivate eingesetzt. Danazol z. B. bewirkt bei der erblichen Form eine gesteigerte Produktion des C1-Inhibitors durch das erhaltene funktionstüchtige Gen in der Leber.

B. Paroxysmale nächtliche Hämoglobinurie (PNH)

Hierbei handelt es sich um einen Defekt komplementregulatorischer Proteine auf Zelloberflächen. Betroffen sind Oberflächenmoleküle, die über ein **g**lykosiliertes **P**hosphatidyl**i**nositol (**GPI**) in der Membran verankert sind. Dazu gehören u.a. der zerfallsbeschleunigende Faktor (DAF), die erythrozytäre Acetylcholinesterase und LFA-3. Bei Patienten mit PNH proliferieren Klone hämatopoetischer Stammzellen, die einen Defekt aller dieser Membranproteine aufweisen. Ihre Erythrozyten sind besonders empfänglich, homologes C3b anzulagern, was den alternativen Reaktionsweg aktiviert. Auch kommt es schneller und häufiger zur reaktiven Lyse nach Ausbildung des MAC. Daher leiden Patienten mit PNH an rezidivierenden Anfällen intra- und extravasaler Hämolyse, die sich klinisch in einer Hämoglobinurie zeigt. Der monoklonale Antikörper Eculizumab ist gegen das C5-Protein gerichtet und hemmt die terminale Sequenz der Komplementkaskade. Erste klinische Studien zeigen vielversprechende Erfolge dieser Strategie.

C. Störungen der Verstärkungsschleife

Normalerweise wird die C3-Aktivierung durch die inhibitorischen Faktoren H und I wirksam kontrolliert. Ein Mangel an einem dieser Regulationsproteine führt dazu, daß die Verstärkungsschleife um das C3bBb-C3-Konvertaseenzym im Leerlauf das gesamte native C3 verbraucht. Gleichsinnig wirkt ein Autoantikörper, der durch Bindung an den C3bBb-Komplex die Dissoziation in die Einzelkomponenten C3b und Bb, die durch den Faktor H vermittelt wird, verhindert. Beide Regulationsstörungen manifestieren sich, wie der primäre C3-Mangel, klinisch in einer diffusen subkutanen Lipodystrophie und mesangiokapillärer Glomerulonephritis. Außerdem treten rezidivierende pyogene Infektionen auf, da durch das Fehlen von C3 Opsonierung und Zell-Lyse vermindert werden.

Mangel an Komplement-Rezeptoren

Adhäsion, Chemotaxis und Phagozytose iC3b-opsonierter Fremdkörper durch die Neutrophilen sind bei dieser seltenen Erbkrankheit empfindlich gestört. Entzündungsorte werden praktisch nicht mit Neutrophilen infiltriert. Die Patienten erkranken an lebensbedrohlicher Sepsis. Die Schwere des Krankheitsbildes hängt davon ab, wie stark die Oberflächenexpression der Komplement-Rezeptoren CR3, CR4 und LFA-1 eingeschränkt ist. Weitere klinische Merkmale dieses Immunschwächesyndroms s. Tabelle.

	Komplementmangel-Krankheitsbilder
Komplement-proteine	**... mit einem Mangel assoziiert**
C1–C4	SLE, pyogene Infektionen (Pneumokokkensepsis)
C3, FH, FI	pyogene Infektionen, Glomerulonephritis
C8	Infektionen, besonders mit Neisserien ssp. (Gonokokken, Meningokokken); Sklerodaktylie
CR 3, CR4, LFA-1	Gingivitis, verzögerte Nabelschnurabstoßung, rezidivierende Sepsis

Klinik

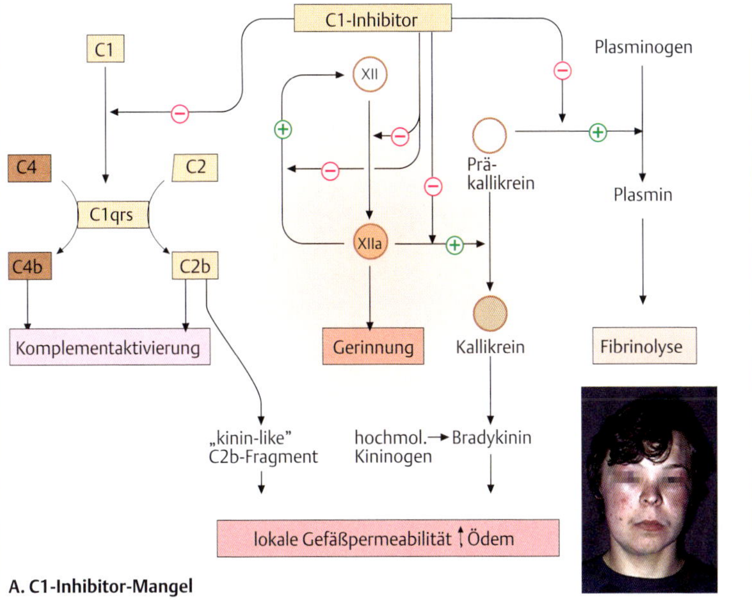

A. C1-Inhibitor-Mangel

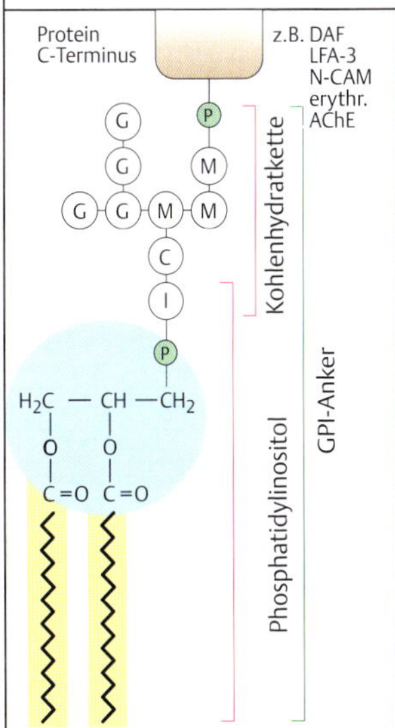

B. Paroxysmale nächtliche Hämoglobinurie (PNH)

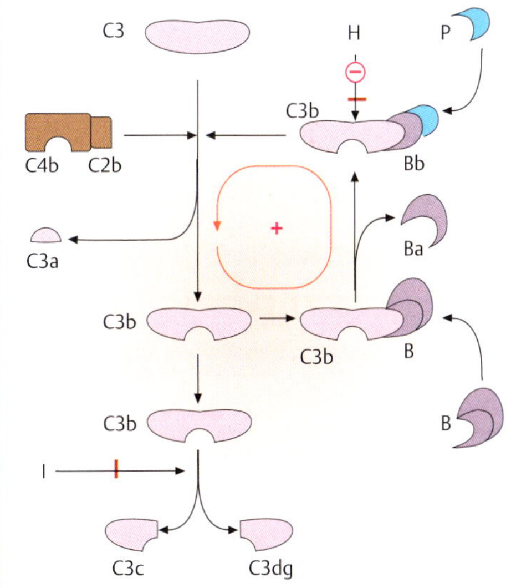

C. Störung der Verstärkungsschleife

1981 wurde erstmals das Auftreten eines bis dato unbekannten Immunschwächesyndroms beschrieben, das vornehmlich bei männlichen Homosexuellen auftrat und mit lebensbedrohlichen Pneumocystis-jiroveci-Pneumonien sowie dem bis dahin seltenen Kaposi-Sarkom assoziiert war. Später traten ähnliche Fälle von **AIDS** (= **a**cquired **i**mmuno**d**eficiency **s**yndrome) auch bei Hämophilen auf, die mit dem Faktor VIII substituiert wurden, sowie bei anderen Empfängern von Blutprodukten. Man mußte also annehmen, daß ein infektiöses, sexuell und hämatogen übertragbares Agens für AIDS verantwortlich ist. Die fieberhafte Suche nach einem Virus führte 1983 zur Entdeckung des neuen, später als **HIV** (**h**uman **i**mmunodeficiency **v**irus) bezeichneten Virus durch die Arbeitsgruppe Montagnier.

A. Aufbau des Genoms und des Viruspartikels

HIV ist ein Retrovirus und gehört zur Subfamilie der Lentiviren. Allen Retroviren gemeinsam ist das Enzym *reverse Transkriptase*, mit dem sie ihr Genom, das als einsträngige RNA vorliegt, in DNA umschreiben können. Das Genom von HIV umfaßt ca. 10 kb. Die drei proteinkodierenden Gene **gag** (gruppenspezifisches Antigen), **pol** (reverse Transkriptase u.a. Enzyme) und **env** (integrale Membranproteine für die Lipidmembranhülle) finden sich auch bei anderen Retroviren (z.B. HTLV). Das Genom von HIV enthält darüber hinaus regulatorische Gene für die Transkription oder die Organisation des späten Replikationszyklus: **vif** (**v**irion **i**nfectivity **f**actor), **rev** (**r**egulator of **e**xpression of **v**irion proteins), **nef** (**n**egative **f**actor) und **tat** (**t**rans**a**ctivation of **t**ranscription). Die Gene überlappen sich, d.h. sie belegen denselben RNA-Abschnitt, werden aber vom Proteinsyntheseapparat der Wirtszelle unterschiedlich abgelesen.

Der Durchmesser der Viruspartikel beträgt etwa 100 nm. In der äußeren Lipidmembran sitzen 72 spikes, die aus dem *Glykoprotein gp 120* gebildet werden. Sie sind über das *transmembrane Protein gp 41* in der Membran verankert. Die Lipidmembran macht HIV besonders angreifbar für lipophile Detergenzien, z.B. Alkohol.

B. Bindung an die Wirtszelle

Die Anheftung des Viruspartikels an die Zelloberfläche geschieht in zwei Schritten. Zunächst bindet gp 120 an die zweite Domäne des CD4-Moleküls. Eine Konformationsänderung ermöglicht dann die zweite Bindung an einen Chemokin-Rezeptor. Anschließend erfolgt die Fusion von Virus- und Zellmembran, vermittelt durch gp 41.

C. Replikationszyklus in der Wirtszelle

Nach der Fusion der beiden Lipidmembranen wird das Innere des Virions ins Zytoplasma entlassen. Unmittelbar danach beginnt die reverse Transkriptase, die RNA in doppelsträngige DNA umzuschreiben. Die **LTR** (**l**ong **t**erminal **r**epeats) an beiden Enden und die mitgeführte Integrase ermöglichen den Einbau des Genoms als Provirus in das Genom der Wirtszelle. Dort kann über regulatorische Sequenzen der LTR sowie der Gene rev, tat und vpr die virale Proteinproduktion in Gang gesetzt werden, die sich des Proteinsyntheseapparates der Zelle bedient.

D. Durch HIV infizierbare Zellen

HIV befällt neben den $CD4^+$-T-Zellen auch andere Zellen des Immunsystems. Dazu gehören v. a. Zellen des monozytären Systems: Monozyten, Gewebsmakrophagen und Langerhans-Zellen. Fraglich bleibt, ob auch pluripotente Stammzellen von HIV infiziert werden können. Auch Zellen im Gastrointestinaltrakt und ZNS können infiziert werden. Zu letzteren zählen v. a. Mikroglia (Makrophagen), Astrozyten, Oligodendrozyten und Endothelzellen von Hirngefäßen. Ob Neurone auch befallen werden können, ist unsicher.

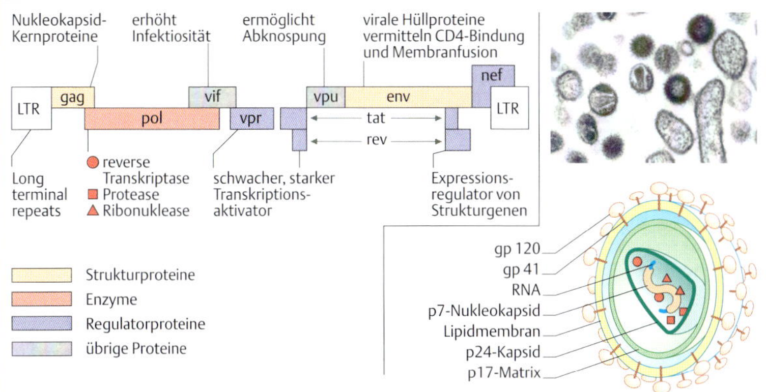

A. Aufbau des Genoms und des Viruspartikels

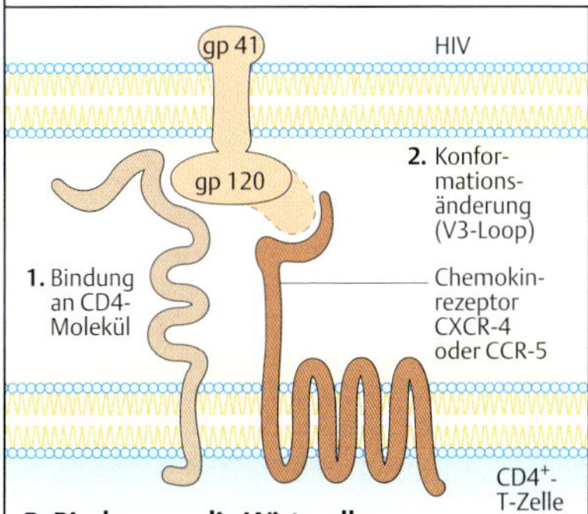

B. Bindung an die Wirtszelle

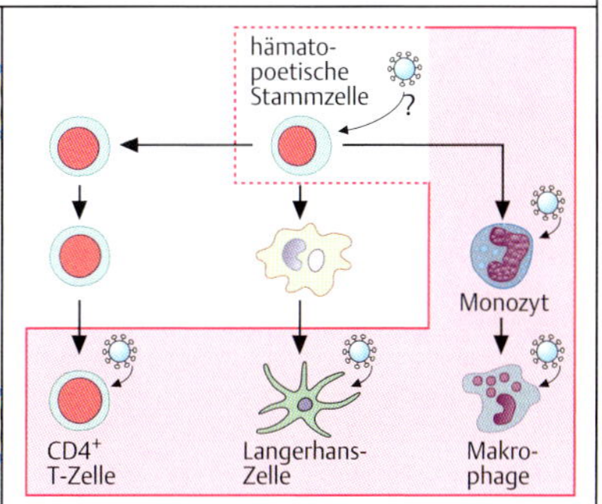

D. Durch HIV infizierbare Zellen

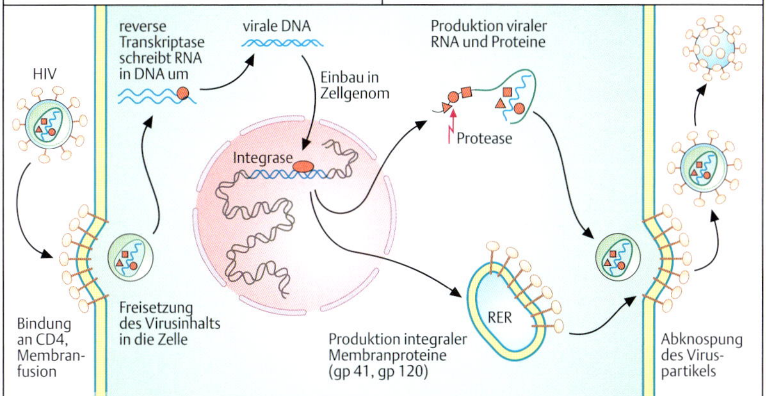

C. Replikationszyklus von HIV in der Wirtszelle

Klinik

A. Verlauf einer HIV-Infektion

Nach einer Infektion dauert es im Durchschnitt ca. 10 Jahre bis zum Ausbruch der schweren Immunschwäche, die das Vollbild AIDS kennzeichnet. Bis dahin gelingt es dem Immunsystem, die HIV-Infektion unter Kontrolle zu halten. In der Anfangsphase vermehrt sich das Virus nahezu ungehindert. Die Zahl der freien Viruspartikel steigt steil an, während die infizierten T-Helfer-Zellen und Makrophagen im Zuge der Abknospung tausender neuer Virionen zugrundegehen. Nur ca. 30 % der Infizierten haben in diesem Stadium Symptome: Fieber, Schüttelfrost und Lymphadenopathie.

B. Reaktion des Immunsystems

Infizierte Zellen präsentieren Virusepitope zusammen mit dem MHC-I-Molekül und setzen so die zelluläre zytotoxische Immunantwort in Gang. MHC-II-restringierte T-Zell-Aktivierung führt zur Freisetzung von Interleukinen und zur Aktivierung von B-Zellen und der Antikörper-Produktion. Die Antikörper binden freie Viruspartikel und machen sie für Makrophagen verdaubar. Insgesamt nimmt die Viruspopulation stark ab. Unter diesem starken Selektionsdruck entstehen dann jedoch während der HIV-Replikation ständig neue Mutanten. Begünstigt wird dies durch die Kopierungenauigkeit der reversen Transkriptase, die etwa alle 2000 Nukleotide einen Fehler macht. Eine neue Fluchtmutante kann sich dann wieder ungehindert vermehren, bis sich das Immunsystem wieder auf die neuen Epitope eingestellt hat. Immer neue Mutationen machen die HIV-Population so vielfältig, daß das Immunsystem schließlich „verwirrt“ wird und die Infektion nicht mehr wirkungsvoll kontrollieren kann. Eine koordinierte Abwehr ist unmöglich: bei einer Produktions- und Vernichtungsrate von ca. 10^9 Virionen pro Tag besteht eine HIV-Partikelgeneration etwa 2,6 Tage, d. h. im Laufe eines Jahres werden etwa 140 Virusgenerationen erzeugt. Am Ende der Latenzphase können so ca. 10 Millionen HIV-Varianten pro Tag entstehen, auf die das Immunsystem seine Abwehrkraft aufteilen muß. Der genaue Mechanismus der Zerstörung des Immunsystems bleibt aber weiterhin unbekannt.

C. AIDS

Vor dem Ausbruch des AIDS-Vollbildes zeigt sich oft eine generalisierte Lymphknotenschwellung *(Lymphadenopathiesyndrom, LAS)*, die länger als drei Monate anhält und meist atypisch lokalisiert ist.
Der Zusammenbruch des Immunsystems zeichnet sich dann durch mehrere Symptome ab: Die Zahl der T-Helfer-Zellen im Serum fällt unter die kritische Marke von 400/μl, die IgG-Konzentration im Serum steigt, enthält aber durch unspezifische polyklonale B-Zell-Stimulation vorwiegend funktionslose nonsense-Globuline. Klinisch zeigen sich Gewichtsverlust, Fieber und Nachtschweiß. Man spricht vom *AIDS-related complex (ARC)*.
Das *AIDS-Vollbild* ist durch das Auftreten opportunistischer Infektionen definiert: z. B. Pneumocystis jiroveci-Pneumonie, Candida-Ösophagitis oder orale Haarleukoplakie (EBV). Hinzu kommen Malignome, die AIDS definieren: Das Kaposi-Sarkom wird durch eine chronische Überproduktion von inflammatorischen und angiogenetischen Wachstumsfaktoren verursacht. Neben HIV spielt dabei die Koinfektion mit dem Humanen Herpesvirus 8 (HHV-8) eine entscheidende Rolle. 10 % der HIV-Infizierten entwickeln maligne Lymphome. Im Spätstadium treten darüber hinaus ZNS-Manifestationen auf: Man unterscheidet primäre, durch das neurotrope HIV verursachte Enzephalopathien und sekundäre Erkrankungen, z. B. zerebrale Toxoplasmose, CMV-Enzephalitis oder Meningitiden unterschiedlicher Genese.

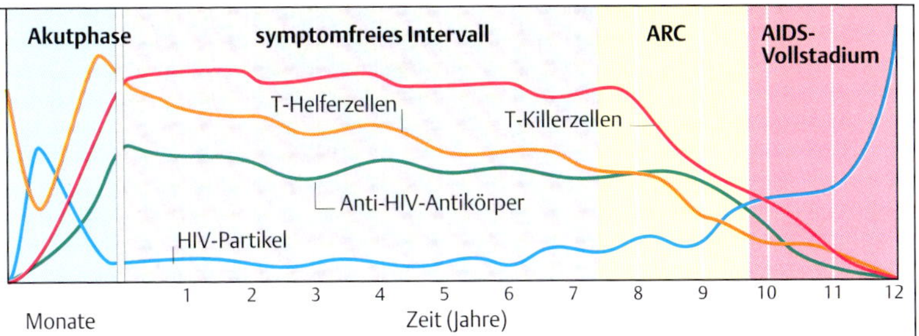

A. Verlauf einer HIV-Infektion

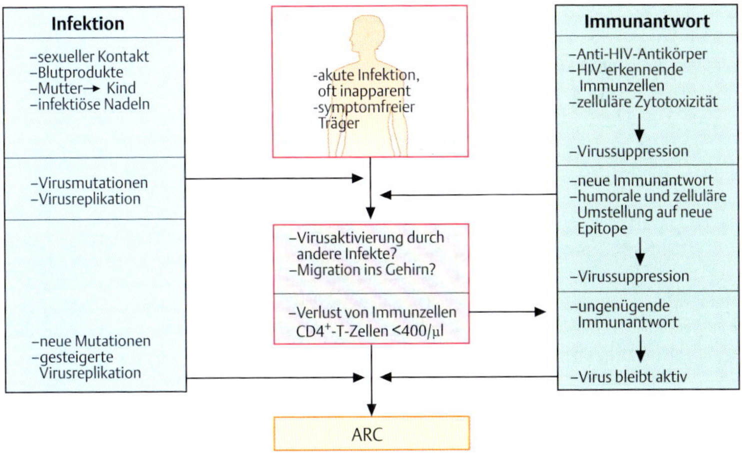

B. Reaktion des Immunsystems

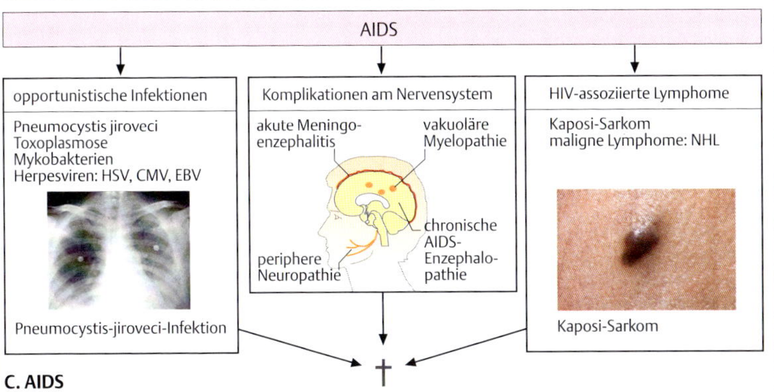

C. AIDS

Klinik

A. Diagnostik der HIV-Infektion

Gewöhnlich erfolgt die Diagnose einer HIV-Infektion indirekt über den Nachweis spezifischer HIV-Antikörper im Patientenserum durch den ELISA in drei Schritten:
1. Diese HIV-Antikörper binden an HIV-Antigen, mit dem die Testplatten beschichtet sind.
2. Die gebundenen Antikörper werden durch ein Antihumanimmunglobulin markiert, an das wiederum ein Enzym gekoppelt ist.
3. Das Enzym setzt einen Farbstoff um.

Positive Testresultate müssen immer durch mindestens einen Bestätigungstest abgesichert werden. Dazu eignen sich der Western Blot oder ein spezifischer Immunfluoreszenztest (s. a. S. 94-97).
Wesentlich aufwendiger und daher nicht für die Routinediagnostik geeignet ist der Nachweis von HIV durch Virusanzucht. Der Nachweis von DNA des HIV-Provirus durch die *Polymerase-Kettenreaktion (PCR)* oder der viralen RNA durch RT-PCR (reverse Transkriptase-PCR) hingegen werden zur Zeit für Screening-Verfahren erprobt (s. a. S. 113C).

B. Therapie

Antivirale Medikamente (B.1.): Die Hemmung der reversen Transkriptase (RT) geschieht durch *veränderte Nukleoside (Nukleosidanaloga)*, deren Einbau zum Strangabbruch führt. Der erste Hemmstoff war Azidothymidin (**b**), gegen das HIV aber sehr schnell Resistenzen entwickelte. Außerdem blockieren die falschen Nukleoside auch zelleigene Polymerasen, was zu Nebenwirkungen führt, die denen einer Zytostatika-Therapie gleichen.
Eine andere Gruppe von Wirkstoffen bindet an das katalytische Zentrum der RT und inaktiviert so das Enzym (**a**). Neuere Entwicklungen innerhalb dieser Medikamentengruppe sind auch noch nach mehreren Mutationen im pol-Gen wirksam. Ihre Wirksamkeit wird durch die Kombination mit anderen Virustatika verstärkt. Besonders die Kombination mit *Protease-Inhibitoren* (**c**) erweist sich als wirkungsvoll (gemessen an der Reduktion der Virusmenge). Protease-Inhibitoren gleichen in ihrer Struktur der Schnittstelle am Vorläuferprotein, die von der viruseigenen Protease erkannt wird. Eine neue, vierte Gruppe von Medikmenten blockiert den Eintritt in die Zielzelle durch Interaktion mit den an der Membranfusion beteiligten viralen Proteinen (s. a. S. 123B). Eine Kombinationstherapie (highly active antiretroviral therapy, HAART, ART) besteht zumeist aus zwei Nucleosid-Analoga (**b**) und entweder einem Protease-Inhibitor (**c**) oder einem Nicht-Nucleosid-Inhibitor der reversen Transkriptase (**a**).
Resistenzmechanismen (B.2.): Durch den verstärkten Einsatz gerade der Nucleosid-Analoga sind Resistenzen entstanden. Sie lassen sich wie folgt einteilen. Mutationen im aktiven Zentrum der RT verhindern den Einbau der Nucleosidanaloga (**a**). Thymidin-Analoga-Mutationen erlauben ATP die Bindung an das Nucleosidanalogon und das Entfernen vom DNA-Strang (**b**). Mutationen in der Bindungstasche für Nicht-Nucleosid-Inhibitoren der RT (**B.1.a**) verhindern deren Bindung und Hemmung des aktiven Zentrums (**c**).

C. Impfstoffentwicklung

Der Einsatz abgeschwächter Lebendimpfstoffe ist zu riskant, da die im Tiermodell (Affe) beobachtete Immunität nicht ohne weiteres auf den Menschen übertragen werden kann. Neue Möglichkeiten ergeben sich durch die Entwicklung von Hybridviren. Das Gen für gp 120 aus HIV kann in harmlose Viren, z. B. das Kuhpockenvirus, übertragen werden. In ihrer Funktion stark eingeschränkte, gerade noch replikationsfähige, aber hoch immunogene Viren könnten so als Lebendimpfstoff eingesetzt werden. Ein weiterer Ansatz ist die Verwendung gereinigter DNA als Impfstoff: Injizierte DNA wird ins Zellgenom aufgenommen und kann so die Abläufe bei einer Virusinfektion imitieren, ohne selbst virulent zu sein. Bis jetzt ist aber immer noch kein wirksamer Impfstoff in Sicht.

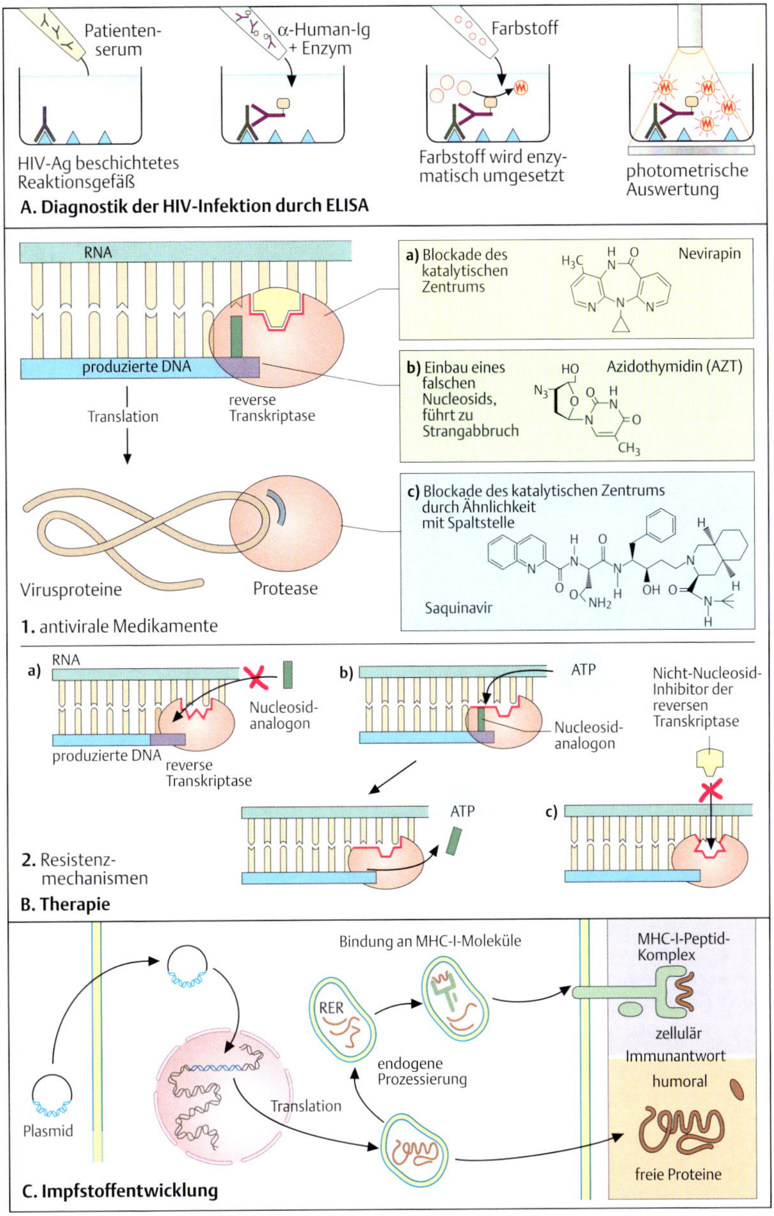
Patienten-
serum
α-Human-Ig
+ Enzym
Farbstoff
HIV-Ag beschichtetes
Reaktionsgefäß
Farbstoff wird enzy-
matisch umgesetzt
photometrische
Auswertung
A. Diagnostik der HIV-Infektion durch ELISA
RNA
produzierte DNA
Translation
reverse
Transkriptase
a) Blockade des
katalytischen
Zentrums
Nevirapin
b) Einbau eines
falschen
Nucleosids,
führt zu
Strangabbruch
Azidothymidin (AZT)
c) Blockade des katalytischen Zentrums
durch Ähnlichkeit
mit Spaltstelle
Saquinavir
Virusproteine
Protease
1. antivirale Medikamente
a)
RNA
Nucleosid-
analogon
produzierte DNA
reverse
Transkriptase
b)
ATP
Nucleosid-
analogon
Nicht-Nucleosid-
Inhibitor der
reversen
Transkriptase
ATP
c)
2. Resistenz-
mechanismen
B. Therapie
Bindung an MHC-I-Moleküle
MHC-I-Peptid-
Komplex
RER
endogene
Prozessierung
zellulär
Immunantwort
humoral
Translation
Plasmid
freie Proteine
C. Impfstoffentwicklung

A. Das AB0-Blutgruppensystem

Das AB0-System ist das klinisch wichtigste Blutgruppensystem und wurde von Karl Landsteiner 1901 entdeckt. Dieses System basiert auf dem Vorkommen *natürlicher Antikörper (Isoagglutinine)* gegen die A- oder B-Antigene auf der Erythrozytenoberfläche. Antikörper werden nur gegen solche Antigene gebildet, die auf den eigenen Erythrozyten *nicht* exprimiert werden. So haben Individuen der Blutgruppe A (etwa 42 % der Bevölkerung in Mitteleuropa) Antikörper gegen das B-Antigen. Diese Antikörper sind in der Lage, B-Antigen-tragende Erythrozyten zu agglutinieren und werden demzufolge als Anti B-Antikörper bezeichnet. Im Falle einer Bluttransfusion werden solche Erythrozyten sofort lysiert. Hingegen haben Individuen der Blutgruppe B (ca. 14 %) native Antikörper gegen das A-Antigen. Bei ca. 6 % der Bevölkerung sind auf den Erythrozyten sowohl das A- als auch das B-Antigen nachweisbar: Diese Menschen haben keine Antikörper gegen A oder B in ihrem Serum (Blutgruppe AB). Auf den Erythrozyten der Blutgruppe 0 (etwa 38 %) fehlen hingegen beide Antigene, so daß im Serum Antikörper gegen A und B vorliegen. Beim A-Antigen werden noch die Subtypen A1 (80 %) und A2 (20 %) identifiziert: bei A2-positiven Menschen können selten anti-A1-Antikörper vorkommen. Die A- und B-Antigene sind vorwiegend auf Erythrozyten, schwach aber auch auf Thrombozyten und auf Endothelzellen exprimiert.

B. Entwicklung der A- und B-Antikörper

Antikörper gegen A- und B-Antigene entstehen beim Neugeborenen durch Kontakt mit ubiquitär vorhandenen Antigenen. Insbesondere Bakterien und Pollen sind reich an A- und B-Antigenen. Falls diese Antigene jedoch auch auf den eigenen Erythrozyten exprimiert sind, werden Zellklone, die gegen die eigenen Antigene Antikörper produzieren, eliminiert.

C. Entstehung der AB0-Antigene

Die AB- und 0-Gene sind auf dem langen Arm des Chromosoms 9 lokalisiert. Sie kodieren für Glykosyltransferasen, welche verschiedene Zuckermoleküle auf eine Vorläufersubstanz übertragen. Durch ein weiteres Gen, das sog. *H-Gen*, das in 99,9 % der Bevölkerung aktiv ist, wird L-Fukose auf eine Vorläuferkette (Paraglobosid) transferiert. So entsteht zunächst das *H-Antigen*, welches aus Glukose, Galaktose, N-Acetyl-Glucosamin, Galaktose und Fukose besteht und auf den Erythrozyten exprimiert wird. Ein aktives A-Gen (bei Blutgruppe A) kodiert für eine N-Acetyl-Galaktosaminyltransferase. Dies führt zur Verlängerung des H-Antigens um ein N-Acetyl-Galaktosamin-Molekül, wobei das A-Antigen entsteht. Falls das B-Gen aktiv ist, wird hingegen eine Galaktosyltransferase synthetisiert: An das H-Antigen wird bei Menschen mit Blutgruppe B also ein Galaktose-Molekül angehängt. Sind beide A- und B-Gene aktiv, werden auf den Erythrozyten sowohl das A- als auch das B-Antigen exprimiert. Bei manchen Individuen ist hingegen das 0-Gen aktiv. Dies ist ein stummes Allel, das das H-Antigen unmodifiziert läßt und der Blutgruppe 0 entspricht.

Die AB- und 0-Gene werden nach den *Mendel-Prinzipien* vererbt. So können Personen der Blutgruppe A den Genotyp AA oder A0 haben, während Personen der Blutgruppe B als Genotyp BB oder auch B0 aufweisen. Individuen der Blutgruppe AB haben auch als Genotyp AB und Individuen der Gruppe 0 den Genotyp 00. Die natürlich vorkommende Anti-A- und Anti-B-Antikörper gehören vorwiegend der IgM-Immunglobulinklasse an. Personen der Blutgruppe 0 haben aber auch IgG-Antikörper gegen A und B.

Da die Anti-A- und -B-Isoagglutinine natürlich vorkommen, kann es bereits nach einer ersten Transfusion von AB0-inkompatiblen Erythrozyten zu einer schweren Hämolyse kommen. Nach einem ersten Kontakt werden allerdings neben den bereits vorhandenen natürlichen Antikörpern auch neue Immunglobuline gebildet.

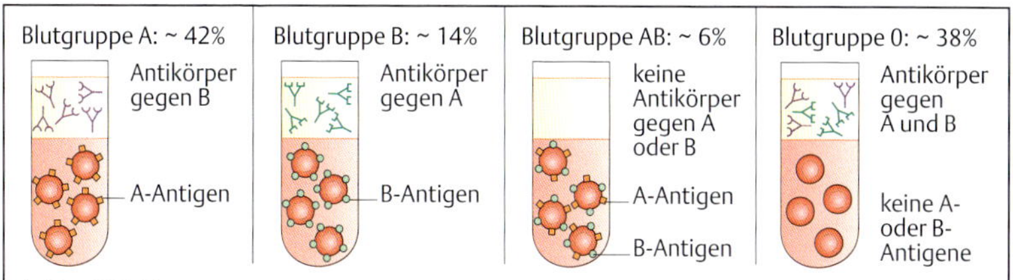

A. Das AB0-Blutgruppensystem

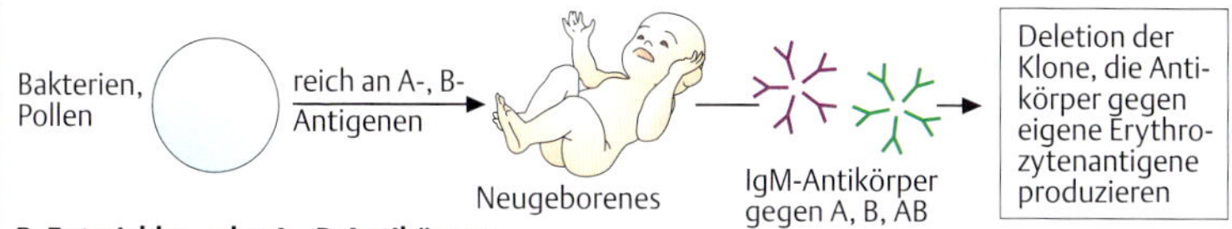

B. Entwicklung der A-, B-Antikörper

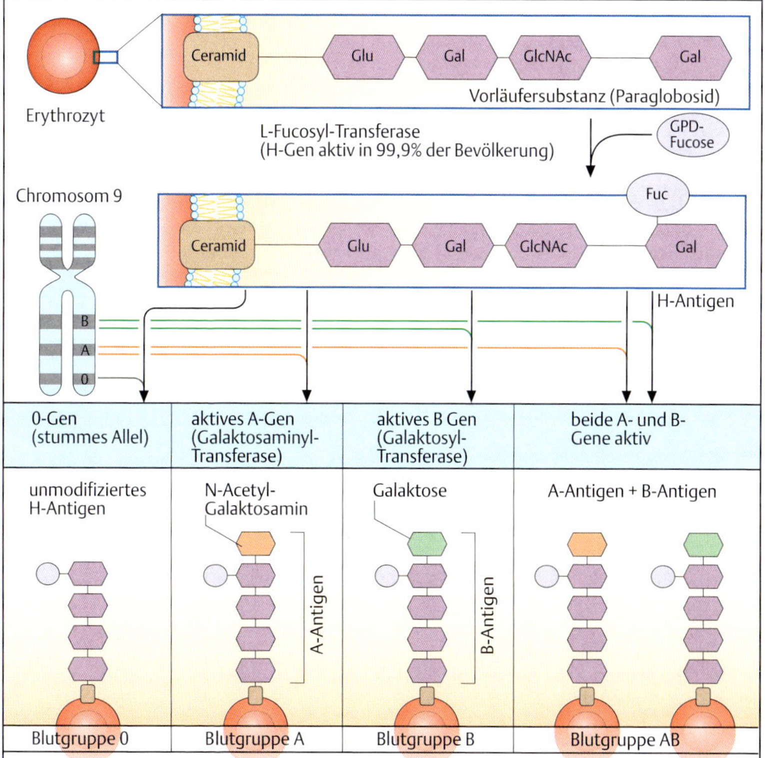

C. Entstehung der AB0-Antigene

Auf den Erythrozyten gibt es mehr als 20 unterschiedliche Blutgruppensysteme; klinische Bedeutung haben v.a. die AB0-, Rhesus-, Kell- und Duffy-Systeme.

A. Rhesus-System

Das *Rh-System* ist genetisch und phänotypisch kompliziert. Die Rhesus-Antigene werden mit *DdCcEe* bezeichnet und von entsprechenden Genen kodiert. Bei *d* handelt es sich um ein stilles Allel, das nicht zur Antigenexpression führt. Nach einem vereinfachten Modell werden sie durch zwei benachbarte Genorte auf dem Chromosom 1 kontrolliert: Auf dem Locus 1 kann entweder das *D-Gen* aktiv sein, welches für das *D-Antigen* kodiert oder das stumme d-Gen. Auf dem zweiten benachbarten Locus gibt es 4 Allele: *CE, Ce, cE, ce*. Die Gene der zwei Loci sind kodominant, d. h. das Genprodukt des ersten Locus wird zusammen mit dem Genprodukt des zweiten Locus exprimiert. Insgesamt ergeben sich somit die Kombinationen *DCE, DCe, DcE, Dce, dCE, dCe, dcE, dce*. Da wir jeweils ein mütterliches und ein väterliches Allel erben, ergibt sich eine Vielzahl an möglichen Genotypen. Alle Genotypen, bei denen ein D-Genprodukt exprimiert wird, werden als *Rhesus-positiv* (Rh^+) bezeichnet, während alle Genotypen, bei denen das D-Antigen fehlt (bzw. das stumme d Allel aktiv ist), werden als *Rh-negativ* (Rh^-) bezeichnet. Die häufigsten Genotypen sind in der Tabelle dargestellt. Dabei ist das D-Antigen das bei weitem stärkste immunogene Antigen.

B. Alloimmunisierung gegen Rh-Antigene

Eine Alloimmunisierung gegen Rhesus-Antigene tritt nach Exposition gegenüber inkompatiblen Erythrozyten auf. Dies ist z. B. der Fall, wenn Rh-positive Erythrozyten Rh-negativen Patienten transfundiert werden. Bereits die Übertragung von 1 ml Rh-positiver Erythrozyten führt in 15 % der Fälle zur Bildung von Anti-D-Antikörpern der Klasse IgM, bei Transfusion von 250 ml Rh-positiver Erythrozyten bilden etwa 80 % der Rh-negativen Menschen Anti-D-Antikörper. Bei Reexposition reichen geringe Mengen der Rh-positiven Erythrozyten aus, um eine sofortige IgG-Antikörperbildung gegen das D-Antigen zu induzieren. Wichtiges klinisches Beispiel ist hier der *Morbus haemolyticus neonatorum* (**2.**).

Bei der Konstellation Rh-negative Mutter und Rh-positives Kind bildet die Mutter beim Übertritt Rh^+ kindlicher Erythrozyten (meistens während der Entbindung) zunächst anti-D IgM-Antikörper. Bei einer zweiten Schwangerschaft reicht bereits der Kontakt mit wenigen kindlichen Erythrozyten aus, um die Produktion plazentagängiger IgG-Antikörper zu induzieren. Der Fetus kann in utero an einer schweren hämolytischen Anämie sterben *(Hydrops fetalis)*. Es kann zu Ablagerung von Hämoglobinspaltprodukten in den Hirnstammzentren (Kernikterus) kommen. Zur Prophylaxe einer anti-D-Immunisierung müssen Rh^--Frauen binnen 72 Stunden nach Entbindung, Amniozentese, Abort oder Schwangerschaftsabbruch Anti-D-Immunglobuline erhalten. Dadurch können übergetretene kindliche Erythrozyten sofort eliminiert und eine Stimulation des mütterlichen Immunsystems verhindert werden.

C. Weitere Erythrozytenantigene

Das *Kell-Blutgruppensystem* ist aufgrund der starken Immunogenität des *K-Antigens* (entspricht in etwa der des Rhesus-D-Antigens) von Bedeutung. Obwohl das K-Antigen nur bei 9 % der Bevölkerung vorkommt, führt die Übertragung von K-positiven Erythrozyten während der Schwangerschaft oder bei Transfusionen zur Bildung von *Anti-K-Antikörpern*, die bei weiteren Transfusionen berücksichtigt werden müssen. Auch bakterielle Antigene induzieren die Bildung von Anti-K-Antikörpern.

Die *Duffy-Antigene* (Fy^a *und* Fy^b) sind nur schwach immunogen. *Anti-Fy-Antikörper* treten daher selten auf. Bei 68 % der schwarzen Amerikaner fehlen beide Antigene. Dies wird auf eine natürliche Selektion zurückgeführt, da das Fy-Glycoprotein als Rezeptor für den Malariaerreger Plasmodium vivax dient. Somit führt das Fehlen der Fy-Antigene zur Malariaresistenz. Nach neuen Erkenntnissen ist das *Duffy-Antigen* ein Chemokinrezeptor, der auch auf Endothelzellen und postkapillaren Venolen vorkommt.

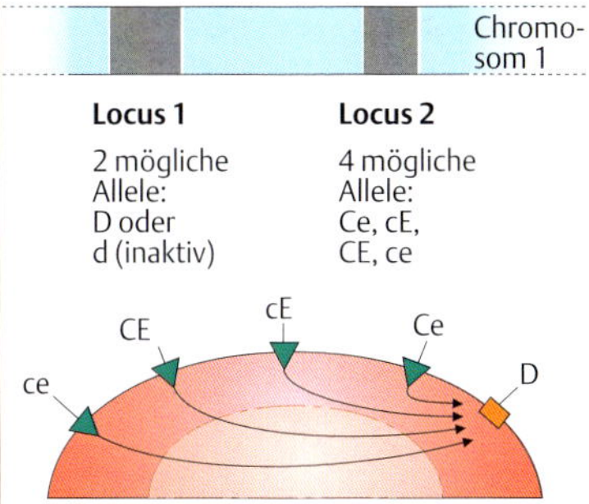

häufigste Genotypen	Häufigkeit	Phänotyp
DCe/DCe	18%	Rh+
DCe/dce	35%	
DCe/DcE	13%	
DcE/dce	12%	
DcE/DcE	2%	
Dce/dce	2%	
	15%	Rh-

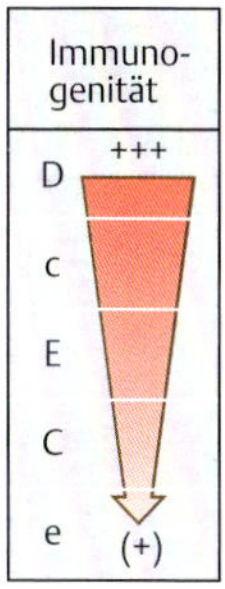

A. Rhesus-System

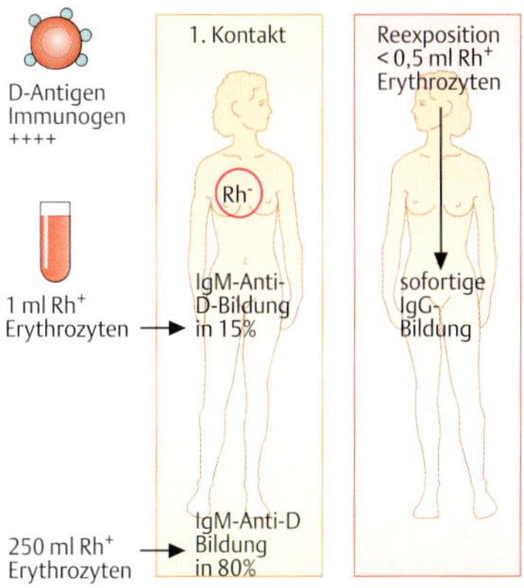

1. Anti D-Immunantwort

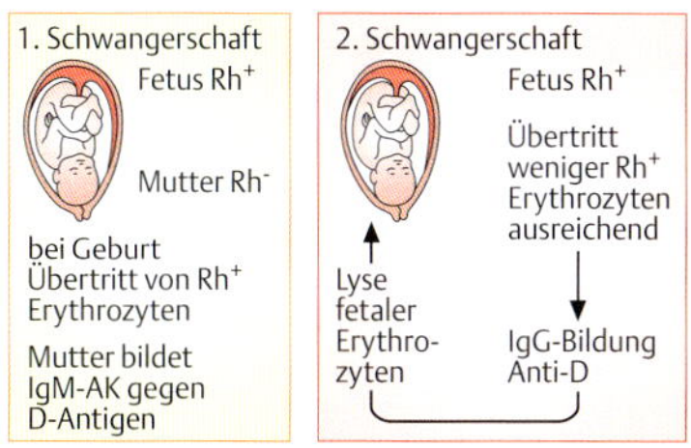

2. Morbus haemolyticus neonatorum

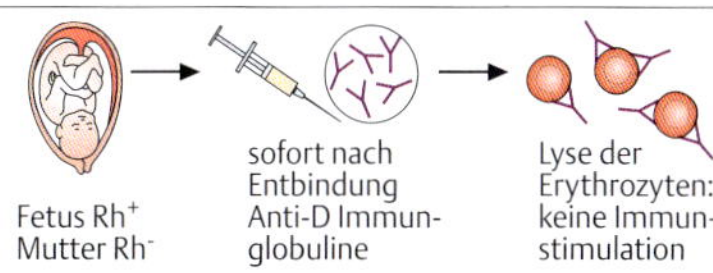

3. Prophylaxe der Rh-Immunisierung

B. Alloimmunisierung gegen Rh-Antigene

Kell-System = K und k

Phänotyp	Häufigkeit
K^-k^+	91%
K^+k^+	8,8%
K^+k^-	0,2%

K immunogen nach
- Schwangerschaft
- Infektion
- Transfusion

Duffy-System = Fy^a und Fy^b

Phänotyp	Häufigkeit (USA)	
	Weiße	Schwarze
Fy^{a+b-}	17%	9%
Fy^{a+b+}	49%	1%
Fy^{a-b+}	34%	22%
Fy^{a-b-}	<1%	68%

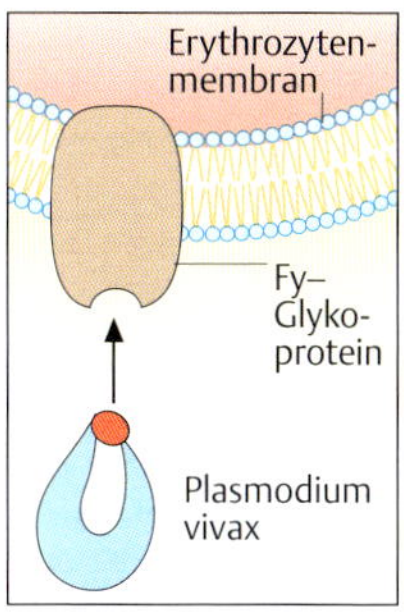

C. Weitere Erythrozytenantigene

Klinik

Antikörper gegen Erythrozytenantigene können zur Lyse der Erythrozyten führen, unabhängig davon, ob sie physiologisch nach Transfusion inkompatibler Erythrozyten oder aufgrund einer fehlgesteuerten Immunregulation (Autoimmunhämolyse) gebildet werden.

A. Mechanismen der Hämolyse

Man unterscheidet zwischen intra- und extravaskulärer Hämolyse.

Wenn IgM-Antikörper an Erythrozyten haften, kann es bereits in der Blutbahn zur Komplementbindung und, nach Aktivierung der lytischen Sequenz, zur Porenbildung kommen (**1.**). Als Folge dieser intravaskulären Hämolyse werden große Mengen Hämoglobin frei, das von einem *Hämoglobin-bindenden Protein des Serums (Haptoglobin)* gebunden wird. Ist dessen Bindungskapazität ausgeschöpft, wird freies Hämoglobin über die Niere ausgeschieden (Hämoglobinurie). In saurem Milieu präzipitiert das Hämoglobin und führt zu einer tubulären Nierenschädigung. Diese wird durch Präzipitation von Immunkomplexen aus Antikörpern und Antigenen der geschädigten Erythrozytenmembran verstärkt. Die Immunkomplexe und das freie Hämoglobin aktivieren außerdem die Gerinnungskaskade. Es kommt zu einer *disseminierten intravaskulären Koagulation (DIC)* mit Bildung von Mikrothromben in Nieren, Lungen, Hirn und Leber.

Eine extravaskuläre Hämolyse liegt vor, wenn die Antikörper das Komplement nicht direkt binden, bzw. wenn die lytische Komplementsequenz (C5-C9) nicht in der Blutbahn aktiviert wird. Die Erythrozyten werden dann über Fc-Rezeptoren und Rezeptoren für Komplementspaltprodukte (C3b) im retikuloendothelialen System (RES) phagozytiert und intrazellulär verdaut (**2.**). Der Verlauf einer extravaskulären Hämolyse ist weniger dramatisch als der einer intravaskulären.

B. Antiglobulintest (Coombs-Test)

Zum Nachweis von Erythrozytenantikörpern wird ein *polyspezifisches Serum (Coombs-Serum)* eingesetzt, das gegen humanes IgG, IgM und Komplement gerichtet ist (**1.**). Meistens fehlen Antikörper gegen IgA, daher werden IgA-Autoantikörper oft nicht erkannt.

Beim *direkten Coombs-Test* werden bereits an Erythrozyten gebundene Antikörper bzw. Komplement nachgewiesen. Die Zugabe des Coombs-Serums führt zur Vernetzung der Antikörper und zur Agglutination (**2.**).

Beim *indirekten Coombs-Test* werden im Serum vorhandene Antikörper nachgewiesen (**3.**). Hierfür wird das Patientenserum mit unterschiedlichen Testerythrozyten mit bekanntem Antigenprofil inkubiert. Enthält das Serum Antikörper gegen eines der Testantigene, so kommt es zur Antikörperbindung, welche in einem weiteren Schritt durch Zugabe des Coombs-Serums zur sichtbaren Agglutination führt. Der Coombs-Test wird zum Nachweis von Antikörpern gegen Erythrozytenantigene vor Transfusion und in der Schwangerschaft eingesetzt.

C. Nachweis kompletter und inkompletter Erythrozytenantikörper

IgM-Antikörper agglutinieren Erythrozyten in isotoner Salzlösung: sie werden als komplette Antikörper bezeichnet. IgG-Antikörper sind hingegen monovalent und nicht in der Lage, den Abstand zwischen zwei Erythrozyten zu überbrükken. Obwohl die Erythrozyten mit IgG-Molekülen beladen sind, findet keine Agglutination statt. Daher werden IgG-Antikörper als inkomplett bezeichnet. Der Nachweis inkompletter Antikörper und Komplementspaltprodukte auf der Erythrozytenoberfläche erfolgt durch Zugabe von Coombs-Serum.

D. Hämolyse und Antikörperaffinität

Die Lyse alternder Erythrozyten (nach einer Lebensdauer von etwa 120 Tagen) gehört zu den normalen Aufgaben des RES. In der Regel korreliert die Schwere der Hämolyse mit der Zahl der gebundenen Antikörpermoleküle pro Erythrozyt. Selten können schwere Hämolysen jedoch durch hochaffine Antikörper selbst in niedriger Konzentration hervorgerufen werden. So können 10 anti-Rh-Antikörper ausreichen, um die Erythrozytenlebenszeit auf 3 Tage zu reduzieren. In einer solchen Situation kann der Coombs-Test negativ oder nur ganz schwach positiv sein, da die untere Nachweisgrenze der meisten Coombs-Reagenzien bei 300 bis 500 Antikörpern pro Erythrozyt liegt. Komplementkomponenten (C3b) können dabei den Abbau wesentlich verstärken.

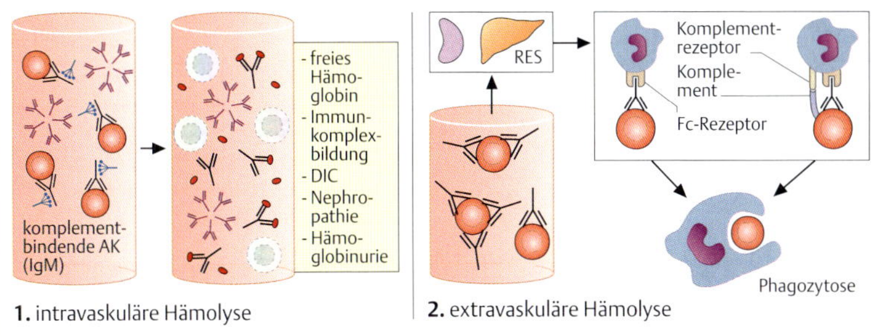

A. Mechanismen der Hämolyse

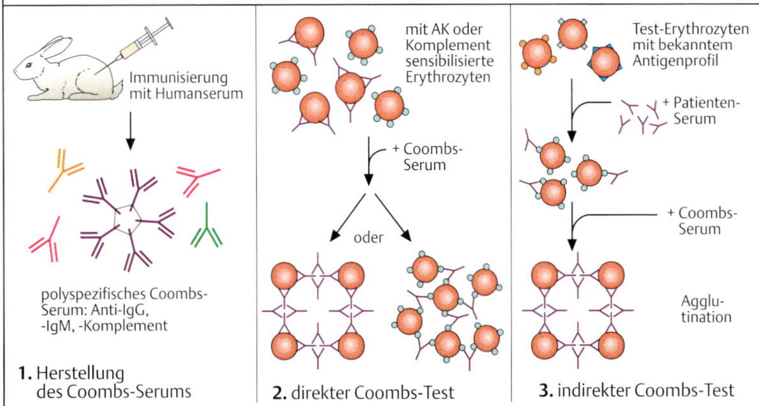

B. Nachweis von Erythrozytenantikörpern: Antiglobulintest (Coombs-Test)

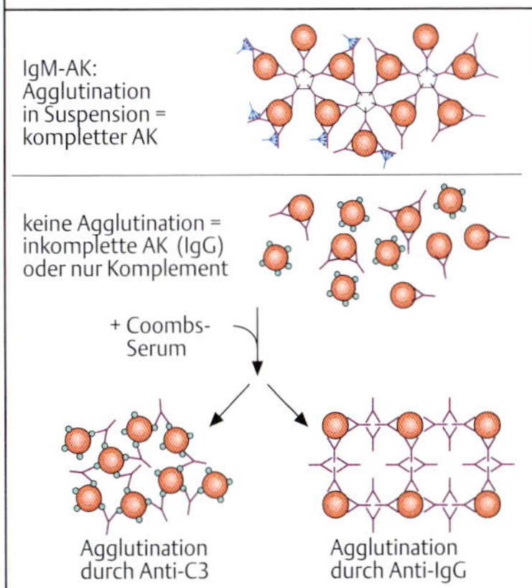

C. Komplette vs. inkomplette Antikörper

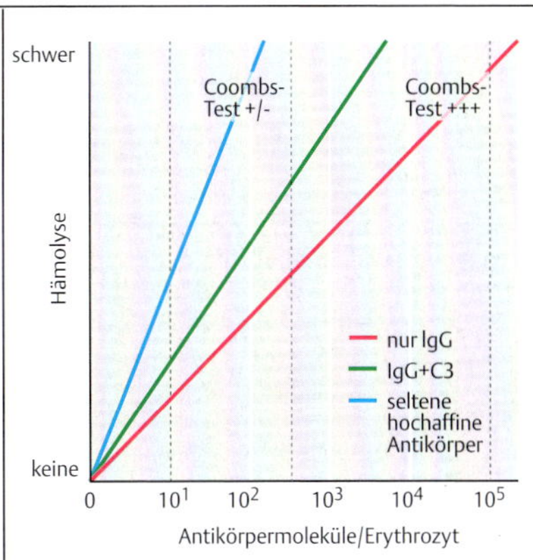

D. Hämolyse und Antikörperaffinität

A. Pathogenese der autoimmunhämolytischen Anämien

Bei etwa 50 % der *autoimmunhämolytischen Anämien (AIHA)* findet man keinen Auslöser. Dies bezeichnet man als idiopathische Hämolyse. Den anderen 50 % liegen verschiedene Ursachen zugrunde, z. B. Infektionen, die durch Kreuzreaktionen bakterieller oder viraler Antigene mit Erythrozytenantigenen die Bildung von Autoantikörpern induzieren. Bei Kollagenosen, insbesondere dem SLE (s. S. 198-201), ist eine verstärkte T-Helferaktivität mit vermehrter Produktion von Autoantikörpern feststellbar. T-Zell-und B-Zell-lymphoproliferative Erkrankungen und Thymome können mit der Regulatorfunktion von T-Zellen interferieren und zu einer überschießenden Autoantikörperproduktion führen. Hämatologische Erkrankungen, wie der M. Hodgkin, Non-Hodgkin-Lymphome und die chronische lymphatische Leukämie, können aus der malignen Transformation autoreaktiver, Autoantikörper-produzierender B-Zellen entstehen oder aber die inhibitorische Regulation entkoppeln. Eine weitere wichtige Gruppe von Autoimmunhämolysen wird durch Medikamente induziert (s. S. 138).

B. Wärmeantikörper

Hämolytische Anämien werden nach der thermischen Aktivität der Autoantikörper klassifiziert: Kälteantikörper binden am besten bei 4 °C an Erythrozyten, Wärmeantikörper hingegen bei 37 °C. Etwa 70 % der Patienten bilden Wärmeantikörper, ca. 15-20 % Kälteantikörper, der Rest ein Gemisch aus beiden. Wärmeantikörper gehören in den meisten Fällen der IgG-Immunglobulinklasse an. Die Komplementfixierung solcher Antikörper ist suboptimal, da C3-Moleküle nur zwischen zwei eng benachbarten Immunglobulinen gut binden können. Dies ist bei polyvalenten IgM-Antikörpern der Fall, bei IgG Antikörpern aber nur, wenn die Antigendichte auf der Zellmembran der Erythrozyten sehr hoch ist. IgG-beladene Erythrozyten werden hauptsächlich extravaskulär durch Makrophagen abgebaut. Dieser Prozeß ist relativ ineffizient, da zirkulierende Immunglobuline die Fc-Rezeptoren blockieren. Effizient ist er nur in der Milz, wo die Zirkulation der Erythrozyten stark verlangsamt ist und die Konzentration der Serum-Immunglobuline daher in Relation zum Zellgehalt sinkt. Der Abbau nimmt zu, wenn C3b auf der Erythrozytenmembran gebunden ist.

C. Klinische Zeichen einer Autoimmunhämolyse

Klinisch manifestiert sich eine Autoimmunhämolyse als sinkende Hämoglobinkonzentration mit Anisozytose. Da bei Wärmeantikörpern der Erythrozytenabbau vorwiegend im RES stattfindet, sinkt die Serumkonzentration des Hämoglobin-bindenden Proteins Haptoglobin nur bei schwerer Hämolyse. Der vermehrte Erythrozytenabbau in Milz und Leber führt zur Hepatosplenomegalie. Intrazelluläre Enzyme, wie Laktatdehydrogenase (LDH), werden freigesetzt. Die Erythropoese im Knochenmark wird angeregt, und Retikulozyten sind vermehrt im peripheren Blut nachweisbar. Das freiwerdende Hämoglobin wird zu Bilirubin abgebaut, das in der Leber an Glukuron gebunden und über die Galle ausgeschieden wird. Ist die Glukuronierungskapazität der Leber überschritten, kommt es zur *Hyperbilirubinämie*, die zur Gelbfärbung von Skleren und Haut führt *(Ikterus)*. Ein weiteres Abbauprodukt, Urobilinogen, verursacht eine dunkle Verfärbung des Urins.

D. Therapie der Wärmeantikörperinduzierten Autoimmunhämolyse

Meist werden zunächst Kortikosteroide eingesetzt. Diese supprimieren einerseits die Antikörperproduktion, können aber auch Funktion und Anzahl der Fc- und C3-Rezeptoren auf den Makrophagen reduzieren. Fc-Rezeptoren werden auch durch hochdosierte Immunglobulingaben blockiert. Kortikosteroide und Immunglobuline erzielen jedoch i. d. R. keine langfristige Heilung. So wird häufig eine Splenektomie bzw. eine Bestrahlung der Milz durchgeführt, da die Sequestration der Wärmeagglutinine-beladenen Erythrozyten hauptsächlich in der Milz stattfindet. Auch immunsuppressive Medikamente, wie Cyclophosphamid, Azathioprin oder Ciclosporin, können eingesetzt werden. Eine sehr effektive Therapie bietet der anti-CD20-Antikörper Rituximab (s. S. 290). Dieser hemmt die Autoantikörperbildung. Z. Zt. handelt es sich jedoch noch um eine experimentelle Indikation.

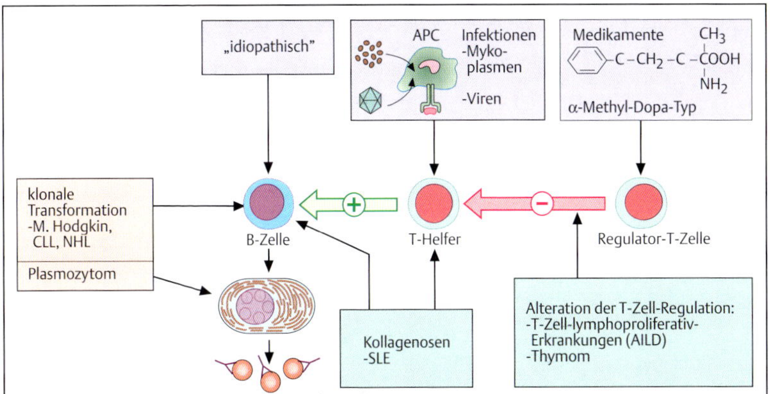

A. Pathogenese der autoimmunhämolytischen Anämien

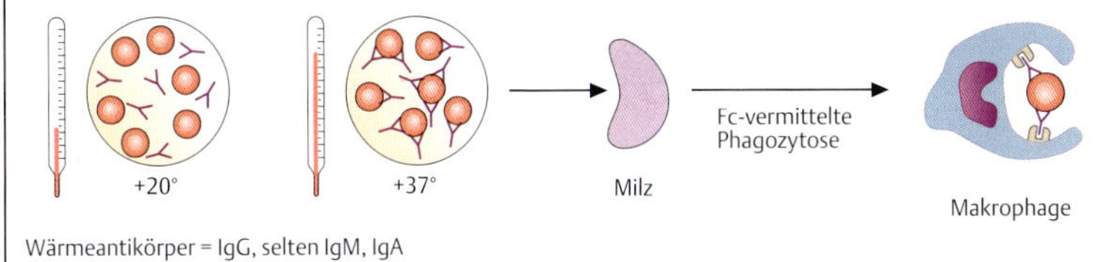

B. Wärmeantikörper

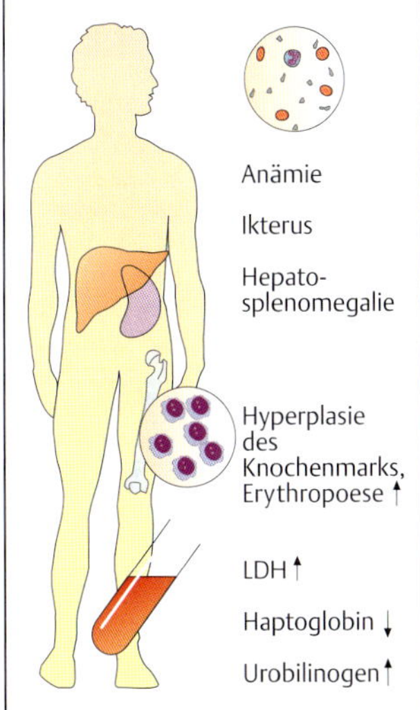

C. Klinische Zeichen

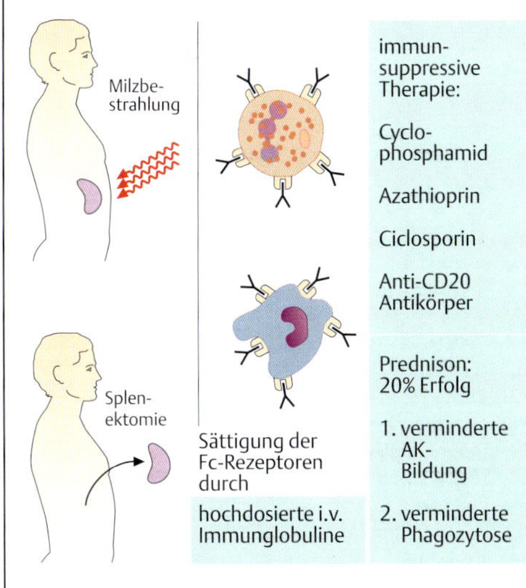

D. Therapie der Wärme-AK-Autoimmunhämolyse

A. Autoimmunhämolyse durch Kälteantikörper

Kälteantikörper sind i. d. R. IgM-Immunglobuline, selten IgG. Sie treten häufig nach Infektionen auf, besonders durch Mykoplasmen, Epstein-Barr- oder Zytomegalieviren, selten nach anderen bakteriellen Erkrankungen. In der Regel kommt es nach diesen Infektionen zur Bildung von polyklonalen kältereaktiven Antikörpern, die am besten bei niedrigen Temperaturen an Erythrozyten binden und gegen das I-Antigen gerichtet sind. Das I-Antigen wird v. a. von reifen Erythrozyten exprimiert. Maligne lymphatische Erkrankungen sezernieren, entsprechend ihrem klonalen Ursprung (s. a. S. 156), monoklonale Agglutinine. Diese können sowohl gegen das I- als auch gegen das *i-Antigen* (fetale, unreife Erythrozyten) gerichtet sein. Bei der *idiopathischen chronischen Kälteagglutininkrankheit* (Inzidenzmaximum zwischen dem 70. und 80. Lebensjahr) werden ebenfalls monoklonale Kälteagglutinine produziert.

Die Schwere der durch Kälteagglutinine hervorgerufenen Hämolyse hängt von der thermischen Amplitude des Antikörpers ab, d. h. davon, wie stark die Antikörper bei einer bestimmten Temperatur an Erythrozyten binden. Mit sinkender Temperatur nimmt die Antikörperbindung zu, die lytische Aktivität des Komplements jedoch ab. Daher kommt es nur im Überlappungsbereich, i. d. R. zwischen 10 °C und 30 °C, zur Hämolyse (**2.**). Ist die thermische Amplitude eines Antikörpers sehr groß (über 30°C) so kommt es auch bei Temperaturen, die in der Haut leicht erreicht werden, zur Hämolyse. Oft werden Kälteagglutinine per Zufall durch eine Routine-Blutbilduntersuchung aufgrund der Erythrozytenverklumpung bei der Zellzählung entdeckt (**3.**). Die Erythrozytenzählgeräte sehen diese Zellaggregate als einzelne große Zellen und ermitteln daher ein falsch erhöhtes MCV (mittleres zelluläres Erythrozytenvolumen) sowie eine falsch erniedrigte Erythrozytenzahl bei normaler Hämoglobinkonzentration.

Da in den Kapillaren der Haut die Temperatur unter 30 °C fallen kann, agglutinieren die Kälteagglutinine die Erythrozyten. Diese intravaskuläre Agglutination verschließt die Kapillaren und manifestiert sich in der Haut als Akrozyanose (bläuliche Verfärbung der Finger-, Ohren- und Nasenspitzen) oder als netzartige bläuliche Verfärbung der Haut (Livedo reticularis). In schweren Fällen treten auch trophische Störungen auf.

B. Hämolysemechanismus

Kälteantikörper binden am besten bei +4 °C an Erythrozyten, kaum oder nur schlecht bei 37 °C, bei Raumtemperatur ist die Bindung unterschiedlich. Da Kälteagglutinine meistens IgM-Antikörper sind, kann es über Komplementaktivierung direkt zur intravaskulären Hämolyse kommen, dies ist jedoch selten. Bei den meisten Patienten verläuft die Hämolyse schleichend: Das an der Erythrozytenoberfläche gebundene C3b-Molekül vermittelt die Bindung an Komplementrezeptoren auf Kupffer-Zellen der Leber. Da Phagozyten keine Fc-Rezeptoren für IgM besitzen, findet im Gegensatz zur Wärmeantikörper-Hämolyse keine Fc-vermittelte Phagozytose statt. Daher haben eine Splenektomie, eine Therapie mit hochdosierten Immunglobulinen oder eine Steroidtherapie bei Kälteantikörpern nur geringe Erfolgsaussichten.

C. Therapie

Kälteagglutinine in niedrigen Konzentrationen werden häufig im Rahmen von Laboruntersuchungen gefunden und haben i. d. R. keine klinische Relevanz, da sie meistens eine geringe thermische Amplitude haben. Auch viele Patienten mit Kälteagglutininkrankheit haben nur eine geringe, schleichende Hämolyse, die keiner Therapie bedarf. Bei Kälteexposition kann es aber zu schweren hämolytischen Krisen kommen. Transfusionen sollten mit Zurückhaltung durchgeführt werden, das Blut soll während der Transfusion auf 37 °C erwärmt werden. Wichtigste Maßnahme ist warme Kleidung. In Extremfällen bleibt der Wechsel in wärmere Klimazonen als einzige Lösung. Splenektomie oder Milzbestrahlung sind meist ineffektiv. Eine zytostatische bzw. immunsuppressive Therapie ist nur erfolgversprechend, wenn eine lymphoproliferative Erkrankung zugrunde liegt. Auch bei Kälteantikörpern, wie bei Wärmeantikörpern, ist eine Therapie mit dem monoklonalen anti-CD20-Antikörper Rituximab effektiv (s. a. S. 290).

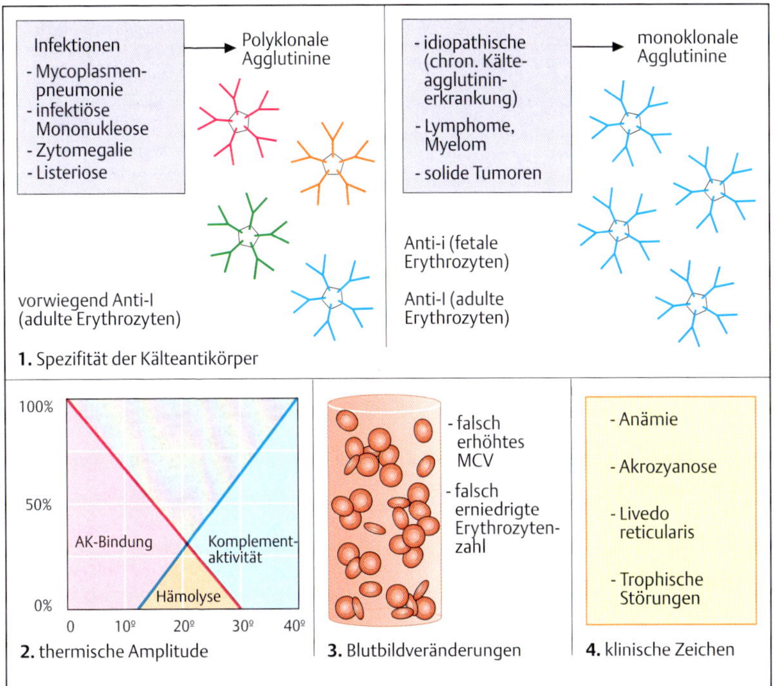

A. Autoimmunhämolyse durch Kälteantikörper

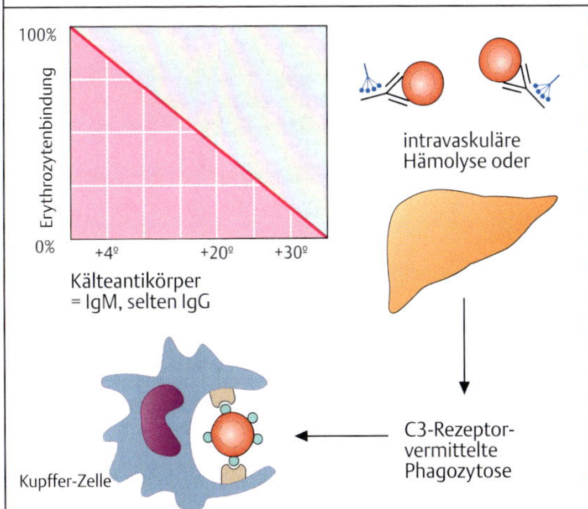

B. Hämolysemechanismus

C. Therapie

Klinik

A. Medikamenten-induzierte Autoimmunhämolyse

Medikamente können über unterschiedliche Immunmechanismen zur Hämolyse führen.
Bei der Penicillin-induzierten Hämolyse (Hapten-Typ, **1.**) sind die Antikörper spezifisch gegen das Antibiotikum gerichtet (sind also strikt genommen keine Autoantikörper). Eine Hämolyse findet statt, wenn die Medikamente fest an die Zellmembran gebunden sind. So kann z. B. Penicillin sogar eine kovalente Bindung mit Proteinen der Erythrozytenmembran eingehen. Hochtitrige Antikörper werden v. a. bei hochdosierter Penicillingabe gebildet. Es handelt sich meist um IgG-Wärmeantikörper, die Hämolyse verläuft über Fc-vermittelte Phagozytose. Cephalosporine induzieren häufig einen positiven Coombs-Test, zur Hämolyse kommt es jedoch selten.
Andere Medikamente, z. B. Chinidin oder Stibophen (**2.**) bilden zunächst Immunkomplexe mit IgG- oder IgM-Antikörpern, die gegen sie gerichtet sind, und binden erst als Immunkomplexe an die Erythrozytenoberfläche. Dies führt zu einer Aktivierung der Komplementkaskade mit nachfolgender Lyse von unbeteiligten Erythrozyten. Dieser Hämolyse-Mechanismus wird als *„innocent bystander"* bezeichnet. Heute geht man allerdings davon aus, daß die Antikörper teilweise gegen erythrozytäre Antigene gerichtet sind, und daß Medikamente, die diesen Hämolysetyp verursachen, sich wie Haptene verhalten (d. h. sie können eine Immunantwort nur generieren, wenn sie an Trägerproteine gebunden sind).
Medikamente wie das α-Metyldopa (**3.**) führen zu einer spezifischen Hemmung von Regulatorzellen, so daß es zur unkontrollierten Autoantikörperbildung kommt. Es handelt sich um eine echte autoimmunhämolytische Anämie. Die Antikörper reagieren mit Komponenten des Rhesus-Antigens. Ca. 15 % der Patienten, die α-Metyldopa einnehmen entwickeln Antikörper (positiver Coombs-Test), nur ca. 1 % entwickelt aber eine Hämolyse.

B. Transfusionsreaktionen

Nach Transfusion von Erythrozyten kann es zu Unverträglichkeitsreaktionen kommen. Schwere hämolytische Reaktionen sind meist durch fehlerhafte Transfusion inkompatibler Erythrozyten bedingt. Am häufigsten sind dabei die *A_1-, Kell- und Duffy-Antigene* beteiligt. Rhesus-Antigene, wenngleich stärker immunogen, führen selten zu Transfusionsreaktionen, da die Inkompatibilität bei der Testung leichter auffällt.
In ca. 1 % aller Transfusionen kommt es zu febrilen nicht-hämolytischen Reaktionen. Es sind allergische Reaktionen, hervorgerufen durch Allergene oder IgE-Immunglobuline im Serum des Spenders, welche zur Freisetzung von Interleukin-1 und Histamin führen. Diese Reaktionen können durch Einsatz gewaschener Blutprodukte bzw. durch Prämedikation mit Antihistaminika vermindert werden.
Zu einer Alloimmunisierung gegen fremde HLA-Antigene (kontaminierende Leukozyten im Transfusionsprodukt) oder gegen erythrozytäre D-Antigene kommt es bei polytransfundierten Patienten bzw. nach multiplen Schwangerschaften. Dies ist eigentlich eine physiologische Immunreaktion, die durch Einsatz von Leukozytenfilter und sorgfältige Auswahl der Spenders minimiert werden kann.
Sehr selten kommt es zu einer *„Graft-versus-host-Reaktion"* (s. a. S. 174). Sie wird durch vitale Lymphozyten im Transfusionsprodukt hervorgerufen, welche normales Gewebe eines immunsupprimierten Empfängers angreifen. Durch Einsatz von Leukozytenfiltern bzw. durch Bestrahlung der Blutprodukte kann dies vermieden werden.
Selten kommt es durch Transfusion von kontaminierten Blutprodukten zu Infektionen: Am häufigsten sind Hepatitis-, Zytomegalie- oder HI-Viren beteiligt. In Endemiegebieten kann es zur Übertragung von Malaria, Chagas-Erregern oder Filarien kommen. Selten werden Bakterien, wie Pseudomonaden, E. Coli und Yersinien übertragen.
Weiterhin ist zu berücksichtigen, daß Patienten mit IgA-Mangel (1/600 Einwohner!), mit anaphylaktischen Reaktionen auf Transfusionen reagieren können, da Transfusionsprodukte häufig kleine Mengen Serum-Immunglobuline enthalten. Solche Patienten sollten daher nur sorgfältig gewaschene Blutprodukte erhalten.

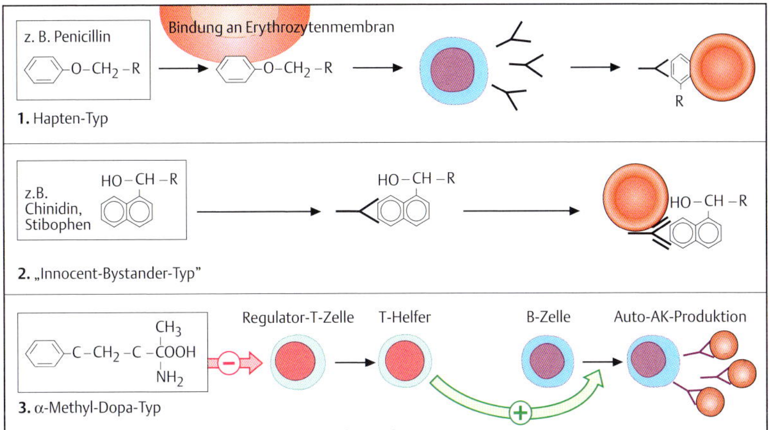

A. Medikamenteninduzierte Autoimmunhämolyse

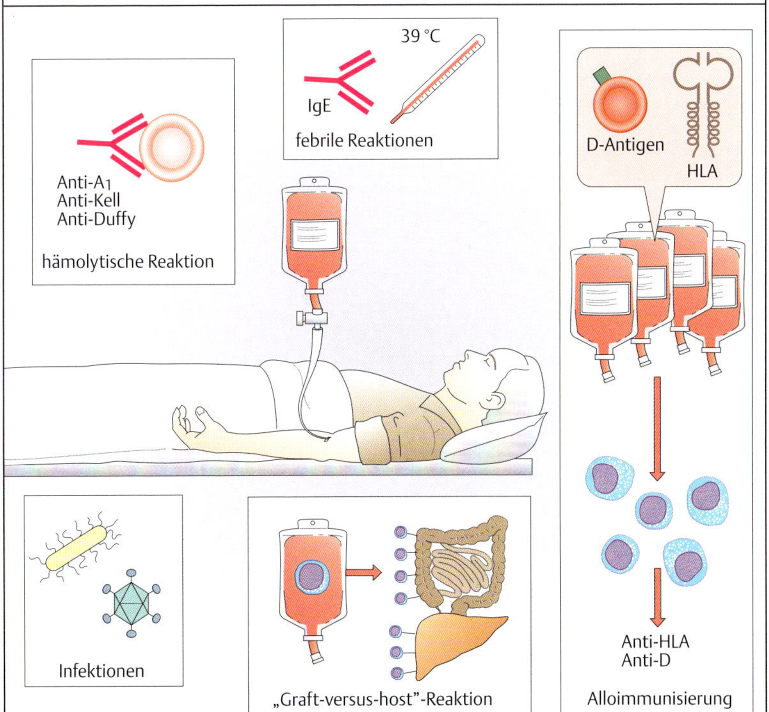

B. Transfusionsreaktionen

A. Autoimmunneutropenien

Neutropenien können durch Antikörper, T-Zell-Zytokine oder direkte zytotoxische Wirkung von T- und NK-Zellen entstehen. Bei der idiopathischen und der neonatalen Form liegen häufig Auto-Antikörper gegen die NA1- und NA2-Antigene der Granulozyten vor. Diese Antigene spielen auch bei der maternofetalen Immunisierung (Neugeborenen-Neutropenie) eine Rolle. Autoantikörper können auch im Rahmen von Kollagenosen, insbesondere des SLE und des Felty-Syndroms, einer Sonderform der Rheumatoiden Arthritis, gebildet werden. Beim T-Zell-Typ der *„Large Granular Lymphocyte" (LGL)-Leukämie* kommt es zur klonalen Proliferation von T-Zellen, welche eine zytotoxische Aktivität gegen neutrophile Granulozyten entfalten.

Thymustumoren (Thymome) können zu einer sog. *„pure white cell aplasia"* führen. Es werden große Mengen von T-Suppressor-Zellen (Regulator-Zellen) generiert, welche ausschließlich die Entwicklung der Granulozyten hemmen. Bei HIV-Erkrankten entsteht die Neutropenie meist durch Hemmung der Neutrophilen-Produktion im Knochenmark bzw. durch toxische Nebenwirkungen der Therapie.

B. Aplastische Anämie

Bei der aplastischen Anämie kommt die komplette Blutbildung zum Erliegen. Das Blutbild zeigt eine Panzytopenie, d. h. eine gleichzeitige Anämie, Leukopenie und Thrombozytopenie. Die Anämie zeigt sich als Blässe und Müdigkeit, das Fehlen der Granulozyten macht sich in einer erhöhten Infektneigung bemerkbar, die Thrombozytopenie äußert sich meist als petechiale Blutung. Das Knochenmark ist sehr zellarm. Ursachen sind Infektionen, toxische Schädigungen, präneoplastische Störungen, aber auch pathologische Autoimmunreaktionen. Diese sind insbesondere zu vermuten, wenn im Knochenmark eine Vermehrung lymphatischer Zellen sichtbar ist. Dabei handelt es sich um T-Suppressor-Zellen, welche pluripotente Stammzellen direkt oder über Stromazellen hemmen. Eine immunsuppressive Therapie (Steroide, Ciclosporin, anti-Thymozyten Globulin [ATG, s. a. S. 282], allogene Knochenmarktransplantation) kann erfolgreich sein.

C. Pure red cell aplasia

Mit *„pure red cell aplasia"* wird eine Störung ausschließlich der Erythropoese ohne Beeinträchtigung der Leukozyten- und Thrombozytenbildung bezeichnet. Die Krankheit ist mit Thymomen und Parvovirus B19-Infektionen assoziiert, kommt aber auch im Rahmen von malignen Lymphomen vor. Vermutlich werden T-Suppressor-Zellen aktiviert, die selektiv die Erythropoese hemmen; es wurden aber auch Antikörper gegen erythrozytäre Vorstufen beobachtet. Der anti-CD20-Antikörper Rituximab (s. a. S. 290) ist i. d. R. wirksam.

D. Immunthrombopenie

Bei der Immunthrombopenie werden Antikörper (meistens IgG) gegen Thrombozyten gebildet. Dies kann bei einer Kollagenose (insbesondere SLE), nach Medikamenteneinnahme, massiven Transfusionen oder nach viralen Infektionen geschehen. Auch in vielen Fällen mit nicht erkennbarer Ursache (**i**diopathische **t**hrombozytopenische **P**urpura, **ITP**) wird eine vorausgegangene virale Infektion vermutet. Die Antikörper führen zu einer Verkürzung der Thrombozytenlebensdauer: Trotz Vermehrung der Megakaryozyten im Knochenmark kommt es zu einem Abfall der Thrombozytenzahl im Blut, in schweren Fällen mit Blutungsneigung. Blutungen treten jedoch meist nur als Petechien auf, lebensbedrohliche Hirnblutungen kommen selbst bei Thrombozytenzahlen unter 30 000/ml selten vor (< 1 % der Fälle). Die Plättchen-Antigene *Glykoprotein IIIa und IIb, (Gp IIIa/IIb-Komplex)* sowie *GpIb* sind Ziel der Immunreaktion. Die Antikörper können als *Plättchen-assoziierte Immunglobuline (PAIgG)* nachgewiesen werden. Nach Heparingabe kommt es zur Bildung von Antigen-Antikörper Komplexen, die sich über Fc-Rezeptoren an Thrombozyten anlagern. Die Thrombozyten können dann als „innocent bystander" lysiert bzw. von Makrophagen phagozytiert werden. Bei Kindern tritt die ITP häufig als akute Form mit hoher Rate an Spontanremissionen auf, bei Erwachsenen ist der Verlauf eher chronisch und therapierefraktär. Kortikosteroide, immunsuppressive Medikamente, hochdosierte intravenöse Immunglobuline und Splenektomie stehen als etablierte Therapiemöglichkeiten zur Verfügung. Vorübergehende Erfolge werden häufig mit anti-CD20-Antikörper erzielt.

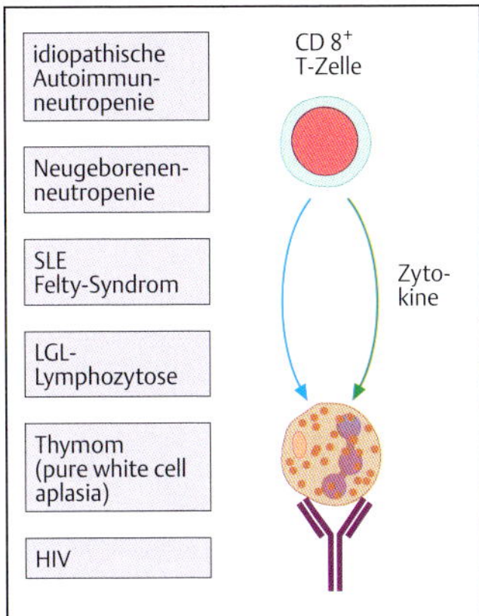

A. Autoimmunneutropenien

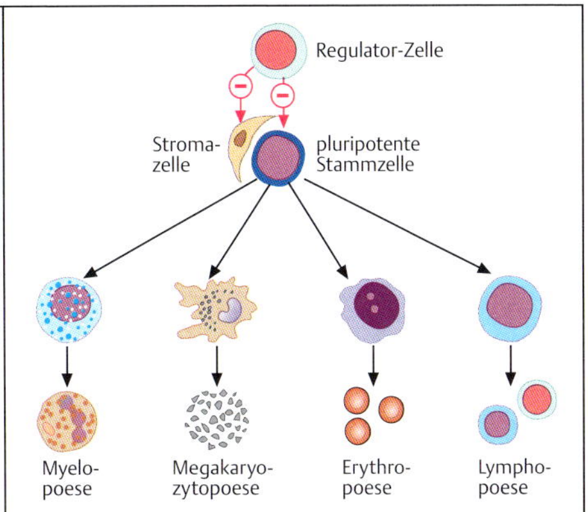

B. Aplastische Anämie

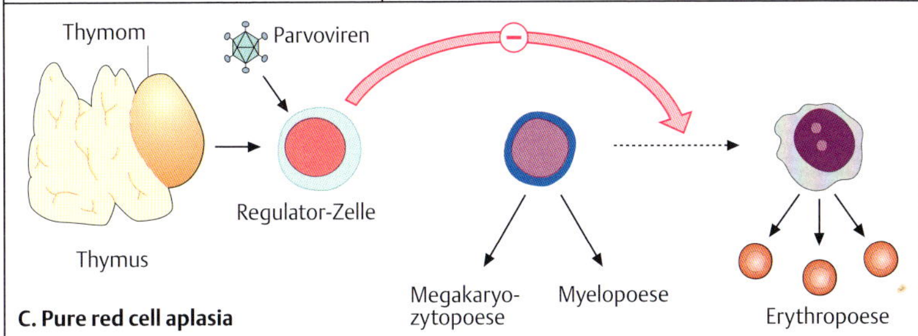

C. Pure red cell aplasia

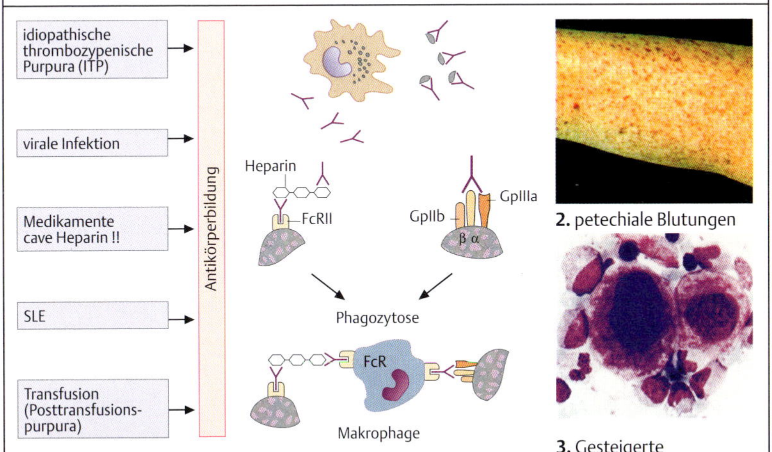

D. Immunthrombopenie

Klinik

Akute Leukämien sind neoplastische Erkrankungen, bei denen Vorläuferzellen des Knochenmarks die Fähigkeit zur Differenzierung verlieren und sich abnorm vermehren. Das ungehemmte Wachstum der neoplastischen Zellen verdrängt die restliche Hämatopoese. Unbehandelt führen akute Leukämien binnen weniger Wochen zum Tode.

A. Hämatopoese und Ursprung der Leukämien

Manche Leukämien entwickeln sich aus pluripotenten Stammzellen. Diese undifferenzierten Leukämien sind morphologisch schwer einzuordnen. Andere wiederum stammen von Myeloblasten ab und zeigen eine entsprechende Morphologie. Myelomonozytäre Leukämien entwickeln sich aus gemeinsamen Vorstufen der granulozytären und monozytären Reihe. Aufgrund morphologischer Kriterien und mit Hilfe zytochemischer Färbungen (Nachweis spezifischer Enzyme, z. B. der Myeloperoxidase MPO) werden die akuten myeloischen Leukämien nach der *FAB (French-American-British)-Klassifikation* in 8 Subgruppen (M0 bis M7) eingeteilt.

B. Immunphänotypische Merkmale akuter myeloischer Leukämien

Lymphatische und myeloische Leukämien werden unterschiedlich behandelt. Die immunologische Typisierung ist also v. a. dann von Bedeutung, wenn die Linienzuordnung morphologisch nicht möglich ist. Unreife Leukämien, wie die M0-Leukämie, exprimieren nur wenige Antigene, wie CD117 und CD34, oder – schwach – die frühen myeloischen Antigene CD13 und CD33. Eine Unterscheidung zwischen der AML-M1, -M2 und -M3 ist i. d. R. einfach lichtmikroskopisch möglich. Es gibt keine exakte Korrelation mit der Expression bestimmter Antigene. Bei der *myelomonozytären (AML-M4)* und der *monozytären Leukämie (AML-M5)* sind CD14 und CD64 positiv. Bei den AML-M6- und -M7-Formen exprimieren die Zellen Glykophorin A, ein Antigen der erythrozytären Reihe, bzw. CD61, ein Antigen der megakaryozytären Thrombozyten-Vorstufen.

C. Immunphänotypische Merkmale akuter lymphatischer Leukämien

Undifferenzierte Leukämien, die keine linienspezifische Antigene exprimieren, sind selten. Das Enzym terminale Desoxyribonucleotidyl-Transferase (TDT) ist dann i. d. R. nachweisbar. Unter den lymphoblastischen Leukämien kann man mehrere Subtypen differenzieren: die meisten Leukämien entsprechen frühen Reifungsstufen der B-Zell-Reihe (pro-B- bzw. prä-B-Leukämien). Die Expression des *CD10-Antigens („common ALL"-Antigen)* definiert bei Kindern eine Subgruppe von Leukämien mit guter Prognose, bei Erwachsenen ist jedoch der prädiktive Wert von CD10 gering. Reifzellige B-Zell-Leukämien exprimieren auf der Zellmembran Immunglobuline. Sie haben eine schlechte Prognose und müssen besonders aggressiv behandelt werden. Leukämien der T-Zell-Reihe exprimieren CD3 entweder im Zytoplasma oder auf der Zelloberfläche. Die Expression von CD1a, CD2, CD4 und CD8 identifiziert verschiedene Subtypen (Pro-T-, prä-T- und T-ALL), dies hat jedoch geringe klinische Relevanz.

D. Zytogenetische Merkmale akuter myeloischer und lymphatischer Leukämien

Ursachen der Leukämien sind meistens *Mutationen, chromosomale Deletionen (del)* und *Translokationen (t)*, die zu Funktionsverlust oder ungebremster Aktivität eines für die Differenzierung bzw. Zellteilung wichtigen Genproduktes führen. Diese biologischen Merkmale haben große prognostische Bedeutung. In wenigen Fällen korrelieren sie allerdings mit einer bestimmten Morphologie. So ist die M3-Promyelozytenleukämie, die aufgrund einer Translokation zwischen den Chromosomen 15 und 17 entsteht, morphologisch durch den Reichtum an azurophilen Granula charakterisiert. Leukämien mit Inversion oder Deletionen des Chromosoms 16 zeigen im Knochenmark eine typische Eosinophilie *(M4Eo)*. Bei myeloischen Leukämien vom Typ M2 ist oft eine Translokation zwischen den Chromosomen 8 und 21 vorhanden. Diese 3 Leukämiearten haben eine günstigere Prognose als die meisten anderen Leukämien, insbesondere jene mit komplexen genetischen Anomalien. So werden in Zukunft prognostisch bedeutsame Klassifikationen der Leukämien auf genetischen Merkmalen basieren. Die häufigsten Anomalien sind in **D.** aufgeführt.

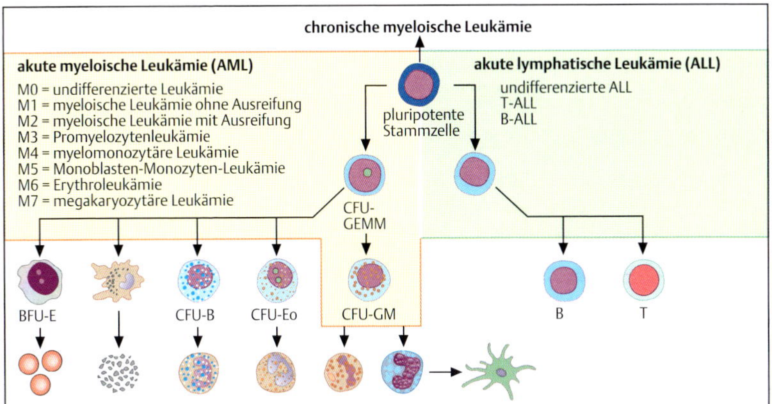

A. Hämatopoese und Ursprung der Leukämien

	MPO	HLA-DR	CD34	CD117	CD13	CD14	CD15	CD33	CD61	CD64
M0	+/-	+/-	+/-	+	+/-	-	-	+/-	-	-
M1	+	+/-	+/-	+/-	+/-	-	-	+/-	-	-
M2	+	+	+/-	+/-	+	-	+/-	+/-	-	-
M3	+	-	-	-	-/+	+	+	+	-	+/-
M4	+	+	-/+	+/-	+	+/-	+/-	+	-	+
M5	-	+	-/+	-/+	+	+/-	+	+	-	+
M7	-	+/-			+/-	-	-	+/-	+	
M6	= Positivität für Glykophorin A									

B. Immunphänotypische Merkmale akuter myeloischer Leukämien

	TdT	CD7	CD2	CD3	CD4	CD8	CD10	CD19	CD20	sIg
U-ALL	+	-	-	-	-	-	-	-	-	-
Pro-T-ALL	+	+/-	-	cyt	-	-	-	-	-	-
Prä-T-ALL	+	+	+/-	cyt	-	+/-	+/-	-	-	-
T-ALL	+	+	+	+	+/-	+/-	+/-	-	-	-
Pro-B-ALL	+/-	-	-	-	-	-	+/-	+	-	-
Prä-B-ALL	+/-	-	-	-	-	-	+/-	+	+/-	cyt-μ
Reife B-ALL	-	-	-	-	-	-	-	+	+	+

C. Immunphänotypische Merkmale akuter lymphatischer Leukämien

myeloische Leukämien	
t (8;21)	M2, M4
inv (16), del (16q)	M4Eo, M2
t (15;17)	M3
t (11;17)	M3-like
del (11) (q22-23)	M5, M2, M4
t (9;11), t (11;19)	M5, M4
Monosomie/del 7 u. 5	M1, M2, M5

lymphatische Leukämien	
t (9;22)	Ph'+-ALL
t (4;11)	Säuglings-ALL oder biphänotypische ALL
t (8;14), (2;8), (8;22)	B-ALL
t (11;14), (1;14)	T-ALL
t (1;19)	prä-B-ALL
t (5;14)	B-ALL
del 9, t (9;n..)	hyperleuk., extramedull. Manifestationen

D. Zytogenetische Merkmale akuter myeloischer und lymphatischer Leukämien

Klinik

Lymphomklassifikationen im Vergleich

Maligne Lymphome sind proliferative Erkrankungen, die von Lymphknoten oder extranodalem lymphatischem Gewebe ausgehen. Entsprechend der Vielfalt der Reifungs- und Differenzierungsschritte lymphatischer Zellen gibt es viele unterschiedliche Lymphomarten.

Der Morbus Hodgkin wurde aufgrund seiner typischen morphologischen und klinischen Merkmale schon als eine separate Entität angesehen. Obwohl der zelluläre Ursprung des Morbus Hodgkin auch heute noch nicht endgültig geklärt ist, wird die strikte Abgrenzung des Morbus Hodgkin von den restlichen „Non-Hodgkin"-Lymphomen vermutlich in Zukunft wegfallen.

Unter den vielen Lymphomklassifikationen der letzten Jahrzehnte konnte sich auf dem europäischen Kontinent v. a. die *Kiel-Klassifikation* etablieren. Grundlage dieser Klassifikation war der Versuch, die verschiedenen Lymphomentitäten auf immunologisch definierte Ausgangszellen im normalen lymphatischen Gewebe zu beziehen. Dabei wurden erstmalig nicht nur die morphologischen Kriterien, sondern v. a. auch die immunphänotypischen Merkmale der Lymphomzellen anhand neu entwickelter immunhistologischer Färbungen berücksichtigt. So wurden die zentrozytischen, zentroblastischen Lymphome entsprechend der normalen Physiologie des Keimzentrums beschrieben, und die Unterschiede zwischen T-Zell- und B-Zell-Lymphomen erarbeitet. Darüberhinaus bemüht sich die Kiel-Klassifikation durch die Einteilung in niedrig und hochmaligne Lymphome auch um eine klinische Relevanz.

Die Kiel-Klassifikation konnte sich auf dem amerikanischen Kontinent nicht durchsetzen. So wurde 1994 von einer internationalen Arbeitsgruppe die ***R**evidierte **E**uropäische **A**merikanische **L**ymphomklassifikation* (**REAL**)veröffentlicht. Diese Klassifikation hatte, im Gegensatz zur Kiel-Klassifikation, nicht die Etablierung einer biologisch „korrekten" Lymphomklassifikation als Ziel, sondern nur eine Auflistung gut definierter Entitäten, entsprechend dem aktuellen Stand der morphologischen, immunologischen und molekularbiologisch/genetischen Techniken. Da nicht alle Untergruppen zum jetzigen Zeitpunkt definitiv identifiziert werden können, wurden einige Lymphomkategorien als vorläufig bezeichnet.

In **A.** ist die REAL-Klassifikation der malignen Lymphome dargestellt. Um einen Vergleich zu ermöglichen, sind die Lymphomentitäten der Kiel-Klassifikation ebenfalls aufgelistet. Zum Morbus Hodgkin s. S. 146, zu den restlichen Non-Hodgkin-Lymphomen s. S. 148–155.

Kiel-Klassifikation der malignen Non-Hodgkin-Lymphome	
B-Zell-Lymphome	**T-Zell-Lymphome**
Niedrigmaligne Lymphome	
lymphozytisch: B-CLL, B-PLL, Haarzell-Leukämie	T-CLL, T-Prolymphozytenleukämie (PLL)
lymphoplasmozytisches/zytoides Immunozytom	Large Granular Lymphocyte-Lymphozytose
plasmozytisches Lymphom, Plasmozytom	Mycosis fungoides, Sézary-Syndrom
zentroblastisch-zentrozytisches Lymphom (follikulär, follikulär + diffus, diffus)	lymphoepitheloides Lymphom
T-Zonen-Lymphom	pleomorphes, kleinzelliges Lymphom
angioimmunoblastisches Lymphom (LgX)	
Intermediärmaligne Lymphome	
zentrozytisches Lymphom	
Hochmaligne Lymphome	
zentroblastisches Lymphom	pleomorphes mittel- bis großzelliges T-Zell-Lymphom
immunoblastisches Lymphom	T-immunoblastisches Lymphom
Burkitt-Lymphom	T-lymphoblastisches Lymphom
großzellig-anaplastisches $CD30^+$-B-Zell-Lymphom	großzellig-anaplastisches $CD30^+$-T-Zell-Lymphom

B-Zell Lymphome	
I. Vorläufer-B-Zell-Neoplasie Vorläufer-B-lymphoblastische Lymphome/Leukämien	B-lymphoblastische Lymphome
II. Periphere B-Zell-Neoplasien	
1. CLL, PLL, kleinzelliges lymphozytisches Ly.	B-lymphozytische Lymphome
2. Lymphoplasmazytoides Lymphom (Immunozyt.)	Lymphoplasmazytisches Immunozytom
3. Mantelzell-Lymphom	Zentrozytisches Lymphom Zentrozytoider Subtyp des zentroblast. Lymphoms
4. Follikelzentrums-Lymphom, follikulär, Grad I- III diffus (vornehmlich kleinzellig) (provisorisch)	Zentroblastisch-zentrozytisches Lymphom follikulär, diffus
5. Marginalzonen-B-Zell-Lymphom, extranodal (MALT-Typ, +/- monozytoide B-Zellen), nodal (+/- monozytoide B-Zellen)	Monozytoides Ly., inkl. Marginalzonen Ly.
6. Marginalzonen-Lymphom der Milz (provisorisch)	
7. Haarzell-Leukämie	Haarzell-Leukämie
8. Plasmozytom/Myelom	Plasmozytisches Lymphom
9. Diffuses großzelliges B-Zell-Lymphom (Subtyp: primär mediastinales großzelliges B-Zell-Ly.)	Zentroblastisches Ly., B-Immunoblastisches Ly., großzelliges anaplastisches Ki-1 Lymphom
10. Burkitt-Lymphom	Burkitt-Lymphom
11. Hochmalignes B-Zell-Lymphom, Burkitt-like	Zentroblastische, immunoblastische Lymphome
T-Zell und natürliche Killer-Zell Lymphome	
I. Vorläufer-T-Zell-Neoplasien Vorläufer-T-lymphoblastisches Lymphom /Leukämie	T-lymphoblastisches Lymphom
II. Periphere T-Zell- und NK-Zell-Neoplasien	
1. T-CLL /T-PLL (Prolymphozytenleukämie)	T-lymphozytisches Lymphom, CLL-Typ, PLL-Typ
2. Großzellige granuläre Lymphozyten-Leukämie a) T-Zell-Typ; b) NK-Zell-Typ	T-lymphozytisches Lymphom, CLL-Typ
3. Mycosis fungoides/Sézary-Syndrom	Mycosis fungoides, Sézary Syndrom
4. Periphere T-Zell-Lymphome, subkutanes pannikulitisches L. (provisorisch), hepatosplenisches g-d-Lymphoma (provisorisch)	T-Zonen Lymphom, lymphoepitelioides Lymphom, pleomorphe klein/großzellige Lymphome, T-immunoblastisches Lymphom
5. Angioimmunoblastisches T-Zell-Lymphom	Angioimmunoblastisches Lymphom (AILD, LgX)
6. Angiozentrisches Lymphom	
7. Intestinales T-Zell-Lymphom (+/- Enteropathie)	
8. Adulte(s) T-Zell-Lymphom/-Leukämie, HTLV1+	Pleomorphes HTLV1+ Lymphom
9. Anaplastisches großzelliges L. (T- und Null)	Anaplastisches großzelliges T-Zell Lymphom (Ki1+)
Hodgkin Lymphom	
I. Lymphozyten prädominanter Typ	Lymphozyten prädominanter Typ
II. Nodulär-sklerosierender Typ	Nodulär-sklerosierender Typ
III. Mischtyp	Mischtyp
IV. Lymphozytenarmer Typ	Lymphozytenarmer Typ
V. Lymphozytenreicher klassischer Typ	
1. REAL-Klassifikation	**2.** Lymphome der Kiel-Klassifikation

A. Vergleich der Lymphomentitäten der Kiel Klassifikation mit der REAL-Klassifikation

A. Pathogenetisches Modell

Auch 160 Jahre nach der Erstbeschreibung ist die Pathogenese des Morbus Hodgkin nicht eindeutig geklärt. Die krankheitstypischen ***Reed-Sternberg-* (RS)** bzw. ***Hodgkin-*(HD)*-Zellen*** (bi- oder polynukleäre Zellen mit großen Nukleoli und breitem, hellem Zytoplasma) machen meist nur 1-2 % der gesamten Zellpopulation eines befallenen Lymphknotens aus. Der Rest besteht aus einem bunten Infiltrat aus Lymphozyten, Histiozyten, Eosinophilen, Plasmazellen und Fibroblasten. In vielen RS-Zellen konnte eine klonale Umlagerung der Gene für schwere Immunglobulinketten nachgewiesen werden, was einen B-lymphozytären Ursprung nahelegt. In 50 % der Fälle läßt sich das Epstein-Barr-Virusgenom in den RS-Zellen nachweisen, auch sind B-Zell-Antigene stark exprimiert. Manche HD-/RS-Zellen zeigen jedoch Eigenschaften aktivierter T-Zellen, andere wiederum exprimieren typische Antigene von dendritischen Zellen, wie CD83 und p55. RS-Zellen besitzen außerdem alle wichtige Moleküle für die Antigenpräsentation: MHC-Klasse-I und -II, die kostimulatorischen Antigene CD80 und CD86 sowie die Adhäsionsmoleküle CD54 und CD58. Die Interaktion von CD30 mit dem CD30L, der von T-Lymphozyten, Monozyten und Makrophagen exprimiert wird, induziert in RS-Zellen die Sekretion von Zytokinen: IL-5 ist für die eosinophile Infiltration verantwortlich, IL-1, IL-6 und IL-9 agieren als autokrine und parakrine Wachstumsfaktoren. Die typische Fibrose wird durch IL-1 und TGF-β verursacht.

B. Histologische Klassifikation

Eine Sonderform stellt das „Paragranulom" mit einer sehr günstigen Prognose dar. Es handelt sich dem Ursprung der Tumorzelle nach um ein B-Zell-Lymphom. Der klassische M. Hodgkin wird in 4 Typen unterteilt: die häufigste Variante ist der nodulär-sklerosierende Typ mit charakteristischen streifenförmigen Sklerosierungsarealen. Der lymphozytenreiche Typ hat wenige RS-Zellen und eine gute Prognose. Am seltensten ist der lymphozytenarme Typ, der morphologische Ähnlichkeiten zum großzellig-anaplastischen Lymphom aufweist, im Gegensatz zu diesem aber nicht die t (2;5) chromosomale Translokation aufweist.

Alle Formen, die sich nicht diesen drei Typen bzw. dem Paragranulom zuordnen lassen, zählen zum Mischtyp.

C. Symptome

Schmerzlose Lymphknotenvergrößerungen sind typisch für diese Krankheit. Rezidivierende Fieberschübe, Nachtschweiß und Gewichtsverlust (B-Symptome) treten bei ca. 10 % der Patienten als Erstsymptom auf. In fortgeschrittenen Stadien manifestiert sich der Morbus Hodgkin zunehmend an weiteren extralymphatischen Organen, wie Leber, Knochenmark, Knochen sowie an Lunge und Haut.

D. Labor

Typische Entzündungszeichen beim Morbus Hodgkin sind: hohe Blutsenkungsgeschwindigkeit (BSG), Anämie, niedriges Eisen, erhöhte α_2-Globuline, erhöhter Kupferspiegel. Oft liegt eine Neutrophilie oder Monozytose vor; eine Eosinophilie ist selten, kann aber extreme Werte erreichen. Bei mehr als 30 % der Patienten tritt eine Lymphozytopenie auf. Gelegentlich kann im Serum die lösliche Form des CD30-Antigens (sCD30) nachgewiesen werden: erhöhte sCD30-Spiegel korrelieren mit dem Krankheitsstadium und sind ein negativer Prognosefaktor, ebenso die Konzentration des löslichen IL-2-Rezeptors (sCD25) im Serum.

E. Therapie

Die Mehrheit der Patienten kann geheilt werden. Die Prognose hängt vom Ausbreitungsstadium sowie von Risikofaktoren ab (z. B. großer Mediastinaltumor, extranodaler Befall, massiver Milzbefall, erhöhte BSG). In frühen Stadien führt die Strahlentherapie zu Remissionsraten von ca. 80 %. Bestrahlt werden oft beteiligte und benachbarte Lymphknotenregionen nach den sog. „oberen Mantelfeld"- bzw. „umgekehrtes Y"-Protokollen **(1.)**. Eine Polychemotherapie wird bei Patienten mit fortgeschrittenen Stadien bzw. Risikofaktoren angewandt. Bei Rezidiven kann eine Hochdosischemotherapie mit autologer Stammzelltransplantation durchgeführt werden. Experimentelle Therapieansätze, z. B. *bispezifische Antikörper*, die zytotoxische T-Zellen an CD30-positiven Hodgkinzellen heranbringen *(targeten)*, sind in Erprobung **(3.)**.

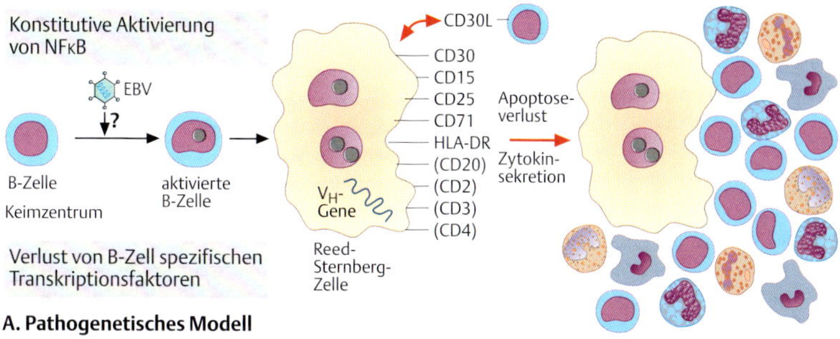

A. Pathogenetisches Modell

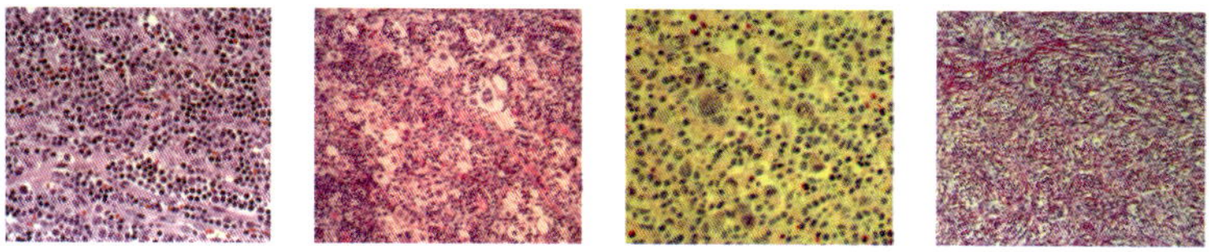

lymphozytenreicher Typ ca. 12%

nodulär sklerosierender Typ ca. 46%

Mischtyp ca. 31%

lymphozytenarmer Typ ca. 10%

B. Histologische Klassifikation

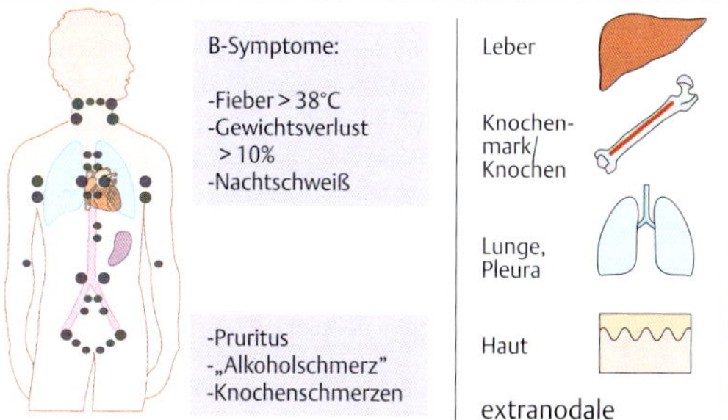

C. Symptome

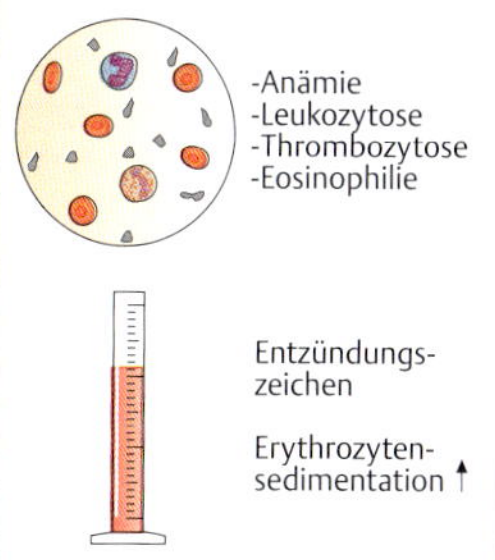

D. Labor

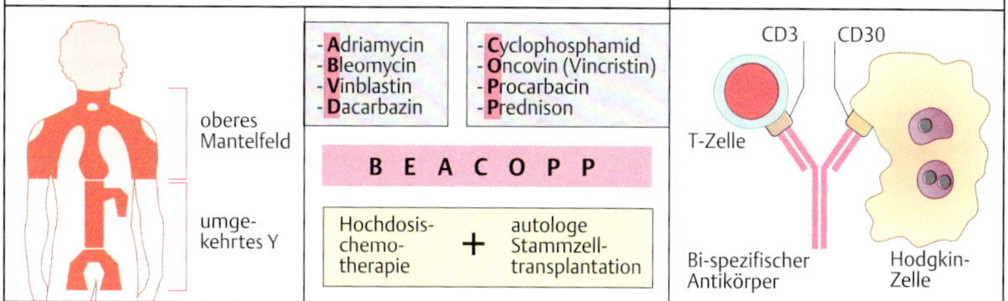

1. Radiotherapie

2. Polychemotherapie

3. experimentelle Therapieansätze

E. Therapie

A. Vorläufer T-lymphoblastisches Lymphom/Leukämie (T-LBL)

Lymphoblastische Lymphome entstehen primär in den Lymphknoten und kolonisieren später das Knochenmark, während die lymphoblastischen Leukämien primär im Knochenmark beginnen und danach die Lymphknoten infiltrieren. Da dies oftmals nur schwer zu unterscheiden ist, spricht man von einer Leukämie, wenn Lymphomzellen mehr als 25% des Zellanteils im Knochenmark ausmachen. Bei Kindern machen T-lymphoblastische Lymphome etwa 40% der Lymphomfälle aus, bei Erwachsenen hingegen nur ca. 2% aller **N**on-**H**odgkin-**L**ymphome (**NHL**) bzw. 15% aller akuten lymphatische Leukämien. Betroffen sind v. a. junge Männer, die rasch wachsende mediastinale (vom Thymus ausgehend) Raumforderungen und/oder eine periphere Lymphadenopathie aufweisen. Ohne Behandlung kommt es zu einer Ausschwemmung der Lymphomzellen; die Krankheit führt rasch zum Tode. Die Lymphoblasten entstehen aus Thymozyten; sie weisen runde Kerne mit wenig Zytoplasma auf. Die Tumorzellen exprimieren CD7 und zytoplasmatisch oder auf der Oberfläche CD3. Die Expression anderer T-Zell-Marker wie CD2 und CD5 ist variabel. Charakteristischerweise wird im Kern das Enzym terminale Deoxynukleotidyl-Transferase (TdT) exprimiert. Durch aggressive Chemotherapie ist diese sonst tödliche Erkrankung potentiell heilbar.

B. Periphere T-Zell-Neoplasien

1. In der Gesamtgruppe der Non-Hodgkin-Lymphome ist die *chronisch lymphatische Leukämie vom T-Zell-Typ oder T-CLL* sehr selten. Die Zellen zeigen unregelmäßig begrenzte Kerne mit prominenten Nukleoli und ein relativ breites Zytoplasma, so daß man sie als Prolymphozyten klassifiziert und eigentlich von einer T-Pro-Lymphozytenleukämie (T-PLL) sprechen kann. Die Lymphozyten infiltrieren Knochenmark, Milz, Leber, Lymphknoten, aber auch Haut und Schleimhäute; häufig zählt man im Blut > 100 000 Leukozyten/mm^3. Die Leukämiezellen exprimieren die T-Zell-Marker CD2, CD3, CD5, CD7 und meistens CD4 (65%), manchmal jedoch gleichzeitig auch CD4 und CD8 (ca. 21%). In 75% der Fälle kann eine Inversion des Chromosoms 14 (q11;q32) nachgewiesen werden, auch Trisomien 8 sind beschrieben. Die Prognose ist ungünstig, wesentlich schlechter als bei der chronischen lymphatischen Leukämie vom B-Typ.

2. Aus zirkulierenden CD8$^+$-T-Zellen bzw. NK-Zellen entsteht die *„Large granular lymphocyte"-(LGL)-Leukämie*. Typisch ist eine mäßige Leukozytose von bis zu 20 000/mm^3, die oft mit einer Neutropenie einhergeht. Bei der T-Zell-Form tritt meist eine Anämie und leichte Splenomegalie auf. Der Verlauf ist milde, Krankheitserscheinungen werden meist durch die Zytopenie hervorgerufen. Die Tumorzellen besitzen einen exzentrischen rund-ovalen Zellkern in einem blaß-blauen Zytoplasma mit azurophilen Granula. Der Immunphänotyp der T-Zell-Form ist CD3$^+$, CD8$^+$, CD16$^+$, TCR$\alpha\beta^+$, und entspricht zytotoxischen T-Zellen. Der NK-Typ ist hingegen CD3$^-$, TCR$\alpha\beta^-$, CD56$^{+/-}$CD16$^+$und CD8$^{+/-}$.

3. Aus peripheren epidermotropen CD4$^+$-T-Zellen entwickelt sich das Hautlymphom *Mycosis fungoides* bzw. die entsprechende generalisierte Form, das *Sézary-Syndrom*. Zunächst klagen die Patienten über juckende Ekzeme, die sich später in kutane Plaques oder Knoten umwandeln. Patienten mit Sézary-Syndrom haben eine *diffuse Erythrodermie („homme rouge")* mit teilweise unerträglichem Juckreiz. Die Lymphomzellen zirkulieren im Blut: bei der Mycosis fungoides vereinzelt, beim Sézary-Syndrom in größerer Zahl. Im Verlauf können sich anaplastische großzellige Lymphome (ALCL) entwickeln. Histologisch zeigen sich kleine Lymphozyten mit zerebriformen Kernen, die in den Hautinfiltraten, im Blut und im Parakortex der Lymphknoten vorkommen. Die Tumorzellen exprimieren CD2, CD3 und CD5 und meistens CD4.

4. Aus peripheren T-Zellen in verschiedenen Reifungsstadien können *periphere T-Zell-Lymphome* entstehen. Diese Erkrankungen machen ca. 10% aller NHL aus. Diese Gruppe ist heterogen und noch provisorisch. Die Tumorzellen haben oft unregelmäßig begrenzte Zellkerne und variieren stark in ihrer Größe. T-Zell-Marker sind variabel ausgeprägt. Die meisten Tumorzellen sind CD4$^+$. In einigen Fällen sind zahlreiche Epitheloidzellen vorhanden *(„Lennert-Lymphom" oder Lymphoepitheloides Lymphom)*. Beim hepatosplenischen γ/δ-Lymphom zeigt sich eine ausgeprägte Infiltration von Leber und Milz. Im Gegensatz zu den meisten Lymphomen exprimieren die Lymphomzellen hier γ/δ-T-Zell-Rezeptoren.

5. Andere periphere Lymphome werden getrennt aufgeführt, da sie klinisch gut definierte Krankheitsbilder verursachen. So manifestiert sich das *angioimmunoblastische T-Zell-Lymphom* als generalisierte Lymphadenopathie mit Fieber, Gewichtsverlust, Hautrötungen und polyklonaler Hypergammaglobulinämie. Synonym wird diese Erkrankung auch **a**ngioimmunoblastische **L**ymphadenopathie mit **D**ysproteinämie (**AILD**) genannt. In den Lymphknoten ist die Architektur zerstört, die Sinus sind erweitert, die Infiltrate dringen durch die Kapsel ins perinodale Fettgewebe ein. Aggregate von follikulären dendritischen Zellen (FDC) umgeben proliferierende, verzweigende Venolen. Die Tumorzellen zeigen eine Umlagerung des T-Zell-Rezeptors. Sie exprimieren T-Zell-Marker und sind meistens $CD4^+$. In 10% der Fälle läßt sich ein Rearrangement der schweren Ketten der Immuglobuline nachweisen. Gelegentlich kann sich ein hochmalignes T- oder auch B-Zell-Lymphom entwickeln.

6. *Angiozentrische Lymphome* stammen vermutlich aus NK-Zellen oder T-Zellen und betreffen Nase, Gaumen und Haut. Der Verlauf kann indolent oder aggressiv sein. Charakteristisch ist ein Infiltrat aus kleinen Lymphozyten und atypischen lymphoiden Zellen, das die Gefäßlumina verschließt und so zur ischämischen Nekrose führt. Die Tumorzellen exprimieren CD2, oft auch CD7 und CD5, sind aber oft $CD3^-$ und $CD56^+$.

7. *Intestinale T-Zell-Lymphome* finden sich meistens bei Patienten mit Gluten-sensitiver Enteropathie in der Vorgeschichte. Früher wurde die Krankheit *„maligne Histiozytose des Darms"* genannt. Die Patienten weisen multifokale maligne Ulzera im Jejunum auf, die leicht perforieren. Die Lymphome enthalten ein Gemisch aus unterschiedlich großen Zellen. Die abnormen Zellen sind $CD3^+$ und $CD7^+$, manchmal $CD8^+$. Außerdem exprimieren sie den Mukosa-T-Zell-assoziierten Marker CD103.

8. Das *adulte T-Zell-Lymphom/adulte T-Zell-Leukämie* wird durch HTLV1 verursacht und tritt v. a. in Japan und in der Karibik auf, sporadisch jedoch auch in Europa. Am häufigsten ist ein akuter Verlauf mit ausgeprägter Leukozytose, Hepatosplenomegalie, Hyperkalzämie und Osteolysen. Die mittlere Überlebenszeit liegt unter einem Jahr. Im peripheren Blut finden sich Zellen mit mehrfach gelappten kleeblattartigen Kernen. Die Tumorzellen exprimieren CD3, CD2, CD4 und CD25 und sind CD7-negativ. Eine chronische Form mit geringerer Leukozytose und ohne Hepatosplenomegalie oder Osteolysen hat eine etwas bessere Prognose.

9. *Anaplastische großzellige Lymphome* (**a**naplastic **l**arge **c**ell **l**ymphoma; **ALCL**) stammen von $CD30^+$extrafollikulären Blasten ab Die Erkrankung kann primär systemisch oder kutan verlaufen oder als Zweitmalignom auftreten. Die primär kutane Form hat einen wesentlich günstigeren Verlauf. Die Tumorzellen sind große zytoplasmareiche Blasten mit oft hufeisenförmigen oder multiplen Kernen, die mehrere Nukleoli aufweisen. Multinukleäre Formen können dabei RS-Zellen gleichen. Die Mehrzahl der Tumoren hat T-Zell-assoziierte Marker ($CD3^{+/-}$, $CD25^{+/-}$) und zeigt in > 50% ein Rearrangement des T-Zell-Rezeptors. Außer CD30 exprimieren die Tumorzellen ein **e**pitheliales **M**embran**a**ntigen (**EMA**). Die primär systemische Form ist häufig mit einer Translokation t(2;5) assoziiert, bei der als Fusionsprotein **n**ucleo**p**hos**m**in-**a**naplastic **l**ymphoma **k**inase (**NPM-ALK**) entsteht. Dabei wird eine zur Familie des Insulinrezeptoren gehörende Kinase mit dem Zell-Zyklus-regulierten nukleolären Protein Nukleophosmin fusioniert. Die so veränderte Kinase hat vermutlich eine pathogenetische Bedeutung.

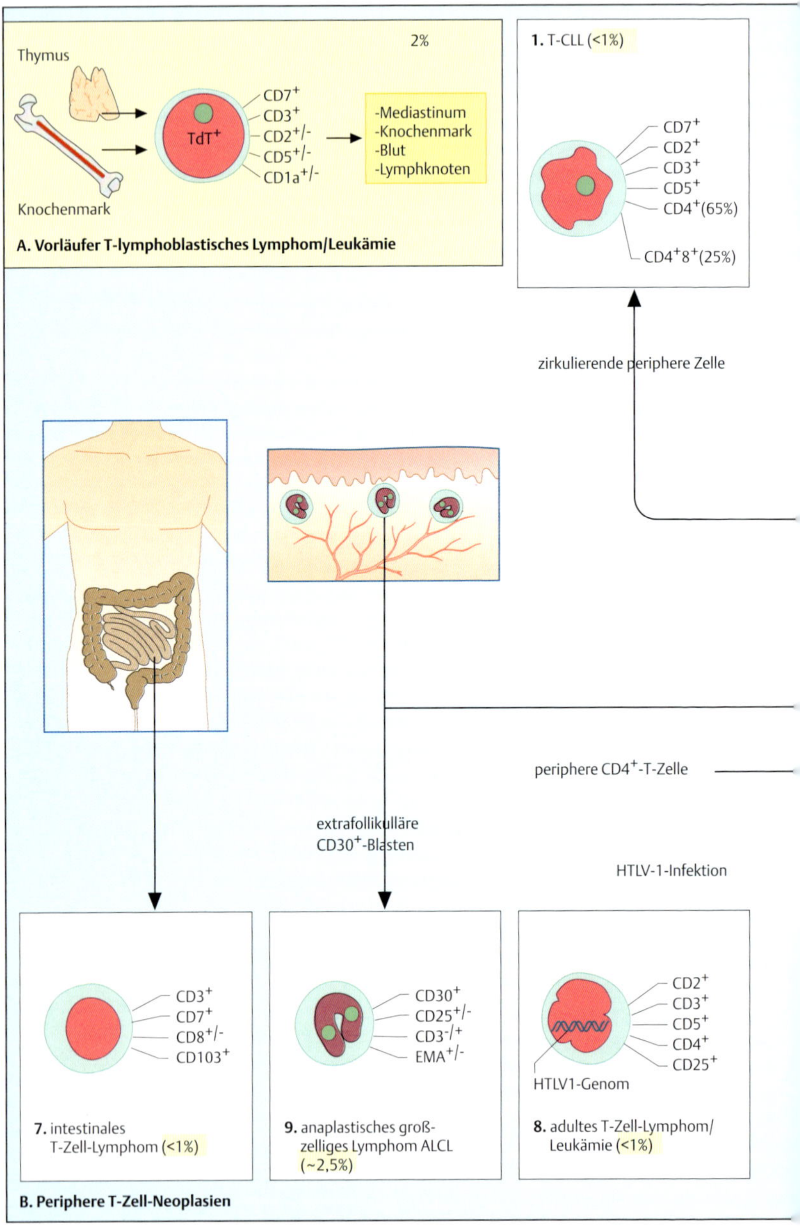

B. Periphere T-Zell-Neoplasien

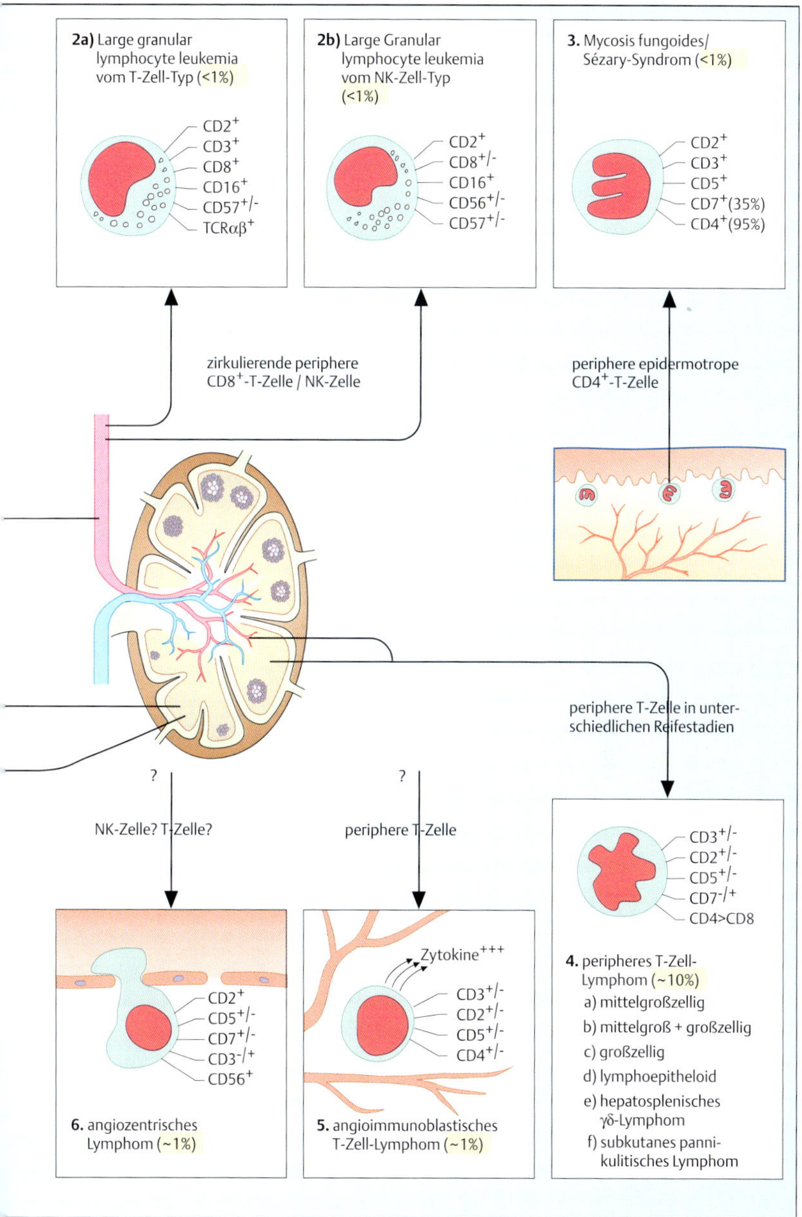

2a) Large granular lymphocyte leukemia vom T-Zell-Typ (<1%)
CD2+
CD3+
CD8+
CD16+
CD57+/-
TCRαβ+
2b) Large Granular lymphocyte leukemia vom NK-Zell-Typ (<1%)
CD2+
CD8+/-
CD16+
CD56+/-
CD57+/-
3. Mycosis fungoides/ Sézary-Syndrom (<1%)
CD2+
CD3+
CD5+
CD7+(35%)
CD4+(95%)
zirkulierende periphere CD8+-T-Zelle / NK-Zelle
periphere epidermotrope CD4+-T-Zelle
periphere T-Zelle in unterschiedlichen Reifestadien
?
NK-Zelle? T-Zelle?
?
periphere T-Zelle
CD3+/-
CD2+/-
CD5+/-
CD7-/+
CD4>CD8
4. peripheres T-Zell-Lymphom (~10%)
a) mittelgroßzellig
b) mittelgroß + großzellig
c) großzellig
d) lymphoepitheloid
e) hepatosplenisches γδ-Lymphom
f) subkutanes pannikulitisches Lymphom
Zytokine+++
CD3+/-
CD2+/-
CD5+/-
CD4+/-
5. angioimmunoblastisches T-Zell-Lymphom (~1%)
CD2+
CD5+/-
CD7+/-
CD3-/+
CD56+
6. angiozentrisches Lymphom (~1%)

A. Tumoren der Vorläufer-B-Zellen

Neoplastische Erkrankungen von Vorläufer-B-Zellen können sich klinisch mit dem Bild einer akuten lymphoblastischen Leukämie mit Knochenmarkinfiltration und leukämischem Blutbild manifestieren, insbesondere bei Kindern jedoch auch ohne primäre Knochenmarkinfiltration als tumoröse Schwellung eines Lymphknotens, der Haut oder des Knochens auftreten. Erst später kann es in solchen Fällen zu einem leukämischen Verlauf mit Knochenmarkinfiltration kommen. Die Tumorzellen exprimieren B-Zell-spezifische Antigene wie CD19, zytoplasmatisches CD22 und das CD79a-Antigen. In vielen Fällen sind auch CD20 und das CD10/common-ALL-Antigen positiv, das bei Kindern – nicht bei Erwachsenen – für eine Subgruppe von Leukämien mit relativ günstiger Prognose steht. Wenn die Lymphome/Leukämiezellen hingegen wie reife B-Zellen Oberflächen-Immunglobuline exprimieren, ist die Prognose besonders schlecht. Auch Translokationen zwischen den Chromosomen 1 und 19 bzw. 9 und 22 oder Veränderungen des Chromosoms 11q gehen mit einer sehr schlechten Prognose einher.

B. Periphere B-Zell-Neoplasien

Diese Lymphomgruppe macht insgesamt etwa 2/3 aller NHL aus.

1. Lymphome, wie die *chronische lymphatische Leukämie (B-CLL)* oder die *Prolymphozytenleukämie (B-PLL)*, sind Erkrankungen des höheren Alters, die sich i. d. R. durch hohe Leukozytenzahlen im peripheren Blut und ausgeprägte Knochenmarkinfiltration auszeichnen. Auch Lymphknoten, Milz und Leber können befallen sein. Die meisten Tumorzellen bei B-CLL sind kleine Lymphozyten mit rundem Kern. Bei der Prolymphozytenleukämie findet man größere Zellen mit einem prominenten zentralen Nukleolus. Die Prolymphozytenleukämie ist klinisch durch eine ausgeprägte Splenomegalie und einen aggressiven Verlauf charakterisiert, während die chronische lymphatische Leukämie häufig einen langsamen, indolenten Verlauf zeigt. Die CLL-Zellen exprimieren neben den klassischen B-Zell-Markern CD19, CD20 und CD22 typischerweise das CD23-Antigen und das T-Zell-assoziierte Antigen CD5; Oberflächenimmunglobuline sind nur schwach ausgeprägt. Die CLL wird meistens am Blutausstrich bzw. an der Knochenmarkzytologie diagnostiziert, das histologische Korrelat im Lymphknoten ist das lymphozytische Lymphom. In etwa 30 % tritt eine Deletion von Chromosom 13 oder eine Trisomie 12 auf.

2. Kleine lymphoide Zellen mit Ausreifung zu Plasmazellen bilden das *lymphoplasmozytoide Lymphom/Immunozytom*. Die meisten Fälle entsprechen dem Morbus Waldenström (s. S. 157B); entsprechend findet sich häufig ein monoklonales Paraprotein vom IgM-Typ. Die Tumorzellen bestehen aus kleinen Lymphozyten mit ausgeprägtem basophilem Zytoplasma und einem variablen Anteil an Plasmazellen. Charakteristisch sind *intrazytoplasmatische Immunglobuline (cyt-Ig)*, i. d. R. vom IgM-Typ. Deletionen der Chromosomen 11, 13 oder 17 sind die häufigsten genetischen Veränderungen.

3. Das Mantelzellymphom entspricht weitgehend dem *zentrozytischen Lymphom* der Kiel-Klassifikation: Die Tumorzellen sind kleine bis mittelgroße Lymphozyten mit gekerbtem Kern und teilweise größeren Nukleoli. Die Zellen exprimieren Oberflächen-Immunglobuline und das T-Zell-assoziierte Antigen CD5. Durch eine Translokation der Chromosomen 11 und 14 wird *Zyklin D1*, ein Zellzyklus-assoziiertes Protein, überexprimiert. Die Krankheit betrifft vorwiegend ältere Männer und ist oft bereits bei Diagnosestellung disseminiert. Die Prognose ist mit einer mittleren Überlebenszeit von 3-5 Jahren schlecht.

4. Ein Viertel aller NHL sind *Keimzentrumslymphome*, die sich aus Keimzentrum-B-Zellen, Zentrozyten und Zentroblasten entwickeln. Männer und Frauen sind gleichermaßen betroffen. Der Anteil an Zentrozyten und Zentroblasten variiert, i. d. R. sind die Zentrozyten jedoch bei weitem überrepräsentiert. Ein diffuses Wachstumsmuster geht mit einer schlechteren Prognose einher. Die Tumorzellen sind für Oberflächen-Immunglobuline und für das CD10-Antigen positiv. Durch die Translokation t(14;18) wird das antiapoptotische bcl-2-Gen aktiviert, wodurch sich langlebige Zentrozyten anreichern.

5. *Marginalzonenlymphome* lassen sich in einen *extranodalen* und in einen nodalen Typ unterteilen. Der extranodale Typ (**a**) entsteht aus B-Zellen des Mukosa-assoziierten lymphatischen Gewebes (MALT) und macht etwa 50 % aller Magenlymphome, etwa 40 % der Lymphome der Orbita, sowie die meisten Lymphome der Lunge, der Schilddrüse oder der Speicheldrüse aus. Die Magenlymphome sind i. d. R. mit einer

Helicobacter pylori-Infektion assoziiert, die als stimulierendes Antigen für die Proliferation von Mukosalymphozyten verantwortlich ist. Eine antibakterielle Therapie kann zu einer Rückbildung des Lymphoms führen. Häufige chromosomale Aberrationen sind t(1;14), t(11;18); das Fusionsprotein API2-MALT1 ist in vielen Fällen nachweisbar. Dieses aktiviert dann den Transkriptionsfaktor NFαB. Das *nodale Marginalzonenlymphom* (**b**) entsteht aus monozytoiden B-Zellen der Marginalzonen von Lymphknoten und tritt gehäuft bei Patienten mit Sjögren-Syndrom auf (s. S. 204). Der Verlauf ist indolent. Immunphänotypisch ähneln die Zellen denen des extranodalen Typs.

6. Das *Marginalzonenlymphom der Milz* entsteht aus kleinen Gedächtnis-B-Zellen, die möglicherweise in der Milz nach der Keimzentrumsdifferenzierung entarten. Typischerweise ist auch das Knochenmark infiltriert. Die Tumorzellen zirkulieren im peripheren Blut als villöse, zottige Lymphozyten. Der Verlauf ist i. d. R. sehr langsam progredient. Eine Splenektomie kann zu langanhaltenden Remissionen führen.

7. Zellen mit zottigen Ausläufern, ovalem Kern und breitem Zytoplasmasaum sind auch typisch für die *Haarzelleukämie*. Diese Krankheit zeigt sich klinisch als Splenomegalie und Panzytopenie. Eine ausgeprägte Fibrose im Knochenmark ist typisch, eine Lymphknotenbeteiligung eher ungewöhnlich. Die B-Zellen sind stark positiv für CD22 und exprimieren Oberflächen-Immunglobuline. Charakteristisch ist jedoch die Positivität des CD103-Antigens. Diese Krankheit ist mit Purinanaloga oder mit Interferon sehr gut therapierbar.

In der REAL-Klassifikation wird auch das Plasmozytom/multiple Myelom (s. S. 158) als Kategorie der B-Zell-Neoplasien geführt, weil diese Krankheit auch als solitärer Tumor von lymphatischem Gewebe ausgehen kann.

9. *Diffuse großzellige Lymphome* sind relativ häufig (ca. 30 % aller NHL) und betreffen auch Kinder. Sie entstehen aus peripheren B-Zellen in unterschiedlichen Reifungsstadien. Diffuse großzellige Lymphome sind sehr aggressiv, jedoch prinzipiell mit aggressiver Chemotherapie heilbar. Extranodale Manifestationen sind häufig, darunter insbesondere Magen, ZNS, Knochen, Nieren und Hoden. In etwa 30 % der Fälle sind das bcl-2-Gen und das bcl-6-Gen, das für ein transkriptionelles Repressor-Gen kodiert, umgelagert. In einigen Fällen wird auch eine Umlagerung des C-myc-Gens beschrieben.

10. Das *Burkitt-Lymphom* entsteht aus B-Lymphozyten, die durch das Genom des Epstein-Barr-Virus immortalisiert wurden. Die Tumorzellen sind monomorph, mittelgroß, mit rundem Kern und zahlreichen Nukleoli. Das Zytoplasma ist stark basophil. Durch die Infiltration mit Makrophagen, die apoptotische Tumorzellen phagozytieren, entsteht histologisch ein *„Sternenhimmel-Bild“*. Burkitt-Lymphome treten häufig bei Kindern auf. Bei Erwachsenen sind sie mit Immundefekten, insbesondere HIV-Infektionen, assoziiert. In Afrika ist die Erkrankung endemisch, dabei sind typischerweise die Kieferknochen betroffen. Meist liegt eine Translokation des c-myc-Gens von Chromosom 8 in die Nähe der Schwerketten-Gene auf Chromosom 14 vor. Seltener wird c-myc an Leichtkettenregionen in Form einer Translokation t(2;8) oder t(8;22) umgelagert.

11. Proliferierende periphere B-Zellen können ein *hochmalignes Burkitt-ähnliches Lymphom* induzieren. Während die Morphologie und der Immunphänotyp dem Burkitt-Lymphom ähneln, findet man keine c-myc-Translokationen, sondern bei 30 % der Fälle eine Umlagerung des bcl-2-Gens.

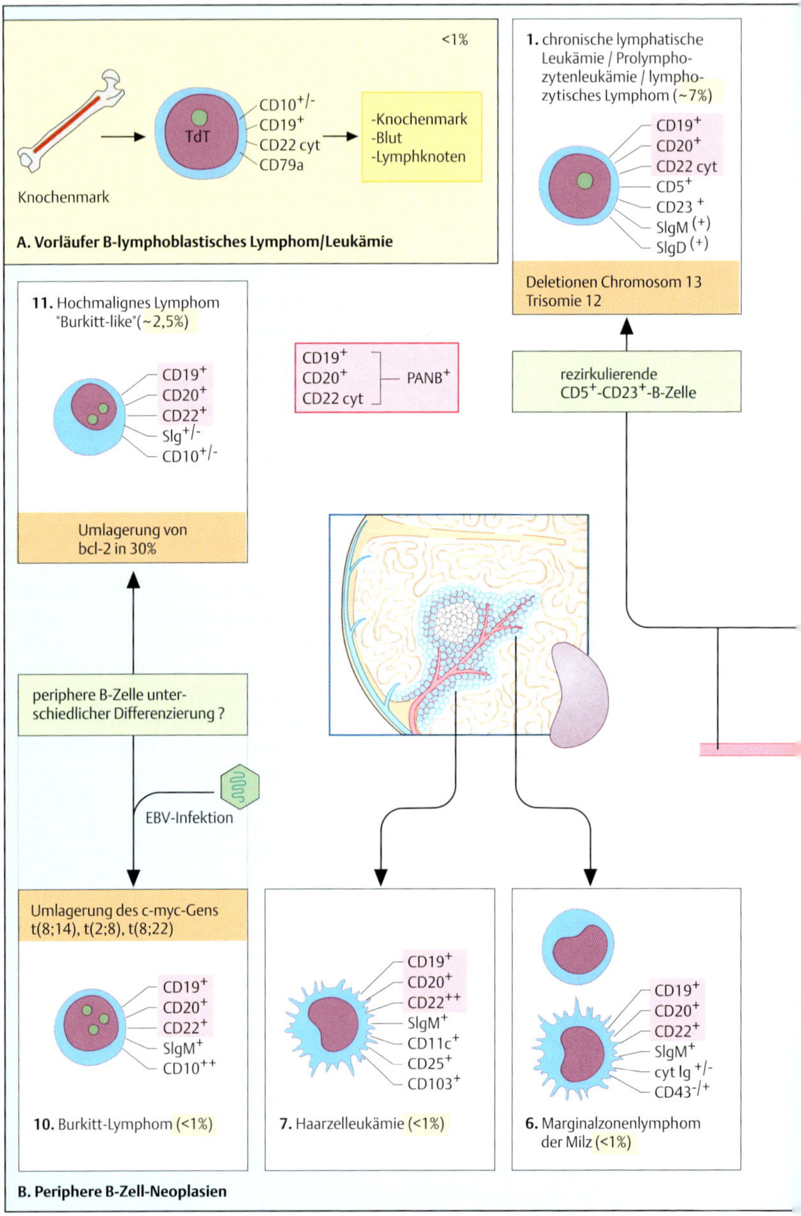

A. Vorläufer B-lymphoblastisches Lymphom/Leukämie

B. Periphere B-Zell-Neoplasien

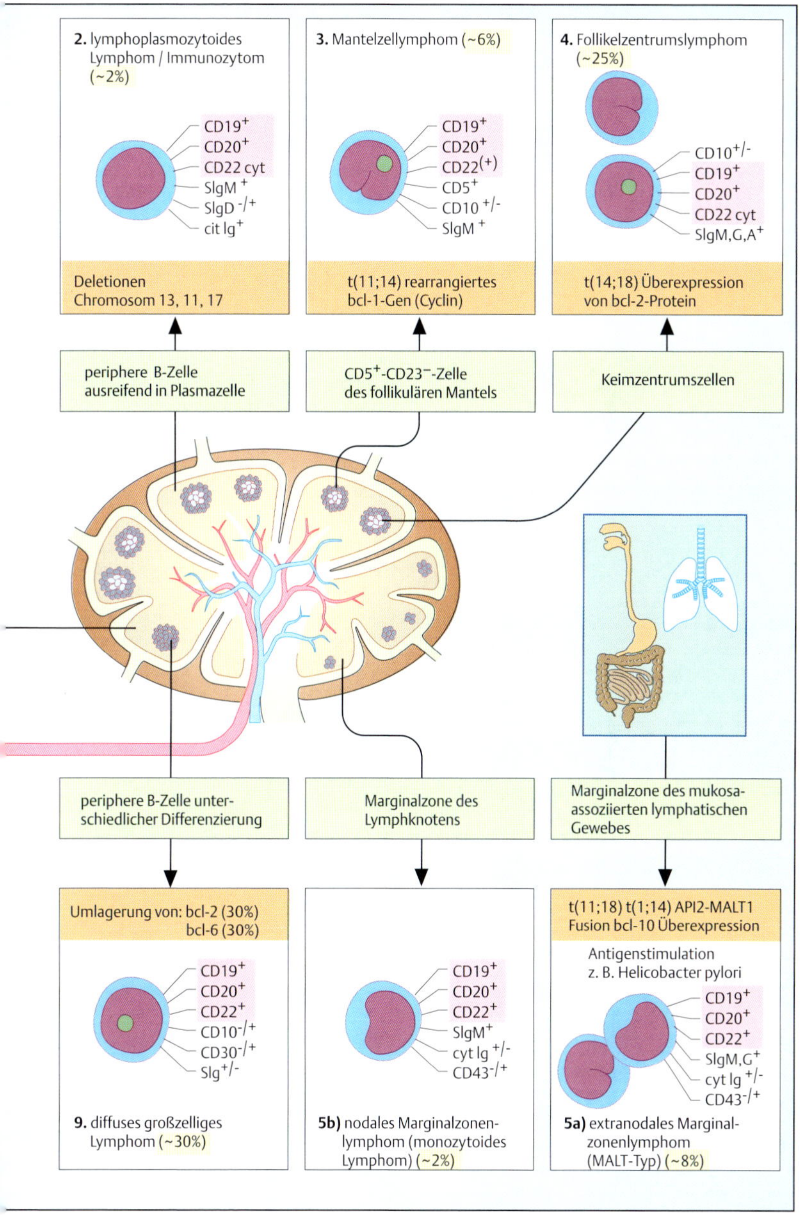
2. lymphoplasmozytoides Lymphom / Immunozytom (~2%)
CD19+
CD20+
CD22 cyt
SIgM +
SIgD -/+
cit Ig+
Deletionen Chromosom 13, 11, 17
3. Mantelzellymphom (~6%)
CD19+
CD20+
CD22(+)
CD5+
CD10 +/-
SIgM +
t(11;14) rearrangiertes bcl-1-Gen (Cyclin)
4. Follikelzentrumslymphom (~25%)
CD10+/-
CD19+
CD20+
CD22 cyt
SIgM,G,A+
t(14;18) Überexpression von bcl-2-Protein
periphere B-Zelle ausreifend in Plasmazelle
CD5+-CD23−-Zelle des follikulären Mantels
Keimzentrumszellen
periphere B-Zelle unterschiedlicher Differenzierung
Marginalzone des Lymphknotens
Marginalzone des mukosa-assoziierten lymphatischen Gewebes
Umlagerung von: bcl-2 (30%)
bcl-6 (30%)
CD19+
CD20+
CD22+
CD10-/+
CD30-/+
SIg+/-
9. diffuses großzelliges Lymphom (~30%)
CD19+
CD20+
CD22+
SIgM+
cyt Ig +/-
CD43-/+
5b) nodales Marginalzonenlymphom (monozytoides Lymphom) (~2%)
t(11;18) t(1;14) API2-MALT1
Fusion bcl-10 Überexpression
Antigenstimulation
z. B. Helicobacter pylori
CD19+
CD20+
CD22+
SIgM,G+
cyt Ig +/-
CD43-/+
5a) extranodales Marginalzonenlymphom (MALT-Typ) (~8%)

A. Polyklonale vs. monoklonale γ-Globulin-Vermehrung

Die Antikörperproduktion durch B-Lymphozyten unterliegt der Regulation durch T-Zellen. Antikörper sollen den Köper primär gegen Infektionen mit Bakterien, Viren oder Parasiten schützen. Da selbst ein einzelner Erreger ein Gemisch unterschiedlicher Antigene darstellt, findet immer eine *polyklonale B-Zell-Stimulation* statt; jeder B-Zell-Klon produziert Antikörper gegen ein spezifisches Antigen. Dabei werden unterschiedliche Antikörper der verschiedenen Ig-Klassen gebildet, so daß ein Immunglobulingemisch entsteht. Dies zeigt sich in der Eiweißelektrophorese als eine breitbasige Vermehrung der Gammaglobuline. Ist eine B-Zelle maligne transformiert oder die T-Zellregulation defekt, kann es zur unkontrollierten Vermehrung eines einzelnen B-Zell-Klons kommen. Die erhöhte Produktion von strukturell homogenen Immunglobulinen ist in der Serumelektrophorese als sog. *Myelom- oder Makroglobulinämie (M)-Komponente* zu erkennen, die sich als schmalbasiger Kurvenausschlag darstellt. Alle Neoplasien reifer B-Zellen können prinzipiell eine monoklonale Gammopathie verursachen, oft wird dies nur aufgrund der geringen Immunglobulinmenge nicht entdeckt. Eine M-Komponente kann aber bei ca. 3 % aller über 70jährigen nachgewiesen werden. Nur im Verlauf wird dann festgestellt, ob sich eine *Plasmazelldyskrasie*, d. h. ein multiples Myelom, ein Morbus Waldenström oder eine Schwerketten-Erkrankung entwickelt. Daher ist dem Terminus „benigne monoklonale Gammopathie" die Bezeichnung *„monoklonale Gammopathie unklarer Bedeutung"* vorzuziehen (**m**onoclonal **g**ammopathy of **u**nknown **s**ignificance = **MGUS**). Ein Teil der Patienten entwickelt sicherlich eine Plasmazelldyskrasie; wegen des Alters sterben viele Patienten möglicherweise, bevor diese klinisch manifest wird.

B. Morbus Waldenström (Makroglobulinämie)

Die *Makroglobulinämie* betrifft v. a. ältere Menschen. Ursache ist die Vermehrung kleiner lymphoplasmozytoider Zellen mit einem unterschiedlichen Anteil an reiferen Plasmazellen. Diese abnormen Zellen infiltrieren zunächst das Knochenmark. Im Verlauf kommt es zu einer Hepatosplenomegalie und zu einer Lymphadenopathie. Im fortgeschrittenen Stadium findet eine leukämische Ausschwemmung der Zellen ins periphere Blut statt. Die Zellen sezernieren große Mengen monoklonaler IgM-Moleküle, die wegen ihrer pentameren Struktur die Viskosität des Blutes stark erhöhen. Daraus kann sich ein Hyperviskositätssyndrom entwickeln, das mit Durchblutungsstörungen einhergeht. Diese verursachen am Augenhintergrund Visuseinschränkungen bis zur Blindheit, im Gehirn Krampfanfälle oder Koma und an den Herzkranzgefäßen eine ischämische Herzkrankheit oder Herzinsuffizienz. Die in den neuronalen Myelinscheiden abelagerten M-Proteine können eine Polyneuropathie induzieren. Weiterhin kann es zu Blutungen kommen, meist an der Haut der unteren Extremitäten. Außerdem treten vaskulitische Veränderungen durch Präzipitation von Immunkomplexen in den Gefäßwänden auf.

C. Schwerkettenerkrankungen

Bei den seltenen Schwerkettenerkrankungen werden monoklonale Proteine sezerniert, die aus inkompletten Schwerketten der Immunglobuline bestehen. Bei der *Gamma-Schwerkettenerkrankung* werden vermehrt monoklonale Gamma-Ketten des IgG-Moleküls gebildet. I. d. R. tritt eine Lymphadenopathie auf, gelegentlich auch Osteolysen. Die *α-Schwerkettenerkrankung (mediterranes Lymphom)* manifestiert sich durch pathologische IgA-Sekretion im Darm. Es kommt zum Malabsorptionssyndrom mit Diarrhoe und abdominellen Schmerzen. Im Laufe der Erkrankung kann es zur Darmverschluß und -perforation kommen. Vor allem Kinder und junge Erwachsene sind betroffen. Die *μ-Schwerkettenerkrankung* wird im Rahmen lymphoproliferativer Erkrankungen beobachtet, insbesondere bei B-CLL. Typisch ist der Nachweis vakuolisierter Plasmazellen im Knochenmark. Oft werden bei Patienten mit μ-Schwerkettenerkrankung auch Leichtketten produziert, die im Urin als Bence-Jones-Proteine nachweisbar sind (s. S. 158).

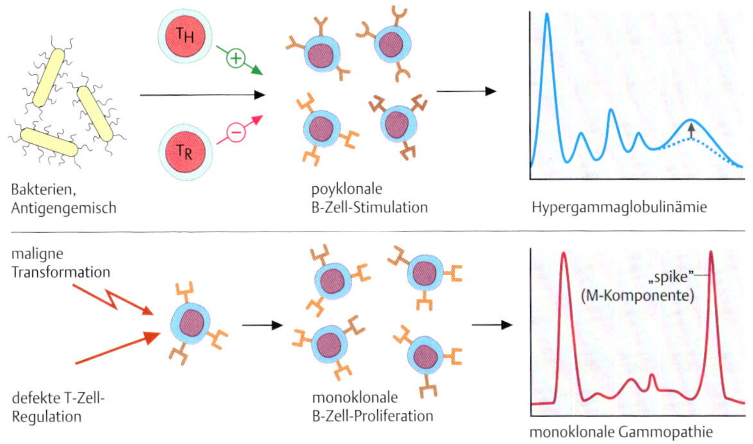

A. Polyklonale vs. monoklonale γ-Globulin-Vermehrung

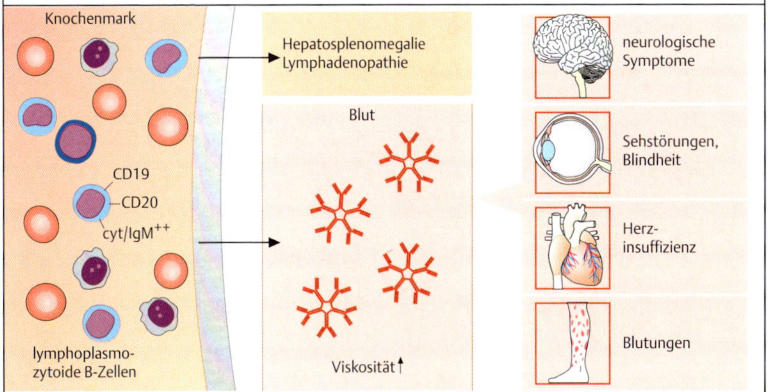

B. Morbus Waldenström (Makroglobulinämie)

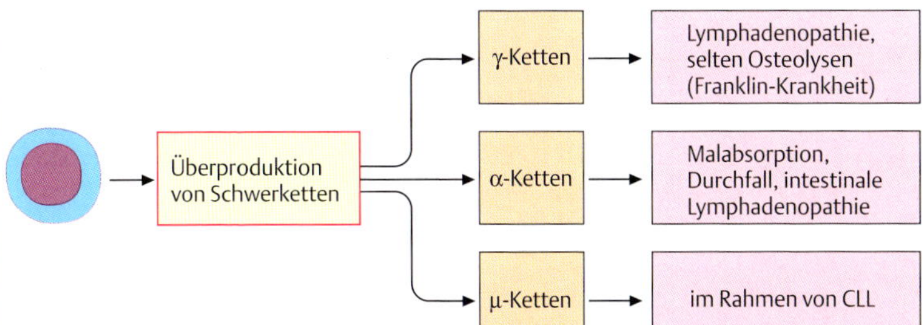

C. Schwerkettenerkrankungen

Neoplasien der Plasmazellen manifestieren sich meist als disseminierte Knochenmarkläsionen *(multiples Myelom)*, selten als solitäre, extramedullär lokalisierte Tumoren, die als *„Plasmozytome"* oder *„plasmozytische Lymphome"* bezeichnet werden. Die Begriffe multiples Myelom und Plasmozytom werden jedoch oft synonym verwendet. Plasmazellen sezernieren i. d. R. IgG- (ca. 60%) oder IgA- (20%) und selten IgD-Immunglobuline (1-2%). Bei den sog. Bence-Jones-Plasmozytomen (15 bis 20% der Fälle) werden nur Leichtketten sezerniert, selten (< 1% der Fälle) werden keine Immunglobuline synthetisiert oder freigesetzt (nicht sekretorische Plasmozytome).

A. Pathogenese und Pathomechanismen des multiplen Myeloms

IL-6 ist ein wesentlicher Wachstumsfaktor für Plasmazellen. Myelomzellen können IL-6 autokrin produzieren, IL-6 bzw. ein IL-6-ähnliches Molekül kann aber auch von Stromazellen des Knochenmarks produziert werden. Ob eine Infektion mit Kaposi-Sarkom-assoziierten Herpesviren Typ 8 (HHV-8) hierbei eine Rolle spielt, ist noch ungeklärt.

Da das monoklonale Protein meist in großen Mengen vorliegt, kann die Viskosität des Blutes steigen und ein Hyperviskositätssyndrom (s. S. 156) hervorrufen. Dies ist v. a. bei IgA-Myelomen der Fall, da IgA-Immunglobuline über Sulfidbrücken zur Polymerbildung neigen. Beim *„Bence-Jones-Plasmozytom"* werden ausschließlich Leichtketten synthetisiert, aber auch bei ca. 40% der IgG- und IgA-Myelome. Leichtkettenproteine, sog. Bence-Jones-Proteine, werden im Urin ausgeschieden. Sie reichern sich schließlich als hyaline Einschlußkörperchen in den Nierentubuli an, was die Nierenfunktion zunehmend einschränkt.

Die Immunglobulinkonzentration im Blut von Myelompatienten ist quantitativ erhöht, die Immunglobuline zeigen allerdings alle dieselbe Spezifizität und tragen daher nicht zur Immunabwehr bei. Die normalen Immunglobuline sind i. d. R. erniedrigt (sekundärer Antikörpermangel). Dies ist auf eine vielfältige Störung der B- und T-Zellen zurückzuführen. Zytotoxische T-Zellen und Zytokine, die von den Myelomzellen sezerniert werden, hemmen die Erythropoese im Knochenmark und führen so zur Anämie. Typisch für das Krankheitsbild sind zahlreiche Osteolysen, die durch eine erhöhte Osteoklasten-Aktivität bedingt sind. Als Osteoklasten-aktivierende Faktoren wurden IL-1β und TNF-α identifiziert. Außerdem kommt es durch den erhöhten Knochenabbau zur Freisetzung von Kalzium und damit zur Hyperkalzämie.

Die Osteolysen treten meist herdförmig an verschiedenen Stellen auf, insbesondere an Knochen mit blutbildendem Mark: Rippen, Sternum, Wirbelsäule, Schlüsselbeine, Schädel, Schulterblatt, Becken und proximale Anteile von Femur und Humerus (**B.**). Sie erscheinen radiologisch als ausgestanzte Läsionen (**D.**). Die Patienten klagen über Knochenschmerzen; häufig treten pathologische Frakturen auf. Bei einem diffusen Befall der Wirbelsäule kann eine Osteoporose vorgetäuscht werden. Charakteristisch für das multiple Myelom ist die Vermehrung der Plasmazellen im Knochenmark (**C.**). Normalerweise enthält es 5–10% Plasmazellen, bei Infektionen kann dieser Anteil erheblich steigen. Eine Vermehrung von Plasmazellen im Knochenmark darf daher nur bei gleichzeitigem Nachweis eines monoklonalen Immunglobulins als diagnostisch bedeutsam gewertet werden. Die Plasmazellvermehrung ist oft diffus und deshalb in der Knochenmarkaspiration (Zytologie) nachweisbar, bei herdförmigem Knochenmarkbefall erst in der Biopsie (Histologie). Plasmazellen sehen je nach Reifungs- bzw. Entartungsgrad sehr unterschiedlich aus. Bei wenig differenzierten Plasmozytomen wird das Bild von großen Plasmoblasten mit Nukleoli beherrscht.

Therapeutisch werden beim Plasmozytom Alkylantien (z. B. Melphalan) zusammen mit Kortikosteroiden eingesetzt. Die Prognose der Erkrankung ist schlecht, eine Heilung mit konventioneller Chemotherapie nicht möglich. Bei Patienten in gutem klinischem Zustand kommt eine Hochdosistherapie mit autologer Stammzell-Transplantation in Betracht. Gute Ergebnisse sind in jüngster Zeit mit dem Proteasen-Inhibitor Bortezomib erreicht worden, sowie mit Thalidomid und Thalidomid-Analoga. Diese haben antiangiogenetische und immunmodulatorische Wirkung: sie beeinflussen das Zytokinmilieu in der Umgebung der Myelomzellen und entfalten so ihre antitumorale Wirkung über verschiedene Mechanismen.

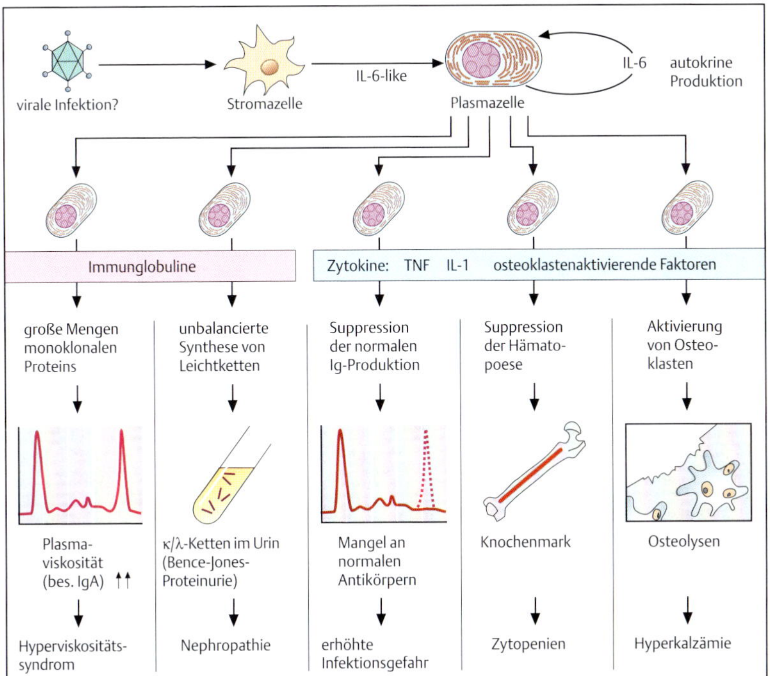

A. Pathogenese und Pathomechanismen des multiplen Myeloms

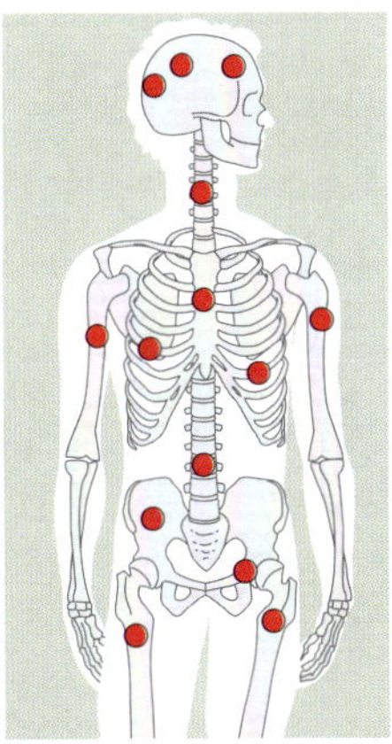

B. Lokalisation der Osteolysen

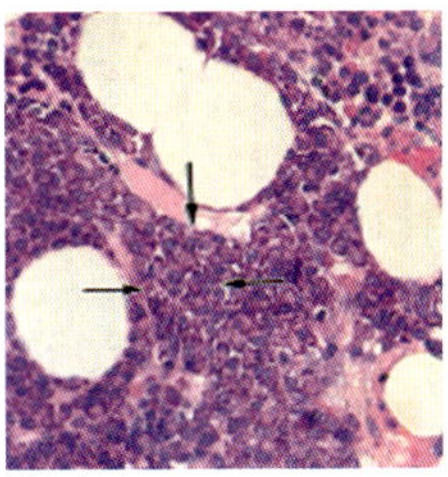

Histologie

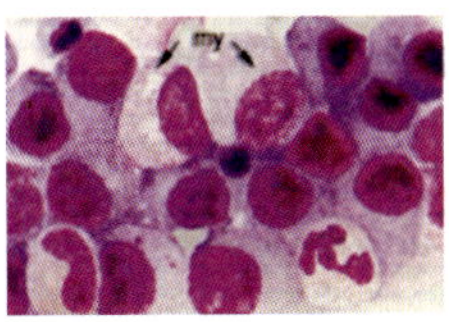

Zytologie

C. Knochenmarkbefunde

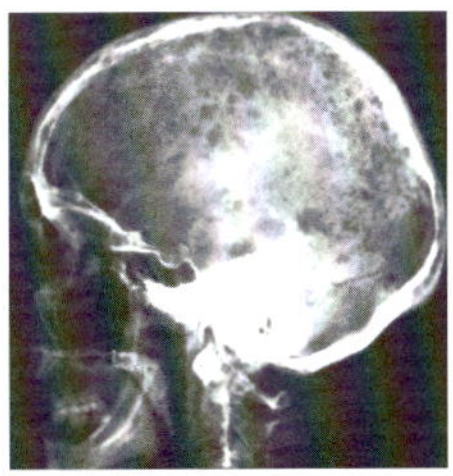

„Schrotschußschädel"

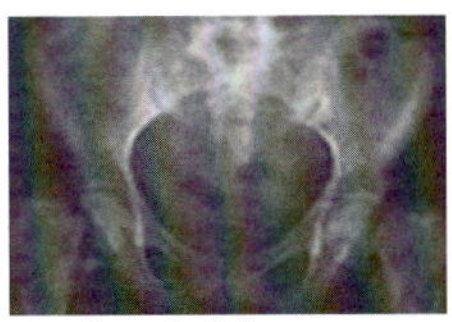

Osteolysen, Entkalkung

D. Radiologisches Bild

Klinik

A. Genese

Kryoglobuline sind Serumproteine, die bei 37 °C löslich sind und bei niedrigeren Temperaturen präzipitieren. Die molekulare Basis der Kryopräzipitation ist noch nicht geklärt, Veränderungen im Kohlenhydratgehalt bzw. eine Verminderung an Sialylsäuregehalt wird als eine mögliche Ursache angesehen.

B. Nachweis von Kryoglobulinen

Um Kryoglobuline nachzuweisen, muß Blut in vorgewärmten Spritzen abgenommen werden. Durch sofortige Zentrifugation bei 37 °C wird verhindert, daß die Kryoglobuline mit dem Zellsediment präzipitieren. Danach wird das Serum sofort abgenommen und bei 4 °C für mindestens 72 Stunden aufbewahrt. Nach Zentrifugation in Kapillarröhrchen grenzen sich die präzipitierten Kryoglobuline als *Kryokrit* ab.

C. Klassifikation und Krankheitsbilder

1. *Typ-I-Kryoglobuline* bestehen aus einer einzigen monoklonalen Immunglobulin-Komponente und machen 20% aller Kryoglobulinämien aus. Sie treten beim multiplen Myelom, Makroglobulinämie Waldenström, CLL und Non-Hodgkin-Lymphomen (NHL) auf. Beim multiplen Myelom sind häufig IgG-Kryoglobuline vorhanden, bei den anderen Erkrankungen handelt es sich vorwiegend um IgM-Antikörper. Ca. 10% der M-Proteine beim multiplen Myelom und ca. 20% der M-Proteine beim Morbus Waldenström verhalten sich wie Kryoglobuline. Die Symptome sind in erster Linie durch die verschlechterte bis völlig fehlende Durchblutung der Hautkapillaren bedingt. Aufgrund der niedrigen Temperatur der Hautoberfläche präzipitieren die Kryoglobuline intravaskulär und erhöhen die Serumviskosität bis hin zum Gefäßverschluß. Häufig kommt es dadurch zum „Raynaud-Phänomen" (s. a. S. 202) sowie zu Nekrosen der Akren, Akrozyanose, vaskulärer Purpura und polyneuropathischen Ulzera an den Knöcheln.

2. *Typ-II-Kryoglobuline* setzen sich aus einer monoklonalen Immunglobulin-Komponente, meist IgM, selten IgA oder IgG, und einer polyklonalen IgG-Komponente zusammen. Ca. 40% aller Kryoglobulinämien zählen zu diesem Typ. Dabei zeigt die monoklonale Komponente eine Reaktivität gegen die $F(ab)_2$-Fragmente des polyklonalen Immunglobulins (Rheumafaktor-Aktivität, s. S. 187). Die meisten monoklonalen Immunglobuline enthalten κ-Leichtketten, nur selten λ-Leichtketten. Bei etwa 1/3 der Patienten wird keine zugrundeliegende Erkrankung entdeckt *(essentielle gemischte Kryoglobulinämie)*. Häufig liegt jedoch eine Hepatitis vor, selten eine Kollagenose oder andere Autoimmunerkrankung, sowie lymphoproliferative Erkrankungen.

3. *Typ-III-Kryoglobuline* bestehen aus polyklonalen Immunglobulinen, meist IgM, die gegen polyklonale IgG- und IgA-Moleküle gerichtet sind *(gemischt polyklonaler Typ)*. Ca. 40% aller Kryoglobulinämien gehören zu diesem Typ. Die Typ-III-Kryoglobuline treten in Assoziation mit verschiedenen Infektionen und Autoimmunerkrankungen auf, aber auch in dieser Gruppe gibt es essentielle Formen.

Bei den gemischten Kryoglobulinämien präzipitieren die Immunglobuline-Immunkomplexe in den Gefäßwänden und verursachen dadurch eine Entzündungsreaktion (Vaskulitis). Auffälligste Symptome sind die vaskuläre Purpura (punkt- bis fleckförmige Blutungen an den unteren Extremitäten). Im Bereich der Knöchel können Ulzerationen entstehen. Motorische und sensible Polyneuropathien treten in Form von Paresen oder Parästhesien auf. 60-70% der Patienten haben Arthralgien, besonders an Händen, Knien, Sprunggelenken und Ellenbogen. Dabei können Rötungen oder Schwellungen auftreten, jedoch keine Gelenkdeformitäten. Mehr als 50% der Patienten entwickeln im Laufe der Zeit eine Nierenerkrankung. Histologisch läßt sich meist eine diffuse proliferative Glomerulonephritis durch Ablagerung von Immunglobulinen und Komplement nachweisen (s. S. 243).

Die Prognose der Kryoglobulinämien ist von der zugrundeliegenden Erkrankung abhängig. Neben der Vermeidung von Kälte werden therapeutisch Kortikosteroide und Immunsuppressiva sowie α-Interferon eingesetzt. Durch Kryofiltration können in Akutsituationen rasch große Mengen an Kryoglobulinen aus dem Blutkreislauf entfernt werden. Eine Behandlung mit dem anti-CD20-Antikörper Rituximab (s. a. S. 290) kann sehr effektiv sein und zur Besserung der klinischen Symptomatik sowie der Organfunktion (z. B. Nierenfunktion) führen.

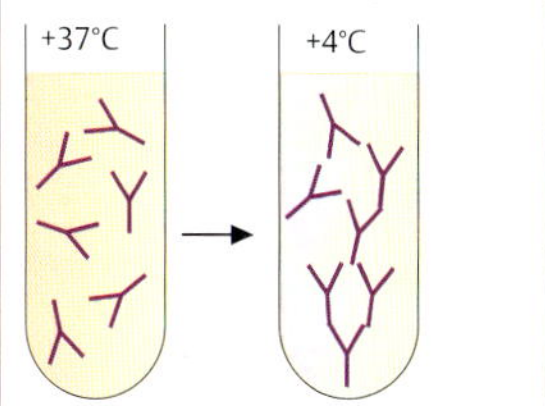

A. Verhalten der Kryoglobuline

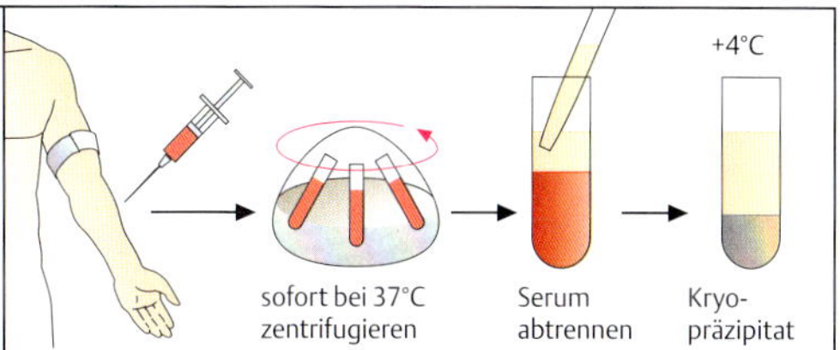

B. Nachweis von Kryoglobulinen im Blut

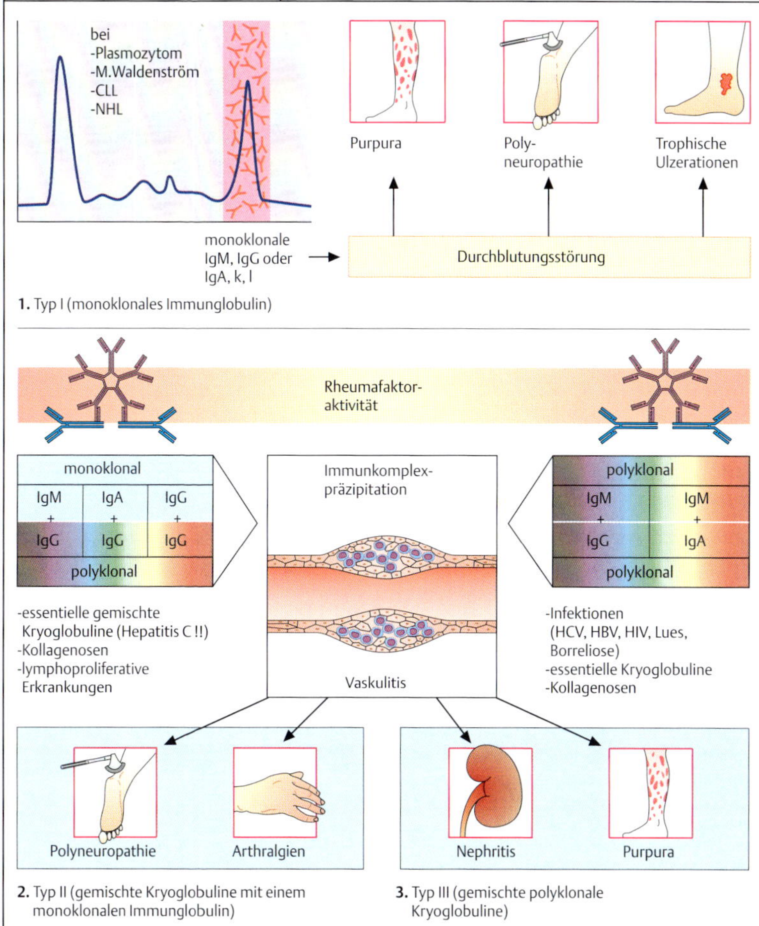

C. Klassifikation der Kryoglobulinanämien

A. Pathogenese

Bei verschiedenen Krankheitsprozessen kann sich ein homogenes, eosinophiles Material, das, ähnlich wie Stärke (Amylos = Stärke), mit Jod anfärbbar ist, im Körpergewebe ablagern. Diese Amyloid-Ablagerungen bestehen aus fibrillären Proteinen, die aus polymerisierten Peptidfragmenten stammen (Immunglobulin-Leichtketten, Amyloid-A-Protein, β_2-Mikroglobulin, Transthyretin, β-Protein A_4, Cystatin, Procalcitonin und α-natriuretisches Peptid). Die antiparallel angeordneten Amyloid-Filamente weisen eine sog. gedrehte β-Faltblattkonfiguration auf, die bei Färbung mit Kongorot im polarisierten Licht grün erscheint. Etwa 5 bis 10 % der Amyloid-Ablagerungen setzen sich aus dem nichtfibrillären pentagonalen Akutphase-Protein **S**erum **A**myloid **P (SAP)**zusammen, das in den Hepatozyten gebildet wird.

B. Leichtketten-Amyloidose (AL)

Bei der *primären, nicht-hereditären AL-Amyloidose* lagern sich Fibrillen aus Fragmenten der Immunglobulin-Leichtketten (Bence-Jones-Proteine; s. S. 159) ab. Eine AL-Amyloidose tritt bei Plasmazelldyskrasien, insbesondere beim multiplen Myelom oder dem M. Waldenström auf. Ca. 20 % aller Leichtketten neigen zur Amyloidbildung, eine Subklasse von λ-Ketten (λ_{VI}) ist besonders häufig beteiligt. Das in den Hepatozyten synthetisierte SAP bindet unspezifisch an Amyloidfibrillen.

C. Amyloid A-Amyloidose (AA)

Eine *sekundäre oder reaktiv-systemische Amyloidose* entsteht durch chronische Infektionen (Tuberkulose, Bronchiektasen, chronische Osteomyelitis), chronische entzündliche Erkrankungen (rheumatoide Arthritis, Morbus Crohn) und als Folge von Malignomen oder Drogen-Abusus. Die Amyloidfibrillen bestehen aus Amyloid A, das durch proteolytische Spaltung aus dem Akutphase-Protein **S**erum **A**myloid **A (SAA**) entsteht. SAA wird bei einer Entzündung in Hepatozyten oder Makrophagen produziert.

D. Hämodialyse-assoziierte Amyloidose (AH)

β_2-Mikroglobulin (β_2-M, s. S. 62) ähnelt dem Leichtketten-Immunglobulin, der Vorläufersubstanz des AL-Amyloids. Hauptquellen des zirkulierenden β_2m sind die Zellen des Immunsystems und Hepatozyten. Das β_2-M wird glomerulär filtriert und tubulär rückresorbiert, so daß Patienten mit Niereninsuffizienz 40-60fach erhöhte Plasmaspiegel aufweisen. Da β_2-M zu groß ist, um die meisten Dialysemembranen zu passieren, sammelt es sich trotz Hämodialyse an. Neuere Dialysemembranen können jedoch auch diese Moleküle eliminieren.

E. Klinische Manifestationen

Eine Proteinurie bis hin zur Niereninsuffizienz ist die häufigste Manifestation einer Amyloidose. Oft besteht eine Nebennierenrindeninsuffizienz. Das Herz ist bei 80-90 % der Patienten mit AL-Amyloidose involviert. Durch die Amyloideinlagerungen kann es zur starren Verdickung des Herzmuskels mit Herzinsuffizienz und Rhythmusstörungen kommen. Trotz massiver Hepatomegalie ist die Leberfunktion i. d. R. nicht eingeschränkt. Die Splenomegalie bleibt meist asymptomatisch. Ein Antikörpermangel kann sich über Jahre entwickeln. Eine Blutungsneigung kann viele Ursachen haben. Ablagerungen in den Ligamenten des Karpaltunnels komprimieren den N. medianus und verursachen Parästhesien der Hand. Bei allen Formen der Amyloidose ist auch der Gastrointestinaltrakt beteiligt: typisch sind eine Verdickung der Zunge (Makroglossie), Motilitätsstörungen mit Obstruktion, Malabsorption und Diarrhoe. Amyloidablagerungen im Tracheobronchialbaum können bronchitische Beschwerden verursachen.

Eine Beteiligung des peripheren Nervensystems tritt häufig bei verschiedenen Formen von *familiärer Amyloidose* auf: häufig ist Transthyretin, ein Thyroxin- und Retinol-bindendes Protein, mutiert. Klinisch zeigen sich sensorische Störungen mit indolenten Ulzera oder motorische Störungen. Amyloidablagerungen im autonomen Nervensystem fallen als Dyshidrosis, Inkontinenz oder Impotenz auf. Das ZNS ist nur bei einer Sonderform der Amyloidose, der senilen Amyloidose, beteiligt: es kommt zur Ablagerungen des β-Proteins A4, das auf Chromosom 21 lokalisiert ist.

Zur Diagnosestellung biopsiert man die betroffenen Organe. Bei systemischer Amyloidose eignen sich die Rektumbiopsie und die Aspiration von abdominellem Fettgewebe.

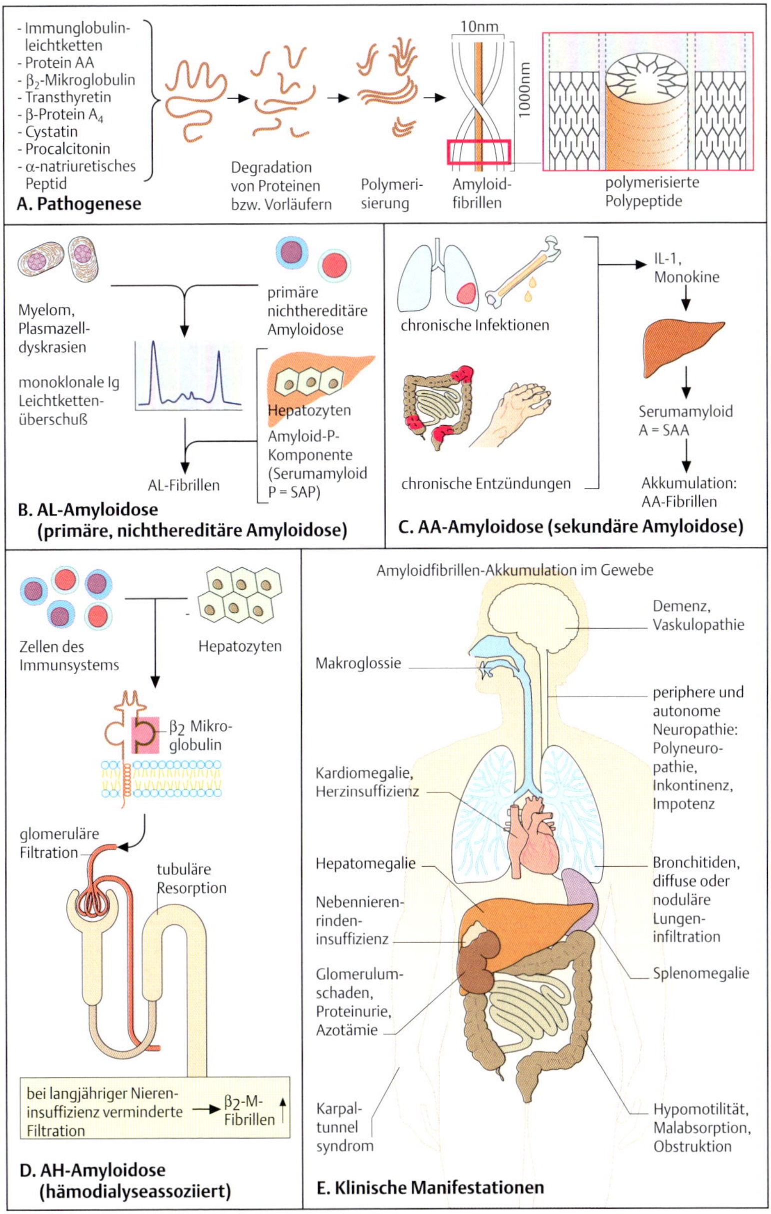
- Immunglobulin-leichtketten
- Protein AA
- β2-Mikroglobulin
- Transthyretin
- β-Protein A4
- Cystatin
- Procalcitonin
- α-natriuretisches Peptid
Degradation von Proteinen bzw. Vorläufern
Polymerisierung
10nm
1000nm
Amyloidfibrillen
polymerisierte Polypeptide
A. Pathogenese
Myelom, Plasmazelldyskrasien
primäre nichthereditäre Amyloidose
monoklonale Ig Leichtketten-überschuß
Hepatozyten
Amyloid-P-Komponente (Serumamyloid P = SAP)
AL-Fibrillen
B. AL-Amyloidose (primäre, nichthereditäre Amyloidose)
chronische Infektionen
chronische Entzündungen
IL-1, Monokine
Serumamyloid A = SAA
Akkumulation: AA-Fibrillen
C. AA-Amyloidose (sekundäre Amyloidose)
Zellen des Immunsystems
Hepatozyten
β2 Mikroglobulin
glomeruläre Filtration
tubuläre Resorption
bei langjähriger Niereninsuffizienz verminderte Filtration
β2-M-Fibrillen ↑
D. AH-Amyloidose (hämodialyseassoziiert)
Amyloidfibrillen-Akkumulation im Gewebe
Demenz, Vaskulopathie
Makroglossie
periphere und autonome Neuropathie: Polyneuropathie, Inkontinenz, Impotenz
Kardiomegalie, Herzinsuffizienz
Hepatomegalie
Bronchitiden, diffuse oder noduläre Lungeninfiltration
Nebennierenrindeninsuffizienz
Splenomegalie
Glomerulumschaden, Proteinurie, Azotämie
Karpaltunnelsyndrom
Hypomotilität, Malabsorption, Obstruktion
E. Klinische Manifestationen

Ob es eine funktionierende Immunüberwachung gegen die meisten Tumoren gibt, ist auch heute noch nicht geklärt. Bakterien und Viren, die vom Immunsystem effektiv erkannt und bekämpft werden, bestehen aus einer Vielzahl fremder Proteine. Tumorzellen hingegen zeigen oft nur minimale Veränderungen gegenüber Normalzellen, wie trunkierte oder mutierte Proteine: als potentielle „fremde" Antigene liegen so oft nur einzelne Peptide vor. Vieles spricht dafür, daß die Immunüberwachung gegen Tumoren nicht zu den primären Aufgaben des Immunsystems gehört. So haben Patienten mit schweren Immundefekten wie HIV und Patienten nach Organtransplantation zwar eine erhöhte Inzidenz von Virus-assoziierten Tumoren, aber zeigen keine Zunahme der häufigsten Tumorarten. Ebenso sterben Nacktmäuse, die keine funktionsfähigen T-Zellen besitzen, nicht an Tumoren, sondern in erster Linie an schweren Infektionen. Dennoch besteht aufgrund von Tierexperimenten und ersten klinischen Versuchen die berechtigte Hoffnung, daß es in Zukunft möglich sein wird, effektive Immuntherapien durchzuführen.

A. Erkennung von Tumorantigenen

Seit Etablierung der „Monoklonalen Antikörper-Technologie" vor ca. 20 Jahren wird versucht, Antikörper gegen Tumorzellen herzustellen. Hierzu werden Mäuse mit Tumorzellen immunisiert. Nach wiederholter Applikation isoliert man die Milzzellen und fusioniert sie durch **P**oly**e**thylen**g**lykol (**PEG**) mit Myelomzellen, die aus einer *„unsterblichen" Myelomzellinie* stammen. Wegen eines Enzymdefekts sterben unfusionierte Myelomzellen in Hypoxanthin-, Aminopterin- und Thymidin- (HAT)-haltigem Medium ab (**1.**). Es überleben nur Zellen, die von den Myelomzellen die Unsterblichkeit und von den Milzzellen die HAT-Resistenz geerbt haben. Neben der HAT-Resistenz erhalten die Fusionszellen *(Hybridomzellen)* von den Milzzellen auch die Antikörper-Spezifität. Hybridomzellen, die Antikörper gegen Tumorzellen produzieren, werden durch *„limiting dilution"* verdünnt und kloniert, bis man eine Zellinie erhält, die aus einzelnen antikörperproduzierenden Zellen (monoklonale Zellinie oder Hybridom) stammt.

Andererseits können auch T-Zellen Tumorantigene erkennen (**2.**). Solche Antigene, z.B. mutierte Proteine, werden nach intrazellulärem Abbau als MHC-Klasse-I-gebundene Peptide den $CD8^+$-zytotoxischen T-Zellen präsentiert. Die T-Zell-Antwort ist HLA-restringiert, d.h. hängt davon ab, ob das mutierte Tumorpeptid in die antigenpräsentierende Grube des HLA-Moleküls paßt. Tumorzellen sind allerdings keine geeigneten Antigen-präsentierenden Zellen, da ihnen wichtige kostimulatorische Moleküle fehlen (s. S. 166).

B. Identifizierung von Tumorantigenen

Durch Klonierung (s. S. 104) können T-Zell-Klone etabliert werden, die Zielzellen spezifisch lysieren. Um die DNA-Sequenz des entsprechenden Tumorantigens zu identifizieren, wird die gesamte DNA der Tumorzellen präpariert, in viele kleine DNA-Fragmente unterteilt und in Vektoren eingebaut (**1.**). Die Fragment-tragenden Vektoren schleust man dann in Zellen ein, welche dieselben HLA-Restriktion wie die Tumorzellen haben. Nur diejenigen Zellen, die das entscheidende DNA-Fragment enthalten, präsentieren es auch in den MHC-Molekülen und können so durch den T-Zell-Klon erkannt und lysiert werden.

Um herauszufinden, welche von einer Zelle präsentierten Peptide die Tumor-spezifischen Peptide sind, löst man durch kurzzeitige Säurebehandlung alle Peptide heraus, die sich im MHC-Molekül befinden (**2.**). Die gelösten Peptide werden über Hochdruck-Flüssigkeits-Chromatographie (HPLC) aufgetrennt. Die einzelnen Peptid-Fraktionen inkubiert man dann mit TAP-defizienten Zellinien (s. S. 167). Diese Zelllinien sind nicht in der Lage, MHC-Moleküle mit Peptiden zu beladen. Leere MHC-Moleküle auf der Zellmembran sind aber instabil und zerfallen. Wird jedoch von außen ein exakt passendes Peptid addiert, werden sie stabilisiert, und können das von außen aufgeladene Peptid präsentieren. Handelt es sich dabei um ein Tumor-spezifisches Peptid, wird die Zelle durch den Tumor-spezifischen T-Zell-Klon lysiert.

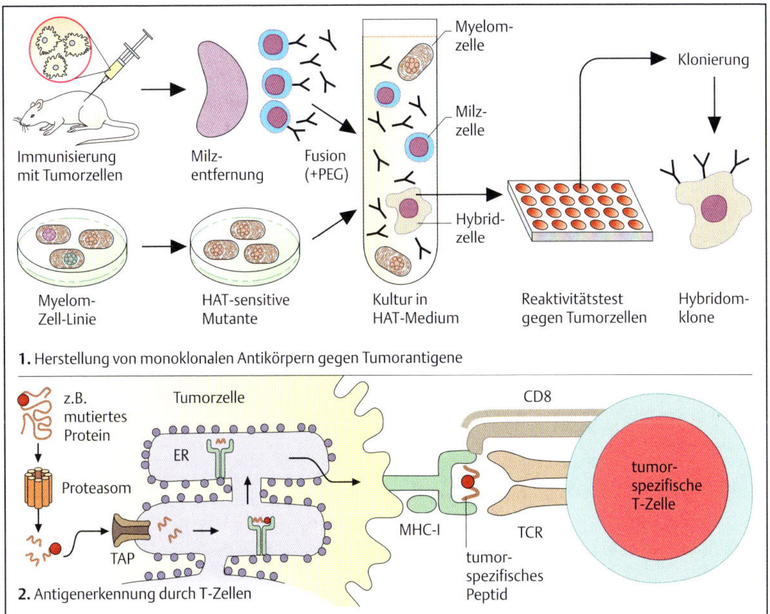

A. Erkennung von Tumorantigenen

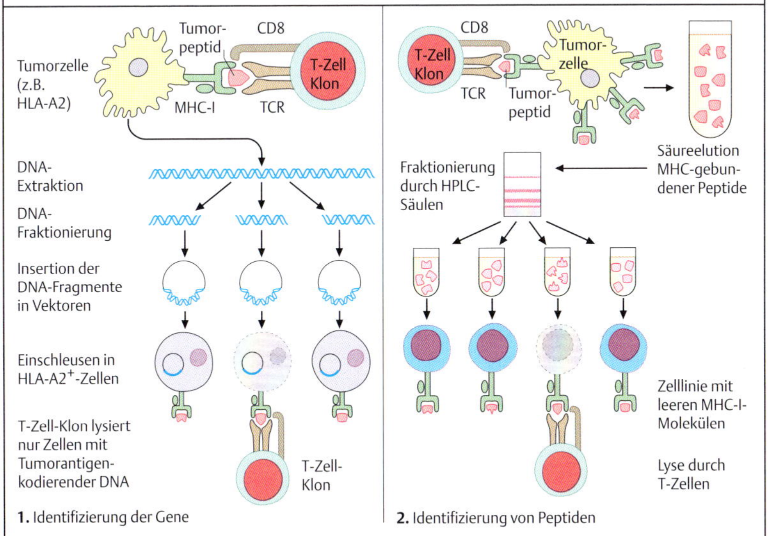

B. Identifizierung von Tumorantigenen

A. Tumorantigene

Idealerweise sollte ein Tumorantigen nur von Tumorzellen, nicht aber von normalen Zellen exprimiert werden, um vom Immunsystem als „fremd" erkannt zu werden. Stattdessen werden tumorassoziierte Antigene in Tumorzellen überexprimiert, kommen aber in geringerer Dichte auch in normalen Zellen vor. So wird z. B. das Enzym Tyrosinase in allen normalen Melanozyten exprimiert, in Melanomzellen jedoch wesentlich stärker. Im Blut von Melanompatienten können Tyrosinase-spezifische T-Zellen identifiziert werden, die Melanomzellen erkennen und töten: bei einigen immuntherapeutisch behandelten Patienten sind diese T-Zellen für eine Depigmentierung der Haut (Vitiligo) verantwortlich. Das Auftreten der Vitiligo korreliert dabei mit einem Ansprechen auf die Therapie.

Onkofetale Antigene, wie α-1-Fetoprotein und karzinoembryonales Antigen (CEA), kommen in Tumoren der Leber, der Gonaden und bei verschiedenen Adenokarzinomen vor. Diese Antigene sind während der fetalen Entwicklung stark exprimiert, beim Erwachsenen jedoch nur schwach. Sie werden auch als *Verlaufsindikatoren (Tumormarker)* bei Patienten verwendet, da sie im Serum als lösliche Proteine zirkulieren.

Bei B- und T-Zell-Lymphomen und -Leukämien stellen die *klonspezifischen Determinanten (Idiotypen)* der Immunglobuline bzw. des T-Zell-Rezeptors individuell-spezifische Tumorantigene dar, die keine Reaktivität mit anderen Geweben erwarten lassen.

Um völlig neue Antigene *(„Neoantigene")* handelt es sich hingegen bei mutierten Proteinen, die durch chromosomale Translokationen oder Punktmutationen hervorgerufen werden. So entsteht z. B. bei der t(9:22) BCR-ABL-Translokation der CML ein Fusionsprotein zwischen dem normalen BCR- und ABL-Gen. Peptide, deren Sequenz sich aus Aminosäuren beider Genen zusammensetzt, können als echte Tumorantigene fungieren. Durch Punktmutationen, wie sie häufig im Tumorsuppressorgen p53 und anderen Zellzyklus-regulierenden Proteinen auftreten, entstehen ebenfalls neue tumorspezifische Peptide, die in normalen Zellen nicht vorkommen. Voraussetzung für eine Erkennung durch das Immunsystem ist jedoch, daß diese Peptide in die HLA-Moleküle der Tumorzellen hineinpassen. So könnten Tumoren entstehen, bei denen solche tumorspezifische Peptide vorliegen, aber nicht durch die individuellen MHC-Moleküle dem Immunsystem präsentiert werden können. Hingegen werden echte fremde Proteine, wie sie von Viren, (HTLV1 bei T-Zell-Leukämie, EBV-Viren bei malignen Lymphomen) induziert werden, vom Immunsystem erfolgreich erkannt. Solche Antigene bestehen aus einer Vielzahl von Peptiden: die Wahrscheinlichkeit ist groß, daß einige hiervon an vorhandene MHC-Moleküle binden.

B. Immun-„escape"-Mechanismen

Für das Versagen der Immunantwort gegen Tumoren gibt es eine Reihe von Gründen: Jedes körpereigene Protein wird intrazytoplasmatisch zu Peptiden aus 9-12 Aminosäuren abgebaut. Diese Peptide werden über ein Transportsystem, das sog. **TAP** (**t**ransporter associated with **a**ntigen **p**rocessing) ins Endoplasmatische Retikulum (ER) befördert, dort in MHC-Klasse-I-Moleküle geladen und an der Zelloberfläche $CD8^+$-T-Zellen präsentiert (s. S. 66).

Bei manchen Tumoren nun existieren erst gar keine Tumorpeptide, die in die MHC-Moleküle des Patienten passen (**1.**), während bei Tumorzellen mit defekter Antigenprozessierung, z. B. TAP-Defizienz, Tumorpeptide nicht ins ER befördert werden (**3.**). Bei vielen Tumoren sind die MHC-Klasse-I-Moleküle an der Zelloberfläche stark reduziert oder fehlen völlig, so daß die Tumorantigene nicht mehr von zytotoxischen T-Zellen erkannt werden können (**2.**).

Tumorzellen sind keine professionellen Antigen-präsentierenden Zellen, ihnen fehlen die zur T-Zell-Aktivierung notwendigen kostimulatorischen Moleküle CD80 und CD86 (**4.**). Ohne Kostimulation führt die Präsentation eines Peptids über den MHC/TCR-Komplex zur T-Zell-Anergie und Toleranz. Um der Immunantwort weiterhin zu entgehen, stellen manche Tumorzellen die Synthese des Tumorantigens auch ein (**5.**), oder es können immunsuppressive Substanzen (**6.**), z. B. IL-10 und Transforming Growth Factor-β (TGF-β) produziert werden.

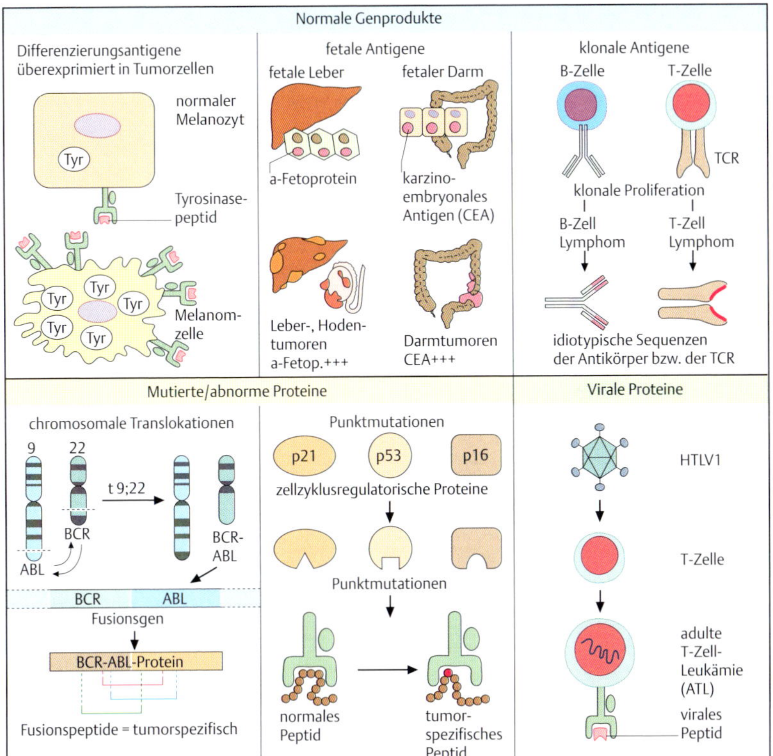

A. Tumorantigene

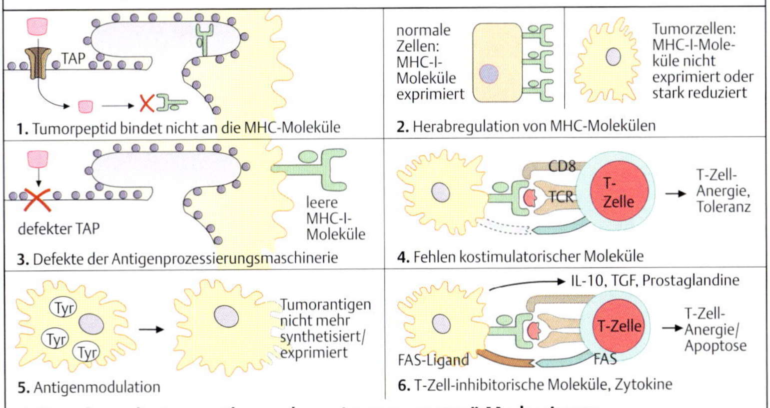

B. Umgehung der Immunüberwachung: Immun-„escape"-Mechanismen

A. Verstärkung der unspezifischen Immunität

Bereits Ende des letzten Jahrhunderts begann der amerikanische Chirurg William Coley, *autologe Tumorzell-Lysate* zu injizieren, um dadurch eine antitumorale Immunantwort hervorzurufen. Die alleinige Verwendung unmodifizierter Tumorzellen führte allerdings nicht zu wesentlichen Erfolgen. So wurde bald versucht, durch die Gabe von *Adjuvanzien* die Immunantwort unspezifisch zu steigern, in der Hoffnung, dadurch auch die tumorspezifische Immunantwort zu verstärken. In erster Linie wurden bakteriellen Antigenmischungen, wie der abgeschwächte Mykobakteriumstamm **B**acillus **C**almette-**G**uerin (**BCG**) oder Corynebacterium parvum eingesetzt, in neueren Versuchen auch das Newcastle Disease Virus. Klinische Studien mit diesen Ansätzen laufen zum Teil noch, durchgreifende Erfolge sind jedoch mit dieser Strategie nicht zu erwarten.

So wurden in den letzten 3-4 Jahren Tumorzellen durch *Gentransfer* modifiziert, um die T-Zell-Immunantwort gezielt zu induzieren. Durch Sekretion von Zytokinen wie IL-2, IL-4, IL-7 oder GM-CSF sollen T-Zellen oder dendritische Zellen lokal zum Wachstum angeregt werden, in der Hoffnung, tumorspezifische T-Zellen zu aktivieren.

Zytokine können auch systemisch appliziert werden. Allerdings konnten sich nur Interferon-α (IFN-α) und IL-2 etablieren, und dies auch nur bei wenigen Tumorerkrankungen (**2.**). Bei IFN-α muß noch berücksichtigt werden, daß es neben der immunstimulierenden Wirkung auch eine direkt antiproliferative Wirkung hat, die für einen Teil der therapeutischen Effekte verantwortlich sein könnte. Nierenzellkarzinome und maligne Melanome scheinen besonders auf Immuntherapieansätze anzusprechen, der Grund hierfür ist noch unbekannt. Zusätzlich wird Tumor-Nekrose-Faktor-α (TNF-α) zur Extremitätenperfusion bei Sarkomen und Melanomen eingesetzt.

B. Induktion einer spezifischen T-Zell-Antwort

Bei vielen Patienten kann zum Zeitpunkt der Diagnose einer Tumorerkrankung der Primärtumor chirurgisch erfolgreich entfernt werden. Ein Teil der Patienten jedoch entwickelt später Fernmetastasen oder Lokalrezidive. Daher wird bei bestimmten Risikosituationen (Art des Tumors, Malignitätsgrad, Tiefe der Tumorinvasion, Lymphknotenbeteiligung u.a.) eine sog. *adjuvante Therapie* durchgeführt. Doch selbst damit gelingt es nicht, durch autologe bestrahlte Tumorzellen oder Tumorzell-Lysate eine spezifische T-Zell-Antwort gegen den Tumor zu induzieren (**1.**). Auch unter idealen Voraussetzungen, sofern nämlich die Tumorzellen den T-Zellen ein Tumorantigen präsentieren, kann man nicht von einer ausreichenden anti-Tumor-Immunantwort ausgehen, da den Tumorzellen die kostimulatorischen Moleküle wie B7(CD80/86) fehlen (s. S. 166). Als therapeutische Konsequenz modifiziert man Tumorzellen mit dem B7-Gen, um die Immunogenität der Tumorzellen zu erhöhen (**2.**). Eine weitere Möglichkeit, eine Immunantwort gegen wenig immunogene Tumorzellen zu induzieren, ist, Tumorantigene nicht von den Tumorzellen, sondern von „professionellen" antigenpräsentierenden Zellen präsentieren zu lassen (**3.**). Diese exprimieren alle wichtigen stimulatorischen Moleküle, um eine effektive T-Zell-Antwort zu induzieren. So können ex vivo generierte dendritische Zellen mit Tumorzell-Lysaten, gereinigten Tumorantigenen oder sogar definierten Tumorpeptiden beladen *(„gepulst")* werden. Erste klinische Versuche zeigen erfolgversprechende Ergebnisse.

Eine spezielle Form der Immuntherapie ist die lokale Instillation von BCG nach lokaler Resektion eines Blasenkarzinoms, die in einem hohen Prozentsatz zur Verhinderung von Rezidiven führt. Möglicherweise kommt es nach der BCG-Instillation zu entzündlichen Prozessen, wobei aktivierte antigenpräsentierende Zellen verbliebene Tumorzellen aufnehmen und deren tumorspezifische oder assoziierte Antigene dann effektiv dem Immunsystem präsentieren.

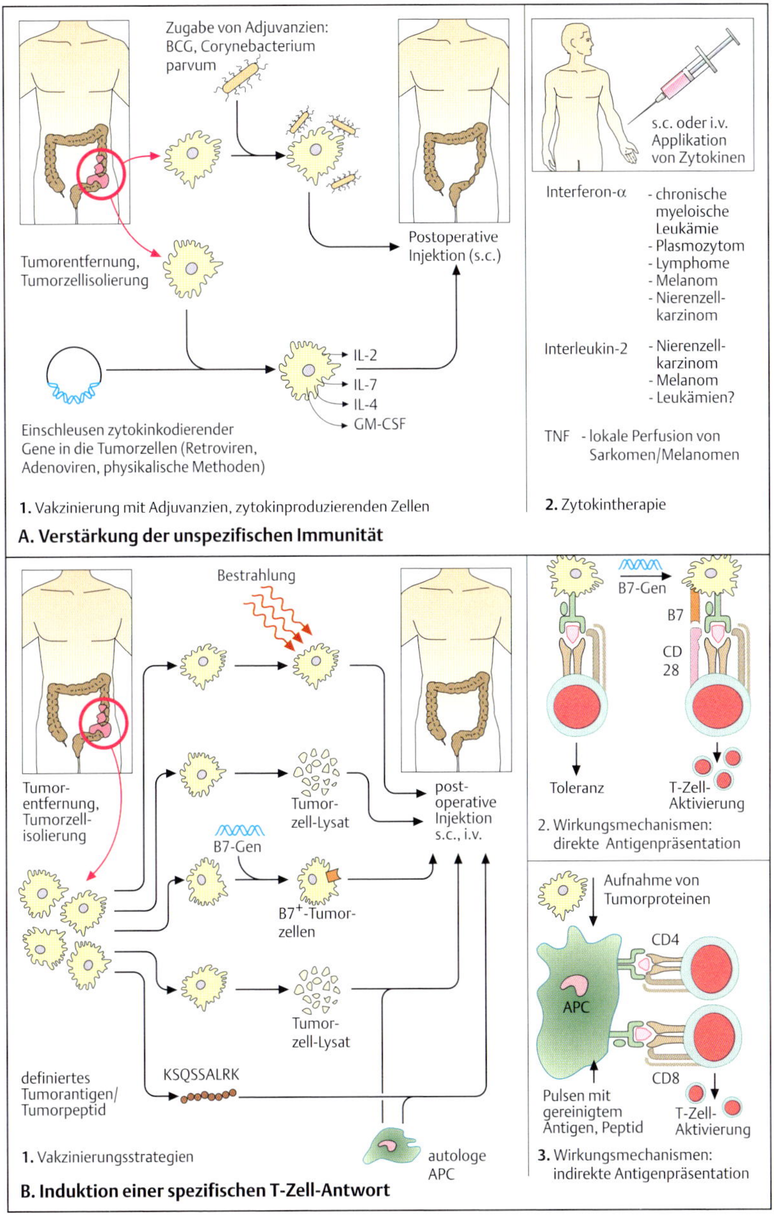

A. Verstärkung der unspezifischen Immunität

B. Induktion einer spezifischen T-Zell-Antwort

A. Gentechnische Herstellung tumorspezifischer TCR

Bei vielen Tumoren kommt es zu einer ausgeprägten Infiltration des Tumors mit Lymphozyten. Bisher wurden diese tumor-infiltrierenden **L**ymphozyten (**TIL**) aus OP-Präparaten, insbesondere aus Melanomen und Nierenzellkarzinomen, isoliert und nach Vermehrung in vitro zurücktransfundiert – allerdings ohne großen Erfolg. In vielen Fällen reagierten diese TIL durchaus spezifisch mit dem Tumor, sie hatten allerdings die zytotoxische Aktivität verloren. Heute kann man die DNA-Sequenzen der variablen Domäne von α- und β-Ketten der T-Zell-Rezeptoren solcher TIL identifizieren. Nach Klonierung in einen Vektor können damit T-Lymphozyten genmodifiziert werden, die dann spezifisch mit dem Tumor reagieren. Eine adoptive Therapie mit solchen ex vivo expandierten T-Zellen ist dann möglich.

B. Antikörpertherapien

Bereits seit ca. 20 Jahren werden *monoklonale Antikörper (mAK)* in der Therapie von Tumoren eingesetzt. Die meisten Antikörper wurden in Mäusen generiert. Da eine Therapie mit murinen mAK zur Bildung **h**umaner **a**nti-**m**uriner Antikörper (**HAMA**) führt, welche die Wirksamkeit des murinen mAK herabsetzen, wurden sog. humanisierte mAK entwickelt (**1.**). Bei humanisierten mAK ist der größte Teil humanen Ursprungs, nur der Fab-Teil bzw. die variable Region des Fab sind murin. Diese mAK weisen eine deutlich längere Halbwertszeit im Patientenblut auf und aktivieren die Immuneffektorzellen besser. Eine ganze Reihe monoklonaler Antikörper hat in den letzten Jahren erfolgreich Einzug in die Klinik gefunden (s. a. S. 290 – 300). Eine weitere Entwicklung sind sog. bispezifische Antikörper (**2.**). Diese Antikörper entstehen durch Fusion von zwei Hybridomen, die jeweils einen spezifischen mAK sezernieren. Sie binden daher gleichzeitig an das Epitop der Tumorzelle sowie an T-Zellen (CD3). Dadurch werden T-Zellen mit den Tumorzellen in Kontakt gebracht und über CD3 teilweise aktiviert. Eine Verbesserung dieser Strategie stellen die *„single chain"-Antikörper* dar (**3.**). Dabei handelt es sich um gentechnisch hergestellte Antikörper-Derivate, die nur aus der schweren und leichten Kette der variablen Region (Fv) des mAK bestehen und über ein Bindungstück verbunden sind. Als weitere Variante können „single chain"-Antikörper, die z. B. ein Tumorepitop erkennen, mit der für die Übermittlung des TCR-Signals wichtigen ζ-Kette verknüpft werden. Werden damit T-Zellen transfiziert, erreicht man, daß unspezifische T-Zellen ein Tumorantigen erkennen und die Übertragung des Signals ins Zellinnere über die nachgeschaltete ζ-Kette des TCR weitergeleitet wird. Schließlich können Antikörper gegen tumorassoziierte Antigene mit Immuntoxinen oder Radioisotopen gekoppelt werden (**4.**). Bei den Immuntoxinen wird erst nach Internalisierung des Antikörpers die toxische Komponente freigesetzt, die dann die RNA-Synthese blockiert. Bei Radioimmunkonjugaten führt ein Strahler (i.d.R. radioaktives Yttrium oder Jod) zur Lyse der Targetzelle, gleichzeitig aber auch von benachbarten Zellen (sog. *„bystander-Effekt"*) (s. a. S. 292).

C. Wirkungsmechanismen einer mAK-Therapie

Ein mAK kann den natürlichen Liganden eines Rezeptors imitieren oder blockieren: z. B. kann ein Anti-CD95-Antikörper den Fas/APO-1-Rezeptor (CD95) aktivieren und so Apoptose triggern (**1.**). Andererseits können Antikörper bestimmter Ig-Klassen Komplement aktivieren und somit Porenbildung in der Zellmembran induzieren (**2.**). Ein weiterer Mechanismus ist die Antikörper-abhängige Zytotoxizität (**a**ntibody-**d**ependent-**c**ell-mediated **c**ytotoxicity, **ADCC**). Hier erkennen Fc-Rezeptor-tragende NK-Zellen den Fc-Teil eines zellgebundenen Antikörpers und setzen zytoplasmatische Granula mit zytotoxischen Perforinen und Granzymen frei (**3.**).

Schließlich kann ein Teil der induzierten HAMA gegen die spezifische idiotypische Bindungsregion des murinen mAK gerichtet sein (**4.**). Anti-idiotypische Antikörper imitieren dabei Tumorantigene und können bei einer Vakzinierung als Tumorsurrogat dienen. Sie können wiederum die Bildung anti-anti-idiotypischer mAK auslösen, die, wie der murine mAK, das Tumorantigen erkennen. Durch diese Netzwerk-Kaskade potenziert sich die Wirkung des murinen mAK.

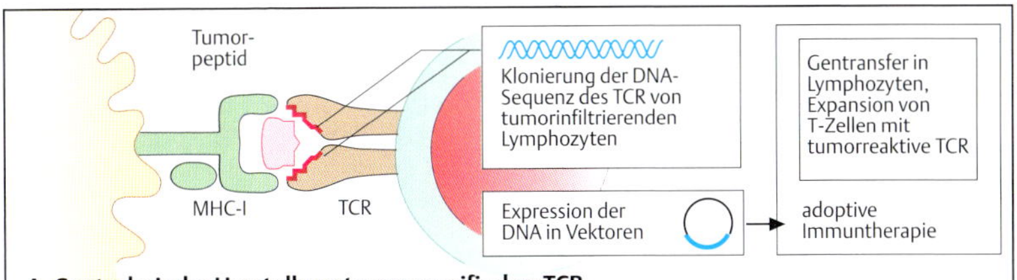

A. Gentechnische Herstellung tumorspezifischer TCR

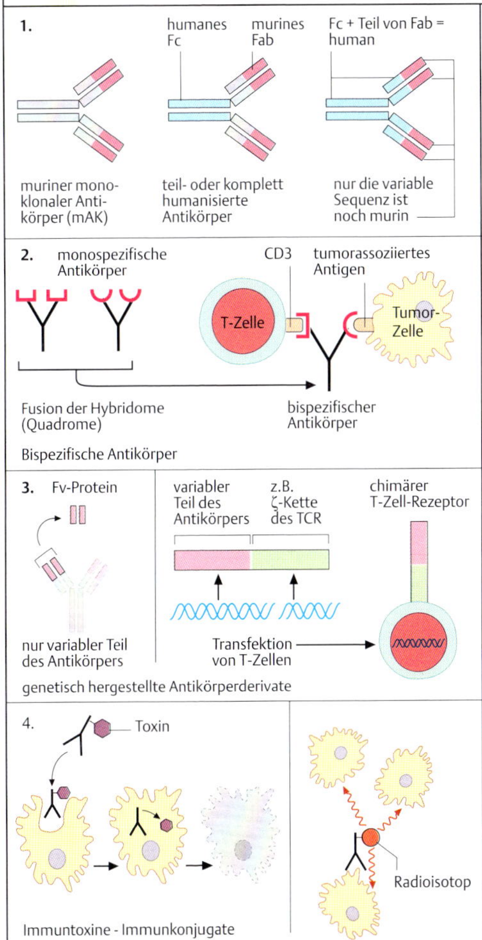

B. Antikörpertherapien

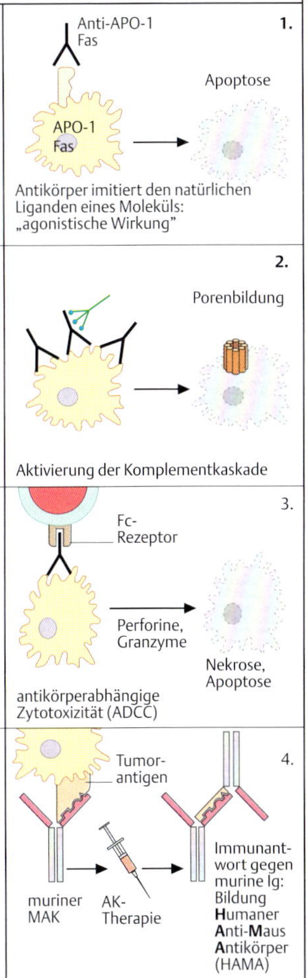

C. Wirkungsmechanismen

Autologe Knochenmark-/Blutstammzell-transplantation

Viele Tumoren, insbesondere Leukämien und Lymphome können durch eine ausreichend hoch dosierte Chemo- und Radiotherapie eliminiert werden. Limitierend hierbei ist aber die Toxizität der Therapie auf das blutbildende Knochenmark, das irreversibel geschädigt werden kann (*Myeloablation*). Nach einer myeloablativen Chemo- oder Radiotherapie reicht die Übertragung von 700 bis 800 ml Knochenmarkblut eines gesunden Spenders, um eine völlig funktionsfähige Blutbildung wieder herzustellen (*allogene Knochenmarktransplantation, allo-KMT*). Eine Rekonstitution der Knochenmarkfunktion ist auch durch Retransfusion autologen Knochenmarks möglich, das vor der ablativen Therapie entnommen wurde (*autologe KMT*).

A. Stammzellgewinnung

Knochenmarkblut wird durch wiederholte Darmbeinkamm-Punktion in Vollnarkose gewonnen. Verantwortlich für die Rekonstitution der Blutbildung sind die wenigen $CD34^+$-Stammzellen, die im Transplantat enthalten sind. Diese Zellen sind nicht nur im Knochenmark ansässig, sondern zirkulieren in kleinen Mengen auch im peripheren Blut und können durch Leukapherese gewonnen werden. Hierbei werden durch selektive Zentrifugation des Blutes mononukleäre Zellen, darunter auch die Stammzellen, gesammelt. Durch den Zellseparator fließen kontinuierlich über einen Zeitraum von 2-5 Stunden ca. 8-15 l Blut. Dabei werden ca. 350 ml Blut mit angereicherten Stammzellen gesammelt und kryokonserviert. Der Mindestbedarf an CD34-Zellen für eine erfolgreiche Rekonstitution der Blutbildung liegt bei etwa 2×10^6 CD34-Zellen/kg Körpergewicht.

B. Blutstammzellmobilisierung und Transplantationsablauf

Die Anzahl der $CD34^+$-Zellen im peripheren Blut ist gering, erhöht sich aber durch Gabe von rekombinanten hämatopoetischen Wachstumsfaktoren wie G-CSF oder GM-CSF. Dann wird die Knochenmarkentnahme oder die Leukapherese durchgeführt. Das gewonnene Transplantat kann beliebig lang kryokonserviert werden. Im Anschluß an die hochdosierte Chemo-/Radiotherapie kommt es zu einer Aplasie (Abfall der Erythrozyten, Granulozyten und der Thrombozyten im peripheren Blut), die ohne Stammzellrückgabe irreversibel wäre. Die Reinfusion der kryokonservierten Stammzellen direkt im Anschluß an die Chemotherapie führt dazu, daß die Aplasiephase nur 10 bis 15 Tage dauert. Anschließend kommt es zur vollständigen Rekonstitution der Blutbildung.

C. Indikationen

Autologe Blutstammzell- (ABSCT) bzw. Knochenmarktransplantationen werden bei einer Reihe hämatologischer Erkrankungen sowie bei einzelnen soliden Tumoren, insbesondere Keimzelltumoren, durchgeführt. Eine weitere Indikation ist die gentherapeutische Manipulation von Stammzellen zur Behandlung angeborener Stoffwechsel- und Immundefekte sowie in jüngster Zeit von therapierefraktären Autoimmunerkrankungen. $CD34^+$-Zellen können außerdem in vitro zu dendritischen Zellen oder Immuneffektorzellen differenziert werden. So kann die Transplantation auch mit einer Immuntherapie verbunden werden.

D. Purging des Autotransplantates

Bei der autologen Transplantation besteht die Gefahr, daß das Transplantat kontaminierende Tumorzellen enthält. Daher wird es einem Reinigungsverfahren, dem „*Purging*", unterzogen. Da die Zellen solider Tumoren das CD34-Antigen nicht auf ihrer Oberfläche exprimieren, kann zunächst eine positive Selektion von $CD34^+$-Zellen durchgeführt werden. Über biotinylierte anti-CD34-Antikörper werden die $CD34^+$-Zellen an eine mit Avidin beladene Säule gebunden und später abgetrennt. Nach diesem Verfahren liegt die Reinheit der $CD34^+$-Zellen bei etwa 90 %. Eine weitere Depletion von möglichen kontaminierenden Zellen wird durch Negativselektion erreicht. Man benutzt dafür Antikörper gegen Tumorantigene, die an eisenkernhaltige Kügelchen („*beads*") gebunden sind. Durch Applikation eines Magnetfeldes werden die Tumorantigen-tragenden Zellen entfernt (s. a. S. 100).

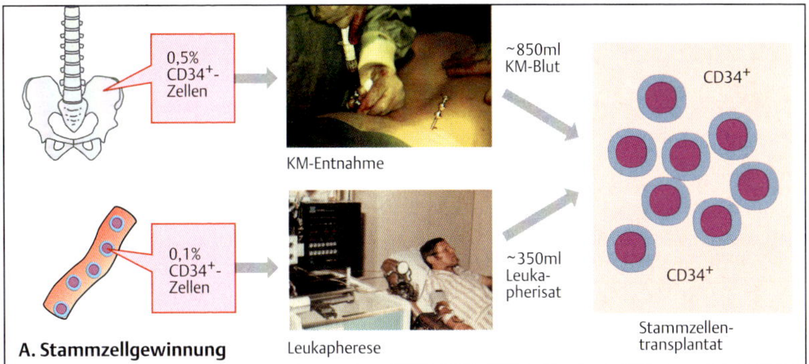

A. Stammzellgewinnung

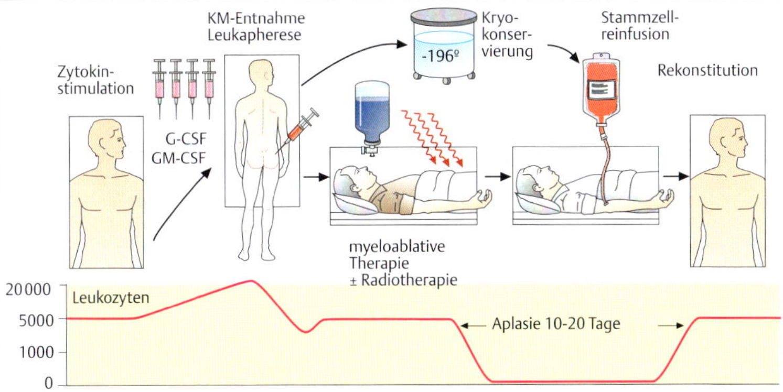

B. Blutstammzellmobilisierung und Transplantationsablauf

- akute Leukämien
- Hodgkin-Lymphom
- Non-Hodgkin-Lymphome
- Keimzelltumoren

1. Steigerung des Chemotherapieeffekts

- Immundefekte
- Hämophilie
- Immuntherapie
- Genmodifikation von Stammzellen

2. Gen- und experimentelle Therapie

C. Indikationen

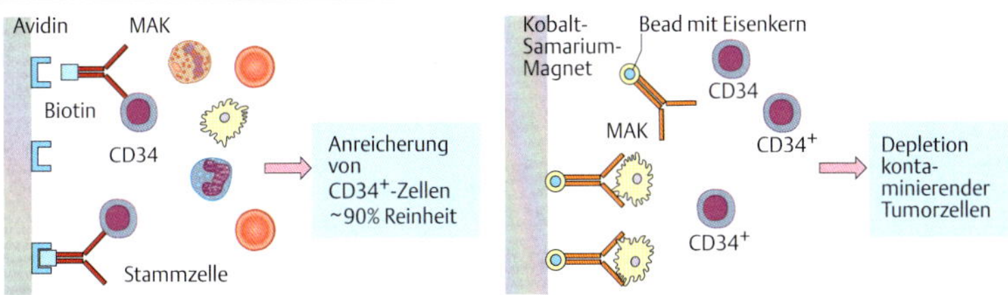

D. „Purging" des Autotransplantats

A. Allogene Knochenmark-/Blutstammzelltransplantation

Für eine allogene Transplantation muß ein geeigneter Spender vorhanden sein. Für Geschwister besteht eine Wahrscheinlichkeit von 1:4, daß alle HLA-Allele übereinstimmen. Existiert kein verwandter Spender, wird in internationalen Dateien nach HLA-kompatiblen Spendern gesucht. Als Transplantat werden Knochenmark oder, heute immer häufiger, periphere Blutstammzellen verwendet. Eine weitere Möglichkeit ist Nabelschnurblut, das reich an $CD34^+$-Zellen ist und nur wenige reife T-Zellen enthält. Als „Konditionierungstherapie" vor der Transplantation wird i.d.R. eine Kombination aus hochdosierten Alkylantien und eine Ganzkörperbestrahlung mit 10–14 Gy eingesetzt. Dadurch werden Tumorzellen zerstört und eine ausreichende Immunsuppression hergestellt, die die Abstoßung des fremden Transplantats verhindert. Eine moderne Variante besteht in der Verwendung von Immunsuppressiva unter Verzicht auf stark zytotoxische Medikamente (sog. „mini-KMT" oder „reduced conditioning"-KMT).

B. Indikationen

Bei malignen Erkrankungen wird die Transplantation im Stadium der kompletten Remission durchgeführt, wenn also der Großteil der Tumorzellen durch konventionelle Chemotherapie eliminiert worden ist. Die allogene KMT ist die einzige kurative Therapie der CML. Bei akuter myeloischer Leukämie oder akuter lymphatischer Leukämie werden zunächst nur Patienten mit hohem Rezidivrisiko transplantiert. Indikationen sind ferner schwere aplastische Anämien, paroxysmale nächtliche Hämoglobinurie, schwere kombinierte Immundefekte und Thalassämie.

C. Komplikationen

Die hochdosierte Chemo- oder Radiotherapie schädigt verschiedene Organe: Im gesamten Gastrointestinaltrakt kommt es zur Schleimhautschädigung mit Ulzerationen und teilweise schwerer Diarrhoe. Lebensgefährlich ist die Leber-Venenverschlußkrankheit (**V**eno-**o**cclusive **d**isease, **VOD**), bei der eine Schädigung der postkapillären Venolen der Leber bis zum Leberausfall führen kann. Eine Infertilität ist meist unvermeidbar; bei männlichen Patienten kann jedoch vor der Therapie Sperma eingefroren werden. Cyclophosphamid kann eine schwere hämorrhagische Zystitis verursachen. Als Langzeitfolge können Zweitneoplasien auftreten. Während der Aplasie-Phase sind Infektionen besonders gefährlich. Die wichtigsten viralen Pathogene sind Zytomegalieviren (CMV). Sie können schwere pulmonale und gastrointestinale Infektionen verursachen.

Die „**g**raft **v**ersus **h**ost **d**isease" (**GVHD**) ist eine Hauptursache von Morbidität und Mortalität nach allogener Transplantation und wird durch Spender-T-Lymphozyten im Transplantat verursacht. Bei HLA-kompatiblen Transplantationen ist die GVHD-Antwort gegen *Nebenhistokompatibilitätsantigene* (*minor histocompatibility antigens*) gerichtet. Vermutlich präsentieren APC des Empfängers die fremden Gewebsantigene den Spender-T-Lymphozyten, insbesondere, da die Aktivität der APC durch Chemo- und Radiotherapie-induzierte Zytokine wie Interleukin-1, IL-6 und TNF-α erhöht ist. Die GVHD betrifft v. a. Haut (kleinfleckiges Exanthem), Leber (cholestatische Hepatitis) und Darm (Diarrhoe). Ferner kommt es zur Austrocknung von Schleimhäuten und Bindehaut (Sicca-Syndrom) und zur Myositis. Zur Prophylaxe einer GVHD führt man eine Immunsuppression mit Ciclosporin durch, evtl. in Kombination mit Methotrexat und Kortikosteroiden.

D. T-Zell-Depletion und Graft-versus-leukemia-Effekt

Durch Depletion von T-Lymphozyten im Transplantat sinkt das Risiko einer GVHD. Gleichzeitig steigt allerdings das Risiko eines Tumorrezidivs, da die Spender-T-Lymphozyten auch den günstigen **G**raft-**v**ersus-**l**eukemia-Effekt (**GVL**) vermitteln. Will man den GVL-Effekt bei gleichzeitiger Reduzierung des GVHD-Risikos beibehalten, kann man die T-Zellen nur partiell depletieren und die Spender-T-Lymphozyten zu späteren Zeitpunkten nach einem abgestuften Schema reinfundieren. Die Therapie mit Spenderlymphozyten (donor lymphocyte infusion, DLI) ist eine der effektivsten Formen der Immuntherapie bei Krebs, wobei in erster Linie minor HLA-Antigene erkannt werden.

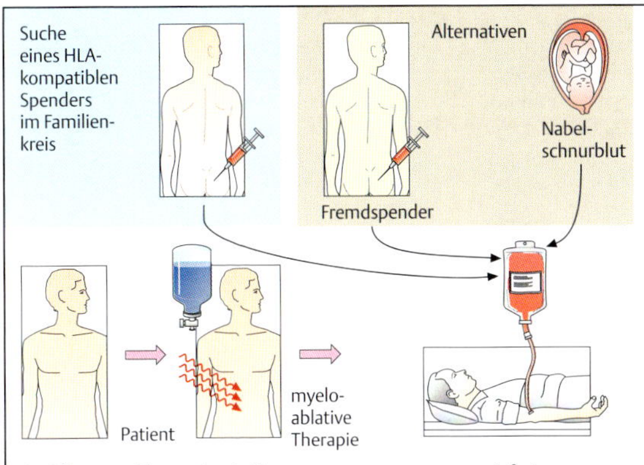

A. Allogene Transplantation

- CML
- AML
- aplastische Anämie
- SCID
- PNH
- Fanconi-Anämie
- Thalassämie
- multiples Myelom
- solide Tumoren?

B. Indikationen

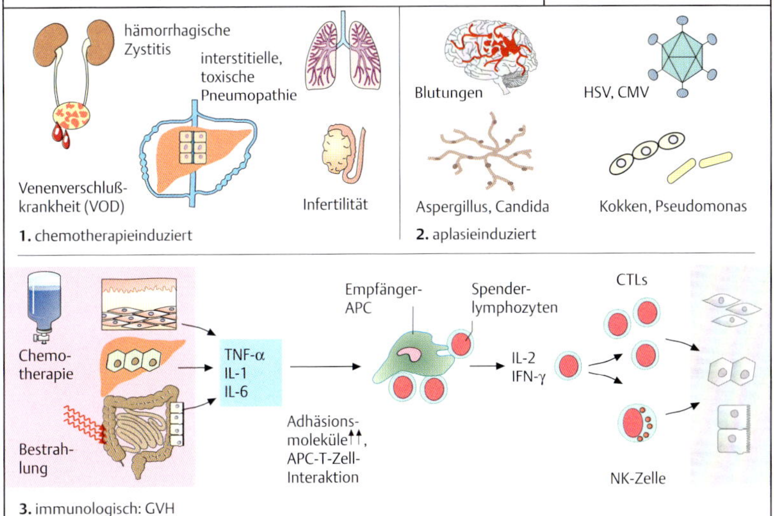

C. Komplikationen der allogenen Transplantation

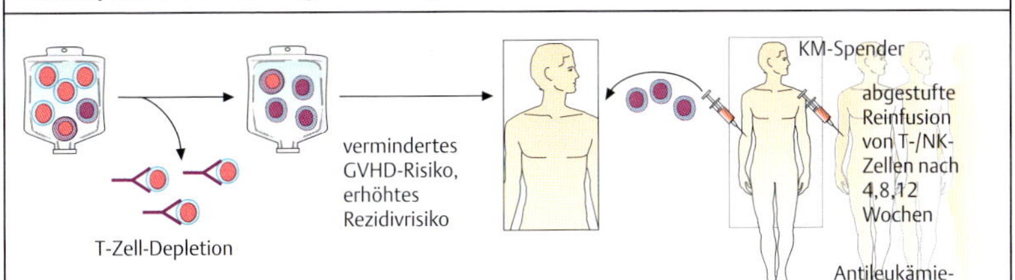

D. T-Zell-Depletion und „Graft-versus-Leukemia-Effekt"

A. Transplantationsformen

Man unterscheidet unterschiedliche Formen der Organtransplantation: *autolog* innerhalb desselben Organismus (z. B. Haut), *syngen* bei identischen (eineiigen) Zwillingen, *allogen* zwischen genetisch differenten Individuen und *xenogen* zwischen Angehörigen verschiedener Spezies, z. B. Affe – Mensch.

B. Kriterien der Organentnahme

Voraussetzung für eine Organentnahme ist der dissoziierte Hirntod des Spenders. Dieser ist durch das Fehlen sämtlicher Hirnströme (Nullinien-EEG), den irreversiblen Ausfall von Spontanatmung und Reflexen sowie das angiographisch bestätigte Sistieren der Hirndurchblutung definiert. Organe dürfen nur mit dem Einverständnis des Spenders und/oder der Angehörigen entnommen werden. Nach Entnahme erfolgt die Typisierung des Spendergewebes durch AB0-Blutgruppen- und HLA-Typenbestimmung. Außerdem sollten eine HIV- und CMV-Infektion ausgeschlossen werden. Über Transplantationszentren erfolgt dann die Empfängersuche. Die Priorität der HLA-Kompatibilität wird in der Reihenfolge DR – B – A – C gesetzt. Ein *„full-house-match"* gelingt nur in ca. 20 %. Eine Kreuzprobe von Spenderzellen mit Empfängerserum sollte außerdem negativ ausfallen.

Nach allen allogenen Organtransplantationen folgt obligatorisch eine immunsuppressive Therapie, die eine Abstoßungsreaktion verhindern soll. Die *hyperakute* Abstoßung tritt nach Minuten bis zu drei Tagen nach Transplantation auf und beruht auf einer Vorsensibilisierung des Empfängers. Sie ist therapieresistent. Die *akute Abstoßung* (ab 4. bis 5. Tag, am häufigsten in der 2. bis 3. Woche) verläuft krisenhaft, ist aber medikamentös gut zu beherrschen. Die *chronische Abstoßung* (in Monaten bis Jahren) zeichnet sich v. a. durch schwere Gefäßveränderungen aus und spricht nur schlecht auf eine höhere Dosierung der Immunsuppressiva an. Die häufigsten Immunsuppressiva nach Transplantation sind Cyclosporin und Mycophenolat-Mofetil (s. a. S. 278). Zunehmend werden aber die neuen Immunsuppressiva wie die M-Tor-Inhibitoren eingesetzt. Bei drohendem Abstoß können monoklonale Antikörper eingesetzt werden (z. B. gegen IL-2, s. a. S. 282) oder anti-T-Zell-Seren.

C. Organtransplantationen: Beispiele

Indikation für eine Nierentransplantation (**1.**) ist eine dialysepflichtige chronische Niereninsuffizienz. Besondere Probleme bereiten die Reaktivierung der Grundkrankheit im Transplantat, die Reaktivierung einer CMV-Infektion und die Nephrotoxizität der Immunsuppressiva (Ciclosporin) (s. S. 278).

Eine Hornhauttransplantation (**2.**) kann entweder lamellär nur mit Epithel und Stroma oder perforierend auch mit dem hinteren Endothel erfolgen. Das Transplantat wird nicht abgestoßen, solange es nicht vaskularisiert wird („sequestrierte Antigene", s. S. 85C).

D. Xenotransplantation

Hauptproblem bei allen Transplantationen bleibt das beschränkte Angebot an Spenderorganen. Deshalb wird intensiv an den Möglichkeiten einer Xenotransplantation (z. B. Schwein – Mensch) geforscht. Hauptprobleme sind die Sofortabstoßung durch präformierte Antikörper und Komplement, die fragliche Effektivität des Funktionsersatzes, die mögliche Übertragung humanpathogener Viren und ethische Aspekte.

Um die hyperakute Abstoßung durch Komplement zu vermeiden, wird derzeit versucht, transgene Schweine zu erzeugen, die keine Antigene für präformierte Antikörper mehr besitzen und stattdessen Komplement-Regulatoren exprimieren, die eine Komplement-Lyse einschränken sollen: den **M**embraninhibitor der **r**eaktiven **L**yse (**MIRL**, CD59), den zerfallsbeschleunigenden Faktor (DAF, CD55) und den Membrankofaktor (MCP, CD46). Präformierte Antikörper können zum Teil mittels Plasmapherese oder Injektion löslicher Hemmfaktoren entfernt werden.

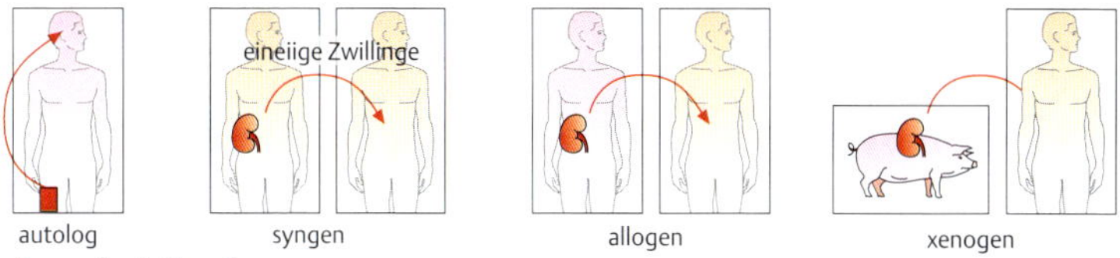

A. Transplantationsformen

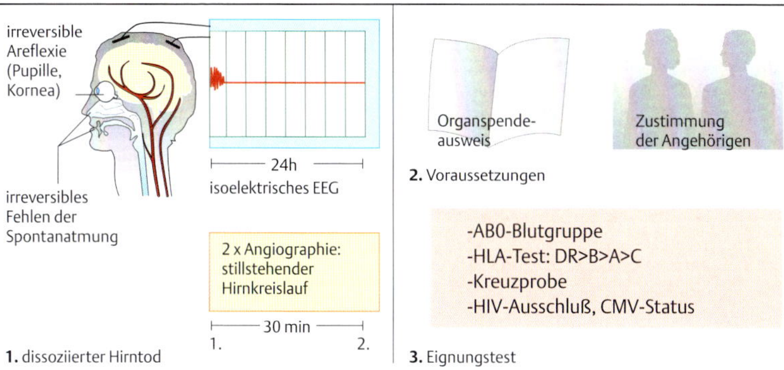

B. Kriterien zur Organentnahme

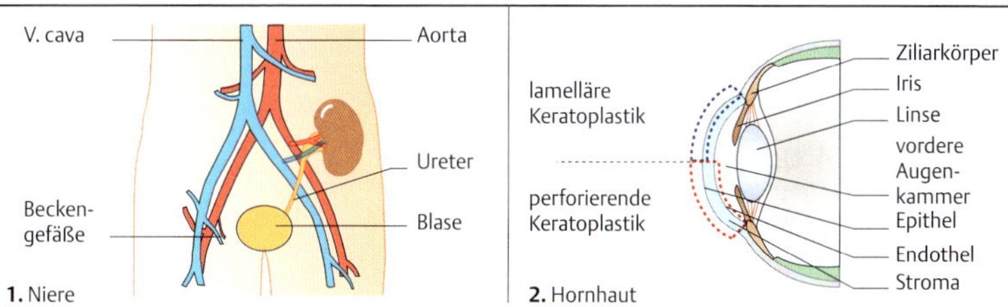

C. Organtransplantationen: Beispiele

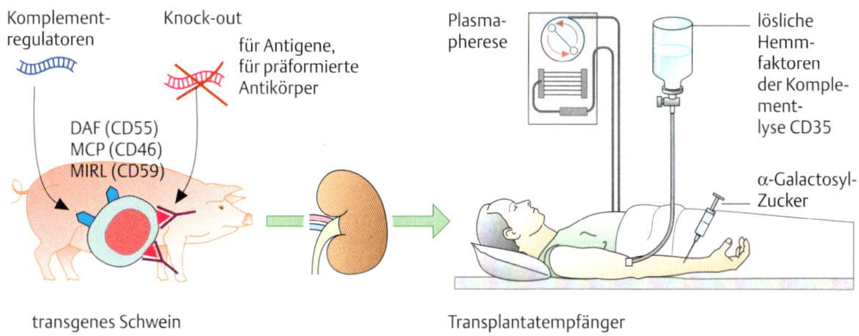

D. Xenotransplantation

A. Immunogenität des Transplantats

Immunreaktionen gegen ein Transplantat werden durch dessen MHC-Komplexe ausgelöst. Sowohl das MHC-Klasse-I-Molekül als auch das durch ihn präsentierte Peptid können aufgrund genetischer Polymorphismen für das Immunsystem des Empfängers fremd sein. Die Peptide stammen von zytoplasmatischen Proteinen ab, die von einem Enzymkomplex, dem Proteasom, gespalten werden. Durch transportassoziierte Proteine (TAP) werden sie ins ER aufgenommen, wo die Bindung an das MHC-Klasse-I-Molekül erfolgt. Die Erkennung des Peptid-MHC-Komplexes durch Lymphozyten des Empfängers ruft sowohl eine zelluläre als auch eine humorale Immunantwort hervor. Peptide, die aus anderen Zellkompartimenten stammen, werden ebenfalls im ER an MHC-Klasse-I-Moleküle gebunden und auf der Zelloberfläche präsentiert. Diese sog. Non-MHC-Antigene rufen insgesamt eine schwächere Immunreaktion hervor und bewirken die Aktivierung nur weniger T-Zell-Klone. Eine weitere Ursache von Immunreaktionen gegen Transplantate stellen die Blutgruppenantigene dar, die vom Empfänger als fremd erkannt werden. Im AB0-Blutgruppensystem liegen präformierte Antikörper vor, die zu einer hyperakuten Abstoßungsreaktion führen können.

B. Abstoßungsreaktionen

1. Humorale Abstoßung: Die antikörpervermittelte Transplantatabstoßung ist v. a. dann von Bedeutung, wenn der Empfänger bereits vorsensibilisiert ist (z. B. durch Schwangerschaft, Bluttransfusionen). Präformierte Antikörper sind vornehmlich gegen das Endothel des Transplantats („Donor“) gerichtet. Dort bewirken sie die Aktivierung des Komplementsystems. Es kommt zum komplementvermittelten Endothelschaden, zur Aggregation von Thrombozyten, Granulozyten und Monozyten sowie zur intravasalen Gerinnung durch Mediatorenfreisetzung. Die antikörpervermittelte zelluläre Zytotoxizität (ADCC) spielt v. a. bei der chronischen Abstoßung eine wichtige Rolle.

2. Zelluläre Abstoßung – Frühphase: Die frühe Abstoßungsreaktion wird über professionelle APC vermittelt. APC des Transplantats können auswandern und auf direktem Wege T-Zellen des Empfängers aktivieren. Diese sind dann spezifisch für die MHC-Moleküle des Donors. Antigene des Transplantats können aber auch von Empfänger-APC phagozytiert und prozessiert werden. Die Präsentation auf eigenen MHC aktiviert aber nur T-Zellen, die MHC-Moleküle des Donors nicht erkennen können.

3. Zelluläre Abstoßung – Zentrale Phase: Aktivierte T-Zellen infiltrieren das Gewebe um die APC und perivaskulär. Die T_H1-Population überwiegt. Die Freisetzung von Zytokinen wirkt direkt toxisch auf das umgebende Gewebe und bewirkt v. a. die Rekrutierung weiterer T-Zellen sowie von B-Zellen, Makrophagen und Granulozyten. Die aktivierten Effektorzellen setzen prokoagulatorische Mediatoren, Kinine und Eicosanoide frei. Unter dem Einfluß der Zytokine kommt es auf dem umgebenden Gewebe zur verstärkten Expression von Adhäsions- und MHC-Molekülen.

Bei Transplantatempfängern, die ihr Transplantat langfristig tolerieren, laufen komplexe immunmodulatorische Prozesse ab, die nur zum Teil bekannt sind. Fehlt das von Kostimulationsliganden über CD28 ausgelöste 2. Signal, ist die Aktivierung naiver T-Zellen unvollständig. Dieser als Anergie bezeichnete Zustand ist durch das Fehlen von IL-2 sowie einer destruktiven T-Zell-Reaktion charakterisiert. Tolerierte Allogentransplantate sind zudem häufig mit T_H2-Zellen infiltriert, die dort möglicherweise eine Hemmung der T_H1-Zellen bewirken. Außerdem können ihre Zytokine IL-10 und TGF-β die Expression der Kostimulationsliganden CD80 und CD86 vermindern.

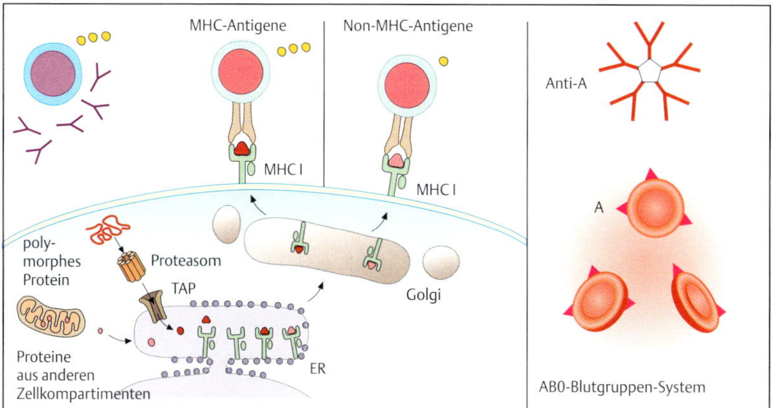

A. Immunogenität des Transplantats

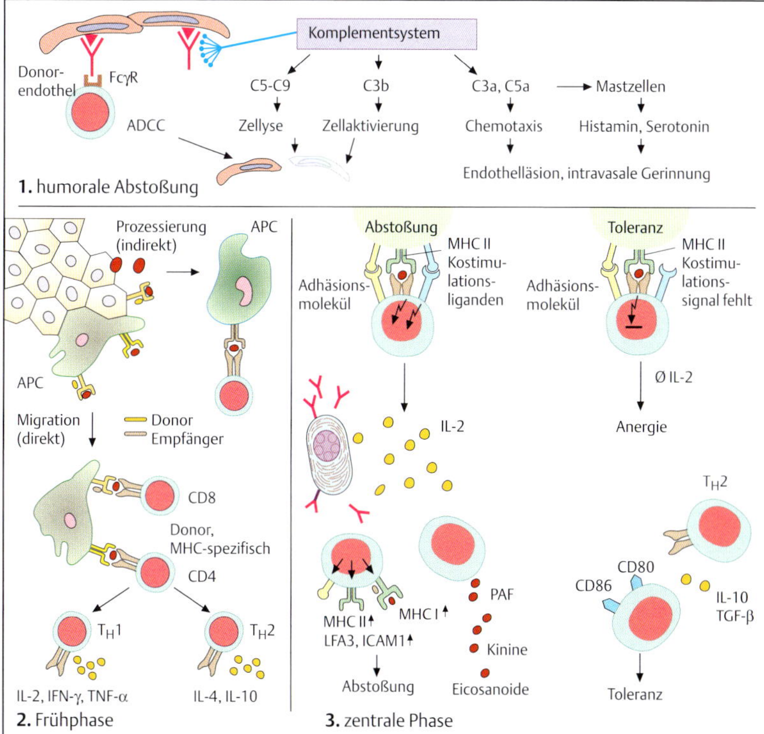

B. Abstoßungsreaktionen

A. Klinische Manifestationen der rheumatoiden Arthritis (RA)

Die RA ist eine Systemerkrankung mit häufigen extraartikulären Manifestationen. Meist beginnt sie jenseits des 40. Lebensjahres und betrifft überwiegend Frauen (m:w = 1:3). Sie beginnt i. d. R. schleichend, meist polyartikulär und symmetrisch mit Bevorzugung der kleinen Gelenke in der Peripherie. Häufig besteht ein allgemeines Krankheitsgefühl. Synovitische Kapselverdickungen und spindelförmige Gelenkschwellungen finden sich bevorzugt an den Fingergrund- und -mittelgelenken (Metacarpophalangealgelenke [MCP], proximale Interphalangealgelenke [PIP]), Hand- sowie Zehengrundgelenken. Zusätzlich bestehen nächtliche Schmerzattacken und morgendliche Arthralgien mit anhaltender Morgensteifigkeit. Der Ausbreitungstyp des Gelenkbefalles ist zentripetal. Die Fingerendgelenke bleiben i. d. R. ausgespart.

Im fortgeschrittenen Krankheitsstadium kommt es insbesondere an den kleinen Gelenken zu deformierenden irreversiblen Veränderungen mit Funktionseinschränkung. An den Fingern entwickeln sich die sog. Knopfloch- und Schwanenhalsdeformitäten, die durch Luxation der Streck- bzw. Beugesehnen aus dem entzündlich geschädigten Sehnengleitlager bedingt sind, sowie die charakteristische Ulnardeviation. Daneben kommt es zu destruktiven Knochenprozessen, die an den Ansatzstellen der Gelenkkapseln beginnen (Usuren im Röntgenbild). Endstadium der Erkrankung ist die bindegewebige und knöcherne Überbrückung der Gelenkkörper. Typisch bei langjährigem therapieresistenten Verlauf ist die Beteiligung der Halswirbelsäule mit destruktiven Veränderungen im Atlantodentalgelenk und Gefahr der Rückenmarkkompression.

Ein extraartikulärer Befall ist bei Nachweis von *Rheumafaktoren* (*RF*) häufig; v. a. entstehen derbe bindegewebige Knoten an den Streckseiten der Extremitäten, besonders an den Unterarmen (*Rheumaknoten* aus nekrotischem Material, das palisadenartig von Makrophagen umgeben ist). Viszerale Manifestationen beruhen auf einer Vaskulitis mit konsekutiver Pleuritis oder Perikarditis (nur selten klinisch faßbar). Andere ebenfalls seltene extraartikuläre Beteiligungen sind Hautvaskulitis, Lungenfibrose, Mitralvitien oder Myokarditis. Charakteristisch sind jedoch der Befall der Augen mit einer Skleritis bzw. Episkleritis sowie ein sekundäres Sjögren-Syndrom (s. S. 205).

Serologisch zeichnet sich die RA durch ausgeprägte Veränderungen der allgemeinen Entzündungsparameter aus (Erhöhung der BSG und des C-reaktiven Proteins; CRP). Bei ausgeprägter Aktivität sind eine Anämie und Thrombozytose vorhanden. IgM-RF finden sich bei ca. 70 % der Patienten, bei 30 % lassen sich *antinukleäre Antikörper* (ANA) nachweisen. Eine zunehmende diagnostische Bedeutung kommt den Anti-Citrullin-Antikörpern (CCP) mit einer Sensitivität von 70-80 % und einer Spezifität von > 90 % zu. Diese Antikörper sind gegen Proteine gerichtet, welche die Aminosäure Citrullin enthalten, eine modifizierte Form der Aminosäure Arginin. Die Umwandlung von Arginin zu Citrullin findet bei vielen Synovia-Proteinen statt (Fibrin, Filaggrin).

ACR-Kriterien zur Klassifikation der RA

Kriterium
1. Morgensteifigkeit
2. Arthritis in drei oder mehr Gelenkbereichen
3. Arthritis der Gelenke der Hand: Handgelenke, MCPs oder PIPs
4. symmetrische Schwellung (Arthritis)
5. Rheumaknoten
6. Rheumafaktor im Serum
7. radiologische Veränderungen der rheumatoiden Arthritis

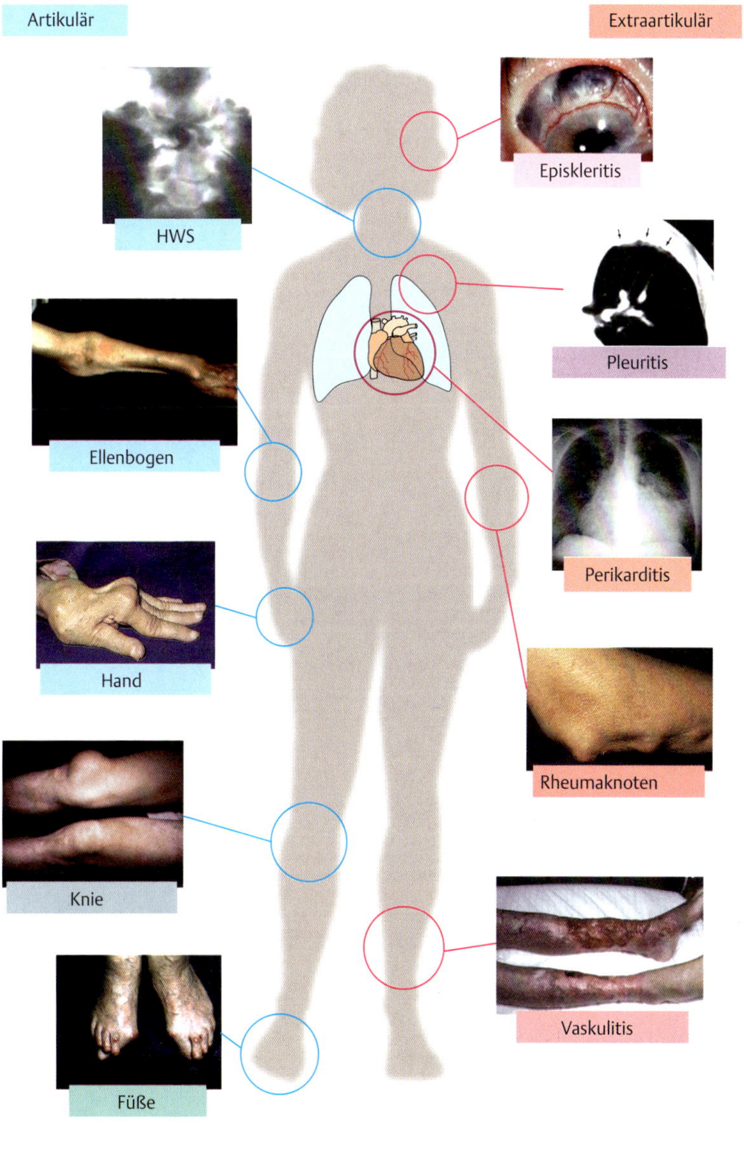

A. Klinische Manifestationen der rheumatoiden Arthritis

A. Die zelluläre Struktur der Synovialis

Charakteristischerweise kommt es bei der RA zu einer erheblichen Verbreiterung und zottigen Auftreibung der normalerweise glatten Synovialmembran. Es vermehren sich die Zellen der Deckzellschicht, die überwiegend aus Makrophagen und aktivierten synovialen Fibroblasten besteht. Außerdem kommt es zu einer Infiltration mit T-Lymphozyten. Die CD4-positiven Zellen befinden sich überwiegend in Lymphfollikelähnlichen Strukturen, die zum Teil einen keimzentrumsartigen Charakter aufweisen. Im Gegensatz dazu infiltrieren die CD8-positiven T-Zellen diffus das Bindegewebe. Weiterhin ist eine ausgeprägte Vaskularisation der Synovialmembran typisch für den synovitischen Prozeß.

B. Zellen im arthritischen Gelenk

Charakteristisch ist zunächt die synovitische Auftreibung der Gelenkkapsel, aber auch der Sehnenscheiden (**1.**), die zu einer Sehnenruptur mit entsprechenden Funktionseinbußen führen kann.

Histologisch ist eine erhebliche Infiltration mit Lymphozyten typisch; die einzelnen Zotten bestehen überwiegend aus der verbreiterten Deckzellschicht mit Makrophagen (Typ-A-Zellen) und Fibroblasten (Typ-B-Zellen) sowie den lymphozytären („rundzelligen") Infiltraten (**2.**); elektronenmikroskopisch zeigt sich ein erheblicher Aktivierungszustand der Zellen, insbesondere der Makrophagen (**3.**) und Synovialisfibroblasten. Ausgehend von diesem Gewebe kommt es zur Bildung von Pannusgewebe (*Pannus,* lat. *Tuch, Lappen*), das in den Knochen eindringt, den Knorpel überdeckt und schließlich beide Strukturen zerstört.

Praktisch alle immunologisch-relevanten Zellen (**4.**) finden sich in der Synovialmembran, so daß die entzündlich veränderte Synovialis den Charakter eines lymphatischen Organs annimmt. Die T-Zellen gehören überwiegend zu den Memory-Zellen ($CD45R0^+$); in den keimzentrumsähnlichen Aggregaten finden sich aktivierte B-Zellen und follikuläre DC. Ebenso sind zahlreiche Plasmazellen vorhanden, die nicht nur RF, sondern auch polyklonale Antikörper vielfältiger Spezifitäten produzieren. An der Knorpel-Pannus-Grenze sind v. a. aktivierte synoviale Fibroblasten vorhanden, die große Mengen von destruktiven Enzymen, v. a. Metalloproteasen (Kollagenase, Stromelysin; s. Tabelle unten) produzieren. Während mononukleäre Zellen überwiegend die Synovialmembran infiltrieren, kommt es in der Gelenkflüssigkeit zur starken Ansammlung neutrophiler Granulozyten.

Die Bedeutung der unterschiedlichen Zellsysteme für die Krankheitsentstehung der RA wird noch kontrovers diskutiert. Die Mehrzahl der Wissenschaftler geht von einer Immunpathogenese der RA aus (s. S. 185). Einige Forscher haben jedoch die Hypothese aufgestellt, daß die immunologischen Phänomene überwiegend sekundärer Natur sind, als Reaktion auf einen fortwährenden Entzündungsreiz, v. a. durch noch unbekannte Infektionen, oder durch eine Fehlprogrammierung der Synovialisfibroblasten („Transformation") mit destruktiver Aktivierung (s. S. 187B, Abb. 3). Hier werden weitere Forschungsergebnisse Aufschluß geben müssen.

Wichtige proteolytische Enzyme bei Rheumatoider Arthritis

Enzymfamilie	Vertreter
Matrix-Metalloproteinasen	MMP-1, 2, 3, MMP-9, MMP-13
Cystein-proteinasen	Cathepsin B, H, L
Serin-proteinasen	Elastase, Plasminogen-Aktivator, Cathepsin G
Aspartyl-Proteinasen	Cathepsin D

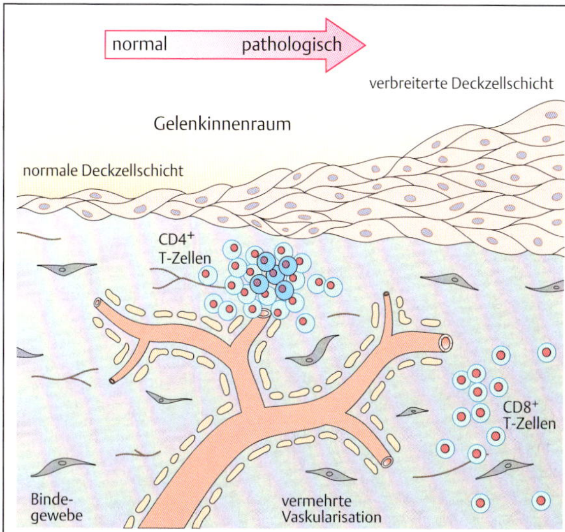

A. Die zelluläre Struktur der Synovialis

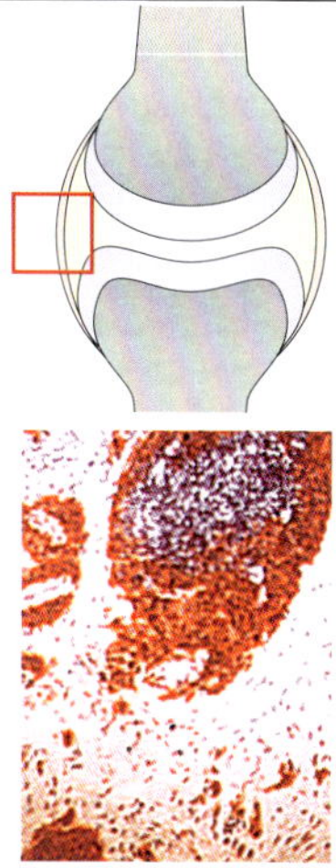

1. Synovialmembran mit lymphfollikel-ähnlicher Struktur

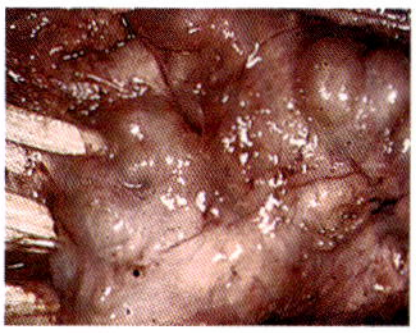

1. Synovitis

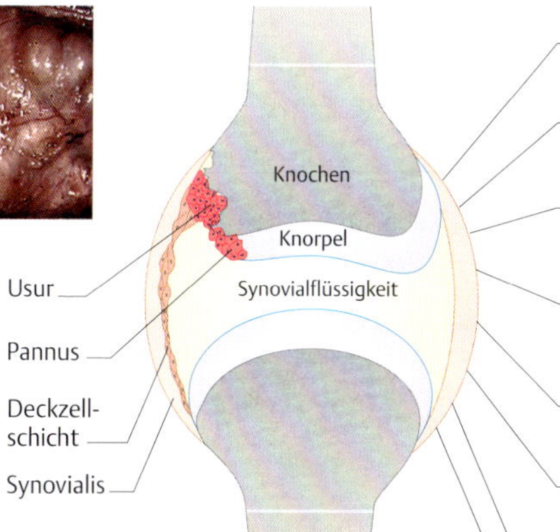

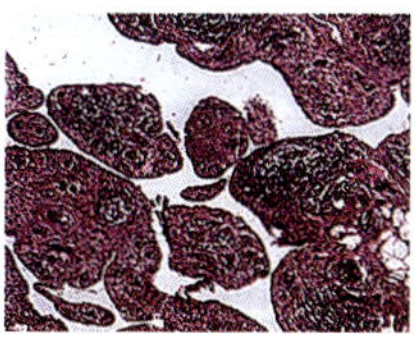

2. RA-Histologie

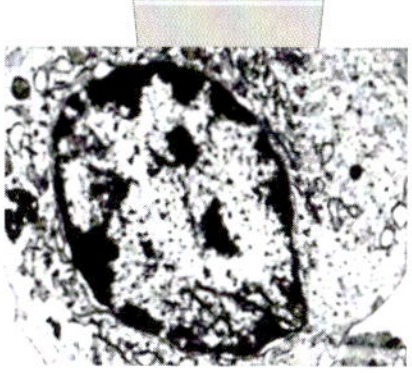

3. EM: aktivierte Makrophagen

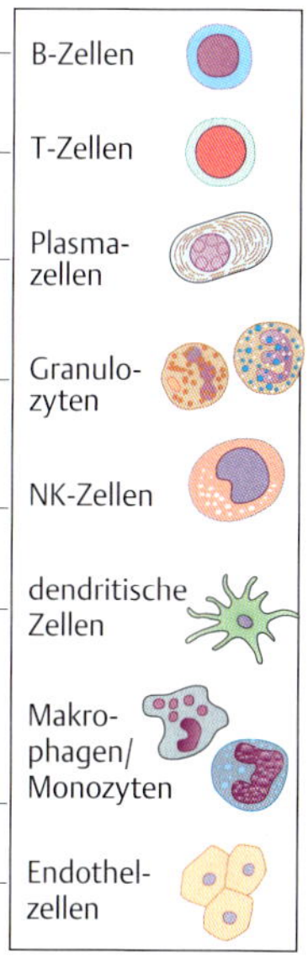

4. zelluläre Zusammensetzung

B. Zellen im arthritischen Gelenk

Klinik

A. Krankheitssuszeptibilität bei der rheumatoiden Arthritis

Genetische Faktoren spielen für die Entstehung der RA eine große Rolle, wenngleich eine Krankheitskonkordanz bei eineiigen Zwillingen nur zu ca. 15% besteht. Dieser Umstand dokumentiert, daß Umweltfaktoren, vermutlich infektiöse Ereignisse, aber auch toxische Substanzen wie z.B. Zigarettenrauch, eine weitere entscheidende Rolle spielen (s.a.S. 191B). In jüngster Zeit konnten die HLA-Assoziationen der RA klar herausgearbeitet werden, wobei die *„Shared epitope hypothesis"* entwickelt wurde. Diese besagt, daß die Erkrankung nicht nur mit einer bestimmten HLA-DR-Spezifität, sondern mit gemeinsamen Epitopen auf verschiedenen DR-Molekülen (insbesondere DR4 und DR1) vergesellschaftet ist. Es konnte zudem gezeigt werden, daß mit dem Vorhandensein von DR4, insbesondere wenn beide Chromosomen dieses Molekül kodieren („doppelte Gen-Dosis"), ein schlechterer Verlauf der RA mit besonders starken Gelenkdestruktionen verbunden ist.

Pathogenetisch wird offensichtlich in der Faltblattstruktur des HLA-Klasse-II-Moleküls das noch unbekannte induzierende Fremd- oder Autoantigen gebunden. Die Interaktion der APC mit der T-Helfer-Zelle findet mit der III. hypervariablen Region des HLA-Klasse-II-Antigens statt, die eine helikale Struktur aufweist. Hier bestehen variable Aminosäurenpositionen, die im Bereich der ersten Domäne des HLA-DRB1-Gens kodiert sind. Die Tabelle zeigt die Ähnlichkeit nicht nur der DR4-Subtypen, sondern auch von DR1 und DR6Dw16, die ebenfalls mit der RA assoziiert sind. Der Austausch neutraler bzw. basischer Aminosäuren gegen die sauren Aminosäuren Asp und Glu in den Positionen 70, 71 bzw. 74 bei den Allelen Dw10 bzw. Dw13 führt zum Verlust der Krankheitsassoziation. Diese HLA-Moleküle können offensichtlich das arthritogene Peptid/die arthritogenen Peptide nicht mit ausreichender Affinität binden bzw. nicht vom „richtigen" T-Zell-Rezeptor erkannt werden.

B. Pathogenese der rheumatoiden Arthritis

Durch noch unbekannte Mechanismen (Infektion, Trauma?) wandern aus der postkapillären Venole in der Synovialmembran T- und B-Lymphozyten in das Gewebe, wobei den T-Lymphozyten das noch unbekannte arthritogene Peptid durch synoviale Zellen präsentiert wird, die aberrant HLA-Klasse-II-Antigene und Ko-Stimulationsmoleküle tragen. Durch Zytokine kommt es dann zur Aktivierung von verschiedenen Zellsystemen. B-Zellen werden polyklonal aktiviert. Daraufhin produzieren sie Immunglobuline, insbesondere Rheumafaktoren, die dann über Immunkomplexe zu einer Komplementaktivierung führen. Außerdem führen pro-inflammatorische Zytokine, insbesondere TNF-α und IL-1, zur vermehrten Proliferation und Aktivierung der Fibroblasten, zur Synovitis mit Pannusbildung und der konsekutiven Knochen- und Gelenkschädigung, die sich im Röntgenbild als Usuren und Fehlstellungen manifestieren.

C. Induktion der rheumatoiden Arthritis

Durch ein noch unbekanntes Antigen kommt es zur Aktivierung von T-Lymphozyten, die die synovialen Makrophagen aktivieren. Diese sezernieren die entscheidenden Zytokine TNF-α und IL-1, die ihrerseits Osteoklasten und Chondrozyten aktivieren, so daß in einem „Zwei-Zangen-Angriff" Knorpel und Knochen zerstört werden. Chondrozyten produzieren dann große Mengen von *FGF* (*Fibroblastenwachstumsfaktor*) und *GM-CSF*, die in einem schädlichen Kreislauf erneut auf Makrophagen wirken können. So ist möglicherweise zu erklären, daß auch nach Zerstörung von T-Zellen, z.B. durch Monoklonale-Antikörper-Therapie, der Krankheitsprozeß noch für lange Zeit aufrechterhalten werden kann. Hier ergibt sich auch der neue therapeutische Ansatz durch monoklonale Antikörper oder ähnliche Konstrukte (s.S. 281A). Insbesondere monoklonale Antikörper gegen TNF-α oder Rezeptorkonstrukte, die dieses Zytokin abfangen, haben große therapeutische Erfolge gezeigt, zumal sie auch die Destruktion von Knorpel und Knochen verhindern können. Kürzlich wurde die Therapie mit dem anti-CD20 monoklonalen Antikörper Rituximab (s. S. 290) zugelassen, die sehr effektiv scheint und zu einer Abnahme der zirkulierenden Rheumafaktoren führt.

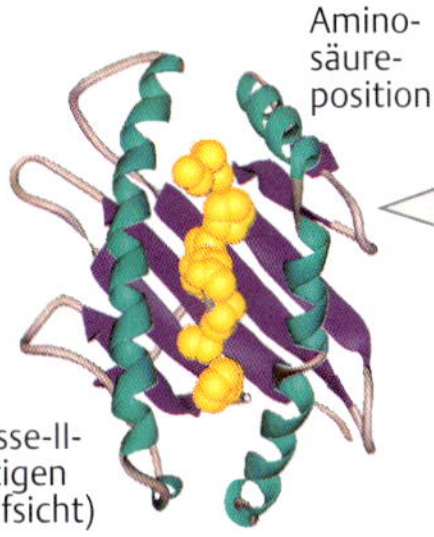

1. Klasse-II-Antigen (Aufsicht)

DRB1	57	69	67	70	71	74	86
DR4Dw4	Asp	Glu	Leu	Gln	Lys	Ala	Gly
DR4Dw10	–	–	Ile	Asp	Glu	–	Val
DR4Dw13	–	–	–	–	Arg	Glu	Val
DR4Dw14	–	–	–	–	Arg	–	Val
DR4Dw15	Ser	–	–	–	Arg	–	–
DR1	Ile	–	–	–	Arg	–	Ala
DR6Dw16	Leu	–	–	–	Arg	–	Ala

2. variable Aminosäureposition in einem Sequenzausschnitt

A. Krankheitssuszeptibilität bei der rheumatoiden Arthritis

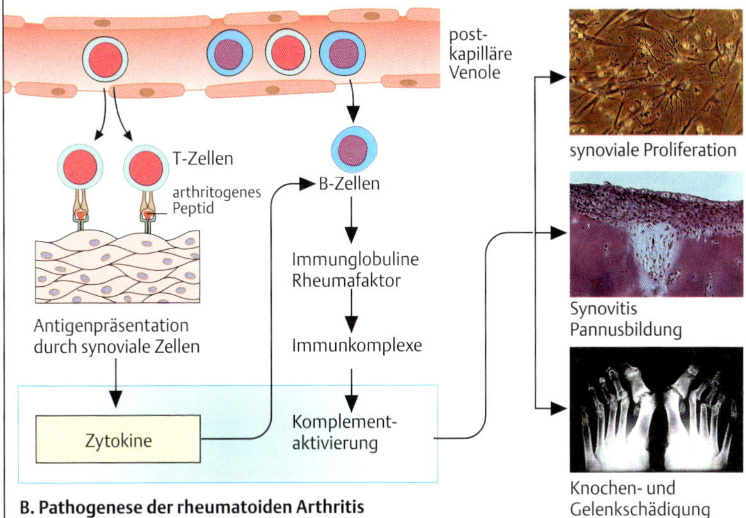

B. Pathogenese der rheumatoiden Arthritis

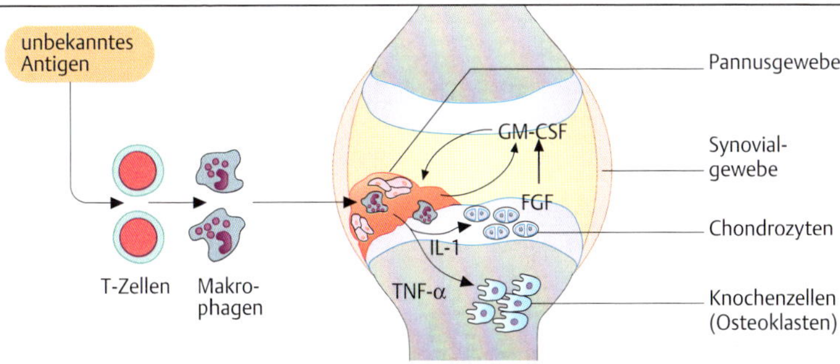

C. Induktion der rheumatoiden Arthritis

A. Der aktivierte rheumatoide synoviale Makrophage

Neben den T-Lymphozyten sind die aktivierten rheumatoiden synovialen Makrophagen zentrale Zellelemente, die die Destruktion verursachen. Ca. 30% aller Zellen der entzündeten Synovialmembran gehören zu diesem Zelltyp. Die Makrophagen tragen alle wichtigen Moleküle: das CD14-Antigen, den vollen Besatz an HLA-Klasse-II-Antigenen (DR, DQ und DP) sowie Fc-Rezeptoren und das CD4-Antigen. Intrazellulär sind sie durch das CD68-Antigen charakterisiert. Neben den membranständigen Molekülen werden zahlreiche Mediatoren und Zytokine sezerniert, wobei insbesondere TNF-α und IL-1 von großer Bedeutung sind. Aber auch gegenregulatorische Zytokine werden von diesen Zellen produziert, so insbesondere TGF-β und IL-10, die jedoch vermutlich frustran freigesetzt werden. In der Gewebekultur sind die Makrophagen sehr aktiv und zeichnen sich durch eine verstärkte Phagozytose und gesteigerte Chemotaxis aus.

B. Aktivierte Zellen der rheumatoiden Synovialmembran

Die aktivierten synovialen Makrophagen sind in **1.** als oligodendritische HLA-Klasse-II-positive Zelle und in **2.** als CD14-positive Riesenzelle dargestellt, die zum Teil in granulomähnlichen Formationen gefunden wird. In **3.** ist eine typische sternförmige synoviale Zelle („*stellate cell*") dargestellt, die synovialen Fibroblasten entspricht und aberrant HLA-Klasse-II-Antigene trägt. Sie ist nicht mit den dendritischen Zellen zu verwechseln, die ebenfalls in der Synovialmembran bei RA gefunden werden.

C. Rheumafaktoren (Antiglobuline)

Rheumafaktoren sind Immunglobuline, die sich gegen den Fc-Teil des IgG-Moleküls richten. Somit sind sie gleichsam das Paradebeispiel eines Autoimmunphänomens, da sich hier ein Antikörper gegen seinesgleichen richtet („*Antiglobuline*"). RF kommen auch physiologisch vor; ihre Bedeutung besteht vermutlich in der unspezifischen Verstärkung von Antikörperreaktionen bei Infektionen, v. a. in der Frühphase, in der noch nicht ausreichend spezifische Immunglobuline vorhanden sind, bzw. bei heftigen immunologischen Auseinandersetzungen bei der Endokarditis. Durch noch unbekannte Mechanismen kommt es bei der RA zur unphysiologischen Vermehrung der RF mit einer Affinitätsreifung zu RF der IgG-Klasse, die normalerweise nicht nachweisbar sind.
Wenngleich sie auch bei anderen Erkrankungen gefunden werden, stellen RF nach wie vor ein wichtigstes humorales Charakteristikum der RA dar. Sehr leicht zu bestimmen ist der *IgM-Rheumafaktor*, der aufgrund seiner frei bleibenden Arme im Testsystem freie Reaktionspartner aufweist (**1.**). *IgG-Rheumafaktoren* führen zur Bildung von großen Immunkomplexen, wobei sich die Autoantikörper gegenseitig binden und aus diesen Strukturen nur schwer zu lösen sind. Deshalb sind sie in klassischen Rheumafaktortests nicht nachweisbar (**2.**).

D. Gestörte B-Zell-Regulation

Durch noch unbekannte Störungen im Bereich der Antigenpräsentation und Regulation werden die B-Lymphozyten zur Produktion von Rheumafaktoren angeregt, die große Immunkomplexe bilden. So kommt es zu einer Komplementaktivierung mit Freisetzung von chemotaktischen Komplementspaltprodukten und einer erheblichen Vaskulitis. Dadurch werden Zytokine und Entzündungsmediatoren im Gewebe frei, die ihrerseits Granulozyten und Makrophagen anlocken, die dann zur Gewebszerstörung beitragen. Vermutlich spielt dieser Mechanismus die entscheidende Rolle bei den extraartikulären vaskulitischen Läsionen der RA. Die Bedeutung der B-Zellen in der Pathogenese der RA wird zunehmend deutlich, insbesondere durch die überzeugenden Effekte einer Anti-CD20-Therapie (s. a. S. 290).
Offensichtlich sind die B-Lymphozyten nicht nur Vorläufer von antikörperproduzierenden Zellen, sondern produzieren selbst proinflammatorische Zytokine und IL-10. In der Synovia können die B-Zellen über Toll-like Rezeptoren aktiviert werden sowie durch lösliche B-Zell-aktivierende Faktoren. Die T-Zell-Aktivierung wird also aktiv von B-Zellen gesteuert und umgekehrt.

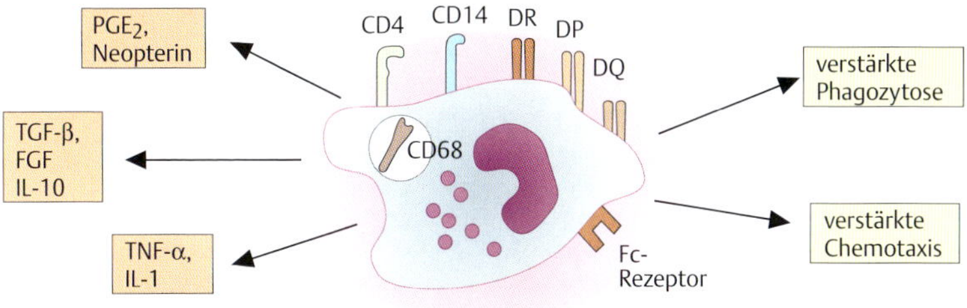

A. Aktivierter rheumatoider synovialer Makrophage

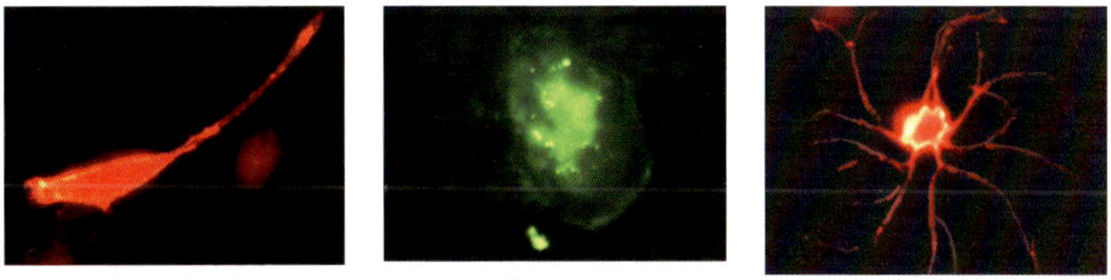

1. synovialer Makrophage **2.** Riesenzelle **3.** sternförmige synoviale Zelle

B. Aktivierte Zellen der rheumatoiden Synovialmembran

C. Rheumafaktoren (Antiglobuline)

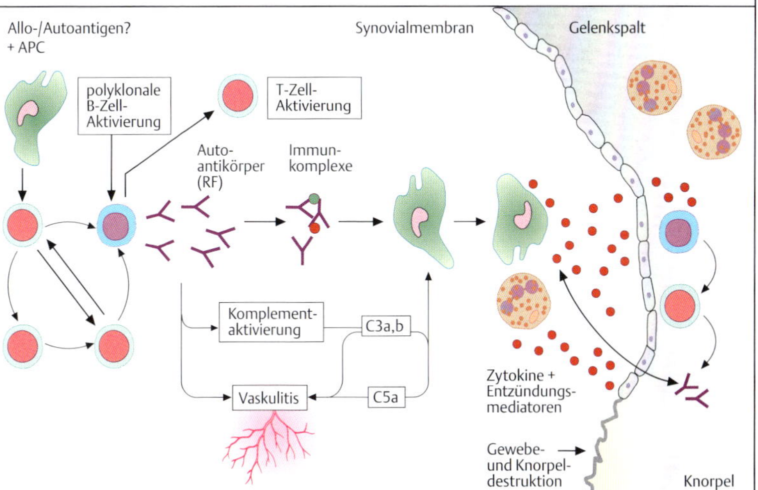

D. Gestörte B-Zell-Regulation

A. Einteilung

Es gibt mehrere Einteilungen der juvenilen chronischen Arthritis (JCA). Zunächst unterscheidet man *polyartikuläre Formen*: eine sero-negative (RF-), im frühen Kindesalter beginnende Form, die sich erheblich von der später auftretenden RF-positiven Gruppe (RF+) unterscheidet. Bei den *oligoartikulären Formen* wird der *frühkindliche Typ I* („**e**arly onset **p**auciarticular **a**rthritis", **EOPA**) von der *Spätform* (*Typ II*, „**l**ate **o**nset **p**auciarticular **a**rthritis", **LOPA**) unterschieden. Charakteristikum der frühkindlichen Form ist der Nachweis antinukleärer AK (ANA), typisch für die Spätform ist das HLA-B27-Antigen. Neben diesen Formen gibt es die *systemische juvenile chronische Arthritis* (*M. Still*), die durch erhebliche Organmanifestationen charakterisiert ist.

B. Systemische Form (Morbus Still)

Der Morbus Still ist ein dramatisches Krankheitsbild, das durch zahlreiche Manifestationen gekennzeichnet ist. Charakteristisch sind ein oft flüchtiges Exanthem, hohes Fieber bis 41 °C, eine Polyserositis mit Pleura- und Perikardergüssen sowie häufig eine Hepatosplenomegalie. Bei den Laboruntersuchungen fallen erhebliche Leukozytosen mit Linksverschiebungen auf, so daß bei den häufigen Lymphadenopathien zunächst der Verdacht auf eine Leukämie entstehen kann. Die Arthritis ist eine zumeist symmetrische periphere Polyarthritis mit erheblichen Schwellungen und funktionellen Einschränkungen.

C. Polyartikuläre Formen

Die *seronegative* Form beginnt meist im 2.-5. Lebensjahr und ist durch Kiefergelenksbefall (häufig Mikrognathie) und eine symmetrische Polyarthritis gekennzeichnet. Es kann zu epiphysären Wachstumsstörungen mit unterschiedlichem Längenwachstum der Gliedmaßen kommen. Ganz überwiegend sind Mädchen betroffen, die Laboruntersuchungen sind uncharakteristisch mit gelegentlichem Nachweis von ANA. Die Erkrankung heilt nach der Pubertät häufig aus.

Die *RF-positive polyartikuläre Form* (auch *„early onset rheumatoid arthritis"* genannt) beginnt meist nach dem 10. Lebensjahr und unterscheidet sich nicht von der seropositiven RA des Erwachsenenalters. Meist hat sie eine schwere Verlaufsform mit einer symmetrischen destruktiven Arthritis. Im Labor finden sich Rheumafaktoren und ANA, meist ist das DR4-Antigen vorhanden.

D. Frühkindliche Oligoarthritis

Meist sind Kleinkinder betroffen. Die Arthritis selbst steht häufig nicht im Vordergrund und verläuft milde. Bedrohlich kann jedoch die chronische Iridozyklitis mit drohendem Visusverlust sein. Im Labor finden sich häufig ANA; ganz überwiegend sind Mädchen betroffen.

E. Juvenile Spondylarthropathie

Wie bei der RF-positiven polyartikulären Erkrankung, ist die juvenile Spondylarthropathie die kindliche Form der Spondylarthropathien, die sich meist durch eine Sakroiliitis und Hüftgelenksbefall oder Beteiligung der großen Gelenke manifestiert. Überwiegend sind Jungen betroffen, charakteristisch ist der HLA-B27-Nachweis, während Rheumafaktoren und antinukleäre Antikörper nicht vorhanden sind. Die Prognose ist unsicher, das Krankheitsbild kann nach der Pubertät völlig ausheilen, jedoch auch in einen typischen Morbus Bechterew übergehen.

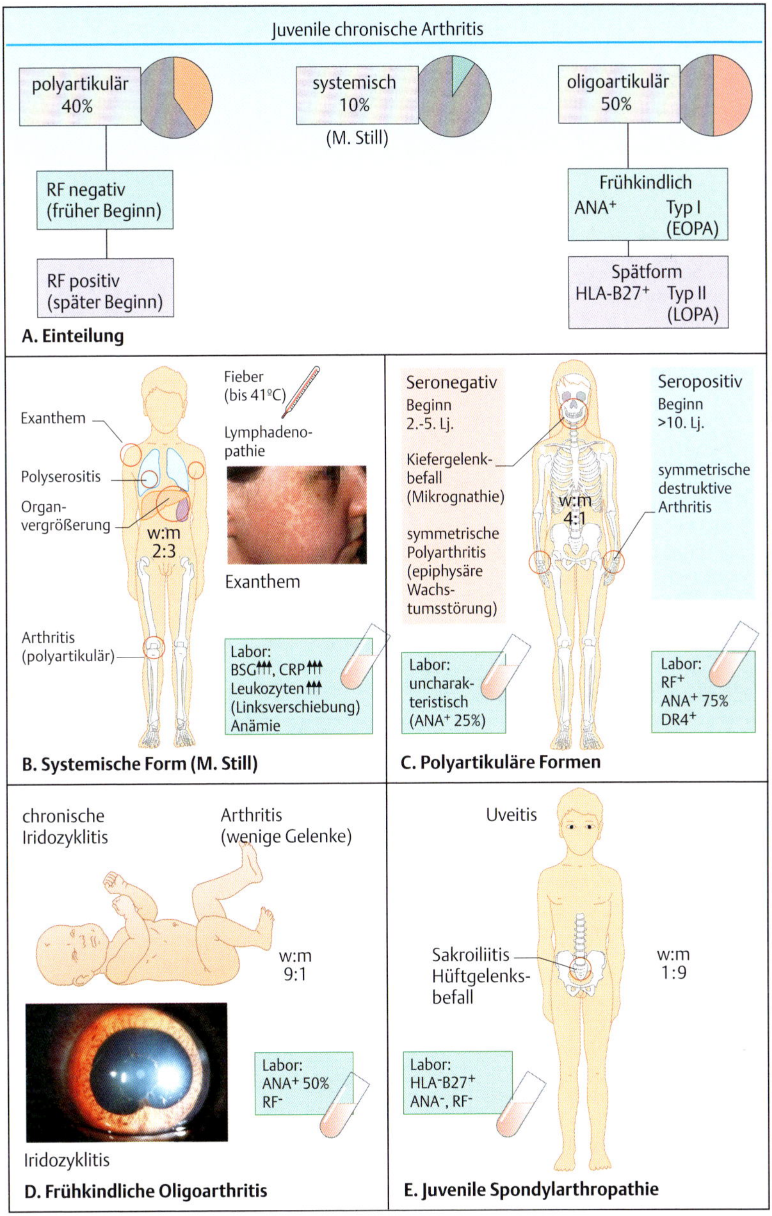

A. Einteilung

B. Systemische Form (M. Still)

C. Polyartikuläre Formen

D. Frühkindliche Oligoarthritis

E. Juvenile Spondylarthropathie

Große Ähnlichkeiten dieser Erkrankungen bestehen v. a. bei der Assoziation mit dem HLA-B27-Antigen, der vermuteten Immunpathogenese und typischen klinischen Manifestationen. Der Name *Spondylarthropathien* deutet an, daß v. a. die Gelenke des Achsenskeletts betroffen sind. Klassifiziert wird diese Gruppe nach den Kriterien der *Europäischen Spondylarthritis-Studiengruppe* (*ESSG*; s. Tabelle).

A. Klinische Manifestationen

Zu diesen Erkrankungen zählen v. a. die ankylosierende Spondylitis (AS), die reaktiven Arthritiden (reA), die Arthritiden bei chronisch entzündlichen Darmerkrankungen („**i**nflammatory **b**owel **d**isease", **IBD**) und die Psoriasis-Arthritis. Die *SpA* (*Spondylitis ankylosans, Morbus Bechterew*) ist eine entzündliche Systemerkrankung des Achsenskeletts, der Gelenke und zuweilen innerer Organe. Sie bevorzugt das männliche Geschlecht und tritt v. a. zwischen dem 15. und 30. Lebensjahr auf. Die Erkrankung betrifft neben den Gelenken besonders die fibrokartilaginösen Strukturen, wie Synchondrosen, Bandscheiben und v. a. Sehnen- und Ligamentansätze. Der Verlauf ist chronisch-progredient. Obligat beteiligt sind Wirbelsäule und Sakroiliakalgelenke, in 25 % auch periphere Gelenke. Darüberhinaus kommt es zu extraartikulären Manifestationen, v. a. einer vorderen Uveitis (Iritis), einer Prostatitis, Aortitis und Darmbeteiligung.
Reaktive Arthritiden treten häufig nach einer Darminfektion bzw. Urethritis auf. Nach einer Latenzzeit von 10 bis selten mehr als 30 Tagen kommt es bei den meisten Patienten zu einer Oligoarthritis mit Befall von 2 bis 4 großen oder kleinen Gelenken, fast immer an den unteren Extremitäten. Knie- und Sprunggelenke sind bevorzugt. Neben den Hautsymptomen (Keratoderma blenorrhagicum, s. Foto) treten häufig eine Konjunktivitis und Iridozyklitis auf (Reiter-Trias: Arthritis, Urethritis, Konjunktivitis). Die Prognose ist in der Regel günstig, nur etwa 10-20 % der Fälle verlaufen chronisch.
Die *Psoriasis-Arthritis* kann als Mono-, Oligo- oder Polyarthritis beginnen; bei längerer Krankheitsdauer besteht häufig eine polyartikuläre Verlaufsform mit charakteristischer Beteiligung der Endgelenke von Fingern und Zehen, der Interphalangealgelenke der Daumen, aber auch der Sakroiliakalgelenke und Wirbelgelenke. Beim peripheren Gelenkbefall ist v. a. die Daktylitis, ein strahlartiger Befall sämtlicher Gelenke eines Fingers oder einer Zehe typisch.

B. Pathogenese

Bei den Spondylarthritiden besteht häufig eine Assoziation mit entzündlichen Darmerkrankungen bzw. Urethritiden/Zervitiden. Hierbei scheint besonders bedeutsam, daß bei entzündlichen Schleimhautveränderungen eine große Zahl antigenen Materials in die Zirkulation eindringen kann. Im Zusammenhang mit einem auch genetisch empfänglichen Organismus entstehen dann Arthritiden meist zu einem Zeitpunkt, zu dem die Symptome der auslösenden Erkrankung nicht mehr vorhanden sind. Promoter-Regionen von pro-inflammatorischen Zytokin-Genen („*genetische Modifizierer*") und die Therapie beeinflussen den weiteren Verlauf.

C. Häufigkeit des HLA-B27-Antigens

Die Häufigkeit des HLA-B27-Antigens beträgt ca. 90-95 % bei Menschen mit AS bei etwa 8-10 % in der Normalbevölkerung, je nach ethnischer Zusammensetzung. Einigen Untersuchungen zufolge sollen bis zu 20 % der HLA-B27-positiven Menschen im Laufe ihres Lebens eine ankylosierende Spondylitis oder undifferenzierte Spondylarthritis entwickeln.

ESSG-Klassifikation der Spondylarthritis

1. Entzündliche Rückenschmerzen oder Synovitis • asymmetrisch oder • hauptsächlich in den unteren Extremitäten.
2. Eins oder mehrere der folgenden Merkmale • Positive Familienanamnese • Psoriasis • Entzündliche Darmerkrankungen • Urethritis, Zervizitis oder akute Diarrhoe innerhalb des letzten Monats vor Beginn der Arthritis • Tiefsitzender Schmerz zwischen dem rechten und dem linken Glutäus-Bereich alternierend • Enthesiopathie • Sakroiliitis.

Klinik

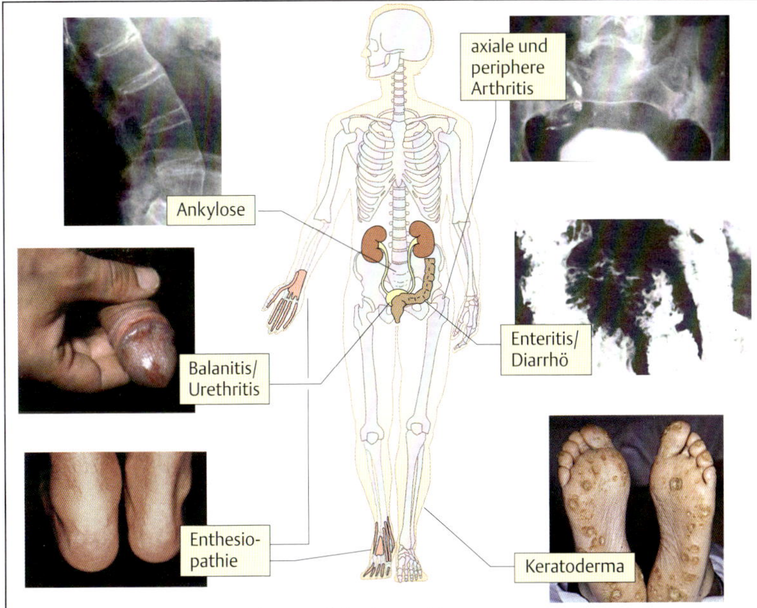

A. Klinische Manifestationen der Spondylarthropathien

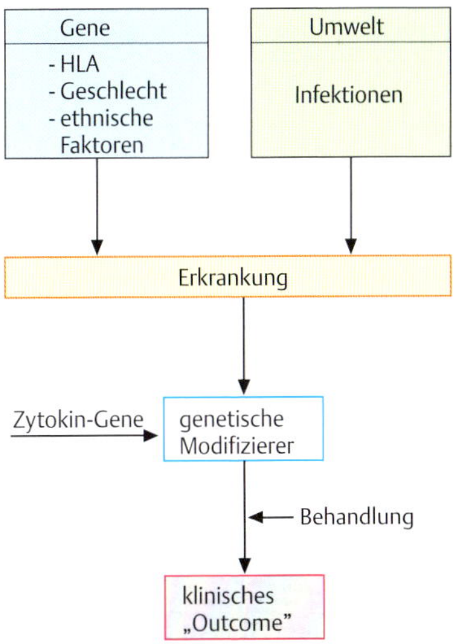

B. Pathogenese der Spondylarthropathie

ankylosierende Spondylitis	95%
Reiter-Syndrom (klassische Form)	80%
undifferenzierte Spondylarthropathie	70%
Arthritis mit IBD	25%
Psoriasisarthritis	25%
reaktive Arthritis	20%-80%
Normalpopulation	8-10%

C. Häufigkeit des HLA-B27-Antigens

Zur Frage, wie das HLA-B27-Antigen in die Pathogenese der Spondylarthropathien eingreift, werden derzeit v. a. drei verschiedene Modelle diskutiert:

A. Molekulare Mimikri

Diese Hypothese geht – wie auch die nachfolgende „Toleranz"-Theorie – von einer starken strukturellen Ähnlichkeit zwischen den polymorphen Bereichen des HLA-B27-Antigens und bakteriellen Erregern aus. Im Rahmen einer Infektion werden bakterielle Antigene als fremd erkannt; es kommt zu einer adäquaten T-zellulären und humoralen Reaktion. Aufgrund der strukturellen Ähnlichkeit mit dem HLA-B27-Antigen wird nun jedoch dieses Molekül irrtümlich ebenfalls als fremd erkannt, woraufhin sich die Immunreaktion gegen körpereigenes Gewebe richtet, was dann in einer noch unbekannten Kaskade zu den Manifestationen einer Spondylarthropathie führt.

B. „Toleranz"

Dieses Modell beruht auf ähnlichen Vorgaben. Hier resultiert jedoch die strukturelle Ähnlichkeit zwischen HLA-B27 und mikrobiellen Antigenen nicht in einer auto-aggressiven Verlaufsform, sondern vielmehr in der irrtümlichen Tolerierung bakterieller Antigene, so daß die Erreger im Gelenk persistieren und vom Immunsystem nicht adäquat beseitigt werden. Bedingt durch die Auseinandersetzung mit dem Erreger kommt es dann zu Entzündungsvorgängen, die die Arthritis auslösen.

C. Die „promiscuous B27 hypothesis"

Dieses Modell postuliert, daß nicht das HLA-B27-Antigen selbst an der antigenen Erkennung eines arthritogenen Peptids beteiligt ist, sondern vielmehr als Autoantigen über CD4-vermittelte Mechanismen die Entzündungskaskade in Gang setzt. Hierbei wird das HLA-B27-Molekül intrazellulär in kleine Bruchstücke (Peptide) zerlegt, die dann in die Grube des HLA-DR-Antigens gelangen und den eigentlichen arthritogenen CD4-positiven T-Zellen präsentiert werden. Diese T-Helferzellen setzen dann die Arthritis in Gang.

D. Induktion von Spondylarthropathie bei transgenen Ratten

Durch tierexperimentelle Untersuchungen an transgenen Ratten konnte die direkte Bedeutung des HLA-B27-Antigens belegt werden. Dazu wurden Ratteneizellen mit dem menschlichen HLA-B27-Gen, kombiniert mit β_2-Mikroglobulin, transfiziert und scheinschwangeren Ratten eingesetzt. Die transgenen Nachkommen zeigten daraufhin Manifestationen, die den HLA-B27-assoziierten Spondylarthropathien des Menschen ähneln: Sie wiesen neben dem eigenen Genprodukt das humane HLA-B27-Antigen nebst β_2-Mikroglobulin auf und entwickelten eine Arthritis, Psoriasis, Nagelveränderungen und Kolitis. Interessanterweise bekamen Tiere, die in einer keimfreien Umgebung aufwuchsen, keine Erkrankung, was die Rolle von Infektionen in der Pathogenese der Spondylarthritiden eindrucksvoll belegt.

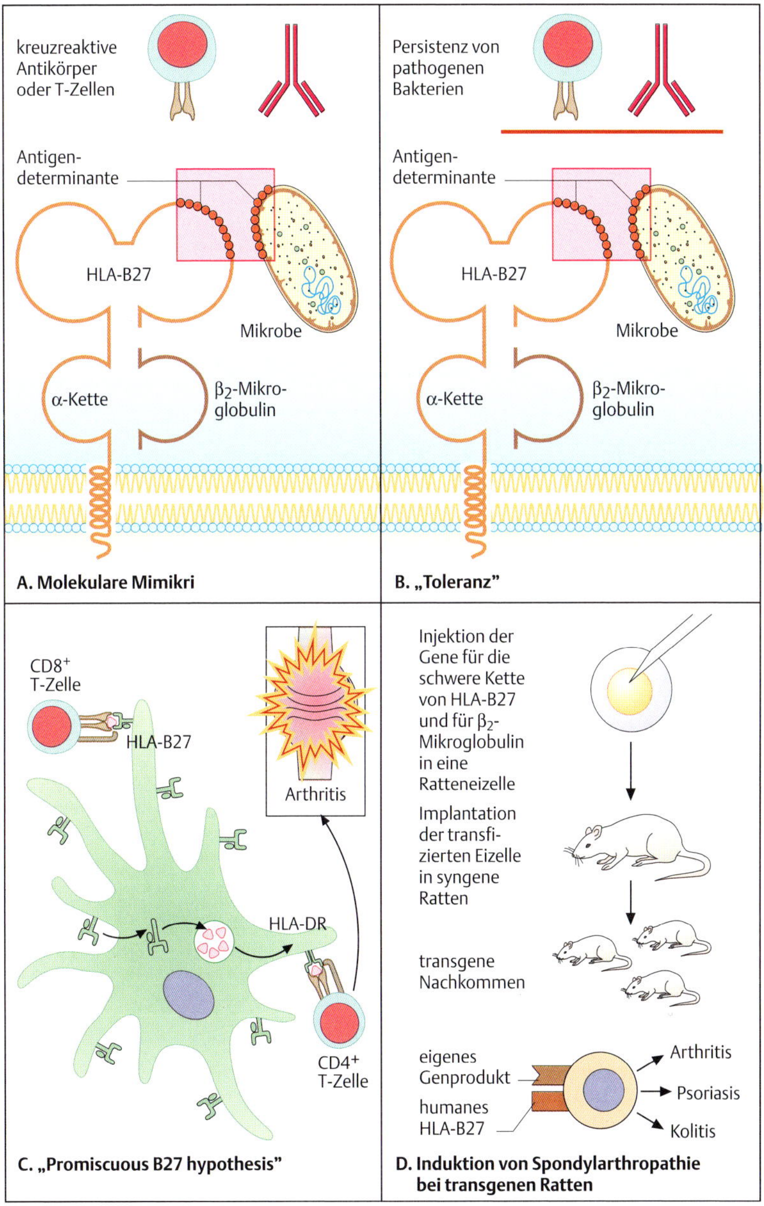
kreuzreaktive Antikörper oder T-Zellen
Antigen-determinante
HLA-B27
Mikrobe
α-Kette
β2-Mikro-globulin
A. Molekulare Mimikri
Persistenz von pathogenen Bakterien
Antigen-determinante
HLA-B27
Mikrobe
α-Kette
β2-Mikro-globulin
B. „Toleranz"
CD8+ T-Zelle
HLA-B27
Arthritis
HLA-DR
CD4+ T-Zelle
C. „Promiscuous B27 hypothesis"
Injektion der Gene für die schwere Kette von HLA-B27 und für β2-Mikroglobulin in eine Ratteneizelle
Implantation der transfizierten Eizelle in syngene Ratten
transgene Nachkommen
eigenes Genprodukt
humanes HLA-B27
Arthritis
Psoriasis
Kolitis
D. Induktion von Spondylarthropathie bei transgenen Ratten

A. Gicht

Bei der *primären Gicht* führt eine genetische Prädisposition bei erhöhter Zufuhr von Purinen mit der Nahrung zur Anreicherung und Ablagerung von Harnsäure im Organismus. Die Gichtkristalle (Na-Urat) werden v. a. in den Gelenken, aber auch systemisch in Knorpel und Bindegewebe abgelagert.

1. Bei Gichtpatienten besteht eine hereditär bedingte Einschränkung der Uratelimination, die bei normaler Uratzufuhr unauffällig bleibt, jedoch bei purinreicher Kost zum Aufstau des Uratpools (Hyperurikämie) und schließlich zur Ausfällung von Urat-Salzen führt. Die Ursache für eine sekundäre Gicht ist eine erhöhte Uratkonzentration durch vermehrten Zellabbau (z. B. Polyzythaemia vera, Leukämien, Zytostatika- oder Strahlentherapie) oder durch verminderte Ausscheidung (z. B. Tubulopathien oder Konkurrenz durch Laktat, Ketone oder Diuretika am Tubulus).

2. Der Ausfall der Gichtkristalle findet bevorzugt in Gelenken der unteren Extremität statt und löst dort eine Entzündungsreaktion aus (Großzehengrundgelenk = Podagra, Kniegelenk = Gonagra). Granulozyten wandern ein und phagozytieren die Kristalle, können sie jedoch lysosomal nicht abbauen. Die Kristalle verletzen die Lysosomenmembran der Granulozyten und führen zur Freisetzung von Enzymen und Entzündungsmediatoren. Der Gichtanfall unterhält sich selbst. Ziel der Therapie des akuten Gichtanfalls ist deshalb die Unterbrechung der Entzündungsreaktion, zumeist durch den Einsatz von nichtsteroidalen Antirheumatika (NSAR) oder Prednisolon.

Bei der *chronischen Gicht*, zu der es praktisch nur bei mangelhafter Therapie kommt, entstehen Ablagerungen von Uratkristallen in Weichteilen (Ohrmuschel, Ferse), Knochen (besonders gelenknah) und in der Niere (**2.**). Zur Prophylaxe von Gichtanfällen muß die Uratkonzentration gesenkt werden. Dies kann diätetisch oder medikamentös geschehen. Das Urikostatikum Allopurinol hemmt die Xanthin-Oxidase und damit die Uratproduktion, das Urikosurikum Benzbromaron fördert die Uratausscheidung über die Niere.

B. Polychondritis

Die Polychondritis ist eine Entzündung des Knorpelgewebes unklarer Ätiologie, die besonders Ohren, Nase und Trachea befällt, oft kombiniert mit einer systemischen Vaskulitis. Die Erkrankung tritt v. a. im 40. bis 60. Lebensjahr auf und verläuft schubartig. Das Knorpelgewebe ist entzündlich geschwollen und verformt sich zu Sattelnase und Blumenkohlohr. Die Erweichung der trachealen Knorpelspangen führt zum inspiratorischen Stridor und Trachealkollaps. Der Gelenkknorpel ist im Sinne einer nicht-erosiven Polyarthritis befallen. Eine Augenbeteiligung mit Episkleritis, Iritis und Uveitis ist häufig. Die Vaskulitis der großen Gefäße kann zur Aortitis mit Aneurysmabildung, eine Beteiligung der Herzklappen zur Klappeninsuffizienz und eine ZNS-Beteiligung zur Enzephalitis führen. Im Blut sind die Entzündungsparameter erhöht, es finden sich jedoch keine Kern-Autoantikörper. Therapeutisch wird im Schub Prednisolon gegeben, bei schweren Verläufen Azathioprin, Cyclophosphamid oder Ciclosporin A.

C. Morbus Behçet

Der Morbus Behçet bezeichnet eine systemische Vaskulitis kleiner Gefäße, die sich in der Symptomentrias aphthöse Ulzerationen der Mundschleimhaut und der Genitalien sowie Uveitis manifestiert. Selten finden sich eine Oligoarthritis der unteren Extremität sowie eine Vaskulitis der Pulmonalgefäße und zerebrovaskuläre Symptome. Die Ursache ist unbekannt, es besteht eine Assoziation zu HLA-B52. Zu Aphthen der Mundschleimhaut müssen differentialdiagnostisch habituelle Aphthen und solche bei Immunvaskulitis und Morbus Crohn abgegrenzt werden. Therapeutisch eignen sich lokal Steroide und systemisch Ciclosporin A oder Cyclophosphamid.

Die Behandlung der Uveitis und der neurologischen Manifestationen des M. Behçet kann sehr schwierig sein; die Blockade der TNF-Rezeptoren (s. a. S. 286) stellt in solchen Fällen eine neue, wenn auch noch experimentelle Therapieoption dar.

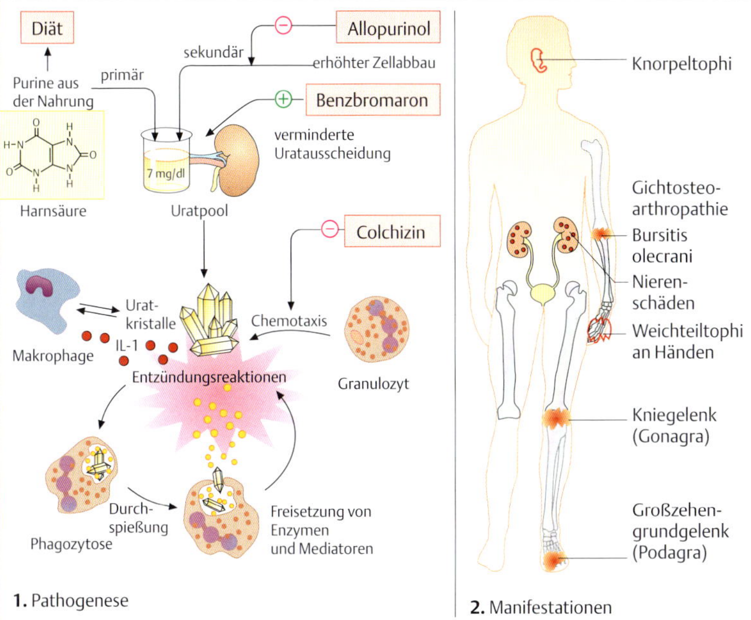

A. Gicht

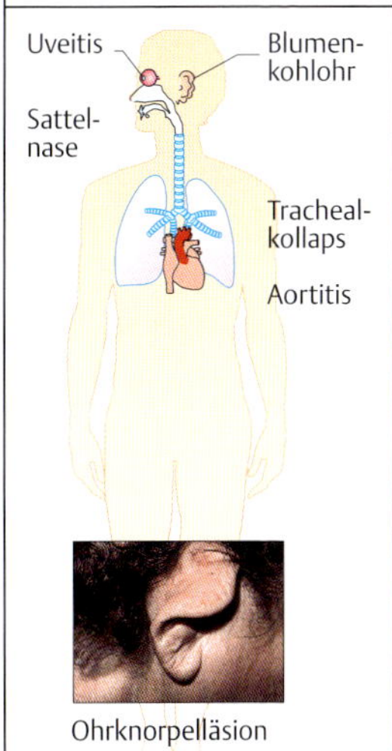

B. Polychondritis

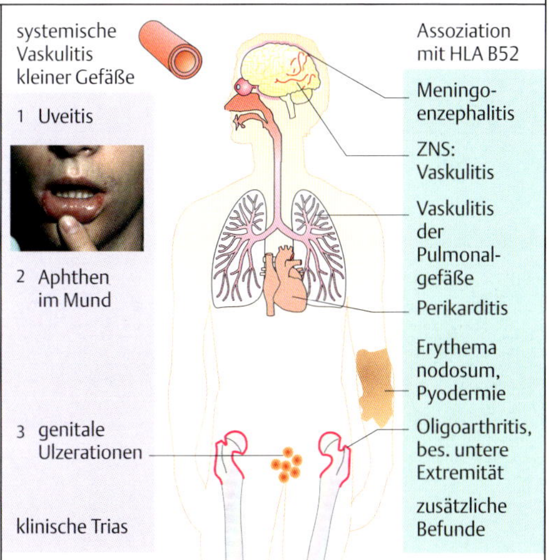

C. Morbus Behçet

Klinik

A. Autoantikörper-Muster

Für die systemischen Autoimmunopathien sind bestimmte Autoantikörper charakteristisch, die in der indirekten Immunfluoreszenz (s. S. 97B) typische Muster ergeben. Diese erlauben häufig schon eine erste Einordnung der Spezifitäten und der mit ihnen vergesellschafteten Krankheitsbilder. In erster Linie weisen die sog. Kollagenosen (usprünglich so benannt, da man annahm, daß kollagenes Bindegewebe Ziel der Autoimmunität sei) charakteristische Autoantikörper auf. Zu dieser Krankheitsgruppe gehören der *systemische Lupus erythematodes* (*SLE*), das *Sjögren-Syndrom*, die *Sklerodermie*, *Poly/Dermatomyositis* und die *gemischte Kollagenerkrankung* (*MCTD*). Ganz überwiegend handelt es sich bei den Ziel-Autoantigenen um Bestandteile des Zellkerns und des Zytoplasmas, die an der Verarbeitung der genetischen Information beteiligt sind. Muster und Krankheitsassoziationen sind in den Tabellen 3: „Antinukleäre Antikörper bei rheumatischen Krankheitsbildern" und 4: „Bedeutung der Autoantikörper für die Diagnose von Autoimmunerkrankungen" aufgeführt; s. Anhang.

Diagnose Autoantikörper	SLE	MCTD	Sklerodermie	Myositiden	Sjögren-Syndrom	Rheumatoide Arthiritis	Primäre Vaskulitiden	Anti-Phospholipid-Syndrom
ANA	+++	+++	+++	+	+++	+	+	+
dsDNA	+++	–	–	–	–	–	–	–
SM	++	–	–	–	–	–	–	–
U1RNP	+	+++	+	+	–	–	–	–
Ribosomales P	++	–	–	–	–	–	–	–
PCNA	+	–	–	–	–	–	–	
Ro	++	+	+	–	+++	+	–	–
La	++	+	+	–	+++	+	–	–
RA33	++	++	–	–	+	++	–	–
Scl 70	–	–	+++	–	–	–	–	–
Centromer	–	–	+++	–	–	–	–	–
Jo1	–		–	++	–	–	–	–
PM-Scl	–	–	+	+	–	–	–	–
Cardiolipin	+++	+	+	–	+	+	–	+++
ANCA	–	–	–	–	–	–	+++	–
Rheumafaktor	++	+	+	+	+++	+++	+	–

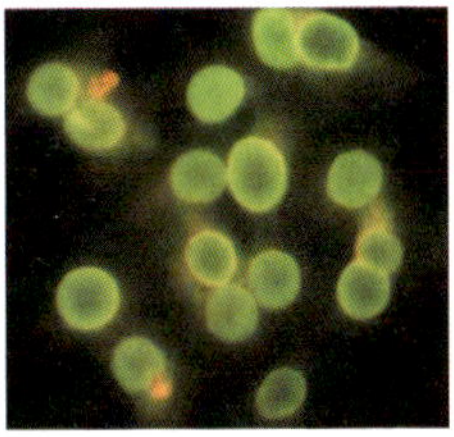

1. ringförmiges Muster (Vergr.150fach; Anti-DNA)

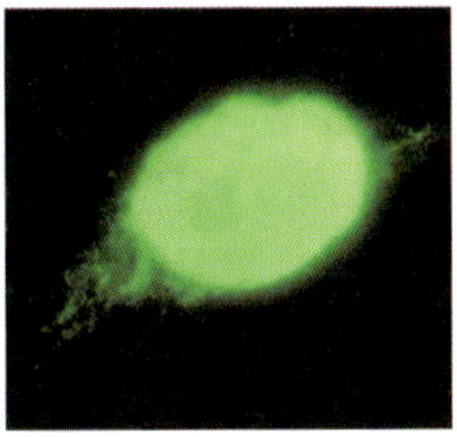

2. Homogenes Muster (Vergr. 435fach; Anti-DNA)

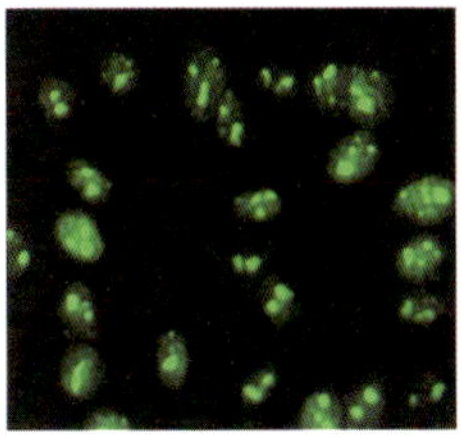

3. Nukleoläres Muster (z.B. Fibrillarin)

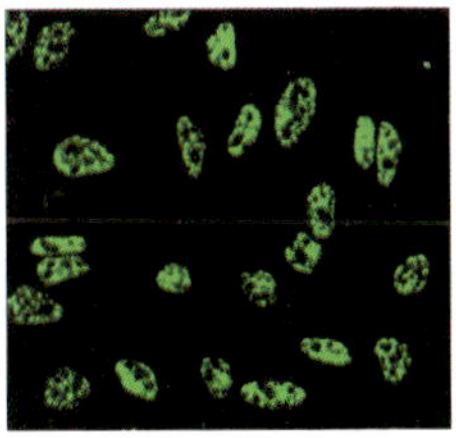

4. Grobgranuläres Muster (U1RNP/Sm)

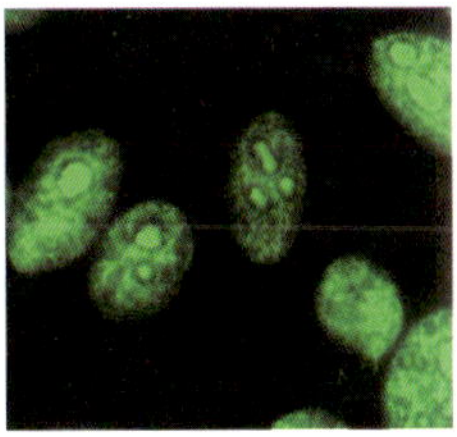

5. Feingranuläres Muster (Ro/La)

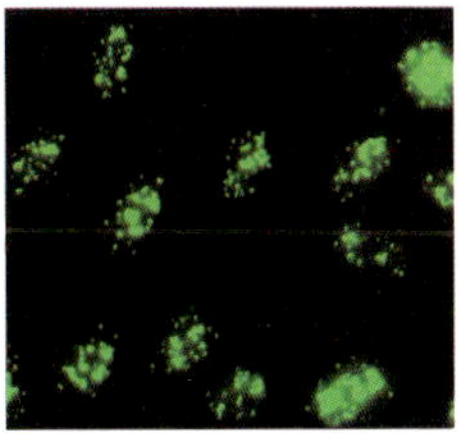

6. Antizentromer-antikörper

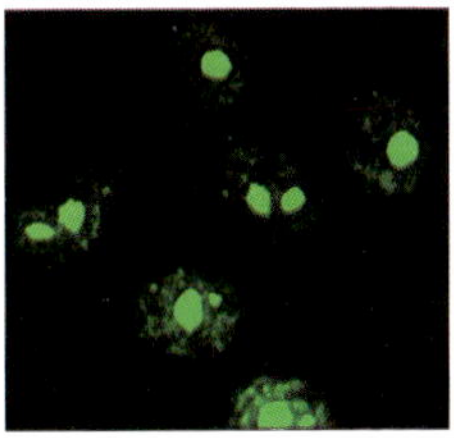

7. PM-Scl-Muster

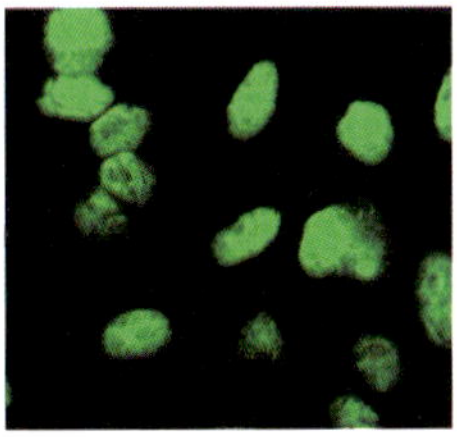

8. Antikörper gegen Spindelapparat

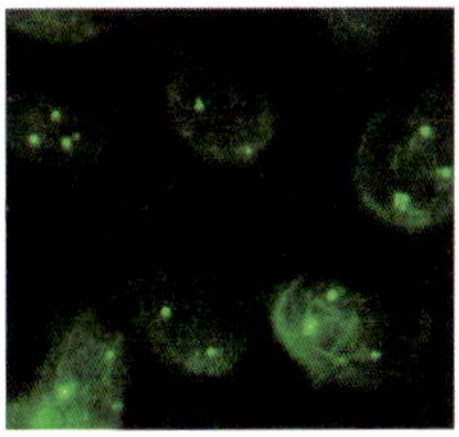

9. Anticoilinantikörper

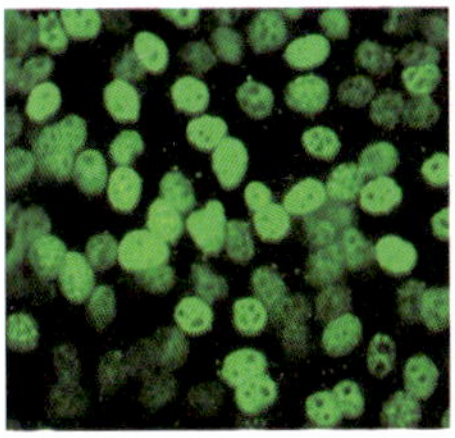

10. Anti-PCNA-Antikörper

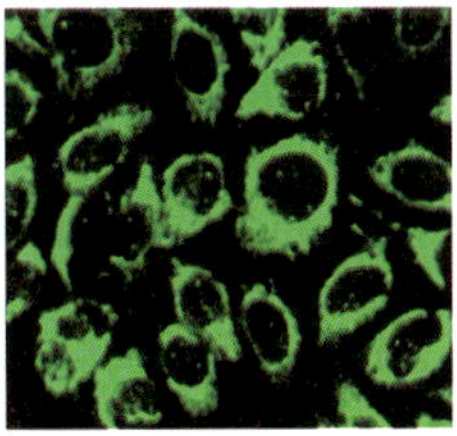

11. Antimitochondriale Antikörper

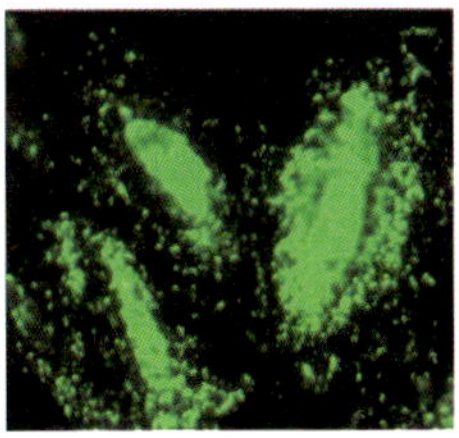

12. Anti-Jo-1-Antikörper

A. Autoantikörpermuster

Der *systemische Lupus erythematodes* (*SLE*) ist eine schubweise verlaufende, chronisch-entzündliche Autoimmunerkrankung mit Befall zahlreicher Organsysteme. Charakteristisch ist der Nachweis von Autoantikörpern gegen Zellkernbestandteile. Frauen erkranken 10 mal häufiger als Männer. Das Prädilektionsalter liegt zwischen dem 15. und 30. Lebensjahr. Wie bei den meisten entzündlich-rheumatischen Erkrankungen wurde von dem ACR ein Kriterienkatalog zur Klassifikation der Erkrankung aufgestellt, s. Anhang, Tabelle 5.

A. Klinische Manifestation des SLE

Das klinische Bild wird wesentlich von der Art der Organbeteiligung bestimmt. Zunächst stehen Hauterscheinungen im Vordergrund, die bei 70 % aller Patienten vorhanden sind. Nur ca. 50 % weisen das charakteristische Schmetterlingserythem auf, bei 20 % kommt es zu einer diskoiden Hautbeteiligung, auch vaskulitische Läsionen sind häufig. Die Mehrzahl der Erkrankten leidet unter Gelenkschmerzen, nur selten kommt es jedoch zu erheblichen Gelenkdeformitäten (Jaccoud-Arthritis, s. Foto) mit ausgeprägten Subluxationen, allerdings ohne ossäre Destruktionen. Bedrohlich sind die Nierenbeteiligung (Lupusnephritis), eine ZNS-Beteiligung (Epilepsie oder Insulte beim begleitenden sekundären Antiphospholipid-Syndrom) oder eine Pleuroperikarditis. Bei aktiver Erkrankung sind Allgemeinsymptome wie Fieber und Abgeschlagenheit vorhanden.

In der immunologischen Diagnostik spielt die Differenzierung der antinukleären Antikörper (ANA) wegen der Assoziation zu Organmanifestationen eine wichtige Rolle. Insbesondere Ak gegen doppelsträngige DNA sind pathognomonisch.

Die Wahl der Therapie hängt von der Schwere der Erkrankung und den Organmanifestationen ab. Bei milden Verlaufsformen können niedrige Glukokortikoiddosen und Antimalariamittel ausreichen. Sie sind insbesondere bei Hautmanifestationen wirksam und verringern die Schubfrequenz. Akute Verläufe benötigen eine hochdosierte Steroid-Bolustherapie. Bei schweren Organmanifestationen, wie diffuser Glomerulonephritis und neuropsychiatrischem Lupus, ist eine i.v. Cyclophosphamidtherapie indiziert, bei moderaten Organmanifestationen oder im Anschluß an die Cyclophosphamid-Phase immunsuppressive Medikamente, wie z. B. Azathioprin. Klinisch-experimentelle Therapieformen umfassen den Einsatz monoklonaler Antikörper, z. B. Anti-CD4 und auch CD20 (s. S. 290), Immunadsorptionsverfahren und die autologe Stammzelltransplantation (s. S. 173B). Insbesondere die Therapie mit dem Antikörper Rituximab gegen das CD20-Antigen erscheint vielversprechend: sämtliche Krankheitsmanifestationen scheinen von dieser Behandlung zu profitieren. Der CD20-Antikörper induziert eine Abnahme der Autoantikörper, teilweise über einen direkten zytotoxischen Effekt auf die B-Lymphozyten, teilweise über eine verminderte Expression von kostimulatorischen Molekülen auf B-Zellen und T-Zellen.

Kriterium
Schmetterlingserythem
diskoider Lupus
Photosensitivität
Schleimhautulzerationen
Arthritis
Serositis
Glomerulonephritis
neurologische Symptome
hämatologische Befunde
immunologische Befunde
antinukleäre Antikörper (ANA)
Bei gleichzeitigem oder seriellem Nachweis von 4 oder mehr der 11 Kriterien während eines beliebigen Beobachtungszeitraumes gilt ein Patient als an einem SLE erkrankt.

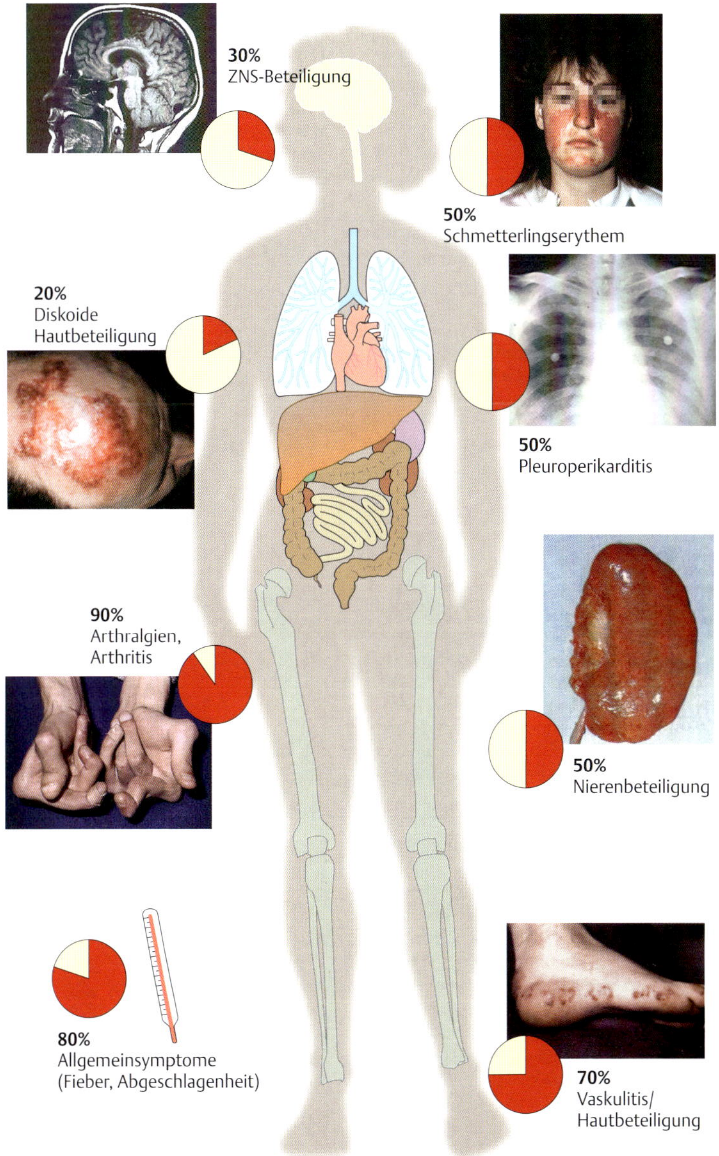

A. Klinische Manifestationen des systemischen Lupus erythematodes (SLE)

Die Vorstellungen zur Pathogenese des SLE sind so vielfältig wie die klinischen Manifestationen dieser Erkrankung. Im Vordergrund des klinischen Geschehens stehen die zahlreichen Autoantikörper-Phänomene, hinter denen jedoch auch eine erhebliche Störung der zellulären Autoimmunität steht.

A. Pathogenese des systemischen Lupus erythematodes

Zu Beginn der krankheitsinduzierenden Mechanismen steht zunächst die Gewebeläsion. Diskutiert werden hier als Ausgangspunkt virale Infektionen, hierunter insbesondere der Epstein-Barr-Virus (EBV), aber auch UV-Strahlen können ein wesentlicher Auslöser der Erkrankung sein. Zum einen kommt es durch Zytokine, die im Rahmen der Gewebeläsion frei werden (z. B. TNF-α), zur aberranten Expression von Autoantigenen auf der Oberfläche; hier gelangen Antigene des Zellkerns (z. B. das Ro-Antigen) auf die Oberfläche z. B. von Keratinozyten. Aus apoptotischen Zellen, die bestimmten Noxen ausgesetzt waren, werden apoptotische Blebs freigesetzt, die ebenfalls häufig Antigene des Zellkerns und des Zytoplasmas aufweisen. Der zentrale Mechanismus ist nunmehr die Präsentation von Autoantigenen an T-Helferzellen, wobei vermutlich gestörte Regulationsmechanismen mit Verlust der peripheren Toleranz eine wesentliche Rolle spielen. Es kommt zur T-Zell-Hilfe, wobei B-Zellen dann ihrerseits Antigene an autoreaktive T-Zellen präsentieren können, so daß es im Sinne des „epitope spreading" zu einer Ausweitung der Autoimmunantwort kommt.

Im Rahmen der polyklonalen T-Zell-Aktivierung kommt es zur Produktion von Autoantikörpern gegen Zellen des hämatopoetischen Systems, wobei klinisch häufig eine Leuko- und Thrombopenie im Vordergrund stehen. Im Sinne eines sekundären Antiphospholipid-Syndroms kommt es zur Autoantikörperbildung gegen Phospholipide und β_2-Glykoprotein-1, was in Thrombosen, Aborten und zerebralen Insulten resultieren kann.

Ein weiterer pathogenetischer Mechanismus ist die Bildung von Immunkomplexen zwischen subzellulären Antigenen, insbesondere der nativen doppelsträngigen DNA und Anti-DNA-Antikörpern. Hier werden Immunkomplexe in so großer Zahl gebildet, daß sie vom mononukleären phagozytären System (MPS) nicht mehr in ausreichendem Maße phagozytiert und beseitigt werden können.

Diese Immunkomplexe lagern sich zum einen in der Gefäßwand ab. Daraus resultiert eine Vaskulitis. Unter Komplement-Aktivierung, Thrombozyten-Aggregation und Aktivierung von Leukozyten kommt es zur Okklusion von Gefäßen mit nachfolgenden Organläsionen. Zum anderen lagern sich Immunkomplexe in verschiedenen Bereichen des Glomerulums ab (mesangial, subendothelial und subepithelial), so daß unterschiedliche Formen der Lupus-Nephritis entstehen (s. a. S. 242 ff).

Klinik

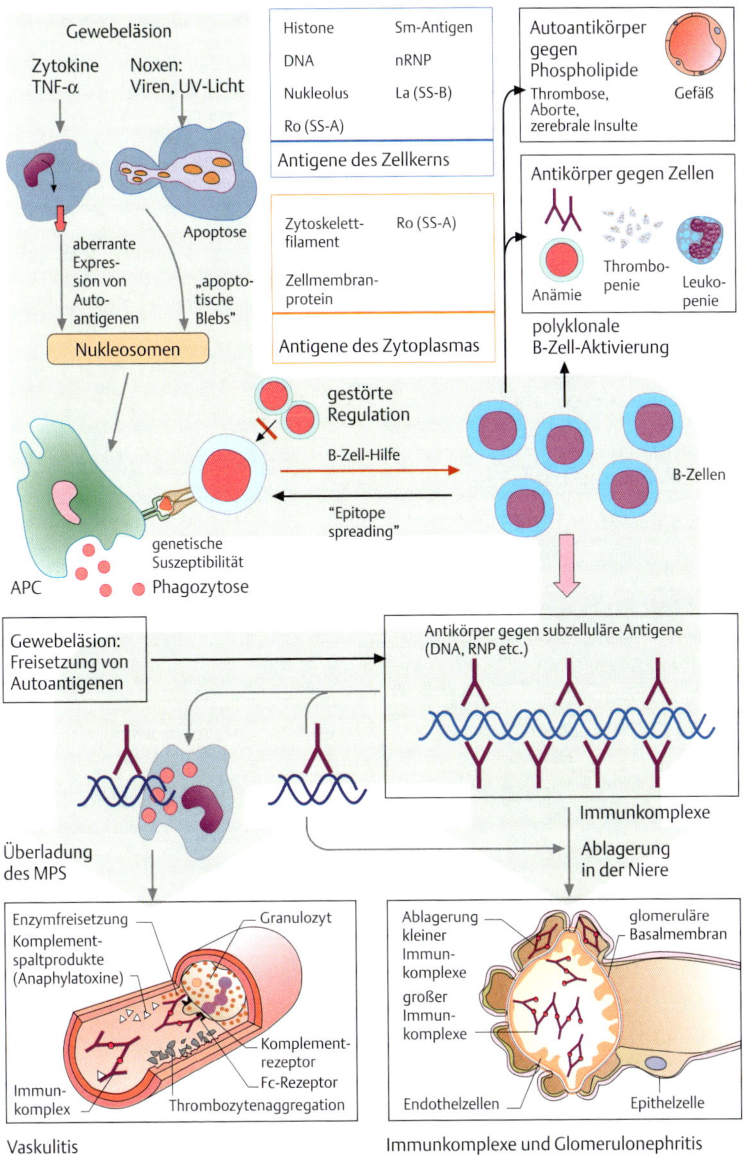

A. Pathogenese des systemischen Lupus erythematodes

A. Sklerodermie

Die Sklerodermie oder *progressive systemische Sklerose* (*PSS*) ist eine Fibrose des Bindegewebes mit bevorzugter Lokalisation in Haut, Gefäßen, Lunge, Pleura, Myo- und Perikard, Ösophagus und Dünndarm. Die Ursache dieser Multisystemerkrankung ist unbekannt.

1. In dem betroffenen Bindegewebe finden sich vermehrt aktivierte $CD4^+$-T-Zellen, die über Zytokine Fibroblasten zur Kollagensynthese anregen. Die vermehrte Kollagenablagerung im Extrazellulärraum führt zu einer Sklerosierung des Bindegewebes, bei den Gefäßen auch zu einer Endothelschädigung sowie zur Okkludierung infolge einer Intimaproliferation. Die Folgen sind einerseits eine Verdickung und Verhärtung der Haut und eine Dysfunktion der betroffenen inneren Organe sowie andererseits Infarkte, die durch Gefäßobliterationen bedingt sind.

2. Frühsymptom ist das oft Jahre vor dem Erscheinen anderer Symptome auftretende Raynaud-Syndrom, eine Durchblutungsstörung der Akren. Im weiteren Verlauf treten an den Händen zunächst schmerzlose Ödeme auf (Wurstfinger), die dann später in eine Sklerodaktylie (Madonnenfinger) mit Akroosteolysen übergehen. Die Minderdurchblutung kann sog. Rattenbißnekrosen der Fingerkuppen zur Folge haben. Charakteristisch für Sklerodermie-Patienten sind als Folge der Sklerosierung der Gesichtshaut ein kleiner (Tabaksbeutel-)Mund und eine spitze Nase sowie Teleangiektasien auf Haut und Schleimhäuten. In 40% treten eine Myokardfibrose und eine bilaterale basale Lungenfibrose auf. Neben einer nicht obligaten Erhöhung der Entzündungsparameter CRP und BSG finden sich typische Autoantikörper im Serum. Dabei steht der Nachweis von Anti-Zentromer-Antikörpern oder Antikörpern gegen die Topoisomerase I (Anti-Scl-70-Antikörper) im Vordergrund. Außerdem finden sich antinukleäre Antikörper (ANA) unterschiedlicher Spezifität, jedoch keine Anti-dsDNA- und Sm-Antikörper.

3. Eine langsam progrediente Sonderform der Sklerodermie ist als limitierte Form das *CREST-Syndrom*. Das Akronym bezeichnet die Anfangsbuchstaben der charakteristischen Symptome: **C**alcinosis, **R**aynaud-Syndrom, Ö(**E**)sophagusmotilitätsstörungen, **S**klerodaktylie und **T**eleangiektasien. Die Anti-Zentromer-Antikörper sind beim CREST-Syndrom in 70% positiv und damit typisch für das Krankheitsbild. Das CREST-Syndrom ist häufig mit der *primären biliären Zirrhose* (*PBC*) assoziiert.

Die immunsuppressive Therapie der Sklerodermie weist einige Besonderheiten auf. Der Einsatz von hochdosierten Kortikosteroiden wird wegen des Risikos einer akuten renalen Krise nicht empfohlen. Die Wirksamkeit einer Cyclophosphamidtherapie ist bei Lungenbeteiligung belegt. Weiterhin sind Prostaglandin-Analoga (Prostacyclin) und auch Sildenafil (Phosphodiesterase-V-Inhibitor) wirksam und indiziert bei ausgeprägten akralen Durchblutungsstörungen sowie bei pulmonaler Hypertonie im Rahmen einer Sklerodermie.

B. Mischkollagenose

Die *Mischkollagenose* (**m**ixed **c**onnective **t**issue **d**isease, **MCTD**, *Overlap-Syndrom*) zeichnet sich durch ein Überlappen von Symptomen unterschiedlicher Kollagenerkrankungen aus: des SLE, der Sklerodermie, der rheumatoiden Arthritis, der Poly- und Dermatomyositis sowie des Sjögren-Syndroms. Die Beschwerden beginnen fast immer mit dem Raynaud-Phänomen als Frühsymptom. In absteigender Häufigkeit treten Sklerodaktylie und Handschwellungen, Polyarthralgien, eine Beteiligung der Lungen, Ösophagusmotilitätsstörungen, Myositis und Hautsymptome auf. Typisch sind hohe Titer des Autoantikörpers gegen die Spliceosomen (U1-RNP). ANA und Rheumafaktoren können ebenfalls nachgewiesen werden. Selten jedoch werden Autoantikörper gegen dsDNA, Scl-70, Sm, Ro, La und PM/Scl gefunden. Je nach der vorherrschenden Symptomatik orientiert sich die Therapie an den Schemata für Sklerodermie oder SLE.

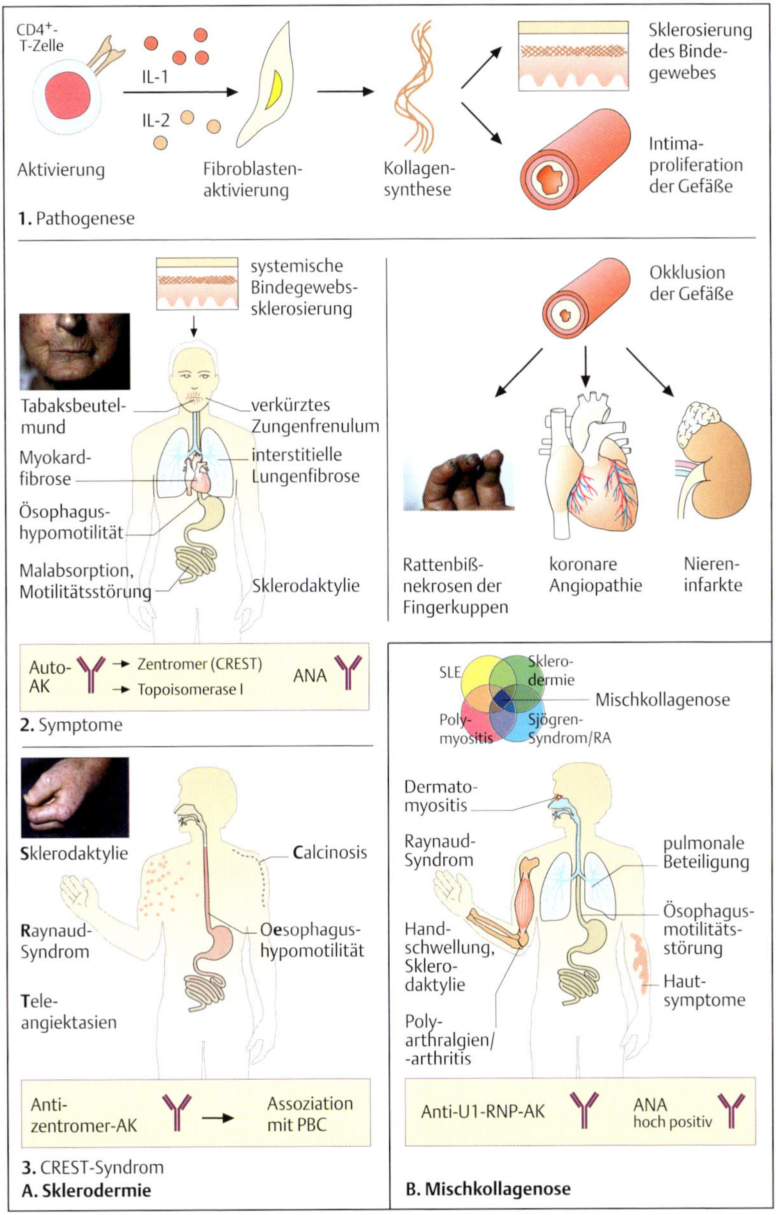

CD4+-T-Zelle
IL-1
IL-2
Aktivierung
Fibroblasten-aktivierung
Kollagen-synthese
Sklerosierung des Binde-gewebes
Intima-proliferation der Gefäße
1. Pathogenese
systemische Bindegewebs-sklerosierung
Tabaksbeutel-mund
verkürztes Zungenfrenulum
Myokard-fibrose
interstitielle Lungenfibrose
Ösophagus-hypomotilität
Malabsorption, Motilitätsstörung
Sklerodaktylie
Okklusion der Gefäße
Rattenbiß-nekrosen der Fingerkuppen
koronare Angiopathie
Nieren-infarkte
Auto-AK
Zentromer (CREST)
Topoisomerase I
ANA
2. Symptome
Sklerodaktylie
Calcinosis
Raynaud-Syndrom
Oesophagus-hypomotilität
Tele-angiektasien
Anti-zentromer-AK
Assoziation mit PBC
3. CREST-Syndrom
A. Sklerodermie
SLE
Sklero-dermie
Mischkollagenose
Poly-myositis
Sjögren-Syndrom/RA
Dermato-myositis
Raynaud-Syndrom
pulmonale Beteiligung
Hand-schwellung, Sklero-daktylie
Ösophagus-motilitäts-störung
Haut-symptome
Poly-arthralgien/-arthritis
Anti-U1-RNP-AK
ANA hoch positiv
B. Mischkollagenose

A. Klinik

Man unterscheidet ein *primäres* von einem *sekundären Sjögren-Syndrom.* Während es sich bei der primären Form um eine eigenständige Autoimmunerkrankung der exokrinen Drüsen mit extraglandulärer systemischer Beteiligung handelt, ist das sekundäre Sjögren-Syndrom mit anderen Autoimmunerkrankungen assoziiert: mit rheumatoider Arthritis in 50-60%, mit Kollagenosen (SLE, Sklerodermie, Polymyositis), Vaskulitiden, primär biliärer Zirrhose (PBC) in 50%, mit der Autoimmunthyreoiditis Hashimoto und der autoimmunen Hepatitis. Nach der rheumatoiden Arthritis ist das Sjögren-Syndrom die zweithäufigste Erkrankung aus dem rheumatischen Formenkreis. Frauen sind 9 mal häufiger betroffen als Männer. Die Patienten erkranken meist nach dem 40. Lebensjahr. Die Leitsymptome eines Sjögren-Syndroms sind trockene Augen (Xerophthalmie, Keratokonjunktivitis sicca) und trockener Mund (Xerostomie). Diese *Sicca-Symptomatik* beruht auf einer Entzündung der Speichel- und Tränendrüsen mit nachfolgender lymphozytärer Infiltration und Zerstörung des Drüsengewebes. Die extraglandulären Manifestationen bestehen häufig in Polyarthralgien (nonerosive Arthritis), Myalgien, einem Raynaud-Syndrom und einer Lymphadenopathie. Seltener kommt es zu einer Beteiligung der Lungen (interstitielle Pneumonie), der Nieren (interstitielle Nephritis, tubuläre Azidose) und der Leber (bei PBC). Prognostisch entscheidend sind beim primären Sjögren-Syndrom eine mögliche zerebrale Beteiligung im Sinne einer Vaskulitis und eine deutlich erhöhte Prävalenz von Non-Hodgkin-B-Zell-Lymphomen (Risiko 44fach erhöht).

B. Pathogenese

Bei der Pathogenese des Sjögren-Syndroms spielen mehrere Faktoren eine Rolle: Die Erkrankung ist mit den HLA-Typen DR3, DQ1 und DQ2 assoziiert. Da überwiegend Frauen betroffen sind, wird angenommen, daß Östrogene zumindest eine unterstützende Funktion bei der Pathogenese haben. Man vermutet, daß eine Virusinfektion der eigentliche Auslöser für die Drüsenzerstörung ist. Infizierte Drüsenepithelzellen präsentieren Virusantigen und locken so T-Zellen an, die das Drüsengewebe infiltrieren und vor Ort eine Entzündungsreaktion auslösen, die das Drüsengewebe schädigt. Die T-Zellen aktivieren das Drüsenepithel und besonders die B-Zellen, so daß es zur überschießenden, unkontrollierten B-Zell-Proliferation kommt, die sich zunächst im peripheren Blut als eine Hypergammaglobulinämie und ein Auftreten von Immunkomplexen zeigt. Zusätzlich finden sich neben den erhöhten Entzündungsparametern BSG und CRP auch antinukleäre Antikörper (ANA) sowie Rheumafaktoren und Autoantikörper gegen das Ro- (SS-A) und das La-Antigen (SS-B). Anti-Ro und -La-Antikörper sind Bestandteile der diagnostischen Kriterien des primären Sjögren-Syndroms. Charakteristisch ist die Koinzidenz dieser Antikörper, die gleichzeitig einen Risikofaktor für die Entwicklung eines kongenitalen Herzblocks in der Schwangerschaft (insbes. 16.-30. SSW) darstellen.

C. Diagnostik

Diagnostisch sind neben den pathologisch veränderten Blutwerten weitere Untersuchungen von Bedeutung: der *Schirmer-Test* zur Bestimmung der Tränensekretion (Benetzung eines Papierstreifens im unteren Augenlid), der *Saxon-Test* zur Bestimmung der Speichelproduktion (Kauen einer Wundkompresse)und schließlich die Lippenbiopsie zur histologischen Diagnosesicherung (periduktale lymphozytäre Infiltration). Differentialdiagnostisch müssen Sicca-Symptome und Sialadenitis bei Sarkoidose, HIV-Infektion mit DILS, Lymphominfiltrationen etc. und die Sicca-Symptome als konstitutive Beschwerden oder Medikamenten-Nebenwirkung (z.B. bei Antidepressiva) ausgeschlossen werden.

D. Therapie

Die Therapie ist zunächst symptomatisch und beschränkt sich auf die lokale Anwendung künstlicher Tränen (Methylzellulose) und künstlicher Speichelflüssigkeit. Bei leichter Gelenkbeteiligung werden NSAR, Hydroxychloroquin und Kortikosteroide eingesetzt. Schwere extraglanduläre Manifestationen erfordern den Einsatz von immunsuppressiv wirkenden Medikamenten, wie z. B. Azathioprin oder Cyclophosphamid.

Erste experimentelle Berichte über den Einsatz des monoklonalen Antikörpers Rituximab gegen CD20 (s. S. 290) sind vielversprechend.

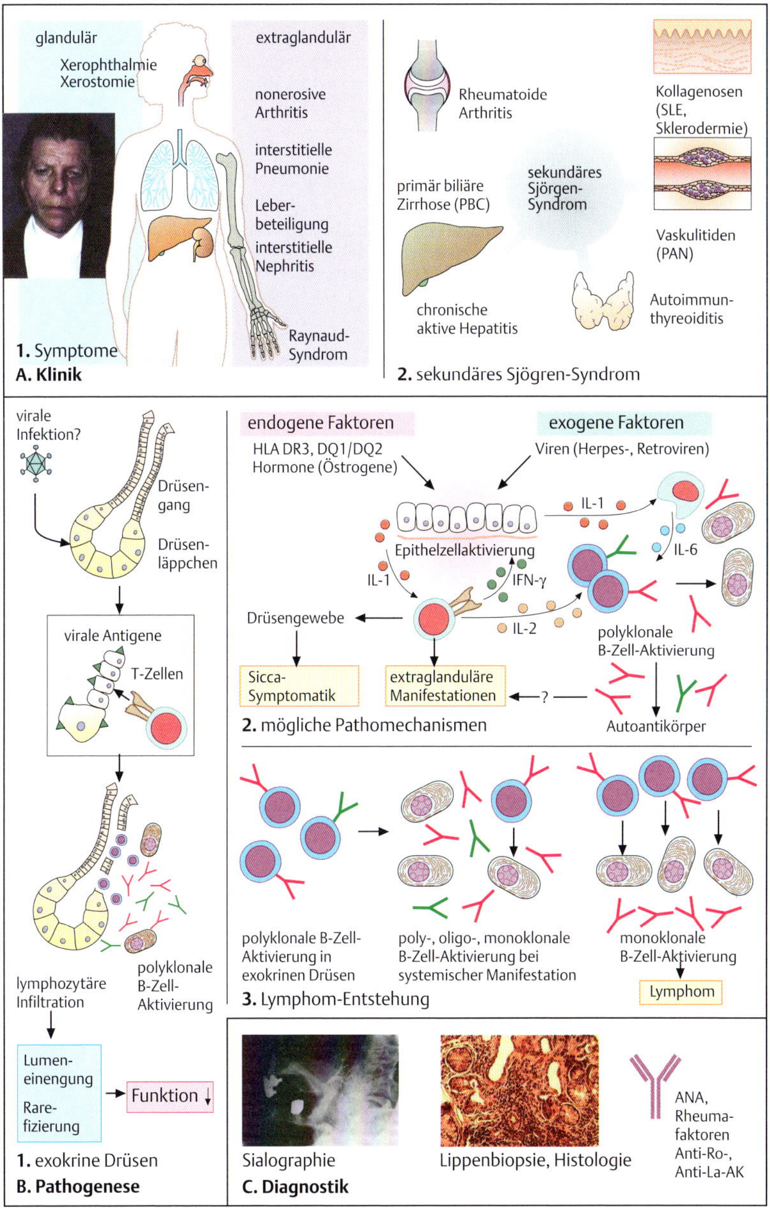
glandulär
Xerophthalmie
Xerostomie
extraglandulär
nonerosive Arthritis
interstitielle Pneumonie
Leber-beteiligung
interstitielle Nephritis
Raynaud-Syndrom
1. Symptome
A. Klinik
Rheumatoide Arthritis
Kollagenosen (SLE, Sklerodermie)
primär biliäre Zirrhose (PBC)
sekundäres Sjörgen-Syndrom
Vaskulitiden (PAN)
chronische aktive Hepatitis
Autoimmun-thyreoiditis
2. sekundäres Sjögren-Syndrom
virale Infektion?
Drüsen-gang
Drüsen-läppchen
virale Antigene
T-Zellen
lymphozytäre Infiltration
polyklonale B-Zell-Aktivierung
Lumen-einengung
Rare-fizierung
Funktion ↓
1. exokrine Drüsen
B. Pathogenese
endogene Faktoren
HLA DR3, DQ1/DQ2
Hormone (Östrogene)
exogene Faktoren
Viren (Herpes-, Retroviren)
IL-1
IL-6
Epithelzellaktivierung
IL-1
IFN-γ
IL-2
Drüsengewebe
polyklonale B-Zell-Aktivierung
Sicca-Symptomatik
extraglanduläre Manifestationen
?
Autoantikörper
2. mögliche Pathomechanismen
polyklonale B-Zell-Aktivierung in exokrinen Drüsen
poly-, oligo-, monoklonale B-Zell-Aktivierung bei systemischer Manifestation
monoklonale B-Zell-Aktivierung
Lymphom
3. Lymphom-Entstehung
Sialographie
Lippenbiopsie, Histologie
ANA, Rheuma-faktoren Anti-Ro-, Anti-La-AK
C. Diagnostik

A. Polymyositis, Dermatomyositis, Einschlußkörperchen-Myositis

Myositiden (diagn. Kriterien s. **4.**) können ein vielfältiges klinisches Erscheinungsbild annehmen. Die *Polymyositis* (**1.**) ist durch eine erhebliche proximale Muskelschwäche gekennzeichnet, insbesondere im Bereich der Schultern, Oberarme und Oberschenkel. Dem Patienten fällt es deshalb schwer, aus dem Sessel aufzustehen oder Treppen zu steigen. Bei der Dermatomyositis (**2.**) kommen außerdem Hautmanifestationen hinzu, die insbesondere an den lichtexponierten Stellen als sog. heliotropes Exanthem auffallen (**5.**). Im Bereich der Knöchel kann es zu charakteristischen papulösen Hautveränderungen kommen („Gottron-Zeichen", **6.**). Insbesondere bei der Dermatomyositis besteht bei Erwachsenen jenseits des 50. Lebensjahres häufig ein begleitender Tumor, so daß nach Karzinomen v. a. im Bereich der Mamma, der Lungen sowie des Gastrointestinaltrakts gefahndet werden muß. Die Autoantikörper-Befunde sind meist uncharakteristisch, gelegentlich werden niedrigtitrige antinukleäre AK gefunden. In der konventionellen Serumchemie fallen im aktiven Stadium hohe Werte für die CK und das Myoglobin auf. Myositisspezifische Antikörper sind selten nachzuweisen; dazu gehören z. B. Anti-SRP-Antikörper. Bei einem Überlappungssyndrom mit Sklerodermie können Anti-PM/Scl-Antikörper charakteristisch sein. Häufig lassen sich Anti-Proteasomen-Antikörper (bis zu 60 %) nachweisen, diese sind jedoch nich diagnosespezifisch.

Das *Anti-Synthetase-Syndrom* (**2.**) stellt ein eigenständiges Krankheitsbild dar, bei dem man Antikörper gegen t-RNA-Synthetasen (z. B. den Jo1- Antikörper gegen die Histidyl-t-RNA-Synthetase) nachweisen kann. Klinisch ist das Nebeneinander von interstitieller Lungenerkrankung, Arthritis, Raynaud-Phänomen, Hautveränderungen, Fieber und Muskelschwäche typisch.

Ebenfalls ein eigenständiges Krankheitsbild stellt die *Einschlußkörperchen-Myositis* (**i**nclusion **b**ody **m**yositis, IBM) (**3.**) dar, die im Gegensatz zu den beiden vorgenannten Erkrankungen insbesondere die distale Muskulatur befällt. Dabei geht man primär von einer Akkumulation von alzheimertypischen Proteinen innerhalb der Muskelfibrillen mit sekundärer lymphozytärer Entzündungsreaktion aus.

B. Histologie der Myositiden

Die Krankheitsbilder Polymyositis und Dermatomyositis unterscheiden sich in ihren histologischen Bildern erheblich. Bei der Polymyositis kommt es zu einer direkten Infiltration mit Lymphozyten in die Muskelfasern mit Angriff auf die einzelnen Muskelzellen (s. a. **A.7.**), die durch CD8-positive T-Zellen vermittelt wird. Bei der Dermatomyositis ist eine Vaskulitis mit einer gefäßbegleitenden Entzündung charakteristisch, die von CD4-positiven T-Zellen geprägt ist. Erst sekundär kommt es aufgrund einer Gefäßläsion zu einem Untergang der Muskelzellen.

C. Pathogenese

Entsprechend der Histologie ist auch die Pathogenese der Polymyositis (PM) und der Dermatomyositis (DM) unterschiedlich. Bei der PM stehen MHC-Klasse-I-vermittelte Mechanismen im Vordergrund. Hier kommt es im Rahmen der Entzündung bei genetischer Disposition und durch noch unbekannte (virale?) Faktoren zu einer aberranten Expression von HLA-Klasse-I-Antigenen auf der Oberfläche der Muskelzellen, die normalerweise zu den wenigen HLA-negativen Zellen des Körpers gehören. Zytotoxische T-Zellen erkennen die nunmehr veränderten Muskelzellen als „fremd" und zerstören sie. Daher sind histologisch die oben geschilderten Zelluntergänge innerhalb der Muskelbündel charakteristisch. Ähnliche pathogenetische Mechanismen werden bei der IBM vermutet. Unklar ist jedoch, wie bei dieser Erkrankung die Amyloid-haltigen Zelleinschlüsse entstehen. Bei der Dermatomyositis geht die Entzündung von den Gefäßen im Perimysium aus, so daß eine Vaskulitis mit einer komplementvermittelten Gefäßschädigung im Mittelpunkt der Pathogenese steht. So tritt eine Gewebeischämie ein, die zu einem sekundären Untergang der Muskelzellen führt, charakterisiert durch eine perifaszikuläre Betonung.

In jüngster Zeit sind zahlreiche Berichte über die Wirksamkeit von anti-CD20-Antikörpern (s. a. S. 290) bei der Therapie von Myositiden erschienen, was eine wichtige Rolle der humoralen Immunität in der Pathogenese dieser Erkrankung vermuten läßt.

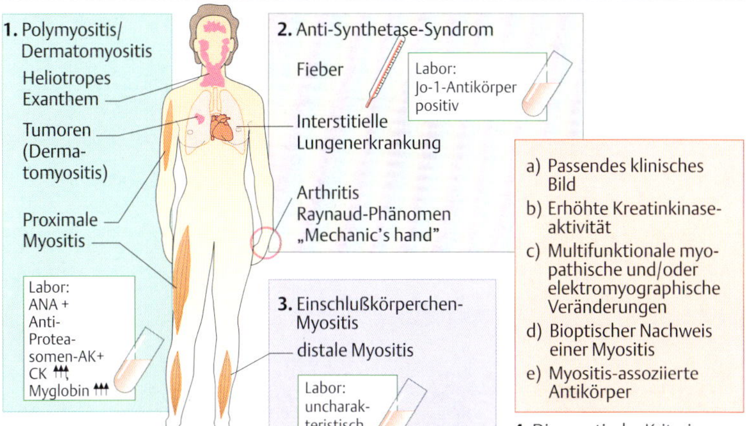

4. Diagnostische Kriterien

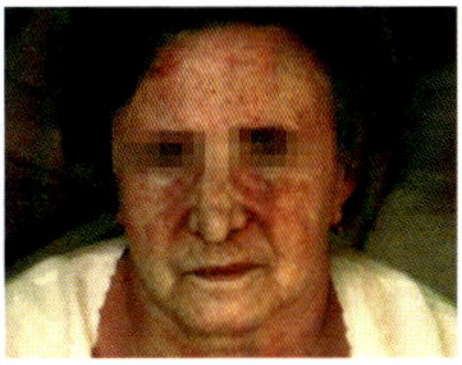

5. Heliotropes Exanthem

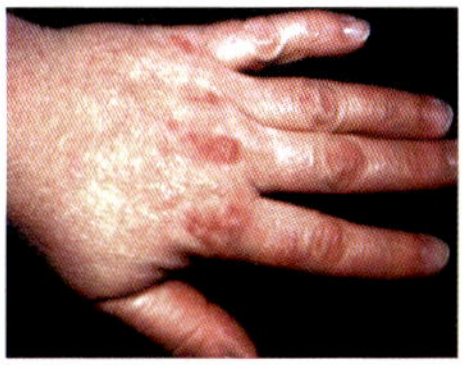

6. Gottron-Zeichen

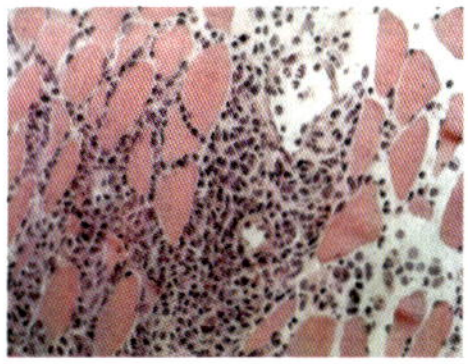

7. Histologie der Polymyositis

A. Polymyositis/Dermatomyositis/Einschlußkörperchenmyositis

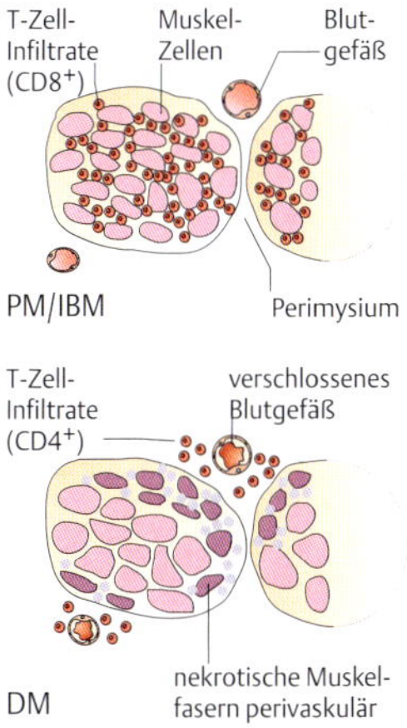

B. Histologie der Myositiden

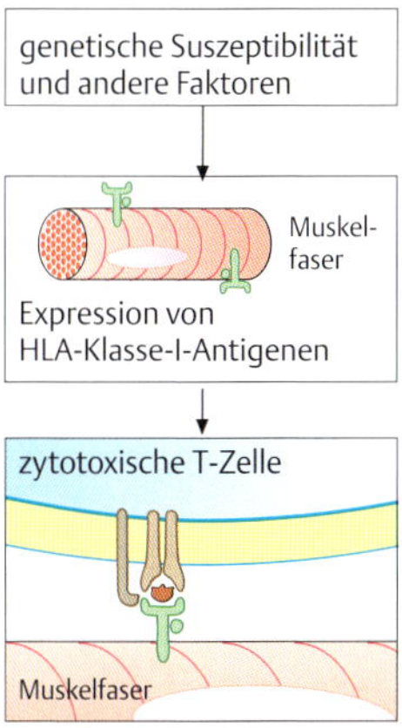

1. PM/IBM

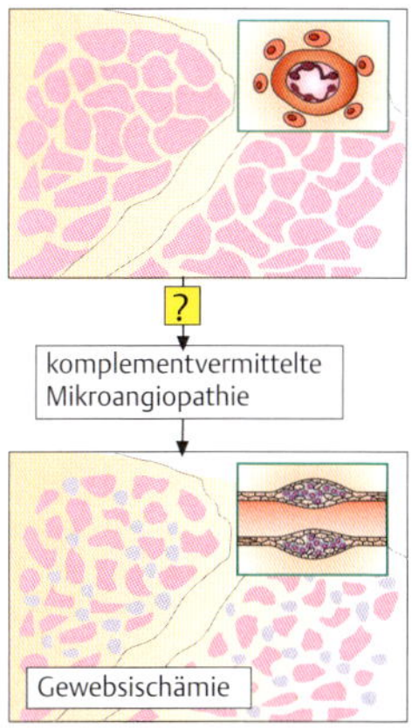

2. Dermatomyositis

C. Pathogenese

A. „Chapel Hill"-Definition der systemischen Vaskulitiden

Die pathologische Definition einer Vaskulitis beruht auf der entzündlichen Infiltration und Nekrose von Gefäßwänden. Je nach Ausmaß und Lokalisation der betroffenen Gefäßareale variiert die klinische Symptomatik erheblich, was die Vaskulitiden zu diagnostisch sehr anspruchsvollen Krankheitsbildern macht. Es gibt eine Reihe verschiedener Klassifikationen, wobei sich für klinische Belange eine Einteilung nach der Größe der betroffenen Gefäße bewährt hat („*Chapel Hill"-Definition*, benannt nach dem amerikanischen Ort der Konsensuskonferenz, s. Anhang Tabelle 6).

B. Einteilung der Vaskulitiden nach Entstehungsmechanismen

Eine alternative Einteilung wird nach den Entstehungsmechanismen vorgenommen, wobei zunächst die direkt durch Autoantikörper ausgelösten Gefäßläsionen im Vordergrund stehen (ANCA- bzw. AECA-assoziierte Vaskulitiden, (s. S. 211). Eine Schlüsselrolle in der Pathogenese vieler Vaskulitiden nimmt die Formation von zirkulierenden Immunkomplexen ein. In Abhängigkeit von ihrer Zusammensetzung, d. h. Art und Größe des Fremd- oder Autoantigens und der beteiligten Antikörper, führen diese Immunkomplexe zur Auslösung entzündlicher Effektormechanismen an den Endothelien: z. B. Komplementaktivierung, Aktivierung von Monozyten, Lymphozyten und Blutplättchen, Produktion von Zytokinen und Chemotaxis von Granulozyten. Hieraus resultieren die histologisch nachweisbare intra- und perivaskuläre Infiltration und die fibrinoide Nekrose der Gefäßwand.

Vaskulitische Erscheinungen können prinzipiell bei jeder Infektion auftreten; häufiger werden sie bei folgenden Erregern angetroffen: Streptokokken, Salmonellen, Mykobakterien, Spirochäten, Hepatitis-B-Virus, HIV, Epstein-Barr-Virus, Aspergillen, Leishmanien und Filarien. Bei den malignen Erkrankungen stehen solche des lymphoretikulären Systems im Vordergrund, wie der Morbus Hodgkin und die Haarzell-Leukämie. Bei der Medikamentenanamnese muß man an Antibiotika, Isoniazid, Gold, D-Penicillamin, Kaliumjodid und Busulfan als mögliche Auslöser denken.

Die „Chapel Hill"-Definition der systemischen Vaskulitiden:

Vaskulitis großer Gefäße
Riesenzell-(Temporal)-arteriitis
Takayasu-Arteriitis
Vaskulitis mittelgroßer Gefäße
Panarteriitis nodosa
Kawasaki-Erkrankung
Vaskulitis der kleinen Gefäße
Wegenersche Granulomatose
Churg-Strauss-Syndrom
Mikroskopische Polyangiitis
Purpura Schönlein-Henoch
Essentielle kryoglobulinämische Vaskulitis
Kutane leukozytoklastische Angiitis

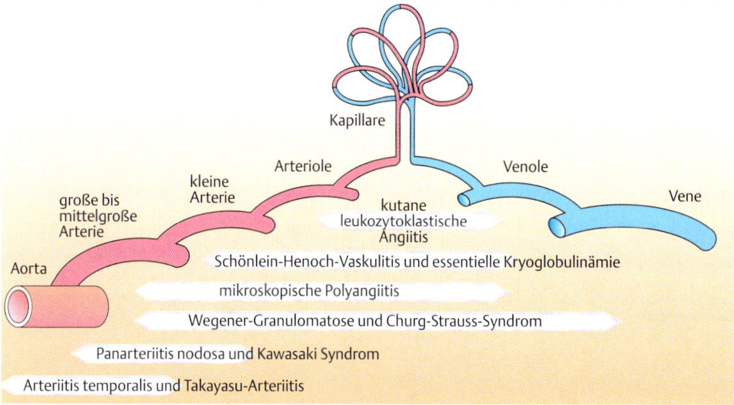

A. „Chapel Hill"-Definition der systemischen Vaskulitiden

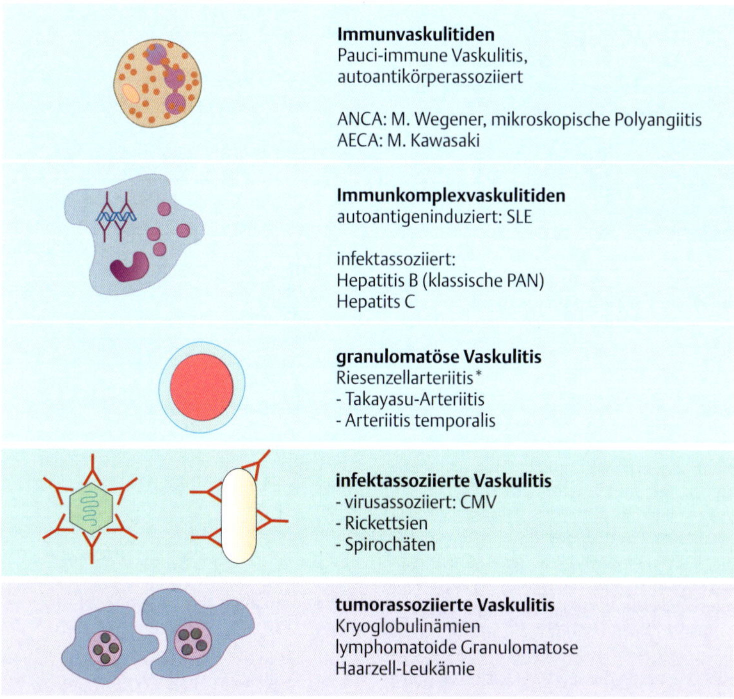

B. Einteilung der Vaskulitiden nach Entstehungsmechanismen

A. Theorie zur Entstehung einer Vaskulitis am Beispiel des Morbus Wegener

Zentraler Mediator in der Pathogenese dieser Vaskulitis ist das Zielantigen der **Antineutrophilen-AK** (c-ANCA) – die Proteinase 3 (PR-3). Diese ist den AK bei ruhenden **p**oly**m**orphkernigen **n**eutrophilen Granulozyten (**PMN**) in den azurophilen Granula nicht zugänglich (**1.**). Eine Voraktivierung durch pro-inflammatorische Zytokine bewirkt die Ausbildung von Adhäsionsmolekülen auf PMN und **E**ndothelzellen (**EC**) sowie die Translokation der intrazytoplasmatischen PR-3 auf die Zellmembran (**2.**). Es kommt zur Adhäsion der PMN an EC (**3.**). PMN werden jetzt durch die Bindung von ANCA an die membranständige PR-3 aktiviert und degranulieren. Sie setzen dabei in der Nähe der EC toxische Mediatoren sowie lysosomale Proteine frei, die dem α-Proteinase-Inhibitor nicht zugänglich sind. So entsteht eine Lyse der EC mit nekrotisierender Vaskulitis (**4.**).

B. Wegener-Granulomatose

Die **Wegener-Granulomatose** (**Morbus Wegener**) manifestiert sich bevorzugt am oberen und unteren Respirationstrakt und an den Nieren, kann aber zusätzlich Symptome einer Vaskulitis anderer Organsysteme aufweisen. Sie beginnt i. d. R. mit einer chronischen Entzündung der oberen Luftwege mit Schleimhautulzerationen, blutig-eitriger Rhinitis, Sinusitis oder Otitis media und fortschreitender Zerstörung und Deformierung des knorpeligen Nasenskeletts. Pulmonal treten tracheobronchiale Erosionen, Pneumonien und Granulome auf, die sich kavernös verändern können. Klinisch sind Husten und Hämoptysen zu beobachten. Systemische Symptome sind Fieber und Gewichtsverlust. Die Ausbildung einer Nierenbeteiligung verläuft wie eine rapid-progressive Glomerulonephritis mit Proteinurie, Hämaturie und progressiver Niereninsuffizienz. Arthralgien, Purpura, Hautulzera und Episkleritiden sind ebenfalls häufige Erscheinungen im Generalisationsstadium. Seltener sind Beteiligungen von Herz, peripheren Nerven oder Gastrointestinaltrakt. Als relativ spezifischer Test für die Diagnostik ist der Nachweis von Serumantikörpern gegen die PR-3 (c-ANCA) verfügbar. Kürzlich sind mehrere Berichte über Erfolge der Therapie mit dem anti-CD20 monoklonalen Antikörper Rituximab (s. a. S. 290) erschienen, der zu einer Abnahme der B-Lymphozyten und auch der Autoantikörper führt.

C. Churg-Strauss-Syndrom

Die **Churg-Strauss-Vaskulitis** ist gekennzeichnet durch die enge Assoziation mit einer allergischen Diathese (allergische Rhinitis, Asthma bronchiale, chronische Sinusitiden oder Medikamentenallergien in der Vorgeschichte). Bei Ausbruch der Erkrankung ist häufig ein flüchtiges eosinophiles Lungeninfiltrat nachzuweisen. Im Verlauf entwickeln sich häufig eine Mononeuritis multiplex, Arthralgien, palpable Purpura, gastrointestinale Schmerzen und Hypertonie. Eine renale Symptomatik ist selten. Häufigste Todesursache ist das kardiale Versagen wegen einer Kardiomyopathie. Laborchemisch imponieren neben unspezifischen Entzündungszeichen eine massive Eosinophilie mit Werten über $1500/mm^3$ (bis zu 80 % im Differentialblutbild) sowie eine Erhöhung des Gesamt-IgE-Spiegels und Rheumafaktoren.

D. Panarteriitis nodosa

Die **Panarteriitis nodosa** ist eine nekrotisierende Vaskulitis der mittelgroßen, v. a. viszeralen Arterien. Klinisch besteht meist eine ausgeprägte unspezifische Symptomatik mit schlechtem Allgemeinbefinden, Fieber, Gewichtsverlust und Arthralgien. Frühsymptom kann eine periphere Neuropathie in Form einer Mononeuritis multiplex sein (Schmerzen, Parästhesien oder Paresen im Versorgungsgebiet der betroffenen Nerven), hervorgerufen durch eine Vaskulitis der Vasa nervorum. ZNS-Manifestationen, z. B. apoplektische Insulte, Krampfanfälle oder Psychosen, sind seltener. Die Klinik wird durch die betroffene Gelenkregion mit Darminfarkten, Herzinfarkten und Niereninsuffizienz bei Arteriitis und Glomerulonephritis bestimmt. In bis zu 50 % der Fälle ist das HBs-Ag nachweisbar.

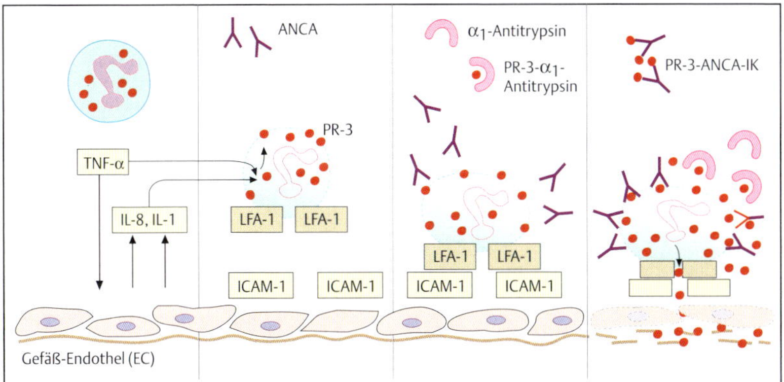

1. PMN und EC in Ruhe

2. PMN und EC voraktiviert

3. PMN adhärent an EC

4. PMN aktiviert durch ANCA

A. Theorie zur Entstehung einer Vaskulitis am Beispiel des Morbus Wegener

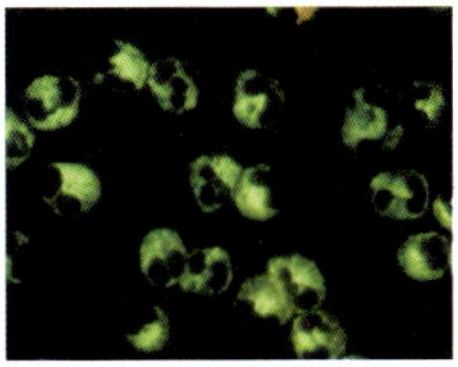

2. C-ANCA

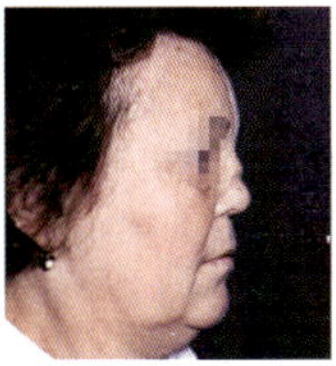

3. Sattelnase

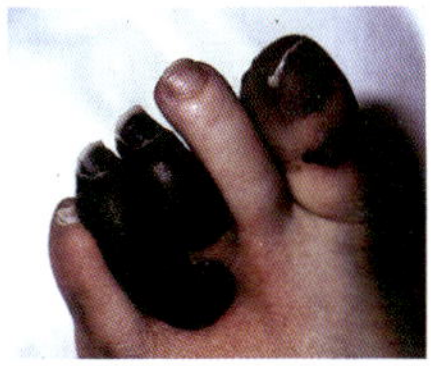

4. Vaskulitis der Zehen

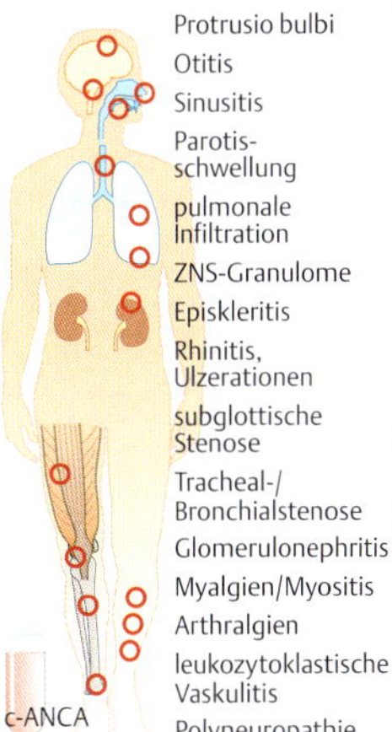

1. Klinik

B. Wegener-Granulomatose

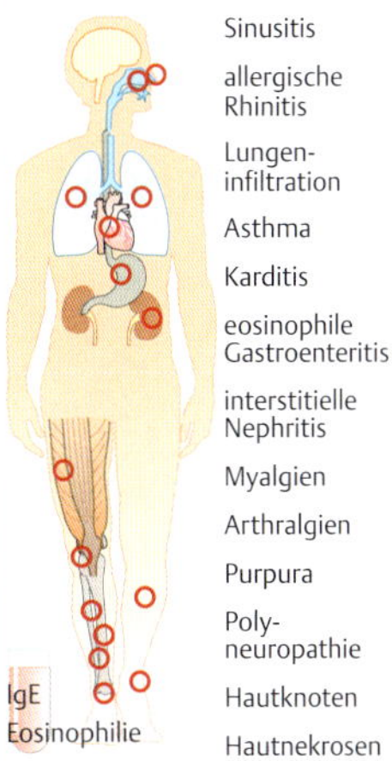

C. Churg-Strauss-Syndrom

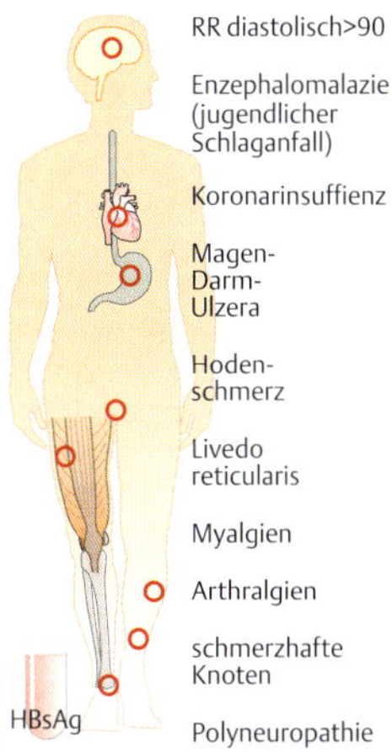

D. Panarteriitis nodosa

Die Gruppe der Riesenzellarteriitiden betreffen die Aorta und deren Abgänge (*Takayasu-Arteriitis*) bzw. große kraniale Arterien (*Arteriitis temporalis*). Beide sind histologisch durch eine massive Verdickung der arteriellen Wand bis hin zur Okklusion (**A.6.**) und den Nachweis von vielkernigen Riesenzellen (**A.4.**) gekennzeichnet. Die Pathogenese beider Erkrankungen ist noch nicht klar. Im Vordergrund stehen eine genetische Empfänglichkeit (HLA-DR4) sowie T-Helfer-Zell-vermittelte Immunmechanismen mit Granulombildung, möglicherweise als Folge von noch unbekannten Infektionen.

A. Riesenzellarteriitiden: Arteriitis temporalis und Takayasu-Arteriitis

Die *Arteriitis temporalis* (*Arteriitis cranialis, Morbus Horton*, Diagnosekriterien s. **3.**) ist eine relativ häufige Erkrankung bei Patienten über dem 50. Lebensjahr (w:m = 2:1). Betroffen sind überwiegend Arterien im Kopfbereich, wie A. temporalis, A. retinalis und Hirnarterien, aber auch andere Gefäßregionen. Klinisch finden sich neben den allgemeinen Symptomen Fieber, Schwäche und Gewichtsverlust v. a. Kopfschmerzen, Hyperästhesien im Kopfbereich und tastbare Verhärtungen der A. temporalis (**7.**). Die am meisten gefürchtete Komplikation ist eine plötzliche Erblindung durch Verschluß der Retinalarterie. Deshalb sollten v. a. Sehstörungen, Augenschmerzen oder Lichtempfindlichkeit Anlaß zu intensiver Diagnostik und raschem therapeutischen Eingreifen geben. Fundoskopisch zeigen sich Verschlüsse von Retinalarterienästen oder ein Papillenödem. In seltenen Fällen können durch Verlust der Durchblutung auch Kopfhautulzera auftreten (**8.**).

In etwa 20-30% der Fälle von Arteriitis temporalis ist die Erkrankung mit Symptomen der *Polymyalgia rheumatica* (*PMR*) vergesellschaftet (Kriterien s. **2.**). Hier stehen Schmerzen in der proximalen Schulter- und Oberschenkelmuskulatur im Vordergrund, außerdem treten meist ausgeprägte Allgemeinsymptome mit Müdigkeit, Abgeschlagenheit, Depression und leichtem Fieber auf.

Bei den Laborwerten imponiert bei beiden Erkrankungen eine starke BSG-Beschleunigung mit oft über 100 mm/1.h. Eine leichte Anämie und Leukozytose können hinzukommen. Die Sicherung der Diagnose einer Arteriitis temporalis erfordert eine bilaterale Biopsie der A. temporalis. Eine vorherige Dopplersonographie ist zur Lokalisation der Biopsiestelle ratsam und weist einen charakteristischen Befund mit echoarmen (Halo-)Bezirken der entzündeten Gefäßwand auf. Die Prognose ist gut; meist ist jedoch eine Therapie mit Steroiden über ein bis zwei Jahre erforderlich, bevor eine anhaltende Remission einsetzt. Ein wichtiges diagnostisches Instrument kann laut jüngsten Berichten die Positron-Emissions-Tomographie (PET) sein. Hierbei können bei einer Ganzkörperaufnahme entzündete Gefäßareale deutlich sichtbar gemacht werden. Auch atypische Lokalisationen und Ansprechen auf die Therapie können hiermit dokumentiert werden.

Die *Takayasu-Arteriitis* (*Aortenbogensyndrom*) tritt überwiegend bei jungen Frauen auf. Diese Vaskulitis befällt die thorakale Aorta und abgehende Arterienstämme. Klinisch steht daher die durch Gefäßokklusionen ausgelöste Symptomatik wie Claudicatio, Pulslosigkeit, Gefäßgeräusche oder Hypertonus im Vordergrund. Während der initialen inflammatorischen Phase kommen Fieber, Gewichtsverlust, Myalgien und Arthralgien hinzu. Seltener sind Kopfschmerzen, Schwindel, Sehstörungen, die Entwicklung einer Aorteninsuffizienz oder eines Aneurysmas. Im Labor dominieren ebenfalls ausgeprägte unspezifische Entzündungszeichen. Auch diese Erkrankung spricht gut auf Steroide an, wenngleich die bei Diagnosestellung meist bereits ausgeprägten Gefäßläsionen (**5.**) die Prognose deutlich einschränken.

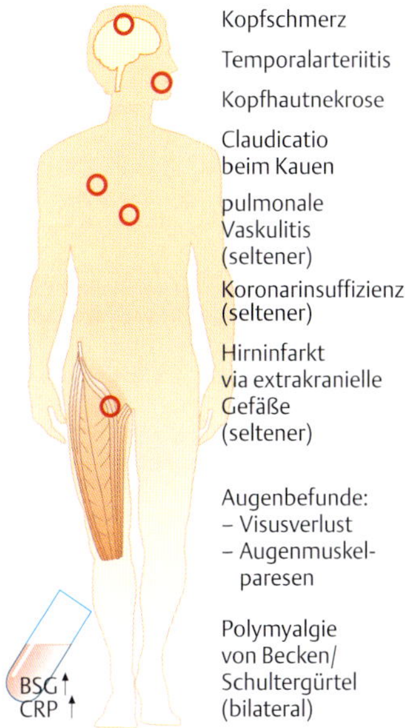

1. Klinik der Arteriitis temporalis/ Polymalgia rheumatica

Schulterschmerzen und /oder beidseitige Steifigkeit

Krankheitsbeginn innerhalb von 2 Wochen

initiale BSG-Beschleunigung >40mm/1.Stunde

morgendliche Steifigkeit von mehr als 1 Stunde

Alter über 65 Jahre

Depression und/oder Gewichtsverlust

beidseitiger Druckschmerz in den Oberarmen

2. Diagnosekriterien der Polymyalgia rheumatica

Patient bei Erstmanifestation über 50 Jahre

neu auftretende Kopfschmerzen

klinische Auffälligkeiten der Temporalarterien Druckschmerz, Pulslosigkeit

stark erhöhte BSG

„positive" Arterienbiopsie

3. Diagnosekriterien der Arteriitis temporalis

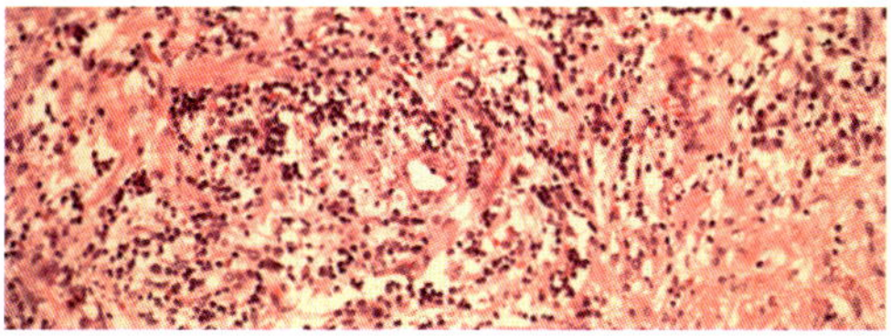

4. Histologie bei Takayasu-Arteriitis

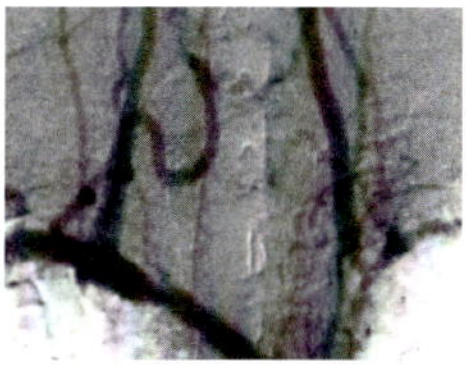

5. Abgangsstenosen bei Takayasu-Arteriitis

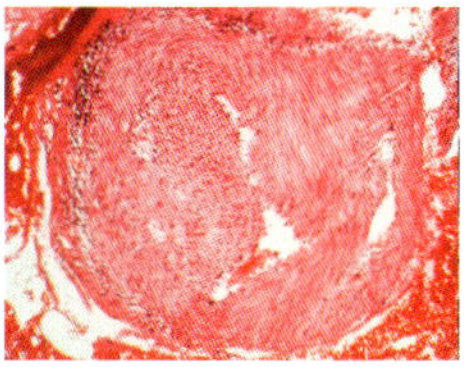

6. Histologie einer okkludierten Temporalarterie

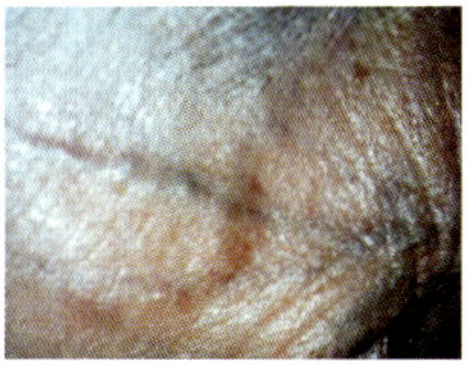

7. Arteriitis temporalis

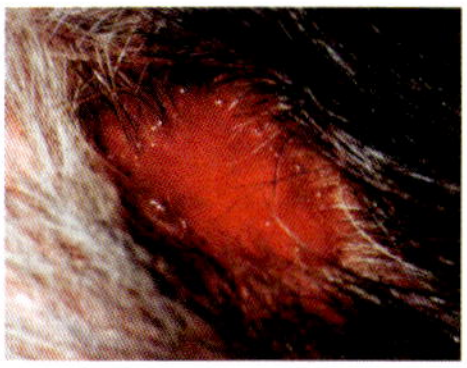

8. Kopfhautulkus

A. Klinik der Riesenzell-Arteriitiden: Arteriitis temporalis und Takayasu-Arteriitis

Urtikaria

Die *Urtikaria* ist ein Krankheitsbild, das mit Quaddeln und teigigen Schwellungen, häufig verbunden mit heftigem Juckreiz und Rötung, einhergeht. Die Einzeleffloreszenzen (Urticae, lateinisch Brennessel) sind flüchtig und hinterlassen keine bleibenden Hautschäden.

A. Pathogenese

Eine Schlüsselrolle in der Pathogenese spielt die kutane Mastzelle. Diese setzt nach einem entsprechenden Stimulus präformierte (Histamin, Heparin, Enzyme) und neugebildete (Prostaglandine, Leukotriene) Entzündungsmediatoren frei, die für das dermale Ödem verantwortlich sind. Die Schwellung und Rötung verschwinden in der Regel binnen 24 Stunden.

B. Auslöser und unterschiedliche Urtikaria-Formen

Die Aktivierung der Mastzelle kann durch verschiedene Mechanismen hervorgerufen werden, so daß man von unterschiedlichen Urtikaria-Formen spricht (**B.1.-5.**). Auch Infektionskrankheiten (z. B. Hepatitiden und parasitäre Infektionen) können mit einer Urtikaria einhergehen. Nach Aktivierung und Degranulation bleiben die Mastzellen für Stunden bis Tage refraktär. Eine Urtikaria ist also erst nach einer bestimmten Latenzzeit an derselben Stelle wieder auslösbar.

1. Bei der *physikalischen Urtikaria* führt ein physikalischer Reiz durch ein abnorm empfindliches Gefäßnervensystem zur Ödembildung oder zur Degranulation der Mastzellen. Ursachen können sein: Druck, Wärme, Kälte, Wiedererwärmung, Licht, Röntgenstrahlen, cholinerge (Schwitzen), adrenerge (Streß) und aquagene Reize. Bei der Kontakturtikaria ist das Ödem auf den Ort der Einwirkung beschränkt (Brennesseln, Insektenstiche, Quallen).

2. Die *akute immunologische Urtikaria* ist hingegen eine allergische IgE-abhängige Typ-I-Reaktion und kann innerhalb von Minuten zum anaphylaktischen Schock führen. Sie entsteht, wenn bestimmte Antigene IgE-Antikörper kreuzvernetzen, welche zuvor mit dem Fc-Teil an Mastzellen gebunden haben. Typisch sind Bronchospasmen, Glottisödem und Kreislaufsymptome. Als Auslöser kommen v. a. Arzneimittel wie Antibiotika und Hypnotika sowie Nahrungsmittel in Frage.

3. Davon abgegrenzt werden *pseudoallergische Reaktionen* gegen bestimmte Stoffe (Acetylsalicylsäure, Konservierungsstoffe, Röntgenkontrastmittel), die ohne spezifische immunologische Reaktion zu urtikariellen und anaphylaktoiden Reaktionen führen (können).

4. Die *Urtikariavaskulitis* ist durch hyperpigmentierte Quaddeln gekennzeichnet, die länger als 24 h persistieren. Dem Krankheitsbild liegt eine Hypersensibilitätsreaktion vom Typ III mit Immunkomplexbildung und Komplementverbrauch zugrunde. Die Vaskulitis führt über die Freisetzung vasoaktiver Mediatoren zur Urtikaria.

5. Die *Urticaria pigmentosa* (*Mastozytose*) ist eher eine Erkrankung des Kindesalters und geht mit disseminierten rotbraunen Pigmentflecken einher, über denen sich durch Reiben eine Urtikaria auslösen läßt. Die zugrundeliegenden Mastozytome neigen zur spontanen Regression.

C. Klinische Bilder

Meistens manifestiert sich die Urtikaria in Form einzelner, lokaliserter, selten über den ganzen Körper verteilter Quaddeln (**C.1.**), welche wechselhaft an verschiedenen Stellen auftreten, teilweise konfluieren (**C.2.**), aber in der Regel nach wenigen Tagen spontan abheilen. Bedrohlich wird eine Urtikaria, wenn die Quaddeln konfluieren und so ausgedehnt sind, daß es zu einem Blutdruckabfall kommen kann. Eine Urticaria factitia (**C.3.**) ist mechanisch induziert, z. B. entlang einer Druck-Reibe-Einwirkung.

Das **Quincke-Ödem** oder angioneurotische Ödem (**C.4.**) ist eine anfallsartig auftretende Schwellung der Subkutis mit oder ohne Urtikaria. Es tritt vorwiegend im Gesicht auf (Augenlider, Lippen), kann aber bei Befall der oberen Luftwege (Larynxödem) zu Erstickung führen. Auslöser sind Medikamente (z. B. ACE-Hemmer), häufig liegt ein hereditärer oder erworbener C1-Esterase-Inhibitor-Mangel vor. Eine ungebremste C1-Aktivität (s. auch S. 121) führt zu einer vermehrten Spaltung von C2 mit Akkumulation des Spaltproduktes C2b, das eine Kinin-ähnliche Aktivität besitzt.

Therapie: Die Wirkung von Histamin, kann direkt an der Haut mit Rezeptorantagonisten blockiert werden. Sog. H_1-Rezeptoren vermitteln Juckreiz, Schmerzen, Bronchokonstriktion, Vasodilatation und Permeabilitätssteigerung in kleinen Gefäßen, während H_2-Rezeptoren in erster Linie die Magensaftsekretion stimulieren, die Frequenz und Stärke der Herzkontraktion und die Vasodilatation. Eine Kombination von sog. H_1- und H_2-Rezeptorantagonisten ist besonders wirksam.

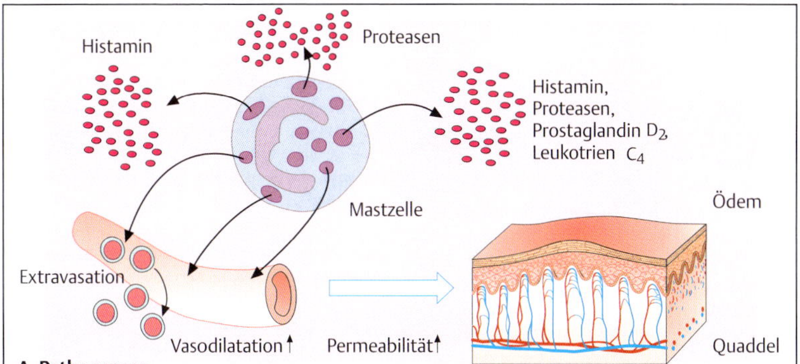

A. Pathogenese

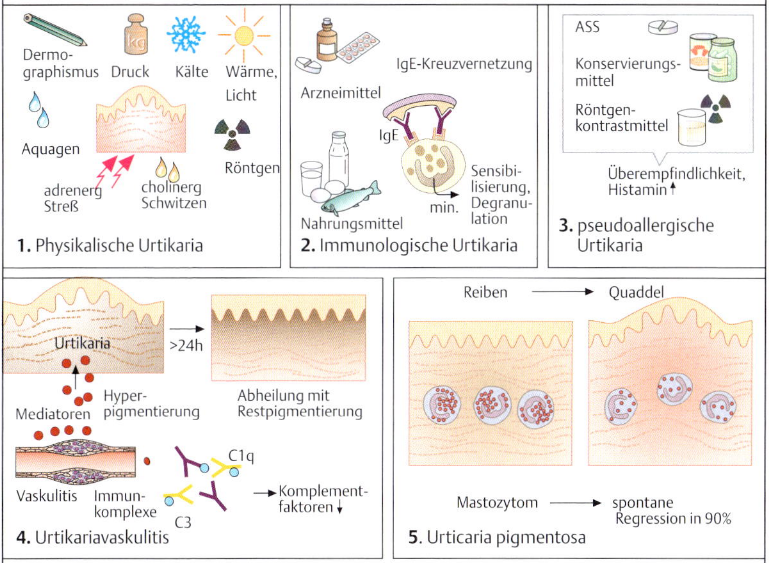

B. Auslöser und verschiedene Urtikaria Formen

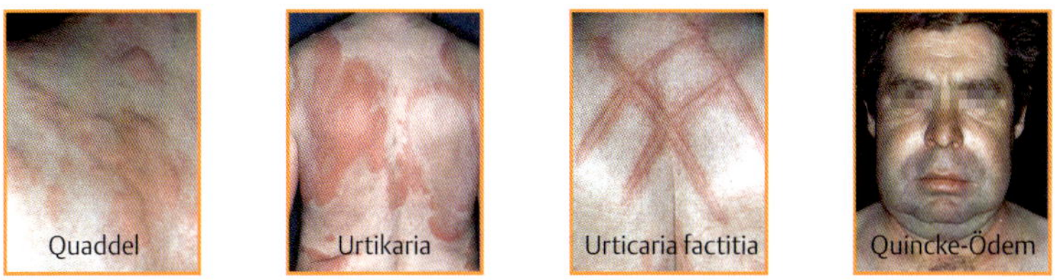

C. Klinische Bilder

Klinik

Kontaktdermatitis und allergisches Kontaktekzem

Die Kontaktdermatitis ist eine Entzündung der Haut, die durch den direkten Kontakt mit potentiell schädlich wirkenden Agentien hervorgerufen wird. Meistens ist sie auf die Einwirkung akut toxisch wirkender, oder die Akkumulation gering toxisch wirkender Einflüsse, weniger häufig auf eine immunologisch bedingte Typ-IV-Reaktion zurückzuführen. In letzterem Fall spricht man von einer allergischen Kontaktdermatitis oder einem allergischem Kontaktekzem. Eine Dermatitis entspricht klinisch einer akuten, das Ekzem einer chronischen Entzündung. Das allergische Kontaktekzem ist eine Erkrankung des Erwachsenenalters.

Histologisch entspricht die Dermatitis einem Infiltrat, vorwiegend aus T-Lymphozyten, die bis in die oberen Schichten der Epidermis eindringen. Dieses Infiltrat geht einher mit Vasodilation (Rötung), Proliferation von Keratinozyten (Schuppung), Ödem der Epidermis (Bläschenbildung). Das Ekzem unterscheidet sich von der Dermatitis primär dadurch, daß die kleinen Papeln großflächig zusammenlaufen, so daß größere Plaque-förmige Infiltrate entstehen. Dies verursacht eine Vergröberung der Hautfelder, eine Lichenifikation und eine Brüchigkeit der Haut.

A. Ursachen der Dermatitis

Die **akut toxische Dermatitis** (**A.**) ist Folge einer schnell auftretenden Überbelastung der Haut mit toxischen Reizen (z. B. beim Sonnenbrand, Kalk, Zement). Es kommt zu Erythem, ödematösen Schwellungen, Bläschenbildung. Das **kumulativ toxische Ekzem** ist zurückzuführen auf die wiederholte Einwirkung von Reizen, die als einzelne Ereignisse nicht ausreichende Schäden verursachen. Vermutlich werden die Reparaturmechanismen der Haut überlastet, lokal kommt es zur Aktivierung und Mobilisierung der Langerhans-Zellen der Haut, welche dann aus der Epidermis in die Lymphknoten auswandern, wo sie Proteine und Haptene präsentieren können.

B. Auslösende Allergene

Allergien auf Nickel und Chromat, Latex, Färbemittel, Desinfektionsmittel oder Antibiotika können typischerweise zur Kontaktdermatitis führen (**B.**). Die das Ekzem auslösenden Moleküle sind i. d. R. klein und wirken als Hapten. Allein sind sie oft nicht fähig, eine Immunreaktion auszulösen. Durch kovalente Bindung an epidermale Proteine oder Integration in Zellmembranen sind sie aber in der Lage, als Hapten-Protein-Komplexe eine volle antigene Wirkung zu entfalten. Die Moleküle können auch als Prohapten in der Epidermis vorliegen und durch Licht in das aktive Hapten umgewandelt werden (*Photoallergie*). Langerhans-Zellen der Epidermis sind für den Sensibilisierungsvorgang essentiell. Werden sie im Tierexperiment aus der Haut entfernt, kommt es nicht zur Sensibilisierung, sondern zur Toleranz gegenüber dem Allergen.

C. Pathogenese

Unter normalen Bedingungen sind die APC der Haut nicht aktiviert: Für eine **Kontaktdermatitis** muss also zunächst eine Sensibilisierungsphase (**C.1.**) stattfinden, in der aktivierte APC aus der Haut Antigene in die drainierenden Lymphknoten mitnehmen, dort die antigenspezifischen $CD45RA^+$-(naiven)-T-Lymphozyten aktivieren und in $CD45RO^+$(memory-T-Lymphozyten) überführen.

Die Auslösung des **allergischen Kontaktekzems** nach der Sensibilisierungsphase beruht auf wiederholter Einwirkung des Allergens. Zytokine aus Keratinozyten, besonders TNF-α, IL-1 und Chemokine, initiieren eine Entzündungsreaktion in der Epidermis (**C.2.**). Aus Blutgefäßen der Dermis, deren Endothel durch Induktion der Zytokine Adhäsionsmoleküle exprimiert, wandern sensibilisierte T-Zellen, aber auch Makrophagen aus. Langerhans-Zellen, auf deren Oberfläche die Zahl der Peptid-MHC-Komplexe stark zugenommen hat, sensibilisieren weitere T-Zellen, die ihrerseits durch Zytokinfreisetzung die Akkumulation von Entzündungszellen in der Epidermis bewirken. Das allergische Kontaktekzem wird klinisch manifest. Die wirksamste Therapie besteht in der Vermeidung jeglichen Kontakts mit dem auslösenden Allergen. Die Identifizierung des Allergens ist daher besonders wichtig, hierzu können sog. Epikutantests durchgeführt werden. Dabei werden Testsubstanzen in kleinen Aluminiumkammern am Rücken mit Pflaster fixiert und für etwa 48 Stunden auf der Haut belassen. Nach Pflasterabnahme kann die Reaktion an der Haut abgelesen werden, i.d.R. 2 bis 4 Tage nach Testung, gelegentlich später (7 Tage). Eine Hyposensibilisierung hat keinen Erfolg.

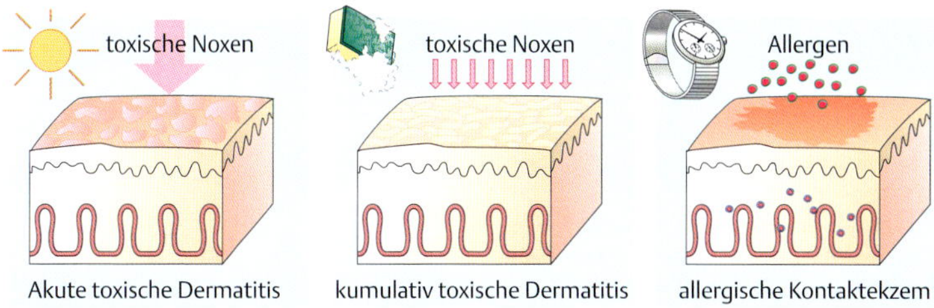

A. Ursache der Dermatitis

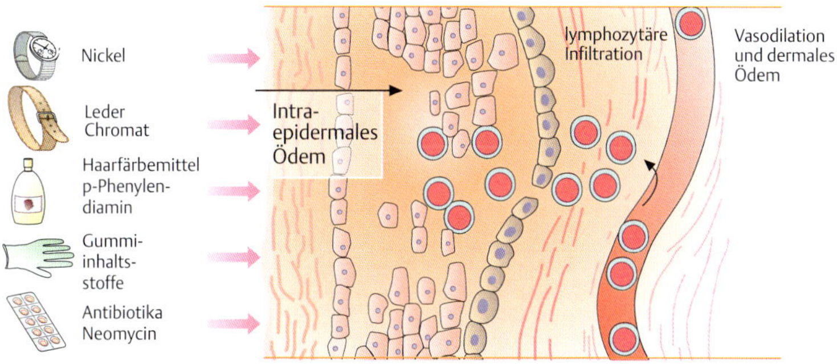

B. auslösende Kontaktallergene

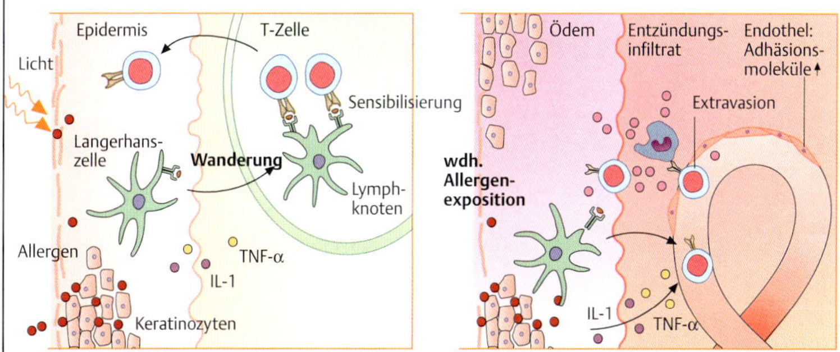

C. Pathogenese **1.** Sensibilisierung **2.** Ekzemauslösung

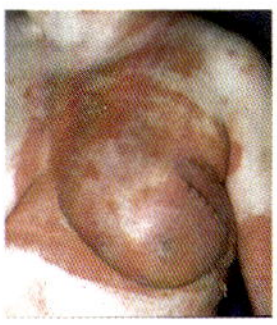

scharf begrenztes Ekzem

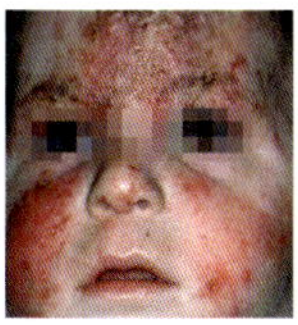

unscharf begrenztes Ekzem

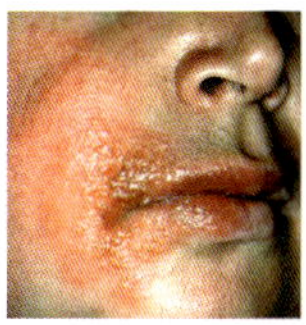

allergisches Kontakt-ekzem am Mund

C. Klinische Bilder

Atopische Dermatitis

Die Atopische Dermatitis (griechisch *atopos*: am falschen Ort) ist Teil des Atopischen Symptomkomplexes, der auch die Rhinitis allergica und das allergische Asthma einschließt. Für alle drei Erkrankungen liegt eine genetisch determinierte, vererbbare Veranlagung vor. Die atopische Dermatitis wird auch als **Neurodermitis** bezeichnet. Es handelt sich um eine chronisch-rezidivierende ekzematöse, juckende, schubartig verlaufende Erkrankung.

A. Auslösende Faktoren und Pathogenese

Zum Ausbruch der Erkrankung tragen sowohl genetische als auch Umweltfaktoren (**1.**) (Nahrungsallergene, Hautirritationen, psychische Faktoren) bei. Die Immunpathogenese ist unklar. Die enge Assoziation mit der allergischen Rhinitis und dem Asthma läßt oftmals an eine „allergisch" bedingte Aktivierung von T-Lymphozyten denken. Bei den Patienten finden sich gehäuft erhöhte IgE-Spiegel und IgE-Immunkomplexe (**2.**). Die Rezeptoren für IgE, FcεRI und -II werden auf Monozyten und Langerhans-Zellen verstärkt exprimiert. Es überwiegt eine T_H2-Antwort, IL-4 aktiviert die IgE-Produktion und die T_H1-Antwort wird partiell unterdrückt. Dies führt zur verstärkten Infektneigung. Außer Gesicht und Hals sind besonders die Beugen betroffen. Die betroffenen Hautareale neigen zu Infektionen. Hierzu gehören durch Streptokokken und Staphylokokken hervorgerufene Pyodermien und das Eczema herpeticatum infolge Herpes-Virus-Infektion.

B. Manifestationen und klinische Verläufe

Die Neurodermitis tritt mit unterschiedlichen Manifestationen in 3 Lebensaltern auf:

1. Die häufigste Manifestation (5 % der Kinder) ist das atopische Säuglingsekzem, das in der Regel innerhalb der ersten Lebensmonate beginnt. Es handelt sich um eine akute, exsudative Form des Ekzems, das neben Stamm und Beugen besonders auch das Gesicht und den behaarten Kopf befällt. Die Kinder leiden unter starkem Juckreiz, und die Krusten neigen zu Superinfektionen mit Staphylococcus aureus. Die Therapie ist rein symptomatisch und hat als vorrangiges Ziel, Folgeerkrankungen, teilweise durch Kratzläsionen hervorgerufen, zu verhindern. Neben den Staphylokokken-Infektionen sind schwere Virusinfektionen mit Herpesviren oder Poxviren möglich. In den meisten Fällen bessert sich das Krankheitsbild zwischen dem 2. und 4. Lebensjahr und heilt bei vielen kleinen Patienten komplett aus.

2. Die jugendliche Form der Neurodermitis tritt meistens mit Beginn des Schulalters und der Pubertät auf. Das Bild wird dominiert von lichenifizierten Ekzemen an den großen Beugen. Kinder und Jugendliche haben eine persistierende trockene Haut (milde Ichthyose). Leichte Reize reichen aus, die Ekzembildung hervorzurufen. Etwa 3 % der Jugendlichen leiden an dieser Erkrankung, bei den meisten heilt sie innerhalb weniger Jahren aus. Nur bei einer kleinen Minderheit der Jugendlichen persistieren generalisierte Ekzeme über mehrere Jahre bis Jahrzehnte.

3. Nach dem 30. Lebensjahr, manchmal sogar noch nach dem 60. Lebensjahr, kann eine seltene Variante der Neurodermitis mit stark juckenden, einzelnen Papeln am Stamm und an den Armen auftreten. Diese Krankheitsmanifestationen sind sehr schwer zu behandeln.

Die trockene, empfindliche Haut und die Neigung zu Juckreiz mit Wollunverträglichkeit sowie zur Superinfektion durch Staphylococcus aureus begleiten die Betroffenen lebenslang. Eine kausale Therapie der Neurodermitis gibt es bisher nicht. Symptomatisch werden lokal Kortison und Teer angewendet, um die Entzündung zu hemmen und den Juckreiz zu vermindern. Zur Keimreduktion werden Antibiotika eingesetzt. Zur Zeit laufen Studien mit Antikörper gegen IgE (Omalizumab, s. auch S. 288).

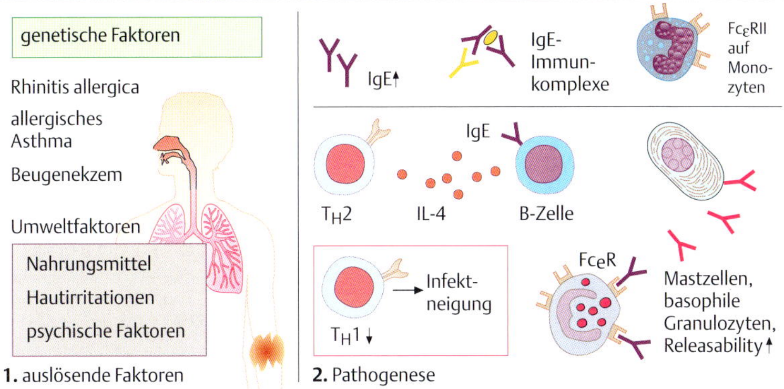

A. Atopische Dermatitis: Auslösende Faktoren und Pathogenese

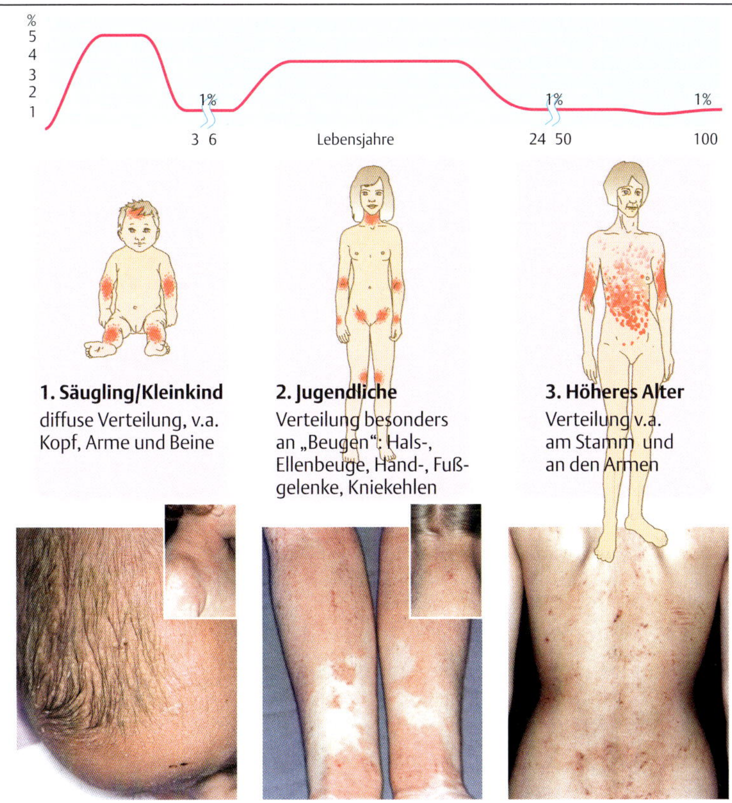

B. Atopische Dermatitis: Klinische Verläufe

Arzneimittelreaktionen, Leukozytoklastische Vaskulitis

A. Arzneimittelreaktionen

Arzneimittelreaktionen sind unerwünschte Reaktionen auf lokal oder systemisch verabreichte Medikamente. Die Ursache kann allergisch, pseudo-allergisch oder metabolisch-toxisch sein. Allergische Arzneimittelreaktionen können allen 4 Typen der Unverträglichkeitsreaktionen nach Coombs und Gell zugeordnet werden (**A.**).

Typ-I-Allergien gegenüber Medikamenten können zu den verschiedenen Formen der Sofortreaktion führen – von der Urtikaria bis hin zum allergischen Schock. Typische Auslöser einer Typ-I-Reaktion sind Salizylate, Schmerzmittel, Farbstoffe oder Penicillin und Penicillinderivate. Salizylate können darüber hinaus über die direkte Histaminfreisetzung eine sog. Pseudoallergie auslösen.

Typ-II-Allergien sind zytotoxische Hautreaktionen. Typische Beispiele für solche Reaktionen sind makulopapulöse Arzneiexantheme. Dabei kommt es zu einem disseminierten, stammbetonten Auftreten von erhabenen, bis etwa 1 cm großen, blaßrosa-farbenen Plaques, die konfluieren können. Sie treten typischerweise etwa 2 Wochen nach Medikamenteneinnahme auf und können bis zu 2 Wochen nach Absetzen persistieren. Bekannte Auslöser sind Ampicillin und Cephalosporine. Im Falle einer Reexposition tritt die Reaktion innerhalb von 3-5 Tagen auf und neigt dann zu schwereren Verläufen.

Typ-III-Allergien werden in vier Typen unterteilt. Das Erythema exsudativum multiforme (EEM) ist vermutlich eine Typ-III-Reaktion, welche durch Immunkomplexablagerung zu multiplen Gefäßentzündungen führt. Klinisch imponieren erhabene erythematöse Läsionen mit einer zentral gelegenen Blase, umgeben von einem lividen Ring. Das EEM manifestiert sich bevorzugt an den distalen Extremitäten und an den Übergangsschleimhäuten. Die Beteiligung der Schleimhäute spricht für einen schwerwiegenden Verlauf (EEM „Typ majus“). Eine weitere Variante ist das fixe toxische Exanthem, das dem EEM gleicht, bei Reexposition aber immer an der gleichen Stelle auftritt. Es ist oft Folge einer Sulfonamidgabe. Besonders gravierend ist die Maximalvariante des EEM, die **T**oxische **E**pidermale **N**ekrolyse (**TEN** oder Lyell-Syndrom). Hier kommt es zur großflächigen Entzündung und Ablösung der Haut. Vor allem Allopurinol, Phenytoin, Carbamazepin, Pyrazolone, Sulfonamide, Trimethoprim und Penicillinderivate können diese lebensbedrohliche Erkrankung auslösen. Hochdosierte intravenöse Immunglobuline können hier eingesetzt werden.

Typ-IV-Allergien treten häufig nach systemischer Applikation von Medikamenten auf, welche zuvor schon lokal appliziert wurden. Es kommt dann zu einem generalisierten allergischen Kontaktekzem, gelegentlich sind die ekzematösen Hautveränderungen jedoch auf die intertriginösen Räume und das Gesäß beschränkt (Baboon/Pavian-Syndrom).

B. Leukozytoklastische Vaskulitis

Die **Leukozytoklastische Vaskulitis** betrifft die kleinen und mittleren Hautgefäße. Es handelt sich in erster Linie um eine Entzündung der postkapillären Venolen, die oft mit einer ausgeprägten Gewebszerstörung und einer Extravasation von neutrophilen Granulozyten einhergeht. Die Hauteffloreszenzen treten, symmetrisch verteilt, bevorzugt an der unteren Extremität auf: Hämorrhagien, nekrotische Läsionen, urtikarielle und papulöse Veränderungen. Mischformen sind häufig. Mikrohämaturie und Erhöhung von Transaminasen sprechen für das Vorliegen einer systemischen Beteiligung. Bei der Pathogenese spielen Immunkomplexe eine entscheidende Rolle. Ihre Ablagerung in den Gefäßwänden mit nachfolgender Komplementaktivierung führt schließlich zur Entzündungsreaktion. Häufig kommt es zu Allgemeinreaktionen (z. B. Fieber, Gelenkbeschwerden, gastrointestinale Störungen) und gelegentlich zu einer IgA-Nephropathie. Die leukozytoklastische Vaskulitis tritt besonders bei Kindern häufig als Folge von Streptokokken-Infektionen auf (Purpura Schönlein-Henoch). Die Diagnose wird histopathologisch gesichert. Therapeutisch reichen bei leichten Verläufen physikalische Maßnahmen, bei systemischer Beteiligung sind Immunsuppressiva indiziert. Maximalvariante der Immunkomplex-Vaskulitis ist die Purpura fulminans, die häufig als Folge von Meningokokken- und Staphylokokkeninfekten (Toxic-Shock-Syndrom) oder im Rahmen eines Lupus erythematodes auftritt.

klinisches Bild/Therapie

I

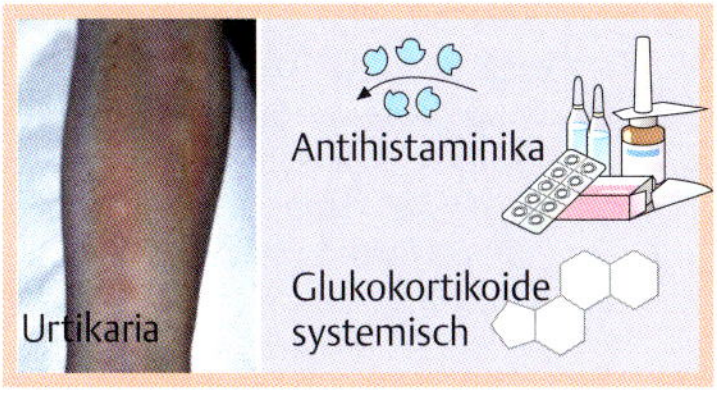

1. Typ-I-Allergien

II

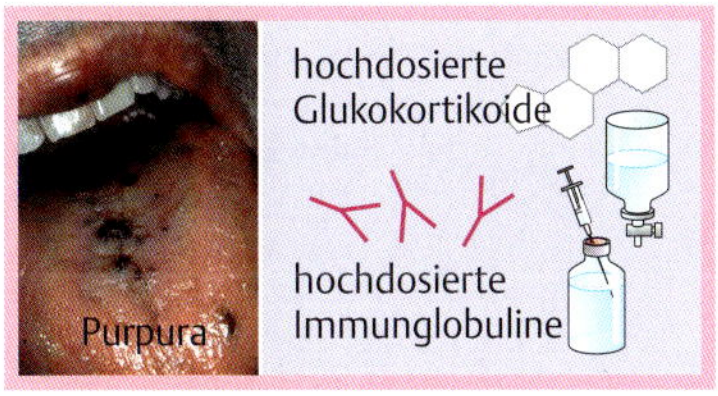

2. Typ-II-Allergien

III

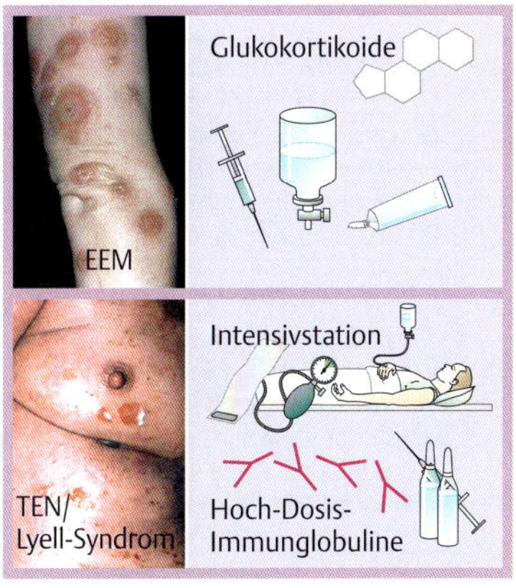

3. Typ-III-Allergien

IV

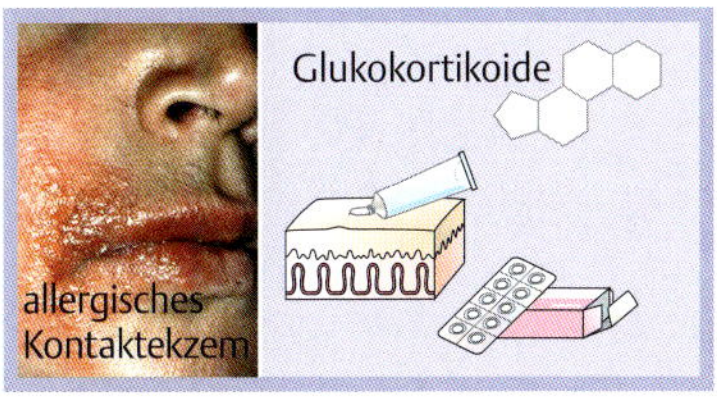

4. Typ-IV-Allergien

A. Arzneimittelreaktionen

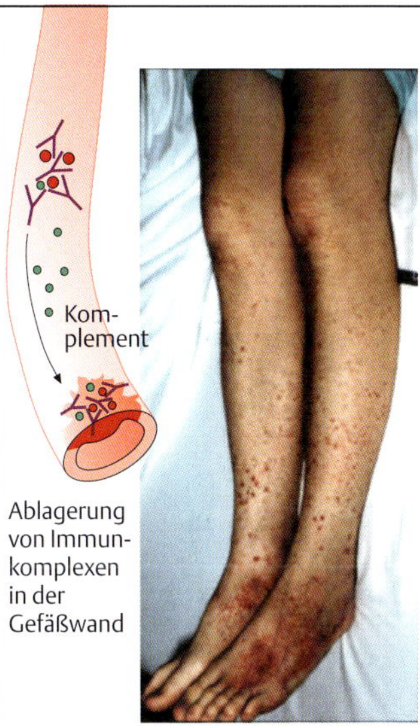

B. Gefäßveränderung

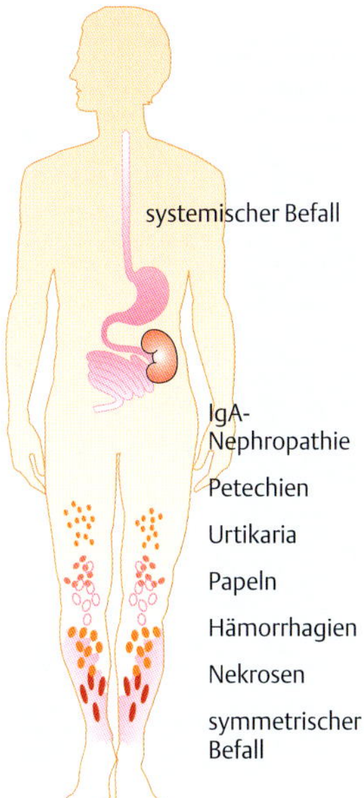

C. Leukozytoklastische Vaskulitis

A. Psoriasis vulgaris

Die *Psoriasis vulgaris* (*Schuppenflechte*) ist eine Genodermatose, die sich durch silbrig glänzende Schuppung auf scharf begrenzten, typisch lokalisierten Entzündungsherden der Haut auszeichnet. Es bestehen Assoziationen zu den HLA-Typen DR7, Cw6 und B13 und eine familiäre Häufung.

1. Pathogenetisch wird zwischen einer Verhornungsstörung (Hyper- und Parakeratose) und immunologischen Ursachen unterschieden. Im Psoriasisherd und im Serum finden sich erhöhte IgA-Spiegel. In die Herde wandern T-Zellen und Granulozyten ein. Verschiedene exogene (Verletzung, UV-Strahlung, Kälte) und endogene (Infektion, HIV, Medikamente, Alkohol, Hypokalzämie, Streß) Faktoren können einen Krankheitsschub auslösen. Die Dauer eines Schubes oder die Chronifizierung hängen wiederum von vielfältigen epidermalen und immunologischen Faktoren ab.

2. Prädilektionsstellen für die Psoriasisherde sind die Extremitäten-Streckseiten, die Iliosakralregion und der behaarte Kopf. Typische Phänomene beim Kratzen an Psoriasisläsionen sind das *Kerzenfleckphänomen* (**a,** oberflächliche, wachsartige Schuppung), das *Phänomen* des letzten Häutchens (**b,** silbriges Häutchen nach Entfernung aller Schuppen) und das *Auspitzphänomen* (**c,** punktförmige Blutungen nach Entfernung des letzten Häutchens). Die Psoriasis arthropathica bezeichnet als Sonderform eine Kombination mit Mono- oder Polyarthritis, wobei besonders die Finger- und Zehengelenke betroffen sind. In jüngster Zeit sind zwei Antikörper-Konstrukte erfolgreich in der Behandlung der Psoriasis eingesetzt worden: Efalizumab anti-CD11a und das Fusionsprotein Alefacept gegen CD2 (s. S. 284). Beide Therapieprinzipien richten sich gegen die Migration der T-Zellen in die Haut.

B. Bullöse Hauterkrankungen

Der *Pemphigus vulgaris* ist eine durch Autoantikörper ausgelöste blasenbildende Dermatose. Die Autoantikörper richten sich gegen das Desmoglein, ein desmosomales Adhäsionsmolekül aus der Familie der Cadherine. Die Desmogleine sind Glykoproteine, die über eine homotypische Bindung den Zell-Zell-Kontakt am Desmosom herstellen. Eine Autoantikörper-vermittelte Aktivierung extrazellulärer Proteasen zerstört diese Kontakte. Der Zellverband im Stratum spinosum löst sich auf, die einzelnen Keratinozyten runden sich ab (*Akantholyse*). Die Folge ist eine *intraepidermale* Spaltbildung mit nachfolgender Bildung von Blasen und Erosionen. Der Verlust von Flüssigkeit, Eiweiß und Elektrolyten kann schnell lebensbedrohliche Ausmaße annehmen.

Das *bullöse Pemphigoid* betrifft v. a. ältere Patienten und zeichnet sich durch große pralle Blasen aus, die eine klare oder hämorrhagische Flüssigkeit enthalten. Die Spaltbildung erfolgt *subepidermal*. Die das Pemphigoid auslösenden Autoantikörper richten sich gegen Basalmembran-Antigene (Bullöses Pemphigoid-Ag, BP I, BP II) in den Hemidesmosomen und in der Lamina lucida der Basalmembran. Die Blasenbildung wird durch Komplementaktivierung und Enzymfreisetzung aus Granulozyten ausgelöst.

Die *Epidermolysis bullosa acquisita* ist eine nichtentzündliche Dermatose des Erwachsenenalters mit subepidermaler Blasenbildung über den Gelenken, die durch Bagatelltraumen ausgelöst werden. Sie verläuft chronisch und betrifft v. a. Hände und Füße sowie die Streckseiten der Unterschenkel. Die Blasen heilen mit dystrophischer Narben- und Milienbildung ab. Die Autoantikörper richten sich gegen das Kollagen Typ VII der Lamina densa der Basalmembran.

Die *Dermatitis herpetiformis Duhring* ist eine stark juckende chronische Dermatose. Sie ist durch Papulovesikel gekennzeichnet und eng mit der glutensensitiven Enteropathie assoziiert. Charakteristisch sind granuläre IgA-Ablagerungen in der dermalen Papille und *subepidermale* Blasenbildung. Es finden sich eine starke Assoziation zu HLA-B8 und DR3 sowie Autoantikörper gegen Retikulin und Endomysium.

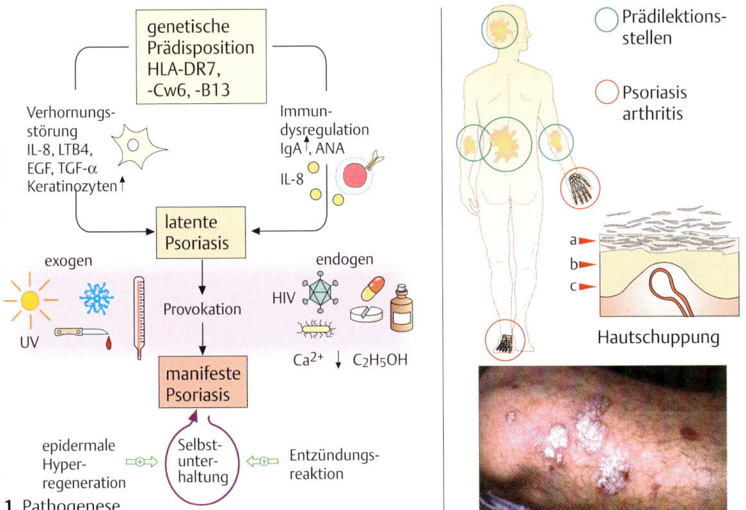

1. Pathogenese

2. Symptome

A. Psoriasis

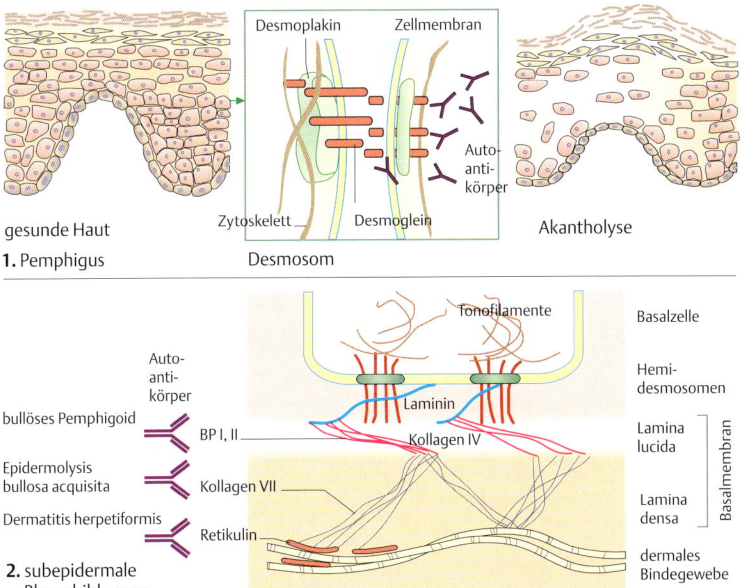

1. Pemphigus

2. subepidermale Blasenbildungen

B. Bullöse Hauterkrankungen

A. Chronisch atrophische Gastritis Typ A

Die *Typ-A-Gastritis* ist eine Autoimmunerkrankung mit Autoantikörpern gegen Hauptzellen, Belegzellen und den Intrinsic factor. Sie befällt bevorzugt Magenkorpus und -fundus und führt dort zu einer Atrophie des Drüsenkörpers mit nachfolgender Achlorhydrie und verminderter Produktion von Intrinsic factor. Die Gastritis ist symptomarm und äußert sich erst spät mit Zeichen einer Maldigestion und eines chronischen Vitamin-B_{12}-Mangels (*perniziöse Anämie*). Hämatologisch finden sich eine hyperchrome makrozytäre Anämie und hypersegmentierte Granulozyten, neurologisch die Zeichen einer funikulären Myelose: vermindertes Vibrationsempfinden und Ataxie wegen Beeinträchtigung der Hinterstränge sowie im Spätstadium eine spastische Paraparese der Beine, verursacht durch eine Pyramidenbahndegeneration. Die Achlorhydrie hat eine Nüchternhypergastrinämie zur Folge, der Pentagastrintest ist stark positiv.

Die Autoantikörper gegen die Hauptzellen lassen sich unterteilen in

Antikörper gegen ein mikrosomales Antigen (PCMA), die auch beim Diabetes Typ I vorkommen können, und in

Antikörper gegen ein Oberflächenantigen (PCSA), die nahezu spezifisch für die Autoimmungastritis Typ A sind.

Die Typ-A-Gastritis ist gelegentlich mit anderen autoimmunen Endokrinopathien, wie Morbus Basedow und Hashimoto-Thyreoiditis, und mit den HLA-Typen A3, B7, DR2 und DR4 assoziiert. Die perniziöse Anämie wird mit parenteralen Vitamin B_{12}-Gaben behandelt.

B. Morbus Whipple

Diese Erkrankung wird durch eine chronische Infektion mit Tropheryma whippeli, einem grampositiven Aktinomyzeten, hervorgerufen, der in den Phagosomen von Makrophagen der Darmflora überlebt. Histologisch erscheint er als PAS-positive Einschlußkörperchen. Die Makrophagen schwellen an und verstopfen die Lymphabflußwege, weil sie sich in den Lymphspalten und Lymphknoten ansammeln. Nahrungsfette können nicht mehr aufgenommen werden, es kommt zur Malabsorption und zur Steatorrhoe. Systemisch kann sich diese Erkrankung in Arthralgien und brauner Hyperpigmentierung manifestieren. Diese Immundefekte sind sehr wahrscheinlich auf die Folgen der Malabsorption zurückzuführen. Therapeutisch wird z. B. Tetrazyklin über 5-6 Monate gegeben.

C. Glutensensitive Enteropathie

Die *Glutensensitive Enteropathie* (*Sprue*) ist eine allergische Reaktion genetisch prädisponierter Personen gegen das in Getreideproteinen enthaltene Gliadin (Assoziation mit HLA-DR3 und -B8). Sie äußert sich in einer autoaggressiven Entzündung gegen myoepitheliale Verankerungsfibrillen des Darmes. Man findet Autoantikörper gegen Endomysium und Retikulin sowie Antikörper gegen Gliadin. Die Dünndarmschleimhaut atrophiert („*flat mucosa*"), und es entstehen lymphoepitheliale Infiltrate. Unter glutenfreier Diät kommt es zur Besserung der klinischen Symptome. Komplikationen sind, neben Malabsorption und Steatorrhö, eine durch die Autoantikörper bedingte Dermatitis herpetiformis sowie ein erhöhtes Risiko für maligne Lymphome, die aus dem mukosaassoziierten lymphatischen Gewebe hervorgehen können.

Pathogenese: Mit der Nahrung aufgenommenes Gliadin gelangt durch Lücken im Epithel in die Lamina propria und wird dort von (HLA-DQ2- oder HLA-DQ8-positiven) APC aufgenommen und T-Zellen präsentiert. Die gewebständige Transglutaminase bildet Quervernetzungen im Gliadinprotein, so daß noch potentere T-Zell-Epitope gebildet werden. Eine T_H1-Antwort führt zu Entzündungsreaktion und Gewebeumbau, während Zytokine der T_H2-Antwort B-Zellen aktivieren, die Antikörper gegen Gliadin und Autoantikörper gegen die Transglutaminase und den Gliadin-Transglutaminase-Komplex bilden. Die Autoantikörper tragen einerseits zum Gewebeumbau bei, richten sich andererseits aber auch gegen die Transglutaminase und hemmen so ihren potenzierenden Effekt.

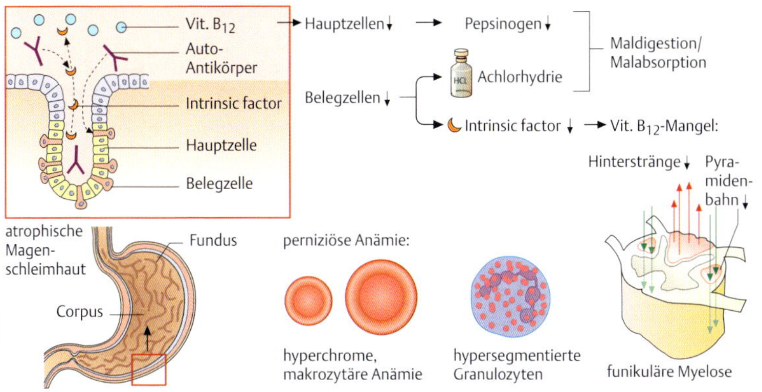

A. Chronisch atrophische Gastritis Typ A

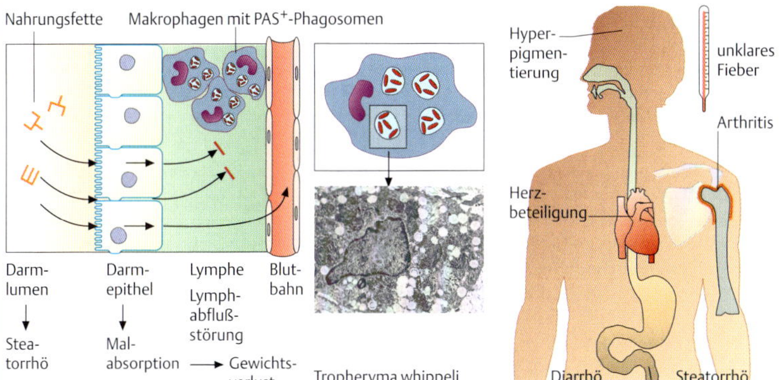

B. Morbus Whipple

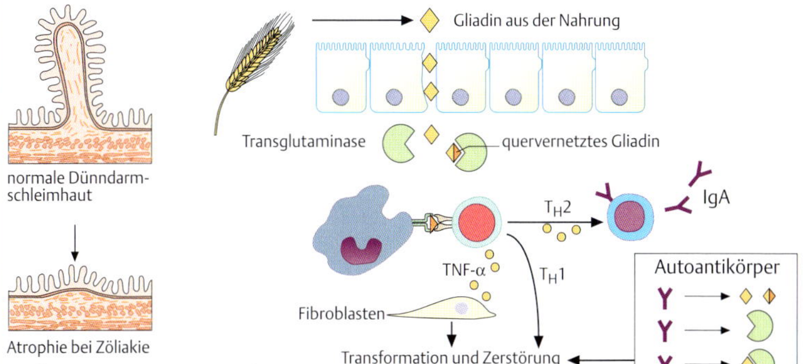

C. Glutensensitive Enteropathie

A. Morbus Crohn

Der *Morbus Crohn* ist eine chronisch granulomatöse Entzündung, die den gesamten Verdauungstrakt befallen kann, meistens aber als Ileitis terminalis oder Enterocolitis regionalis beginnt. Die Entzündung betrifft alle Darmwandschichten, ist segmental begrenzt (*skip lesions*) und neigt zu Fistelung, Abszedierung und Perforation. Der betroffene Darmabschnitt erscheint im Röntgenbild verdickt, stenosiert und bewegungsarm (Gartenschlauchphänomen). Die entzündlichen Bereiche springen ins Darmlumen vor (Pflastersteinaspekt). Durch Abszedierung und Fistelung in benachbarte Strukturen (Blase oder Haut) entstehen entzündliche Konglomerattumoren. Die häufigsten Komplikationen dieser Erkrankung sind deshalb auch Stenosen und Ileus, Malabsorption und Fistelbildung. Es wird ein gehäuftes Auftreten von kolorektalem Karzinom und Amyloidose beobachtet. Der Morbus Crohn ist mit den HLA-Typen DR1 und DQw5 assoziiert. In der Anamnese der Patienten finden sich gehäuft Rauchen, eine verkürzte Stillperiode und ein erhöhter Konsum raffinierter Kohlenhydrate.

In der Darmschleimhaut ist IL-12 erhöht, das auf bakteriellen Stimulus hin naive T-Zellen in T_H1-Zellen differenzieren läßt. Die T_H1-Aktivität in der Mukosa ist entspechend erhöht, gemessen an der Konzentration von IFN-γ, TNF-α und IL-2. Außerdem findet man in der IgG-Subklassen-Analyse verstärkt IgG_2, das besonders gut bakterielle Kohlenhydrat-Antigene erkennt. Deshalb wird angenommen, daß dem Morbus Crohn pathogenetisch eine verstärkte Immunreaktion auf exogene (z. B. fäkale) Antigene zugrunde liegt (**D.**).

Im akuten Schub eignen sich als Therapie Sulfasalazin, 5-Aminosalizylat bzw. Steroide, in den Intervallen die Dreierkombination Azathioprin, Methotrexat und Ciclosporin A. Zur Rezidivprophylaxe sollten diese niedrig dosiert weitergeführt werden. Eine operative Therapie kommt nur als darmerhaltende minimal surgery bei Komplikationen und bei therapierefraktären Verläufen in Frage. Monoklonale Antikörper gegen Tumor-Nekrose-Faktor (TNF) wie Infliximab, Adalimumab und Etanercept (s. a. S. 286) haben in therapieresistenten Fällen eine gute Wirksamkeit gezeigt. Kürzlich wurde auch die Effektivität von Natalizumab (s. a. S. 284) nachgewiesen; aufgrund der potentiellen Nebenwirkungen ist der Stellenwert dieses Antikörpers jedoch unklar.

B. Colitis ulcerosa

Die *Colitis ulcerosa* ist eine chronisch rezidivierende Dickdarmerkrankung mit blutig-schleimiger Diarrhö, oberflächlichen Schleimhautulzerationen und kontinuierlicher Ausbreitung von rektal nach proximal. Durch die Ulzerationen kommt es in den Intervallen zur Abflachung der Schleimhaut und zur Verarmung an Becherzellen. Eine überschießende Regeneration führt zur Ausbildung von Pseudopolypen. Im Doppelkontrasteinlauf des Kolons erkennt man einen Haustrenschwund und eine atypische Zähnelung. Gefürchtete Komplikationen sind das toxische Megakolon und das kolorektale Karzinom. Die Colitis ulcerosa kann sich mit einer Uveitis und Arthritis auch extraintestinal manifestieren. Sie ist außerdem mit der IgA-Nephritis, der Autoimmunhepatitis und der primären biliären Zirrhose assoziiert. In der Mukosa findet sich eine erhöhte IL-5-Konzentration, was auf eine verstärkte T_H2-Aktivität hinweist. In der IgG-Subklassen-Analyse sind IgG_1 und IgG_3 erhöht. Das zusätzliche Auftreten von ANCA und die Assoziation mit Autoimmunkrankheiten lassen vermuten, daß es sich bei der Colitis ulcerosa eher um eine Autoimmunerkrankung handelt (**D.**).

Therapeutisch gibt man im akuten Schub Sulfasalazin und 5-Aminosalicylat. Sie hemmen sowohl die Prostaglandin- als auch die Leukotriensynthese, greifen aber, wie auch beim Morbus Crohn, erst sehr spät in das Entzündungsgeschehen ein. Eine operative Heilung ist durch die totale Proktokolektomie möglich.

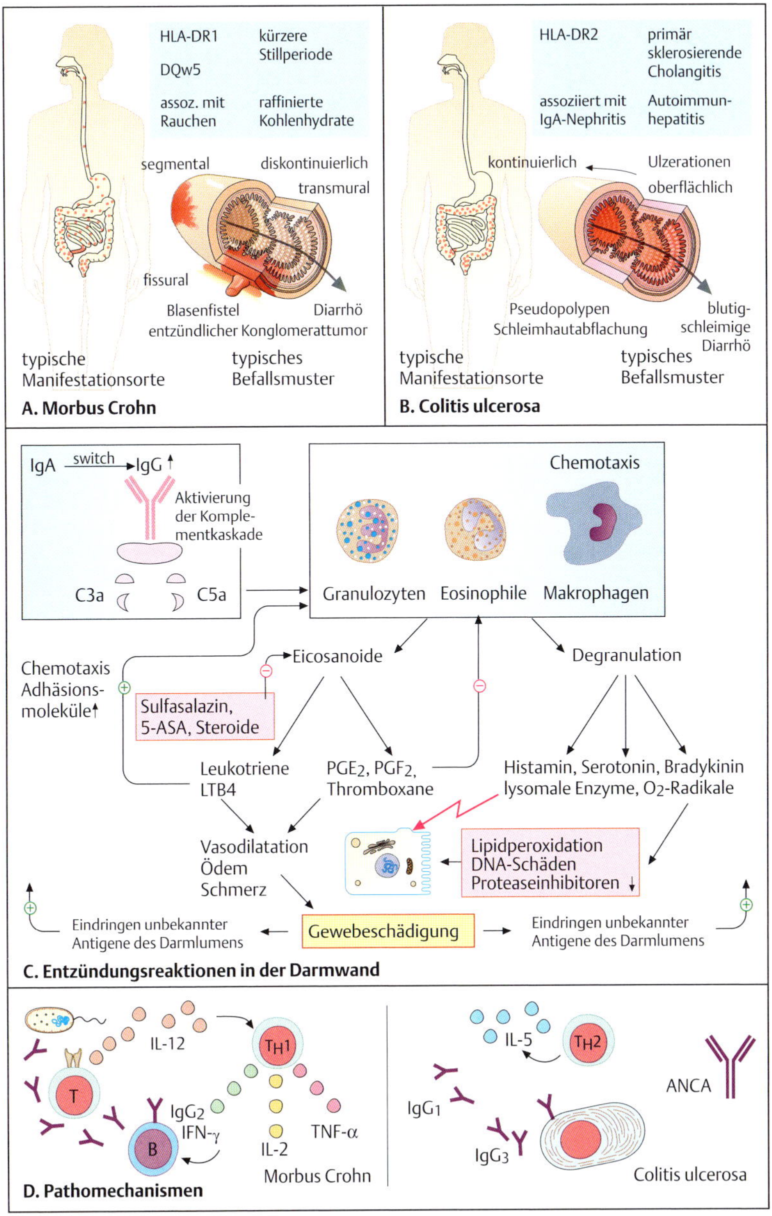
HLA-DR1
DQw5
assoz. mit Rauchen
kürzere Stillperiode
raffinierte Kohlenhydrate
segmental
diskontinuierlich
transmural
fissural
Blasenfistel
Diarrhö
entzündlicher Konglomerattumor
typische Manifestationsorte
typisches Befallsmuster
A. Morbus Crohn
HLA-DR2
assoziiert mit IgA-Nephritis
primär sklerosierende Cholangitis
Autoimmun-hepatitis
kontinuierlich
Ulzerationen
oberflächlich
Pseudopolypen
Schleimhautabflachung
blutig-schleimige Diarrhö
typische Manifestationsorte
typisches Befallsmuster
B. Colitis ulcerosa
IgA switch IgG ↑
Aktivierung der Komplementkaskade
C3a
C5a
Chemotaxis
Granulozyten
Eosinophile
Makrophagen
Chemotaxis Adhäsionsmoleküle ↑
Eicosanoide
Degranulation
Sulfasalazin, 5-ASA, Steroide
Leukotriene LTB4
PGE2, PGF2, Thromboxane
Histamin, Serotonin, Bradykinin lysomale Enzyme, O2-Radikale
Vasodilatation Ödem Schmerz
Lipidperoxidation DNA-Schäden Proteaseinhibitoren ↓
Eindringen unbekannter Antigene des Darmlumens
Gewebeschädigung
Eindringen unbekannter Antigene des Darmlumens
C. Entzündungsreaktionen in der Darmwand
IL-12
TH1
T
B
IgG2
IFN-γ
IL-2
TNF-α
Morbus Crohn
IL-5
TH2
ANCA
IgG1
IgG3
Colitis ulcerosa
D. Pathomechanismen

Nahrungsmittelallergien

Die Proteine der Nahrung werden während der Passage durch den Gastrointestinaltrakt in Peptide zersetzt. Kleine Peptide sind i.d.R. nicht immunogen; für die Entwicklung von Nahrungsmittelallergien spielt die Resorption unverdauter Proteine eine wichtige Rolle. Bestimmte Antigene können auch bei intakter Schleimhautfunktion über Endozytose, z. B. im Bereich der M-Zellen der Peyerschen Plaques resorbiert werden (s. S. 80). Bei Verminderung der Säuresekretion im Magen (z. B. durch Medikamente, Krankheiten oder Operationen), bei verminderter Produktion proteolytischer Enzyme (z. B. bei Pankreasinsuffizienz), bei Störung der Schleimproduktion oder bei Beschädigung der Darmschleimhaut, wie bei entzündlichen Darmerkrankungen, können Proteine aus der Nahrung inkomplett verdaut und so intakt aufgenommen werden. Ursache von Nahrungsmittelallergien sind zunehmend auch Konservierungsstoffe und Lebensmittelfarbstoffe, Emulgatoren, Lokkerungsmittel, Treibmittel, Bindemittel und Klärmittel. Nahrungsmittelallergien, welche Ausdruck einer pathologischen Immunreaktion sind, müssen von den nichtimmunologischen, toxischen Reaktionen, wie z. B. der Laktoseintoleranz durch Enzymmangel und sogenannter Pseudoallergien unterschieden werden. Pseudoallergien sind Reaktionen auf unspezifische Histaminliberatoren (z. B. Erdbeeren) sowie auf große Mengen biogener Amine (wie z. B. Käse und Sauerkraut).

Nahrungsmittelallergien werden häufig durch Gemüse (z. B. Sellerie), Steinobst und Kernobst (Nüsse), Gewürze und Kräuter verursacht; unter den tierischen Produkten sind es häufig Ei, Milch und Milchprodukte, Schalentiere.

A. Manifestationen von Nahrungsmittelallergien und Nahrungsmittelunverträglichkeit

Nahrungsmittelallergien können sich in Form von gastrointestinalen Symptomen, insbesondere Übelkeit, Erbrechen und Durchfall sowie Bauchkrämpfe oder Juckreiz der Schleimhäute im Mund und Rachenbereich manifestieren (**1.**), aber auch in Form einer Urtikaria, einer Rhinitis allergica, eines Asthma bronchiale, einer Konjunktivitis oder in Form von Kopfschmerzen und vegetativen Symptomen. Urtikaria (**2.**) und Migräne (**3.**) treten jedoch häufiger bei **Nahrungsmittelunverträglichkeit** auf, hier spielt eine verstärkte Empfindlichkeit gegenüber Histamin, Tyramin oder andere gefäßaktive Substanzen eine Rolle. Die schwerste Form der Nahrungsmittelallergie stellt die lebensbedrohliche Anaphylaxie dar (s. S. 104).

B. Diagnostik

Richtungsweisend ist die Anamnese. Diese kann dadurch erschwert sein, daß es Kreuzreaktionen zwischen den Allergenen gibt, so kann z. B. eine Birkenpollenallergie Beschwerden verursachen beim Verzehr von Kirschen, Nüssen, Mandeln, Tomate, Karotten usw. Beifußpollen zeigen wiederum eine Kreuzreaktion zu Sellerie, Gewürzen, Karotten. Durch Hauttests und Bestimmung der Antigen-spezifischen IgE im Blut kann die Diagnose weiter erhärtet werden, hilfreich kann auch eine Bestimmung der Eosinophilen im Differentialblutbild und des Eosinophilenprotein X (EPX) sein. Falls die gastrointestinalen Beschwerden im Vordergrund stehen, ist eine gastroenterologische Diagnostik notwendig, auch die Bestimmung von IgE im Blut sowie die Bestimmung von spezifischen IgE gegen Nahrungsmittel im sog. RAST-Test (**R**adio-**A**llergo-**S**orbent-**T**est) oder die klinische Besserung durch die Einnahme von Cromoglycinsäure als Prophylaxe sind hilfreich. Beim RAST wird die Bindung von IgE aus dem Serum des Patienten an standardisierte Allergene mittels markierter Anti-IgE-Antikörper detektiert.

Beim Karenztest und dem Provokationstest müssen die Patienten über mehrere Tage eine allergenarme Diät (z. B. mit Reis, Kartoffeln) führen, nach Besserung der Beschwerden können schrittweise die verschiedenen Nahrungsstoffe wieder addiert werden bis zum erneuten Auftreten von Beschwerden.

C. Therapie

Grundsätzlich ist bei Nahrungsmittelallergien eine komplette Allergenelimination anzustreben. Eine Hyposensibilisierung kann sowohl oral als auch subkutan versucht werden, ist aber häufig schwer durchführbar. Erfolge werden medikamentös mit Dinatriumcromoglycat (DNCG) erreicht. Weitere Medikamente, die eingesetzt werden können, sind Antihistaminika, Kortikosteroide und Beta-Sympathomimetika. Falls keine Besserung eintritt, muss der Patient bis zum Abklingen der Beschwerden künstlich ernährt werden.

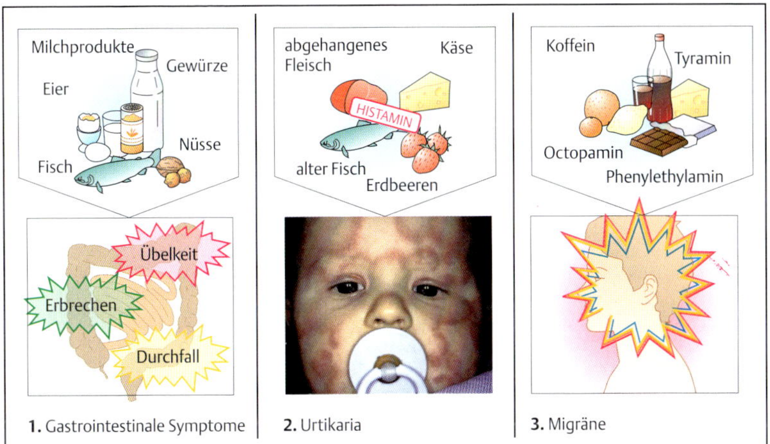

A. Manifestationen von Nahrungsmittelallergie und Nahrungsmittelunverträglichkeit

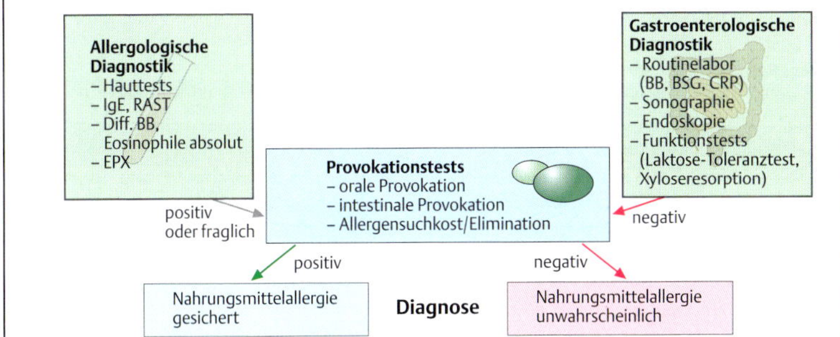

B. Diagnostik

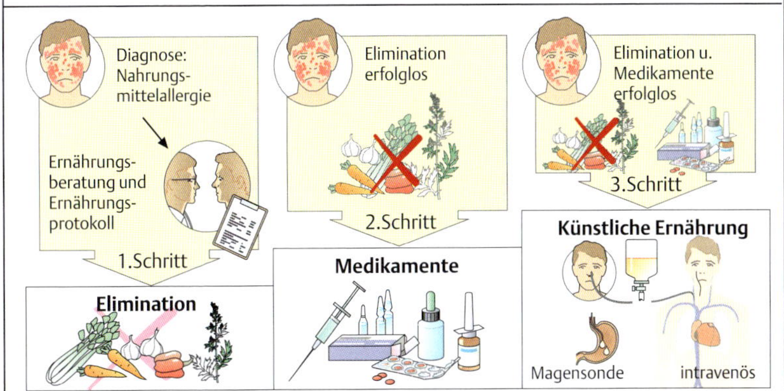

C. Therapie

Klinik

A. Autoimmunhepatitis

Die Ätiologie dieses Krankheitsbildes ist unbekannt. Verschiedene Kriterien sind zu ihrer Diagnose notwendig: Die Erkrankung tritt häufiger bei Frauen auf und ist mit den HLA-Typen DR3 und DR4 assoziiert. Histologisch zeigt sich das typische Bild einer chronischen Hepatitis und serologisch eine Hypergammaglobulinämie. Eine immunsuppressive Therapie führt zur Besserung der Symptome. Die Autoimmunhepatitis ist häufig mit anderen Autoimmunkrankheiten assoziiert: mit rheumatoider Arthritis, Glomerulonephritis, Colitis ulcerosa, Morbus Crohn und der Hashimoto-Thyreoiditis. Klinisch zeigen sich darüber hinaus in 50% der Fälle eine Vaskulitis, Kryoglobulinämie und ein Sjögren-Syndrom. Außerdem treten allgemeine Symptome einer Leberschädigung auf wie Ikterus, Juckreiz, Übelkeit, Diarrhoe, Fieber und Hepatosplenomegalie. Die Transaminasen AST und ALT sind erhöht, und es finden sich Cholestasezeichen.

Immunologisch handelt es sich um eine Autoimmunreaktion gegen Lebergewebestrukturen. Die pathogenetische Rolle der auftretenden Autoantikörper ist noch unbekannt. Sie sind gegen Strukturproteine oder gegen mikrosomale Enzyme der Leber gerichtet (**l**iver-**k**idney **m**icrosomal antibodies, **LKM**). LKM-1 ist ein Antikörper gegen Cytochrom P-450 IID6, ein Enzym, das Medikamente metabolisiert, z. B. β-Blocker, Antiarrhythmika und Antidepressiva. LKM-1 findet sich oft zusammen mit HCV-Antikörpern. Es könnte sich somit bei der Autoimmunhepatitis um eine ursprünglich durch hepatotrope Viren induzierte Erkrankung handeln.

Anhand der Autoantikörper läßt sich die Diagnose stellen. Differentialdiagnostisch müssen immer Virushepatitiden und Leberschäden anderer Genese ausgeschlossen werden, z. B. durch Arzneimittel, Alkohol oder vererbte Enzymdefekte, wie α_1-Antitrypsin-Mangel und Morbus Wilson. Es sollte immer eine HLA-Bestimmung erfolgen. Die immunsuppressive Therapie erfolgt entweder als Monotherapie mit Prednisolon oder in Kombination mit Azathioprin.

B. Primär biliäre Zirrhose (PBC)

Die *PBC oder chronische nicht-eitrige destruierende Cholangitis* ist eine Entzündung der kleinen intrahepatischen Gallenwege und betrifft v. a. Frauen ab 40 Jahren. Neben Cholestasezeichen findet sich auch eine Erhöhung des Serumcholesterinspiegels, was zu Xanthomen in der Haut führen kann. Weitere Symptome sind Ikterus, Juckreiz, Hyperpigmentierung der Haut und hepatobiliäre Maldigestion. Extrahepatische Manifestationen charakterisieren die PBC als Multisystemerkrankung: Der Befall von exokrinem Pankreas, Tränen- und Speicheldrüsen führte auch zu der Bezeichnung *„dry gland disease“*. In 50% der Fälle ist die PBC mit dem Sjögren-Syndrom assoziiert, darüber hinaus aber auch mit anderen Autoimmunerkrankungen. Im Serum finden sich antimitochondriale Antikörper (AMA). Sie sind vornehmlich gegen die E_2-Untereinheit des Pyruvat-Dehydrogenase-Komplexes gerichtet. Ihre Bedeutung für die Pathogenese ist ungeklärt. Diskutiert wird eine Induktion durch Bakterien. Eine immunsuppressive Therapie ist meist erfolglos. Ganz vereinzelt wurde in der Literatur über Erfolge einer Therapie mit dem anti-CD20-Antikörper Rituximab (s. a. S. 290) berichtet.

C. Primär sklerosierende Cholangitis (PSC)

Die *PSC* ist eine chronisch fibrosierende Entzündung der intra- und extrahepatischen Gallenwege. Durch Wandverdickung und Stenosierung kommt es zur Cholestase. Die Erkrankung tritt häufiger bei Männern auf und ist mit HLA-B8 und -DR3 assoziiert. 50% der Patienten leiden gleichzeitig unter einer Colitis ulcerosa. Die Diagnose erfolgt durch den Nachweis von ANCA und eine Darstellung der Gallengänge. Die Therapie ist, wie bei der PBC, symptomatisch.

Bei beiden Erkrankungen wird in fortgeschrittenen Fällen eine Lebertransplantation durchgeführt.

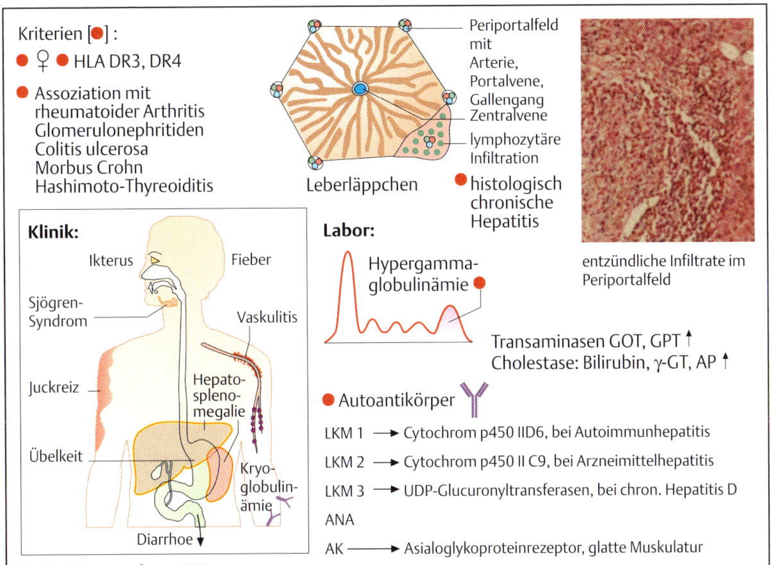

A. Autoimmunhepatitis

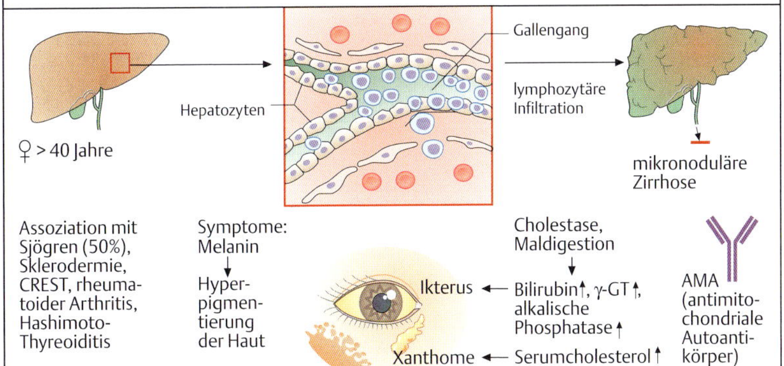

B. Primär biliäre Zirrhose

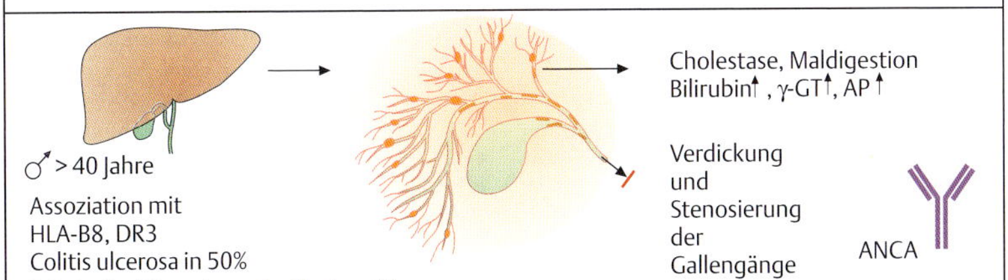

C. Primär sklerosierende Cholangitis

Klinik

Die allergische Rhinitis (Rhinitis allergica) ist eine IgE-vermittelte Nasenschleimhautentzündung in Reaktion auf inhalierte fremde Proteine. Mit einer Häufigkeit von etwa 20% der Bevölkerung stellt die allergische Rhinitis ein erhebliches sozio-ökonomisches Problem dar. Zwei Drittel der Patienten entwickeln Symptome vor dem 30. Lebensjahr, die Erkrankung kann aber in jedem Alter beginnen. Das Risiko, eine allergische Rhinitis zu entwickeln, liegt bei etwa 30%, wenn ein Elternteil erkrankt war, und steigt auf 50% falls beide Eltern an allergischen Erkrankungen leiden.

A. Formen der Rhinitis allergica

Die **saisonale allergische Rhinitis** oder „Heuschnupfen" wird in erster Linie durch Pollenallergene von Erle, Hasel, Birke, Gräsern, Roggen, Beifuß und Wegerich verursacht (**1.**). Die Hauptsymptome sind Niesen, Augen und Nasenjucken sowie wäßrige nasale Sekretion. Diese ist bedingt durch eine gesteigerte Gefäßpermeabilität und eine cholinerg-reflektorische Sekretion der Drüsen. Jucken und Niesreiz werden durch sensorische Nervenstimulation an Histaminrezeptoren der Gruppe H_1 hervorgerufen. Durch Degranulation von Mastzellen und basophilen Granulozyten werden Histamin, Leukotriene, Bradykinin freigesetzt. Diese führen zur Vasodilatation des venösen Schwellgewebes, mit resultierender Schleimhautschwellung und Behinderung der Nasenatmung. Die **perenniale allergische Rhinitis** (**2.**) tritt bei einer ganzjährigen Allergenexposition auf. Auslöser sind v.a. Hausstaubmilben bzw. deren Ausscheidungen, Tierhaare und Schimmelpilze (Aspergillen). Häufig wird die Erkrankung durch berufsbedingte Allergenkontakte ausgelöst. Latexallergien haben in den letzten Jahren an Bedeutung zugenommen. Bei der perennialen allergischen Rhinitis stehen vor allem die nasale Obstruktion (behinderte Nasenatmung), eine trockene Nasenschleimhaut und eine Einschränkung des Geruchssinnes (Hyposmie) im Vordergrund. Diese Symptome werden durch Mediatoren verursacht, welche von eingewanderten eosinophilen Granulozyten freigesetzt werden.

B. Diagnostik

Nach einer genauen Anamnese zur Allergenexposition muss eine HNO-ärztliche Untersuchung durchgeführt werden. Die Nasenschleimhaut ist i.d.R. rötlich blaß bis livide verfärbt (aufgrund der Venenschwellung (**1.**). Insgesamt erscheint die Nasenschleimhaut hyperplastisch, v.a. im Bereich der unteren Muschel. Die hinteren Muschelenden sind oft stark angeschwollen (**2.**). Nasensekret und Blut können auf erhöhte IgE, eosinophiles cationisches Protein (ECP) und eosinophile Granulozyten untersucht werden. Beim Pricktest (**3.**) werden an der Unterarminnenseite Tropfen von standardisierten Allergenlösungen aufgetragen, mit einer Lanzette wird dann das in den Tröpfchen gelöste Allergen bis zu einer Tiefe von 1 mm in die Haut eingebracht. Im Serum können durch ein Radio-Allergo-Sorbent-Test (RAST) (**3.**) IgE Antikörper gegen definierte Testallergene nachgewiesen werden. Mit diesen Allergenen können dann intranasale oder intrakutane Provokationstests durchgeführt werden. Dies erlaubt die Identifizierung von Allergenen für eine Hyposensibilisierung.

Die Rhinitis allergica kann mit einer Reihe von Folge- bzw. Begleitkrankheiten einhergehen. Akute und chronische Sinusitiden (Nasennebenhöhlenentzündungen) sind häufig, aufgrund der Schleimhautschwellung in den Tuben kann es zu Paukenergüssen kommen und, bei bakterieller Superinfektion, zu einer Mittelohrentzündung. Bei etwa 25% der langjährigen Allergiker kommt es zu einem sog. „Etagenwechsel", d.h. zu einer bronchialen Hyperreaktivität oder zu einem regelrechten Asthma bronchiale (s. S. 234).

C. Therapie

Falls möglich, sollten Kontakte mit den Allergenen vermieden werden (Allergenkarenz). Diese ist besonders bei Tier-Allergien oder bei beruflichen Allergien erfolgversprechend. Bei Hausstaubballergien gelingt in der Regel lediglich eine Minderung der Exposition, nicht aber eine komplette Elimination. Medikamentös können lokale Maßnahmen erfolgreich sein, bei schweren Formen und bei Beteiligung der Bronchien können Antihistaminika bzw. Kortikosteroide auch systemisch appliziert werden. Ist das Allergen bekannt, wie im Falle einer Allergie gegen Insektenstiche, sollte eine Hyposensibilisierung durchgeführt werden: Durch wiederholte Injektionen des Allergens (zunächst wöchentlich in sehr kleinen Mengen, dann größere Mengen in größeren Abständen) können blockierende, nicht-IgE-Antikörper induziert werden, bzw. die Helfer-Lymphozyten in einem Zustand der Anergie, also der fehlenden Aktivierbarkeit überführt werden, so daß die B-Lymphozyten nicht mehr zur IgE-Produktion angeregt werden.

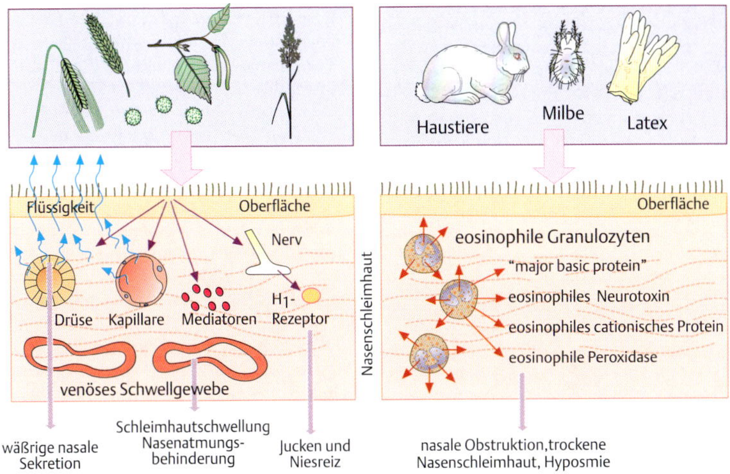

1. Saisonale allergische Rhinitis

2. Perenniale allergische Rhinitis

A. Formen der Rhinitis allergica

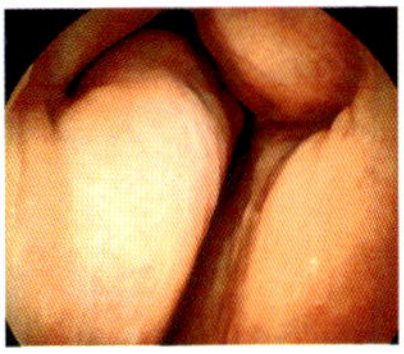

1. Livide Nasenmuschel

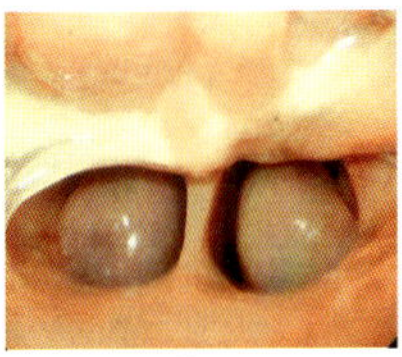

2. Geschwollene Muschelenden

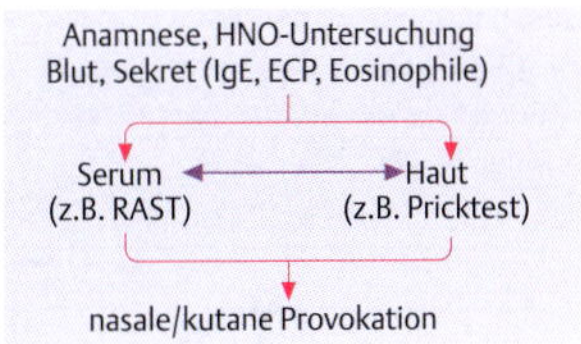

3. Ablaufschema Diagnostik

B. Diagnostik

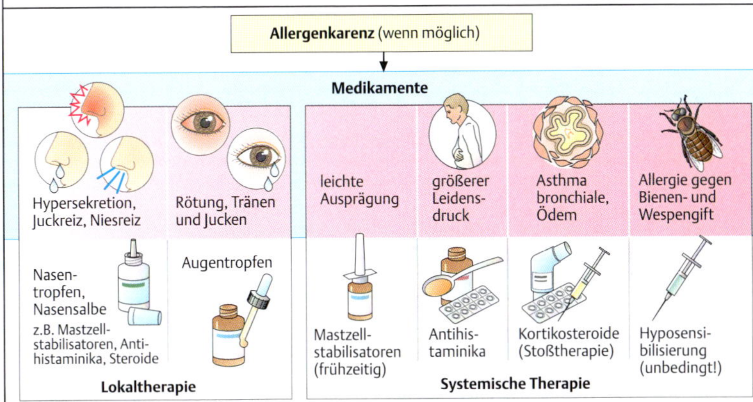

C. Therapie

Klinik

A. Genetische Prädisposition

Asthma bronchiale ist eine chronische Erkrankung. Charakteristisch ist eine intermittierende, zunächst reversible Einengung der Atemwege mit entzündlichen Veränderungen und bronchialer Hyperreaktivität. Ist die IgE-Konzentration im Serum erhöht und liegt eine Allergieneigung vor, spricht man von einem *exogen-allergischen, extrinsischen oder auch atopischen Asthma* im Vergleich *zum intrinsischen oder nicht-allergischen Asthma* . Diese Trennung ist jedoch schematisch; klinisch und pathogenetisch gibt es fließende Übergänge zwischen den beiden Formen. Die bronchiale Hyperreaktivität und die Neigung zur verstärkten IgE-Produktion werden gemeinsam durch Gene auf dem Chromosom 5q31-q33 vererbt. Die Inzidenz beträgt ca. 5%, bei Kindern sogar ca. 10%. Am häufigsten ist das atopische Asthma.

B. Auslösende Faktoren

Das *atopische Asthma* kann durch Tierhaare, Hausstaubmilben, Federn, Pollen und Schimmelpilze induziert werden. Beim *intrinsischen Asthma* lösen inhalierte Chemikalien wie Schwefeldioxyd (SO_2), Ozon (O_3) und Zigarettenrauch ebenso wie virale Infekte, kalte Luft, sportliche und psychische Belastung eine bronchiale Hyperreaktivität aus. Auch die Einnahme von Analgetika kann zu Asthmaanfällen führen.

C. Pathogenese

Möglicherweise findet die primäre Sensibilisierung gegen Allergene im frühen Kindesalter statt (**1.**). Das inhalierte Allergen wird in der Bronchialschleimhaut von APC aufgenommen und $CD4^+$-T-Zellen präsentiert, die sich daraufhin in T-Zellen des T_H2-Phänotyps differenzieren. Diese sezernieren IL-4 und IL-6. Außerdem werden eosinophile und basophile Granulozyten aktiviert und die Synthese von IgE-Immunglobulinen stimuliert. Die IgE-Moleküle binden an hochaffine Rezeptoren auf der Oberfläche von Mastzellen und Basophilen und an niedrigaffine Rezeptoren der Eosinophilen und Makrophagen. Bei Reexposition (**2.**) kann sich das Allergen somit binnen kürzester Zeit an die bereits membranständigen IgE-Moleküle anlagern. Dadurch werden Histamin und Proteasen, Leukotriene, Prostaglandine und **P**lättchen-**a**ktivierender **F**aktor (**PAF**) freigesetzt. Die bronchokonstriktorische Antwort verläuft in 2 Phasen: Die Lungenfunktion nimmt in den ersten 10-20 Minuten rapide ab und erholt sich während der nächsten 2 Stunden allmählich wieder. Diese *„Frühreaktion"* ist auf Histamin und Prostaglandin D_2 (PGD2), die Leukotriene LTC4, LTD4 und LTE4 und PAF zurückzuführen. Auch Proteasen werden freigesetzt: Tryptase spaltet C3a und Bradykinin aus Proteinvorstufen ab, was zur Kontraktion der Bronchialmuskelzellen und Erhöhung der Gefäßpermeabilität führt, Chymase hingegen fördert die Schleimsekretion. Die so induzierte Bronchokonstriktion mit Schleimhautödem und Mukussekretion verursacht Husten, Atemnot und Stridor (pfeifendes Ausatmen). Nach 4-6 Stunden beginnt die *„Spätreaktion"* (**3.**): LTB4 und PAF locken Eosinophile an, diese wiederum das „**M**ajor **b**asic **p**rotein" (**MBP**) und das „**e**osinophil **c**ationic **p**rotein" (**ECP**), welche toxisch für Epithelzellen sind. In Spätstadien findet sich schließlich eine Zerstörung des Epithels. Außerdem sammelt sich Schleim im Bronchiallumen an, da die Zahl der Becherzellen zunimmt und die submukösen Schleimdrüsen hypertrophieren. Ebenso sieht man eine Hypertrophie der glatten Muskelzellen der Basalmembran.

D. Therapie des Asthma bronchiale

Die Dauerbehandlung des Asthma bronchiale folgt einem 4-Stufenschema: *Leichtes intermittierendes* Asthma erfordert nur eine Bedarfsmedikation mit inhalativen kurzwirksamen bronchodilatatorischen β_2-Sympathomimetika. Als weitere Bedarfsmedikation kommen ebenfalls bronchodilatatorische Anticholinergika in Frage. Besteht ein *leichtes persistierendes* Asthma, werden inhalative niedrig-dosierte Glukokortikoide als Dauermedikation verwendet. Unterstützend können anti-inflammatorische Mastzellstabilisatoren und anti-inflammtorische Leukotrienantagonisten eingesetzt werden.

Ist das Asthma *mittelgradig-schwer und persistierend*, werden alle verfügbaren Substanzen eingesetzt, einschl. der Theophyllin-Präparate.

Ein *persistierendes schweres* Asthma erfordert hochdosierte inhalative Glukokortikoide und kann zusätzlich zu den bisher genannten Medikamenten die Verwendung von oralen Glukokortikoiden nötig machen.

Zur Behandlung des mittelschweren bis schweren allergischen Asthmas ist auch Omalizumab, ein rekombinanter humanisierter anti-IgE Antikörper zugelassen, der Asthma-Exazerbationen deutlich reduzieren kann (s. S. 286).

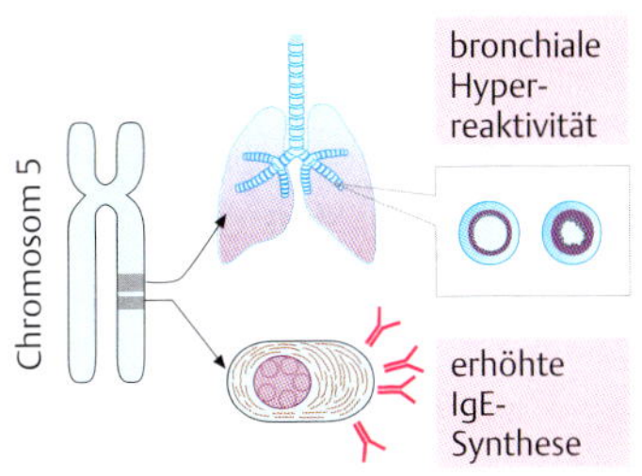

A. Genetische Prädisposition

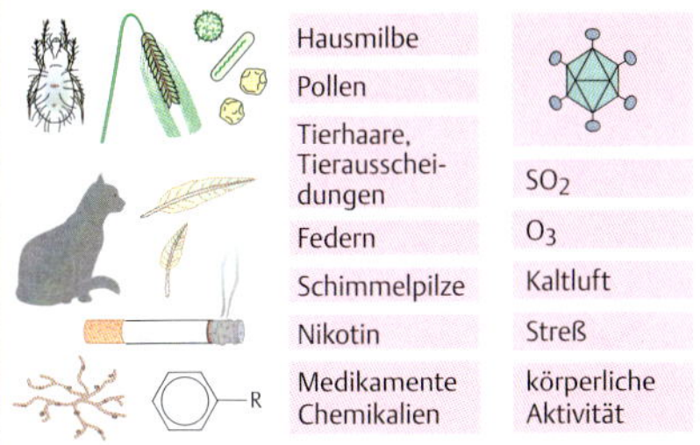

B. Auslöser

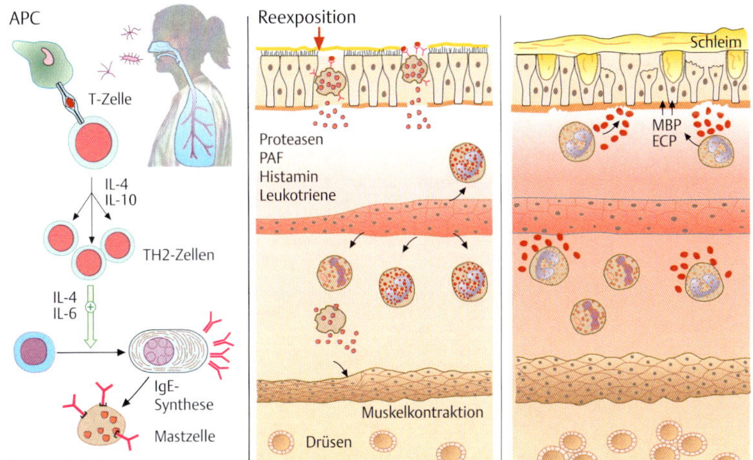

1. Sensibilisierung

2. Reexposition, Frühreaktion

3. Spätreaktion

C. Pathogenese

	Symptome	Bedarfsmedikation	Dauermedikation
Stufe 1 intermittierendes Asthma	tagsüber > als 2x/Woche, nachts < als 2x/Monat	kurzwirksames β_2-Sympathomimetikum, evtl. Anticholinergika	Keine
Stufe 2 persistierendes Asthma, leicht	tagsüber > als1x/Tag, nachts > als 2x/Monat	kurzwirksames β_2-Sympathomimetikum, evtl. Anticholinergika	niedrig dosierte inhalative Glukokortikoide, evtl. Cromoglicinsäure oder Nedocromil, evtl. Leukotrienantagonisten
Stufe 3 persistierendes Asthma, mittelgradig	tagsüber täglich ≥, 1x/Tag, nachts < als 1x/Woche	kurzwirksames β_2-Sympathomimetikum, evtl. Anticholinergika	mittelstark dosierte inhalative Glukokortikoide, langwirksame β_2-Sympathomimetika, Theophyllin, evtl. Leukotrienantagonisten
Stufe 4 persistierendes Asthma, schwer	tagsüber ständig, nachts häufig	kurzwirksames β_2-Sympathomimetikum, evtl. Anticholinergika	hoch dosierte inhalative Glukokortikoide, langwirksame β_2-Sympathomimetika, Theophyllin, orale Glukokortikoide, evtl. Leukotrienantagonisten

D. Stufentherapie des Asthma Bronchiale

A. Sarkoidose

Die *Sarkoidose* ist eine Multisystemerkrankung unbekannter Ätiologie, die durch nicht verkäsende Granulome in verschiedenen Organen charakterisiert ist. Auslösender Faktor ist vermutlich die Inhalation eines noch nicht identifizierten Antigens (**1.**); Aktivierte Alveolarmakrophagen produzieren daraufhin IL-1 und TNF, die wiederum T-Zellen aktivieren. Die meisten alveolären T-Zellen sind $CD4^+$-T-Helferzellen: Sie sezernieren IL-2, **m**onocyte **c**hemoattractant **p**rotein-1 (**MCP**), GM-CSF und M-CSF. Monozyten werden so aus dem peripheren Blut rekrutiert und zu Gewebsmakrophagen. Sie produzieren Fibrin, Fibronektin, TGF-β, IL-3, IFN-γ und TNF-α und wandeln sich zu Epitheloidzellen um. Teilweise fusionieren sie zu vielkernigen Riesenzellen und bilden epitheloidzellige, nicht-verkäsende (nicht-nekrotische) Granulome. Durch IL-4 und IL-6 werden B-Zellen polyklonal stimuliert. Dies ist im Blut als Hypergammaglobulinämie nachweisbar. Wahrscheinlich breitet sich die Sarkoidose durch hämatogene Streuung in andere Organe aus.

Viele Patienten fallen nur zufällig bei einer Röntgenthorax-Untersuchung mit beidseitiger mediastinaler Lymphknotenvergrößerung (bihiläre Lymphadenopathie) auf (**4.**). Als akute Erkrankung kann eine akute Polyarthritis, insbesondere der Sprung- und Kniegelenke, auftreten (**2.**, Löfgren-Syndrom: Komplex aus Arthritis, bihilärer Lymphadenopathie, Fieber und Erythema nodosum). In der **b**roncho**a**lveolären **L**avage (**BAL**) wird typischerweise die $CD4^+$-T-Zell-Alveolitis nachgewiesen (**3.**). Die Anzahl der $CD4^+$-T-Lymphozyten in der BAL ist dabei bis zu 10 mal höher als im peripheren Blut, da sie aus dem peripheren Blut und der Haut (Anergie gegenüber Hautantigenen!) in die Sarkoidose-Läsionen rekrutiert werden. Das CD4/CD8-Verhältnis im peripheren Blut ist erniedrigt. Fieber und Krankheitsgefühl entstehen durch erhöhte TNF-, IL-1- und IL-6-Serumkonzentrationen.

Häufigste Hautläsion ist das Erythema nodosum, eine nicht-granulomatöse Entzündung des subkutanen Fettgewebes. Eine Augenbeteiligung ist häufig, von harmlosen konjunktivalen Knötchen bis hin zum Visusverlust durch Uveitis (s. S. 264, 265). Im ZNS kann eine basale granulomatöse Meningitis auftreten. Die intestinale Kalziumresorption ist erhöht, da die Makrophagen der Granulome 25-Hydroxyvitamin D zu 1,25-Hydroxyvitamin D umwandeln. Osteolytische Läsionen der Knochen tragen ebenfalls zur Hyperkalzämie und -urie bei. Granulome im Myokardgewebe können ventrikuläre Tachykardien verursachen. In der Leber finden sich oft kleine periportale Granulome oder T-Zell-Infiltrate mit unterschiedlichem Fibrosierungsgrad (**5.**). Milzgranulome können zur Splenomegalie führen. Der Serumspiegel von **A**ngiotensin-**c**onverting **e**nzyme (**ACE**) ist erhöht, da es vom Granulomgewebe verstärkt synthetisiert wird. Erhöhte Serumspiegel von sIL-2-Rezeptor werden in Verbindung mit der Aktivität der Lungen- und der extrapulmonalen Organbeteiligung nachgewiesen. Monoklonale Antikörper gegen TNF haben eine hohe Wirksamkeit in schweren Sarkoidose-Fällen gezeigt (s. a. S. 286).

B. Idiopathische Lungenfibrose

Eine Lungenfibrose kann bei vielen Erkrankungen auftreten; die Diagnose *idiopathische Lungenfibrose* (*IPF*) oder *fibrosierende Alveolitis* ist daher eine Ausschlußdiagnose. Man geht heute davon aus, daß es bei genetischer Prädisposition nach Kontakt mit einem unbekannten Pathogen zur Aktivierung von Alveolarmakrophagen kommt. Viren oder Immunkomplexe werden als Ursache vermutet. T-Zell-Zytokine sind möglicherweise an dieser Aktivierung beteiligt. Die Alveolarmakrophagen wiederum sezernieren IL-8 und Leukotriene, die neutrophile Granulozyten rekrutieren und aktivieren. So ist die granulozytäre Alveolitis im Gegensatz zur lymphozytären Alveolitis der Sarkoidose ein typisches Merkmal der IPF. Von den Alveolarmakrophagen werden Fibroblasten-Wachstumsfaktoren wie TGF-β und **p**latelet-**d**erived **g**rowth **f**actor (**PDGF**) sezerniert. Durch oxidative Prozesse können die Alveolarmakrophagen und Neutrophilen auch Typ-I-Pneumozyten zerstören. Typ-II-Pneumozyten, die selbst chemotaktische und fibrogene Faktoren produzieren, nehmen kompensatorisch zu. Schließlich kommt es zum narbigen fibrotischen Umbau, der sowohl radiologisch als auch histologisch charakteristische Bilder (Wabenlunge) verursacht.

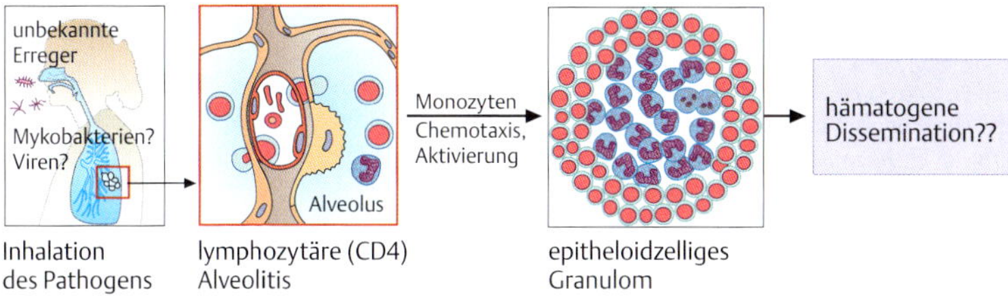

1. Pathogenetisches Modell

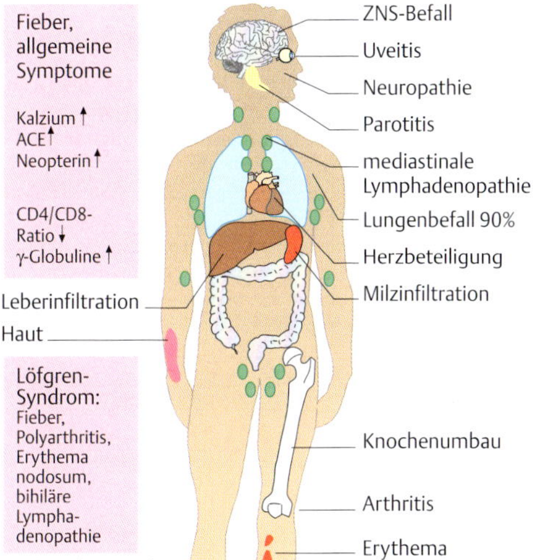

2. Klinische Manifestationen

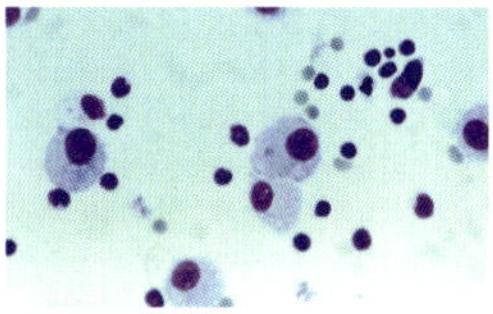

3. BAL

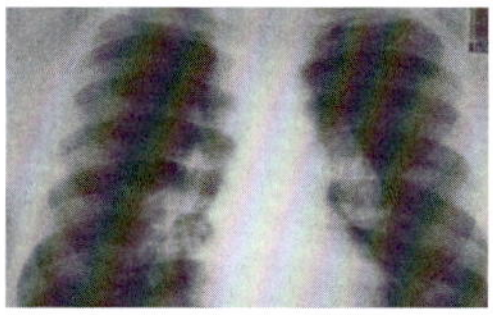

4. Röntgen-Thorax

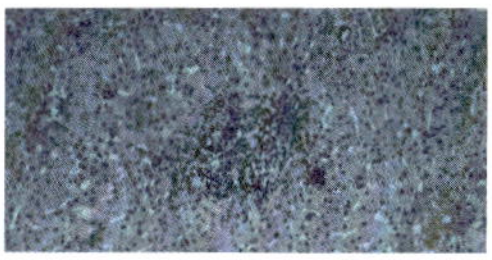

5. T-Zell-Infiltrat in der Leber

A. Sarkoidose

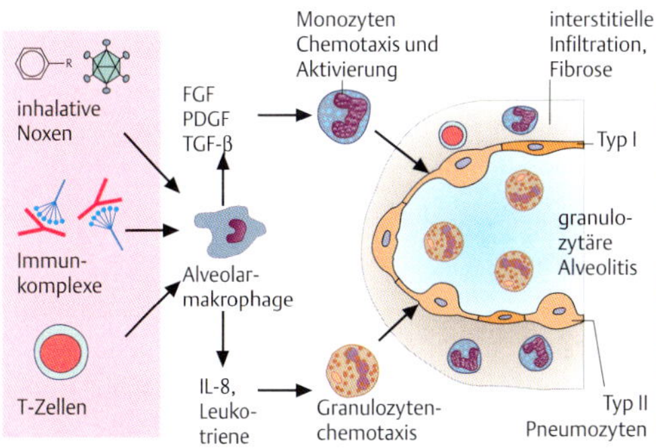

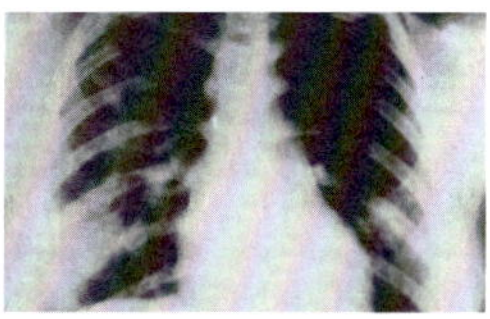

Röntgen: Lungenfibrose

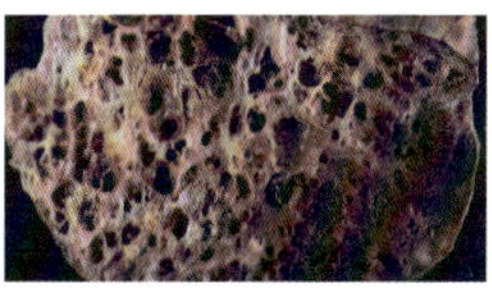

Morphologie: Wabenlunge

B. Idiopathische Lungenfibrose

A. Exogen allergische Alveolitis

1. Häufigste klinische Syndrome: Die *exogen allergische Alveolitis* (*Hypersensitivitätspneumonitis*) wird durch eine Sensibilisierung und nachfolgende Reexposition mit inhalierten Antigenen ausgelöst. Die verantwortlichen Antigene gelangen mit Staubpartikeln bis in die Alveolen, wo sie eine lokale Immunreaktion auslösen. Sie stammen von Bakterien, Pilzen, Chemikalien sowie Tier- und Pflanzenprodukten und führen über Hypersensitivitätsreaktionen zu einem einheitlichen Krankheitsbild, unabhängig vom auslösenden Antigen. Bakterien und Pilze sind nicht durch ihre Invasivität am Krankheitsprozeß beteiligt, sondern spielen hier eine Rolle als Antigen. Mehr als 50 verschiedene berufs- oder umgebungsbedingte Krankheitsbilder wurden beschrieben, wobei viele Bezeichnungen den Expositionsmodus widerspiegeln. So befinden sich in schimmeligem Heu thermophile Aktinomyzeten, die zum Krankheitsbild der Farmerlunge führen. Im Kompost wachsende Pilze wie Aspergillus können eine Kompostlunge verursachen. Klimaanlagen, Raumluftbefeuchter, Whirlpool- und Saunaanlagen bieten ideale Wachstumsbedingungen für thermophile Aktinomyzeten, Klebsiellen, Amöben, Candida und Aureobasidien. Der Umgang mit den Ausscheidungen von Tauben und anderen Vögeln führt zur Vogelzüchter-Lunge. Unter den Chemikalien sind v. a. Isocyanate und Anhydride, die zur Herstellung von Plastik, Farben und Polyurethanschaumstoff verwendet werden, für die Entstehung einer Chemiearbeiterlunge von Bedeutung. Trotz dieser ätiologischen Vielfalt sind die zugrunde liegenden pathogenetischen Mechanismen und der klinische Verlauf relativ einheitlich.

2. Immunpathogenese: Die inhalierten Partikel können die Bildung präzipitierender IgG-Antikörper induzieren, welche komplement-aktivierende Immunkomplexe bilden. Auch ohne Antikörper kann es aber zur Komplementaktivierung kommen, da der inhalierte Staub den alternativen Komplementweg direkt zu aktivieren vermag. Die Komplementprodukte wirken chemotaktisch auf neutrophile Granulozyten, die dadurch in die Alveolen rekrutiert werden. Auch aktivierte Makrophagen setzen verschiedene Monokine frei: IL-8 verstärkt die Granulozytenchemotaxis, so daß es in den ersten 4-12 h nach Antigenexposition zu einer ausgeprägten granulozytären Alveolitis kommt. Andere Monokine rekrutieren T-Zellen in die Alveolarsepten und ins Interstitium oder stimulieren die Freisetzung von autokrinen Faktoren. Nach 48-72 h wandern v. a. $CD8^+$-T-Zellen in die Alveolen ein, die in der Bronchiallavage nachweisbar sind (im Gegensatz zur Sarkoidose, die eine CD4-Alveolitis verursacht). Histologisch finden sich mononukleäre Zellinfiltrate im interstitiellen Gewebe mit beginnenden kleinen Granulomen.

Kürzlich wurden einige Fälle von schwerer fibrosierender Alveolitis beobachtet bei Patienten mit rheumatischen Erkrankungen, welche mit anti-TNF-Antikörpern behandelt wurden (s. a. S. 286).

3. Klinischer Verlauf: Klinisch kann man akute und chronisch verlaufende Formen unterscheiden. Die akute Form manifestiert sich nach kurzzeitiger Antigenexposition: Mit einer Latenz von ca. 4-8 h treten Fieber, Schüttelfrost, Husten, Luftnot und Muskelschmerzen auf, halten bis zu 18-24 h an und lassen dann langsam nach, falls kein weiterer Antigenkontakt stattfindet. Bei erneuter Exposition treten die Beschwerden immer wieder auf. Im Röntgenbild können interstitielle knotige Infiltrate in den unteren Lungenfeldern sichtbar werden. Meist ist keine spezielle Therapie notwendig. Bei schwerem Verlauf können die Symptome mit Steroiden gemildert werden. Eine chronische Exposition, d. h. bei kurzen Intervallen zwischen der jeweiligen Antigeninhalationen, zeigt einen wesentlich ungünstigeren Verlauf: Zunächst entwickeln sich Schwäche, Anorexie und Gewichtsverlust ohne Fieber, schließlich kommt es zu einer restriktiven Ventilationsstörung mit Dyspnoe bereits in Ruhe. Langfristig endet die chronische Lungenparenchymschädigung in einer Lungenfibrose, die sich im Röntgenbild als interstitielle fibrotische Veränderung zeigt (**4.**).

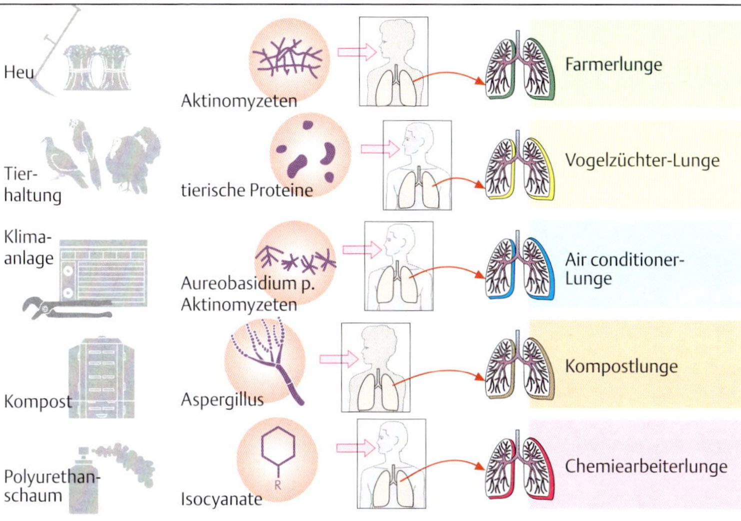

1. Häufigste klinische Syndrome

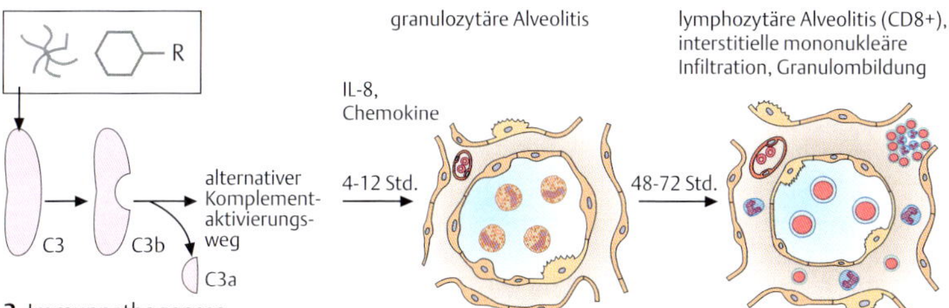

2. Immunpathogenese

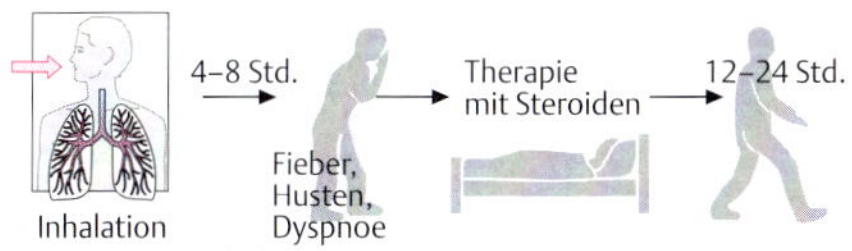

a) akute Verlaufsform

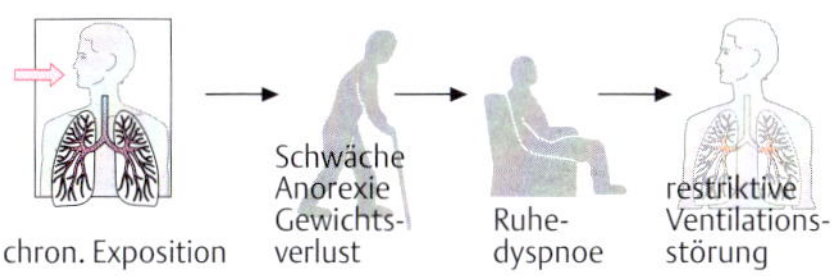

b) chronische Verlaufsform

3. Klinische Verläufe

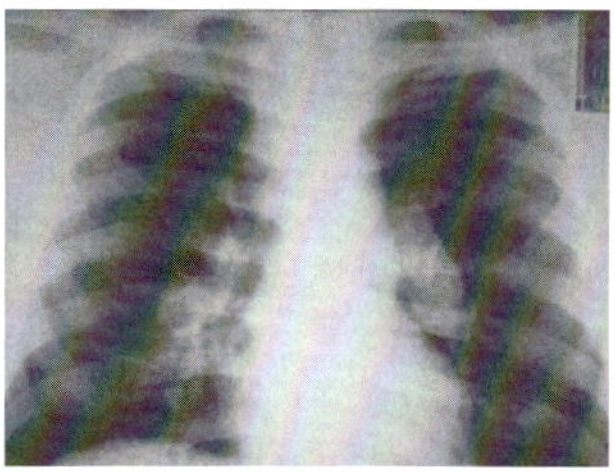

4. Röntgen-Thorax

A. Exogen allergische Alveolitis

A. Tuberkulose

Nur in etwa 10% aller Infektionen kommt es auch zur Manifestation einer Tuberkuloseerkrankung. In den übrigen Fällen leben Erreger und Wirtsimmunabwehr in einer friedlichen Koexistenz. Der Erreger, Mycobacterium tuberculosis, hat etwa jeden Dritten der Weltbevölkerung infiziert. Jährlich sterben ca. 2,2 Millionen Menschen an Tuberkulose. Zur Zeit existiert kein wirksamer Impfstoff.

1. Tröpfcheninfektion: Nach der Aufnahme in die Lunge werden die Tuberkelbakterien von Alveolarmakrophagen phagozytiert. Die Phagozytose (**2.**) erfolgt überwiegend rezeptorvermittelt. Manche Rezeptoren erkennen bestimmte, allen Prokaryonten gemeinsame Oberflächenantigene, andere sind spezifisch für mykobakterielle Antigene, wie zum Beispiel das CD14-Molekül für die **L**ipo**a**rabino**m**annane (**LAM**). Antikörper und Komplementfaktor C3 binden an Oberflächenmoleküle des Erregers und werden von ihren jeweiligen Rezeptoren erkannt. Da der Alveolarmakrophage nicht in der Lage ist, die phagozytierten Tuberkelbakterien effektiv abzutöten, können diese intrazellulär überleben und sich dort sogar vermehren, indem sie die Phagosomenreifung blockieren. Alveolarmakrophagen, die in den nächsten Lymphknoten einwandern, induzieren dort eine T-Zell-vermittelte spezifische Immunantwort.

3. Induktion einer spezifischen Immunantwort: *M. tuberculosis* sezerniert Proteine in das Phagosom, bei denen es sich in der Frühphase um Exportproteine, später um Zellwandbestandteile und schließlich nach der Autolyse auch um Proteine des Zellinneren handelt. Prozessierte Fragmente von 10-20 AS werden auf MHC-Klasse-II-Molekülen präsentiert, Peptide von 8-10 AS auf MHC-Klasse-I-Molekülen. Auf dem CD1-Molekül, einem entfernten Verwandten des MHC-Klasse-I, werden bakterielle Lipoide präsentiert, die bevorzugt CD4- und CD8-doppeltnegative T-Zellen stimulieren. Darüber hinaus werden γ/δ-T-Zellen durch mykobakterielle Antigene aktiviert. Dabei handelt es sich um phosphatgruppenhaltige Moleküle. Ein Präsentationsmolekül für diese Antigen-Gruppe ist bisher unbekannt; man nimmt an, daß die Phospholiganden direkt auf der Zelloberfläche präsentiert werden.

4. Granulom: Aktivierte $CD4^+$-T-Zellen sezernieren Chemokine, welche Blutmonozyten an den Entzündungsort rufen, und TNF-α, welches für die Granulombildung verantwortlich ist. Im Granulom kann es durch zytokinvermittelte Aktivierung der Makrophagen zur vollständigen Abtötung der intrazellulären Tuberkelbakterien kommen. Meist jedoch bleibt es bei einer Konzentrierung der Erreger im Granulom, das nach außen hin abgedichtet wird. Dies geschieht durch die TNF-α-vermittelte Ausbildung eines fibrösen Randwalls sowie durch die IL-4-induzierte Verschmelzung von Makrophagen zu Langhans-Riesenzellen. Der Wirt ist zwar infiziert, erkrankt aber nicht an Tuberkulose. Es stellt sich ein Gleichgewicht zwischen den Tuberkelbakterien und dem Abwehrsystem im Granulom ein. Eine Therapie mit anti-TNF-Antikörpern kann zur Reaktivierung einer Tuberkulose führen (s. S. 286). IFN-γ aktiviert die tuberkulostatischen Makrophagenfunktionen, u.a. durch Förderung der Calcitriolsynthese, das seinerseits die mikrobiziden Effektorfunktionen aktiviert. Aktivierte Makrophagen geben O_2-Metaboliten und Proteasen ins Zentrum des Granuloms ab, so daß es dort zur Nekrotisierung kommt. Aktivierte $CD8^+$-zytotoxische T-Zellen lysieren infizierte Makrophagen, die ihren Inhalt in das nekrotische Zentrum entleeren, wo wegen der niedrigen O_2-Spannung und der freigesetzten Enzyme ungünstige Wachstumsbedingungen für die Mykobakterien herrschen.
Findet allerdings eine unkontrollierte Zellzerstörung statt, verkäst das Granulom: Es kommt zur ausgedehnten Gewebeschädigung, Tuberkelerreger können in die Blutbahn gelangen und Absiedlungen in fast allen Organen bilden. Findet das aufgebrochene Granulom Anschluß an einen Bronchus, gelangen die Tuberkelbakterien mit der Atemluft ins Freie und können neue Infektionen hervorrufen (*„offene Tbc“*).

5. Komplikationen: Durch eine Störung des o.g. Gleichgewichts kann sich die Infektion weiter ausbreiten. Typische Komplikationen sind die Hiluslymphknoten-Tbc, der Pleuraerguß und die Manifestation in den Lungenspitzen (*Simon-Spitzenherde*). Generalisiert die Infektion hämatogen, kommt es zu Tausenden kleiner Absiedlungen in Lunge, Leber, Milz und Meningen (*Miliartuberkulose*). Käsige Pneumonie und Landouzy-Sepsis verlaufen i. d. R. letal.

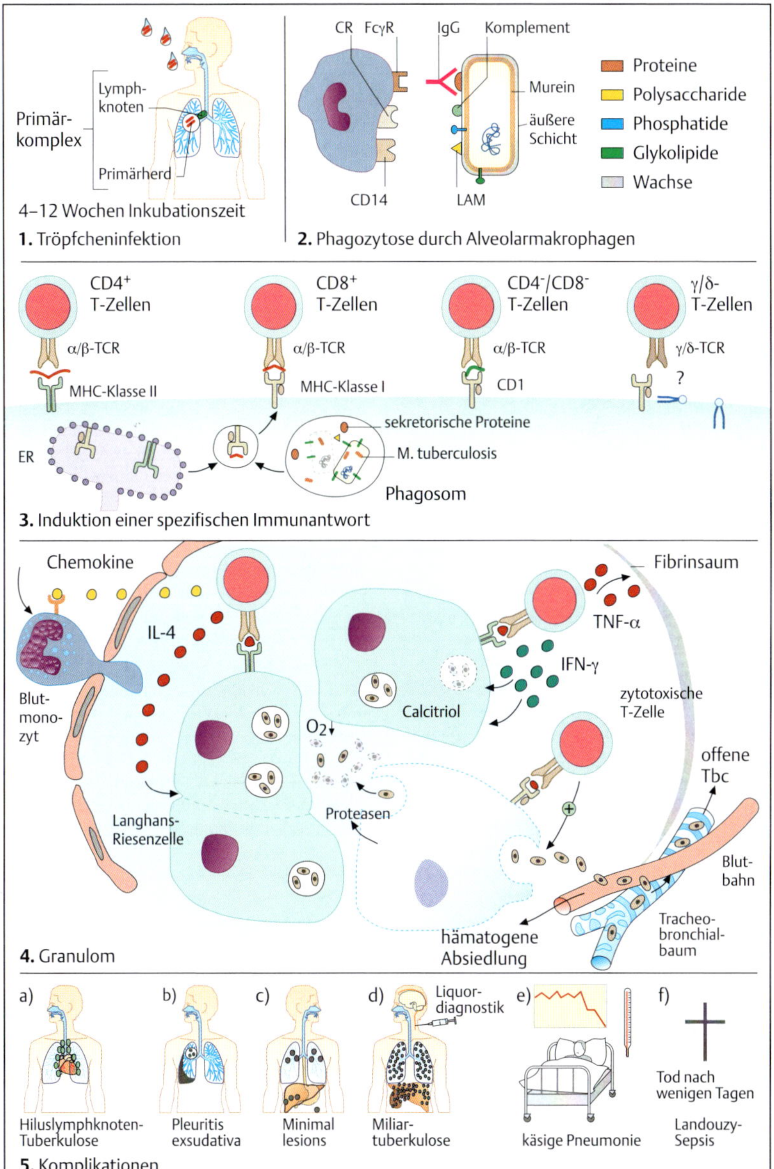

A. Tuberkulose

Immunologische Mechanismen sind für einen Großteil der Nierenerkrankungen verantwortlich. In erster Linie handelt es sich hierbei um Antikörper-vermittelte Effekte; zelluläre Mechanismen sind weit weniger bedeutsam. Die immunologischen Erkrankungen der Niere betreffen vorwiegend das Glomerulum, möglicherweise hängt dies mit der glomerulären Filterfunktion zusammen. Immunologische Vorgänge, die im Zusammenhang mit vaskulitischen Prozessen stehen, sind hier nicht berücksichtigt.

A. Immunologische Mechanismen

In **1.** sind die wichtigsten glomerulären Strukturen schematisch dargestellt. Um von der Blutbahn in den glomerulären Harnraum zu gelangen, muß ein gelöster Stoff zunächst durch das gefensterte Endothel der Kapillaren, dann durch die *glomeruläre Basalmembran* (*GBM*) wandern. Die GBM besteht aus Kollagen, Laminin, polyanionischen Proteoglykanen, Fibronektin und anderen Glykoproteinen. Die nächste Schicht wird von den *viszeralen Epithelzellen* (*Podozyten*) mit ihren Fußfortsätzen gebildet. Zwischen dem viszeralen und parietalen Epithel der Bowman-Kapsel befindet sich der Harnraum. Das gesamte Glomerulum wird vom Mesangium getragen, das aus einer Matrix aus locker angeordneten Mesangiumzellen besteht. Diese mobilen phagozytischen Zellen sezernieren Matrix, Kollagen und eine Reihe biologischer Mediatoren.

Antikörper-vermittelte Nierenerkrankungen werden durch drei Hauptmechanismen ausgelöst (**2.**): Zirkulierende, präformierte Immunkomplexe lagern sich vorwiegend subendothelial auf der Kapillarseite der Basalmembran ab (**2a.**); alternativ reagieren die Antikörper in situ mit der GBM (**2b.**) oder mit Antigenen der Viszeralzellen (sog. Heymanńs Nephritis, **2c.**). Die Immunglobuline und das Komplement werden durch fluoreszierende Antiseren sichtbar gemacht: Präformierte Immunkomplexe und Antikörper gegen Epithelialantigene erscheinen in der Immunfluoreszenz als granuläres, diskontinuierliches Fluoreszenzmuster, während Antikörper gegen die Basalmembran ein lineares, kontinuierliches Muster hervorrufen.

Antikörperablagerungen können durch Komplementaktivierung und Porenbildung zu einer direkten Schädigung der Epithel- oder Endothelzellen führen (**3.**). Andererseits können Antikörper auch an die Fc-Rezeptoren von Monozyten, Makrophagen, Granulozyten und Thrombozyten binden. Dadurch kommt es zu deren Aktivierung bzw. bei Thrombozyten zur Aggregation. Komplementspaltprodukte, insbesondere C5a, verstärken diese Aktivierung. Schließlich werden Proteasen, Zytokine, Eicosanoide, Oxidantien und Stickoxide freigesetzt. Die Zytokine wiederum können T-Zellen anlocken und ebenso aktivieren.

B. + C. Nephrotisches und nephritisches Syndrom

Die glomeruläre Schädigung kann zwei unterschiedliche Symptomenkomplexe verursachen: das nephrotische (**B.**) und das nephritische (**C.**) Syndrom.

Beim *nephrotischen Syndrom* führt die Schädigung von Endothelzellen, Basalmembran oder viszeralem Epithel zu einer erhöhten Filtration von Proteinen in den Harnraum. Folge ist eine ausgeprägte Proteinurie mit Verlust kleinmolekularer Stoffe wie Albumin und Immunglobuline; deshalb erhöhen sich die α_2- und β-Globuline relativ im Serum. Wegen der Hypoalbuminämie sinkt der osmotische Druck im Blut, es kommt zu einem generalisierten Ödem mit Pleuraergüssen und Aszites. Die Lipoproteinsynthese in der Leber wird reaktiv verstärkt und führt zur Hyperlipidämie. Durch kompensatorische Sekretion von Aldosteron kommt es zur Natriumretention und zum Hypertonus. Im Harnsediment sind hyaline und granulierte Zylinder nachweisbar. Die Ursachen des nephrotischen Syndroms unterscheiden sich bei Kindern und Erwachsenen: Bei Kindern tritt v. a. die gutartig verlaufende Minimal-change-Glomerulonephritis auf, bei Erwachsenen liegt meist eine Systemerkrankung vor.

Das im Kindesalter gehäuft auftretende *nephritische Syndrom* ist ein i. d. R. plötzlich beginnendes Krankheitsbild mit Hämaturie, verminderter Harnausscheidung mit Niereninsuffizienz (Oligurie) und Hypertonie. Ausgelöst wird es in erster Linie durch eine postinfektiöse oder rasch progrediente Glomerulonephritis.

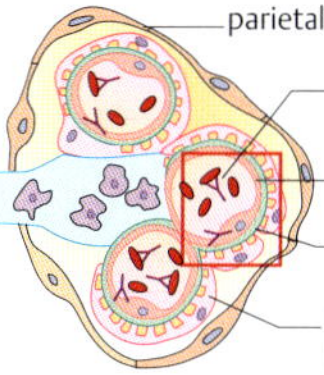

1. Anatomie

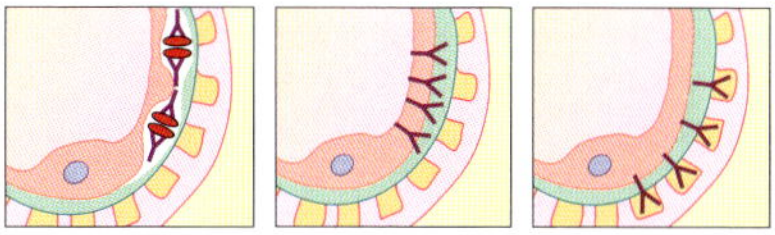

2a. Immunkomplexablagerung **2b.** Anti-Basalmembran-AK **2c.** Anti-Epithelialzellen-AK

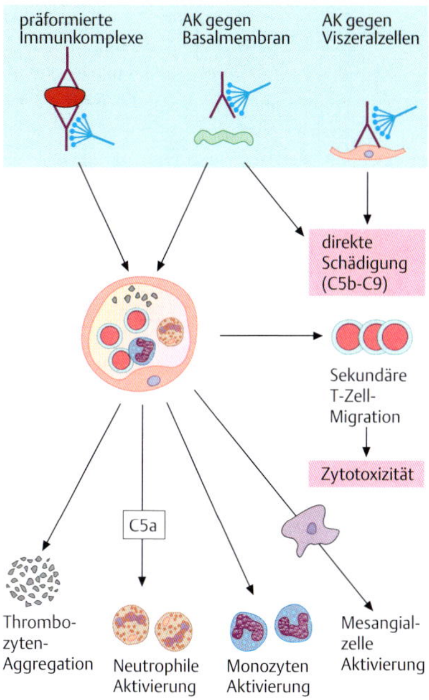

3. Mediatoren der glomerulären Schädigung

A. Mechanismen

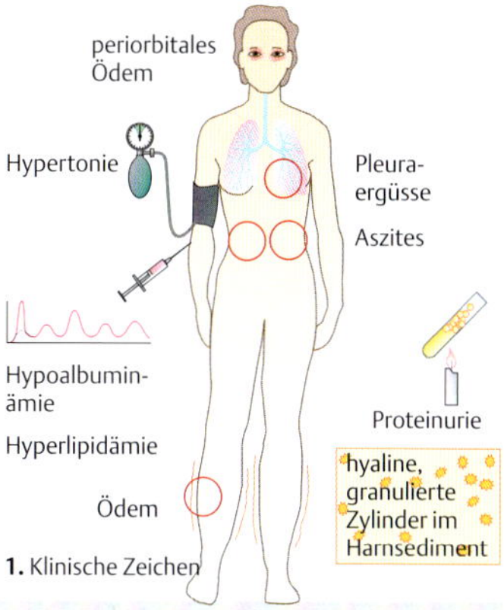

1. Klinische Zeichen

	Kinder	Erw.
Membranöse Glomerulonephritis	5%	20%
Lipoide Nephrose/ Minimal change GN	60%	10%
Fokal segmentale Glomerulosklerose	10%	10%
Membranoproliferative Glomerulonephritis	10%	5%
Proliferative GN (fokal, IgA....)	10%	15%
Systemerkrankungen: Diabetes SLE, Amyloidose...	5%	40%

2. Ursachen des Nephrotischen Syndroms

B. Nephrotisches Syndrom

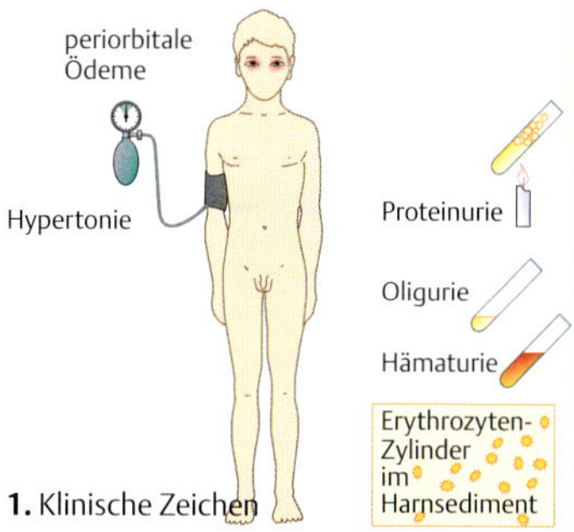

1. Klinische Zeichen

Postinfektiöse GN
Rasch progrediente GN
IgA Nephropathie

2. Ursachen des nephritischen Syndroms

C. Nephritisches Syndrom

Klinik

A. Glomerulonephritis mit minimalen Veränderungen

Die *„minimal change disease"* oder *Lipoide Nephrose* ist eine gutartig verlaufende Erkrankung, die bei Kindern die häufigste Ursache des nephrotischen Syndroms darstellt. Die Glomerula sind lichtmikroskopisch unauffällig, elektronenmikroskopisch (s. Foto) ist der Verlust bzw. die Verschmelzung der Fußfortsätze der viszeralen Epithelzelle erkennbar. Ablagerungen (Pfeil) sind in den Podozyten direkt gegenüber der Basalmembran zu erkennen. Typisch ist auch die Bildung von sog. Mikrovilli (M). Die Ursache der Erkrankung ist unbekannt. Man vermutet, daß T-Zell-Zytokine die Architektur der Podozyten zerstören. Der Podozyten-Funktionsverlust ist für die erhöhte Proteinfiltration verantwortlich. Die Veränderungen der „minimal change disease" sind komplett reversibel, 90 % der Fälle sprechen auf eine Kortikosteroidtherapie an, wobei manche Patienten eine längerfristige Therapie benötigen. Bei Erwachsenen sind Steroidbedarf und Rezidivrate wesentlich höher.

B. Fokalsegmentale Glomerulosklerose

Diese Erkrankung ist durch eine Sklerose charakterisiert, die nur in einigen, oft sogar nur in Teilen (Segmenten) der Glomerula auftritt (s. Foto).
Diese Veränderungen treten bei HIV-Infektion, Drogenabusus, IgA-Nephropathie oder sekundär nach kompensatorischer Hypertrophie auf. Zum Teil findet man keine Ursache. Etwa 10 % der nephrotischen Syndrome werden durch eine fokalsegmentale Glomerulosklerose verursacht. Es wird vermutet, daß die Veränderungen eine ausgeprägtere Variante der „minimal change disease" darstellen. Durch Ablagerung von Lipiden, Fibrin, C3-Komplement und IgM-Immunglobulinen kommt es zu einer mesangialen Reaktion mit Hyalinose und Sklerose. In der Histologie (s. Foto) ist der segmentale Befall der Sklerose deutlich erkennbar. Die Krankheit spricht schlecht auf Kortikosteroide an, etwa 50 % der Patienten entwickeln eine Niereninsuffizienz binnen 10 Jahren.

C. Membranöse Glomerulonephritis

Bei der membranösen Glomerulonephritis werden Immunkomplexe auf der subepithelialen Seite der Basalmembran gebildet. Die Antikörper reagieren in situ mit endogenen Antigenen der Podozyten oder mit filtrierten, abgelagerten Antigenen. In 80 % ist die Erkrankung idiopathisch, seltener tritt sie bei Systemerkrankungen oder Medikamenteneinnahme auf. Typischer Befund ist die diffuse Verdickung der Basalmembran mit Verlust der Fußfortsätze. Die IgG- und C3-Ablagerungen sind inhomogen verteilt, so daß in der Immunfluoreszenz (s. Foto) ein granuläres Muster erkennbar ist. Im Verlauf können die Glomerula sklerosieren. Klinisch imponiert die Erkrankung als ein relativ mildes nephrotisches Syndrom. Ein schleichender Verlauf führt in etwa 40 % zur progressiven Niereninsuffizienz. Das Ansprechen auf Kortikosteroide ist schlecht.

D. Membrano-proliferative Glomerulonephritis (MPGN)

Die MPGN ist durch Veränderungen der Basalmembran und Proliferation von Mesangial- und Glomerulumzellen charakterisiert. Es gibt zwei Formen mit unterschiedlichem Pathomechanismus:
Der Typ I (etwa 2/3 der Fälle) ist mit SLE, Hepatitis B und C und anderen Infektionen assoziiert. Immunglobuline und Komplement sind subendothelial lokalisiert, vermutlich handelt es sich um präformierte Immunkomplexe.
Im Typ II (etwa 1/3 der Fälle) spielt ein Antikörper gegen die C3-Konvertase (*C3-nephritischer Faktor*) eine Rolle. Der Antikörper stabilisiert die Konvertase, wodurch C3 ständig aktiviert ist. Die Ablagerungen bestehen u.a. aus C3 und liegen intramembranär. In der Elektronenmikroskopie (s. Foto) sind die charakteristischen elektronendichten Ablagerungen in der Basalmembran (*„dense deposits"*) erkennbar. In beiden Formen der MPGN zeigt die Kapillarwand eine Doppelkontur (*„tram track"*, Tramschieneneffekt), da sich mesangiale Matrix zwischen Basalmembran und Endothelzellen lagert.
Die Erkrankung hat eine schlechte Prognose, insbesondere der Typ II. Nur etwa 30 % der Patienten entwickeln keine Niereninsuffizienz. Eine effektive Therapie gibt es nicht. Der Stellenwert der Kortikosteroide ist umstritten.
Bei SLE oder hepatitisassoziierten Glomerulonephritiden kann eine Therapie mit dem monoklonalen anti-CD20-Antikörper effektiv sein (s. a. S. 290).

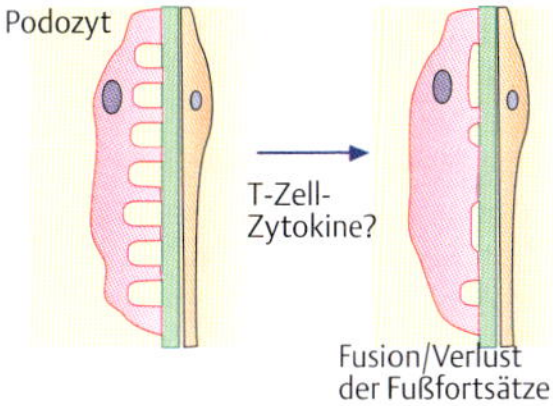

Verlust der Fußfortsätze
↓
Albuminurie
↓
Lipidansammlung in Tubulum-Zellen
↓
Nephrotisches Syndrom

gutes Ansprechen auf Kortikosteroide, gute Prognose

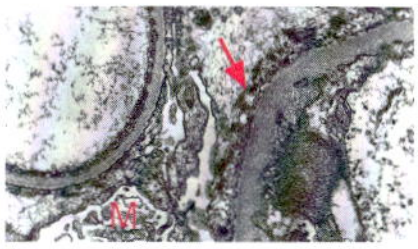

Elektronen-Mikroskopie

A. GN mit minimalen Veränderungen

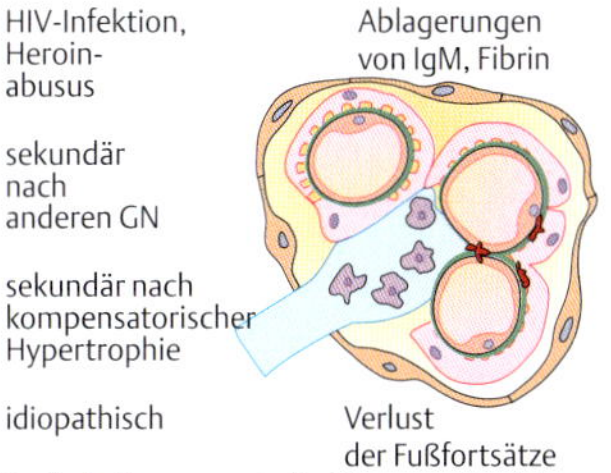

Schädigung der Epithelzelle
↓
Ablagerung von Proteinen, Lipiden, Fibrin
↓
mesangiale Proliferation

schlechtes Ansprechen auf Kortikosteroide

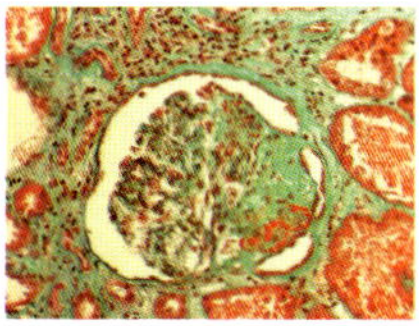

segmentaler Befall

B. Fokalsegmentale Glomerulosklerose

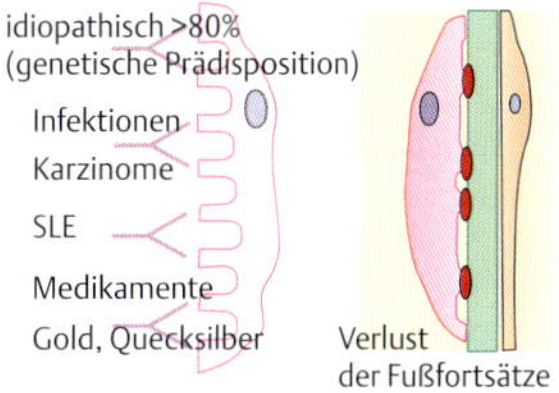

Verdickung der Basalmembran
↓
nicht-selektive Proteinurie
↓
40% progressiver Verlauf mit Niereninsuffizienz

schlechtes Ansprechen auf Kortikosteroide

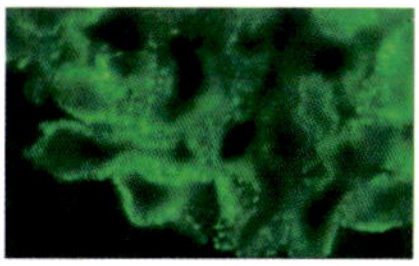

granuläre IgG-Ablagerung

C. Membranöse Glomerulonephritis

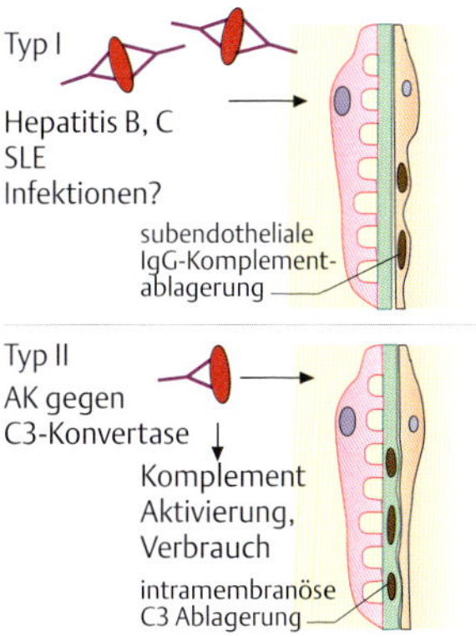

Nephrotisches Syndrom/ akute Nephritis
↓
40% progressive Niereninsuffizienz

30% partielle Niereninsuffienz

30% persistierendes nephrotisches Syndrom

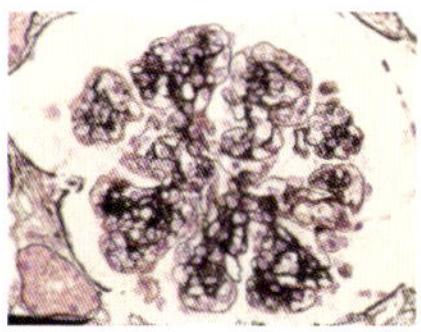

Tramschieneneffekt

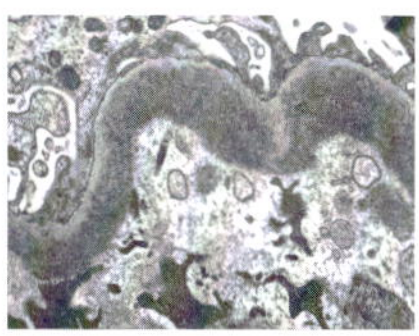

EM: „Dense deposits"

D. Membranoproliferative GN (MPGN)

Klinik

A. Postinfektiöse (akut proliferative) Glomerulonephritis

Prototyp dieser Erkrankung ist die Poststreptokokken-GN, aber auch Pneumokokken, Staphylokokken und Viren können das Krankheitsbild verursachen. Typischerweise kommt es wenige Wochen nach einer Streptokokken-Pharyngitis oder -Hautinfektion zu Fieber und Hämaturie. IgG-haltige Immunkomplexe und Komplement lagern sich an der subepithelialen Seite der Basalmembran ab. Histologisch zeigt sich ein sehr zellreiches Bild mit diffuser Proliferation von Endothel- und Mesangialzellen sowie einer Vermehrung der Leukozyten in den Kapillarlumina. Der Krankheitsverlauf ist günstig, besonders bei Kindern. Sie entwickeln nur selten eine chronische Niereninsuffizienz, während ca. 50 % der Erwachsenen einen chronisch progredienten Verlauf zeigen.

B. Rasch progrediente Glomerulonephritis

Die *rasch progrediente Glomerulonephritis* (*RPGN*) ist eher ein Syndrom als eine spezifische Erkrankung. Unabhängig von der Ätiologie kommt es zur Bildung von *„Halbmonden"* in den Glomerula. Diese entstehen nach Durchsickern von Fibrin in den Harnraum infolge Proliferation der parietalen Epithelzellen der Bowmann-Kapsel und Infiltration mit Monozyten und Makrophagen. Immunhistologisch werden 3 Typen unterschieden:

Beim *Typ I* werden Autoantikörper gebildet, die gegen die Basalmembran gerichtet sind. In einigen Fällen kreuzreagieren die Antikörper mit der Basalmembran der Alveolen und verursachen das sog. Goodpasture-Syndrom mit Niereninsuffizienz und pulmonalen Blutungen. Immunhistologisch (s. Foto) sieht man eine diffuse lineare Ablagerung von IgG, oft auch von C3, entlang der glomerulären Basalmembran.

Beim *Typ II* kommt es zur Ablagerung von Immunkomplexen. Diese Form der RPGN wird bei schwer verlaufender Streptokokken-Nephritis, IgA-Nephropathie, SLE, Purpura Schönlein-Henoch oder als idiopathisches Krankheitsbild beobachtet.

Beim *Typ III* werden weder Anti-GBM-Antikörper noch Immunkomplexe nachgewiesen, daher das Attribut „pauci immun". Oft liegt eine Vaskulitis mit anti-Granulozyten-Antikörpern vor (ANCA, s. S. 210).

Klinisch verläuft die RPGN als nephritisches Syndrom mit Oligurie und akuter Niereninsuffizienz. Die Prognose hängt von der Zahl der beteiligten Glomerula ab. Eine aggressive immunsuppressive Therapie kann erfolgreich sein, bei Anti-GBM Antikörpern ist eine Plasmapherese indiziert. In letzter Zeit wurden gehäuft Erfolge mit dem monoklonalen anti-CD20-Antikörper Rituximab (s. a. S. 290) beobachtet.

C. IgA-Nephropathie

Die IgA-Nephropathie ist die häufigste glomeruläre Erkrankung weltweit. Typischerweise tritt sie bei Kindern und Jugendlichen nach einem grippalen Infekt auf. Eine genetische Prädisposition wird vermutet. Definiert wird das Krankheitsbild durch Ablagerung von IgA im Mesangium (s. Foto). Auch die Purpura Schönlein-Henoch führt zu IgA-Ablagerungen, die dann aber auch in Gastrointestinaltrakt, Gelenken und Haut nachweisbar sind. Die mesangialen IgA-Immunkomplexe führen zur Aktivierung des alternativen Komplementweges und zur Zellproliferation. Je nach Schweregrad können fokal-segmentale Veränderungen (s. S. 244), aber auch Halbmonde mit dem Bild einer RPGN, entstehen. Kinder haben eine gute Prognose, bei Erwachsenen ist die Erkrankung chronisch progredient. Mehr als 50 % der Patienten entwickeln eine terminale Niereninsuffizienz.

D. Tubulo-interstitielle Nephritis

Bei Infektionen, nach Medikamenteneinnahme oder auch ohne erkennbare Ursache kann es zu entzündlichen Veränderungen im Interstitium kommen. Klinisch zeigen sich Allgemeinsymptome, Oligurie und akute Niereninsuffizienz, wobei eine Dehydratation das Krankheitsbild weiter verschlechtert. Morphologisch ist eine Infiltration von mononukleären Zellen, Granulozyten und Eosinophilen (s. Foto) im Interstitium sichtbar, bei protrahierter Medikamentenexposition können Granulome entstehen. Man nimmt eine Hypersensitivitätsreaktion vom verzögerten Typ an. Möglicherweise spielt auch eine Typ-I-Hypersensitivitätsreaktion eine Rolle, da einige Patienten eine IgE-Vermehrung aufweisen. Nach Absetzen der Medikamente kann sich das Krankheitsbild völlig normalisieren.

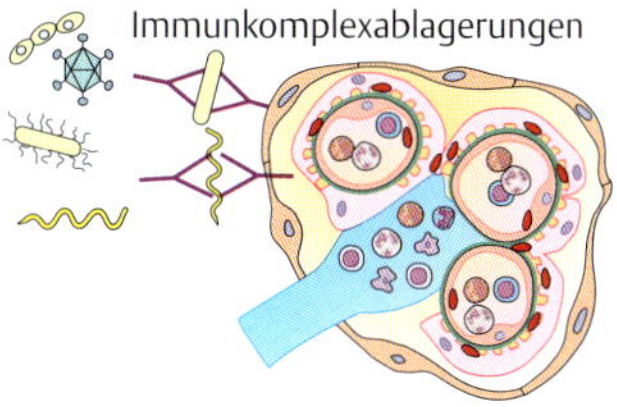

allg. Symptome, Hämaturie
↓
Hyperzellularität in allen Glomerula

Kinder	Erwachsene
> 80% Heilung	~50% Heilung

keine spezifische Therapie möglich

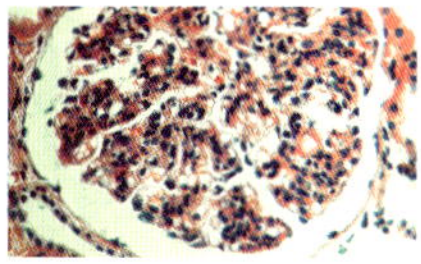

Hyperzellularität

A. Postinfektiöse (akut proliferative) GN

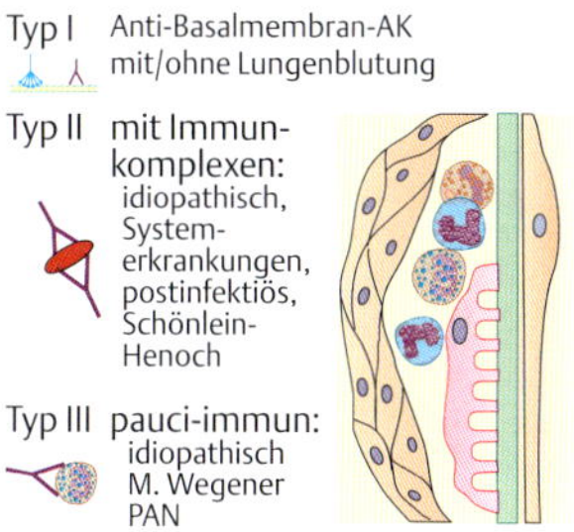

akuter Beginn
Oligurie, Azotämie
↓
90% Niereninsuffizienz

aggressive Immunsuppression:
hochdosierte Steroide
Cyclophosphamid

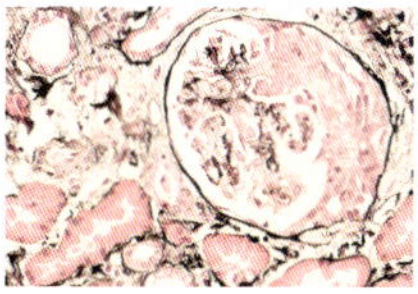

Halbmond

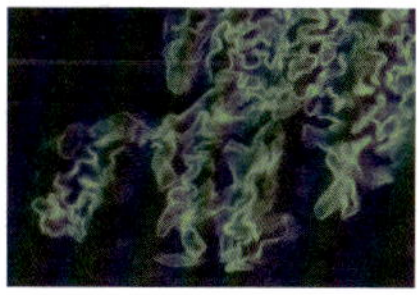

lineare IgG-Ablagerung

B. Rasch progrediente GN

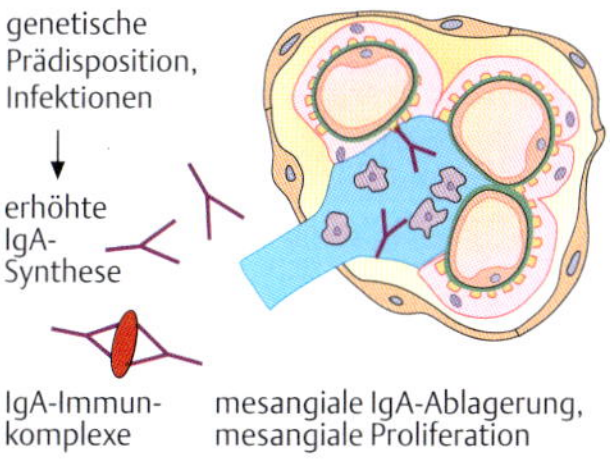

Infekt der Atemwege
↓
Hämaturie, Nierenschmerzen

Kinder	Erwachsene
hohe Heilungsrate	langsam progredient

keine spezifische Therapie möglich

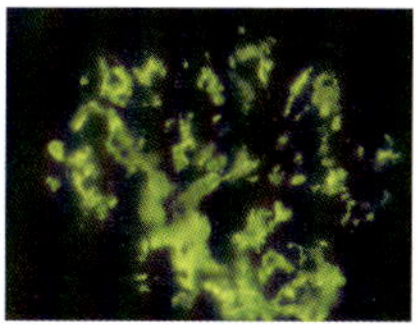

IgA-Ablagerung

C. IgA-Nephropathie

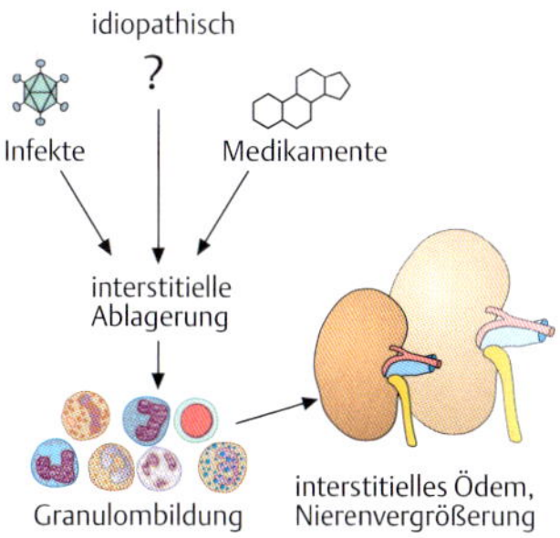

Medikament-Einnahme
↓
Fieber, Eosinophilie, Exanthem (25%)
↓
Nierenschädigung (Hämaturie, Proteinurie, Leukozyturie)
↓
Niereninsuffienz (Cave Dehydratation)

Rehydration
Steroide??

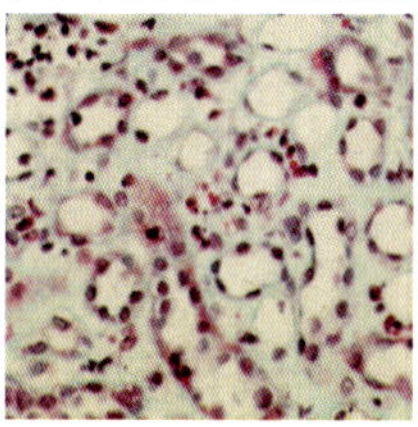

eosinophile Infiltrate

D. Tubulo-interstitielle Nephritis

A. Autoantigene der Schilddrüse

Das im Hypophysenvorderlappen gebildete Thyroidea-stimulierende Hormon (TSH) bindet an den TSH-Rezeptor (TSHR) der Schilddrüsenzellen. Daraufhin werden Jodid zu Jod (I_2) oxidiert und an Tyrosin gekoppelt sowie Monojodtyrosin (MJT) und Dijodtyrosin (DJT) an Thyreoglobulin (TG) gebunden und durch die thyreoidale Peroxidase (TPO) zu Trijodthyronin (T_3) und Tetrajodthyronin (T_4) umgewandelt. Nach Abspaltung des TG werden T_3 und T_4ins Blut abgegeben. Im Blut von Patienten mit Schilddrüsenerkrankungen können Antikörper gegen alle erwähnten Proteine gefunden werden.

B. Wichtigste Autoantikörper

Pathogenetisch relevant sind v. a. die Autoantikörper, die gegen den TSHR gerichtet sind. Sie können die Funktion des TSH *imitieren* (**T**hyreoidea-**s**timulierendes **I**mmunglobulin, **TSI**) und so zu einer Überfunktion der Schilddrüse (Hyperthyreose) führen oder aber die Stimulation durch TSH komplett *hemmen* (**T**hyreoidea-**S**timulation **b**lockierendes **I**mmunglobulin, **TSBI**) und so eine Unterfunktion (Hypothyreose) verursachen. Eine dritte Antikörpergruppe (**TSH**-**B**indung-**i**nhibierende **I**mmunglobuline, TBII) kann den TSHR ebenfalls stimulieren, verhindert aber dabei die Bindung des natürlichen TSH, was sowohl zur Hyper- als auch zur Hypothyreose führen kann.

C. Morbus Basedow

Prototyp der *immunogenen Hyperthyreose* ist der Morbus Basedow, der bevorzugt bei Frauen auftritt und mit den Haplotypen HLA-DR3 und HLA-B8 assoziiert ist. Erkrankte haben eine diffus vergrößerte Schilddrüse (Struma), typisch sind auch hervortretende Augen (Exophthalmus) und eine Hautverdickung, das prätibiale Myxödem, das durch die Einlagerung von Mukopolysacchariden entsteht. Die vermehrt ausgeschütteten Schilddrüsenhormone T_3 und T_4 erhöhen die Empfindlichkeit für Katecholamine, was zu Nervosität, vermehrtem Schwitzen, Wärmeintoleranz, Gewichtsverlust, Diarrhoe, Tremor und Tachykardie führt.

Die Autoimmunität gegen den TSHR wird vermutlich durch virale Antigene ausgelöst, die eine hohe Homologie mit dem TSHR aufweisen (**2.**). T-Zellen vom T_H2-Typ induzieren über IL-4 und IL-6 die Plasmazell-Differenzierung und Antikörperbildung. Diese Autoantikörper (TSI) wirken agonistisch auf den TSHR, ihre Stimulation hält aber länger an als die durch TSH. Weiterhin lassen sich bei Patienten mit Morbus Basedow TBII nachweisen (**B.**). Sie blockieren die Bindung des TSH im Bereich der gesamten extrazellulären Domäne des TSHR. Je nach Ausprägung zeigen die Patienten eine Hyper-, Eu- oder Hypothyreose.

Die *endokrine Orbitopathie* (**3.**) tritt vorwiegend in Zusammenhang mit einem Morbus Basedow auf, kann aber auch eigenständig vorkommen. Der Exophthalmus (s. Foto) entsteht durch Ödem der äußeren Augenmuskeln (s. Computertomographiebild), eine Vermehrung des retroorbitalen Bindegewebes und eine Infiltration mit Leukozyten. Retroorbitale Fibroblasten scheinen TSHR-ähnliche Moleküle sowie Adhäsionsmoleküle zu exprimieren, die sie für TSHR-Autoantikörper empfänglich machen. Pilotstudien suggerieren eine Wirksamkeit von monoklonalen anti-TNF-Antikörpern bei dieser Krankheitsmanifestation (s. a. S. 286).

D. Hashimoto-Thyreoiditis

Die Zerstörung der Schilddrüse durch eine Hashimoto-Thyreoiditis ist häufiger Grund für eine *Hypothyreose*, die sich in Form von Müdigkeit, Kälteintoleranz, Bradykardie und Gewichtszunahme manifestiert (**E.**). Das Myxödem ist ein generalisiertes Hautödem, das v. a. im Gesicht leicht zu erkennen ist (s. Foto). Es ist durch Verquellung von Mukopolysacchariden in der Haut bedingt. Verantwortlich für die Thyreoiditis scheinen T-Zellen vom T_H1-Typ zu sein, die TNF, IL-2 und IFN-γ freisetzen und dadurch $CD8^+$-T-Zellen stimulieren, das Schilddrüsengewebe zu zerstören. Vermutlich kommt es erst durch die T-Zell-vermittelte Schädigung der Schilddrüsenzellen zur Freisetzung von Antigenen und zur sekundären Bildung von TPO- oder TG-spezifischen Autoantikörpern. In der Schilddrüse ist eine lymphozytäre Infiltration, teilweise mit Lymphfollikeln (s. Foto) nachweisbar. Die meist weiblichen Patienten, bei denen gehäuft eine HLA-DR3- und -DR5-Assoziation beobachtet wurde, sind oft lange symptomfrei und werden erst nach fortgeschrittener Zerstörung der Schilddrüsenfollikel auffällig.

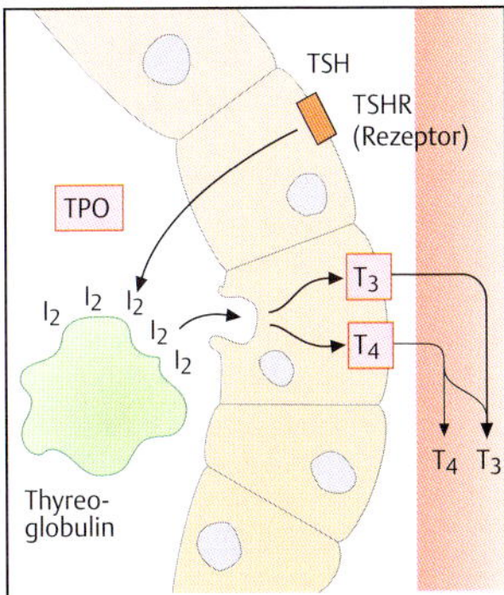

A. Autoantigene der Schilddrüse

Target	AK	Effekt des AK
Thyreoglobulin (TG)	TG-AK	
Mikrosomales Antigen, Thyroid-peroxidase TPO	TPO-AK	Verminderte Jodierung von TG
	TSI	Thyroidea-stimulierendes Immunglobulin: Hyperthyreose (M. Basedow)
	TBII	TSH-Bindung-inhibierendes Immunglobulin: Hyper- oder Hypothyreose
	TSBI	Thyreoidea-Stimulation blockierendes Immunglobulin: Hypothyreose

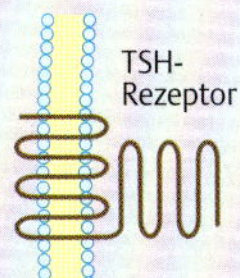

B. Wichtigste Autoantikörper

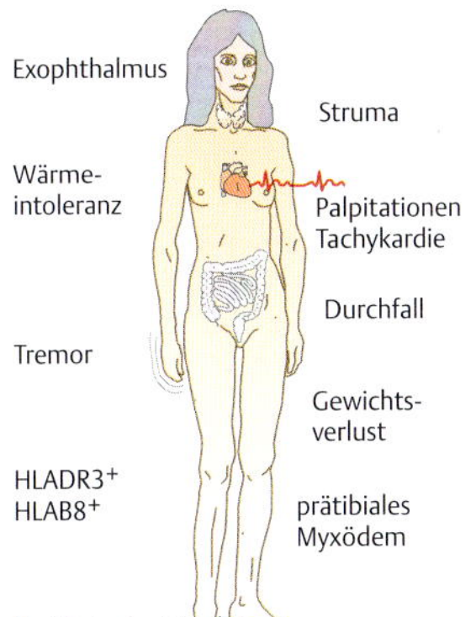

1. Klinische Zeichen

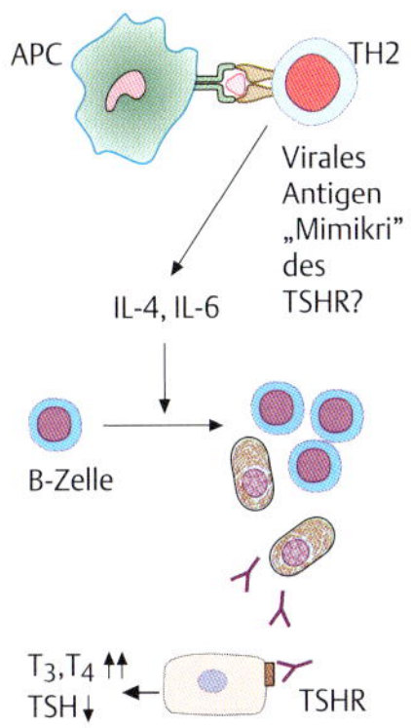

2. Immunpathogenese

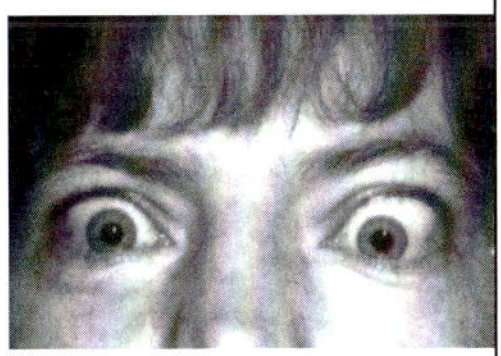

Exophthalmus

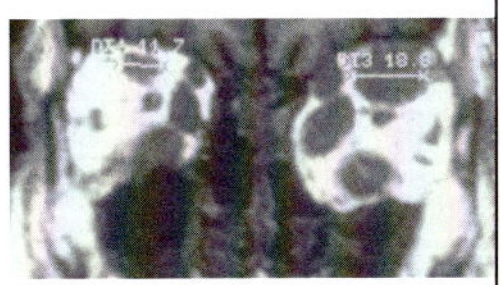

CT der Augenmuskeln

3. Endokrine Orbitopathie

C. M. Basedow

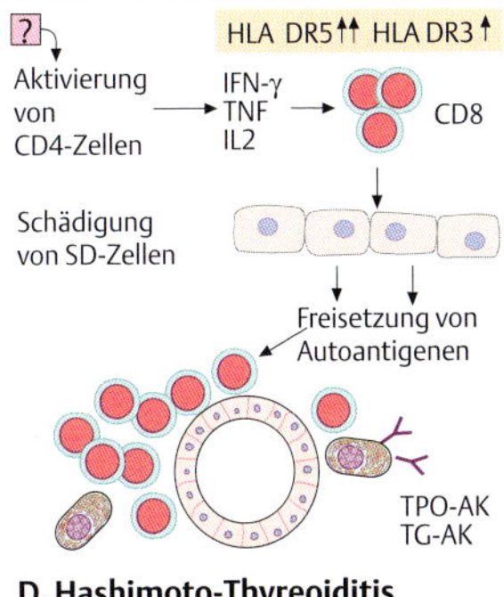

D. Hashimoto-Thyreoiditis Immunpathogenese

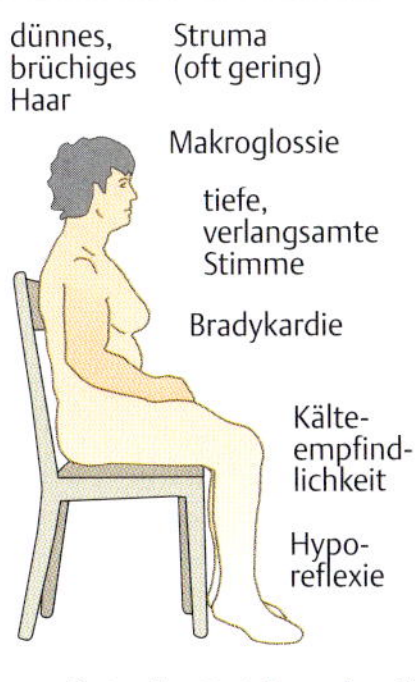

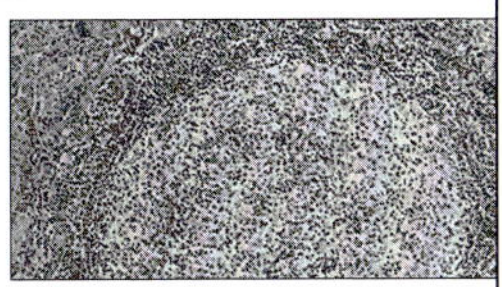

Hashimoto (Histologie)

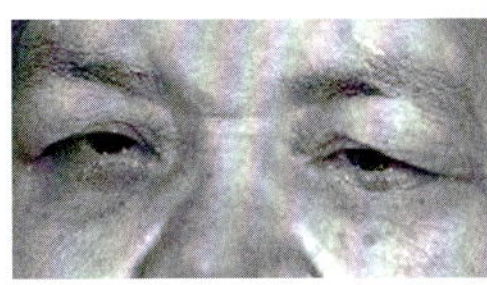

Myxödem

E. Klinische Zeichen der Hypothyreose

Das Stoffwechselhormon Insulin reguliert die Aufnahme von Glukose aus dem Blut in die Zellen. Patienten mit Diabetes mellitus können entweder durch *Insulinmangel* (*Typ-I, Insulinabhängiger Diabetes mellitus, IDDM*) oder aufgrund einer *Resistenz gegenüber Insulin* (*Typ-II-Diabetes*) Glukose nicht aufnehmen. Der Typ-I-Diabetes entsteht in den meisten Fällen durch eine pathologische Autoimmunreaktion.

A. Klinische Manifestationen

Der *Typ-I-Diabetes* tritt meist bei jüngeren Patienten auf. Da Glukose nicht in die Zellen aufgenommen werden kann, steigt dessen Blutkonzentration an und erhöht die Plasmaosmolarität. Dies wiederum führt zu osmotischer Diurese mit häufigem Wasserlassen (Polyurie), Durst und verstärktem Trinken (Polydipsie). Die Patienten haben vermehrt Hunger (Polyphagie), verlieren aber an Gewicht, da sie Glukose nicht verwerten können. Fettsäuren werden aus dem Fettgewebe freigesetzt und zu Ketonkörpern metabolisiert, die den Körper übersäuern (metabolische Azidose). Spätfolgen sind v. a. Gefäßschäden (diabetische Mikroangiopathie aufgrund vermehrter Glykosilierung der kapillaren Basalmembran), die zu Schlaganfall, Nierenversagen, Blindheit und Herzversagen führen können.

B. Genetische Prädisposition bei IDDM

HLA-DQ- und -DR-Allele, bei denen sich Serin, Alanin oder Valin in Position 57 der β-Kette befindet, erhöhen das Risiko für IDDM. Die Inzidenz des IDDM ist reduziert, wenn sich dort Aspartat befindet. Scheinbar werden von den „diabetogenen Allelen" Peptide gebunden, die in Position 9 eine negative Ladung haben. Diabetes-resistente Allele mit Aspartat in Position 57 hingegen binden Peptide, die in Position 9 ein positiv geladenes Serin, Glycin oder Alanin tragen. Solche Peptide scheinen die Immunantwort in Richtung einer T_H2-Anwort zu verändern, negativ geladene eher eine zytotoxische Immunantwort vom T_H1-Typ induzieren.

C. Hypothetische Pathogenese

Im Serum von IDDM-Patienten sind Autoantikörper gegen verschiedene *Inselzell-Autoantigene* wie Insulin, Hitzeschockprotein 60 (hsp60) und v. a. Glutamat-Decarboxylase 65 (GAD65) nachweisbar. Da Coxsackie-Viren-Proteine eine starke Homologie zum GAD65-Antigen haben, wird vermutet, daß kreuzreagierende Antikörper gebildet werden. Diese verursachen zunächst eine Entzündung außerhalb der Beta-Inseln des Pankreas (Periinsulitis). Dadurch werden Antigen-präsentierende Zellen rekrutiert, die Antigene der beschädigten Inselzellen aufnehmen und eine T-zelluläre Antwort nun auch innerhalb der Beta-Inseln (Intrainsulitis) induzieren. Bei Menschen mit prädisponierenden HLA-Allelen dominiert die zytotoxische T_H1-Antwort. Von der primären Infektion bis zur Entwicklung des vollen Krankheitsbildes können Jahre vergehen, da kleine Mengen an Insulin zunächst ausreichen, um die Symptome zu verhindern. Bei Patienten mit neu diagnostiziertem IDDM ist daher eine immunsuppressive Therapie potentiell interessant. Studien mit monoklonalen Antikörpern, Cyclosporin A und Mycophenolat-Mofetil werden gegenwärtig durchgeführt.

D. Autoimmune polyglanduläre Syndrome (APS)

APS entstehen entweder durch multiple genetische Defekte oder durch eine Immunreaktion gegen Antigene, die in mehreren endokrinen Organen exprimiert werden. Das *APS Typ I* tritt meist bei Jugendlichen auf und zeigt sich als Nebennierenrindeninsuffizienz (Immunreaktion gegen die 21-Hydroxylase, 21-OH), Hypoparathyreoidismus (Autoantikörper gegen einen Kalzium-Sensor der Nebenschilddrüse) sowie rezidivierende mukokutane Candidainfektionen. Fakultativ tritt ein Hypogonadismus durch Autoantikörper gegen das P-450-side-chain cleavage enzyme (p450scc) und gegen das 17-α-OH-Enzym auf. Außerdem ist manchmal eine chronisch aktive Hepatitis assoziiert (Autoantikörper gegen mikrosomale Antigene in Leber und Niere). Schließlich kann auch eine perniziöse Anämie durch Autoantikörper gegen Intrinsic factor (s. S. 224) auftreten.

Beim altersunabhängigen *APS Typ II* treten eine Nebennierenrindeninsuffizienz und eine autoimmune Schilddrüsenerkrankung gleichzeitig auf (s. S. 248). In 50 % der Fälle ist auch ein IDDM assoziiert. Beim APS Typ III handelt es sich um die Verbindung von Schilddrüsenerkrankung mit anderen Autoimmunkrankheiten ohne das Auftreten einer Nebenniereninsuffizienz.

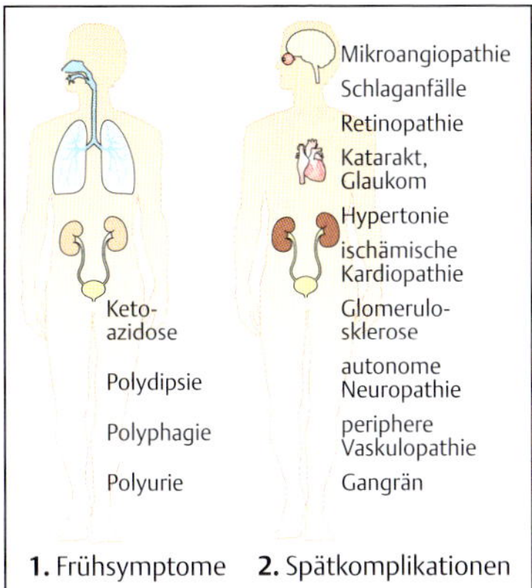

A. Klinische Manifestationen

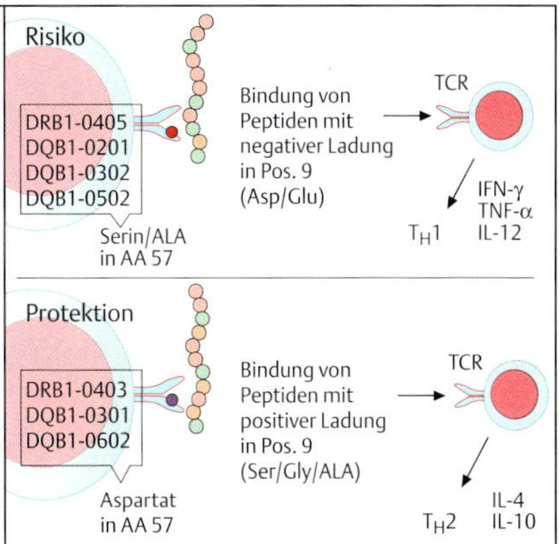

B. Genetische Kontrolle

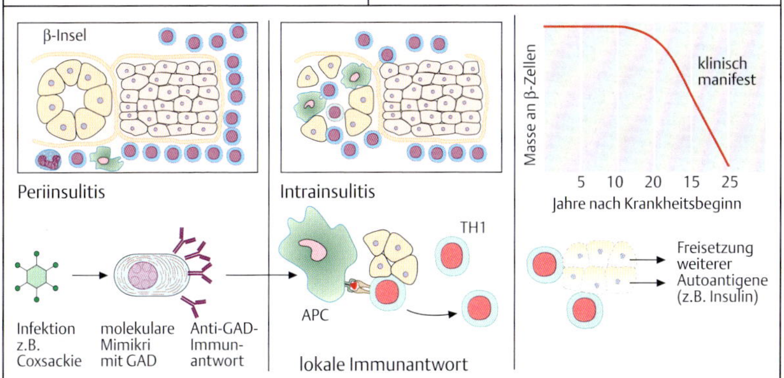

C. Hypothetische Pathogenese

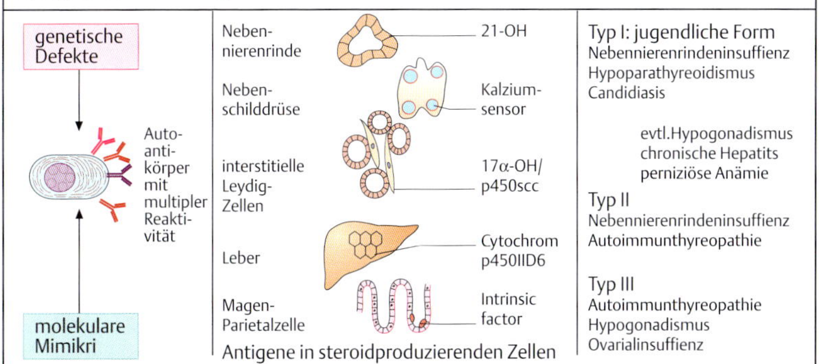

D. Autoimmune polyglanduläre Syndrome (APS)

A. Rheumatisches Fieber

Das *rheumatische Fieber* (*RF*) ist ein (heute in den entwickelten Ländern seltener gewordener) entzündlicher Prozeß mit Beteiligung von Herz, Gelenken, Haut und ZNS (**1.**), der etwa 1-3 Wochen nach einer Tonsillitis mit Streptokokken der Gruppe A auftritt. Die akuten Beschwerden dauern Wochen bis mehrere Monate an, ihre Folgen sind teilweise irreversibel: Die Fibrosierung der Herzklappen ist weltweit die häufigste Ursache einer erworbenen Herzerkrankung bei Kindern und Jugendlichen. Am häufigsten finden sich eine Karditis und Polyarthritis. Die Karditis kann sich am Endokard (Herzklappen), Myokard und Perikard abspielen, typisch ist der Mitralklappenbefall. Die Arthritis ist eine wandernde Polyarthritis, v. a. der großen Gelenke. In 20 % der Fälle treten unbeabsichtigte Muskelkoordinationsstörungen und emotionale Labilität auf, die sog. Sydenham-Chorea. Seltener sind nichtjuckende fleckförmige Hautrötungen mit blassem Zentrum (Erythema marginatum) sowie subkutane Knötchen an den Streckseiten der Gelenke. Diese Krankheitsmanifestationen bilden die Hauptkriterien zur Diagnosesicherung (sog. Jones-Kriterien), als Nebenkriterien gelten Fieber, erhöhte Blutkörperchensenkung (BKS), erhöhtes C-reaktives Protein sowie eine verlängerte PR-Überleitung im EKG.

Eine Pharyngotonsillitis durch β-hämolysierende Streptokokken der Gruppe A geht dem RF stets voraus (**4.**). Nur etwa 3 % der unbehandelten akuten Streptokokken-Pharyngitiden führen jedoch zum RF, Streptokokkeninfektionen der Haut nie. Nur virulente verkapselte Stämme, die eine starke Immunantwort gegen Streptokokkenantigene (**2.**) induzieren, können es verursachen. Hauptsächlich handelt es sich dabei um Streptokokkenstämme der M-Typen 1, 3, 5, 6 und 18. Die Streptokokkenantigene kreuzreagieren mit humanem Herzgewebe, insbesondere sarkolemmalen Proteinen und kardialem Myosin, aber auch mit antigenen Stukturen der Gelenke oder des Gehirns. Epidemiologische Studien konnten eine familiäre Disposition zeigen, die mit den HLA-Haplotypen HLA-DR1, 2, 3 und 4 verbunden ist.

Die Granulome des RF werden Aschoff-Knötchen genannt und treten typischerweise am Herzen in der Nähe kleiner Gefäße auf (**3.**). Zentral zeigen sie eine fibrinoide Nekrose (Degeneration von Kollagen) mit gebündelten Muskelfasern, die von mononukleären Zellen und fibrohistizytären Aschoff-Zellen, teils auch mehrkernigen Aschoff-Riesenzellen umgeben ist. Sie entstehen durch direkte Zellschädigung und Immunkomplexbildung nach rascher Bildung von Antikörpern gegen verschiedene kreuzreagierende Streptokokkenantigene. Diese Immunreaktion wird im Rahmen der Pharyngitis in den lokalen Lymphknoten induziert (**4.**).

B. Myokarditis

Eine *Myokarditis* kann durch verschiedene Erreger verursacht werden. Meist liegt eine Infektion durch Coxsackieviren vor, in Südamerika hingegen sind es Parasiten (Chagas-Krankheit durch Trypanosoma cruzi). In der Initialphase repliziert sich der Erreger in den Myozyten, was zur Zell-Lyse und Myonekrose führt. Auf den Myozyten werden MHC-Moleküle und Zelladhäsionsmoleküle, insbesondere ICAM-1 induziert, virale Antigene werden lokal präsentiert, mit Induktion einer humoralen und zellulären Immunantwort. TNF fördert die Generierung von zytotoxischen T-Zellen, kreuzreagierende Antikörper verstärken die Zellschädigung. Durch die Zerstörung des Myokards werden dem Immunsystem bisher nicht vertraute intrazelluläre Proteine wie Myosin freigesetzt. Hochdosierte Immunglobuline sind bei einigen Patienten wirksam, aber auch die Depletion von Autoantikörpern mittels Immunadsorption hat therapeutische Wirksamkeit.

C. Dressler-Syndrom und Post-Perikardiotomie-Syndrom

Das *Post-Myokardinfarkt-(Dressler)-Syndrom* ist eine akute Erkrankung mit Fieber, Perikarditis und Pleuritis, die meist 2-3 Wochen bis Monate nach einem akuten Herzinfarkt auftritt. Das *Post-Perikardiotomie-Syndrom* zeigt die gleichen Symptome und erscheint binnen 2 Wochen nach einer Herzoperation. Bei beiden Erkrankungen werden anti-myokardiale Antikörper induziert, die zu Fieber und Entzündung des Perikards führen. Da ein starker Entzündungsstimulus aber fehlt, ist der Autoimmunprozeß selbstlimitiert und läßt sich mit Bettruhe und nicht-steroidalen Antiphlogistika behandeln.

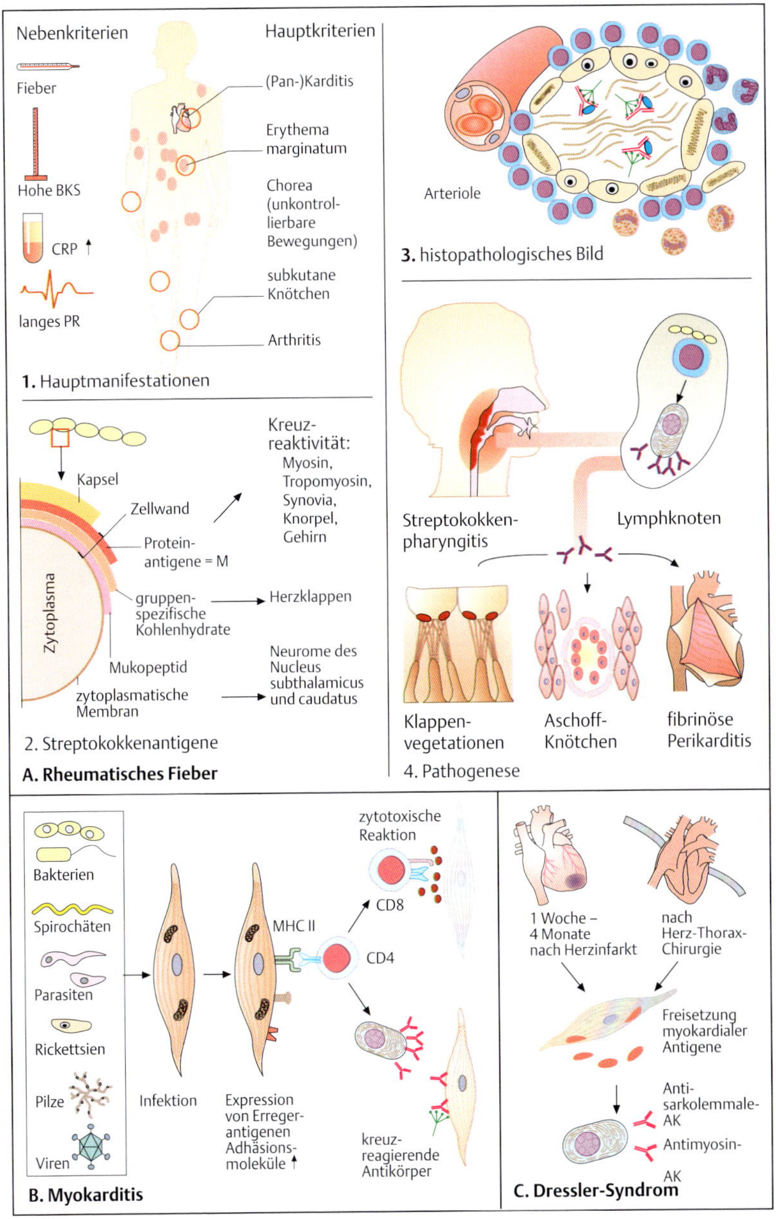
Nebenkriterien
Hauptkriterien
Fieber
Hohe BKS
CRP ↑
langes PR
(Pan-)Karditis
Erythema marginatum
Chorea (unkontrollierbare Bewegungen)
subkutane Knötchen
Arthritis
1. Hauptmanifestationen
Kapsel
Zellwand
Protein-antigene = M
gruppen-spezifische Kohlenhydrate
Mukopeptid
zytoplasmatische Membran
Zytoplasma
Kreuz-reaktivität:
Myosin,
Tropomyosin,
Synovia,
Knorpel,
Gehirn
Herzklappen
Neurome des Nucleus subthalamicus und caudatus
2. Streptokokkenantigene
Arteriole
3. histopathologisches Bild
Streptokokken-pharyngitis
Lymphknoten
Klappen-vegetationen
Aschoff-Knötchen
fibrinöse Perikarditis
4. Pathogenese
A. Rheumatisches Fieber
Bakterien
Spirochäten
Parasiten
Rickettsien
Pilze
Viren
Infektion
Expression von Erreger-antigenen Adhäsions-moleküle ↑
MHC II
zytotoxische Reaktion
CD8
CD4
kreuz-reagierende Antikörper
B. Myokarditis
1 Woche – 4 Monate nach Herzinfarkt
nach Herz-Thorax-Chirurgie
Freisetzung myokardialer Antigene
Anti-sarkolemmale-AK
Antimyosin-AK
C. Dressler-Syndrom

Die *Multiple Sklerose* (*MS*) ist eine Erkrankung unbekannter Ätiologie des ZNS, charakterisiert durch multiple Entmarkungsherde (Plaques), die in *Skleroseareale* übergehen.

A. Morphologisches/histopathologisches Korrelat

In den Demyelinisierungsarealen wird die lipidreiche Isolationsschicht der zentralen Nervenfortsätze (Axone), die von den Oligodendrozyten gebildet wird, abgebaut. Mikroskopisch findet sich in Frühläsionen (**1.**) eine perivenuläre lymphoplasmozelluläre Infiltration mit Demyelinisierung einzelner Axone. In Spätläsionen sind mehrere Axone betroffen (**2.**). Man findet Gliafibrillen und „Fettkörnchenzellen", welche das Myelin phagozytiert haben und aus Mikrogliazellen (Phagozyten des ZNS) und eingewanderten Makrophagen bestehen. Im Kernspintomographiebild sieht man Entmarkungsherde, die im Verlauf der Erkrankung ihre Lokalisation ständig ändern (**3.**).

B. EAE (experimentelle Autoimmunenzephalomyelitis)

Injiziert man Versuchstieren gereinigte Myelinproteine wie **m**yelin**b**asic **p**rotein (**MBP**), **P**roteo**l**ipid**p**rotein (**PLP**), **M**yelin-**O**ligodendrozyten-**G**lykoprotein (**MOG**) und **M**yelin-**a**ssoziiertes **G**lykoprotein (**MAG**), so läßt sich ein der MS ähnliches Krankheitsbild hervorrufen. Aktivierte T-Zellen eines auf diese Weise immunisierten Tieres können die Erkrankung in ein gesundes Tier übertragen.

C. Immunpathogenetische Mechanismen

Eine genetische Prädisposition (HLA-Assoziation: DR15/DQ6) kann gemeinsam mit äußeren Einflüssen (vermutet wird ein Virusinfekt, z. B. mit humanem Herpesvirus 6) autoreaktive T-Zellen durch die Bluthirnschranke in das ZNS rekrutieren. Dies wird vermittelt durch die Expression von Adhäsionsmolekülen, sowohl auf der Lymphozytenmembran als auch auf den Endothelzellen. Mikrogliazellen präsentieren Myelinpeptide den aktivierten T-Zellen, die lokal in T_H1- und T_H2-Zellen differenzieren. T_H2-Zellen induzieren B-Zellaktivierung und Produktion von myelinreaktiven Autoantikörpern. Die Autoantikörper können den Myelinabbau verstärken und somit weitere Antigene freisetzen. Sie lassen sich im Liquor als oligoklonale Gammaglobulinfraktion nachweisen. T_H1-Zellen aktivieren Astrozyten, Mikrogliazellen und Makrophagen, die daraufhin IL-1, TNF-α, Stickoxyd (NO), H_2O_2 und freie Radikale freisetzen. Diese Noxen induzieren in den Oligodendrozyten Apoptose und verstärken ihre Phagozytose durch Mikrogliazellen und Makrophagen.

D. Klinik

Die Demyelinisierung der Axone kann die neuronale Signalübertragung hemmen oder steigern, je nachdem, ob stimulierende oder inhibitorische Neurone betroffen sind. Ist sie gehemmt, treten Schwäche der Gliedmaßen, Sehstörungen und Ataxie auf. Ist die Signalübertragung verstärkt, kommt es zu tonischen Kontraktionen, zu Parästhesien und zum sog. Lhermitte-Syndrom (durch Beugung des Nackens ausgelöste elektrisierende Empfindung, die bis in die Beine hinabsteigt). Bei den meisten Patienten beginnt die Erkrankung schubförmig, bei 10-15 % hingegen verläuft die Krankheit von Beginn an chronisch-progressiv. In ca. 25 % ist der Verlauf milde.

E. Therapieansätze

Kortikosteroide sind nach wie vor wichtige Medikamente bei schubförmiger MS (**1.**). Etwa 1/3 der Patienten sprechen auf eine Therapie mit IFN-β an, der genaue Wirkungsmechanismus ist noch nicht geklärt. Statine (lipidsenkende Medikamente) haben im Frühstadium positive Wirkung: Sie reduzieren die Migration von Entzündungszellen. Neuerdings werden auch synthetische Polypeptidmischpräparationen (Glutiramer) verabreicht. Diese imitieren die Struktur von MBP-Antigenen und sollen eine Toleranz wiederherstellen. Azathioprin, ein Purinanalog, vermindert sowohl die Antikörperproduktion als auch die zelluläre Immunreaktion. Auch intravenöse hochdosierte Immunglobuline können den Krankheitsverlauf positiv beeinflussen. Für die Therapie der chronisch-progressiven MS werden stärkere Immunsuppressiva, wie Methotrexat, Cyclophosphamid und Ciclosporin, eingesetzt; auch bei dieser Form ist IFN-β wirksam (**2.**). Experimentelle Therapieansätze bestehen in der Anwendung von Antikörpern gegen Zytokine oder Adhäsionsmolekülen, insbesondere gegen $α_4$-Integrine (s. s. 284). Auch wird versucht, durch veränderte Myelinpeptide myelinreaktive T-Zellen zu anergisieren.

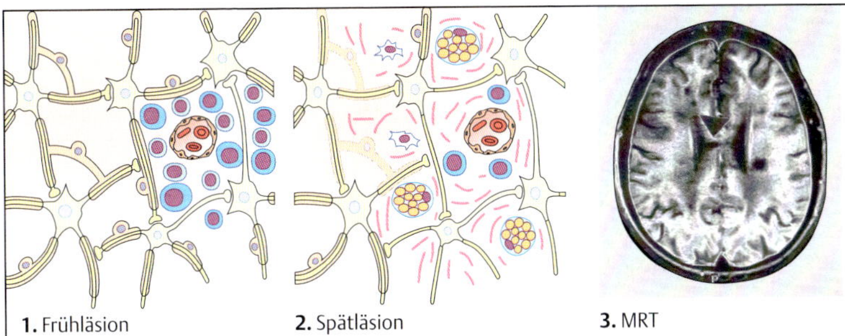

A. Morphologisches/histopathologisches Korrelat

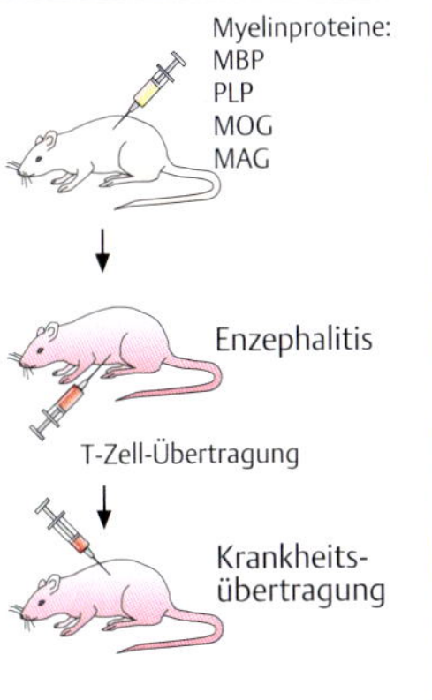

B. EAE (experimentelle Autoimmunenzephalitis)

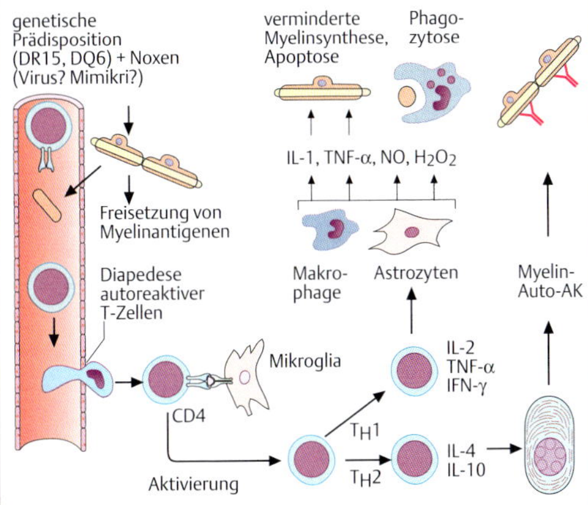

C. Immunpathogenetische Mechanismen

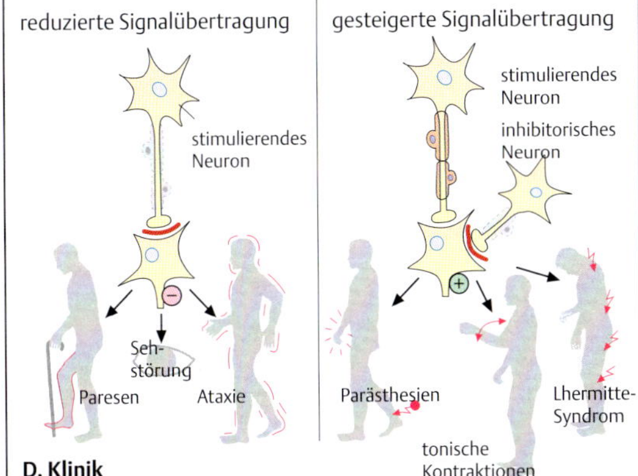

D. Klinik

1. Therapie der schubförmigen MS

   Kortikosteroide, IFN-β, Polypeptide (Glutiramer), Azathioprin, Mitoxantrone, intravenöse Immunglobuline

2. Therapie der progressiven MS

   Mitoxantrone, Cyclophosphamid, Ciclosporin, IFN-β

3. experimentelle Ansätze

   Antizytokintherapie, Antiadhäsionsmoleküle (Natalizumab), Peptidvakzinierung

E. Therapieansätze

A. Guillain-Barré-Syndrom und CIDP

Das *Guillain-Barré-Syndrom* (*akute Polyneuroradikulitis; GBS*) ist eine akute demyelinisierende Entzündung der peripheren Nerven, die durch eine von distal nach proximal aufsteigende motorische Paralyse der Extremitäten-, Augen-, Gesichts- und Atemmuskulatur gekennzeichnet ist (**1.**). Die Prognose ist gut, die meisten Patienten erholen sich vollständig. Die Mortalität liegt bei ca. 5 %. Mehr als 2/3 der Patienten berichten über eine Infektion vor Beginn der Erkrankung, meist durch Campylobacter jejuni, aber auch CMV oder EBV. Deshalb wird als Verursacher eine *molekulare Mimikri* mit peripherem Myelin angenommen (**2.**). Auch chirurgische Eingriffe, die Antigene freisetzen, können vorangehen sowie Lymphome, die zur Proliferation autoreaktiver T-Zellen führen. Als Autoantigene kommen die Myelinantigene P0, P1, P2 sowie Ganglioside in Frage. Aktivierte APC präsentieren das Autoantigen und induzieren sowohl eine T_H1- als auch eine T_H2-Antwort. Aktivierte Makrophagen phagozytieren Myelin und produzieren proinflammatorische Zytokine, reaktive Sauerstoffradikale, Stickoxid und Proteasen. Durch T_H2-Zellen stimulierte Plasmazellen produzieren Autoantikörper gegen Myelin. Da die Autoantikörper wesentlich zur Krankheitsentstehung beitragen, zeigt die Plasmapherese einen positiven Effekt auf den klinischen Verlauf (**3.**). Durch Gabe von hochdosierten intravenös verabreichten Immunglobulinen (*IVIG*) scheint sich der Verlauf noch weiter zu verbessern. Die IVIG enthalten natürlich vorkommende anti-idiotypische Antikörper, welche die Myelin-spezifischen Autoantikörper an der Bindung hindern. Auch sättigen die Immunglobuline die Fc-Rezeptoren der Makrophagen ab, dies hemmt die Phagozytose der Autoantikörper-beladenen peripheren Nervenzellen.

Neben den akuten Neuropathien gibt es eine Reihe von chronischen inflammatorischen demyelinisierenden Polyneuropathien (CIDP): Diese sind durch einen chronisch progressiven Verlauf charakterisiert. Es gibt vorwiegend sensorische und betont motorische Formen.

B. Rasmussen-Enzephalitis

Schwere unbehandelbare epileptische Anfälle mit Demenz und fokaler Entzündung des Gehirns bei zuvor gesunden Kindern werden als Rasmussen-Enzephalitis bezeichnet. Bei einigen Patienten konnten Autoantikörper gegen die Untereinheit 3 des Glutamat-Rezeptors (GluR3) nachgewiesen werden. Glutamat ist ein exzitatorischer zentraler Neurotransmitter, der zur Depolarisation zentraler Neurone führt. Anti-GluR3-Autoantikörper sind Rezeptor-Agonisten und binden wesentlich länger an den Rezeptor als Glutamat selbst. Somit ist die Rezeptorstimulation wesentlich verlängert, was zu massiven epileptischen Nervenentladungen führt.

C. Paraneoplastische neurologische Syndrome

Paraneoplastische neurologische Syndrome entstehen als Immunantwort gegen Antigene, die von Tumorzellen exprimiert werden, aber auch im normalen Nervensystem vorkommen. Oft gehen neurologische Symptome der Diagnose des Tumors voraus. Am besten untersucht ist das Hu-Antigen, ein vorwiegend nukleäres Protein, das in allen zentralen und peripheren Neuronen vorkommt. Hu-Proteine sind in kleinzelligen Bronchialkarzinomen und in Neuroblastomen exprimiert. Antikörper gegen Hu sind mit sensorischer Neuropathie (Denny-Brown-Syndrom) und Enzephalomyelitis assoziiert. Patienten mit kleinzelligem Bronchialkarzinom und niedrigen anti-Hu-Antikörper-Titern ohne manifestes paraneoplastisches Syndrom haben kleinere Tumoren, sprechen besser auf die Therapie an und überleben länger, möglicherweise als Ausdruck einer effektiven anti-tumoralen Immunantwort.

Das neuronale nukleäre Ri-Protein ist im Gegensatz zum Hu-Protein auf das ZNS beschränkt. Es wurde bei Patientinnen mit gynäkologischen Tumoren und Mammakarzinomen identifiziert, die gleichzeitig neurologisch bedingte Augenbewegungsstörungen (Opsoklonus) aufwiesen.

Yo-Proteine werden im Zytoplasma von Purkinjezellen (Neurone der zerebellären Kleinhirnrinde) exprimiert. Sie treten auch in gynäkologischen Tumoren und Mammakarzinomen auf, so daß diese Patientinnen oftmals an einer paraneoplastischen Degeneration des Kleinhirns leiden. Therapeutisch lassen sich die meisten zentralen paraneoplastischen Syndrome durch Plasmapherese und Immunsuppressiva wenig beeinflussen.

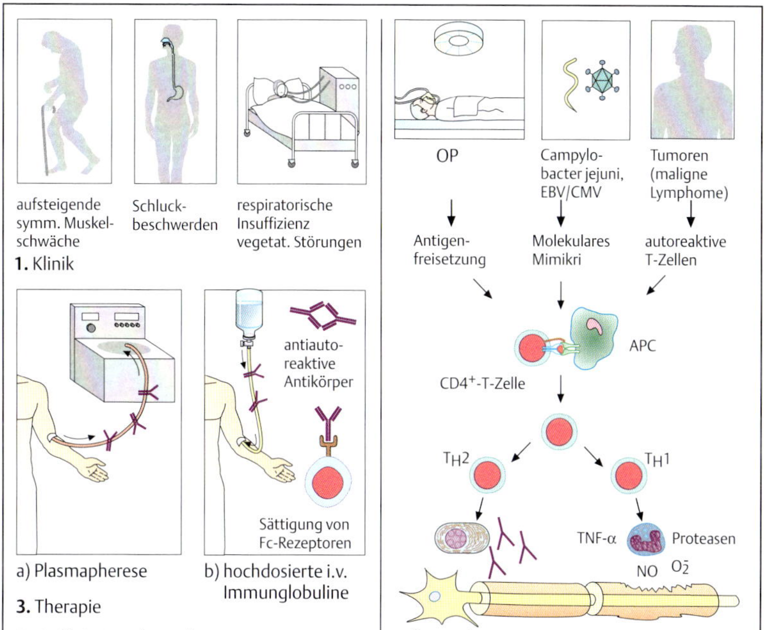

A. Guillain-Barré-Syndrom

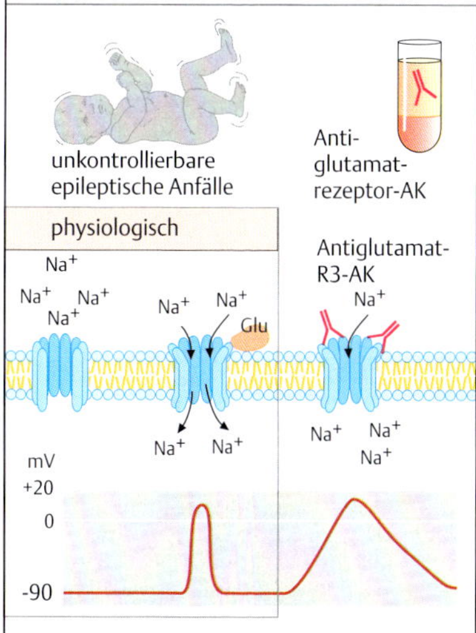

B. Rasmussen-Enzephalitis

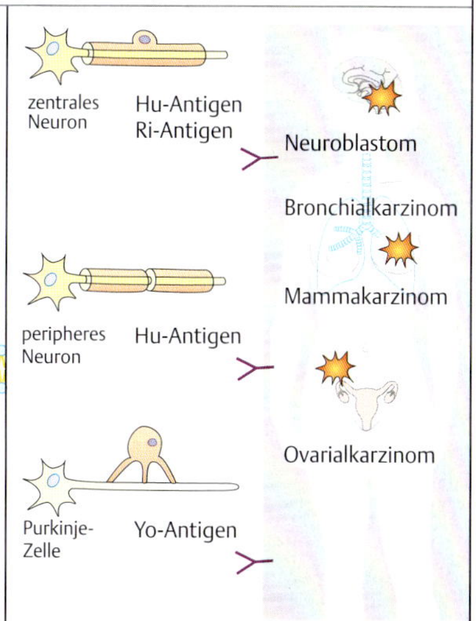

C. Paraneoplastische neurol. Syndrome

A. Myasthenia gravis

1. Klinik: Die *Myasthenia gravis* (*MG*) ist eine Autoantikörper-bedingte fortschreitende belastungsabhängige Schwäche und vorzeitige Ermüdbarkeit der Willkürmuskulatur. Zunächst sind häufig nur die Augenmuskeln betroffen. Typisch ist das Herabhängen der Augenlider (Ptosis): wenn der Patient länger nach oben schaut, sinken die Lider ermüdet langsam herab (s. Fotos). Bei ca. 20 % der Patienten bleibt die Krankheit auf die Augen beschränkt, bei den meisten ist sie jedoch generalisiert (**1.b**). Kauen, Schlucken und sogar Sprechen können erschwert sein. Die MG kann sich auch auf die Extremitäten- und Atemmuskulatur ausbreiten. Bei elekrophysiologischer Messung (**1.c**) zeigt sich ein typisches „Dekrement" des Muskelpotentials nach repetitiver Reizung: Die Potentialamplitude sinkt um mehr als 10 % von der 1. bis zur 5. Reizung. Wird der Test nach Gabe eines Acetylcholinesterasehemmers wiederholt, bleibt die Höhe der Muskelpotentiale konstant, und auch die Ptosis bessert sich.

2. Pathogenese: Erreicht ein Aktionspotential das terminale Axon, wird Acetylcholin (ACh) in den synaptischen Spalt freigesetzt. Dort bindet es an Acetylcholinrezeptoren (AChR). Die Aktivierung der AChR depolarisiert daraufhin die Muskelzelle (**2.a**).

Die nachfolgende Hydrolyse durch Acetylcholinesterase beendet die Depolarisierung. Obwohl ACh normal freigesetzt wird, ist die Effizienz der neuro-muskulären Übertragung bei MG gering. Ursache dafür sind AChR-Antikörper, die die AChR-Funktion durch Komplement-abhängige Lyse der postsynaptischen Membran inhibieren (**2.b**). AChR-Autoantikörper können auch die ACh-Bindungsstelle blockieren. Außerdem wird der AChR nach Internalisierung als Autoantikörper-Rezeptor-Komplex verstärkt abgebaut. Durch Acetylcholinesterasehemmer wird die Konzentration von ACh im synaptischen Spalt aufrechterhalten, was die Symptome vorübergehende bessert. Weitere Autoantigene neben AChR sind Proteine der quergestreiften Muskulatur, wie Aktin, Myosin und Titin.

Bei ca. 30 % der MG-Patienten finden sich thymische meist benigne epitheliale Tumoren (**2.c**). In diesen Thymomen sind Neurofilamente abnorm exprimiert, die gemeinsame Epitope mit AChR und Titin aufweisen. Aufgrund dieser molekularen Mimikri im Thymus werden AChR/Titin-spezifische T-Zellen falsch-positiv selektioniert, außerhalb des Thymus aktiviert und ermöglichen dann die Autoantikörperproduktion.

Ca. 70 % der Patienten mit MG haben eine lympho-follikuläre Thymitis (**2.d**). Die infiltrierenden B-Zellen bilden regelrechte Keimzentren (s. Foto). HLA-B8 und HLA-DR3 sind mit erhöhter Frequenz nachweisbar. Muskelartige Zellen, sog. Myoidzellen, die AChR auf ihrer Oberfläche tragen, befinden sich im Thymus. Sie bilden bei einer Thymitis Aggregate mit dendritischen APC, die vermutlich den $CD4^+$-T-Zellen AChR-Antigene präsentieren können. So werden AChR-spezifische Antikörper primär im Thymus gebildet. Dafür spricht auch, daß Autoantikörper bei Thymitis-assoziierter MG spezifisch die embryonale Form (postpartal nur in Thymus und Augenmuskulatur) des AChR erkennen.

B. Lambert-Eaton-Syndrom

Das *myasthene Lambert-Eaton-Syndrom* (*LES*) ist ein der MG ähnliches Krankheitsbild, betont aber die Becken- und weniger die Gesichtsmuskulatur. Im Gegensatz zur MG treten außerdem vegetative Symptome auf, z. B. Mundtrockenheit und Miktionsstörungen. Beim LES liegen Antikörper gegen Kalziumkanäle an der präsynaptischen Membran vor, die die ACh-Freisetzung verhindern. So bleibt die Erregungsweiterleitung an die postsynaptische Membran aus. Nach Serienreizung steigt die Potentialamplitude durch kurzfristige Aufhebung der präsynaptischen Blockierung jedoch über 100 % an. Das LES wurde zuerst als paraneoplastisches Syndrom bei Patienten v. a. mit kleinzelligem Bronchialkarzinom (in etwa 3 % der Fälle) beschrieben und kann der Tumorerkrankung vorangehen. Es scheint mit den Tumorzellen kreuzreagierende Antikörper zu geben.

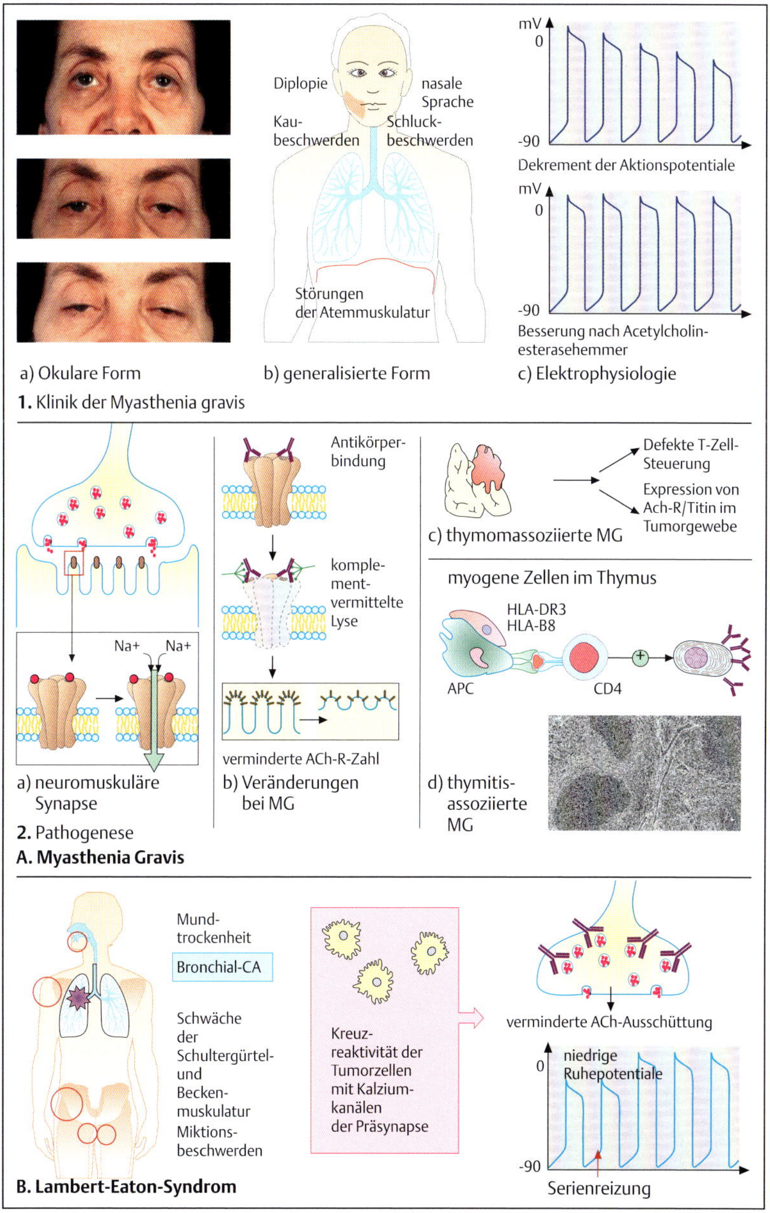
Diplopie
nasale Sprache
Kau-beschwerden
Schluck-beschwerden
Störungen der Atemmuskulatur
mV
0
-90
Dekrement der Aktionspotentiale
mV
0
-90
Besserung nach Acetylcholinesterasehemmer
a) Okulare Form
b) generalisierte Form
c) Elektrophysiologie
1. Klinik der Myasthenia gravis
Na+ Na+
a) neuromuskuläre Synapse
Antikörperbindung
komplement-vermittelte Lyse
verminderte ACh-R-Zahl
b) Veränderungen bei MG
Defekte T-Zell-Steuerung
Expression von Ach-R/Titin im Tumorgewebe
c) thymomassoziierte MG
myogene Zellen im Thymus
HLA-DR3
HLA-B8
APC
CD4
d) thymitis-assoziierte MG
2. Pathogenese
A. Myasthenia Gravis
Mund-trockenheit
Bronchial-CA
Schwäche der Schultergürtel- und Becken-muskulatur
Miktions-beschwerden
Kreuz-reaktivität der Tumorzellen mit Kalzium-kanälen der Präsynapse
verminderte ACh-Ausschüttung
niedrige Ruhepotentiale
0
-90
Serienreizung
B. Lambert-Eaton-Syndrom

Das Auge ist, wie Haut und Schleimhaut, gegenüber Umweltfaktoren exponiert (z. B. Bakterien, Viren, Staub und UV-Strahlung). Seine Reaktionsmöglichkeiten sind gering, die anatomischen Strukturen komplex und fragil. Darüber hinaus hat das Auge ein ausgedehntes Gefäßsystem: Hier kann es leicht zur Ablagerung von Immunkomplexen kommen, und Immunzellen können rasch aus der Zirkulation rekrutiert werden. Selbst geringe pathologische Veränderungen der Augengefäße wirken sich dramatisch auf Sehstärke und Schärfe aus und werden daher schneller klinisch bemerkt als entsprechende Veränderungen an den Gefäßen innerer Organe. Außerdem können am Auge pathologische Prozesse der Gefäße direkt untersucht werden, da die Netzhautgefäße am Augenfundus sichtbar sind.

A. Anatomie des Auges

Man unterscheidet extra- und intraokuläre Entzündungen des Auges. Zu den *extraokulären Strukturen* (Augenhöhle) zählen Bindehaut, Hornhaut und Lederhaut, zu den *intraokulären* Iris, Linse, Ziliarkörper, Glaskörper, Netzhaut (Retina) und Aderhaut (Chorioidea). Während Hornhaut, Linse und Glaskörper gefäßfrei sind und die Sklera spärlich vaskularisiert ist, weisen Iris, Ziliarkörper und Chorioidea eine reichliche blutschwammartige Vaskularisierung auf. Diese gefäßreichen Anteile des Auges werden daher als Uvea (Maulbeertraube) bezeichnet. Auch die Retina hat ein ausgedehntes Kapillarnetz. Die Endothelzellen von Ziliarkörper und Chorioidea sind fenestriert und somit durchlässig für größere Eiweißmoleküle.

B. Immunologische Pathomechanismen

Augenlider, Bindehaut und eine dünne Schicht Tränenflüssigkeit schützen das Auge vor Umweltfaktoren. Kommt es zu einer Schädigung dieser Strukturen, können Bakterien, Viren, Staubpartikel und andere exogene Noxen auf innere Augenstrukturen einwirken. Die Resistenz gegenüber mechanischen Einwirkungen ist gering: Bei perforierenden Verletzungen werden die sonst gut isolierten Strukturen des Auges direkt mit Erregern und Fremdantigenen konfrontiert, eine vergleichsweise geringe Entzündungsreaktion kann dramatische Auswirkungen haben.

Aufgrund der Vaskularisierung der Uvea kann es über hämatogene Streuung zu einer sekundären Absiedlung von Bakterien oder Viren kommen. Auch Antikörper und präformierte Immunkomplexe können sich im Auge ablagern. Aufgrund molekularer Mimikri ist dann eine Kreuzreaktion von bakteriellen, viralen, parasitären oder mykotischen Antigenen mit endogenen Antigenen des Auges möglich. Auch die Modifikation von Autoantigenen durch Interaktion mit Erregern kann eine Reaktion gegen normale Strukturen verursachen.

Ein weitere Besonderheit des Auges ist die Sequestrierung von Antigenen in Linse, Hornhaut und Glaskörper durch fehlende Vaskularisierung. Antigene aus diesen Strukturen sind dem Immunsystem nicht zugänglich. Nach Verletzung dieser Barriere können diese Antigene freigesetzt und vom Immunsystem erkannt werden. Von besonderer Bedeutung ist dieser Mechanismus bei der sog. phakogenen Uveitis (s. S. 266).

C. Experimentelle Autoimmunuveitis

Durch Immunisierung mit Netzhautantigenen (z. B. Retina-S-Antigen oder **I**nterphotorezeptor-**R**etinoid-**b**indendes **P**rotein; **IRBP**) kann in Mehrschweinchen, Mäusen, Ratten und Primaten eine Zerstörung des Photorezeptors der Netzhaut (**e**xperimentelle **A**utoimmun**u**veoretinitis, **EAU**) induziert werden. Durch Transfusion von T-Lymphozyten immunisierter Tiere kann die Krankheit in gesunde Tiere übertragen werden. Jedoch entwickeln nicht alle Tiere nach Immunisierung eine EAU: Empfänglich sind nur Tiere, bei denen eine T_H1- anstatt einer T_H2-Immunantwort vorliegt. Dies kann durch APC geschehen, z. B. dendritische Zellen, die nach Aktivierung IL-12 freisetzen und so eine T_H1-Antwort induzieren. Auch durch exogenes IL-12 können resistente Tiere wieder für die Entwicklung einer EAU empfänglich werden. Die EAU gilt als Modell für die Entstehung der sympathischen Ophthalmie (s. S. 266).

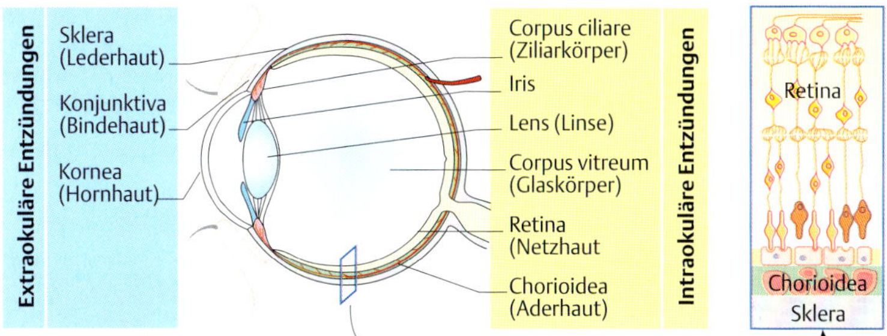

A. Anatomie des Auges

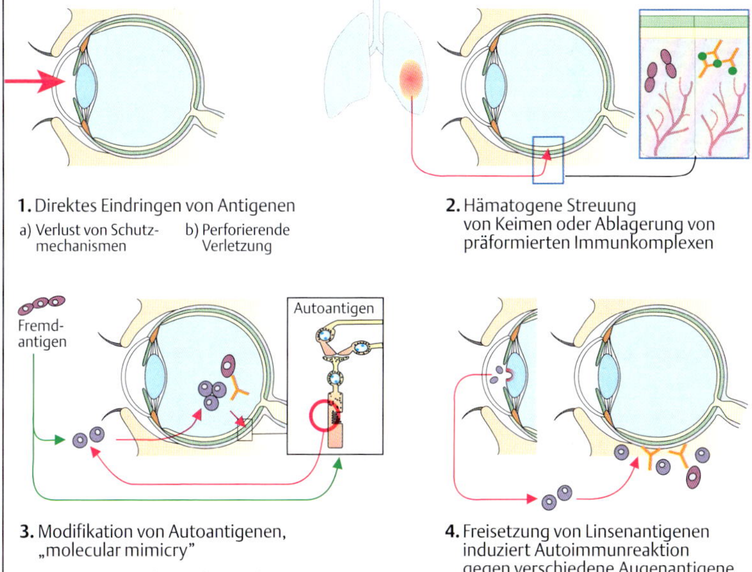

B. Immunologische Pathomechanismen

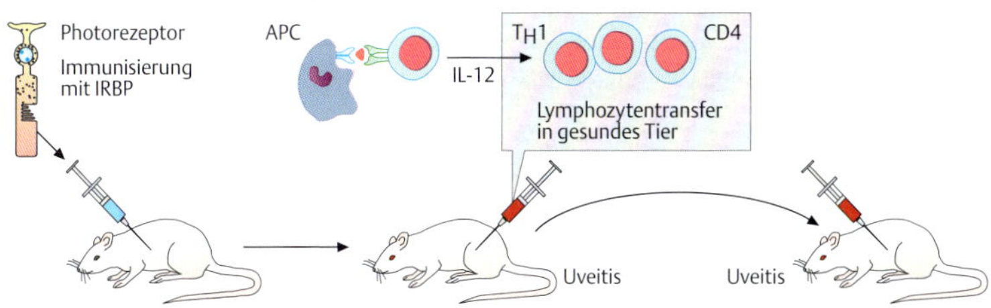

C. Experimentelle Autoimmunuveitis (EAU)

A. Schutzmechanismen

Die *Lider* bilden eine mechanische Schutzbarriere für den Augapfel. Sie enthalten Talg-, Schweiß- und Tränendrüsen. Durch den regelmäßigen Blinkreflex wird die Konjunktiva befeuchtet. Die *Tränenflüssigkeit* spült ständig Keime und Staubpartikel weg. Darüber hinaus ist sie antimikrobiell wirksam: Sie enthält IgA-Antikörper, Lysozym, Lactoferrin und Komplement, aber auch Monozyten und Granulozyten. Hierdurch entsteht eine erste unspezifische Barriere gegen Infektionen und Eindringen von Antigenen. In der Konjunktiva befinden sich außerdem APC.

B. Konjunktivitis

Bakterien, Viren, Pilze und Parasiten, aber auch chemische oder physikalische Reize (z. B. Säuren, UV-Licht), können eine Konjunktivitis verursachen. Diese zeigt sich durch Zunahme der Vaskularisierung, Juckreiz und Lichtempfindlichkeit. Die Entzündung wird begünstigt, wenn die Tränensekretion vermindert ist, wie z. B. beim Sjögren-Syndrom (s. Foto und S. 204). Diese Patienten haben sowohl eine verminderte Produktion als auch eine veränderte Zusammensetzung der Tränenflüssigkeit.

C. Allergische Konjunktivitis

Ursache einer *saisonal* auftretenden allergischen Konjunktivitis sind vorwiegend Pollen und Gräser, während Staub, Federn, Hausmilben und Tierhaare eine *chronische, Jahreszeit-unabhängige* Konjunktivitis verursachen. Bei beiden Formen handelt es sich um anaphylaktische Typ-I-Hypersensitivitätsreaktionen (s. S. 78), bei denen es zur Degranulierung von Mastzellen und Basophilen kommt. Der IgE-Spiegel in Serum und Tränenflüssigkeit ist erhöht. Außerdem haben viele Patienten eine Rhinorrhoe. Tritt die allergische Konjunktivitis zusammen mit einer atopischen Dermatitis auf, spricht man von einer atopischen Keratokonjunktivitis.

Die Conjunctivitis vernalis ist eine beidseitige entzündliche Erkrankung der Konjunktiven, bei der Pflastersteinrelief-artige Riesenpapillen (s. Foto) sichtbar werden. Sie tritt insbesondere bei Kindern mit Ekzem oder Asthma auf. In diesen Riesenpapillen lassen sich Mastzellen und Eosinophile, aber auch $CD4^+$-T-Zellen nachweisen: So muß nach einer Typ-I-Hypersensitivitätsreaktion auch eine zelluläre Reaktion von verzögertem Typ angenommen werden. Ähnlichkeit zur Conjunctivitis vernalis hat die Riesenpapillar-Konjunktivitis, die durch eine Überempfindlichkeitsreaktion gegen Kontaktlinsen verursacht wird.

D. Pathologie der Hornhaut

Die kristallklare durchsichtige Hornhaut ist die wichtigste Schutzbarriere des Auges. Eine Entzündung der Hornhaut wird als Keratitis bezeichnet und kann durch Narbenbildung zur Erblindung führen. Häufigste Ursache einer Keratitis ist eine Infektion mit Herpes simplex-Viren (HSV). HSV-1 besitzt Proteine, die strukturelle Ähnlichkeit zur normalen Hornhaut aufweisen. Kürzlich wurde ein keratogenes Peptid isoliert. Eine lokale Infektion mit dem Erreger begünstigt durch die Gefäßneubildung auch die Immunreaktion gegen dieses Peptid. Durch das Eindringen von Gefäßen in die sonst avaskuläre Hornhaut kommt es zur Migration von lymphatischen Zellen und Entzündungszellen. Freigesetzte Zytokine schädigen das Epithel und können ulzerierende Läsionen verursachen (Ulcus corneae, s. Foto).

E. Pathologie der Sklera

Die Sklera oder Lederhaut bildet das bindegewebige Skelett des Auges: Sie wird von zahlreichen Gefäßen durchdrungen, hat aber nur eine spärliche eigene Blutversorgung. Die Entzündung des oberflächlichen Lederhautgewebes wird *Episkleritis* genannt, die der tiefgelegenen Schicht *Skleritis*. Ursachen sind häufig Infektionen, wobei die Abgrenzung zwischen direkter Schädigung durch den Erreger und pathologischer Immunantwort zum Teil schwierig ist. Häufig liegt eine Systemerkrankung vor, z. B. rheumatoide Arthritis, Kollagenosen und Vaskulitiden. Immunkomplexe können sich in den Gefäßwänden und perivaskulär ablagern. Dadurch kommt es zur Komplementaktivierung, Chemotaxis von Granulozyten und schließlich zur Nekrose (s. Foto). In schweren Fällen ist eine Perforation des Augapfels die Folge.

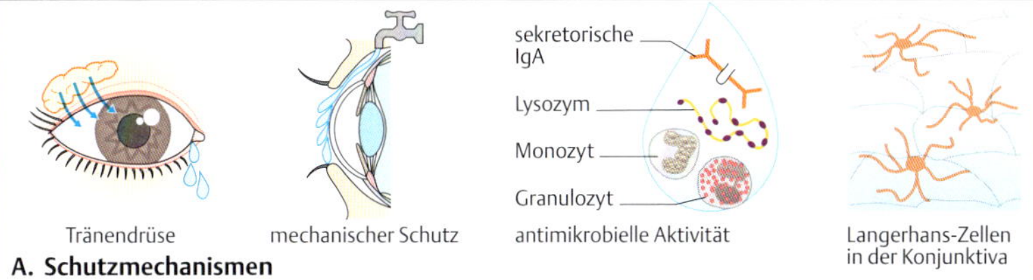

A. Schutzmechanismen

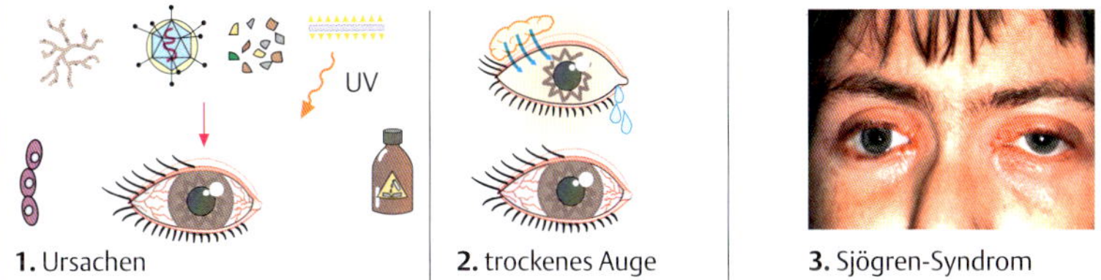

B. Konjunktivitis

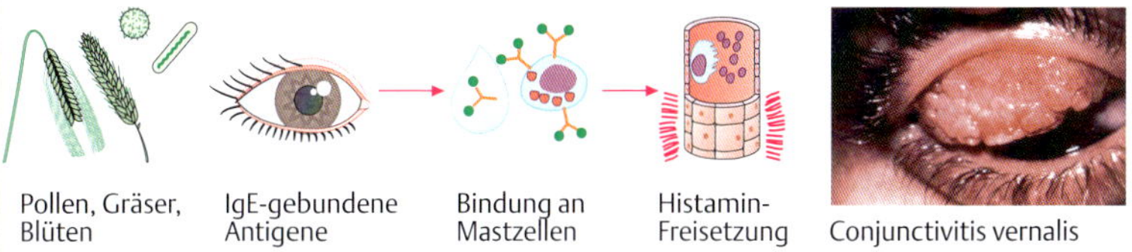

C. Allergische Konjunktivitis

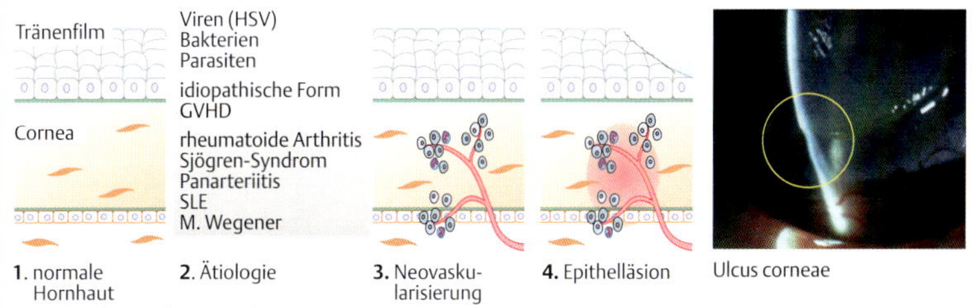

D. Pathologie der Hornhaut

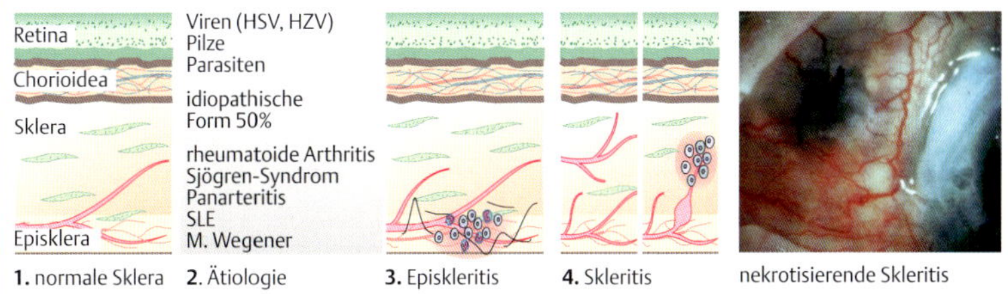

E. Pathologie der Sklera

Klinik

Als *Uveitis* wird eine Entzündung der gefäßreichen Anteile des Auges (Iris, Ziliarkörper und Chorioidea) bezeichnet, aber auch entzündliche Prozesse der Netzhaut (Retinitis) und des Glaskörpers (Vitritis) werden unter diesem Begriff subsummiert. Aus didaktischen Gründen wird eine anatomische Klassifikation verwendet.

A. Vordere Uveitis

Mit *Uveitis anterior* bezeichnet man eine Iritis (Regenbogenhautentzündung), eine Zyklitis (Entzündung des Ziliarkörpers) oder ihre Mischform (Iridozyklitis). Die vordere Uveitis kann bei einer HLA-B27-assoziierten Spondylarthropathie (s. S. 190), nach Infektionen oder bei Systemerkrankungen auftreten. Auch die häufigen „idiopathischen" vorderen Uveitiden sind stark HLA-B27-assoziiert. Eine Sonderform ist die Heterochromiezyklitis Fuchs, bei der die Iris aufgehellt ist und nur eine minimale Entzündungsreaktion vorliegt. Eine molekulare Mimikri scheint kreuzreagierende Antikörper zu induzieren, die dann als abgelagerte Immunkomplexe pathogen wirken. Klinisch (s. Foto) ist die Iris ödematös geschwollen, verfärbt und verwaschen, die Pupille ist verengt (Reizmiose). Bei Iridozyklitis kommt es zusätzlich zu einer Trübung des Glaskörpers. Durch die Exsudation eines gelatinösen, selten hämorrhagischen Sekrets in die Vorderkammer kann die Iris mit der Linsenvorderkapsel verkleben.

B. Intermediäre Uveitis

Die Entzündung des Glaskörpers (Vitritis), der Pars plana des Ziliarkörpers (Pars-Planitis), oder der vorderen Abschnitte der Netzhaut (periphere Retinitis) ist in den meisten Fällen idiopathisch (70-80 %); selten liegt eine Sarkoidose, eine MS oder Borreliose vor. Dabei wandern Leukozyten in den Glaskörper ein und aggregieren als sog. Schneebälle. Durch sie trübt sich der Glaskörper, und die Glia über der Pars plana proliferiert als sog. Schneewehe. Im Spätstadium kann der Glaskörper schrumpfen und sich von der Netzhaut ablösen sowie ein Makulaödem auftreten. Es wird angenommen, daß aktivierte IFN-sezernierende T-Zellen die Bildung von sog. high-endothelial venules (HEV) induzieren. Diese aktivierten Endothelzellen exprimieren verstärkt Adhäsionsmoleküle und HLA-Klasse-II-Moleküle. HEV können hierdurch Autoantigene den T-Lymphozyten präsentieren und eine Autoimmunreaktion auslösen.

C.-G. Uveitis posterior: Ursachen/ Assoziationen, Krankheitsbilder

Die *Uveitis posterior* tritt meist als Chorioretinitis, selten als isolierte Chorioiditis auf. Ursachen sind bakterielle, virale, parasitäre oder mykotische Infektionen, Systemerkrankungen (z. B. Vaskulitiden) oder granulomatöse Erkrankungen, insbesondere die Sarkoidose. Darüber hinaus gibt es Sonderformen mit unbekannter Ätiologie, z. B. die Birdshot-Retinopathie, die akute multifokale plakoide Pigmentepitheliopathie (AMPPE) und die serpiginöse Chorioiditis. Exemplarisch werden einige wichtige Krankheitsbilder dargestellt.

Eine der häufigsten Ursachen einer Uveitis posterior ist die Toxoplasmose (**D.**). Diese kann als kongenitale Multiorganerkrankung über die Plazenta erworben werden oder als isolierte Retinochorioiditis im Erwachsenenalter auftreten. Eine Vitritis ist fast immer vorhanden, aber auch eine Retinitis mit Makulaödem und segmentaler Vaskulitis ist möglich.

Bei der Sarkoidose (**E.**) können die Granulome sämtliche Augenabschnitte befallen und eine Konjunktivitis, Keratitis, Iridozyklitis, eine retinale Vaskulitis sowie eine granulomatöse Papillitis hervorrufen, welche die Nervenfasern an der Papille zerstören kann. Ein Befall der Retina tritt zusammen mit einem ZNS-Befall auf.

Durch Überempfindlichkeit gegen Antigene von Histoplasma capsulatum kommt es bei der Histoplasmose (**F.**) zu einer chronischen Immunreaktion mit subretinaler Proliferation, wodurch Narben an der Makula, peripapillär sowie peripher in der Chorioidea entstehen.

Die Assoziation zwischen HLA-A29 und Birdshot Chorioretinopathie (**G.**) ist extrem hoch (relatives Risiko = RR = 224). Eine Immunantwort gegen retinale Peptide scheint für die granulomatösen Veränderungen innerhalb und unter der Retina verantwortlich zu sein.

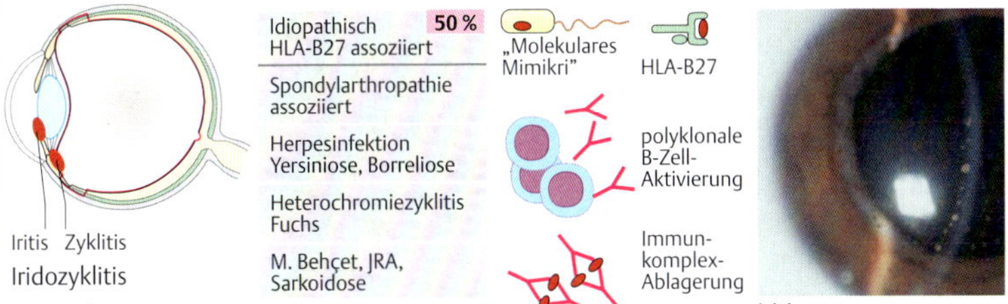

A. Vordere Uveitis

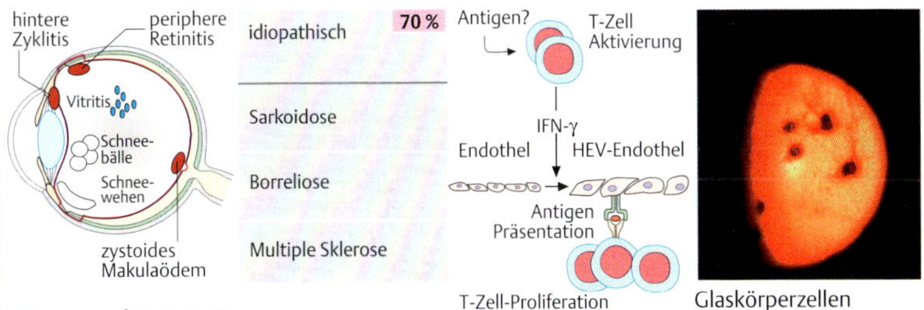

B. Intermediäre Uveitis

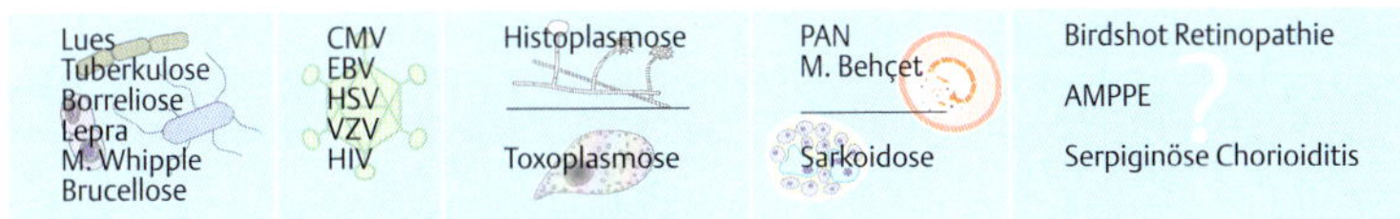

C. Uveitis posterior: Ursachen/Assoziationen

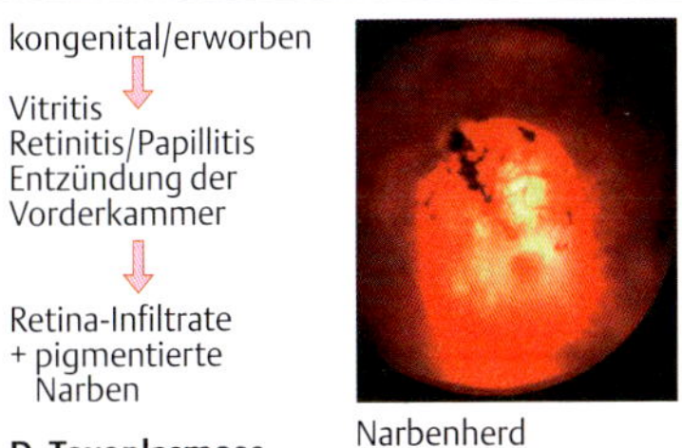

D. Toxoplasmose

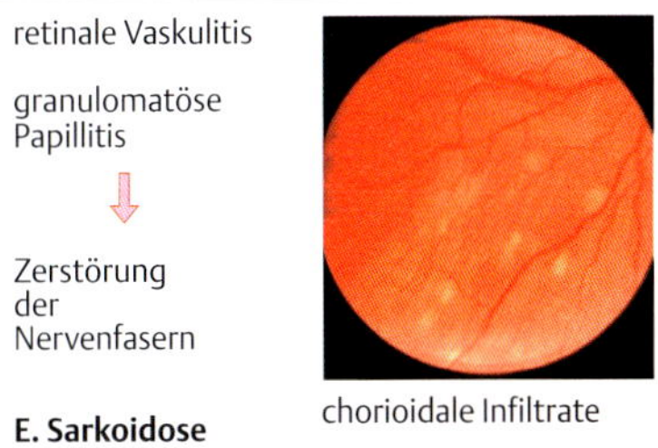

E. Sarkoidose

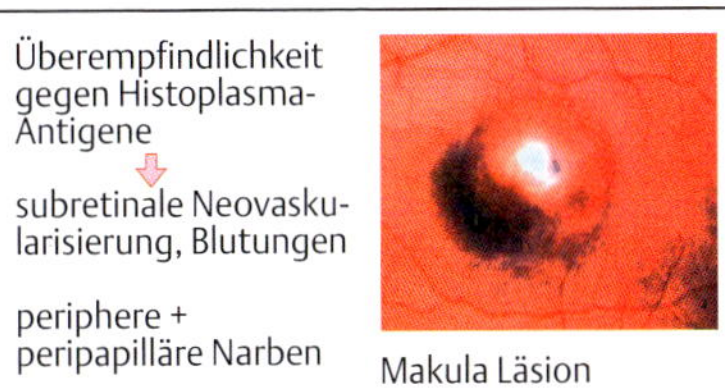

F. Histoplasmose

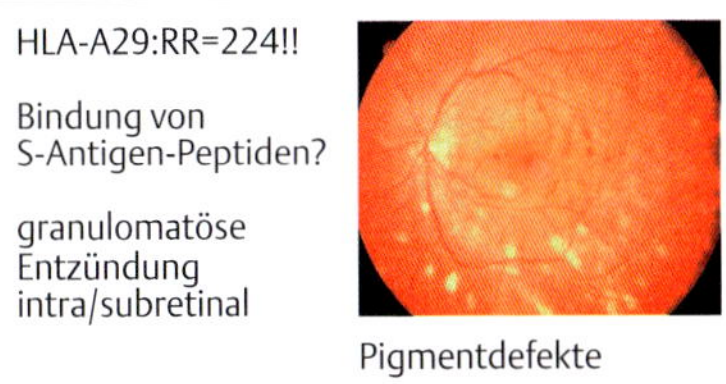

G. Birdshot Chorioretinopathie

A. Panuveitis: Ursachen/Assoziationen

Als Panuveitis wird eine Entzündung der gesamten Uvea bezeichnet. Häufige Ursachen für Panuveitiden sind: bakterielle Infektionen, insbesondere Spirochäten, wie Borreliose und Lues, virale Infektionen, v. a. CMV und HIV, durch Autoantigene des Auges ausgelöste Autoimmunreaktionen, chronisch-granulomatöse Erkrankungen oder Vaskulitiden.

B. Uveitis beim Morbus Behçet

Der Morbus Behçet (s. a. S. 194) ist eine der häufigsten Ursachen erworbener Blindheit im mittleren Osten und Japan. Der HLA-B5-Haplotypus ist mit einem relativen Risiko von 7 assoziiert. Bei 80 bis 90% der Behçet-Patienten sind die Augen beteiligt. Typisch für den Morbus Behçet ist ein rezidivierendes steriles Hypopyon, d. h. eine keimfreie Eiteransammlung am Boden der vorderen Augenkammer (Spiegelbildung s. Foto). Am Augenhintergrund erkennt man eine Vaskulitis mit perivaskulärer Exsudation, die Arterien und Venen betrifft. Die Venen sind erweitert und geschlängelt. Durch lokale Immunkomplexablagerung mit Komplementaktivierung und durch IL-8 angelockte neutrophile Granulozyten kommt es schließlich zu einer nekrotisierenden leukozytoklastischen Vaskulitis.

C. Das Vogt-Koyanagi-Harada-Syndrom

Beim ***V**ogt-**K**oyanagi-**H**arada-Syndrom* (**VKH**) wird – evtl. durch eine virale Infektion – die Expression von MHC-Klasse-II-Molekülen auf Melanozyten induziert. Diese können so Autoantigene den T-Zellen präsentieren. Diese Autoantigene scheinen besonders gut in die HLA-Haplotypen HLA-$DR4^+$ und HLA-$Dw53^+$ zu passen, da sie das relative Risiko auf 16 bzw. 34 erhöhen. Die Uveitis beginnt mit einer beidseitigen Hyperämie und einem Ödem der hinteren Chorioideaabschnitte. Im Verlauf kommt es zu subretinalen Flüssigkeitsansammlungen, später können eine Iritis und ein Ödem des Ziliarkörpers auftreten. Typische ZNS-Symptome sind Meningismus oder Kopfschmerzen. Hinzu treten Hörverlust, Tinnitus und Schwindel. Haut (Vitiligo) oder Augenbrauen (Poliosis) können depigmentiert sein. Außerdem kann es zum Haarausfall (Alopezie) kommen.

D. Multifokale Chorioiditis und Panuveitis

Die Ätiologie dieses Krankheitsbildes ist unbekannt. Es handelt sich um eine Chorioretinitis, bei der multiple frische Läsionen und narbige Veränderungen nebeneinander vorliegen. Gleichzeitig tritt häufig eine Vitritis auf. Als Ursache wird eine virale Infektion durch EBV diskutiert.

E. Sympathische Ophthalmie

Die sympathische Ophthalmie ist eine beidseitige *granulomatöse Uveitis*, die zur Erblindung führen kann. Genetische Faktoren (HLA-A11) wirken prädisponierend. I. d. R. zwei Wochen bis drei Monate nach einer penetrierenden Augenverletzung (selten nach OP) treten entzündliche Veränderungen am verletzten Auge auf. Vermutlich werden hierbei Autoantigene durch Retina-Epithelzellen und Müller-Zellen den $CD4^+$T-Zellen präsentiert (s. S. 260). Später bilden sich zahlreiche Granulome an der gesamten Uvea, auch am gesunden „sympathisierenden" Auge. Zytotoxische T-Zellen sind jetzt der vorherrschende Zelltyp. Die krankheitstypischen *Dahlen-Fuchs-Knötchen* setzen sich aus Histiozyten und depigmentierten Retina-Pigmentepithelzellen zusammen. Eine Immunsuppression kann den Krankheitsverlauf zwar verlangsamen, die frühzeitige Enukleation des verletzten Auges ist jedoch die einzige Möglichkeit, um die sympatische Ophthalmie gänzlich zu verhindern.

Als *phakogene Uveitis* wird eine Autoimmunreaktion bezeichnet, die nach Kataraktextraktion durch Linsenantigene im Glaskörperraum induziert wird. Durch verbesserte OP-Technik ist diese Erkrankung noch seltener geworden.

F. Augenmanifestation bei systemischen Erkrankungen

Die Tabelle enthält die häufigsten Assoziationen zwischen bestimmten systemischen Erkrankungen und Augenmanifestationen: Rheumatoide Arthritis (RA), Spondylarthropathien (SPA), Systemischer Lupus Erythematodes (SLE), Sjögren-Syndrom (SJS), Juvenile Rheumatoide Arthritis (JRA), M. Wegener, Panarteriitis Nodosa (PAN), M. Behçet und Sarkoidose. Manche Erkrankungen können unterschiedliche Krankheitsbilder am Auge verursachen.

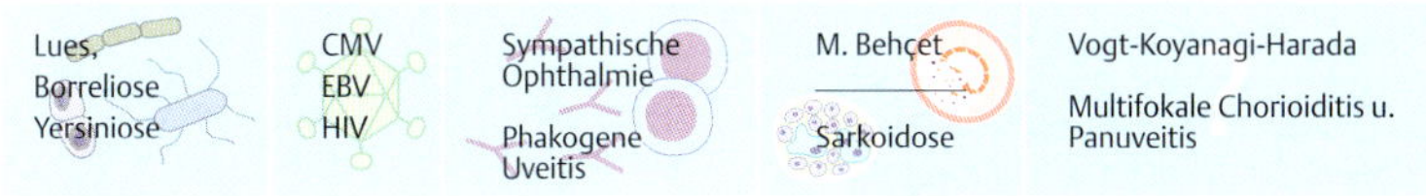

A. Panuveitis: Ursachen/Assoziationen

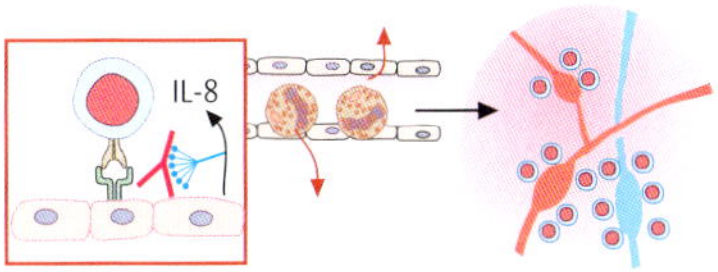

Obliterative Vaskulitis der Netzhaut

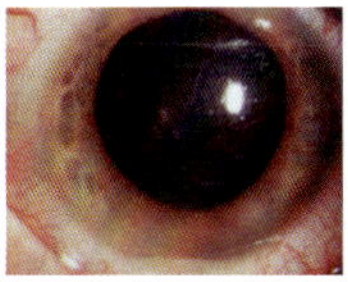

Hypopyon

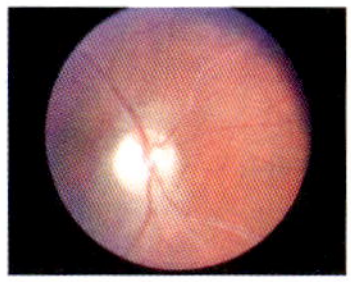

Neuritis, Begleitvaskulitis

B. Uveitis bei M. Behçet

bilaterale Panuveitis

ZNS-Symptome
- Meningismus
- Kopfschmerzen
- Liquorpleozytose

Hörverlust, Tinnitus

Vitiligo, Alopezie

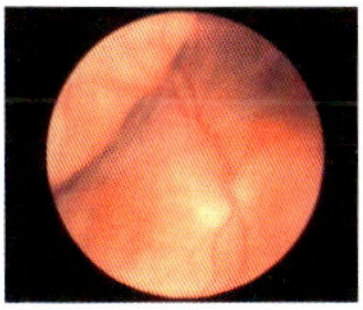

Aderhautamotio

C. Vogt-Koyanagi-Harada Syndrom

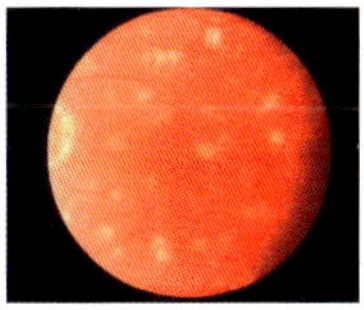

chorioidale Läsionen

EBV??

Vitritis

chorioretinale Läsionen (Fundus)

Narbenbildung i.d. Makula

chronischer Verlauf mit Rezidiven

D. Multifokale Chorioiditis und Panuveitis

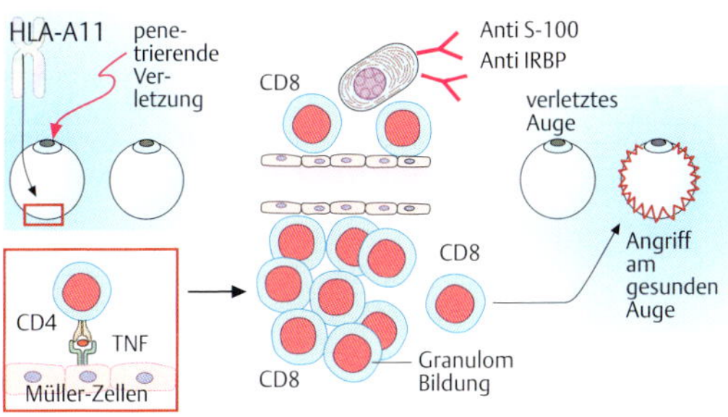

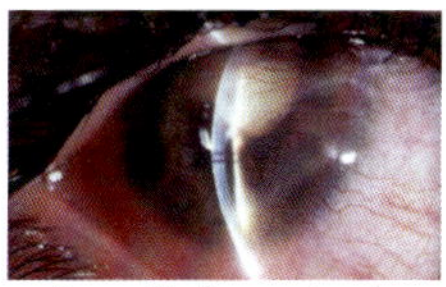

re. Auge: Narbenzustand

li. Auge: beginnende Iritis

E. Sympathische Ophthalmie

	RA	SPA	SLE	SJS	JRA	M. Wegener	PAN	M. Behçet	Sarkoidose
Konjunktivitis sicca	+		+	++	+				
Keratitis, Hornhautulzera	++		+	++	+	+		+	
Episkleritis, Skleritis	++		+			++	+		
vordere Uveitis	+	++	+		++		+	++	++
Vaskulitiden	+		++			+	++	++	++
Chorioiditis, Panuveitis					+		+	++	

F. Augenmanifestation bei systemischen Erkrankungen

Klinik

A. Immunvermittelte Sterilität

Beim Mann können Autoantikörper gegen Spermatozoen-spezifische Akrosomen- oder Membranpeptidantigene gebildet werden, welche die Spermien immobilisieren und eine Sterilität verursachen (**1.**). Frauen hingegen können sowohl Isoantikörper gegen Spermien als auch Autoantikörper gegen Zona pellucida-Antigene der Eizelle bilden, die das Anlagern und Eindringen der Spermien in die Eizelle blockieren (**2.**). Man kann versuchen, die Antikörpertiter durch Antigenentzug oder durch Immunsuppressiva zu senken (**3.**). Eine weitere Möglichkeit ist die intrauterine Insemination. Die besten Ergebnisse werden durch In-vitro-Fertilisation der Eizelle mit vorbehandelten Spermien erzielt. Durch **i**ntra**z**ytoplasmatische **S**permien**i**njektion (**ICSI**) können immunologische Barrieren völlig umgangen werden.

B. Materno-fetale Toleranz

Der Fetus stellt für die Mutter eine Art *allogenes Transplantat* dar, gegen das eine Immunantwort unterdrückt werden muß. So herrscht bei der normalen Schwangerschaft wegen erhöhter T_H2-Zytokine eine humorale Immunität vor. Die humorale Immunantwort verschiebt sich dabei von einer zytototoxischen IgG2 (T_H1-induzierten) Antwort zu einer nicht-zytotoxischen IgG1 (T_H2-induzierten) Antikörperproduktion. Eine T_H1-Typ-Antwort hingegen ist mit einer Abortneigung assoziiert. Außerdem induziert Progesteron in Lymphozyten einen **P**rogesteron-induzierten **B**lockierungs**f**aktor (**PIBF**), der die Lymphozytenproliferation, die Aktivierung von NK-Zellen und deren TNF-Produktion unterdrückt. Bei Frauen mit habitueller Abortneigung sezernieren nur sehr wenige Lymphozyten PIBF. Außerdem begünstigen Progesteron und PIBF eine T_H2-Typ-Immunantwort.

Auch der Trophoblast produziert einen immunsuppressiven Faktor. Unter den Zytokinen scheint IL-10 wichtig zu sein, da es im Tiermodell anti-abortiv wirkt. Außerdem ist die humane Plazenta frei von den klassischen HLA-Klasse-I-Antigenen HLA-A, -B und -C sowie von MHC-Klasse-II-Antigenen. Dies verhindert die Erkennung der Plazenta durch mütterliche T-Zellen, macht sie aber zum Zielobjekt für NK-Zellen, da diese nur Zellen angreifen, die keine HLA-Klasse-I-Moleküle aufweisen (s. S. 48). Auf der mütterlichen Seite der Plazenta wird jedoch das nicht-klassische HLA-Klasse-Ib-Molekül HLA-G exprimiert, was die Plazenta vor der NK-Zell-Lyse bewahrt. Ein weiterer Schutzmechanismus ist die Expression von FAS-Liganden auf Trophoblasten. Dadurch werden aktivierte mütterliche T-Lymphozyten, die FAS exprimieren, durch Apoptose eliminiert. Ein dritter protektiver Mechanismus ist die Expression von CD46, CD55 und CD59, welche die Komplementaktivierung bzw. die Bindung des Membran-Attack-Komplexes verhindern.

C. Neonatale Autoimmunsyndrome

Mütterliche Autoantikörper können die Plazenta passieren und so auf den Feten übertragen werden. Bei der immun-thrombozytopenischen Purpura (ITP) (s. S. 140) gelangen Autoantikörper, die gegen Glykoproteine der Thrombozyten gerichtet sind, in den Feten. Sie können Blutungen bis hin zur intrakraniellen Hämorrhagie hervorrufen. Ist die Mutter an einer autoimmunen Thyreoiditis erkrankt (s. S. 248), können TSH-Bindung-inhibierende Immunglobuline (TBII) einen transienten kongenitalen Hypothyreoidismus induzieren. Die bei Morbus Basedow auftretenden Thyroidea-stimulierenden Immunglobuline (TSI) führen zum neonatalen Hyperthyreoidismus. Eine neonatale transitorische Myasthenie (s. S. 258) kann durch Übertragung von anti-AChR-Autoantikörpern entstehen. Anti-Cardiolipin-Autoantikörper fördern die Thrombusbildung. Als Folge treten transitorische ischämische Attacken bis hin zum Apoplex auf. Darüber hinaus kommt es zu Plazentainfarkten, die für die erhöhte Abortrate von Lupus-Patientinnen verantwortlich sind. Ein neonataler Lupus erythematodes (s. S. 198, 200) entsteht durch den transplazentaren Transfer von SS-A-(anti-Ro) und SS-B-(anti-La)-Autoantikörpern bei Müttern mit SLE oder Sjögren-Syndrom. Charakteristischerweise treten eine transiente diskoide Dermatitis, eine Zytopenie sowie ein kongenitaler AV-Block mit Bradykardie auf.

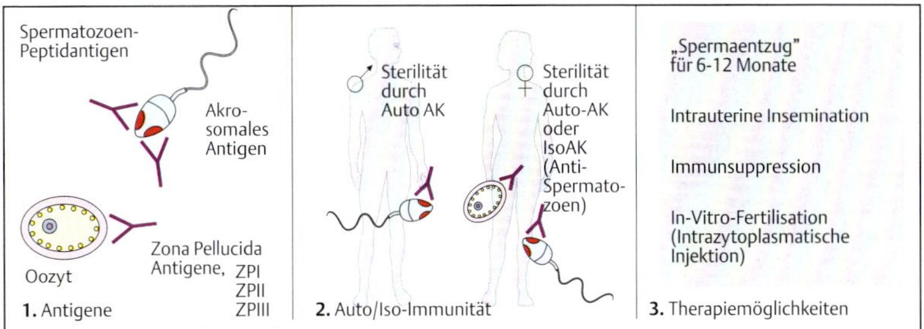

A. Immunvermittelte Sterilität

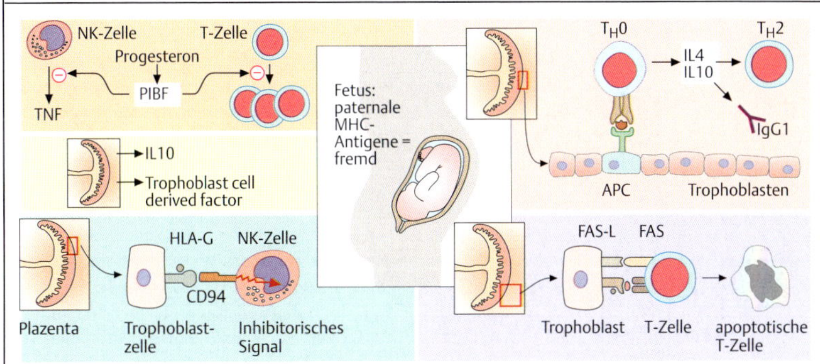

B. Materno-fetale Toleranz

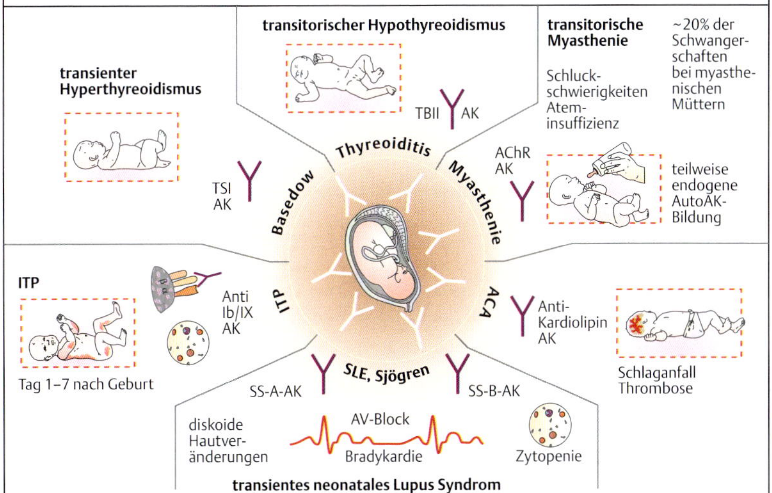

C. Neonatale Autoimmunsyndrome

Die Anforderungen an einen guten Impfstoff sind hoch: Durch die Immunisierung soll im Empfängerorganismus eine schützende Immunität aufgebaut werden, die mit der Impfung verbundenen Nebenwirkungen und Risiken aber so gering wie möglich sein. Der Impfschutz gegenüber dem Erreger soll möglichst vollständig sein und lange (über Jahre oder gar lebenslang) andauern. Um einen großen Anteil einer Bevölkerung gegen einen Erreger zu immunisieren, sollten die Produktionskosten niedrig, Verfügbarkeit und Haltbarkeit des Impfstoffs hingegen hoch sein. Die Indikation für eine Impfung hängt von der momentanen epidemiologischen Situation und den angestrebten Zielen ab: Individualschutz, Herdimmunität (bestimmte Erreger treten nicht endemisch auf, wenn nur ein Teil der Bevölkerung immunisiert worden ist) oder gar Ausrottung des Erregers, wie es durch die Pockenschutzimpfung gelungen ist.

Impfstoffe für eine aktive Immunisierung lassen sich in fünf Gruppen unterteilen:

Toxoide: Ist die Immunantwort gegen bestimmte Produkte des Erregers gerichtet, zum Beispiel gegen die Toxine von Corynebacterium diphtheriae oder Clostridium tetani, so bietet sich an, von dem Toxin nur den für die neutralisierende Immunität verantwortlichen Bereich als Impfstoff zu verwenden. Dieser wird meist zusammen mit einem die Immunantwort zusätzlich stimulierenden Träger (Adjuvans) verabreicht.

Spaltvakzine sind Impfstoffe, die aus gereinigten Bestandteilen des Erregers, meist aus Anteilen seiner Hülle bestehen. Handelt es sich dabei um Kohlenhydrate kapselbildender Bakterien, ist die Immunisierung, besonders bei Kleinkindern, meist jedoch nicht ausreichend.

Totimpfstoffe bestehen aus abgetöteten Bakterien und sind als Impfstoffe gegen extrazelluläre Erreger wirksam. Sie induzieren eine ausreichende humorale Immunantwort, wie zum Beispiel gegen Cholera. Der Antikörperschutz ist jedoch nur von begrenzter Dauer, so daß häufige Auffrischimpfungen erforderlich sind.

Kombinationsimpfstoffe: Ist die Stimulation der humoralen Immunantwort durch einzelne Antigene nicht ausreichend, so können diese mit T-Zell-Epitopen kombiniert werden. Eine starke T-Helfer-Zell-Antwort stimuliert die Produktion von schützenden Antikörpern. Ein Beispiel ist der Impfstoff gegen Haemophilus influenzae Typ B.

Lebendimpfstoffe sind zwar mit den meisten Nebenwirkungen und dem Risiko der Infektionsinduktion behaftet, sie induzieren jedoch auch am besten einen ausreichenden Impfschutz, besonders wenn die Immunantwort gegen den Erreger von den T-Zellen getragen wird. Ein Beispiel hierfür ist der Tuberkulose-Impfstoff BCG (Bacille Calmette-Guérin).

A. Impfkalender im Kindesalter

Öffentlich empfohlene Impfungen in Deutschland sind die Regelimpfungen, die nach einem ständig aktualisierten Impfplan bereits im frühen Kindesalter beginnen. Diese Empfehlungen werden durch die Ständige Impfkommission (STIKO) permanent aktualisiert. Sie umfassen Impfungen gegen Tetanus, Diphtherie, Poliomyelitis, Haemophilus-influenzae-Infektionen, Masern, Mumps, Röteln und Hepatitis B. Durch die öffentliche Empfehlung sind für diese Impfungen die Kostenübernahme durch die Krankenkassen sowie eine Entschädigung bei einem anerkannten Impfschaden gewährleistet. Die Empfehlung für BCG- und Pertussis-Impfung gilt heute nur noch bei besonderer Exposition, so daß sie fast als fakultative oder Indikationsimpfungen (**B.**) angesehen werden können.

Als generelle Kontraindikationen für Impfungen gelten: akute Infektionskrankheit, hämatologische Erkrankungen, angeborene und erworbene Immundefekte sowie eine Allergie gegen Impfstoffbestandteile. Alle Lebendimpfstoffe außer der Poliomyelitis-Schluckimpfung sind in der Schwangerschaft streng kontraindiziert; auch Totimpfstoffe, wie zum Beispiel gegen Cholera, führen dann zu heftigeren Immunreaktionen. Zwischen Lebendimpfungen sollte ein zeitlicher Abstand von etwa vier Wochen eingehalten werden.

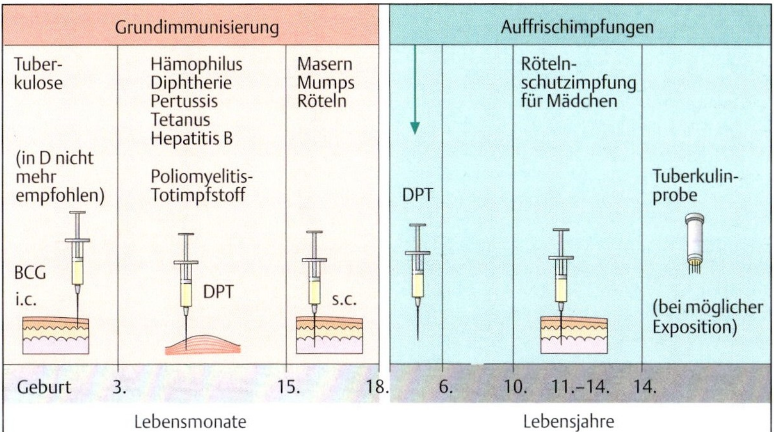

A. Impfkalender im Kindesalter

Erreger	Indikationen	Nebenwirkungen	Kontraindikationen
HBV rekombinanter HBsAg-Impfstoff	- Klinikpersonal, - Dialysepatienten, - Hämophile - Angehörige von HBV-Trägern - Prostituierte, - Homosexuelle - Fixer - Reise in Endemiegebiete	kurze Fieberreaktion	- Schwangerschaft - bekannte Allergie
Influenza Totimpfstoff	morbide Patienten > 60 Jahre	selten allergische Reaktion	- akute Erkrankungen - Hühnereiweißallergie
Tollwut (Rabies) Totimpfstoff	- expositionell nach Tierbiß - präexpositionell bei Tierärzten, Waldarbeitern, Jägern etc.	Fieber, Lymphknoten-schwellung	präexpositionell: Allergie gegen Neomycin und Tetracyclin im Impfstoff
Pneumokokken Totimpfstoff Kapselpolysaccharide von 14 Serotypen	- Splenektomie - Sichelzellanämie	leichte Lokalreaktion	aktuelle Pneumokokkeninfektion, chronisch eitrige Erkrankungen
bei Reisen in Endemiegebiete			
Cholera Totimpfstoff		geringes Fieber	Allergien
Gelbfieber Lebendimpfstoff attenuierter D17-Stamm		geringes Fieber	- Schwangerschaft - Hühnereiweißallergie
Typhus Lebendimpfstoff		gut verträglich	bei besonderer Gefährdung Totimpfstoff

B. Fakultative Impfungen

Klinik

Viele Infektionskrankheiten konnten dank der heute verfügbaren Impfstoffe eingedämmt oder in manchen Gegenden sogar fast ausgerottet werden. Dennoch existieren gegen bestimmte Erreger immer noch keine Impfstoffe, die zu deren nachhaltigen Bekämpfung eingesetzt werden könnten, da sie über zahlreiche Strategien verfügen, die Immunabwehr des Wirts zu unterlaufen. Beispiele hierfür sind mykobakterielle Infektionen (wie Tuberkulose oder Lepra) und parasitäre Erkrankungen (wie Malaria oder Leishmaniose). Deswegen wird zur Zeit nach Strategien gesucht, gentechnische Verfahren für die Entwicklung neuer Impfstoffe nutzbar zu machen.

A. Synthetische Peptide

Synthetische Peptide enthalten von einem schützenden Antigen nur das wirksame Epitop. Andere Bereiche des Proteins, die die Immunantwort negativ beeinflussen, indem sie supprimieren, toxisch wirken oder Kreuzreaktionen mit körpereigenen Proteinen hervorrufen, fallen somit weg. Peptide rufen hauptsächlich eine humorale Immunantwort hervor und sind, abhängig vom jeweiligen HLA-Typ, unterschiedlich stark wirksam. Deshalb wird ein optimaler Impfschutz nur bei einem Teil der Bevölkerung erreicht.

B. Rekombinante Proteine

Rekombinante Proteine lassen sich in großen Mengen produzieren. Ihr entscheidender Vorteil besteht darin, daß sie frei von störenden Erregerbestandteilen sind, die eventuell Nebenwirkungen hervorrufen können – im Gegensatz zu herkömmlichen Impfstoffen. Gentechnisch hergestellte Impfstoffe kommen auch dann zum Einsatz, wenn sich der Erreger nicht oder nur sehr schwer anzüchten läßt, etwa bei Viren oder Lepra. Voraussetzungen sind ein geeignetes Expressionsystem, zum Beispiel in E. coli, und die leichte Aufreinigung des Impfstoffes von Bestandteilen der produzierenden Zellen.

C. Rekombinante Impfstämme

Ist ein rekombinantes Protein allein nicht in der Lage, eine ausreichende Immunantwort insbesondere von T-Zellen hervorzurufen, so besteht die Möglichkeit, sein Gen in einen geeigneten Träger zu klonieren (zum Beispiel in Vaccinia oder BCG). Zusammen mit den Antigenen des Trägers kann das rekombinante Protein dann eine schützende Immunität bewirken.

D. Deletionsmutanten

Durch Deletion von Genen, die für die Virulenz oder die Überlebensfähigkeit des Erregers im Wirt essentiell sind, kann erreicht werden, daß der Erreger nicht mehr in der Lage ist, eine Erkrankung im Wirt zu bewirken. Die verkürzte Überlebenszeit des Erregers muß aber ausreichend sein, um eine schützende Immunantwort hervorzurufen.

Gereinigte DNA

Gereinigte DNA als Impfstoff besteht aus dem Gen für das Erreger-Antigen sowie einem geeigneten Promotor. Einmal in das Wirtsgenom integriert, wird die Impfstoff-DNA in ausreichendem Maße transkribiert, so daß das Antigen – wenn sein Gen mit der Sequenz für das Signalpeptid versehen wurde – exportiert wird und so in der Lage ist, eine B-Zell-Antwort hervorzurufen. Ein Teil der produzierten Antigenmenge kann intrazellulär prozessiert und zusammen mit MHC-Klasse-I auf der Zelloberfläche präsentiert werden, was eine T-Zell-Antwort stimuliert. Der Einsatz gereinigter DNA als Impfstoff im Tiermodell verlief vielversprechend, und derzeit wird ihr Einsatz als Impfstoff gegen AIDS diskutiert (s. S. 127). Vor dem breiten klinischen Einsatz an Menschen müssen allerdings noch viele Fragen beantwortet werden, v. a. was ihr weiteres Schicksal im Wirt betrifft: ob eine Umwandlung in virulente DNA möglich ist, wie lange sie im Wirtsgenom persistiert und ob sie sich dort sogar vermehrt. Pilotstudien mit therapeutischen Genen (z.B. Vascular Endothelial Growth Factor) scheinen erfolgversprechend zu verlaufen.

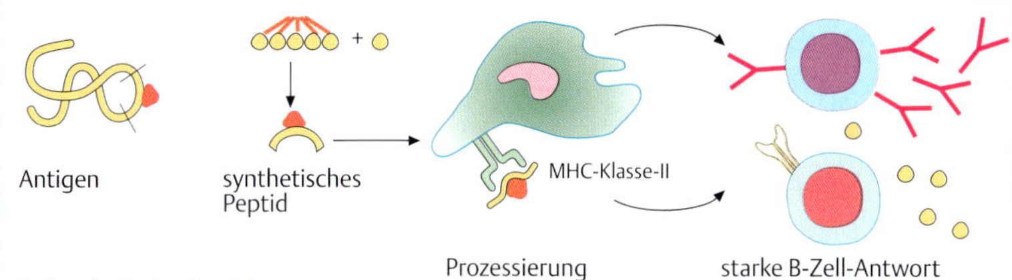

A. Synthetische Peptide

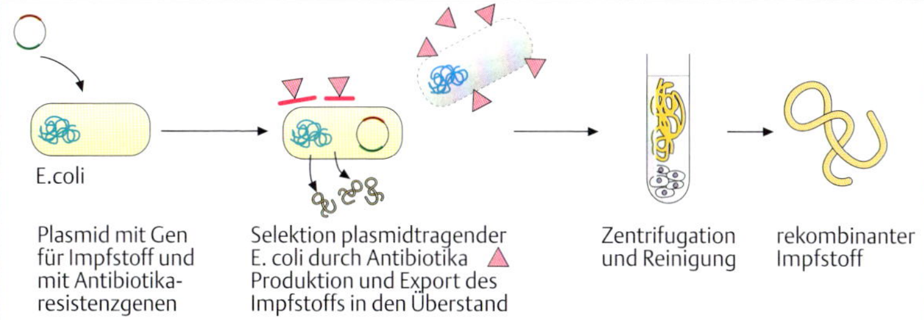

B. Rekombinante Proteine

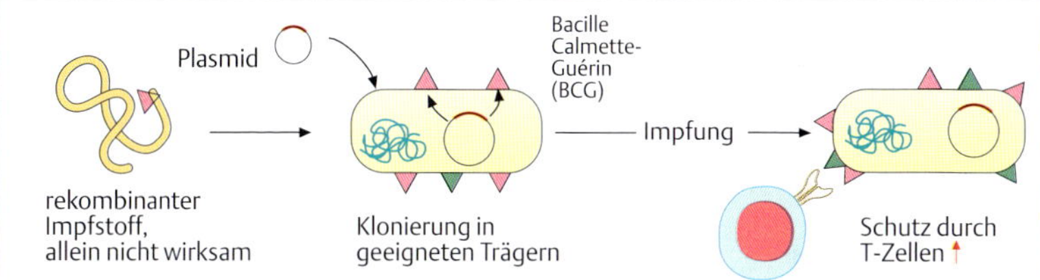

C. Rekombinante Impfstämme

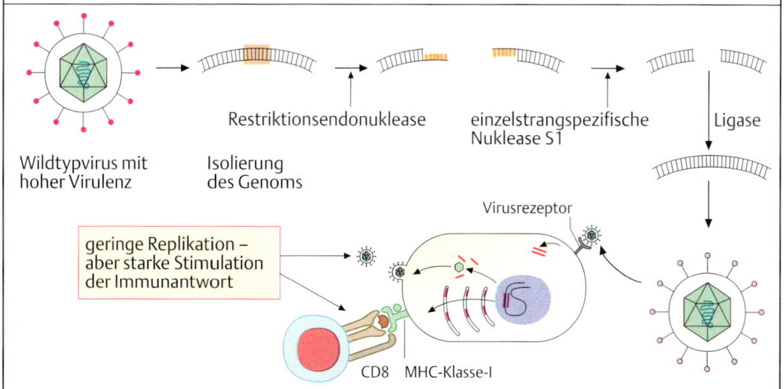

D. Deletionsmutanten

A. Nichtsteroidale Antirheumatika (NSAR)

NSAR greifen durch Hemmung der Cyclooxygenasen in den *Prostaglandin-Stoffwechsel* ein. Die durch Phospholipase A_2 aus den Phospholipiden der Zellmembran freigesetzte Arachidonsäure dient als Substrat zur Herstellung von Eicosanoiden: Leukotriene, Thromboxan, Prostacyclin und Prostaglandine. Wichtigster Schritt zur Synthese der Prostaglandine ist die Bildung von Prostaglandin H_x durch die Cyclooxygenasen, von denen heute zwei Isoenzyme, bekannt sind: COX1 und COX2.

COX1 ist ein Enzym, das für die Produktion von Prostaglandinen verantwortlich ist, die physiologische Funktionen im Körper wahrnehmen:

Regulation von peripherem Widerstand, renalem Blutfluß und Natriumelimination,

Zytoprotektion der Magenschleimhaut durch Förderung der Schleim- und Hemmung der Säuresekretion,

Steigerung der Empfindlichkeit von Schmerzrezeptoren,

Bronchodilatation.

COX2 wird durch einen Entzündungsstimulus, z. B. durch Endotoxine und IL-1, in Monozyten, Makrophagen, Endothelzellen und Synoviozyten induziert und sorgt für die gesteigerte Synthese von Prostaglandinen im Rahmen einer Entzündungsreaktion.

Eine Hemmung der Cyclooxygenasen durch NSAR wirkt also einerseits entzündungshemmend, blockiert aber auch die COX1-vermittelten physiologischen Wirkungen der Prostaglandine. Die Entzündungshemmung wird therapeutisch bei akuten und chronischen Gelenkentzündungen genutzt. Die Hemmung der COX1-vermittelten Wirkungen ist für die häufigsten Nebenwirkungen insbesondere im Magen-Darmtrakt wie z. B. Ulkusblutung verantwortlich. Der Einsatz von COX2-selektiven Medikamenten ist demgegenüber derzeit kontraindiziert bei bekannter koronarer Herzerkrankung, zerebraler Ischämie und allergischen Hautreaktionen. Die Enzymhemmung kann zu Nierenversagen und Blutdruckentgleisung führen.

B. Glukokortikoide

Der entzündungshemmende Effekt der Glukokortikoide nimmt in der Therapie rheumatischer Erkrankungen eine Schlüsselposition ein. Der Wirkungsmechanismus ist dosisabhängig und erfolgt an unterschiedlichen Positionen in der Zelle. Die meisten Wirkungen werden durch die Beeinflussung der *Transkription* hervorgerufen. Nach der Bindung an einen Glukokortikoid-Rezeptor im Zytosol dissoziiert dieser von einem Komplex von **h**eat-**s**hock-**p**roteins (**hsp**) ab und ist fähig, an bestimmte Stellen der genomischen DNA im Zellkern zu binden, die sog. hormone response elements. Dies führt zur Aktivierung bestimmter Gene, deren Produkte die Entzündungsausbreitung hemmen. Andererseits wird die Produktion entzündungsfördernder Proteine (z. B. Enzyme des Prostaglandinstoffwechsels) durch Wechselwirkung mit NFκB und anderen Transkriptionsfaktoren auf Gen-Ebene gehemmt.

Bei höheren Dosierungen treten bei manchen Zelltypen schon nach kurzer Zeit Effekte auf, die nicht über genomische Wirkungen erklärbar sind. Es wird daher ein membranständiger schnell aktivierbarer Glukokortikoid-Rezeptor postuliert.

Bei sehr hohen Glukokortikoidkonzentrationen werden diese zunehmend auch in die Zellmembran integriert. Damit verändern sich unspezifisch die physikalischen Membraneigenschaften (Fluidität, Permeabilität): Der transmembranöse Kationentransport nimmt ab, die gesamte Aktivierbarkeit der Zelle wird vermindert.

Glukokortikoide greifen auf vielfältige Weise in das Entzündungsgeschehen und die zelluläre Immunreaktion ein: Sie hemmen die Migration von Leukozyten zum Entzündungsherd, sie modulieren die verschiedenen Funktionen der Effektorzellen und vermindern die Produktion von Entzündungsmediatoren.

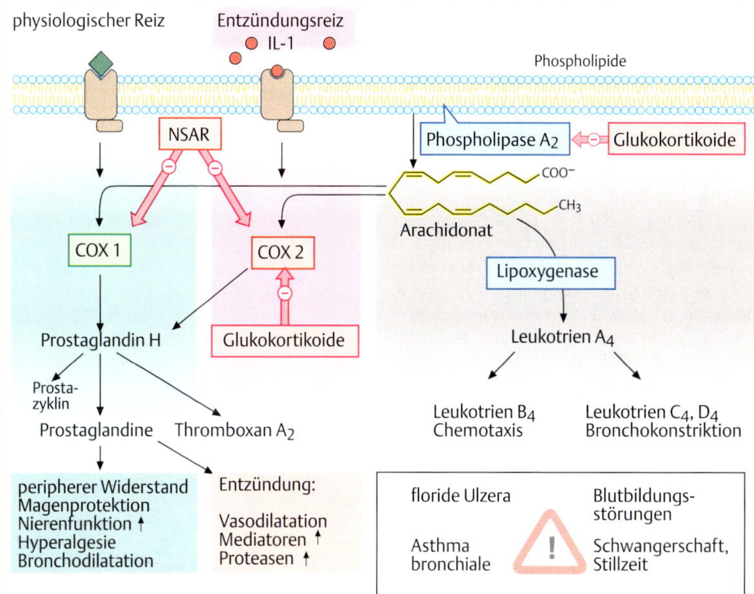

1. Wirkungsmechanismen

2. Kontraindikationen

A. Nichtsteroidale Antirheumatika (NSAR)

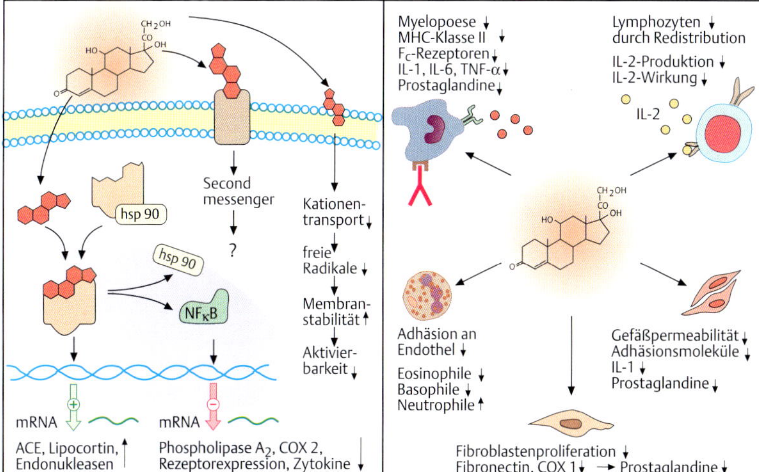

1. Wirkungsmechanismen

2. Wirkungen auf das Immunsystem

B. Glukokortikoide

Klinik

A. Antimetaboliten

Methotrexat (MTX) greift als Antimetabolit in den Folsäurestoffwechsel ein. Durch Bindung an das Enzym Dihydrofolatreduktase wird die intrazelluläre Reduktion von Folat zu Tetrahydrofolat und damit der für die Biosynthese von Thymidin und der Purine notwendige C1-Stoffwechsel blockiert. Die verminderte DNA- und RNA-Synthese führt zu Funktionsverlust und Zelltod, besonders von B-Zellen. Aber auch das Zellwachstum anderer Gewebe mit hoher Proliferationsrate wird gehemmt (blutbildendes Knochenmark, Gonaden, Schleimhäute, Tumoren und psoriatische Haut). In hoher Dosierung wirkt MTX als Zytostatikum. Bei niedriger Dosierung (7,5 bis 25 mg/Woche) wird es auf Grund seiner immunsuppressiven Wirkung mit Beeinflussung der Expression von Adhäsionsmolekülen und Zytokinen als bewährtes Basismedikament bei rheumatologischen Erkrankungen eingesetzt. Außer den Nebenwirkungen auf die oben genannten schnellwachsenden Gewebe sind besonders Leber- und Lungentoxizität von Bedeutung. Bei vorbestehender Niereninsuffizienz ist der Einsatz von MTX kontraindiziert.

Azathioprin hemmt besonders das Wachstum von T-Zellen. Nach enteraler Resorption wird es in 6-Mercaptopurin, ein schwefelanaloges Adenin, umgewandelt, das als „falsches Endprodukt" im Sinne eines negativen Feedbacks die Purinbiosynthese hemmt. Außerdem wird es als falscher Baustein in DNA und RNA eingebaut und führt dort zu Schädigungen. Durch Hemmung der Xanthinoxidase durch das Gichtmittel Allopurinol wird die Verstoffwechselung von 6-Mercaptopurinol gehemmt und damit seine Toxizität stark erhöht. Als unerwünschte Wirkungen können gastrointestinale Störungen und reversible Panzytopenien auftreten.

B. Cyclophosphamid

Das Zytostatikum Cyclophosphamid gehört zu den potentesten Immunsuppressiva. Nach Umwandlung in die Wirkform 4-Hydroxy-Cyclophosphamid in der Leber können verschiedene Strukturen in der Zelle alkyliert und damit inaktiviert werden. Die Alkylierung von Basen in DNA und RNA führt zum *Crosslinking* gegenüberliegender Basenpaare und schließlich zum Zelltod. Die funktionelle Hemmung und die Reduktion der Zellzahl betrifft B- und T-Zellen gleichermaßen. Bei einer Langzeittherapie mit einer hohen Kumulativdosis steigt das Risiko für hämorrhagische Zystitis und Urothelkarzinom, dies kann durch die gleichzeitige Gabe von 2-Mercaptoethansulfonat (Mesna) reduziert werden.

C. Sulfasalazin

Sulfasalazin gehört zu den schwer resorbierbaren Sulfonamiden und hat sich bei der Therapie von Colitis ulcerosa und Morbus Crohn bewährt. In tiefen Dünndarmabschnitten und im Kolon bindet es sich an Kollagen- und Elastinfasern des subepithelialen Gewebes in Mukosaläsionen. Ein Teil wird dort von Darmbakterien durch Spaltung der Azobrücke in die wirksamen Komponenten Sulfapyridin und 5-Aminosalicylat (5-ASA) umgesetzt. Diese hemmen die Entzündungsreaktion in der Darmwand. Sulfapyridin wird zudem resorbiert und ist für einen Teil der Nebenwirkungen verantwortlich (Schwindel, Übelkeit, Sulfonamidfieber, Arthralgien). Die Komponenten werden acetyliert und über den Urin ausgeschieden. Bei sog. Langsam-Acetylierern sind die Nebenwirkungen besonders ausgeprägt.

D. Gold

Goldpräparate werden als Basistherapeutika bei rheumatoider Arthritis eingesetzt. Der Wirkungsmechanismus ist bisher ungeklärt. Man vermutet eine Immunmodulation durch chemische Modifikation der durch MHC-Moleküle präsentierten Peptide. Außerdem wird eine stabilisierende Funktion an Makrophagen diskutiert, die auf einer Hemmung der Freisetzung von Mediatoren und Enzymen beruht. Die Nebenwirkungen (Dermatitis, Stomatitis, Thrombozytopenie, Agranulozytose und nephrotisches Syndrom) erfordern regelmäßige Kontrollen des Blut- und Urinstatus.

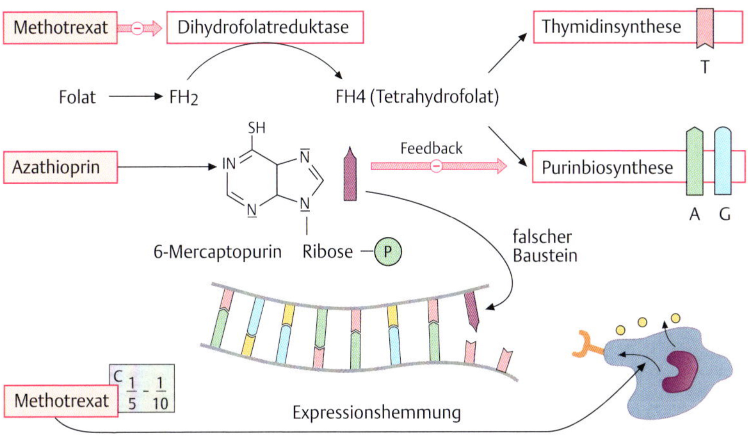

A. Antimetaboliten

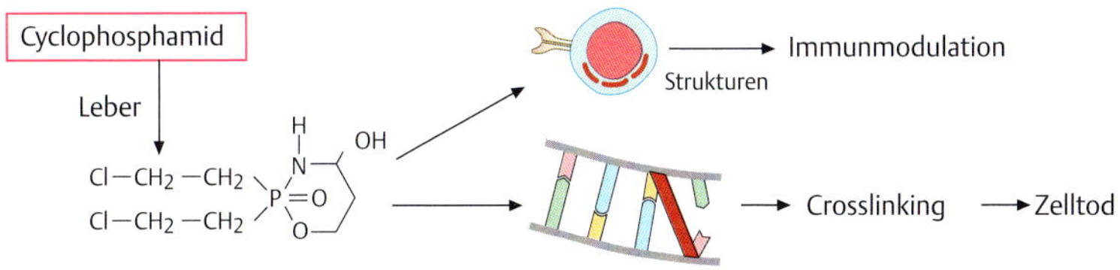

B. Cyclophosphamid

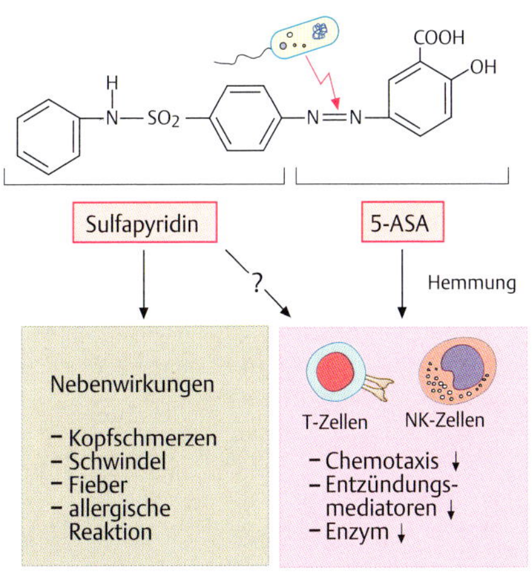

C. Sulfasalazin

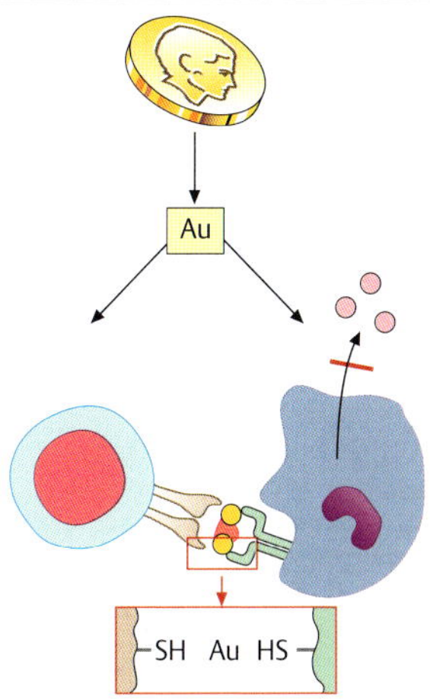

D. Gold

A. Ciclosporin A

Ciclosporin A ist ein aus 11 Aminosäuren bestehendes zyklisches Peptid, das von dem Bodenpilz Tolypocladium inflatum gebildet wird. Die immunsuppressive Wirkung erfolgt über eine Hemmung der Zytokinproduktion, besonders von IL-2 in der frühen Aktivierungsphase von T-Zellen. Ciclosporin A bindet an den zytoplasmatischen Rezeptor Cyclophilin, eine Prolin-Isomerase. Der Komplex aus Ciclosporin A und Cyclophilin hemmt Calcineurin, das als Proteinphosphatphosphatase für die Aktivierung des Transkriptionsfaktors NF-AT (nukleärer Faktor aktivierter T-Zellen) zuständig ist. Durch die fehlende Dephosphorylierung wird der Übertritt von aktivem NF-AT in den Zellkern und damit die Transkription des IL-2-Gens verhindert. Darüber hinaus greift Ciclosporin A in den Signaltransduktionsweg des TCR ein. Es hemmt die Proteinkinase Cβ (PKCβ) und damit die Induktion der nukleären Komponente des NF-AT. Ciclosporin A hemmt in geringerem Maße auch die Produktion anderer Zytokine (IL-1 in Makrophagen, IL-3, IL-4, IL-8, IFN-γ). Es beeinflußt damit hauptsächlich die zelluläre Immunität.
Das Makrolid-Antibiotikum *Tacrolimus* (*FK506*) wird ebenfalls zur Suppression der zellulären Immunität eingesetzt. Der Wirkungsmechanismus gleicht sehr dem von Ciclosporin A. Nach Bindung an einen zytoplasmatischen Rezeptor, das FK-binding protein, FK-bp, hemmt der Komplex aus Tacrolimus und FK-bp die Phosphatase Calcineurin und damit indirekt die Produktion von Zytokinen.
Rapamycin (Sirolimus), ebenfalls ein Makrolid-Antibiotikum, ist kein Calcineurin-Inhibitor, es hemmt nach Bindung an einen zytoplasmatischen Rezeptor (immunophilin FK-binding protein FK-bp12) IL-2-abhängige Prozesse in der Zielzelle. Es greift also etwas später als Ciclosporin A und Tacrolimus in den Ablauf der Aktivierung von T-Zellen ein und wirkt deshalb mit beiden synergistisch. Sirolimus hemmt insbesondere eine Serin/Threonin-Kinase, das sog. mTOR (**m**ammalian **T**arger **o**f **R**apamicin), ein Schlüsselenzym, welches in verschiedene Prozesse eingreift. Es wird nicht nur die Produktion von Zytokinen, sondern auch ihre Wirkung (ihr Signaltransduktionsweg) blockiert. Auch eine anti-angiogenetische Wirkung wird beobachtet. Ähnliche Wirkung hat ein neuer mTOR-Inhibitor: Everolimus (*Certican®*).

B. Mycophenolat

Mycophenolat ist ein Immunsuppressivum, das gute Effekte bei der Therapie von Abstoßungsreaktionen nach Transplantationen zeigt sowie bei systemischen Autoimmunerkrankungen wie dem SLE mit guter Wirksamkeit eingesetzt wird. Das Prodrug Mycophenolat-Mofetil wird nach i.v. Gabe rasch in den Wirkstoff Mycophenolat umgesetzt. Mycophenolat hemmt reversibel die Inosin-monophosphat-Dehydrogenase (IMP-DH) und damit die De-novo-Biosynthese von *Purinen*. Da Lymphozyten besonders auf die De-novo-Synthese angewiesen sind, nimmt die Konzentration von Guanin-Nukleotiden stark ab. Die Schädigung der Lymphozyten geschieht auf unterschiedlichen Wegen: Der Mangel an dGTP führt zur Reduktion der DNA- und RNA-Synthese. Darüber hinaus kommt es zu einem Mangel an Guanosin-5'-diphosphat-Fucose, die zur N-Glykosilierung von Glykoproteinen wie z. B. Adhäsionsmolekülen notwendig ist. Der Mangel an GTP-Cyclohydrolase 1 bedingt einen Mangel an Tetrahydrobiopterin, so daß die Redoxreaktionen in der Zelle, besonders die Bildung von NO, eingeschränkt werden.

C. Leflunomid

Leflunomid ist ein selektiv auf Lymphozyten wirkendes Immunsuppressivum mit einem ähnlichen Wirkungsmechanismus wie Mycophenolat. Durch Hemmung des Enzyms Dihydroorotat-Dehydrogenase (DHO-DH) greift es in die frühe Phase der De-novo-Biosynthese der *Pyrimidine* ein. B- und T-Zellen werden gleichermaßen in ihrem Wachstum gehemmt. In ruhenden Lymphozyten gibt es nur einen geringen Pool an Pyrimidinen. Wenn durch Hemmung der DHO-DH bei einer Aktivierung nur sehr wenig Pyrimidine neu synthetisiert werden können, wird die DNA- und RNA-Synthese eingeschränkt. Außerdem kommt es zur Einschränkung der Synthese von Adhäsionsmolekülen. Leflunomid wird als potentes Basistherapeutikum bei der rheumatoiden Arthritis eingesetzt.

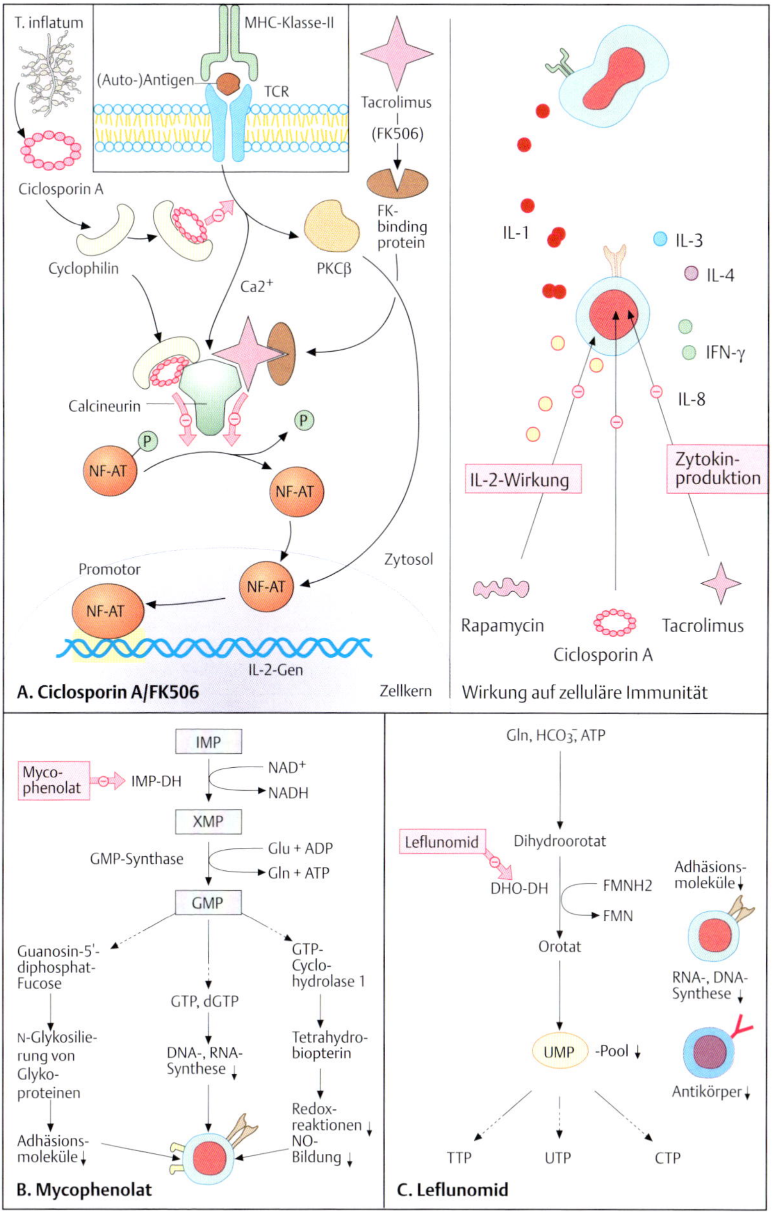
T. inflatum
MHC-Klasse-II
(Auto-)Antigen
TCR
Tacrolimus
(FK506)
Ciclosporin A
FK-
binding
protein
Cyclophilin
PKCβ
Ca2+
Calcineurin
P
NF-AT
Zytosol
Promotor
IL-2-Gen
A. Ciclosporin A/FK506
Zellkern
IL-1
IL-3
IL-4
IFN-γ
IL-8
IL-2-Wirkung
Zytokin-
produktion
Rapamycin
Ciclosporin A
Tacrolimus
Wirkung auf zelluläre Immunität
IMP
Myco-
phenolat
IMP-DH
NAD+
NADH
XMP
GMP-Synthase
Glu + ADP
Gln + ATP
GMP
Guanosin-5'-
diphosphat-
Fucose
GTP, dGTP
GTP-
Cyclo-
hydrolase 1
N-Glykosilie-
rung von
Glyko-
proteinen
DNA-, RNA-
Synthese ↓
Tetrahydro-
biopterin
Redox-
reaktionen ↓
NO-
Bildung ↓
Adhäsions-
moleküle ↓
B. Mycophenolat
Gln, HCO3-, ATP
Leflunomid
Dihydroorotat
DHO-DH
FMNH2
FMN
Orotat
Adhäsions-
moleküle ↓
RNA-, DNA-
Synthese ↓
UMP
-Pool ↓
Antikörper ↓
TTP
UTP
CTP
C. Leflunomid

A. Polyklonale Antikörpertherapie

Intra**v**enöse **I**mmun**g**lobuline (IVIG) werden zur Verbesserung der humoralen Immunität bei primären und sekundären Immundefizienzen alle 4–6 Wochen verabreicht (**A**). Hochdosierte IVIG können bei verschiedenen Autoimmunerkrankungen hilfreich sein: sie werden bei idiopathischer thrombozytopenischer Purpura (ITP, s. S. 140) bei lebensbedrohlichen Blutungen eingesetzt. Auch demyelinisierende Neuropathien wie das Guillain-Barré-Syndrom und die chronische inflammatorische Polyneuropathie, die therapierefraktäre Myasthenia gravis und die Dermatomyositis werden mit IVIG therapiert, sowie die Multiple Sklerose (s. S.254). Die Therapie mit IVIG kann außerdem bei vaskulären Autoimmunerkrankungen, z. B. zur Prävention von Koronararterien-Aneurysmen bei Kawasaki-Syndrom oder ANCA^{+}-Vaskulitis, verwendet werden sowie bei autoimmuner Uveitis. Polyklonale Antikörper werden auch zur passiven Immunisierung verwendet. So enthält Tetanus-Immunglobulin vom Menschen > 95 % humane Immunglobuline gegen Tetanus-Toxin. Es wird zur Prophylaxe des Tetanus bei nicht oder unvollständig Immunisierten sowie zur Therapie des klinisch manifesten Tetanus eingesetzt. Zur Behandlung einer RSV-Infektion werden neutralisierende polyklonale RSV-Antikörper eingesetzt. Zur Prophylaxe von CMV-Erkrankungen wird CMV-IVIG verabreicht. Bei Tollwut (Rabies) wird eine postexpositionelle Tollwutprophylaxe durchgeführt. Polyklonale Antikörper sind hochpotente Wirkstoffe gegen multiple antigene Zielstrukturen, während monoklonale Antikörper nur ein einziges Epitop erkennen (**B**). Zur Reduktion der Immunantwort bei Autoimmunkrankheiten können sie die Aufnahme der Antigene durch APC sowie die Präsentation an T-Zellen behindern. Die Phagozytose der Antigene durch Makrophagen kann ebenso gehemmt werden wie die Aktivierung von B-Zellen. Ein wichtiger Angriffspunkt polyklonaler Antikörper ist das Abfangen pathogener Autoantikörper. Ein weiterer Vorteil polyklonaler Antikörper ist die Neutralisation von Medikamenten wie Digoxin sowie von Schlangen- und Insektengiften, die oft multiple toxische Komponenten beinhalten (**A**).

C. Herstellung humanisierter Antikörper

Eine neue Technologie zur Herstellung therapeutisch einsetzbarer Antikörper stellen transgene Tiere dar, deren eigene Schwer- und κ-Leichtketten durch homologe Rekombination zunächst inaktiviert worden sind. Dann wird die DNA-Sequenz der nicht-rearrangierten humanen Schwer- und κ-Leichtketten als Transgen in die Vorkerne der Oozyte mikroinjiziert. Da die humanen Gen-Loci extrem groß sind, werden sie entweder als Minigen-Konstrukt oder als artifizielle Hefe-Chromosomen eingeschleust. Selbst wenn nur ein Teil des normalen humanen variablen Schwerkettengen-Repertoires als Transgen eingeführt wird, können nun spezifische humane Antikörper gegen ein injiziertes Antigen produziert werden. Ein von transgenen Tieren hergestellter Antikörper ist z. B. Panitumumab (anti-EGF-Rezeptor).

D. Antikörper-Zytokin Fusionsproteine

Bei den Immunzytokinen wird ein Zytokin an einen Tumor-spezifischen Antikörper fusioniert. Als Tumor-spezifische Antikörper kommen z. B. anti-Her2/neu (Mammakarzinome), anti-Gangliosid 2 (Neuroblastome und Melanome) und anti-EpCam (KSA; diverse epitheliale Tumoren) in Betracht. Dabei bindet der Tumor-spezifische Antikörper an Oberflächenantigene des Tumors. Das assoziierte Zytokin übt seine Wirkung auf Zytokin-Rezeptor^{+}-Zellen aus, indem es z. B. T-Zellen und NK-Zellen rekrutiert und zur Expansion bringt (**siehe D1–3**). Als assoziierte Zytokine dienen häufig IL-2, GM-CSF und IL-12 (**D1–3**). IL-2 ist als T-Zell-Wachstumsfaktor bekannt. Es rekrutiert und stimuliert T- und NK-Zellen zu proliferieren und zytotoxisch zu werden. GM-CSF verstärkt die Antigenpräsentation und somit die Aktivierung von T-Zellen. IL-12 hingegen baut eine adaptive T_H1-Antwort gegen Tumorzellen auf und verstärkt die Zytotoxizität von CTLs und NK-Zellen. Weiterhin induziert IL-12 die Sekretion von IFN-gamma, welches das Tumorwachstum durch Hemmung der Tumorangiogenese verlangsamt. Erste klinische Studien erscheinen erfolgsversprechend.

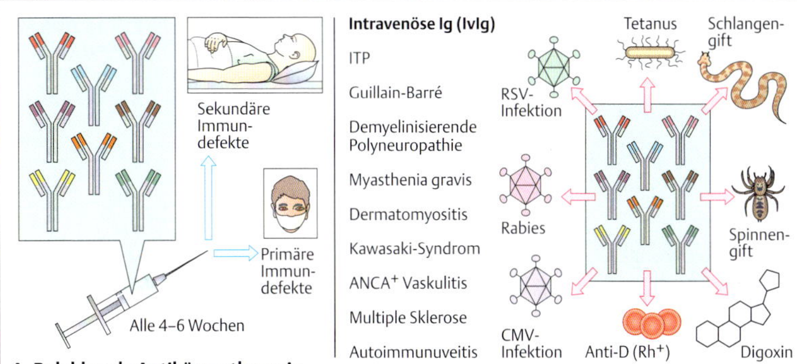

A. Polyklonale Antikörpertherapie

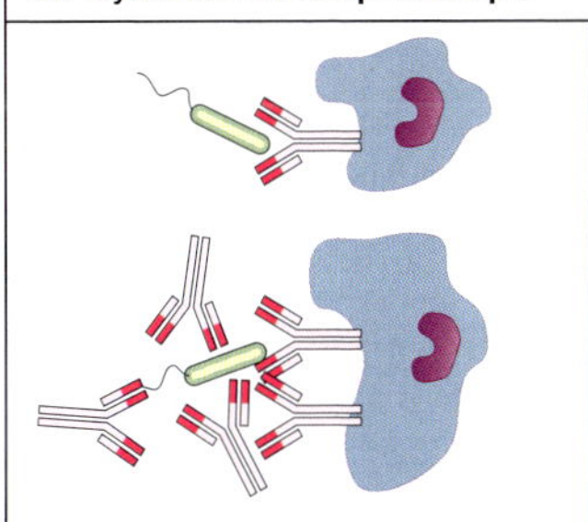

B. Monoklonale vs. Polyklonale AK

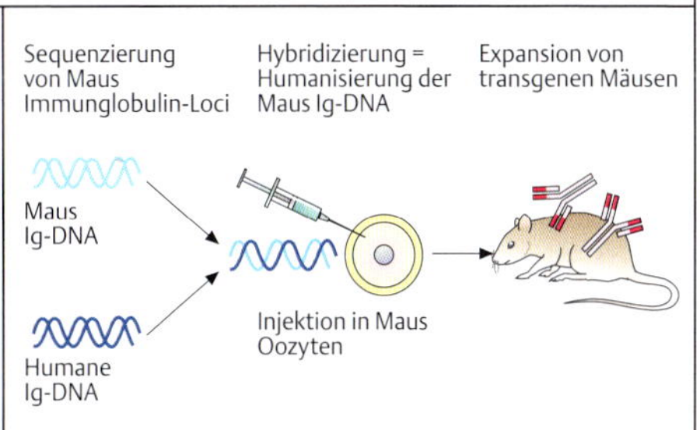

C. Herstellung humanisierter Antikörper

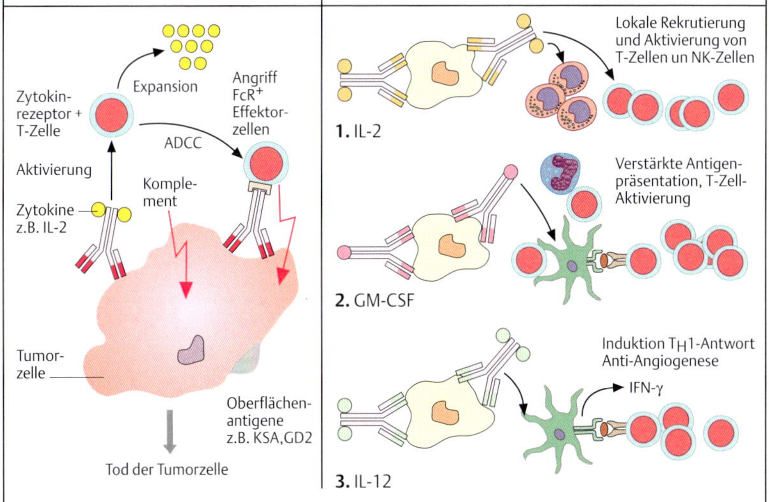

D. Antikörper-Zytokin Fusionsproteine

Klinik

Immunsuppression bei Organtransplantationen : Induktionstherapie und akute Abstoßung

Induktive Therapie ist die prophylaktische Applikation immunsuppressiver Antikörper zusätzlich zur basalen Immunsuppression, um die Abstoßung eines Transplantats in der frühen Post-Transplantationsphase zu verhindern (s. a. S. 172–176). Kommt es im späteren Verlauf zu einer akuten steroidresistenten Abstoßungsepisode, werden ebenfalls Antikörper gegen T-Zellen zur Therapie eingesetzt.

A. ATG (anti-Thymozyten-Globulin) und ALG (anti-Lymphozyten-Globulin)

Anti-Thymozyten-Globulin (*ATG*) oder anti-Lymphozyten-Globulin (*ALG*) sind *polyklonale* Antikörper, die durch Injektion von humanen Thymozyten bzw. Lymphozyten in verschiedene Spezies entstehen (**A.1.**). ATG und ALG binden dabei an alle zirkulierenden Lymphozyten. ALG wird seltener verwendet als ATG und hat mehr Nebenwirkungen. Es kommt zu einer Opsonisierung von Lymphozyten, Aufnahme ins RES und Lyse, zur Modulation des Antigenrezeptors, sowie zur Anergie durch fehlende Aktivierung ko-stimulatorischer Signale. Es gibt zwei Arten von ATG-Präparationen (**A.1.**): In *Kaninchen* produziertes ATG (Thymoglobulin®) und im *Pferd* hergestelltes ATG. Polyklonales ATG ist immunogen und kann zu anaphylaktischen Reaktionen führen, da anti-ATG-Antikörper gebildet werden. Diese können wiederum mit ATG Immunkomplexe bilden (Serumkrankheit). Außerdem kann eine schwere Leukopenie auftreten. Durch ATG können T-Zellen transient aktiviert werden, wodurch es zum *Zytokinfreisetzungs-Syndrom* (**B.1.**) kommt. Als Nebenwirkungen können somit auftreten: Fieber, Schüttelfrost, Thrombozytopenie, Leukopenie, Hämolyse, Serumkrankheit und anaphylaktische Reaktionen. Empfohlen wird die Gabe von Steroiden, Antipyretika und Antihistaminika kurz vor Beginn der Infusion. Kaninchen-ATG wird zusammen mit anderen Immunsuppressiva zur Induktionstherapie bei Nieren-, Herz- und Lebertransplantationen sowie für die Behandlung der akuten Abstoßung von Nierentransplantaten eingesetzt.

Polyklonale Antikörper weisen eine Reihe von Nachteilen auf. Da sie alle Lymphozyten angreifen, führen sie zu einer generalisierten Immunsuppression, die Posttransplantations-bedingte lymphoproliferative Erkrankungen, Hauttumoren, oder schwere opportunistische Infektionen (meistens CMV, HSV) nach sich ziehen kann (**A.2.**). ATG zusammen mit Ciclosporin und Steroiden wird auch zur Therapie der *aplastischen Anämie* (s. S. 140) gegeben.

B. OKT3 (anti-CD3)

*Mu*rine *mono*clonal *a*nti*b*ody Muromonab-CD3 (Orthoclone OKT3®) ist ein muriner monoklonaler IgG2a-Antikörper gegen den CD3-Anteil (ε-Kette) des TCR. OKT3 ist ein sehr potentes Immunsuppressivum, das zur raschen Elimination aller $CD3^+$-Zellen aus dem Blut führt. I.d. R. werden 5–10 mg pro Tag i.v. über 7–14 Tage verabreicht. Eine erste akute Abstoßung kann damit in mehr als 90 % verhindert werden. Es wird bei der steroidresistenten akuten Abstoßung von allogenen Nieren-, Herz- und Lebertransplantaten eingesetzt. Nachteilig sind die potentiell schweren Nebenwirkungen. OKT3 löst die Bildung von humanen Antimaus-Antikörpern (HAMA) aus. HAMA führen zur schnellen Elimination von OKT3 und bei wiederholter Gabe zur Wirkungslosigkeit.

Interessanterweise soll die anti-CD3-Behandlung die funktionelle Kapazität von immunsuppressiven regulatorischen T-Zellen (T_{reg}) stimulieren, woraus eine Antikörper-vermittelte aktive Toleranzinduktion entstehen kann.

C. Basiliximab und Daclizumab (anti-IL2Rα)

Basiliximab (Simulect®) und *Daclizumab* (Zenapax®) sind humanisierte monoklonale Antikörper gegen die α-Untereinheit des IL-2 Rezeptors (**C.1.**). IL-2 spielt bei Abstoßungsreaktionen eine Schlüsselrolle, da es die klonale Expansion aktivierter T-Zellen reguliert (**C.2.**).

Basiliximab (**C.1.**) ist ein chimärer (70 % human und 30 % muriner) Antikörper, während *Daclizumab* einen komplett humanisierten Antikörper darstellt. *Basiliximab* hat eine HWZ von ca. 7 Tagen und sättigt den IL-2Rα bis zu 50 Tage ab. *Daclizumab* (**C.1.**) hat eine HWZ von ca. 20 Tagen und führt für ca. 120 Tage zur Sättigung des IL-2Rα.

IL-2Rα (CD25) ist nur auf aktivierte T-Zellen exprimiert und nicht auf ruhenden T-Zellen. Beide Antikörper sind sehr ähnlich und werden zur Prävention der Nierentransplantat-Abstoßung eingesetzt (**C.3.**).

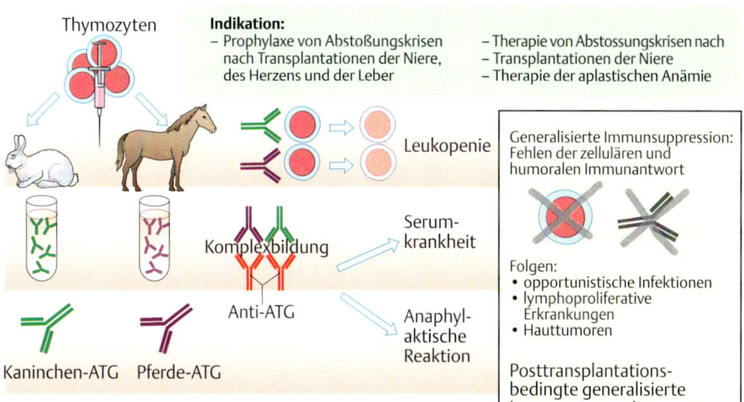

A. Herstellung von polyklonalem anti-Thymozyten Globulin

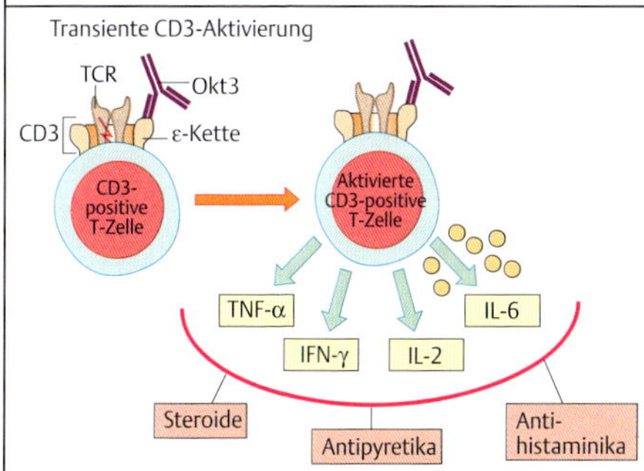

1. Aktivierung und Zytokinausschüttung

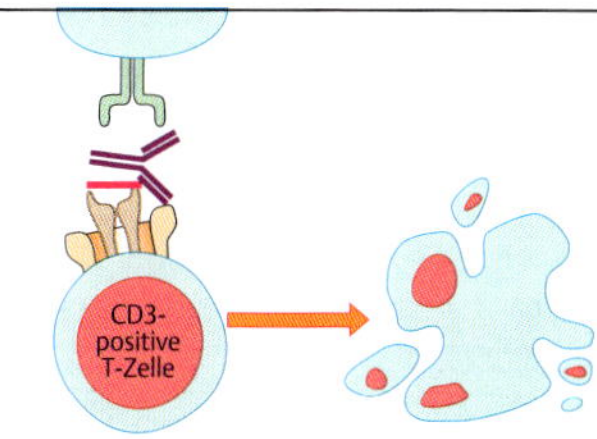

2. Blockade des TCR-CD3-Komplexes

B. Muromonab-CD3 (anti-CD3 AK)

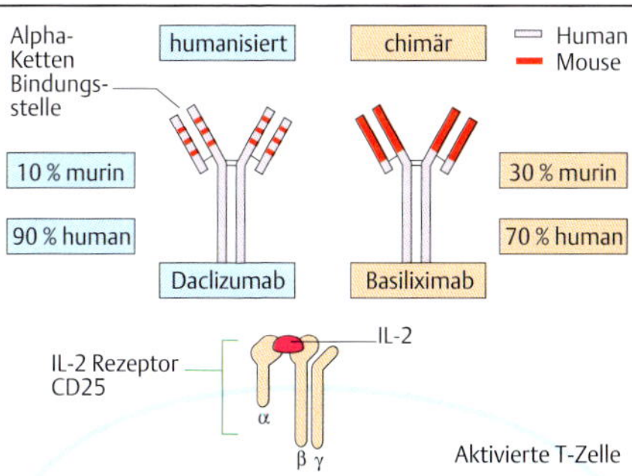

1. Aufbau von Daclizumab und Basiliximab (anti-CD25)

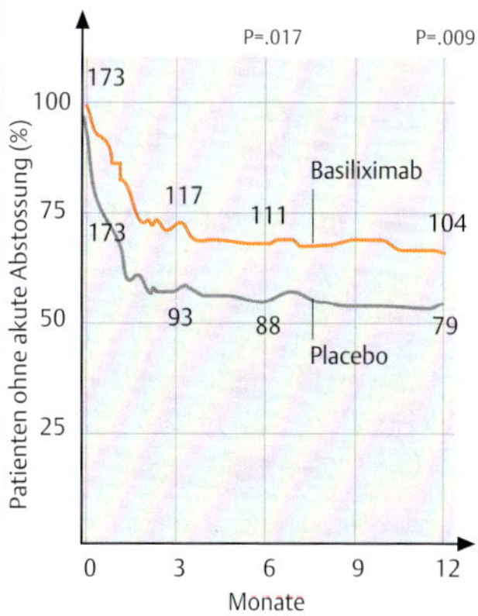

2. Wirksamkeit von Basiliximab auf die Prävention akuter renaler Transplantat Abstossungen

C. Basiliximab und Daclizumab (anti-IL2Rα)

A. Efalizumab (anti-CD11a)

Efalizumab (Raptiva®) ist ein humanisierter monoklonaler Antikörper gegen das β_2-Integrin CD11a, die α-Untereinheit von „Leukocyte function-associated antigen type 1", LFA-1. Efalizumab wird zur Therapie der *Psoriasis* eingesetzt (**A.1.**; s. S. 222). LFA-1 bindet an die Adhäsionsmoleküle „intercellular adhesion molecule" ICAM-1 (CD54) und ICAM-2 (CD102) auf antigenpräsentierenden Zellen (APC). Die Bindung von LFA-1 und ICAM-1 ist Voraussetzung zur Transmigration (Diapedese) von T-Zellen. So reduziert Efalizumab die Aktivierung und das „Homing" von T-Zellen in Entzündungsherde (**A.1., A.2.**).

Die Applikation von Efalizumab führt zur Herabregulation von CD11a auf T-Zellen. Histologisch ist die kutane ICAM-Färbung vermindert, die Zahl dermaler und epidermaler $CD3^+$-T-Zellen ist reduziert.

In einer großen kontrollierten Studie wurde Efalizumab (1 oder 2 mg pro kg pro Woche) für 12 Wochen subkutan verabreicht. Nach 12-wöchiger Therapie zeigten 22 % der Patienten (1 mg/kg/Woche) und 28 % der Patienten (2 mg/kg/Woche) eine mindestens 75 %ige Verbesserung des Psoriasis-Areal-und-Schwere-Index im Vergleich zu 5 % der Patienten der Placebogruppe (**A.3.**). Efalizumab wurde gut vertragen, als häufigste unerwünschte Nebenwirkungen traten leichtere Kopfschmerzen auf. Extrem selten wurden autoimmunhämolytische Anämiefälle beschrieben sowie Thrombopenien.

B. Alefacept (anti-CD2)

Alefacept (Amevive®) ist ein Fusionsprotein der ersten extrazellulären Domäne des humanen LFA-3 (CD58) und des Fc-Teils von IgG_1 (**B.1.**). Alefacept hemmt die T-Zell-Aktivierung durch Blockierung der CD2–LFA-3-Kostimulation. Da $CD45RO^+$-Gedächtnis-Effektor-T-Zellen mehr CD2 als $CD45RA^+$-naive T-Zellen exprimieren, bindet Alefacept präferentiell an Gedächtnis-Effektor-T-Zellen. Durch die Bindung des LFA-3-Teils von Alefacept an CD2 auf Gedächtnis-Effektor-T-Zellen sowie des IgG1-Teils an CD16 (Fcγ-Rezeptor III) auf NK-Zellen und Monozyten wird die Apoptose von T-Zellen induziert.

In Studien reduziert Alefacept den Psoriasis-Areal-und-Schwere-Index signifikant um 38–53 %. Alefacept (7,5 mg absolut) wurde in den USA 2003 zugelassen. Die Zulassung in Europa wurde wegen Sicherheitsbedenken (Allergien, Immunschwäche, möglicherweise auch Tumoren) verschoben.

C. Natalizumab (anti-α4-Integrin)

Natalizumab (Antegren®, Tysabri®) ist ein monoklonaler humanisierter α4-Integrin-Antikörper. Die α4-Integrin-Kette kann kombiniert mit zwei Partnern auftreten (**C.1.**): als VLA-4 (α4β1; CD49d) oder als „Lymphocyte-Peyer patch adhesion molecule-1" (LPAM-1;α4β7). VLA-4 und LPAM-1 sind auf allen Leukozyten außer Neutrophilen exprimiert. Rezeptor für beide Liganden ist VCAM-1 auf aktivierten Endothelzellen sowie MAdCAM-1 bei LPAM-1, welches auf Endothelzellen auf intestinalem lymphoiden Gewebe exprimiert und bei Entzündung hochreguliert ist. Durch die Bindung an α4-Integrin interferiert Natalizumab mit der Leukozyten-Transmigration und wird daher zur Therapie von Autoimmunerkrankungen wie *Multipler Sklerose* (*MS*, s. S. 254) eingesetzt.

Bei MS-Patienten war Natalizumab gut verträglich und reduzierte die Anzahl neuer Hirnläsionen um ca. 90 % (**C.2.**) sowie die Rezidivrate um ca. 50 %. Nebenwirkungen waren Kopfschmerzen, Infektionsneigung und Pharyngitis. In einigen Studien wurde Natalizumab mit Interferon erfolgreich kombiniert. Nach 2 Todesfällen durch progressive multifokale Leukencephalopathie (PML) gab es eine lange Verzögerung im Zulassungsverfahren; im Juni 2006 wurde Natalizumab aber für die schubformig-remittierende Form der MS endgültig zugelassen.

Im Augenblick wird die Effektivität von Natalizumab bei aktivem Morbus Crohn in zwei Studien untersucht.

D. anti-ICAM-1 (Enlimomab)

Enlimomab (R6.5) ist ein muriner IgG2a-Antikörper gegen humanes ICAM-1. Enlimomab hemmt die Leukozytenadhäsion an vaskuläres Endothel und verhindert so die Leukozyten-Transmigration und die daraus folgende inflammatorische Gewebezerstörung. In ersten klinischen Studien hatte Enlimomab einen günstigen Einfluß auf den Krankheitsverlauf bei *rheumatoider Arthritis*, auch nahm die akute Abstoßungsrate nach *Nieren- und Lebertransplantation* ab. Im Gegensatz dazu zeigte sich ein negatives Ergebnis bei akutem *Apoplex*. Einer der Gründe hierfür scheint zu sein, daß Enlimomab Neutrophile aktivieren kann.

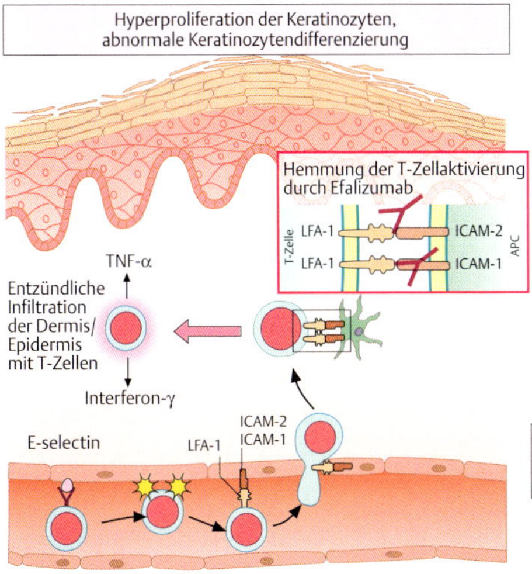

1. Aktivierung von T-Zellen: Angriffspunkt von Efalizumab

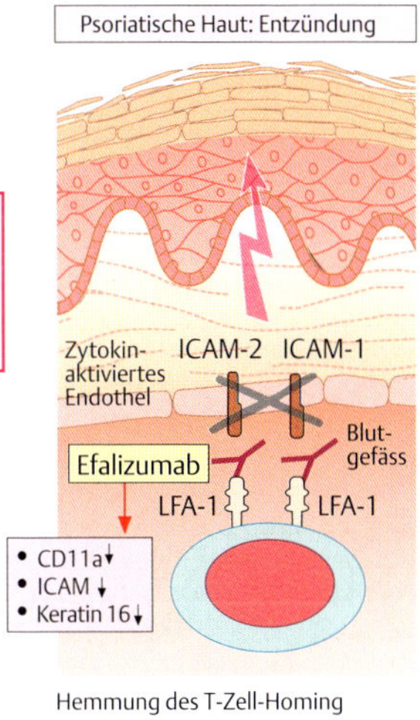

2. Homing von aktivierten T-Zellen: Angriffspunkt von Efalizumab

A. Efalizumab (anti-CD11a)

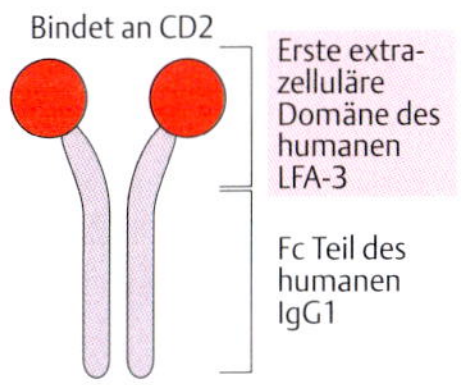

1. Alefacept blockiert die Bindung an CD2

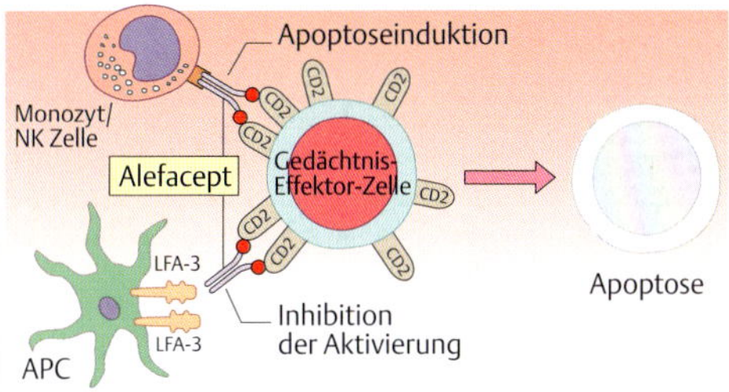

B. Alefacept (anti-CD2)

2. Wirkmechamismus von Alefacept

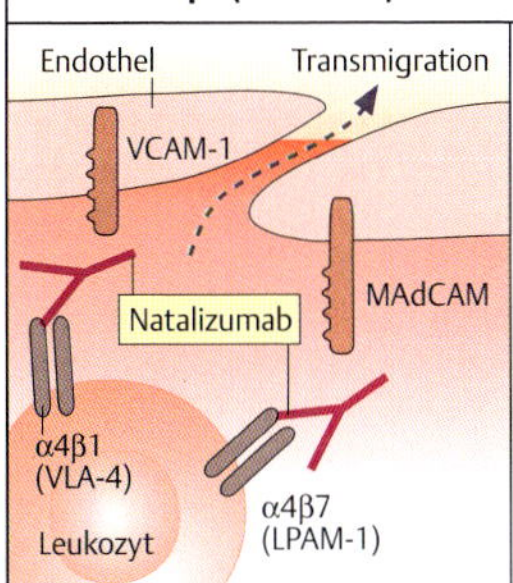

1. Wirkmechanismus

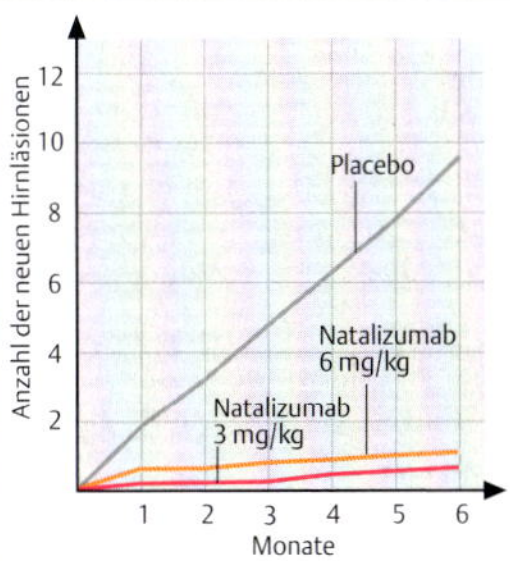

2. Kontrastmittel-Anreicherung

C. Natalizumab (anti-α4-Integrin)

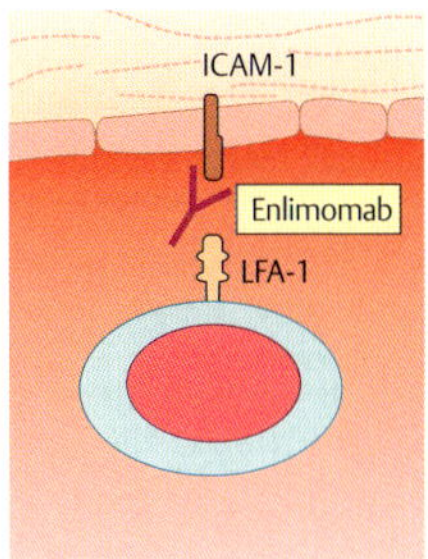

D. Anti-ICAM-1: Enlimomab

A. Entwicklung von Antikörpern und löslichen TNF-Rezeptoren

TNF-α durch Antikörper bzw. lösliche TNF-Rezeptoren abzufangen und somit die chronische Entzündungsreaktion im rheumatischen Gelenk zu unterbrechen, stellt eine effektive Therapie der Rheumatoiden Arthritis und anderer rheumatischer Erkrankungen dar. Der Wirkungsmechanismus ist in **B.** dargestellt. Da diese „Biologicals" mittlerweile immer öfter in der Klinik angewendet werden, ist ihre Weiterentwicklung schon weit vorangeschritten. Im Vordergrund steht dabei die Reduktion der Antigenität (s. S. 247, A.), um die Nebenwirkungen so gering wie möglich zu halten. Infliximab (Remicade®) ist ein chimäres Antikörpermolekül mit einem humanen Fc-Teil und murinen antikörperbindenden Fab-Teilen. CDP571 ist soweit „humanisiert", daß nur noch die hypervariablen Regionen der Fab-Teile aus der Maus stammen. D2E7 (Adalimumab) wird durch Phagen-Display hergestellt und ist deshalb nur noch aus humanen Anteilen zusammengesetzt. Darüber hinaus können neben ganzen Antikörpermolekülen auch einzelne Fab-Fragmente zur Bindung von TNF-α eingesetzt werden. Sie sind an PEG (Polyethylenglykol) gekoppelt.

Die löslichen TNF-Rezeptoren bestehen aus humanen IgG-Fc-Teilen, an die zwei Moleküle des Rezeptors über eine murine hinge-Region gekoppelt sind. Lenercept enthält ein Dimer des p55-TNF-Rezeptors, Etanercept ein Dimer des p75-TNF-Rezeptors. Ein verkürztes, PEG-gekoppeltes p55-Molekül kann ebenfalls zum Abfangen von TNF-α eingesetzt werden. Derzeit sind Adalimumab, Etanercept und Infliximab für den Einsatz am Menschen zugelassen.

B. Wirkungsweise von TNF-α-Antikörpern und löslichen Rezeptoren

Infliximab bindet besonders gut an transmembranöses TNF-α und bildet einen stabilen Komplex. Die Frequenz der membranständigen Bindung ist höher als bei Etanercerpt. Durch die effektive Bindung an membranständiges TNF-α wird die TNF-α-vermittelte Signaltransduktion in Endothelzellen, Monozyten und Makrophagen blockiert und bei letzteren Apoptose ausgelöst. Dadurch erklärt sich die bessere Wirkung bei granulomatösen Entzündungsreaktionen (granulomatöse Vaskulitiden, Morbus Crohn) als auch das erhöhte Risiko einer Tuberkulose-Reaktiverung (s. **D.**). Infliximab bindet sowohl monomeres lösliches TNF-α als auch Trimere.

Etanercept bindet fast ausschließlich an Trimere, formt allerdings einen wesentlich instabileren Komplex als Infliximab, so daß lösliches TNF-α auch wieder freigesetzt wird.

C. Klinische Studien 1992 – 1998, Wirksamkeit

1.) Die Gabe von Infliximab allein oder zusammen mit Methotrexat (s. S. 276) über 13 Wochen in jeweils 5 Dosen bewirkte ein massives Ansprechen der Patienten. Die obere Graphik zeigt die Wirksamkeit in Prozent, die untere Graphik die Abnahme der Anzahl der entzündeten Gelenke über den Beobachtungszeitraum (nach Nature Rev Immunol 2; 364–71; 2002).

2.) Ähnlich stellt sich die Wirksamkeit von Etanercept in klinischen Studien dar. Die zweimalige Gabe pro Woche über mehrere Monate zeigt ein dosisabhängiges Ansprechen der Patienten (nach Produktmonographie Enbrel®).

D. Nebenwirkungen

Nach den ersten größeren Einsätzen von TNF-Antikörpern mehrten sich die Berichte über reaktivierte Tuberkulose-Fälle. TNF-α ist das Schlüsselzytokin für die Aufrechterhaltung der Integrität der Tuberkulosegranulome. Im Latenzstadium sorgt eine kontinuierliche Aktivierung des Immunsystems dafür, daß persistierende Mykobakterien das Granulom nicht verlassen können. TNF-α und Lymphotoxin α3 sind zur Abdichtung der Granulome vonnöten. Ein Abfangen durch TNF-Antikörper verschiebt das dynamische Gleichgewicht zwischen Erreger und Wirtsantwort, so daß es zur Ausbreitung der Mykobakterien kommen kann (s. S. 240). Daher wird empfohlen, neben einem Tuberkulin-Hauttest (TST) auch einen Röntgenthorax anzufertigen, um ein latente Tuberkulose zu detektieren. Bei positivem Befund sollte eine Isoniazid-Prophylaxe (INH) der Therapie mit TNF-Antikörpern vorgeschaltet werden (s. Tabelle S. 328).

In jüngster Zeit sind unter den etwa 270 000 Patienten mit M. Crohn, die mit Infliximab behandelt wurden, 6 Fälle eines seltenen T-Zell-Lymphoms beobachtet worden. Ob ein kausaler Zusammenhang besteht, ist noch unklar.

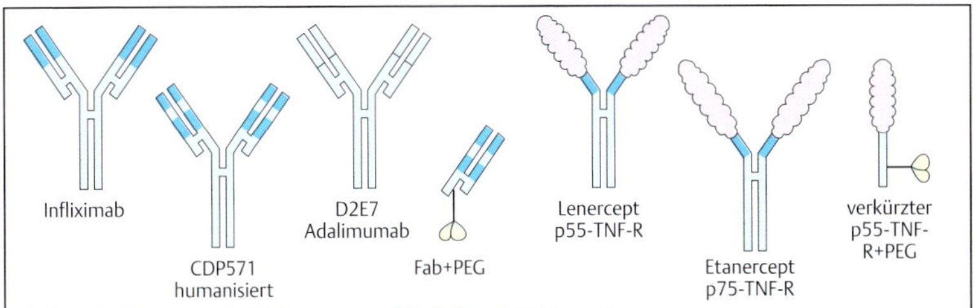

A. Entwicklung von Antikörpern und löslichen TNF-Rezeptoren

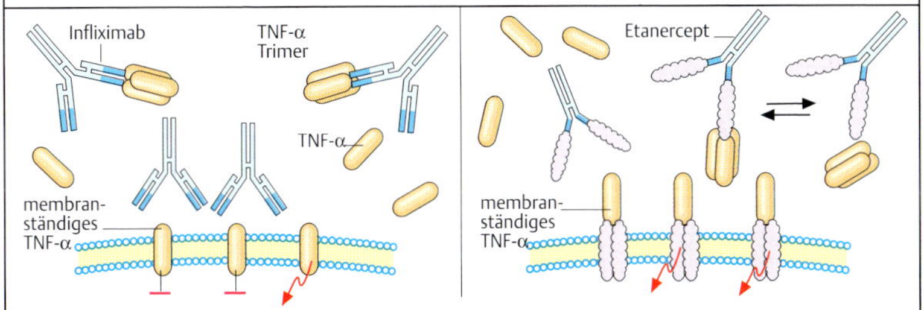

B. Wirkungsweise vonTNF-α-Antikörpern und löslichen Rezeptoren

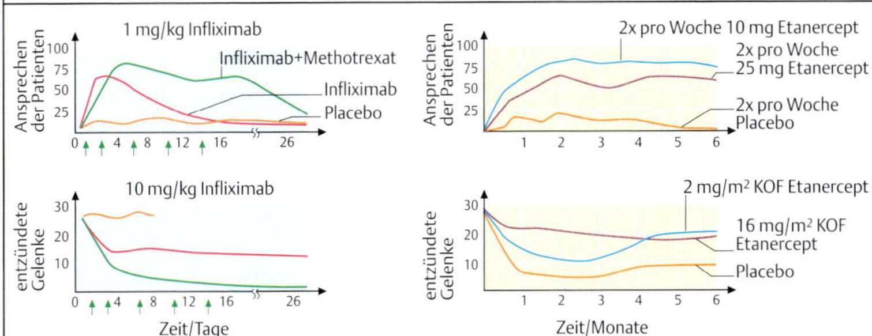

C. Klinische Studien

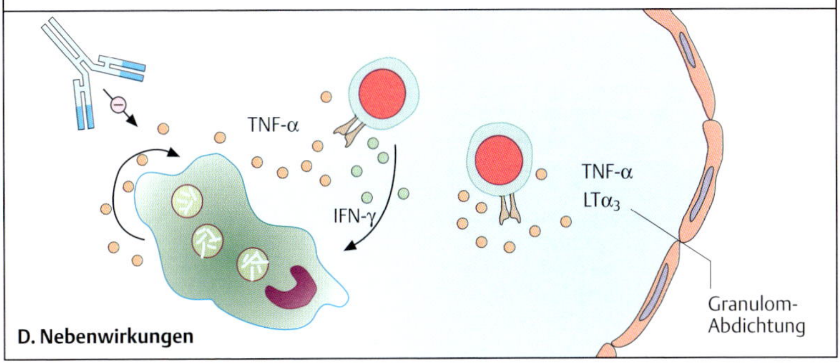

D. Nebenwirkungen

Klinik

A. Omalizumab (anti-IgE)

Omalizumab (Xolair®) ist ein humanisierter IgE-Antikörper, der in den USA zur Therapie von mittlerem bis schwerem Asthma bronchiale seit 2003 und in Europa seit 2005 zugelassen ist. IgE-Antikörper sind gegen bestimmte Allergene gerichtet und liegen nach dem Erstkontakt gebunden an Mastzellen und Basophile vor (**A.1.**). Erneute Allergenexposition führt durch Vernetzung der zellgebundenen IgE-Moleküle durch das Allergen zur Degranulation der Mastzellen bzw. Basophilen, und damit zur Freisetzung von Histamin mit nachfolgender Entzündungsreaktion und Schwellung. Da Omalizumab die Bindung von IgE an die IgE-Rezeptorstellen auf Mastzellen bzw. Basophilen blockiert (**A.2.**) und nicht die Reaktion mit dem Allergen, wirkt er gegen verschiedene Allergene. Dies ist auch gegenüber einer Hyposensibilisierung vorteilhaft. Omalizumab bindet auch an freies zirkulierendes IgE im Blut, noch bevor es andocken kann, und senkt somit den IgE-Spiegel. Omalizumab (Xolair®) wird alle zwei bis vier Wochen subkutan injiziert. Die Dosierung wird nach Körpergewicht und Gesamt-IgE-Spiegel vorgenommen. Durch Omalizumab kann der Einsatz von Glukokortikoiden, β-Sympathomimetika oder Antihistaminika verringert werden. Asthma-Exazerbationen werden reduziert. Dadurch verbessert sich insgesamt die Lebensqualität bei guter Verträglichkeit von Omalizumab.

B. Mepolizumab (anti-IL-5)

Mepolizumab ist ein humanisierter anti-IL-5-Antikörper. IL-5 ist ein Schlüssel-Zytokin, das die Produktion, Aktivierung und die Geweberekrutierung von Eosinophilen reguliert (**B.1.**). *Atopisches Asthma* ist dabei durch ein eosinophiles Infiltrat in der Bronchialschleimhaut charakterisiert (s. S. 234). Aktivierte Eosinophile sezernieren granuläre basische Proteine, die das Bronchialepithel zerstören. Da außerdem die Anzahl der Eosinophilen mit dem Schweregrad der Erkrankung korreliert, ist anzunehmen, daß Eosinophile eine zentrale pathophysiologische Rolle spielen. In einer randomisierten, doppel-blinden, Placebo-kontrollierten Studie reduzierte Mepolizumab die Anzahl der Eosinophilen im Blut um ca. 100 %, im Knochenmark und den Bronchien jedoch nur um ca. 50 %. Mepolizumab hatte keinen klinisch relevanten Effekt auf die bronchiale Hyperreaktivität und die Lungenfunktion. Weiterhin ist IL-5 in die Pathogenese des hypereosinophilen Syndromes (HES) involviert, einer systemischen Erkrankung, die durch Blut- und Gewebeeosinophilie bei fehlender allergischer oder parasitärer Ursache charakterisiert ist. Mepolizumab wurde in Fallstudien bei HES i.v. angewendet (zweimalig 750 mg innerhalb von 2 Wochen oder dreimalig 750 mg in 4-Wochen-Intervallen). Mepolizumab reduzierte dabei die Zahl der Eosinophilen im peripheren Blut und in der Haut (**B.2.**). Juckreiz und Ekzem bei eosinophiler Dermatitis nahmen ab. Mepolizumab muss nun in multizentrischen, randomisierten, doppelblinden, und placebokontrollierten Phase-III-Studien seine Wirksamkeit und Sicherheit zur Zulassung bei HES beweisen. Die europäische Behörde hat für diese Indikation dem Mepolizumab den Status eines „Orphan Drug" erteilt, d.h. es ist u.U. zulässig das Medikament zu verwenden

C. Prophylaxe mit Palivizumab (anti-RSV)

Palivizumab (Synagis®) ist ein humanisierter monoklonaler Antikörper, der gegen das A-Epitop des Fusionsproteins des Respiratory Syncytial Virus (RSV) gerichtet ist. RSV ist ein häufig auftretendes, hochkontagiöses Virus, der Atemwegsinfektionen hervorruft. Frühgeborene Säuglinge, bei denen die Lungenentwicklung noch unvollständig ist, sowie Säuglinge mit vorbestehenden Lungenerkrankungen, haben ein erhöhtes Risiko, eine respiratorische Insuffizienz zu entwickeln, wenn sie mit RSV angesteckt worden sind. Kinder mit schweren RSV-Infektionen müssen oft hospitalisiert werden. Typische Symptome sind erkältungsartige Beschwerden sowie Fieber, die in eine lebensbedrohliche Dyspnoe übergehen können. Palivizumab neutralisiert RSV und hat eine fusionsinhibitorische Aktivität. Palivizumab wird in monatlichen intramuskulären Injektionen von 15 mg/kg als passiver Impfstoff verabreicht. Begonnen wird mit Beginn der RSV-Saison (November bis April). Palivizumab ist in Deutschland zugelassen zur Prävention von RSV-Infektionen bei Kindern, die in der 35. Schwangerschaftswoche oder früher geboren wurden und zu Beginn der RSV-Saison jünger als sechs Monate sind sowie bei Kindern jünger als zwei Jahre, die innerhalb des letzen halben Jahres wegen bronchopulmonaler Dysplasie behandlungsbedürfig waren. Palivizumab ist nicht zur Therapie der RSV-Infektion, sondern lediglich zur Prophylaxe indiziert.

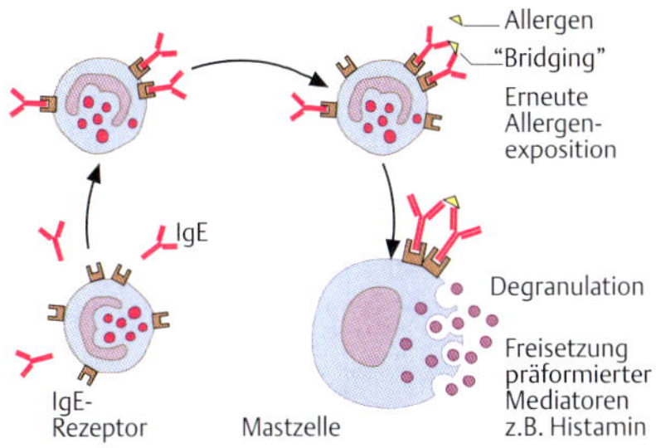

1. Die IgE-vermittelte Immunreaktion

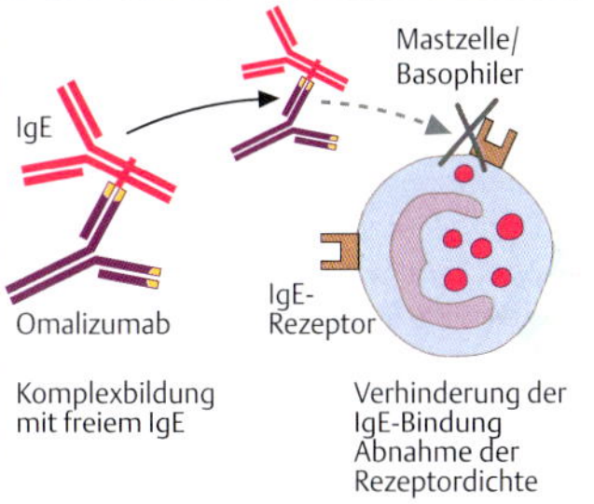

2. Omalizumab (anti-IgE) hemmt die IgE-vermittelte Immunreaktion

A. Omalizumab

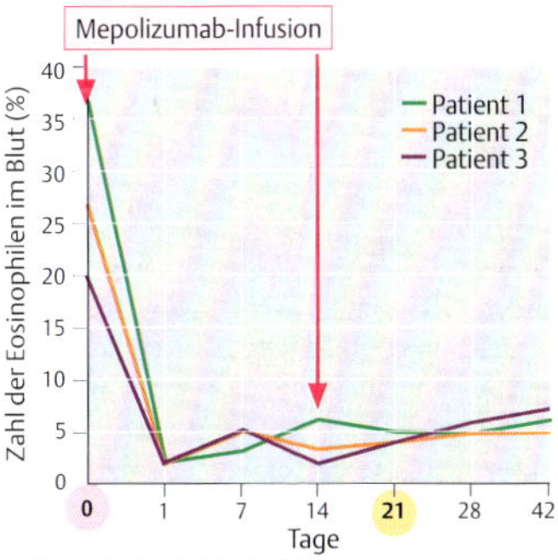

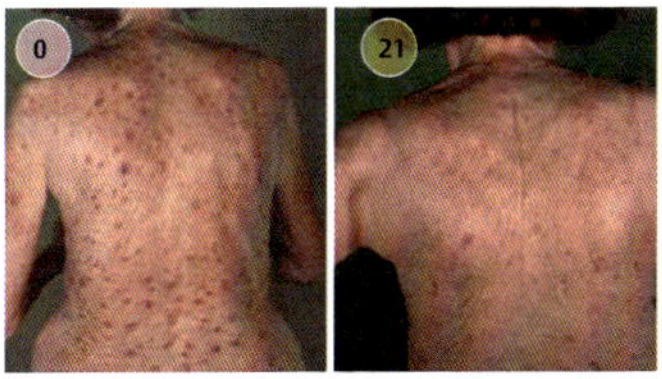

Klinische Manifestation der eosinophilen Dermatitis vor und nach Mepolizumab

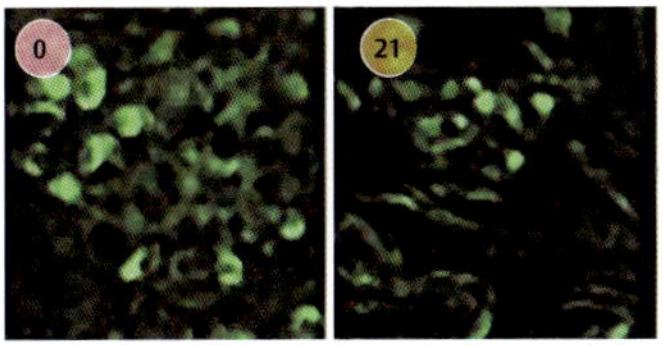

Zahl der IL-5 exprimierenden Zellen (Eosinophilen) vor und nach Mepolizumab

2. Effekte der Mepolizumab Behandlung

B. Mepolizumab (anti-IL-5) bei HES

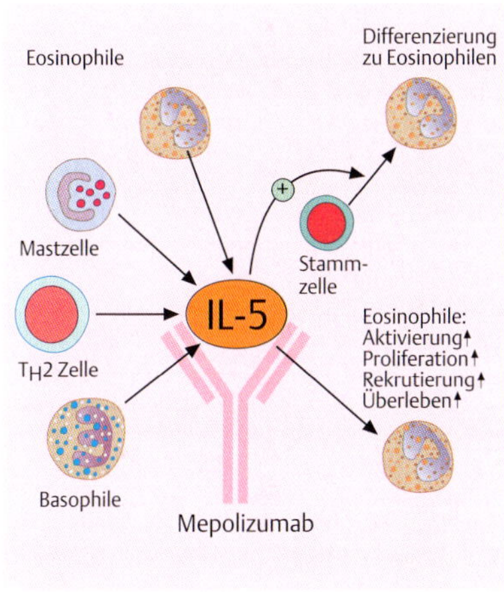

1. Mepolizumab (anti-IL-5) hemmt Eosinophile

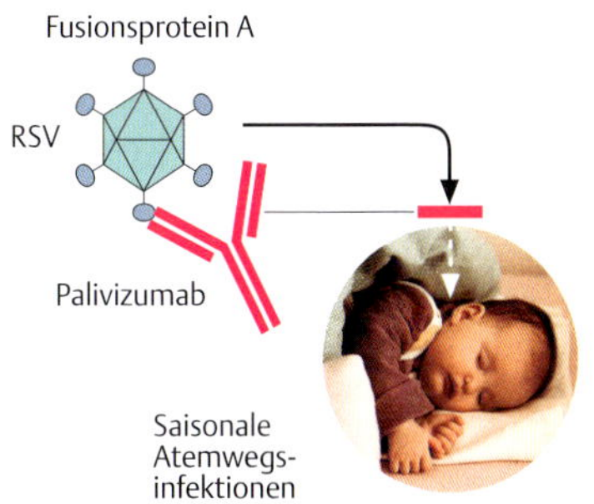

C. Prophylaxe mit Palivizumab (anti-RSV)

Rituximab

Der erste monoklonale Antikörper, der als Medikament zugelassen wurde, war der Antikörper Rituximab (Mabthera® bzw. Rituxan®) gegen das CD20-Antigen. Dies ist ein Oberflächen-Molekül, das auf den meisten normalen und neoplastischen B-Lymphozyten exprimiert wird. Lediglich sehr unreife B-Lymphozyten (pro-B-Lymphozyten, s. a. S. 40) und terminal-differenzierte B-Lymphozyten bzw. Plasmazellen exprimieren nicht das CD20-Antigen. Strukturell ist das CD20-Antigen ein Typ-II-Protein, d. h. sowohl das C- als auch das N-terminale Ende befinden sich auf der intrazytoplasmatischen Seite der Zellmembran (**A.**).

Der CD20-Antikörper Rituximab ist ein chimärer Antikörper, d. h. lediglich die variable Region stammt aus dem ursprünglichen murinen Antikörpers, der Rest des Moleküls wurde durch ein humanes IgG-Molekül ersetzt (**B.**). Dies hat verschiedene Vorteile: Die Effektorfunktionen des Antikörpers sind gegenüber dem murinen Antikörper verbessert, insbesondere die Fähigkeit, Komplement zu aktivieren und zellvermittelte Zytotoxizität (ADCC) durch NK-Zellen und Monozyten zu induzieren. Rituximab besitzt darüberhinaus aber auch eine besondere Fähigkeit: es induziert, nach Bindung an seinem Rezeptor, Apoptose. Diese Induktion des zellulären „Selbstmords" wird sowohl in normalen B-Lymphozyten als auch in neoplastischen B-Lymphozyten, d. h. Lymphomzellen und Leukämiezellen beobachtet. Nach Inkubation von Leukämiezellen mit dem CD20-Antikörper tritt die typische Kernfragmentierung auf (**C.**). Bereits wenige Wochen nach einer intravenösen Applikation des Antikörpers kommt es zu einem Abfall der Zahl zirkulierender B-Lymphozyten (**D.**). Diese Zahl ist über mehrere Monate stark reduziert, erst nach etwa einem Jahr erholt sich die Zahl der B-Lymphozyten im peripheren Blut auf ein normales Niveau. Da die Plasmazellen aber das CD20-Antigen nicht exprimieren, kommt es nicht zu einem signifikanten Abfall der zirkulierenden Immunglobuline. Lediglich die IgM-Immunglobuline können nach protrahierter Gabe des Antikörper abfallen. Das Infektionsrisiko ist daher nach alleiniger Gabe von Rituximab nicht erhöht.

Rituximab ist wirksam bei Patienten mit malignen Lymphomen und Leukämien. Besonders empfindlich sind die follikulären Lymphome, hier kann auch die Gabe des Antikörpers allein zu einer kompletten Rückbildung der Lymphomkrankheit führen. Besonders bewährt hat sich aber die Kombination mit der Chemotherapie. Die kombinierte Chemoimmuntherapie führt sowohl bei niedrigmalignen Lymphomen (**E.**) als auch bei hochmalignen Lymphomen (**F.**), zu einer höheren Remissionsrate, d. h. zur kompletten (CR) oder teilweise (PR) Rückbildung der Erkrankung bei einer höheren Zahl von Patienten im Vergleich zur alleinigen Chemotherapie. Auch die Dauer dieser Remissionen wird verlängert, so daß längere Überlebenszeiten möglich sind. Seit Kurzem ist der Antikörper auch für die Erhaltungstherapie zugelassen, d.h. er wird in regelmäßigen Abständen am Ende der Therapie gegeben und verlängert dabei die Remissionsdauer.

Rituximab wurde auch bei vielen Autoimmunerkrankungen eingesetzt, insbesondere bei solchen, bei denen die humorale Immunantwort entscheidend ist (**G.**). Bei Patienten mit Rheumatoider Arthritis hat die Kombination der traditionellen immunsuppressiven Therapie zusammen mit Rituximab eine höhere Wirksamkeit als die alleinige Immunsuppression, z. B. mit dem Medikament Methotrexat, und bei Patienten mit systemischen Lupus erythematodes zeigt sich eine klare Korrelation zwischen der Abnahme der Krankheitsaktivität und der Zahl zirkulierender B-Lymphozyten: je effektiver die Rituximab-induzierte B-Zell Depletion, desto besser die therapeutische Wirksamkeit. Seit Juli 2006 ist Rituximab in Europa zur Behandlung der schweren rheumatoiden Arthritis zugelassen, wobei hier eine höhere Dosierung (1000 mg absolut) verabreicht wird. Weiterhin gibt es eine zunehmende Reihe von Berichten über die Wirksamkeit von Rituximab bei anderen Autoimmunerkrankungen wie der hämolytischen Anämie und der Autoimmunthrombopenie, bei einigen Antikörper-vermittelten Fällen von erworbener Hämophilie und thrombotisch-thrombozytopenischer Purpura sowie bei Vaskulitiden, Myasthenie und Kryogammaglobulinämie. Bei allen diesen Erkrankungen ist aber das Medikament zur Behandlung nicht zugelassen (**H.**).

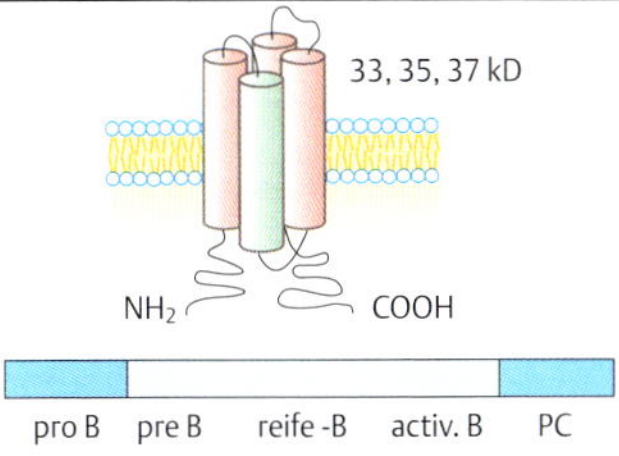

A. CD20-Antigen: Struktur, Expression

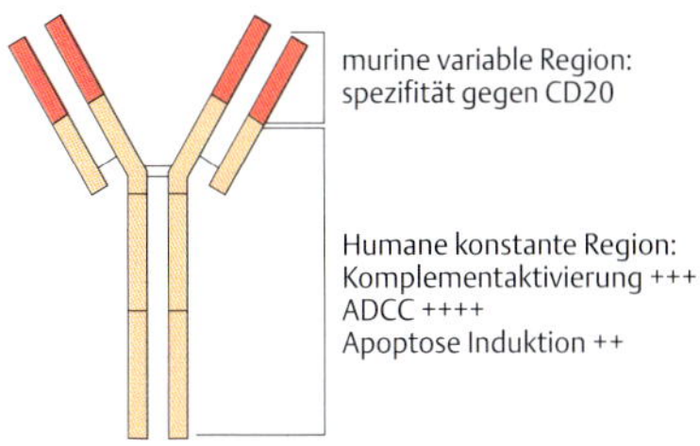

B. Humanisierter CD20-Antikörper

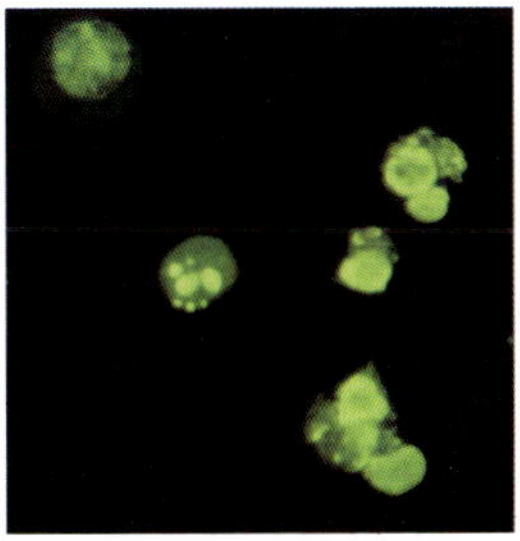

C. CD20-AK induzieren Apoptose

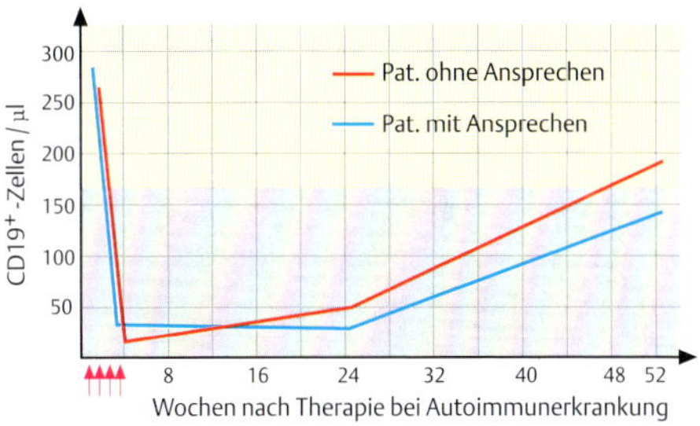

D. Verlauf der B-Zell-Depletion im peripheren Blut

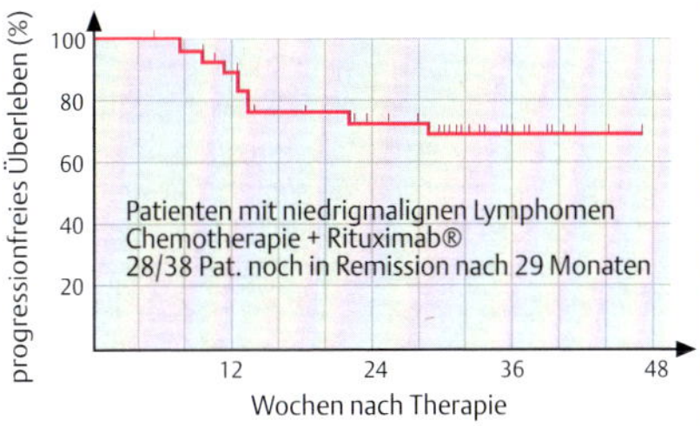

E. Wirksamkeit bei niedrigmalignen Lymphomen

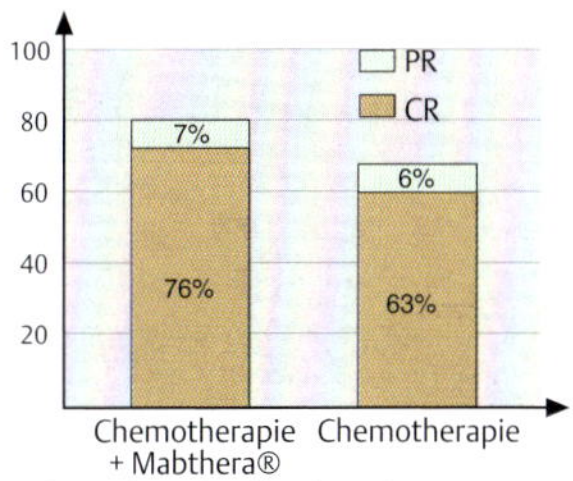

F. Wirksamkeit bei hochmalignen Lymphomen

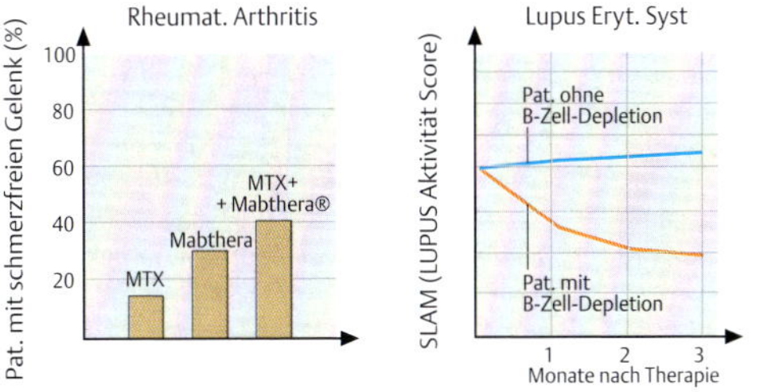

G. Wirksamkeit bei rheumatischen Autoimmunerkrankungen

zugelassen	**experimentell**
– Hochmaligne Lymphome – Niedrigmaligne Lymphome (bes. Follikuläre Lymphome)	
– Rheumatoide Arthritis	
	– SLE – Autoimmunhämolytische Anämien und Thrombopenien – Hemmkörper-Hämophilie, TTP
	– Vaskulitiden, Myasthenie, – Kryoglobulinämie

H. Mabthera® Indikationen

Radioimmuntherapie

Eine Strategie, um die Effektivität der Antikörpertherapie zu verbessern, ist die Kopplung der Antikörper an Radioisotope zur „selektiven" Bestrahlung der Tumorzellen. In den letzten Jahren wurden 2 Radionuklid-gekoppelte Antikörper zur Behandlung von malignen Lymphomen zugelassen: die CD20-spezifischen Antikörper Ibritumomab-Tiuxetan (Zevalin®) und ^{131}I-Tositumomab (Bexxar®, jedoch nur in den USA). Eine ganze Reihe anderer Radionuklid-markierter Antikörper ist in der Entwicklung (z. B. gegen neuroendokrine Tumoren, gegen Prostata-Krebs, gegen Knochenmetastasen usw.).

Die Gammastrahlung der traditionellen Strahlentherapie ist eine hoch energetische Photonenstrahlung, welche das Gewebe komplett durchdringt (**A.**). Einige **Radioisotope** setzen α- oder β-Teilchen frei. Die Reichweite von hochenergetischen α-Teilchen beträgt 10 bis 100 μ, was einigen Zelldurchmessern entspricht. β-Teilchen haben eine Reichweite von Millimetern (**B.**). So würden auf die Haut applizierte α-Teilchen nur wenige Hautschichten durchdringen, während β-Teilchen bis in die unteren Hautschichten einwirken könnten. Radioisotope können an Antikörper gekoppelt werden und über die Blutbahn gezielt an die Zielzellen herangebracht werden. β-Teilchen können auch in diesem Fall eine wesentlich größere Menge an Zellen erreichen. α-Teilchen könnten wiederum ideal sein, um einzelne Zellen zu erreichen. Zum klinischen Einsatz in der Radioimmuntherapie kommen vorwiegend Antikörper, die an Yttrium oder Jod gekoppelt sind. Sowohl Jod-131 als auch Yttrium-90 sind Beta-Strahler, Jod-131 hat zusätzlich auch eine signifikante Gamma-Strahlung. Daher kann Jod-131 auch für die Szintigraphie verwendet werden. Ein großer Nachteil der Gamma-Strahlung von J-131 ist wiederum die Notwendigkeit der Bestimmung der Bestrahlungsdosis für die einzelnen Organe (Dosimetrie) sowie die Notwendigkeit, Patienten über mehrere Tage zu isolieren, um radioaktiv kontaminierte Ausscheidungen zu beseitigen sowie eine Bestrahlung von Kontaktpersonen zu vermeiden. Auch ein vorbeugender Schutz der Schilddrüse ist notwendig.

Ibritumomab-Tiuxetan^{90}-Yttrium (Zevalin®, **C.**) ist ein muriner Antikörper gegen CD20, der mit dem speziellen Linker Tiuxetan (**D.**) an ^{90}-Yttrium gekoppelt ist. Diese Kopplung geschieht kurzfristig vor Applikation des Antikörpers. Yttrium-gekoppelte Antikörper erreichen nicht nur Antigen-positive Zellen, sondern auch Zellen in unmittelbarer Nachbarschaft. Dies ermöglichet einen sogenannten **„Kreuzfeuereffekt"** (**E.**), was zur therapeutischen Bestrahlung von Zellen führt, welche das Zielantigen nur schwach exprimieren oder gar verloren haben, ein häufiges Problem bei verschiedenen malignen Tumoren. Auch eine inkomplette Penetration des Antikörpers ins Tumorgewebe aufgrund schlechter Durchblutung kann somit überwunden werden. Der Vorteil von Yttrium-gekoppelten Antikörpern im Vergleich zu Jod-gekoppelten Antikörper ist die kurze Halbwertzeit von nur 2,5 Tagen gegenüber etwa 8 bis 9 Tagen bei Jod-131. Die höhere Energie (2,3 MeV für Yttrium; 0,81 für Jod-131) führt zu einer Reichweite von durchschnittlich 2,76 mm für Yttrium gegenüber 0,4 mm für Jod-131. Hingegen ist die Kopplung von Jod an Antikörper wesentlich einfacher und kostengünstiger (**F.**). Um eine Bestrahlung von normalen CD20-positiven Lymphozyten, bzw. eine Mitbestrahlung der gesunden Knochenmarkzellen zu minimieren, wird eine Woche vor der ^{90}-Y-Zevalin-Applikation der „kalte" (nicht radioaktiv-markierte) monoklonale Antikörper Rituximab (s. S. 290) verabreicht (**G.**). Dieser soll die CD20-Antigenbindungsstellen normaler Zellen im Blut und Knochenmark blockieren. Vor der Therapie muß eine Knochenmarkinfiltration von mehr als 25 % des Knochenmarks ausgeschlossen werden, um eine „Bystander"-Bestrahlung der normalen Vorläuferzellen zu vermeiden. Appliziert werden i.d.R. 0,4 mCurie/kg Körpergewicht. Die Wirkung des radioaktiv markierten Antikörpers zeigt sich erst 6–12 Wochen nach Verabreichung. Die Tumorzellen sterben langsam durch Apoptose, möglicherweise könnten auch indirekte immunologische Vorgänge induziert werden (z. B. eine sekundäre T-Zell-Aktivierung gegen Tumorzellen). Die Radioimmuntherapie mit Zevalin® hat eine hohe Effektivität und führt selbst bei Patienten, die nach Chemotherapie einen Rückfall der Erkrankung erlitten haben, zu einer hohen Rate von kompletten und partiellen Rückbildungen der Krankheitsmanifestationen (**H.**). Ein Teil des Antikörpers wird aber im Knochenmark unspezifisch angereichert, so daß es in der Regel 4–6 Wochen nach Therapie zu einem signifikanten Abfall der weißen Blutkörperchen und der Thrombozyten kommt (**I.**). Diese erholen sich dann in einem Zeitraum von 2–3 Wochen, gelegentlich ist aber ein Krankenhausaufenthalt wegen Infektionen oder Blutungsneigung notwendig.

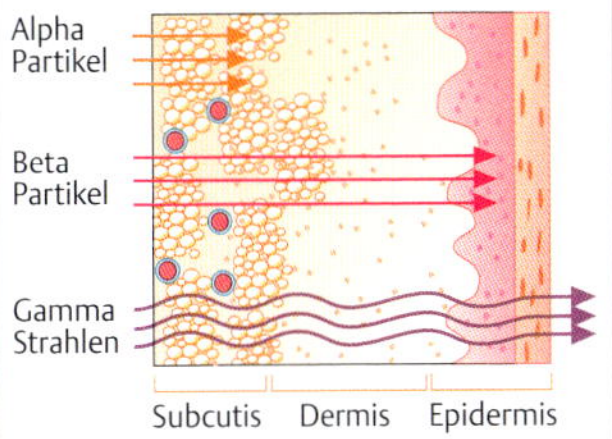

A. Radioisotope

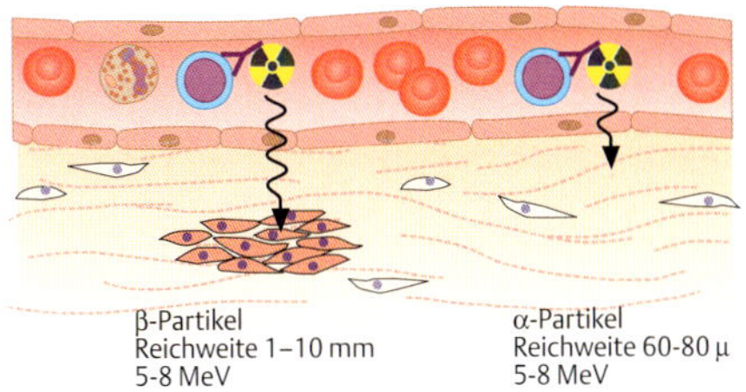

B. Reichweite der Radioisotope

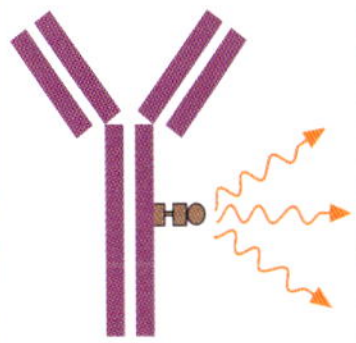

C. ^{90}Ytrium Ibritumomab-Tiuxetan

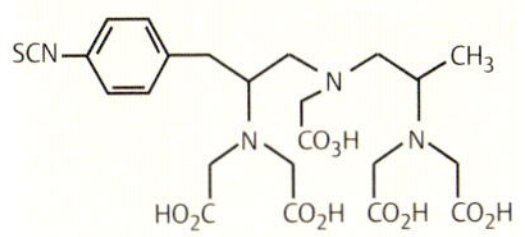

1B4M-DTPA MX-DTPA Tiuxetan

D. Tiuxetan

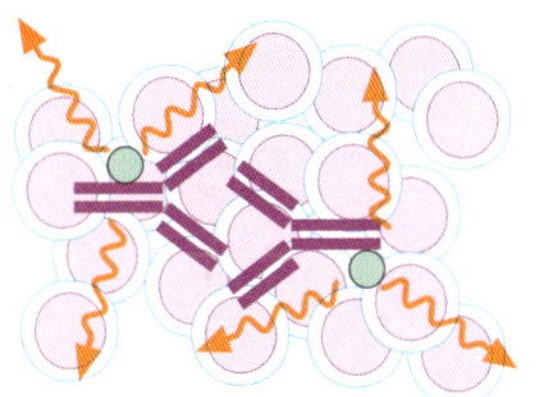

E. „Kreuzfeuer"-Effekt

^{131}I	β- und γ- Strahlung Kostengünstig, einfache Kopplung Szintigraphie möglich Hospitalisierung notwendig Metaboliten toxisch (I-Tyrosin)
^{90}Y	Fast ausschließlich β-Strahlung 5-fache Energie Kurze Halbwertszeit (2,5 Tage) Keine Metabolitenfreisetzung

F. Eigenschaften, ^{131}-Jod vs. ^{90}-Yttrium

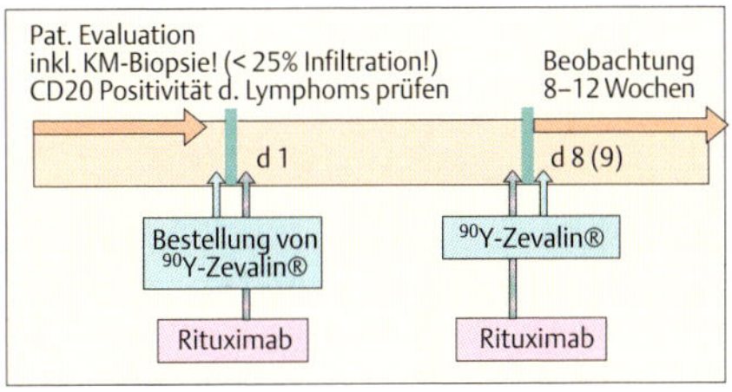

G. Zevalin® Anwendung

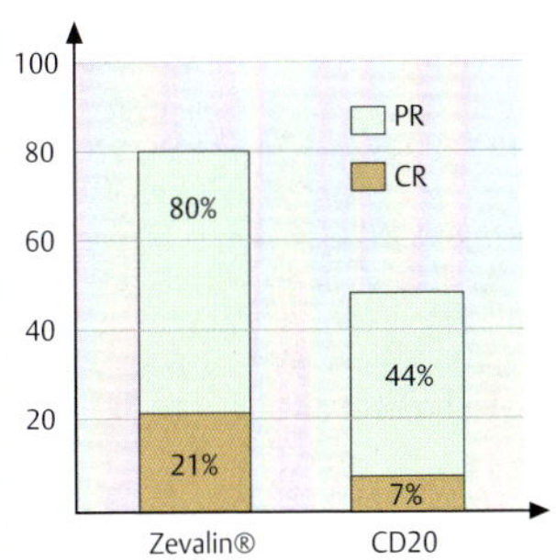

H. Remission bei malignen Lymphomen

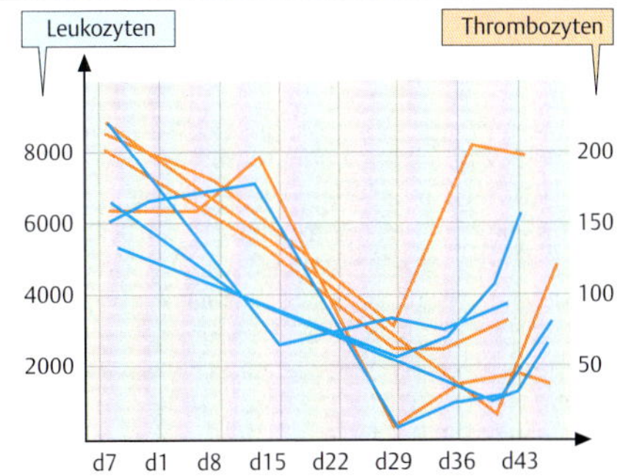

I. Verlauf der Leukozyten und Thrombozyten nach Therapie (Beispiel 4 Patienten)

Klinik

Antikörper gegen Leukämiezellen

CD33 ist ein Zelloberflächen-Antigen myeloischer Zellen. Es ist ein Adhäsionsmolekül der sog. Siglec-Familie (Sialynsäure-bindende Ig-ähnliche Lektine). Der intrazytoplasmatische Teil des Proteins hat zwei inhibitorische Tyrosin-reiche Bereiche (ITIM). CD33 ist vor allem auf Vorstufen der myeloischen Zellen exprimiert und geht im Laufe der Reifung verloren, reife Granulozyten besitzen es nicht mehr. Etwa 75–90% der Fälle von akuten myeloischen Leukämien (AML) sind CD33-positiv. Antikörper gegen CD33 induzieren nach Bindung an der Zelloberfläche die Apoptose der Zielzelle.

Gemtuzumab Ozogamicin (Mylotarg®) ist ein humanisierter anti-CD33-Antikörper der IgG4-Klasse, der an Calicheamicin gekoppelt ist, einem potenten Antibiotikum mit anti-Tumor-Aktivität, welches DNA-Brüche induziert (**A3**). Mylotarg wird nach Bindung an die Zellmembran rasch internalisiert (**A2**), nach der Freisetzung wird die DNA beschädigt, und die Zelle stirbt ab. In klinischen Studien zeigte sich bei Patienten mit therapierefraktärer AML eine Ansprechrate von etwa 15%, wobei einige der Patienten durchaus lang anhaltende Remissionen erreichten (**A4**). Möglicherweise hängt die Ansprechrate vom Entgiftunsmechanismus der Zelle ab: Calicheamicin wird nach Internalisierung und Dissoziation vom CD33-Trägermolekül aktiv hinausgepumpt. Der Mechanismus ist noch ungeklärt. Im Vergleich zur klassischen Chemotherapie treten einige Nebenwirkungen sehr viel seltener auf (Übelkeit, Schleimhautschädigungen, Organschädigungen), schwere Infektionen durch Leukopenien und Blutungen durch Thrombopenien können aber – wie bei der Chemotherapie – durchaus auftreten.

Alemtuzumab

Das CD52-Antigen ist ein niedermolekulares Glykoprotein mit Glykolipid-Struktur, welches auf der Oberfläche der meisten lymphatischen Zellen, Monozyten und einigen Zellen des männlichen Genitaltraktes (Epithelzellen der *Nebenhoden*) exprimiert ist. Das Core-Peptid hat nur 12 Aminosäuren (**B1**), mit einem zusätzlichen komplexen N-Glykan am Asparagin in Position 3 sowie einem Glykosylphosphatidylinositol (GPI)-Anker, am C-Terminus beim Serin in Position 12. CD52 kann sich über diesen GPI-Anker in der Zellmembran mit hoher lateraler Mobilität bewegen. Monoklonale Antikörper gegen CD52 wurden zunächst in der Ratte hergestellt, später wurden durch rekombinante DNA-Technologie nahezu sämtliche Teile des Ratten-Immunglobulins (bis auf die CDR-Region) durch humane Immunglobuline ersetzt, um den chimärischen Campath-1H-Antikörper herzustellen, der nicht mehr immunogen ist. Campath-Antikörper sind sehr effizient in der Vermittlung der komplementvermittelten Lyse, können aber auch zellvermittelte Zytotoxizität (ADCC) und Apoptose induzieren (**B4**), letztere durch Aktivierung des Fas/Fas-Liganden-Signalweges. Die Bindung von Campath an die Membran induziert die Freisetzung von TNF-alpha, IFN-gamma und IL-6, diese Zytokine sind auch zumindest teilweise für die allgemeinen Symptome verantwortlich, die nach Verabreichung von Campath-1H auftreten können. Zunächst wurden CD52-Antikörper für die Entfernung von Tumorzellen aus Transplantaten verwendet („*in vitro*-purging"), inzwischen ist die zugelassene Hauptapplikation die Behandlung der chronischen lymphatischen Leukämie vom B-Zell-Typ. Aufgrund erfolgsversprechender vorläufiger Ergebnisse werden darüber hinaus große Erwartungen in die Behandlung von T-Zell-Lymphomen und Leukämien gesetzt (wie z. B. der T-Prolymphozyten-Leukämie). Nach einer Campath-1H-Applikation kommt es zu einem raschen Abfall von NK-, CD8- und CD4-Zellen, wobei insbesondere die CD4-Zytopenie extrem protrahiert ist. Es sind typische Infektionen wie bei zellulären Immundefekten zu beobachten, wie *Pneumocystis jirovecii*-, CMV- und Herpesvirus-Infektionen, und prophylaktisch zu behandeln. Die Wirksamkeit der Therapie ist recht hoch, wenn man bedenkt, dass die meisten Patienten bereits eine oder mehrere Therapien hinter sich haben. Möglicherweise wäre bei einem früheren Einsatz mit einer höheren Ansprechrate zu rechnen. Studien werden dies in den nächsten Jahren klären, insbesondere ob hierdurch höhere Raten an sog. „molekularen Remissionen" der Leukämien und somit möglicherweise länger anhaltenden Remissionen zu erreichen ist.

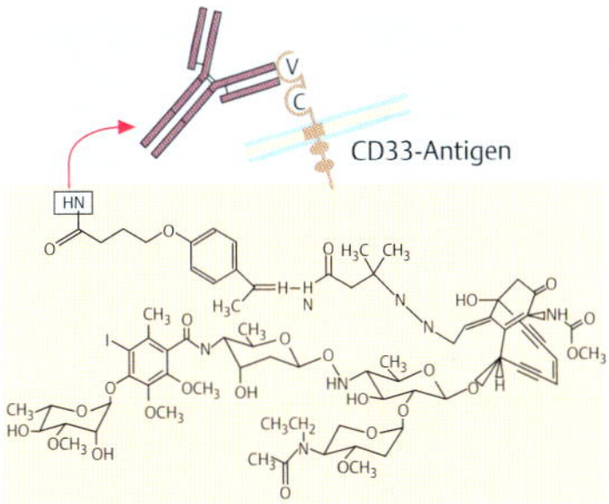

1. Struktur von Gemtuzumab Ozogamicin

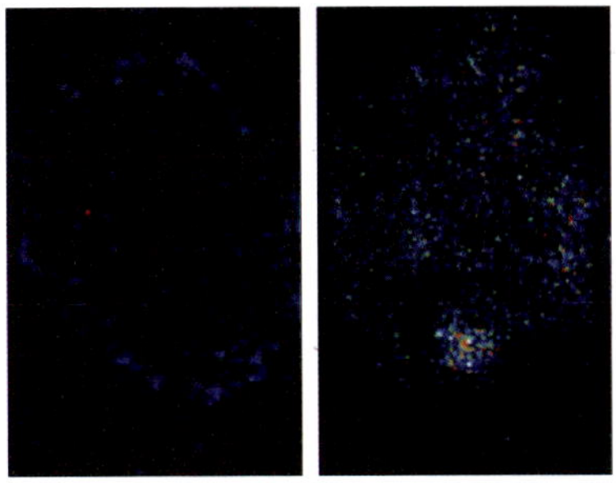

2. Internalisierung von Gemtuzumab Ozogamicin

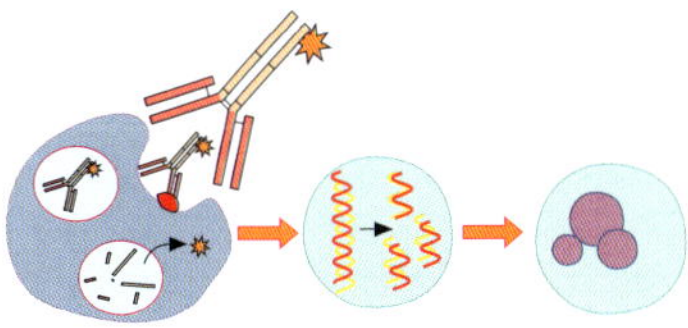

3. Wirkungsmechanismus von Gemtuzumab Ozogamicin (Mylotarg®)

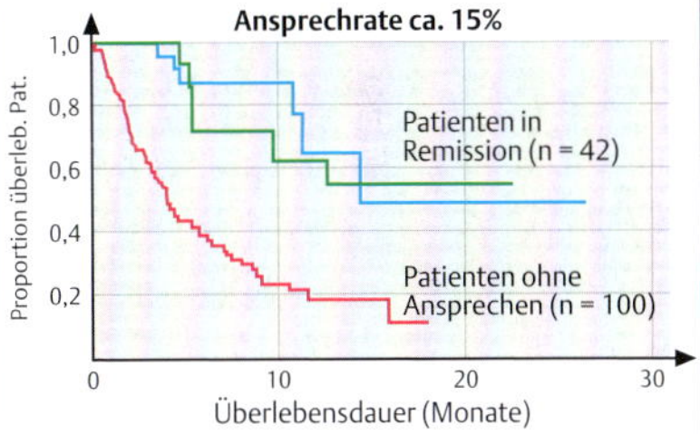

4. Überleben nach Behandlung mit Mylotarg® (AML Patienten)

A. Gemtuzumab Ozogamicin

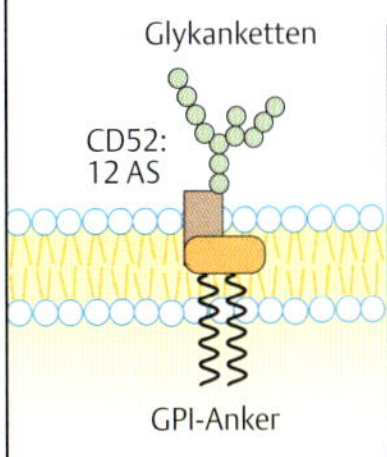

1. CD 52 Antigen

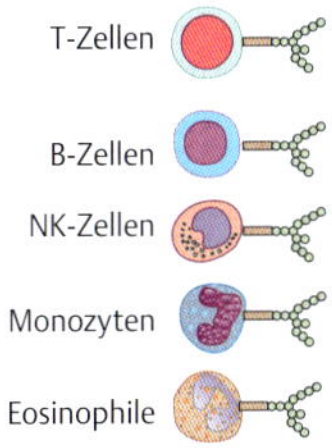

2. CD52 positive Zellen

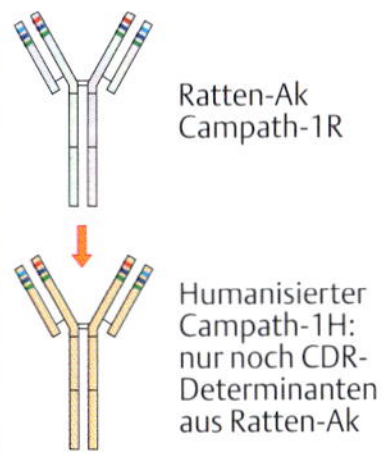

3. Campath-1 Antikörper

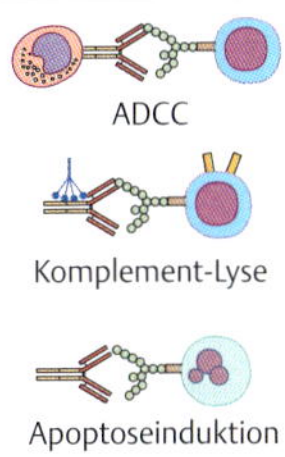

4. Wirkmechanismus

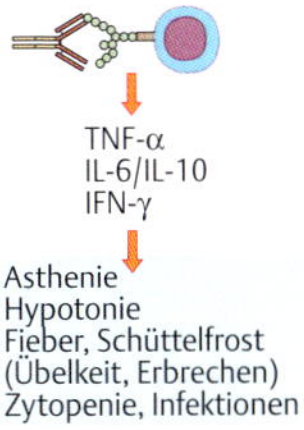

5. Nebenwirkungen

B. Alemtuzumab

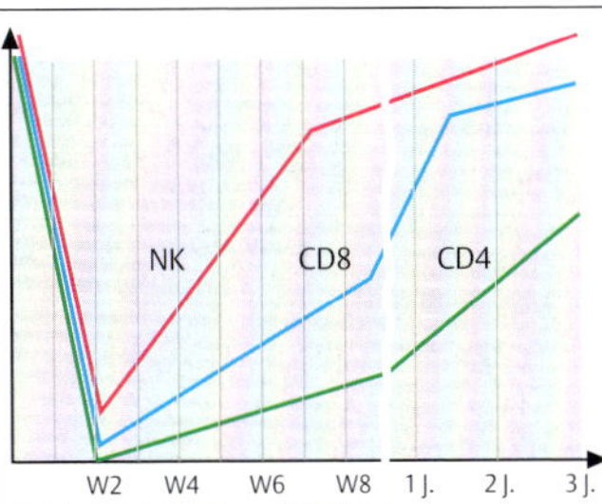

6. Verlauf der T und NK-Zellen

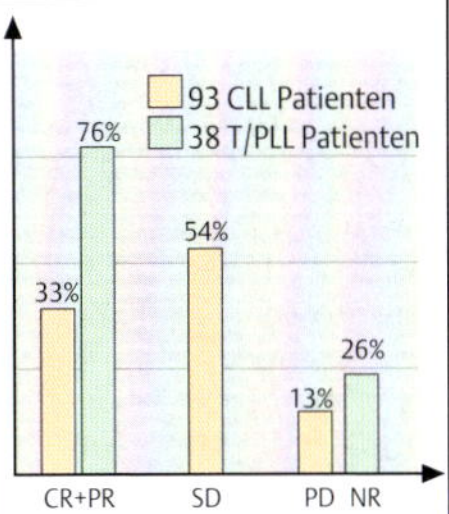

7. Wirksamkeit bei CLL / PLL

A. Die Rezeptor-Familie ErbB

Rezeptoren der sog. ErbB-Familie spielen bei der Signaltransduktion von neuronalen und epithelialen Zellen eine wichtige Rolle. Es sind Thyrosinkinasen.

Zur Familie der ErbB-Rezeptoren gehört neben dem Rezeptor für den epidermalen Wachstumsfaktor (EGFR), der auch als ErbB-1 bezeichnet wird, auch der humane ErbB-2-Rezeptor HER2. Sein Ligand ist bisher unbekannt. Da der humane HER2-Rezeptor dem Rattenprotein „neu" homolog ist, entstand die Bezeichnung HER2/neu. Aktivierung der Tyrosinkinase HER2/neu durch Dimerisierung des Rezeptors und nachfolgende Auto-Phosphorylierung fördert das Zellwachstum und die Tumorentstehung (**A.1.+2.**). Bei HER2/neu handelt es sich um ein sogenanntes Proto-Onkogen, das auch von normalen Zellen exprimiert wird. In Tumorzellen kommt es jedoch zur Genamplifikation, d. h. es liegen mehrere Kopien des Gens pro Zelle vor (**A.3.**). Ca. 20-30% aller Mammakarzinome überexprimieren HER2/neu. Dabei handelt es sich um einen prognostisch ungünstigen Marker mit einhergehender reduzierter Lebenserwartung (**A.3.**). Eine Dysregulation von ErbB-Rezeptoren tritt neben Mammatumoren auch bei Tumoren der Lunge, des Darmes, der Prostata sowie des Kopf-Hals-Bereiches auf.

B. Trastuzumab (Herceptin®)

Trastuzumab ist die humanisierte Form des monoklonalen HER2-Antikörpers, der selektiv an die extrazelluläre Domäne von HER2/neu bindet. Dadurch blockiert er den Rezeptor und verhindert die Vermittlung von Wachstumssignalen, da die Bindung von Wachstumsfaktoren an den Rezeptor verhindert wird. Ein weiterer Mechanismus, über den Trastuzumab seine zytotoxischen Effekte ausübt, ist die Aktivierung Antikörper-abhängiger-Zell-vermittelter Zytotoxizität (ADCC) von Makrophagen und NK Zellen.

C. Bestimmung der HER2/neu-Expression

Patienten mit metastasiertem Mammakarzinom, deren Tumorzellen immunhistochemisch (IHC) eine 3+ HER2/neu-Überexpression oder eine positive HER2-Fluoreszenz-in-situ-Hybridisierung (FISH) aufweisen (**C.1.+2.**), profitieren am meisten von einer Therapie mit Trastuzumab. Zum immunhistochemischen Nachweis sind IHC-Tests erhältlich wie z. B. HercepTest. Alternativ mißt die Fluoreszenz-in-situ-Hybridisierung (FISH)-Technik das Ausmaß der HER2-Genamplifikation. Dabei wird die HER2-Expression als positiv betrachtet, wenn das Verhältnis von HER2 zu einem Referenzgen ≥ 2 ist. IHC 3+ sowie FISH-Positivität korrelieren am besten mit der klinischen Antwort auf Trastuzumab.

D. Klinische Wirksamkeit von Trastuzumab

Trastuzumab wird meist zur initialen Aufsättigung als 90-minütige intravenöse Infusion (4 mg/kg) verabreicht, gefolgt von wöchentlichen Erhaltungsdosierungen (2 mg/kg über 30 min). Bereits die Monotherapie mit Trastuzumab bei metastasiertem Mammakarzinom zeigte in einer großen Phase-II-Studie eine Ansprechrate (partiell und komplett) von ca. 15% , die 9,1 Monate anhielt. Herceptin® wurde zunächst für Patientinnen zugelassen, welche mehrere Chemotherapien bereits hinter sich hatten; dann wurde es auch in Kombination mit dem Zytostatikum Docetaxel in der sog. Erstlinien-Therapie des metastasierten Mammakarzinoms zugelassen. Kürzlich wurde Herceptin für die adjuvante Therapie, d.h. im Frühstadium nach einer Operation zugelassen, da es das Rückfallrisiko reduziert. Die Therapie mit Trastuzumab wird im Allgemeinen gut vertragen, es können bei der ersten Infusion jedoch Fieber und Schüttelfrost auftreten. Als Nebenwirkung einer Therapie mit Trastuzumab kann eine reversible Kardiotoxizität auftreten. Die gleichzeitige Gabe von Anthracyclinen sowie das Vorhandensein von kardiovaskulären Risikofaktoren begünstigen das kardiotoxische Potential von Trastuzumab.

Weitere Inhibitoren der EGF-Rezeptor-Familie

Um die Signalübertragung des EGF Rezeptors zu inhibieren, werden gegenwärtig reversible EGFR-Tyrosinkinase-Inhibitoren wie Gefitinib (Iressa®), Erlotinib (Tarceva®) oder der monoklonale EGFR-Antikörper Cetuximab (Erbitux®) (s. S. 298) allein oder in Kombination mit Chemotherapie in Phase-II- und -III-Studien getestet.

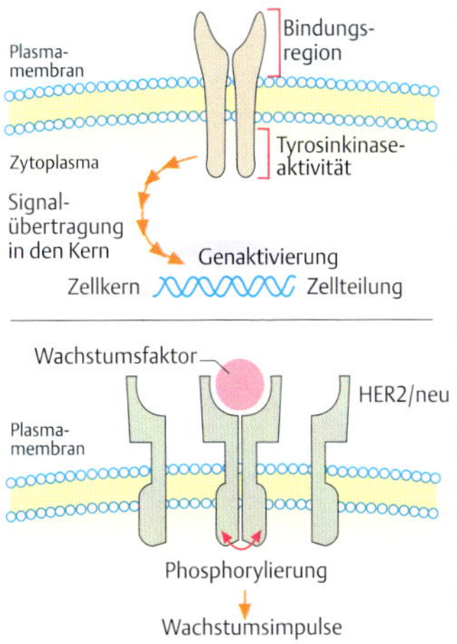

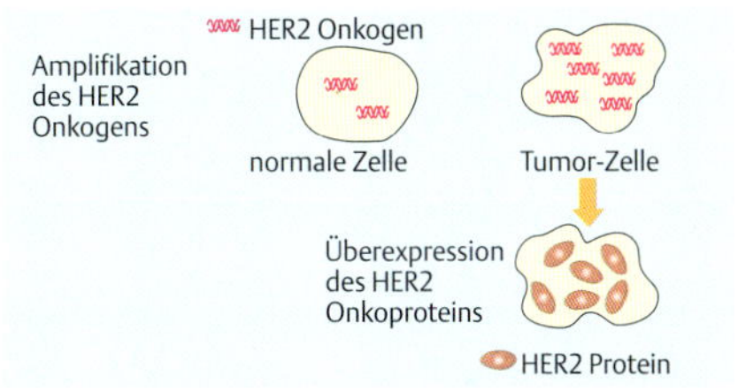

A. HER2

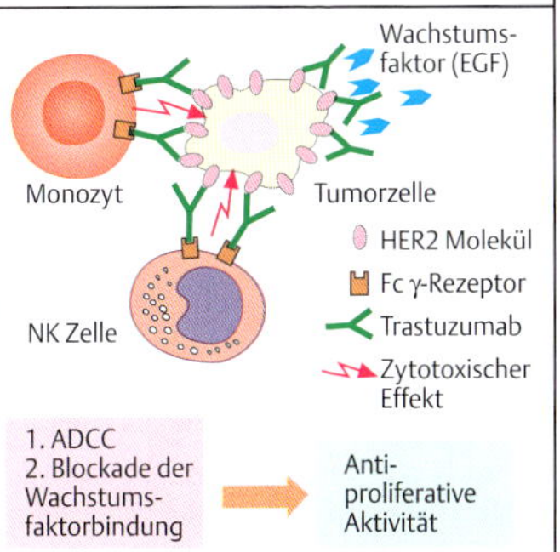

B. Trastuzumab (Herceptin®)

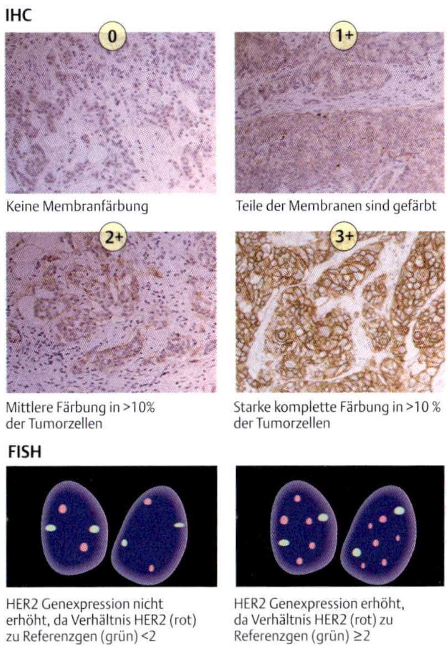

C. Bestimmung der HER2 Expression

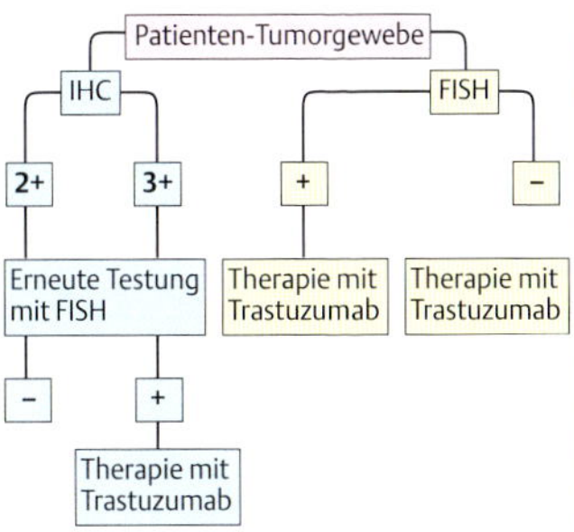

D. Therapie mit Trastuzumab

Wirksamkeit von Trastuzumab in Kombination mit Chemotherapie bei allen IHC 2+ und 3+ Patienten

	Anthracycline + Cyclophosphamide		Paclitaxel	
Trastuzumab	mit	ohne	mit	ohne
Ansprechrate (%) komplett und partiell				
Alle Patienten	56,0	58,0	38,0	16,0
Ansprechdauer (Monate)				
Alle Patienten	9,1	6,7	10,5	4,5
Überleben (Monate)				
Alle Patienten	26,8	21,4	22,1	18,4

E. Klinische Wirksamkeit von Trastuzumab

Klinik

Antikörper gegen den epidermale Wachstumfaktorrezeptor. Cetuximab

Der epidermale Wachstumfaktorrezeptor (**e**pidermal **g**rowth **f**actor **r**eceptor **EGFR**) gehört zu einer Rezeptorfamilie, die aus vielen homologen Proteinen besteht: EGFR (auch ErbB1/HER1), ErbB2/HER2-neu), ErbB3/HER3, ErbB4/HER4) (**A.**). Diese Rezeptoren haben eine extrazelluläre Bindungsdomäne für Wachstumsfaktoren, eine transmembranäre Region und eine intrazelluläre Domäne mit Tyrosinkinase-Aktivität. Sie sind in einer Vielzahl menschlicher Tumoren überexprimiert (**C.**), die Überexpression korreliert häufig mit einer schlechteren Prognose. Zahlreiche Moleküle, insgesamt bekannt als EGF-like Wachstumsfaktoren, können mit unterschiedlicher Affinität an die verschiedenen EGF-Rezeptoren binden. So binden EGF, **t**ransforming-**g**rowth **f**actor α (**TGF-α**) und **A**mphi**r**egulin (**AR**) spezifisch an EGFR, während **H**eparin-**b**indendes EGF (**HB-EGF**) **B**eta**c**ellulin (**β-cell**), **Epi**regulin (**EPI**) sowohl an EGFR als auch an HER4 binden. Eine weitere Gruppe von Liganden, die **Neu**re**gu**line (**NRG**s, auch bekannt als Hereguline), binden an HER3 und HER4. NRG1 und NRG2 binden an HER3 und HER4, während NRG3 und NRG4 ausschließlich an HER4 binden. Bisher ist kein spezifischer Ligand für HER2 identifiziert worden. Dies läßt vermuten, daß HER2 die Signaltransduktion der anderen Rezeptoren moduliert, indem es Heterodimere mit den anderen HER-Rezeptoren bildet (**B.**). So haben EGFR-HER2 Heterodimere eine stärkere Aktivität als EGFR-EGFR Homodimere. HER3 hat keine intrinsische Kinase-Aktivität und muß eine Dimerisierung mit den anderen Rezeptoren einhergehen, um das Signal an das Zellinnere weiterzugeben. Die Dimerisierung der EGF-Rezeptoren führt zu einer Autophosphorylierung der intrazellulären Tyrosinkinase. Diese wird dann zugängig für weitere intrazelluläre Proteine mit passenden Bindungsstellen, wie z. B. SH_2-haltige Proteine.

Es werden mindestens drei intrazelluläre Signalwege aktiviert: der Jak-Stat, der PI3-Akt und vor allem der RAS-RAF-MAPK-Signaltransduktionsweg. Der PI3-Akt-Signalweg aktiviert antiapoptotische Überlebenssignale für die Zelle, die MAPK-Rekrutierung führt zur Aktivierung von Zell-Zyklus-regulierenden Genen, wie Cyclin D1, so daß der Zellzyklus aktiviert wird. Als Endergebnis der EGFR-Signaltransduktion kommt es also zur Zellproliferation, verminderter Apoptose, Entdifferenzierung der Zelle, Migration und Metastasierung sowie zur Freisetzung von Proteinen, welche die Angiogenese stimulieren.

Verschiedene Strategien werden heute eingesetzt zur Inhibition der EGFR-Signaltransduktion (**D.**): Neben Antirezeptor-Antikörper sind bispezifische Antikörper oder Toxin-Konjugate (s. S. 170), sowie rekombinante EGF-Vakzine in der experimentellen Erprobung. Kleine intrazelluläre Inhibitoren der Tyrosinkinase-Aktivität wie Gefitinib, Erlotinib sind bereits für einige Tumortherapien zugelassen. Der monoklonale Antikörper Cetuximab (C225, Erbitux®) ist ein IgG1 humanisierter, chimärer Antikörper, der gegen die Ligand-Bindungsstelle von EGFR gerichtet ist und die Aktivierung der Tyrosinkinase durch EGF oder TGF-α blockieren kann. Es hemmt das Wachstum von EGFR exprimierenden Tumorzellen und ist bereits zugelassen für die Behandlung kolorektaler Tumoren. Der Antikörper allein hat bereits eine gute Wirksamkeit, bei Patienten mit metastasiertem Kolonkarzinom zeigen jedoch erste große klinische Studien, daß insbesondere die Kombination mit der klassischen Chemotherapie zu einer deutlichen Verbesserung der Remissionsrate führt, d. h. es kommt zu einem Ansprechen des Tumors bei einer größeren Patientenzahl. So hat die Kombination des Antikörpers mit den Zytostatika 5-Fluorouracil und Irinotecan (**E.**) eine höhere Wirksamkeit als die alleinige Chemotherapie. Dasselbe gilt auch für die Kombination mit anderen Zytostatika wie z. B. Oxaliplatin. Die Remissionsdauer wird auch wesentlich verlängert.

Es gibt keine klare Korrelation zwischen der Dichte der EGFR-Expression auf der Zelloberfläche der Tumorzellen und dem Ansprechen auf die Antikörpertherapie (**F.**). Schwerwiegende Nebenwirkungen (Grad 3/4 nach WHO-Klassifikation) sind relativ selten (**G.**), häufig kommt es jedoch zu einem akneiformen Hautausschlag, der mit dem klinischen Ansprechen zu korrelieren scheint. Bauchschmerzen und Durchfälle kommen vor, diese Nebenwirkungen werden verstärkt, wenn der Antikörper im Rahmen einer Kombination mit Chemotherapie verabreicht wird. Die Nebenwirkungen sind aber für die meisten Patienten tolerabel und erlauben eine Fortführung der Therapie.

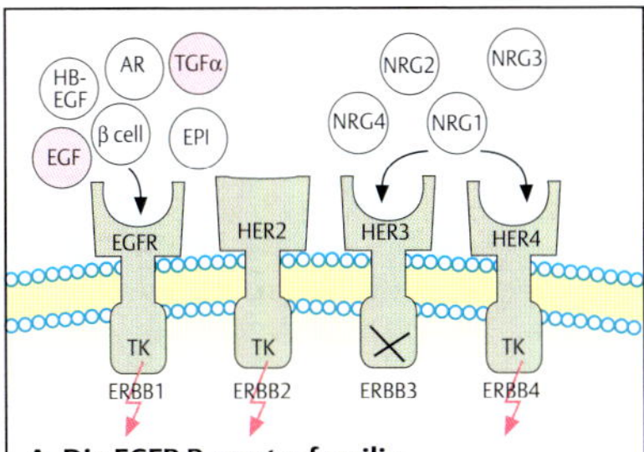

A. Die EGFR Rezeptorfamilie

Tumorart	%EGFR-exprimierender Tumoren (Bereich)
Kolorektal	25-82%
Kopf-Hals	80-100%
Pankreas	30-95%
NSCLC	40-81%
Nierenzellkarzinom	50-90%
Mamma	14-91%
Ovar	35-70%
Gliom	40-63%
Harnblase	31-48%

C. EGFR Expression in verschiedenen Tumoren

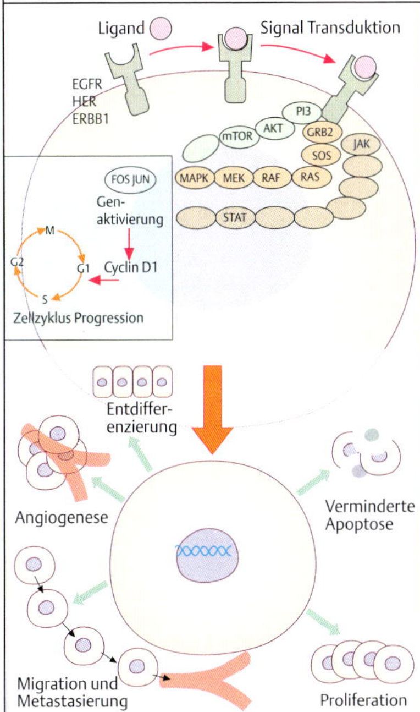

B. Signaltransduktion nach EGFR-Bindung

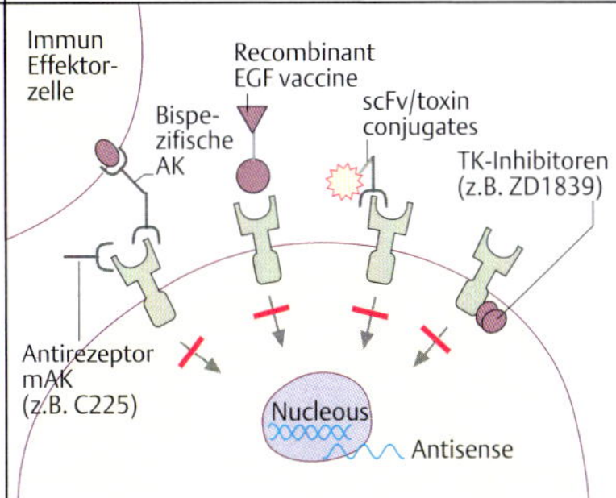

D. Strategien zur Inhibition des EGF Signalling

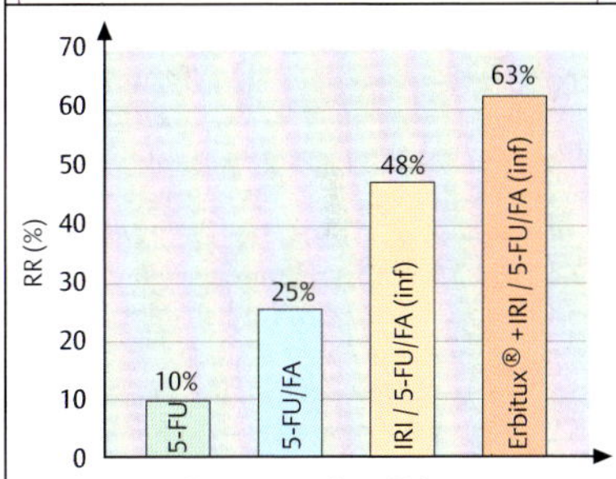

E. Cetuximab steigert die Effektivität der Chemotherapie

EGFR Status	Responder	%
1+	13/55	24%
2+	9/43	21%
3+	5/22	23%
Gesamt	27/120	22,5%

F. Ansprechen und EGFR-Färbeintensität:

Nebenwirkungen (Schweregrad III/IV)	
Asthenie	10%
Diarrhoe	2 %
Akneiforme Hautausschlag	6%
Bauchschmerzen	5%
Hypersensitivitätsreaktion	4%

G. Nebenwirkungen von Cetuximab

Klinik

A. Tumorneovaskularisation

Solange Tumore unter der kritischen Größe von 0,5–2 mm bleiben, können sie aus umgebenden kleinen Gefäßen versorgt werden (**A.1.**). Tumore können sich in diesem ruhenden Zustand jahrelang befinden. Beginnen aber einige Zellgruppen innerhalb des bisher ruhenden Tumors zu wachsen, wird aufgrund der zunehmenden Unterversorgung mit Sauerstoff (Hypoxie), vermittelt durch Hypoxie-induzierte Faktoren (HIF), mit der Sekretion von pro-angiogenetischen Wachstumsfaktoren, wie z.B. Vascular Endothelial Growth Factor (VEGF) begonnen (**A.2.**). Dieser bindet an VEGF-Rezeptoren auf nahegelegenen Gefäßen. Dadurch wird das Wachstum neuer Gefäße gesteuert, die nun die Versorgung des größer werdenden Tumors mit Nährstoffen und Sauerstoff sicherstellen.

B. Rolle von VEGF bei der Tumorneovaskularisation

Neue Blutgefäße sind erforderlich, um dem zunehmenden Nähr- und Sauerstoffbedarf eines schnell wachsenden Tumors nachzukommen und somit ein Größenwachstum zu ermöglichen (**A.3.**). Dabei spielt der pro-angiogenetische Wachstumsfaktor „Vascular Endothelial Growth Factor" (VEGF), eine wichtige Rolle. Die VEGF-Familie umfaßt dabei mehrere Mitglieder (VEGF-A, VEGF-B, VEGF-C, VEGF-D, VEGF-E) sowie Placenta-derived Growth factor (PIGF) (**B.1.**), die an die Tyrosinkinase-Rezeptoren VEGF-Rezeptor 1 (VEGFR1; Flt-1) und VEGF-Rezeptor 2 (VEGFR2; KDR/Flk-1) auf Endothelzellen binden.
VEGF-Antikörper wie Bevacizumab binden an VEGF und hemmen dabei die biologische Aktivität von VEGF, das in Tumoren oft überexprimiert ist und mit einer ungünstigen Prognose korreliert ist. Somit wird die Interaktion von VEGF mit seinen Rezeptoren VEGFR1 und VEGFR2 auf Endothelzellen verhindert (**B.1.+2.**).

C. Intravital-Mikroskopie zur Visualisierung der Tumorneovaskularisation

Um eine Tumorvaskularisierung in vivo sichtbar machen zu können, werden beispielweise Rükkenhaut-Kammer-Modelle („skinfold chambers") eingesetzt. Dazu implantiert man unter einer Glasscheibe humane Tumorzellen in einer immundefizienten Nacktmaus. Das zunehmende Einsprossen von Gefäßen kann dann makroskopisch beobachtet werden. Unter dem Mikroskop kann unter der Glasscheibe die Mikrozirkulation des Tumorgewebes über einige Tage hinweg analysiert werden.

D. Therapie mit Bevacizumab

Eine große klinische Studie, welche den humanisierten Antikörper gegen VEGF (5 mg/kg alle 2 Wochen; Bevacizumab, **Avastin®**) in Kombination mit einer 5-Fluorouracil (5-FU)-basierten Chemotherapie + Leucovorin (Folsäure) + Irinotecan (abgekürzt IFL) einsetzte, konnte eine Verbesserung der Ansprechrate und eine signifikante Verlängerung der medianen Überlebenszeit von Patienten mit bisher unbehandeltem metastasiertem Kolonkarzinom nachweisen (**D.**). Viel versprechende vorläufige Ergebnisse gibt es auch beim Mammakarzinom. Als mögliche Nebenwirkungen der Antikörpertherapie traten Hypertension, Blutungen und selten Darmperforation auf. Weitere Strategien, die biologische Aktivität von VEGF zu reduzieren, sind neutralisierende Antikörper (z. B. DC101) oder Tyrosinkinaseinhibitoren (z. B. SU5416; Semaxanib) gegen VEGF-Rezeptor 2. Semaxanib blockiert die VEGF-R2 mediierte Neovaskularisation, indem die VEGF-stimulierte VEGFR-2-Phosphorylierung blockiert wird. Obwohl Semaxanib eine breite Anti-Tumor-Wirkung zeigte, ergab eine Phase-I-Studie eine hohe Zahl an thromboembolischen Ereignissen. Demzufolge scheint die Blockierung von VEGFR-1 eine sichere und effektive Möglichkeit darzustellen, die Tumorvaskularisation zu inhibieren, während die VEGFR-2-Blockierung mit unerwünschten hämodynamischen Ereignissen assoziiert zu sein scheint. Eine einmalige Bevacizumab-Infusion reduziert die Durchblutung und den interstitiellen Druck im Tumor sowie die Anzahl von zirkulierenden endothelialen Vorläuferzellen bei Patienten mit primärem nicht-metastasiertem Rektumkarzinom.
Nachteil von Bevacizumab ist, daß VEGF weit verbreitet ist und eine Rolle in der physiologischen Gefäßneubildung spielt. Daher ist es schwierig, VEGF-Antikörper selektiv in den Tumor einzubringen. Im Gegensatz dazu ist die Expression des ebenfalls pro-angiogenetischen Placental Growth Factor (PlGF), dessen Wirkungen über VEGF-Rezeptor 1 vermittelt werden, auf erkrankte oder entzündete Gebiete beschränkt. Die Therapie mit Antikörpern gegen PlGF könnte daher die bisherigen Ergebnisse mit VEGF-Inhibitoren noch verbessern.

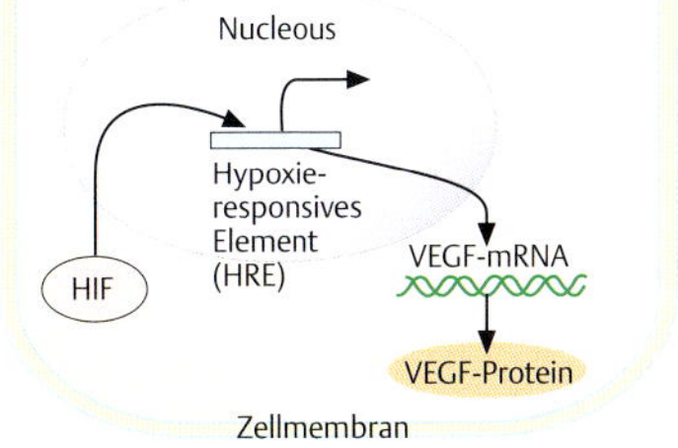

1. Hypoxie-induzierte Tumorneovaskularisation

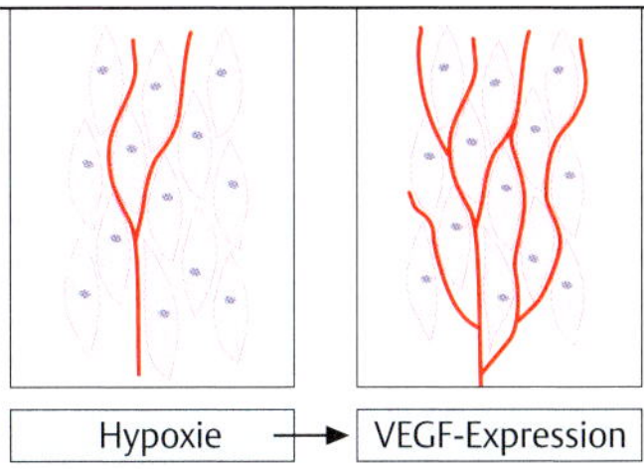

2. Gefäßproliferation durch VEGF

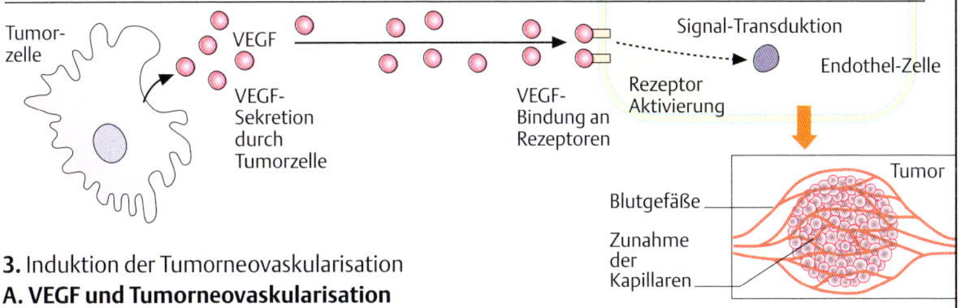

3. Induktion der Tumorneovaskularisation

A. VEGF und Tumorneovaskularisation

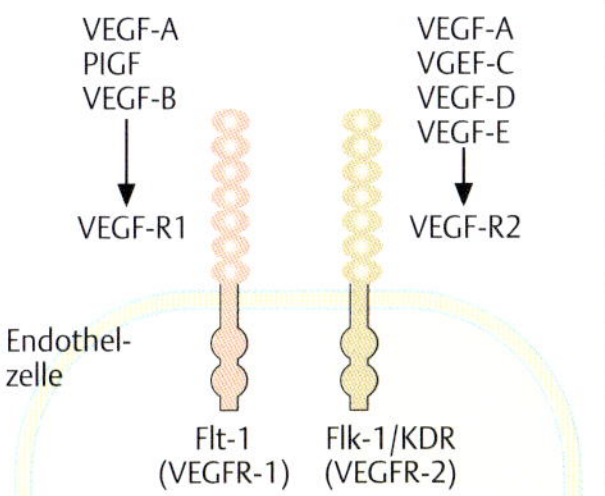

1. Die VEGF-Familie und ihre Rezeptoren

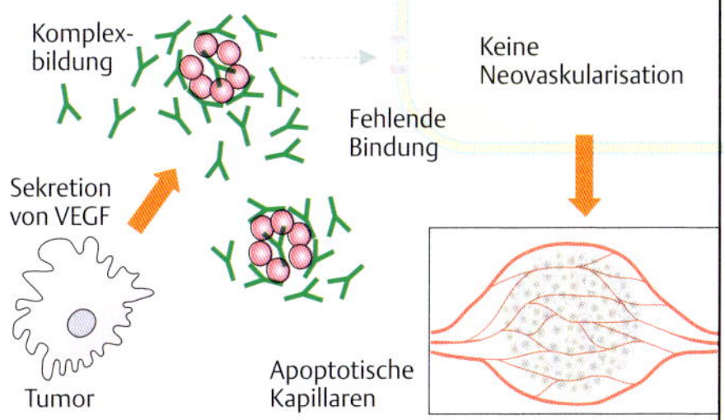

2. Bevacizumab hemmt die Tumorangiogenese

B. VEGF-Blockade durch Bevacizumab

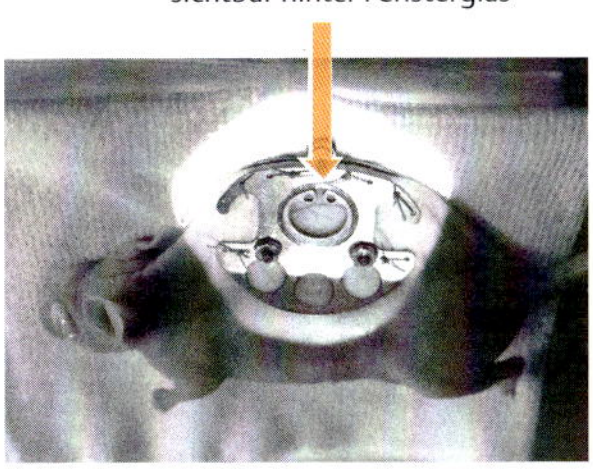

C. Intravital-Mikroskopie

Zuvor unbehandeltes metastasiertes Kolonkarzinom

	IFL+ Placebo	IFL+ BV	P-Wert
Gesamte Ansprechrate (%)	34,8	44,8	0,004
Komplette Remission	2,2	3,7	
Partielle Remission	32,6	41,0	
Remissionsdauer (Monate)	7,1	10,4	0,001
Überleben (Monate)	15,6	20,3	<0,001

Bevacizumab (BV): 5 mg /kg alle 2 Wochen
IFL: Irinotecan, Fluorouracil, Leucovorin

D. Bevacizumab: Klinische Wirksamkeit

Klinik

A. Glykoprotein IIb/IIIa-Rezeptor-/ Fibrinogen-Rezeptor-Antagonisten

Die Inhibition der Glykoprotein (GP)-IIb/IIIa-Rezeptoren auf Thrombozyten stellt die gemeinsame Endstrecke unterschiedlichster Thrombozyten-Aktivatoren dar (**A.1.**). Durch die Aktivierung ändert der GP-IIb/IIIa-Rezeptor seine Konformation. Dadurch nimmt seine Affinität zu, das Plasmaprotein Fibrinogen zu binden. Da Fibrinogen zwei Bindungsstellen für Glykoprotein IIb/IIIa besitzt, führt dessen Bindung zur Vernetzung zweier Thrombozyten und somit schließlich zur Thrombozytenaggregation. Mit 40 000 bis 60 000 Kopien/Thrombozyt ist der GP-IIb/IIIa-Rezeptor der häufigste Rezeptor auf Thrombozyten. Nach Stimulation kann die Zahl auf über 80 000 Rezeptoren ansteigen. Die therapeutische Hemmung des GP-IIb/IIIa-Rezeptors ermöglicht daher eine effektive Hemmung der Thrombozytenaggregation sowie -adhäsion. Der GP-IIb/IIIa-Rezeptor gehört zu den Integrinen und wird als $\alpha_{IIb}\beta_3$ bezeichnet. Die funktionelle Regulation des GP-IIb/IIIa-Rezeptors findet über drei Mechanismen statt (**A.2.**):

1. Zunahme der GP-IIb/IIIa-Rezeptoren auf der Zellmembran nach Thrombozytenaktivierung.
2. Affinitätserhöhung für die Liganden: GP IIb/IIIa bindet lösliches Fibrinogen nur nach Stimulation des Thrombozyten.
3. Veränderungen in der Zytoskelettverankerung der Integrine: GP IIb/IIIa interagiert nach Thrombozytenaktivierung mit dem Aktinzytoskelett.

Thrombozyten spielen in der Pathophysiologie des akuten Koronarsyndroms (z. B. eines Herzinfarkts) eine bedeutsame Rolle. Eine überschießende Thrombozytenaktivierung ist aber auch eine häufige Ursache für akute und subakute Komplikationen im Rahmen von Koronarinterventionen (z. B. Ballondilatation) bei stabilen Patienten mit koronarer Herzerkrankung (**A.3.**). Um das Risiko eines Gefäßverschlusses durch die Kathetermanipulation als auch eines spontanen thrombotischen Verschlusses zu reduzieren, kann die Blockade des GP-IIb/IIIa-Rezeptors genutzt werden. Aufgrund der Blutungsgefahr (Einblutungen ins Infarktgebiet, intrazerebrale Blutungen) durch die irreversible Thromobozytenaggregationshemmung sollte die Indikation streng gestellt werden. Die Therapie mit den relativ teuren GP-IIb/IIIa-Rezeptor-Blockern ist aber insbesondere bei Koronarinterventionen im Rahmen eines akuten Koronarsyndroms sowie bei Hochrisikopatienten wie Diabetikern von großem therapeutischen Nutzen und wird daher bevorzugt bei diesen Patienten eingesetzt. In Deutschland sind derzeit drei Substanzen, Abciximab (ReoPro®), Tirofiban (Aggrastat®) und Eptifibatide (Integrilin®) zugelassen, welche aufgrund ihrer molekularen Struktur drei unterschiedlichen Gruppen zugeordnet werden:

Dabei handelt es sich einerseits um blockierende Antikörper, die gegen GP-IIb/IIIa-Rezeptoren gerichtet sind, wie Abciximab (**A.4+5.**). Letzteres besteht dabei aus dem humanisierten Antikörper Fab Fragment c7E3, das nur intravenös appliziert werden kann. Es hat ein Molekulargewicht von ca. 45 000 und bindet irreversibel an einen noch nicht näher charakterisierten Abschnitt des Fibrinogenrezeptors. Durch die irreversible Bindung entspricht die Halbwertszeit von Abciximab derjenigen der Thrombozyten. Abciximab bindet außerdem an den Vitronektin ($\alpha_V\beta_3$)-Rezeptor auf Thrombozyten sowie Endothelzellen und glatten Muskelzellen der Gefäßwand. Als Nebenwirkungen treten vor allem Blutungen auf, insbesondere am femoralen Gefäßzugang für die Herzkatheteruntersuchung.

Ein Beispiel aus der Gruppe der Disintegrine ist Eptifibatide (Integrelin®), das als zyklisches Peptid entwickelt wurde und über seine Aminosäuresequenz KGD (Lysin-Glycin-Asparaginsäure) an den GP-IIb/IIIa-Rezeptor bindet und als kompetitiver reversibler Inhibitor wirkt (**A.5.**).

Weiterhin gibt es sogenannte RGD-Analoga (reversibel): Dies sind chemisch hergestellte Substanzen, die der Struktur des RGD-Peptids (Aminosäuresequenz Arginin-Glycin-Asparaginsäure) nachgebildet wurden, über die Fibrinogen an den GP-IIb/IIIa-Rezeptor bindet. Ein Pharmakon aus dieser Substanzgruppe, das sich bereits im klinischen Einsatz befindet, ist Tirofiban (**A.5.**).

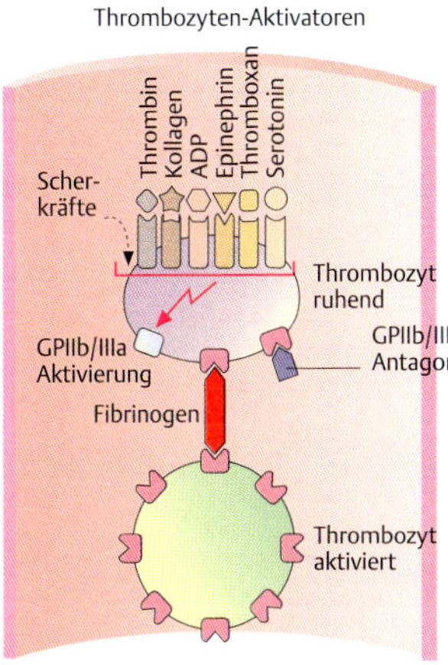

1. Aktivierung von Thrombozyten

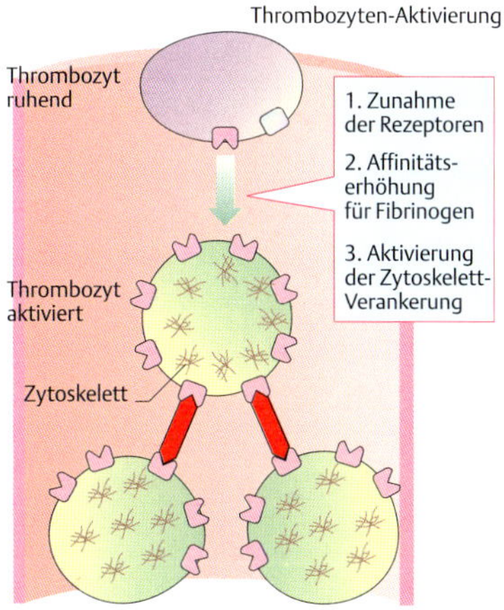

2. Regulation des GPIIa/IIIb Rezeptors

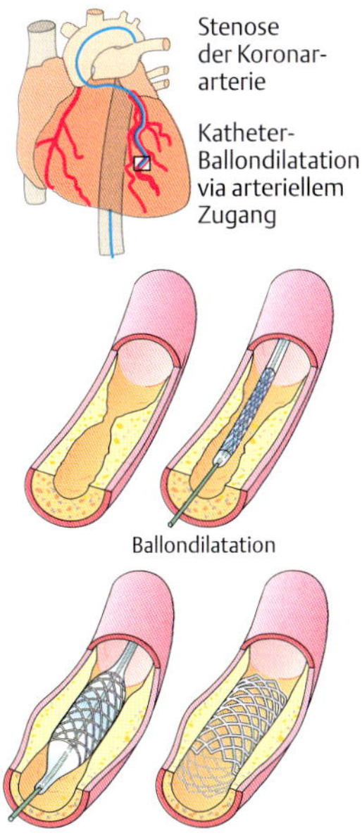

3. Gefahr der Thrombozyten-
aktivierung

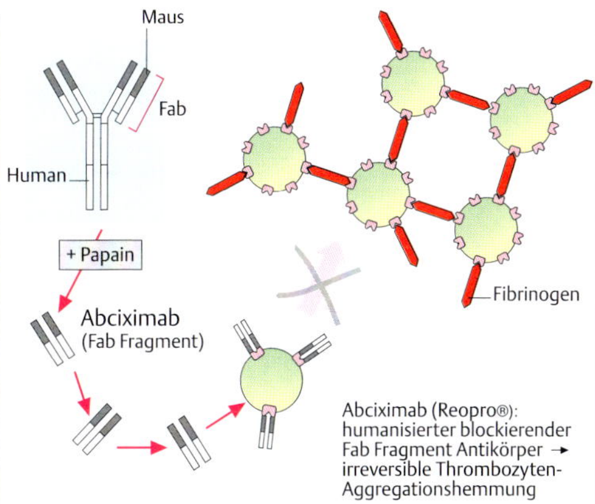

4. Thrombozyten-Aggregationshemmung

	Abciximab	Tirofiban	Eptifibatide
Typ	Fab-Fragment	Tyrosinderivat	zyklisches Peptid
Bindungsort	?	RGD-Sequenz	KGD-Sequenz
Rezeptor bindung	irreversibel: Thrombo-zyten-HWZ	reversibel (1,5 Std.)	reversibel (1–1,5 Std.)

5. Glykoprotein-IIb/IIIa-Antagonisten

A. Glykoprotein-IIb/IIIa-Rezeptor-/Fibrinogen-Rezeptor-Antagonisten

Tabelle: CD-Nomenklatur

CD-Numerierung	andere Bezeichnung / Molekül / Antigen	zelluläre Reaktivität
CD1a,	Präsentationsmoleküle für	Thy, LHC, DC
CD1b,	(myko-)bakterielle Lipide,	Thy, DC
CD1c,	MHC-Klasse-I-Ähnlichkeit; T6,	Thy, LHC, DC, B
CD1d		Thymozyten, viele Zellen, T, M
CD2	T11, Tp50, Schafserythrozytenrezeptor,	T, NK
	Rezeptor für CD48, CD58, CD59	
CD2R	CD2-Epitope auf aktivierten T-Zellen	T, NK
CD3	T3, CD3-Komplex	T
CD4	T4, MHC-Klasse-II- und HIV-Rezeptor	T_H1, T_H2, M, MΦ
CD5	Tp67, CD72-Rezeptor	T, B-Subpopulation
CD6	T12, Rezeptor für CD166	T, B
CD7	Fc-Rezeptor für IgM	T, pluripotente hämatopoetische Zellen
CD8	T8, MHC-Klasse-I-Rezeptor	T, NK
CD8b	T8, MHC-Klasse-I-Rezeptor	T
CD9	p24	prä-B, M, Plt, Eo
CD10	Neutrale Endopeptidase, gp100, Allgem. ALL-Antigen (CALLA)	cALL, Keimzentrums-B, G
CD11a	Leukozyten-Funktionsantigen 1 (LFA-1)	Leukozyten
CD11b	Zus. mit CD18 C3bi-Rezeptor (CR3), Mac-1, Mo-1	M, G, NK
CD11c	Zus. mit CD18 C3bi-Rezeptor (CR3), C3dgR, CR4	M, G, NK, B
CD11d	Zus. mit CD18 αD-UE für Integrin, bindet CD50	Leukozyten
CDw12	unbekannte Funktion	M, G, Plt
CD13	Zink-Metalloproteinase, Aminopeptidase N, gp150, Coronavirus-R	M, G
CD14	LPS-/LBP-Rezeptor, gp55	M, G, DC, B
CD15	Lewis (Le-x), 3-FAL, X-Hapten, Lakto-N-Fucopentatose III, SSEA, terminales Trisaccharid auf Glykolipiden	G, M, Eo, Reed-Sternberg
CD15s	Sialyl-Lewis (sLe-x), CD62E-Ligand	viele
CD15u	Sulfatiertes CD15	
CD16	Fc-IgG-Rezeptor-Typ IIIa, gp 50-65	NK, G, MΦ
CD16b	Fc-IgG-Rezeptor-Typ IIIb (mit GPI-Anker)	G
CDw17	Laktosylceramid,	G, M, Plt
CD18	Integrin β_2-Kette mit CD11a, b, c	Leukozyten

CD-Numerierung	andere Bezeichnung / Molekül / Antigen	zelluläre Reaktivität
CD19	Bgp95, SIg-Familie, Komplex mit CD21, CD81, bindet Tyrosin-Kinasen	B
CD20	B1, Bp35, Ca^{2+}-Kanäle	B
CD21	C3d-R (CR2), gp140, EBV-R, CD23-R	reife B, FDR
CD22	Bgp135, CD45R0-R	reife B
CD23	niedrigaffiner IgE-R, FcεR Typ II, Gp50-45, Ligand für CD19-CD21-CD81-R	B, M, DC, Eo
CD24	Homolog des murinen hitzestabilen Antigen	B, G
CD25	α-Kette des IL-2-R, Tac-Antigen	aktivierte T, T_{reg}, B, M, reife DC
CD26	Dipeptidylpeptidase IV, gp120, Ta1	aktivierte T, B; MΦ
CD27	CD70-R, TNF-R-ähnliches Protein, Co-Stimulator für T und B	Thy, T, NK, einige B
CD28	Tp44, CD80-R, CD86-R, R für costimulatorisches Signal	einige T
CD29	Integrin β_1-Kette, Plt gp IIa	Leukozyten
CD30	Ki-1-Antigen, TNF-R-ähnliches Protein, bindet CD30L (CD153)	aktivierte B, T; Reed-Sternberg-Zellen, NK, M
CD31	PECAM-1, Plt gp IÍa, Endocam, Adhäsionsmolekül	Plt, M, G, EC, T
CD32	niedrigaffiner IgG-R Typ II für Immunkomplexe, FcγR II; gp40	M, G, B, Eo
CD33	My9, bindet Sialokonjugate	M, myeloide Vorläufer
CD34	My10, bindet CD62L (L-Selectin)	hämatopoet. Vorläufer, Eo
CD35	C3b/C4b-R (CR1)	G, M, B, FDR, (T, NK, DC)
CD36	Plt gp IV (gpIIIb), Thrombospondin-R, Kollagen-Typ-I-, -III-R	Plt, M, EC
CD37	gp40-45	reife B, (T); (M)
CD38	T10, gp45 (NAD-Glykohydrolase-, ADP-Ribosylcyclase-Aktivität)	Plasmazellen, Thy, akt. T
CD39	gp80	akt. B, NK, MΦ, DC
CD40	gp50, CD40L-R, aus TNF-R-Familie	B, M, DC, Basal-Epithelzellen
CD40L	gp39, TRAP-1, CD40-Ligand, (s. CD154)	akt. T_H
CD41	R für Fibrinogen, Fibronectin, Thrombospondin und vWF	Plt, Megakaryozyten
CD42a	Plt gpIX	Plt, Megakaryozyten

CD-Numerierung	andere Bezeichnung / Molekül / Antigen	zelluläre Reaktivität
CD42b	Plt gpIb-a	Plt, Megakaryozyten
CD42c	Plt gpIb-b	Plt, Megakaryozyten
CD42d	Plt GPV, binden alle vWF und Thrombin	Plt
CD43	Leukosialin, gp95, Sialophorin, gp115, Leukozyten-Sialoglykoprotein	Leukozyten außer ruhende B
CD44	Pgp-1, gp80-95, Hyaluronsäure-R, HCAM	T, B, G, M, Erys
CD44R	restringierter CD44, Homing-R	Erys
CD45	T200, Allgem. Leukozyten-Antigen (LCA), Tyrosin-Phosphatase	Leukozyten
CD45RO	restringierter T200, gp180, CD22-R, keine A-, B-, C-Exons	T-Subpopulationen, G, M, MΦ
CD45RA	restringierter T200, gp220, Isoform des LCA	naive T; B, M
CD45RB	restringierter T200, Isoform des LCA	T-Subpopulationen, B, G, M, MΦ
CD46	Membran-Cofaktor-Protein (MCP), bindet C3b, C4b für Abbau durch Faktor I; Gp45-70, Masernvirus-R	Leukozyten
CD47	Integrin-assoziiertes Protein, OA3, 1D8	alle
CD48	mögl. Ligand für CD244; Blast-1	Leukozyten
CD49a	α1-Integrin, assoz. mit CD29, Laminin-1-R, Kollagen-R; VLA-1	akt. T, B; M
CD49b	α2-Integrin, assoz. mit CD29, Laminin-R, Kollagen-R; Plt GPIa, VLA-2	Plt, kultivierte T
CD49c	α3-Integrin, assoz. mit CD29, Laminin-5-R, Kollagen-R, Fibronectin-R, Entactin-R, Invasin-R; VLA-3	B
CD49d	α4-Integrin, assoz. Mit CD29, Fibronectin-R, VCAM-R, MAdCAM-1-R; VLA-4	M, T, B, Thy
CD49e	α5-Integrin, assoz. mit CD29, Fibronectin-R, Invasin-R; VLA-5	Gedächtnis-T, M, Plt
CD49f	α6-Integrin, assoz. mit CD29, Laminin-R, Invasin-R, Merosin-R; VLA-6	Plt, T
CD50	Interzelluläres Adhäsionsmolekül 3 (ICAM-3), CD11a/CD18 (LFA-1)-R	viele, jedoch nicht auf EC
CD51	α-Kette des Vitronectin-R (VNR), assoz. mit CD61, vWF-R	(Plt), EC, Fibroblasten
CD52	CAMPATH-1, gp21-28	Leukozyten, Spermatozoen
CD53	MRC OX44	nur auf Leukozyten, jedoch nicht auf Plt
CD54	Interzelluläres Adhäsionsmolekül 1 (ICAM-1), CD11a/CD18 (LFA-1)-R, Ligand für MAC-1	viele

CD-Numerierung	andere Bezeichnung / Molekül / Antigen	zelluläre Reaktivität
CD55	zerfallsbeschleunigender Faktor (DAF)	viele
CD56	NKH1, Isoform des neuronalen Zelladhäsions-moleküls (NCAM)	NK, akt. Lymphozyten
CD57	Oligosaccharide, HNK-1, gp110, unbekannte Funktion	NK, B, T, Gehirn
CD58	Leukozytenfunktionsantigen 3 (LFA-3), CD2-R	Leukozyten, Epithel
CD59	Bindet C8, C9, blockiert Membran-Attack-Komplex (Mac-Inhibitor); gp18-20, Ly6-Analogon, homologer Restriktionsfaktor 20 (HRF-20), Protectin	viele
CD60a	Disialyl-Gangliosid, GD3	T, Plt
CD60b	9-O-Acetyl-GD3	
CD60c	7-O-Acetyl-GD3	
CD61	Integrin β_3-Kette (gpIIIa), assoz. Mit CD41 (GPIIb/IIIa) oder CD51 (Vitronectin-R)	Plt, Megakaryozyten, MΦ
CD62E	E-Selectin, ELAM-1	aktivierte EC
CD62L	L-Selectin, LAM-1, Leu-8, TQ1, MEL14, bindet CD34	B, T, M, NK
CD62P	P-Selectin, gmp140, PADGEM	aktivierte EC, Plt, Megakaryozyten
CD63	Plt-53-kDa-Aktivierungsantigen, LIMP	akt. Plt; M, MΦ
CD64	IgG-R Typ I, hochaffiner IgG-R, FcγR I	M, MΦ
CD65	VIM2-Antigen, Ceramid-Dodekasaccharid 4c	G, (M)
CD66a	biliäres Glykoprotein (BGP)	G
CD66b	früher CD67, NCA95, NCA90	G
CD66c	NCA90, CGM1	G, Colon-Karzinom-Zellen
CD66d	NCA90, CGM1, CEA	G
CD66e	NCA90, CEA	G
CD66f	CGM1, CEA	G
(CD67)	jetzt CD66b	
CD68	gp110, Makrosialin	M, MΦ, Plt, G, LGL
CD69	Aktivierungsinduzierendes Molekül (AIM), EA1, MLR, Leu23	früh akt. T, B, MΦ
CD70	CD27-R, Ki-24	akt. T, B; B-EBV, prä-BLL, Reed-Sternberg-Zellen
CD71	Transferrin-R, T9-Antigen	akt. T, B, proliferierende Zellen
CD72	Lyb-2, CD5-R	B (nicht Plasmazellen)

CD-Numerierung	andere Bezeichnung / Molekül / Antigen	zelluläre Reaktivität
CD73	Ecto-5́-Nukleotidase (ecto-5́-NT)	B, T, EC
CD74	MHC-Klasse-II-assoz. invariable Kette	B, M
CD75	Lactosamine, CD22-Ligand	reife B, M, MΦ; MHC-II⁺Zellen
CD75s	α-2,6 sialylierte Lactosamine	
CD77	Neutrales Glycosphingolipid, Shigatoxin-R; Globotriaosylceramid (Gb3), Burkitt-Lymphom-assoz. Antigen (BLA)	B, Burkitt-Lymphom-Zellen
CD79α	mb-1, Igα, BCR-Analogon zu CD3 bei T	B
CD79β	B29, Igβ, BCR-Analogon zu CD3 bei T	B
CD80	CD28-R, CTLA-4-R; B7/B7.1, BB1	B, M, DC, T
CD81	assoz. mit CD19, CD21 für B-Zell-Corezeptor	Lymphozyten
CD82	R2, 4F9, C33, IA4, unbekannte Funktion	M, akt. B, T, LGL
CD83	HB15, unbekannte Funktion	LHC, DC, B, Erys
CDw84	p75, 2G7, unbekannte Funktion	zirkulierende B, M, Plt
CD85	VMP-55, GH1/75, unbekannte Funktion	DC
CD86	FUN-1, BU-63, B7.2, CD28-L, CTLA-4-L	akt. B, DC, M
CD87	Urokinase-Plasminogen-Aktivator-R	M, G, EC, MΦ, T, NK, andere
CD88	C5a-R, GR10	G, M, glatte Muskelzellen
CD89	IgA-R, FcαR	G, M, B, T
CD90	Thy-1	CD34⁺Prothymozyten
CD91	α_2-Makroglobulin-R (α_2-MR)	M, andere
CD92	p70, VIM15, unbekannte Funktion	G, M
CD93	p120, GR11, unbekannte Funktion	M, G, EC
CD94	KP43, unbekannte Funktion	NK, T
CD95	APO-1, FAS; bindet FAS-Ligand, induziert Apoptose	akt. T, MΦ, andere
CD96	T-Zell-Aktiverung-gesteigerte späte Expression (TACTILE)	akt. T, NK
CD97	p74/80/89, TNF-R-Familie, GR1; bindet CD55	akt. T und B; G, M
CD98	4F2, unbekannte Funktion	T, B, NK, G
CD99	E2, MIC2, unbekannte Funktion	viele
CD99R	restringiertes CD99	viele
CD100	p150, GR3	viele
CD101	p140, BPC#4	G, M, T, DC

CD-Numerierung	andere Bezeichnung / Molekül / Antigen	zelluläre Reaktivität
CD102	Interzelluläres Adhäsionsmolekül 2 (ICAM-2)	ruhende Lymphozyten, EC, M
CD103	αE-Integrin, HML-1	intraepitheliale Lymphozyten des Darmes, Haarzellen
CD104	Integrin-β_4-Kette, assoz. mit CD49f, bindet Laminine	$CD4^-CD8^-$Thy
CD105	TGF-β_1-R, TGF-β_3-R; Endoglin	EC; akt. M, MΦ
CD106	VCAM-1, INCAM110, VLA-4-R	akt. EC
CD107a	Lysosomen-assoz. Membranprotein 1 (LAMP1)	akt. EC, Plt, T, G
CD107b	Lysosomen-assoz. Membranprotein 2 (LAMP2)	akt. EC, Plt, T, G
CD108	GPI-gp80 (mit GPI-Anker), GR2; unbekannte Funktion	Erys, zirkulierende Lymphozyten
CD109	Thrombozyten-Aktiverungsfaktor, GR56	akt. EC, T, Plt
CD110	MPL, TPO R	Plt
CD111	PPR1/Nectin-1	Myeloide Zellen
CD112	PRR2	Myeloide Zellen
CD114	G-Kolonie-stimulierender Faktor-R (G-CSF-R)	G, M
CD115	M-Kolonie-stimulierender-Faktor-1-R (M-CSF-R)	M
CD116	α-Kette des GM-CSF-R	M, G
CD117	Sternzell-Faktor-R, c-Kit	Mastzellen, myeloide Vorläufer
CD118	Interferon-α,β-R (IFN-α,β-R)	viele
CD119	Interferon-γ-R (IFN-γ-R)	M, G, B, NK
CD120a	55 kDa TNF-R Typ 1	viele, bes. Epithel
CD120b	75 kDa TNF-R Typ 2	viele, bes. Myeloide Zellen
CD121a	Interleukin-1-R Typ I (IL-1-R Typ I)	Thy, T
CDw121b	IL-1-R Typ II	M, B, MΦ
CD122	β-Kette des IL-2-R, β-Kette des IL-15-R	ruhende T, kult. NK, einige B
CD123	α-Kette des IL-3-R, gp70	myeloide Vorläufer
CD124	α-Kette des IL-4-R und des IL-13-R	reife B, T; M, hämatopoet. Vorläufer
CD125	IL-5-R, gp60	akt. B, Eo, Basophile, myeloide Vorläufer
CD126	α-Kette des IL-6-R	akt. B; Plasmazellen, EC

CD-Numerierung	andere Bezeichnung / Molekül / Antigen	zelluläre Reaktivität
CD127	α-Kette des IL-7-R	lymphoide Vorläufer, pro-B, reife T, Thy, M
CDw128	IL-8-R, gp58-67	G, T, M, Keratinozyten
CD129: noch nicht bezeichnet, reserviert für IL-9-R		
CD130	β-Kette des IL-6-R und des IL-11-R, gp130, Oncostatin-M-R	viele
CDw131	β-Kette des IL-3-R, IL-5-R und des GM-CSF-R, gp95-120	M, G, Eo
CD132	γ-Kette in IL-2-, IL-4-, IL-7-, IL-9-, IL-15-R	T, B, NK, Mastzellen, G
CD133	AX133	Stammzellen
CD134	OX40, TNF-R-Familie	akt. T
CD135	flt3/flk2, Tyrosinkinase Ig-SF	frühe lymphoide Vorläufer
CDw136	gp180, Protoonkogen c-ron, Makrophagen-stimulierendes-Protein-R	viele
CDw137	gp30, 4-1BB, TNF-R-Familie	T, B, M
CD138	Syndecan-1, Heparansulfat-Proteoglykan, Extrazelluläre-Matrix-R	B, Plasmazellen
CD139	gp209-228, unbekannte Funktion	B, FDC
CD140a	α-Kette des PDGF-R	viele
CD140b	β-Kette des PDGF-R	EC, Stroma, Mesangium
CD141	Thrombomodulin, bindet Thrombin	EC, glatte Muskelzellen
CD142	Gewebefaktor, unbekannte Funktion	EC, Epithel, M, Keratinozyten
CD143	Angiotensin-converting-enzyme (ACE), Peptidyl-Dipeptidase	EC, Epithel, MΦ
CD144	VE-Cadherin, Cadherin-5	EC
CD145	gp25-90-110, panendothelialer Marker, auch auf Basalmembran	EC
CD146	MUC18, S-Endo	EC, FDC, akt. T
CD147	Neurothelin, Basigin, TCSF, EMMPRIN, M6	EC, myeloide und lymphoide Vorläufer
CD148	HPTP-eta, DEP-1, Phosphotyrosin- Phosphatase	viele, Verlust bei Mamma-, Blasen- und Leberzell- Karzinomzellen
CD150	Ig-SF, Oberflächen-Lymphozyten-Aktivierungsmolekül (SLAM)	B, T, Thy, DC

CD-Numerierung	andere Bezeichnung / Molekül / Antigen	zelluläre Reaktivität
CD151	PETA-3, Tetraspan, assoz. mit β1-Integrinen	Plt, EC, Epithel, G
CD152	CTLA-4, Ig-SF, Ligand von CD80 und CD86	akt. T
CD153	CD30-Ligand, TNF-Familie	akt. T, MΦ; B, G
CD154	CD40-Ligand, gp39, TNF-Familie	akt. $CD4^+T$
CD155	Poliovirus-R (PVR), Ig-SF	viele, auch M, MΦ, Thy, Neurone im ZNS
CD156a	EGF-SF, "*a* *d*isintegrin *a*nd *m*etalloprotease" (ADAM8)	M, G, MΦ
CD156b	ADAM17	
CD157	Knochenmark-Stroma-Antigen (BST-1),	Knochenmarks-stromazellen, G, M, EC
CD158a	p58.1, p50.1, Ig-SF C2, KIR-Familie	NK, (T)
CD158b	p58.2, p50.2, Ig-SF C2	NK, (T)
CD159a	bindet CD94, zus. NK-R; NKG2A	NK
CD160	BY55	T
CD161	NKRP1A, C-Lektin-SF	NK, T
CD162	P-Selektin-Glykoprotein-Ligand 1 (PSGL-1), CD62P-Ligand	M, G, T, (B)
CD162R	PEN5	NK
CD163	M130, Scavenger-R I/II, unbekannte Funktion	M, MΦ
CD164	Multi-glykosyliertes Protein 24 (MGC-24), Mucin-ähnliches Homodimer	EC, M, Knochenmark-Stromazellen
CD165	AD2	Plt, T, NK, Thy
CD166	ALCAM, CD6-Ligand, Ig-SF	EC, M
CD167a	bindet Kollagen	Epithel
CD168	RHAMM, Adhäsionsmolekül	Brustkrebszellen
CD169	Sialoadhäsin	MΦ-Subpopulation
CD170	Sialinsäure-bindendes Ig-ähnliches Lektin (Siglec)	G
CD171	NCAM-L1, bindet CD9, CD24 und CD56	Neurone, Schwann-zellen, B, $CD4^+T$
CD172a	SIRP, SHPS1	
CD173	Blutgruppe H Typ 2	alle
CD174	Lewis-y-Blutgruppe	alle
CD175	Tn-Blutgruppe	alle
CD175s	Sialyl-Tn-Blutgruppe	alle
CD176	TF-Blutgruppe	alle

CD-Numerierung	andere Bezeichnung / Molekül / Antigen	zelluläre Reaktivität
CD177	NB1	myeolide Zellen
CD178	FAS-Ligand, induziert Apoptose	akt. T
CD179a	VpreB assoz. mit CD179b	frühe B
CD179b	Ig-λ-ähnliches Polypeptid 1, assoz. mit CD179a, IGLL1, λ5 (IGL5)	B
CD180	LY64, assoz. mit MD-1	B
CD183	CXCR3, bindet INP10	maligne B
CD184	CXCR4, bindet SDF-1, HIV-1	unreife $CD34^+$Stammzellen
CD195	R für CC-Chemokine, bindet MIP-1α, MIP-1β und RANTES; CCR5	promyelotische Zellen
CDw197	CCR7, bindet MIP-3β	akt. B, T; hoch auf EBV-inf. B
CD200	MOX-1, MOX-2	B, Neurone
CD201	Endothelialer Oberflächen-R (EPCR), CD1-Familie	EC
CD202b	Tyrosin-Kinase-R, TEK	EC
CD203c	NPP3, B10	myeloide Zellen
CD204	M-Scavenger-R (MSR1)	myeloide Zellen
CD205	DEC-205, Ag-Aufnahme in DC	DC
CD206	MΦ-Mannose-R (MMR)	MΦ, EC
CD207	Langerin	LHC
CD208	DC-Lysosomen-assoz. Membranprotein (DC-LAMP)	DC
CD209	DC-spez. ICAM3-bindendes Non-Integrin (DC-SIGN)	DC
CDw210	IL-10-Rα und β	T_H, B, M
CD212	β-Kette des IL-12-R, IL-12RB	Akt. $CD4^+$, $CD8^+$T; NK
CD213a1	niedrigaffiner IL-13-R, IL-13-Rα1	B, M, EC, Fibroblasten
CD213a2	hochaffiner IL-13-R, IL-13-Rα2	B, M, EC, Fibroblasten
CDw217	IL-17-R Homodimer	akt. Gedächtnis-T
CD220	Insulin-R	viele
CD221	Insulin-ähnlicher Wachstumsfaktor-1-R (IGF-1-R)	viele
CD222	IGF-2-R	viele
CD223	Lymphozyten-Aktivierungsgen 3 (LAG-3)	akt. T, NK
CD224	γ-Glytamyl-Transferase (GGT1)	viele
CD225	Interferon-induziertes Transmembranprotein 1 (IFITM1), Leu13	Leukozyten, EC

CD-Numerierung	andere Bezeichnung / Molekül / Antigen	zelluläre Reaktivität
CD226	DNAM-1	NK, Plt, M, T-Subpopulation
CD227	Epitheliales Muzin	Epithel-Tumore
CD228	Melanotransferrin, P97	Melanome
CD229	Ly9	Lymphozyten
CD230	CJD, Prionenprotein	in normalen und infizierten Zellen
CD231	T-Zell-akute lymphoblastische Leukämie, TALLA-1	T-Leukämie
CD232	Semaphorin-R	viele
CD233	Band 3, Ery-Membran	Erys
CD234	Fy-Glykoprotein, Duffy-Blutgruppen-Ag	Erys
CD235a	Glykophorin A	Erys
CD235b	Glykophorin B	Erys
CD236	Glykophorin D, GYPD	Erys
CD236R	Glykophorin C, GYPC, R für Merozoiten von *Plasmodium falciparum*	Erys
CD238	KELL-Blutgruppen-Ag	Erys
CD239	B-Zell-Adhäsionsmolekül (B-CAM)	Erys
CD240CE	Rhesus-Blutgruppe, CcEe-Ag	Erys
CD240D	Rhesus-Blutgruppe, D-Ag	Erys
CD241	Rhesus-Blutgruppen-assoz. Glykoprotein RH50	Erys
CD242	Interzelluläres Adhäsionsmolekül 4 (ICAM-4)	Erys
CD243	Multidrug-Resistance Protein 1 (MDR-1)	Stammzellen
CD244	NK-Zell-Aktivierung induzierender Ligand (NAIL)	NK
CD245	NPAT	T
CD246	Anaplastische Lymphoma-Kinase (ALK)	Darm-, Hoden- und Hirnzellen
CD247	TCR-ζ-Kette, Teil des CD3-Komplexes	T, NK

Erklärung der verwendeten Abkürzungen: Ag = Antigen, ALL = akute lymphatische Leukämie, B = B-Zellen, EC = Endothelzellen, Eo = eosinophile Granulozyten, FDC = follikuläre dendritische Zellen, DC = dendritische Zellen, G = neutrohile Granulozyten, Ig-SF = Immunoglobulin-Superfamilie, L = Ligand, LGL = große granulierte Lymphozyten, LHC = Langerhans-Zellen, M = Monozyten, MΦ = Makrophagen, NK = NK-Zellen, Plt = Thrombozyten, R = Rezeptor, T = T-Zellen, TCR = T-Zell-Rezeptor, T_H = Helfer-T-Zellen, T_{reg} = regulatorische T-Zellen, Thy = Thymozyten
Soweit nicht anders vermerkt, ist die Funktion der Antigene noch unbekannt.

CHEMOKINE

Der Name 'Chemokine' leitet sich von chemotaktischen Zytokinen ab, die zur Oberfamilie der kleinen pro-inflammatorischen Aktivierungs-induzierbaren Moleküle gehören, die bei verschiedenen Zelltypen die Chemotaxis (Migration) fördern. Sie haben ein Molekulargewicht von 8-10 kDa und zeigen einen hohen Grad an Homologie. Alle Chemokine weisen ein Muster an konservierten Cysteinresten auf. Zwei grosse Familien lassen sich einteilen: die **4q Chemokine,** die von Genen kodiert werden, welche nahe beieinander am Genlocus SCYB (small inducible cytokine subfamily member B) auf Chromosom 4q12-21 liegen. Die Chemokine dieser Familie haben 2 Cystein-Reste (C), die durch eine einzelne Aminosäure (X) getrennt sind, so dass sie **CXC-Chemokine** genannt werden. Im Gegensatz dazu liegen bei der zweiten grossen Chemokinfamilie, den **17q Chemokinen**, die ersten beiden Cysteinreste nebeneinander (**CC-Chemokines**) und sind auf Chromosom 17q11-32 (dem SCYA Locus) zu finden. Andere Chemokine sind durch eine einzelne Disulfidbrücke und einen cytoplasmatischen C-Terminus gekennzeichnet, der für die Signaltransduktion erforderlich ist (**C Chemokine**). Andere Chemokine sind hingegen durch 3 Aminosäurereste zwischen den beiden Cysteinresten charakterisiert (CX_3C Chemokine oder Fraktalkine). Von diesen beiden Gruppen sind bisher nur ein paar Mitglieder identifiziert worden.

Systematischer Name	Häufigster Name	Andere Bezeichnungen	Genort	Struktur	Produzierende Zellen	Zielzellen	Biologische Aktivität	Rezeptor
CXC CHEMOKINES								
CXCL1	GRO α	Growth-related oncogenes (GRO)α, melanoma growth stimulatory activity (MGSA-α) α, neutrophil activating peptide-3 (NAP-3) MIP-2 (macrophage inflammatory protein-2)	4q12-q13. SCYB1 (small inducible cytokine subfamily member B1)	73 AA, 7.9 kDa	Aktivierte Monozyten, Fibroblasten, Endothelzellen, Epithelzellen, Synovialzellen	Neutrophile, Endothelzellen	Neutrophilen Chemotaxis und Degranulation, Wachstum von Fibroblasten, Melanomzellen und Oligodendrozyten-Vorläuferzellen	CXCR2 > CXCR1
CXCL2	GRO β	Growth-related oncogenes (GRO)β, melanoma growth stimulatory activity (MGSA- β), macrophage inflammatory protein-2-α (MIP-2-α)	4q12-q13 SCYB2	73 AA, 7.9 kDa	Aktivierte Monozyten, Fibroblasten, Endothelzellen, Epithelzellen, Synovialzellen	Neutrophile, Endothelzellen	Neutrophilen Chemotaxis und Degranulation, Wachstum von Fibroblasten, Melanomzellen, Oligodendrozyten-Vorläuferzellen	CXCR2

Systematischer Name	Häufigster Name	Andere Bezeichnungen	Genort	Struktur	Produzierende Zellen	Zielzellen	Biologische Aktivität	Rezeptor
CXC CHEMOKINES								
CXCL3	GRO γ	Growth-related oncogenes γ), melanoma growth stimulatory activity (MGSA- γ), macrophage inflammatory protein-2-β (MIP-2-β)	4q12-q13. SCYB3	73 AA, 7.9 kDa	Aktivierte Monozyten, Fibroblasten, Endothelzellen, Epithelzellen, Synovialzellen	Neutrophile, Endothelzellen	Neutrophilen Chemotaxis und Degranulation, Wachstum von Fibroblasten, Melanomzellen, Oligodendrozyten- Vorläuferzellen	CXCR2
CXCL4	PF4	Platelet factor 4 (PF4), oncostatin-A	4q12-q21 SCYB4	70 AA, 7.8 kDa	Megakaryozyten und Thrombozyten, Mastzellen, Endothelzellen aus Nabelschnurvenen	Monozyten, Neutrophile	Chemotaxis von Monozyten, Aktivierung und Degranulation von Neutrophilen, hemmt die Angiogenese	CXCR3B, bindet an Heparin → anti-Heparin/ PF4 Immunkomplexe → aktiviert Thrombozyten via FcR inhibiert Antithrombin AT3 → Heparin-induzierte Thrombozytopenie Typ II
CXCL5	ENA-78	Epithelial cell-derived neutrophil attractant-78	4q12-q13. SCYB5	78 AA, 8.4 kDa	Epithelzellen	Neutrophile	Chemotaxis und Aktivierung von Neutrophilen	CXCR2
CXCL6	GCP-2	Granulocyte chemotactic peptide-2, LPS-induced CXC Chemokine (LIX)	4q12-q13. SCYB6	75 AA, 8 kDa	Fibroblasten, Epithelzellen	Neutrophile	Chemotaxis von Neutrophilen	CXCR1, CXCR2

Systematischer Name	Häufigster Name	Andere Bezeichnungen	Genort	Struktur	Produzierende Zellen	Zielzellen	Biologische Aktivität	Rezeptor
CXC CHEMOKINES								
CXCL7	NAP-2	Neutrophil activating protein-2 (NAP2), connective tissue activating protein-3 (CTAP-3), low affinity platelet factor 4 (LA-PF4), platelet basic protein (PBP), β-thromboglobulin	4q12-q13. SCYB7	69-85 AA, 6-7.5 kDa (verschiedene trunkierte Formen abgeleitet von einem Vorläufer: Leukocyte-derived growth factor (LDGF). Deletion von 2 AA von NAP-2 führt zu Thrombocidin-1	Makrophagen, Thrombozyten, Epithelzellen, Endothelzellen	Monozyten, Neutrophile, Fibroblasten	Chemotaxis von Fibroblasten, Neutrophilen und Monozyten. Mitogen für Fibroblasten, induziert Freisetzung von Hyaluronsäure, Glycosaminoglycanen, Plasminogen Aktivator und Prostaglandin E2. Freisetzung von Histaminen durch Basophile	CXCR2
CXCL8	IL-8	Neutrophil attractant/activating protein (NAP-1), neutrophil activating factor (NAF), leukocyte adhesion inhibitor (LAI), granulocyte chemotactic protein (GCP), Endothelial cell neutrophil-activating peptide (ENAP-β)	4q12-q21. SCYB8	72 AA, 8 kDa, wird von einem grösserem Vorläufer von 99 AA prozessiert. Längere und kürzere Formen existieren.	Aktivierte Endothelzellen und Monozyten, Fibroblasten, Keratinozyten, Melanozyten, Hepatocyten, Chondrozyten und eine Anzahl von Tumorzelllinien	Alle Immunzellen, Erythrozyten, Endothelzellen, einige Epithelzellen	Chemotaxis aller migrierenden Immunzellen, Aktivierung von Neutrophilen, hemmt Histaminfreisetzung von Basophilen, hemmt IgE Production von B Lymphozyten, fördert Angiogenese	CXCR1, CXCR2

Systematischer Name	Häufigster Name	Andere Bezeichnungen	Genort	Struktur	Produzierende Zellen	Zielzellen	Biologische Aktivität	Rezeptor
CXC CHEMOKINES								
CXCL9	Mig	Monokine induced by IFN-γ (MIG, M119), cytokine responsive gene (CRG-10)	4q12.21 SCYB9	103 AA, 11.7 kDa	Makrophagen, Neutrophile, Endothelzellen, Tumorzellen nach IFN-γ Stimulierung	Aktiviertes Bronchialepithel	Chemotaxis von Monozyten, moduliert Wachstum und Aktivierung von Zellen während der Entzündungreaktion	CXCR3
CXCL10	IP-10	Interferon-inducible protein 10 or immune protein 10 (IP-10), cytokine responsive gene (CRG-2)	4q42.2 SCYB10	98 AA	Lymphozyten, Monozyten, aktivierte Keratinozyten, Endothelzellen, Neutrophile, Fibroblasten	Lymphozyten, Monozyten, Neutrophile, Endothelzellen	Reguliert das Wachstum von unreifen hämatopoetischen Vorläuferzellen, hemmt die Angiogenese, induziert Proliferation von Mesangialzellen.	CXCR3
CXCL11	I-TAC	Interferon-inducible T-cell α chemoattractant, interferon-gamma-inducible protein-9 (IP-9)	4q21.2 SCYB11	73 AA, 8.3 kDa	aktivierte Astrozyten, aktivierte Monozyten	IL-2 aktivierte T–Zellen	Potenter chemoattraktiver Lockstoff für IL-2 aktivierte T-Zellen. Antimikrobielle Aktivität – Antiangiogenetische Aktivität	CXCR3
CXCL12	SDF-1α/β	Stromal cell derived factor-1, (SDF-1), pre-B-cell growth stimulating factor (PBSF)	10q11.1 SCYB12	89 and 93 AA (4 zusätzliche AA in SDF-1β) 32 kDa	Ubiquitäre Expression (nicht auf hämatopoetischen Zellen)	hauptsächlich Lymphozyten und Monozyten	Chemotaxis von mononukleären Zellen einschliesslich KM-Vorläuferzellen	CXCR4

Systematischer Name	Häufigster Name	Andere Bezeichnungen	Genort	Struktur	Produzierende Zellen	Zielzellen	Biologische Aktivität	Rezeptor
CXC CHEMOKINES								
CXCL13	BLC/BCA-1	B-lymphocyte chemoattractant (BLC), B-cell attracting chemokine-1(BCA-1), Angie-2	4q21 SCYB13	109 AA, 13.2 kDA SWIB13	Milzfollikel, Lymphknoten, Peyersche Plaques, FDC/GCDC	Zellen, die Burkitt Lymphom Rezeptor 1 (blr-1) exprimieren	Aktiviert und fördert Chemotaxis von B Lymphozyten	CXCR5, blr-1
CXCL14	BRAK	CXC Chemokine in breast and kidney (BRAK), B-cell and monocyte activating chemokine (BMAC), small inducible cytokine subfamily B member, bolekine	5q31 SCYB14	88 AA	Ubiquitär exprimiert in normalem Gewebe, produziert von Fibroblasten, Keratinozyten, Lamina propria Zellen	Aktivierte Monozyten	Lockt selektiv aktivierte Monozyten in entzündetes Gewebe	Unbekannt
CXCL15 Bisher nur in der Maus identifiziert	Weird Chemokine (WECHE)	Lungkine	Murine chr. 5.51.5, SCYB15	17 kDa	Stark exprimiert in der murinen Lunge, fetalen Leber, Dottersack	Neutrophile, hämatopoetische Vorläuferzellen	Chemotaktisch für Neutrophile und hämatopoetische Vorläuferzellen, hemmt das Wachstum von hämatopoetischen erythroiden Vorläuferzellen	

Systematischer Name	Häufigster Name	Andere Bezeichnungen	Genort	Struktur	Produzierende Zellen	Zielzellen	Biologische Aktivität	Rezeptor
CXC CHEMOKINES								
CXCL16	Scavenger receptor SR-PSOX mediates uptake of oxidized low-density lipoprotein)			N-terminale CXC Chemokin Domäne, Mucin-artige Domäne. transmembranäre Domäne, zytoplasmatischer Schwanz	Antigenpräsentierende Zellen	Aktivierte T-Zellen	Duale Funktion als Chemokin und Endothelzellen-Scavenger-Rezeptor, transmembranäres Adhäsionsmolekül, löslicher Lockstoff für aktivierte T-Zellen, z. B. in atherosklerotische Läsionen. Angiogenese.	CXCR6/Bonzo
C CHEMOKINES								
XCL1	Lymphotactin (Lptn)	Single C motif-1α (SCM-1α), activation induced T-cell derived and chemokine related (ATAC)	1q23	93 AA, 2 verschiedene strukturelle Konformationen	Aktivierte pro-T-Zellen, Thymozyten, $CD8^+$T-Zellen, NK-Zellen	T-Zellen, NK-Zellen, B-Zellen	Chemotaktischer Faktor für Lymphozyten, NK-Zellen und Neutrophile	XCR1
XCL2	SCM-1β	Single C motif-1β, (SCM-1β),	1q23 SCYC2	Nur 2 AA unterschiedlich gegenüber XCL1	Ähnlich mit XCL1?	Ähnlich mit XCL1?	Ähnlich mit XCL1?	XCR1

Systematischer Name	Häufigster Name	Andere Bezeichnungen	Genort	Struktur	Produzierende Zellen	Zielzellen	Biologische Aktivität	Rezeptor
CX_3C CHEMOKINES								
CX3CL1	Fractalkine (FK, FKN)		16q13 SCYD1	397 AA, eine Chemokin-artige Domäne befindet sich auf einem Mucin-Stiel, Transmembran Domäne vorhanden, 95 kDA sezerniert	Endothelzellen, Epithelzellen, Neurone	Monozyten, T-Zellen, NK Zellen	Membran-gebundenes Fractalkine induziert die Binding und Adhäsion von CX3CR1+ Zellen. Lösliches Fractalkine induziert Aktivierung und Migration von CX3CR1+ Zellen.	CX3CR1
CC CHEMOKINES								
CCL1	I-309	P500, TCA-3 (murine homologues of I-309)	17q11.2 SCYA1	72 AA, 15-16 KDa	Aktivierte T-Lymphozyten	Monozyten	Chemotaxis und Aktivierung von Monozyten	CCR8
CCL2	MCP-1/ MCAF	Monocyte chemoattractant protein-1 (MCP-1), monocyte chemoattractant and activating factor (MCAF), glioma-cell derived chemotactic factor (GDCF), tumor necrosis factor-stimulated gene sequence-8	17q11.2-q21.1 JE gene at SCYA2	76 AA, 6-7 kDa unglykosyliert, bis zu 30 kDa glykosyliert	Monozyten und Makrophagen, Fibroblasten, Endothelzellen, Keratinozyten, glatte Muskelzellen, Astrozyten. und verschiedene Tumorzelllinien	Monozyten, T- Zellen, Basophile und Eosinophile	Chemotaxis gegenüber Monozyten, aktivierender Effekt auf Monozyten und Basophile (induziert Histamin Freisetzung)	CCR2, CCR10

Systematischer Name	Häufigster Name	Andere Bezeichnungen	Genort	Struktur	Produzierende Zellen	Zielzellen	Biologische Aktivität	Rezeptor
CC CHEMOKINES								
CCL3	MIP-1α/ LD78α	Macrophage inflammatory protein 1-a, G0-G1 switch gene (GOS-19)	17q11.2 SCYA3	69 AA, 7.8 kDa	Monozyten und Makrophagen (nach Stimulation mit bakteriellen Endotoxinen), Gedächtnis T-Zellen (nach Aktivierung)	Granulozyten, T -Zellen, hämatopoetische Vorläuferzellen	Hemmt die Hämatopoese, induziert T-Zell Migration, verstärkt die Adhärenz von Monozyten an Endothelzellen, virales Homolog vom Kaposi-Sarkom-assoziiertes Herpesvirus	CCR1, CCR5
CCL4	MIP-1β	Immune activation gene-2 (ACT-2), macrophage inflammatory protein-1β (MIP-1β)	17q11.2, SCYA4	Stark homolog zu MIP-1α	Monozyten und Makrophagen (nach Stimulation mit bakteriellen Endotoxinen), Gedächtnis T-Zellen (nach Aktivierung)	Granulozyten, T -Zellen, hämatopoetische Vorläuferzellen	Fördert das Wachstum von hämatopoetischen Vorläuferzellen, aktiviert Killerzellen, induziert Adhäsion von T-Zellen an Endothelzellen	CCR5
CCL5	RANTES	Regulated upon Activation, Normal T-cell Expressed, and Presumably Secreted (RANTES) Small Inducible Secreted chemokine-delta (SIS-δ), Eosinophil Chemotactic Polipeptide–1 (EoCP-1)	17q11.2-q12, SCYA5	8 kDa	T-Zellen (induziert durch TNF-α und IL-1α)	T-Zellen, Eosinophile, Basophile, Monozyten, Synovial- Fibroblasten	Rekrutiert Zellen zu Entzündungsherden, induziert Freisetzung von Granula durch Eosinophile. Fördert Aktivierung von Killerzellen, HIV-suppresiver Faktor produziert von $CD8^+$-T-Zellen	CCR1, CCR3, CCR5, US28

Systematischer Name	Häufigster Name	Andere Bezeichnungen	Genort	Struktur	Produzierende Zellen	Zielzellen	Biologische Aktivität	Rezeptor
CC CHEMOKINES								
CCL6 only murine		C10, SCY-A6, Macrophage Inflammatory Protein-Related Protein-1 (MRP-1)	Unbekannt, SCYA6	Homolog zu MIP-1δ ?	Hämatopoetische Zellen, Fibroblasten	Monozyten, T-Zellen	Involviert in Monozyten und Makrophagen Migration nach Verletzung	Unbekannt
CCL7	MCP-3	Monocyte Chemoattractant Protein-3 (MCP-3), Mast Cell Activation-Related Chemokine (MARC), N28	17q11.2 (nahe dem erb-B2 Locus), SCYA 7	97 AA, 8-18 kDa	Epithel- und Endothelzellen, Blut-Mononukleäre Zellen nach Aktivierung	Monozyten, T-Zellen, Eosinophile	Chemotaxis von Monozyten, Eosinophilen. Induziert Sekretion von Proteasen durch Makrophagen	CCR1,CCR2,CCR3, CCR10
CCL8	MCP-2	Monocyte Chemoattractant Protein-2 (MCP-2)	17q11.2, SCYA8	76 AA, 8-18 kDa	Fibroblasten, Endothelzellen, Epithelzellen, Blut-Mononuckeäre Zellen	Monozyten, T-Zellen, Eosinophile	Chemotaxis von Monozyten	CCR1, CCR2B, CCR5
CCL9 only murine	Unbekannt	Macrophage Inflammatory Protein-1γ (MIP-1γ), CCF18	Murine Chromosome 11, SCYA9	100 AA	Murine Makrophagen	Hämatopoetische Zellen im KM, T-Zellen	Unterdrückung der Koloniebildung im stimulierten KM. Induziert Calcium-Freisetzung in Neutrophilen. Aktiviert und rekrutiert T-Zellen	Unbekannt

Systematischer Name	Häufigster Name	Andere Bezeichnungen	Genort	Struktur	Produzierende Zellen	Zielzellen	Biologische Aktivität	Rezeptor
CC CHEMOKINES								
CCL10 nur in der Maus		Verwandt mit humanem CCL15?	SCYA10?					Unknown
CCL11	Eotaxin		17q21.1-17q21.2, SCYA11	73 AA	Epithelzellen, Makrophagen, T- Zellen, Fibroblasten	Eosinophile	Chemotaxis von Eosinophilen, Aktivierung und Calcium-Freisetzung	CCR3
CCL12	Murine MCP-5	Monocyte Chemotactic Protein-5 (MCP-5)	Murine Chromosome 11, SCYA12	82 AA, 9.3 kDa	Lymphknoten, stark hochreguliert in aktivierten Monozyten	Monozyten, Makrophagen	Stark chemotaktisch für Monozyten, Makrophagen	CCR2
CCL13	MCP-4	Monocyte Chemotactic Protein-4 (MCP-4)	17q11.2, SCYA13	2 Varianten, 77AA und 82AA	Epithel- und Endothelzellen (nach TNF-α und IL-1 Stimulation), Makrophagen	Monozyten, T-Zellen	Potenter Lockstoff für Monozyten und T-Lymphozyten.	CCR2,CCR3
CCL14	HCC-1	Hemofiltrate CC Chemokine-1, (HCC-1) Macrophage Colony Inhibitory Factor (M-CIF)	17q11.2, SCYA14	74 AA, 8.6 kDa	Milz, Leber, Skelett- und Herzmuskel, Darm, KM. Als lösliches Protein im Blut vorhanden	Monozyten, myeloische Vorläufer	Schwach chemotaktisch auf Monozyten, Induziert Proliferation von CD34+ myeloischen Zellen, hemmt die M-CSF induzierte Koloniebildung	CCR1

Systematischer Name	Häufigster Name	Andere Bezeichnungen	Genort	Struktur	Produzierende Zellen	Zielzellen	Biologische Aktivität	Rezeptor
CC CHEMOKINES								
CCL15	MIP-1δ	Macrophage Inflammatory Protein-5 (MIP-1δ), Hemofiltrate CC Chemokine-2 (HCC-2), NCC-3, Leukotactin-1	17q11.2, SCYA15	92 AA. 6 konservierte Cystein-Reste anstelle von 4, Ähnlichkeit mit murinem C10	Leukozyten in der Leber, Darm, Lunge, T-Zellen, MΦ, DC	Monozyten (unreife DC), T-Zellen	Lockt Monozyten, DC, Lymphozyten und Eosinophile an, hemmt die Koloniebildung von Vorläuferzellen	CCR1,CCR3
CCL16	LEC	Liver Expressed Chemokine (LEC), Monotactin-1, New CC Chemokine-4 (NCC-4), Hemofiltrate CC chemokine-4 (HCC-4),	17q11.2, SCYA16	100 AA, 11.2 kDa. 120 AA Propeptid existiert	Hepatozyten, aktivierte Monozyten (Hochregulation durch IL-10), einige NK -Zellen, γδ T-Zellen	Monozyten, Lymphozyten, DC	Fördert die Zelladhäsion, rekrutiert antigenpräsentierende Zellen zu transfizierten Tumorzellen	CCR1, CCR2, CCR5, CCR8
CCL17	TARC	Thymus and Activation Regulated Cytokine (TARC), ABCD-2	16q13, SCYA17	94 AA, 8 kDa	Thymozyten, IL13-aktivierte Makrophagen, Bronchialepithelzellen, Keratinozyten	T-Zellen	Lockt vor allem TH2-differenzierte T-Zellen an	CCR4, CCR8

Systematischer Name	Häufigster Name	Andere Bezeichnungen	Genort	Struktur	Produzierende Zellen	Zielzellen	Biologische Aktivität	Rezeptor
CC CHEMOKINES								
CCL18	DC-CK1	Pulmonary and Activation-Regulated Chemokine (PARC), alternative Activated Macrophage Associated CC-Chemokine (AMAC-1), Dendritic Cell-Derived Chemokine-1 (DC-CK1)	17q11.2, SCYA18	69 AA, 7.8 kDa	DC in Keimzentren und T-Zellzonen von Lymphknoten, Alveolar- Makrophagen, aktivierte Monozyten	Ruhende T-Zellen, Mantel-Zone, CD38 neg. B-Zellen	Lockt T-Zellen an Stellen der Antigenpräsentation	Unbekannt
CCL19	MIP-3β/ELC/Exodus-3	EBI-1-Ligand Chemokine (ELC), Exodus-3	9p13, SCYA19	98 AA	Thymus, Lymphknoten, Makrophagen, glatte Muskelzellen	T-Zellen, B-Zellen	Lockt CD34+ Zellen und aktivierte T- und B-Zellen an	CCR7
CCL20	MIP-3α/LARC/Exodus-1	Liver and Activation Regulated Chemokine (LARC), Exodus-1	2q33-q37, SCYA20	96 AA	Leber, Fibroblasten, LPS-stimulierte Leukozyten	Unreife DC, T-Zellen	Chemotaktisch für Lymphozyten, schwach chemotaktisch für Granulozyten	CCR6
CCL21	6Ckine/SLC/Exodus-2	Chemokine with 6 cysteines (6Ckine), Secondary Lymphoid-Tissue Chemokine (SLC), Exodus-2	9p13, SCYA21	111 AA. Hat eine 30 AA Carboxy-terminal Domäne mit 2 zusätzlichen Cysteinresten	Hohe endotheliale Venolen lymphoider Organe, lymphatisches Endothel verschiedener Organe	Thymozyten, aktivierte T-Zellen	Induziert Adhäsion und Migration von T-Zellen, insbesondere naive T-Zellen	CCR7

Systematischer Name	Häufigster Name	Andere Bezeichnungen	Genort	Struktur	Produzierende Zellen	Zielzellen	Biologische Aktivität	Rezeptor
CC CHEMOKINES								
CCL22	MDC	Macrophage-Derived Chemokine (MDC), Stimulated T-cell Chemoattractant Protein-1 (STCP-1), DC/B-CK	16q13, SCYA22	69 AA, 8.1 kDa	Makrophagen, DC, B-Zellen	Aktivierte T Lymphozyten und Monozyten, DC, NK-Zellen	Rekrutierung von aktivierten T-Zellen für die Interaktion mit antigenpräsentierenden Zellen	CCR4
CCL23	MPIF-1	Myeloid Progenitor Inhibitory Factor-1 (MPIF-1), Chemokine beta-8	17q11.2, SCYA23	99 AA	Vielzahl von Geweben	Monozyten, DC, ruhende T-Zellen, neutrophile Granulozyten	Lockt Monozyten, DC, ruhende T-Zellen und Osteoklasten-Vorläufer an. Aktivierung von Neutrophilen	CCR1 FPRL-1 (Formylpeptide receptor-like-1)
CCL24	MPIF-2/Eotaxin-2	Myeloid Progenitor Inhibitory Factor-2 (MPIF-2), Chemokine β-6	7q11.23, SCYA24	93 AA, 10.6 kDa	Aktivierte Monozyten	Ruhende T-Zellen, Eosinophile, Basophile, hämatopoetische Vorläuferzellen	Chemotaxis ruhender T-Zellen, von Eosinophilen und Basophilen, Freisetzung von Histamin und Leukotrienen, Hemmung der Koloniebildung in Stammzellen	CCR3

Systematischer Name	Häufigster Name	Andere Bezeichnungen	Genort	Struktur	Produzierende Zellen	Zielzellen	Biologische Aktivität	Rezeptor
CC CHEMOKINES								
CCL25	TECK	Thymus Expressed Chemokine (TECK)	19p13.2, SCYA25	127 AA	Thymische DC, Dünndarm-Epithelzellen	Intestinale intraepitheliale Lymphozyten	Chemotaktisch für IgA-sezernierende Zellen	CCR9
CCL26	Eotaxin-3	Macrophage Inflammatory Protein 4-α (MIP-4α), Thymic Stroma Chemokine-1 (TSC-1)	7q11.23, SCYA26	71 AA	Endothelizellen, Epithelizellen verschiedener Gewebe	Eosinophile	Aktivierung von Fibroblasten und Eosinophilen. Chemotaxis von Eosinophilen und Basophilen	CCR3
CCL27	CTACK/ILC	Cutaneous T-cell Attracting Chemokine (CTACK), IL-11Rα-Locus Chemokine (ILC), ALP, Skinkine, Eskine, MILC	9p13, SCYA27	95 AA, 10.9 kDa	Keratinozyten	Gedächtnis T-Zellen	Lockt selektiv Haut-assoziierte T-Zellen an	CCR10
CCL28	MEC	Mucosa - Associated Epithelial Chemokine (MEC)	5, SCYA28	108 AA, 12.3 kDa	Epithelzellen (insbesondere Mucosa)	Ruhende CD4 und CD8 T-Zellen, Eosinophile, IgA-produzierende Plasmazellen	Lockt ruhende T-Zellen und Eosinophile an, mucosale T-Zellen	CCR10, CCR3

Tabelle: Regulatorische T-Zellen und Kriterien für anti-TNF-Therapie

	Natürliche T_{reg}	**Induzierte T_{reg}**
CD25	+++	Variabel
CTLA-4	+	+
Transkriptionsfaktor Foxp3	+	- (nach Aktivierung +?)
Induktion	Thymus	Peripherie
Spezifität	Autoantigene im Thymus	Autoantigene, Fremdantigene
Effektorfunktionen	Il-10, TGF-β, direkter Kontakt zu T_H, APC, zytokin**un**abhängig	IL-10, TGF-β, direkter Kontakt zu T_H, APC, zytokinabhängig

Tuberkulin-Hauttest-Kriterien vor dem Beginn einer anti-TNF-α-Therapie

TST	INH-Prophylaxe empfohlen, wenn
0–4 mm	• Immunsuppression oder -defizienz, • radiologische Zeichen einer Lungentuberkulose, • kürzlich Kontakt zu Offentuberkulösem
5–9 mm	• aus Land mit hoher TB-Prävalenz stammend, • hohes berufliches Risiko einer TB-Infektion, • radiologische Zeichen einer Lungentuberkulose, • kürzlich Kontakt zu Offentuberkulösem
10 mm	Prophylaxe unbedingt

INTERLEUKINE

Die wichtigsten Zytokine in der Immunologie. Verwendete Abkürzungen: AA = amino acids, Aminosäuren, akt. = aktiviert, DC = dendritische Zellen, EC = Endothelzellen, Ig = Immunglobulin, IL = Interleukin, kDa = Kilodalton, KM = Knochenmark, R = Rezeptor

Kürzel	weitere Bezeichnungen	Genort	Struktur	Quelle	Zielzellen	Biologische Aktivität	Rezeptor
Zytokine							
IL-1	Lymphocyte activating factor, endogenous pyrogen, leucocyte endogenous mediator, mononuclear cell factor, catabolin	2q12-21, 2q13-21	2 Moleküle mit geringer Homologie: IL-1a (271 AA) und inIL-1β (269 AA). Beide binden an denselben Rezeptor. IL-1 Rezeptor Antagonist (IL-1Rα) bindet ebenfalls daran und hebt die IL-1-Wirkung auf	Monozyten, Makrophagen, DC, Astrozyten, NK-Zellen B-Zellen, EC, Fibroblasten	T-Zellen, B-Zellen, EC, Organe: Hepatozyten, Knochen	Lymphozyten-Aktivierung, Makrophagen-Aktivierung, Erhöhung der Zelladhäsion, Fieber, Gewichtsverlust, Hypotonie, Akutphase-Reaktion	Typ-I-Rezeptor: CD121a = 80 kDa, mit 3 Immunglobulin (Ig)-artigen Domänen Typ-II-Rezeptor: CD121b = 60 kDa,mit 3 Ig-artigen Domänen, löslicher Rezeptor kann IL-1β binden
IL-2	T-cell growth Factor (TCGF)	4q26-q27	133 AA, 15 kDa	T-Zellen	T-Zellen, NK-Zellen, B-Zellen, Monozyten, Makrophagen, Oligodendrozyten	T-Zell-Proliferation, B-Zell-Proliferation und Differenzierung, Monozyten-Aktivierung	*3 Ketten:* α-Kette = p55, TAC, CD25; β-Kette = p75, CD122; γ-Kette = p 64; Common-γ-Kette (γc): gemeinsam mit IL-4R,IL-7R, IL-9R, IL-13R und IL-15R α/γ- oder β/γ-Heterodimere bilden Rezeptor intermediärer, α/β/γ-Heterotrimer, Rezeptor hoher Affinität

Kürzel	weitere Bezeichnungen	Genort	Struktur	Quelle	Zielzellen	Biologische Aktivität	Rezeptor
Zytokine							
IL-3	Multi-colony stimulating factor (M-CSF), Mast cell growth factor (MCGF), eosinophil-CSF (E- CSF), hematopoietic cell growth factor (HCGF), burst-promoting activity (BPA)	5q23-q31	152 AA, 15 kDa	akt. T-Zellen, Mastzellen, eosinophile Granulozyten	alle KM-Vorläuferzellen	Wachstumsfaktor für KM-Vorläuferzellen, B-Zellen, Monozyten	2 Untereinheiten: IL3Rα (CD123) und eine β-Kette bilden hochaffinen IL-3 Rezeptor. Die β-Kette ist gemeinsam mit IL-5R, GM-CSFR
IL-4	B-cell stimulating factor 1 (BSF-1)	5q31	globuläre Struktur mit hydrophobem Kern, 129 AA, 15 kDa	Mastzellen, T-Zellen, KM-Stromazellen	T-Zellen, B-Zellen, Monozyten, EC, Fibroblasten	Isotyp-Switch von B-Zellen, Sekretion von IgG4 (IgG1) und IgE von B-Zellen	2 Ketten: α-Kette = p140 (CD124) hochaffine Bindung von IL-4 γ-Kette = p 64 Common-γ-Kette: erhöht die Affinität für IL-4
IL-5	Eosinophil differentiation factor/ colony stimulation factor (EDF / E-CSF), B-cell growth factor II (BCGFII), B cell differentiation factor for IgM (BCDFμ), T-cell replacing factor (TRF)	5q23-q31	Disulfid-gebundenes Homodimer, 115 AA, 13 kDa	Mastzellen, T-Zellen, eosinophile Granulozyten	eosinophile Granulozyten	Induziert Eosinophilen-Differenzierung, B-Zell-Wachstum und Differenzierung (nur Maus)	2 Ketten: α-Kette = (CD125) niedrigaffine Bindung von IL-5 β-Kette = gemeinsam mit IL-3R und GM-CSFR

Kürzel	weitere Bezeichnungen	Genort	Struktur	Quelle	Zielzellen	Biologische Aktivität	Rezeptor
Zytokine							
IL-6	Interferon-β2, B-cell stimulatory factor 2 (BSF-2), plasmacytoma growth factor, hepatocyte differentiation factor (HSF), monocyte granulocyte inducer type 2 (MGI-2)	7p21p14	183 AA, 26kDa	T-Zellen, B-Zellen, Makrophagen, KM-Stromazellen, Fibroblasten, EC	B-Zellen, Plasmazellen, T-Zellen, Hepatozyten, KM-Zellen	B-Zell-Wachstum und Differenzierung, T-Zell-Proliferation, Akutphase-Reaktion	2 Ketten: α-Kette = (CD126) niedrigaffine Bindung von IL-6 β-Kette (gp130) assoziiert mit α-Kette/IL-6-Komplex
IL-7	Lymphopoietin 1 (LP-1), pre-B cell growth factor	8q12-q13	152 AA, 20-28 kDa	KM-Zellen, Thymus- Stromazellen, Milzzellen	T-Zellen und B-Zellen	Proliferation und Reifung von T-Zell- und B-Zell-Progenitorzellen	2 Ketten: α-Kette = (CD127) Bindung von IL-7 γ-Kette = (γC): gemeinsam mit IL-4 R, IL-9 R, IL-13 R und IL-15 R
IL-8	siehe Chemokine						
IL-9	P40, mast cell growth-enhancing activity, T cell growth factor III	5q31.1	126 AA, 32-39 kDa	TH2-Zellen	Hodgkin-Zellen, T-Zellen, Mastzellen, Megakaryozyten, Erythrozytenvorläuferzellen	Erhöht die Proliferation von T-Zellen und Basophilen	IL-9-Rezeptor kann mit der Common-γ-Kette assoziieren
IL-10	Cytokine synthesis inhibitory factor (CSIF)	1	160 AA, 35-40 kDa	TH0- und TH2-Zellen, akt. CD4+ und CD8+ T-Zellen, Monozyten, Makrophagen, DC	B-Zellen, Thymozyten, T_H1-Zellen, Monozyten, NK-Zellen	Aktivierung und Proliferation von B-Zellen, Thymozyten, Mastzellen	eine Kette, Homologie zu IFN-γ und IFN-α/β-Rezeptor

Kürzel	weitere Bezeichnungen	Genort	Struktur	Quelle	Zielzellen	Biologische Aktivität	Rezeptor
Zytokine							
IL-11	Adipogenesis inhibitory factor	19q13.3-13.4	179 AA, 23 kDa	Fibroblasten, KM-Stromazellen	Hämatopoetische Vorläuferzellen, Plasmozytomzellen, Adipozyten	Wachstumsfaktor für hämatopoetische Vorläu- ferzellen, Hemmung der Adipozyten	
IL-12	natural killer cell stimulatory factor (NKSF), cytotoxic lymphocyte maturation factor (CLMF)	?	Heterodimer mit 2 Ketten (p35 und p40), 196 bzw. 306 AA, 30 - 33 bzw. 35 - 44 kDa	DC, Monozyten/ Makrophagen, B-Zellen	T-Zellen, NK-Zellen	IFN-γ-Produktion bei T- Zellen und NK-Zellen, Aktivierung und Differenzierung von T_H1-T-Zellen	ein großer Rezeptor, strukturell ähnlich zu dem G-CSF-Rezeptor
IL-13	P600	5q31	112 AA, 9/17 kDa	aktivierte T-Zellen	B-Zellen, Monozyten	B-Zell-Proliferation und Differenzierung, IgE-Sekretion	?
IL-14	high molecular weight B cell growth factor (HMW-BCGF)	?	483 AA, 60 kDa	T-Zellen, B-Zellen	Aktivierte B-Zellen	Stimuliert Proliferation von akt. B-Zellen, hemmt Immunglobulin-Synthese	ein einzelner Rezeptortyp
IL-15	T-Cell growth factor	4q31	Ähnlichkeit zu Interleukin-2, 114 AA, 14 kDa	Periphere mononukleäre Zellen (PBMC), Plazenta, Skelettmuskulatur, Niere, Lunge, Herz	T-Zellen, Lymphokin-akt. Killerzellen	T-Zell Wachstumsfaktor	2 Rezeptorketten: β-Kette und γ-Kette gemeinsam mit IL-2 Rezeptor, eine unterschiedliche α-Kette

Kürzel	weitere Bezeichnungen	Genort	Struktur	Quelle	Zielzellen	Biologische Aktivität	Rezeptor
Zytokine							
IL-16	lymphocyte chemoattractant factor (LCF)	?	130 AA, 40 kDa (Vorläufer: 632 AA), Homotetramer	T-Zellen, Mastzellen, eosinophile Granulozyten	eosinophile Granulozyten CD4+ T-Zellen Monozyten	Chemotaxis für CD4+-T-Zellen, Monozyten und eosinophile Granulozyten, antiapoptotisch für IL-2-stimulierte T-Zellen	?
IL-17	cytotoxic T-lymphocyte associated antigen (CTLA-8)	?	150 AA, 20 kDa, Monomer	CD4+-Memory-T-Zellen	Stromazellen, Fibroblasten	Proinflammatorische Wirkung wie TNF und Lymphotoxin	Keine Homologie mit anderen Rezeptoren
IL-18	Interferon-γ-inducing factor (IGIF)	?	157 AA, 18 kDa ähnlich zu IL-1 β	Kupfferzellen, Keratinozyten, Osteoklasten	T-Zellen, NK-Zellen	Induktion von IFN-γ	Ein Teil des Rezeptors gemeinsam mit IL-1 R
IL-19	homolog zu IL-10	1q32.2	153 AA, Monomer	Monozyten	Monozyten	Produktion von IL-6, TNF-α; induziert Apoptose und Sauerstoffradikale	
IL-20	homolog zu IL-10	1q32.2	17.6 kDA, 152 AA	Keratinozyten, Monozyten	Keratinozyten (autokriner Faktor), Monozyten	Spielt bei epidermalen Funktionen und Psoriasis eine Rolle, induziert Proliferation	
IL-21	eng verwandt mit IL-2 und IL-15				T-Zellen, NK-Zellen B-Zellen	T-Zellen-Ko-Stimulation, NK-Zellen-Expansion, B-Zellen-Proliferation und Immunoglobulin-Produktion	IL-21R sowie allgemeine Zytokinrezeptor-γ-Kette wie IL-2, 4, 7, 9 und 15

Kürzel	weitere Bezeichnungen	Genort	Struktur	Quelle	Zielzellen	Biologische Aktivität	Rezeptor
Zytokine							
IL-22	homolog zu IL-10; T-cell-derived inducible factor (IL-TIF)	12q15	16.8 kD, 147 AA	T-Zellen, NK-Zellen		Induktion von Akut-Phase-Proteinen in Leber und Pankreas, proinflammatorisch	IL-22R, IL-10Rβ
IL-23		12q13.13		akt. dendritische Zellen	Memory-T-Zellen	Sekretion von IL-17, Proliferation von Memory-T-Zellen, gesteigerte IFN-γ-Produktion	IL-23R, IL23Rβ1; Heterodimere gebildet aus IL-12p40 Untereinheit und neuer Untereinheit. Verwandt mit IL-12p35, bezeichnet als p19
IL-24	homolog zu IL-10; Melanoma differentiation-associated gene 7 (MDA-7); mob-5 IL-17F	1q32	157 AA, 23 kDA	wachstumsgehemmte und zeitlich ausdifferenzierte Melanomzellen, akt. Monozyten und T-Zellen		Tumor-Suppressorgen, stimuliert das T-Zellen-Wachstum und inhibiert Angiogenese, induziert Produktion von IL-2, TGF-β und MCP-1 aus EC	IL-22R1/IL-20R2; IL-20R1/IL-20R2
IL-25	aus IL-17 Familie; SF20			KM-Stromazellen, T_H2-Zellen, Mastzellen		ruft eine T_H2-Zytokinproduktion hervor	Thymus beteiligtes Antigen-1 (TSA-1)????
IL-26	homolog zu IL-10, AK155	12q15	150 AA	T-Zellen, NK-Zellen			
IL-27			142 AA (p28), 209 AA (EBI3), Heterodimer	Monozyten, Makrophagen, dendritische Zellen		induziert IL-12R auf T-Zellen über eine T-bet-Induktion	WSX-1/CD130c
IL-28 A,B	Interferon-λ2;3		175 AA			antiviral	IL-28Rαc/IL-10Rβc
IL-29	Interferon-λ1		181 AA			antiviral	IL-28Rαc/IL-10Rβc

Kürzel	weitere Bezeichnungen	Genort	Struktur	Quelle	Zielzellen	Biologische Aktivität	Rezeptor
Zytokine							
IFN-α	Interferon-α, Typ-I-Interferon, Leukozyten- Interferon, Buffycoat-Interferon	9	α-Interferone sind eine Familie von Proteinen mit mindestens 24 Genen, Interferon-α-I: 166 AA, 16-27 kDa Interferon-α-II: 172 AA, ? kDa	Lymphozyten, Monozyten, Makrophagen	die meisten Körperzellen	α-Interferon induziert Virusresistenz, inhibiert Zellproliferation und reguliert Expression von MHC-Klasse-I-Molekülen	mindestens 2 unterschiedliche Rezeptoren, einer davon bindet Interferon-α und Interferon-β. Homologien zum Interferon-γ und IL-10-Rezeptor
IFN-β	Interferon-β, Typ-I-Interferon, Fibroblasten -Interferon	9 p22	166 AA, 20 kDa	Fibroblasten und Epithelzellen	nahezu alle Körperzellen	ähnlich Interferon-α	gemeinsamer Rezeptor mit Interferon-α
IFN-γ	Interferon-γ, Immuninterferon oder Typ-II-Interferon, T-Zell-Interferon	12q24.1	143 AA, 40 - 70 kDa, Monomere von 20 - 25 kDa bilden Di - oder Multimere	CD8+ und CD4+ T-Zellen, NK-Zellen	Hämatopoetische Zellen, Epithelzellen und EC, viele Tumorzellen	Aktivierung, Wachstum und Differenzierung von T-Zellen, B-Zellen, Makrophagen, NK- Zellen, EC verstärken antivirale Wirkung von IFN-α/β verstärkte MHC-Expression und von Antigenprozessierungskomponenten, Ig Class switch, unterdrückt T_H2-Antwort	2 Ketten: eine Kette (CD119) mit hochaffiner Bindung von IFN-γ β-Kette: akzessorische Kette für die Signaltransduktion

Kürzel	weitere Bezeichnungen	Genort	Struktur	Quelle	Zielzellen	Biologische Aktivität	Rezeptor
Zytokine							
TNF-α	Tumor necrosis factor-α, Kachektin, Nekrosin, hemorrhagic factor, makrophage cytotoxin	6 p21.3	157 AA, 52 kDa (primär aus 17,4 kDa-Einheiten)	akt. Monozyten und Makrophagen, dendritische Zellen, B-Lymphozyten, T-Zellen, Fibroblasten	nahezu alle Körperzellen	proinflammatorische Zytokine. Wachstumsfaktor und Differenzierungsfaktor für viele Zellen. Zytotoxisch für viele transformierte Zellen	Typ-I-Rezeptor (CD120 A) Typ-II-Rezeptor (CD120 B) Beide binden TNF-α und TNF-β, lösliche Rezeptoren nachweisbar in Serum und Urin
TNF-β	Tumor necrosis factor-β, Lymphotoxin, cytotoxin	6 p21	35 % Homologie mit TNF-α, 171 AA, 25 kDa	akt. T-Zellen und B-Zellen	nahezu alle Körperzellen	Wachstum und Differenzierung für viele Zellen	gemeinsame Rezeptoren mit TNF-α
TGF-α	Transforming growth factor-α, sarcoma growth factor	2	50 AA, 6 kDa, hohe Homologie zu IGF	Monozyten, Keratinozyten, verschiedene Gewebe	nahezu alle Körperzellen	Wachstum und Differenzierung vieler Zellen	gemeinsamer Rezeptor mit EGF (bekannt als c-erbB)
TGF-β	Transforming growth factor-β, differentiation inhibiting factor	19q13 1q41 14q24	drei verwandte Proteine, TGF-β-I, II und III, alle mit 112 AA und 25 kDa	nahezu alle kernhaltigen Zellen, viele Tumorzellen	nahezu alle Körperzellen	Hemmung von Zellwachstum, Gewebs-„Modelling“	3 Rezeptoren mit unterschiedlicher Aktivität
EGF	Epidermal growth factor, β-Urogastron	4, q25	proteolytisches Spaltprodukt eines Membranproteins, 53 AA, 6 kDa	alle ektodermalen Zellen, Monozyten, Nierenzellen, Drüsen	nahezu alle Körperzellen	Wachstum von Epithelzellen, Wundheilung	gemeinsamer Rezeptor mit TGF-α

Kürzel	weitere Bezeichnungen	Genort	Struktur	Quelle	Zielzellen	Biologische Aktivität	Rezeptor
Zytokine							
G-CSF	Granulozyten-Kolonie-stimulierender Faktor	17, q21-22	17 AA, 21 kDa	Makrophagen, Fibroblasten, EC, KM-Stromazellen	Granulozyten und myeloische Vorläuferzellen, EC, Thrombozyten und Vorläuferzellen	Wachstum, Differenzierungs- und Aktivierungsfaktor für Granulozyten und myeloische Vorläuferzellen, Proliferation und Migration von EC	2 Rezeptorformen mit Unterschieden im intrazytoplasmatischen Teil
GM-CSF	Granulozyten/Makrophagen-Kolonie-stimulierender Faktor, CSF-α	5, q21q32	127 AA, 22 kDa	T-Zellen, Makrophagen, Fibroblasten, EC	Granulozyten, Monozyten und Vorläuferzellen, EC, Fibroblasten, Langerhans-Zellen und DC	Wachstumsfaktor für hämatopoetische Vorläuferzellen, Differenzierungs- und Aktivierungsfaktor für Granulozyten und Monozyten, Wachstumsfaktor für EC	Zwei Ketten: α-Kette (CD116) niedrigaffine Bindung, β-Kette (gemeinsam mit IL-3 und IL-5-Rezeptoren) bildet zusammen mit α-Kette einen hochaffinen Rezeptor
M-CSF	Makrophagen-Kolonie-stimulierender Faktor, CSF-I	5, q33.1	224, 406, 522 AA, 45-90 kDa homodimere Struktur, 3 mRNA-Spezies vorhanden	Lymphozyten, Monozyten, Fibroblasten, Epithelzellen, EC	Makrophagen und Vorläuferzellen	Wachstum, Differenzierung und Aktivierung von Makrophagen und Vorläuferzellen	M-CSF (CD115) wird vom c-fms Protoonkogen kodiert.
SCF	Stem cell factor, Mast cell growth factor, kit ligand (KL), steel factor (SLF)	12, q22-24	proteolytisches Spaltprodukt von transmembranären Proteinen, 222 bzw. 248 AA, 36 kDa	Stromazellen, Gehirn, Leber, Niere, Lunge, Fibroblasten, Ovozyten	nahezu alle hämatopoetischen Vorläuferzellen mit Ausnahme von B-Zellen	Wachstumsfaktor für hämatopoetische Zellen	das Protoonkogen c-kit ist der Rezeptor für SCF (CD117)

Kürzel	weitere Bezeichnungen	Genort	Struktur	Quelle	Zielzellen	Biologische Aktivität	Rezeptor
Zytokine							
FLT3-L	fms-like-tyrosine kinase 3, flk-2 (fetal liver kinase 2)	19q13.3-13.4	235 AA	T-Zell-Linien	hämatopoetische Vorläuferzellen	Stammzellmobilisation ins periphere Blut, ex vivo-Expansion von Stammzellen, ex vivo- und in vivo-Expansion von DC, in vitro-Antitumoraktivität	FLT3-R, 993 AA. 5 Ig-artige Domänen extrazellulär
EPO	Erythropoietin	7pter-q22	166 AA, 36 kDa	Leber, Niere	erythroide Vorläuferzelle, EC	Differenzierung und Wachstumsfaktor für erythrozytäre Vorstufen und Blutgefäßen	1 Kette, 484 AA
TPO	Thrombopoietin	3q27	322 AA, 60 kDa	Leber, Niere, Skelettmuskulatur	Megakaryozyten	Differenzierung und Wachstumsfaktor für Megakaryozyten	eine α- Kette, β-Kette gemeinsam mit IL-3, IL-5- und GM-CSF Rezeptoren
MIF	Macrophage inhibiting factor		115 AA, Monomer	T-Zellen	Makrophagen	hemmt Makrophagen-Migration; stimuliert Makrophagenaktivierung	

Glossar

Affinität	Maß für die Bindungsstärke zwischen einer antigenen Determinante (Epitop) und einem Antikörperbindungsort (Paratop)
Affinitätsreifung	Erhöhung der durchschnittlichen Antikörperaffinität während einer sekundären Immunantwort
Aggretop	der Teil eines Antigens oder eines Antigenfragments, der mit einem MHC-Molekül interagiert
Allele	Varianz eines bestimmten Genlocus innerhalb einer Spezies
Allergie	ursprünglich definiert als veränderte Reaktionslage beim Zweitkontakt mit einem Antigen; heute wird im allgemeinen unter Allergie die Überempfindlichkeit vom Typ I verstanden
Allogen	die allogene Variation bezieht sich auf genetische Unterschiede innerhalb einer Spezies
Allotyp	Proteinprodukt eines Allels, welches von einem anderen Individuum der selben Spezies als Antigen erkannt wird
Anaphylatoxin	Komplementpeptide (C3a und C5a), die eine Mastzelldegranulation und Kontraktion der glatten Muskulatur bewirken
Anaphylaxie	antigenspezifische primär IgE-vermittelte Immunreaktion, die mit Vasodilatation und Kontraktion der glatten Muskulatur (auch der Bronchien) einhergeht und tödlich verlaufen kann
Antigen	jede Substanz, die eine spezifische Immunantwort auslösen bzw. mit Komponenten einer bereits ablaufenden Immunantwort reagieren kann (z. B. Kreuzreaktion mit Antikörpern). V. a. sind Proteine und andere großmolekulare Stoffe antigenwirksam; jedoch können auch kleinmolekulare Substanzen, die für sich allein nicht in der Lage sind, eine Immunantwort auszulösen, durch Bindung an körpereigene Proteine (Hapten-Carrier-Komplex) zu Vollantigenen werden und eine Immunantwort auslösen
Antigenprozessierung	Umwandlung eines Antigens in eine Form, die von Lymphozyten erkannt werden kann
Antikörper	Moleküle, die als Reaktion auf den Kontakt mit einem Antigen gebildet werden und an dieses Antigen spezifisch binden können
Antigenpräsentierende Zellen	(antigen-presenting cells, antigen-processing cells) Makrophagen, dendritische Zellen, Langerhans-Zellen u. a. exprimieren Antigene z. B. von aufgenommenen Mikroorganismen auf ihrer Oberfläche und bieten sie zusammen mit MHC-Produkten den T-Lymphozyten an. Diese „mundgerechte" Präsentation ist die Voraussetzung für eine effektive Immunantwort

Apoptose	programmierter Selbstmord einer Zelle
Atopie	die klinische Manifestation der Überempfindlichkeitsreaktion vom Typ I mit Ekzem, Asthma und Rhinitis
autolog	von ein und demselben Individuum stammend
Avidität	das funktionelle Bindungspotential eines Antikörpers mit seinem Antigen; abhängig von der Affinität zwischen Epitopen und Paratopen sowie den Valenzen von Antikörper und Antigen
beta-2-Mikroglobulin	Polypeptidbestandteil (leichte Kette) von Klasse-I-Molekülen
Bursa Fabricii	lymphoepitheliales Organ an der Kloake von Vögeln; bei Vögeln Ort der B-Zellreifung
C1-C9	Komponenten des klassischen sowie des lytischen Reaktionswegs des Komplementswystems, die entzündliche Reaktionen, Opsonierung von Partikeln und die Lyse von Zellmembranen vermitteln
Carrier	ein immunogenes Molekül (oder Teil eines Moleküls), welches bei der Immunantwort von T-Zellen erkannt wird
CD	Cluster of differentiation: international standardisierte Nomenklatur für Antigene auf Zelloberflächen. Mit Hilfe von monoklonalen Antikörpern gegen diese antigenen Determinanten können Zellpopulationen differenziert werden
CDR	complementarity determining regions: hypervariable Regionen von Antikörpern oder T-Zell-Rezeptoren. Über die CDR wird der Kontakt mit dem Antigen aufgenommen
CFU	colony forming unit; damit werden Knochenmarkstammzellen bezeichnet, die nach weiterer Differenzierung zu reifen Blutzellen werden. Es ist auch das Maß für die Menge von Bakterien, die nach Ausplattieren und Agarplatten als Kolonien bestimmt werden können
Chemokinese	verstärkte (ungerichtete) Migrationsaktivität von Zellen
Chemotaxis	gerichtete Bewegung von Zellen antlang eines Konzentrationsgradienten von bestimmten chemotaktischen Faktoren
Chimärismus	Vorhandensein von Zellen aus genetisch verschiedenen Individuen in einem Organismus
CSF	colony stimulating factors (koloniestimulierende Faktoren, Wachstumsfaktoren); Polypeptide, die z. B. von T-Lymphozyten produziert werden und Proliferation sowie Differenzierung von hämatopoetischen Stammzellen stimulieren
Dendritische Zellen	antigenpräsentierende Zellen, die in der Haut als Langerhans-Zellen, in Lymphknoten als follikuläre dendritische oder interdigitierende Zellen, in Blut und Lymphe als Schleierzellen (veiled cells) auftreten

Desetop	derjenige Anteil des MHC-Molekiis, der an Antigen bzw. prozessiertes Antigen bindet
Effektorzellen	funktionelle Bezeichnung für Lymphozyten und Phagozyten, die die eigentlichen Endeffekte der Immunantwort ausüben
Enhancement	Verlängerung der Überlebenszeit eines Transplantats durch Antikörper, die sich an die Alloantigene des Spendergewebes anlagern und diese maskieren
Epitop	eine einzelne Determinante eines Antigens, an die das Paratop des Antikörpers bindet
Exon	ein proteinkodierendes Gensegment
Framework-Segmente	Anteile der V-Regionen von Antikörpern, die zwischen den hypervariablen Regionen liegen
Genom	das gesamte genetische Material einer Zelle
Haplotypen	ein Satz von genetischen Determinanten auf einem einzelnen Chromosom
Hapten	ein kleines Molekül, das die Funktion eines Epitops übernehmen kann, für sich allein jedoch keine Antikörperantwort hervorruft
heterolog	zu einer anderen Spezies gehörig
High responder	bezüglich eines bestimmten Antigens mit einer starken Immunantwort reagierendes Individuum (bzw. Zuchtstamm)
Histokompatibilität	die Eigenschaft der Transplantatakzeptanz unter Individuen
hnRNA	heteronukleäre RNA: diejenige Fraktion der nukleären RNA, die das primäre Transkript der DNA enthält, bevor diese zur Bildung von Messenger-RNA prozessiert wird
homolog	zur selben Spezies gehörig
Hybridoma	in vitro hybridisierte Linien aus zwei Zelltypen (meist Lymphozyten), wobei ein Zelltyp aus einem Tumor stammt, der andere meist aus Lymphozyten besteht
Idiotop	eine einzelne antigene Determinante auf der V-Region eines Antikörpers
Idiotyp	der Idiotyp eines Antikörpers umfaßt die Summe seiner Idiotope, die selbst Antigeneigenschaften besitzen. Deshalb können antiidiotypische Antikörper generiert werden, die mit dem Epitop des ursprünglichen Antigens identisch sind
Immunkomplex	Produkt einer Antigen-Antikörper-Reaktion; kann auch Komponenten des Komplementsystems enthalten

Interferon	Interferone werden von einer Reihe verschiedener Zelltypen, hauptsächlich von T-Lymphozyten, synthetisiert. Sie spielen eine wichtige Rolle bei der „unspezifischen“ Abwehr von viralen Infektionen, indem sie an der Lyse von befallenen Zellen beteiligt sind und auf diese Weise die Replikation des betreffenden Virus unterbrechen.
Interleukine	diese Gruppe von Molekülen dient als Signalüberträger zwischen Zellen des Immunsystems. Bislang sind mehr als 30 Interleukine charakterisiert. Mit gentechnologischen Methoden ist die Herstellung größerer Mengen und somit ihre therapeutische Anwendung möglich geworden
Intron	Gensegment zwischen zwei Exonen, das für kein Protein kodiert
isolog	von identischer genetischer Konstitution
Isotyp	von mehreren möglichen Varianten bestimmter Proteine oder Peptide sind die isotypisch im Genom verankerten Varianten bei allen Individuen einer Spezies gleich (z. B. Immunglobulinklassen)
Kinine	eine Gruppe von vasoaktiven Mediatorsubstanzen, die bei einer Gewebeschädigung freigesetzt werden
Klon	eine Familie von Zellen oder Organismen mit identischer genetischer Ausstattung
Konjugat	durch kovalente Bindung zweier Moleküle gebildetes Reagenz, z. B. an ein Immunglobulinmolekül gebundenes Fluorescein
Kopplungsungleichgewicht	ein Kopplungsungleichgewicht besteht, wenn in einer Population zwei Gene häufiger gemeinsam auftreten, als nach dem Produkt ihrer einzelnen Genfrequenzen zu erwarten wäre
LAK-Zellen	lymphokinaktivierte Killerzellen: durch Inkubation mit Interleukinen können lymphoide Vorläuferzellen zu reifen Effektorzellen differenzieren, die ein hohes zytotoxisches Potential z. B. gegen Tumorzellen besitzen
Ligand	ein Molekül, das eine Verbindung bzw. Kopplung vermitteln kann
Locus	die Position eines bestimmten Gens auf dem Chromosom
Low responder	ein Individuum oder Tierstamm mit einer schwachen Reaktionsbereitschaft gegen eines oder mehrere definierte Antigene
MIF	Migrationsinhibitionsfaktor: von Lymphozyten freigesetzte Peptide, durch die die Beweglichkeit von Makrophagen eingeschränkt wird
Mitogen	Substanz, die Zellen (hauptsächlich Lymphozyten) zur Transformation und Teilung anregt

MPS	mononukleäres phagozytisches System. Das Konzept des MPS als morphologische und funktionelle Einheit hat den früher gebräuchlichen Begriff des retikuloendothelialen Systems (RES) abgelöst. Dieser zytogenetisch einheitliche Zellkomplex entsteht aus Promonozyten, die zu Histiozyten, Kupffer-Sternzellen, Alveolarmakrophagen der Lunge, Sinusendothelzellen der Milz, Lymphknotenmakrophagen, Sinusendothelzellen des Knochenmarks, peritonealen Makrophagen oder Osteoklasten differenzieren können
Opsonierung	durch Ablagerung von Opsoninen (z. B. Antikörper und C3b) auf dem Antigen wird dessen Phagozytose erleichtert
Paratop	derjenige Teil des Antikörpermoleküls, über den Kontakt mit der antigenen Determinante (Epitop) hergestellt wird
Pathogen	krankmachendes Agens
Pinozytose	Vorgang, über den flüssige Substanzen oder sehr kleine Partikel in eine Zelle aufgenommen werden
Pokeweed-Mitogen	PWM: Lectine aus Phytolacca americana. In der experimentellen Immunologie wird dieses Mitogen zur Stimulation von Lymphozyten und Makrophagen verwendet
Primärantwort	erste Immunantwort (zellulär oder humoral) nach der ersten Auseinandersetzung mit einem bestimmten Antigen
Priming	die erste Sensibilisierung einer Zelle auf ein bestimmtes Antigen. Dieser Ausdruck wird im deutschen Sprachgebrauch gern übernommen und ist wohl am ehesten mit „Prägung" zu übersetzen
Pseudoallele	Tandemvarianten eines Gens, die nichthomologe Positionen auf dem Chromosom besetzen (z. B. C4)
Pseudogene	Gene mit Strukturen, die homolog zu anderen Genen sind, jedoch nicht exprimiert werden können
S	Svedberg-Einheit: Maßeinheit für die Sedimentationsgeschwindigkeit eines Moleküls in einem Gravitationsfeld
SC	secretory component, sekretorische Komponente; ist Bestandteil des sezernierten IgA und dient dem Transport des Immunglobulins durch das Darmepithel sowie auch als Schutz gegen den proteolytischen Abbau durch Enzyme
Sekundärantwort	die Immunreaktion auf eine zweite und jede weitere Begegnung mit einem bestimmten Antigen
somatische Mutation	während der Reifung von B-Zellen finden Rearrangements der Antikörpergene statt, wodurch ein weites Spektrum von Antikörperspezifitäten entsteht
Syngen	Tiere eines Inzuchtstammes sind syngen, wenn alle Autosomenpaare der Individuen identisch sind

T-Helferzelle	TH; menschliche Helfer-T-Lymphozyten tragen Antigenmarker der CD4-Subklasse. Sie nehmen eine zentrale Rolle in der Initiierung und Aufrechterhaltung von Immunreaktionen ein. Sie erkennen Antigen nur dann, wenn es in Verbindung mit einem MHC-Klasse-II-Molekül auftritt
Toleranz	Zustand einer spezifischen immunologischen Nichtreaktivität
T-Regulatorzelle	TR, Suppressor-T-Zelle; sie wirken regulierend auf den Ablauf humoraler und zellvermittelter Immunreaktionen. Somit sind sie wesentlich an der Vermeidung von allergischen Reaktionen und Autoimmunerkrankungen beteiligt
xenogen	antigene Unterschiede zwischen den Spezies betreffend
Zellinie	Zellen, die in vitro in einer definierten Zellkultur vermehrt werden können. Solche Zellinien enthalten gewöhnlich mehrere individuelle Zellklone
Zellzyklus	Prozeß der Zellteilung, der sich in vier Phasen aufteilen läßt: G1, S, G2, M. DNS wird in der S-Phase kopiert, während sich die Zellteilung in der M-(Mitose-)Phase abspielt
Zytokine	Allgemeinname für lösliche Moleküle, welche Interaktionen zwischen Zellen vermitteln

Weiterführende und ergänzende Literatur

Lehrbücher

Abbas, A., A. Lichtman. Cellular and Molecular Immunology. WB Saunders, Philadelphia, 5th Edition, 2005

Brostoff, J., G. K. Scadding, D. Male, I. M. Roitt. Clinical Immunology. Mosby, 1997.

Chapel, H., Haeney, M., Misbah, S., Snowden, N. Essentials of Clinical Immunology. Blackwell Publishing, 2006

Gemsa, D., J. R. Kalden, K. Resch: Immunologie, Grundlagen - Klinik - Praxis. Georg Thieme Verlag Stuttgart, New York 1997

Janeway, C. A., Travers, P., Walport, M., Shlomchik, M. Immunobiology: The Immune System in Health and Disease. Garland Publishing, New York, 2004

Male, D., Brostoff, J., Roth, D., Roitt, I. Immunology, 7th Edition. Mosby, 2006

Paul, W. E. Fundamental Immunology, Fifth Edition. Lippincott Williams & Wilkins, 2003

Peakman, M., D. Vergani. Basic and Clinical Immunolgy. Churchill Livingstone, 1997

Peter, H.-H., W. J. Pichler. Klinische Immunologie. Urban & Schwarzenberg, München, Wien, Baltimore, 1996

Rich, R. R., Fleisher, T. A., Shearer, W. T., Kotzin, B. L., Schroeder, H. W. Clinical Immunology Principles and Practice. Mosby, 2001

Weiterführende Literatur, Nachschlagewerke

Barclay, A. N. , M. H. Brown, S. K. A. Law, A. J. McKnight, M. G. Tomlinson, P. A. van der Merwe: The Leucocyte Antigen Facts Book. Academic Press, Harcourt, Brace & Company Publishers, San Diego, London, Boston, New York, Sydney, Tokyo, Toronto

Callard, R. E., A. J. H. Gearing: The Cytokine Facts Book. Academic Press, Harcourt

Brace & Company Publishers, San Diego, London, Boston, New York, Sydney, Tokyo, Toronto

Delves, P. J., I. M. Roitt: Encyclopedia of Immunology. Academic Press, Harcourt, Brace & Company Publishers, San Diego, London, Boston, New York, Sydney, Tokyo, Toronto, 1998

Periodika

(Zeitschriften und regelmäßig erscheinende Bücher)

Advances in Immunology. Academic Press, Harcourt ,Brace & Company Publishers, San Diego, London, Boston, New York, Sydney, Tokyo, Toronto

Annual Review of Immunology. Annual Reviews Inc., Palo Alto, California, USA

Arthritis and Rheumatism (Offizielles Organ der amerikanischen rheumatologischen Gesellschaft), Lippincott-Raven Publisher, Philadelphia

Current Opinion in Immunology. Lippincott-Raven Publishers, Philadelphia, USA

Current Opinion in Rheumatology. Lippincott-Raven Publishers, Philadelphia, USA

Immunity, Cell-Press, Cambridge, MA, USA

Journal of allergy and clinical immunology. Mosby Inc. St. Louis, Montana, USA

Nature Immunology. Nature Publishing Group. McMillan Publishers Limited, MacMillan Building, 4 Crinan St London N1 9XW England

Nature Reviews Immunology. Nature Publishing Group. McMillan Publishers Limited, MacMillan Building, 4 Crinan St London N1 9XW England

The Journal of Immunology (Offizielles Organ der amerikanischen immunologischen Gesellschaft), American Association of Immunologists, Bethesda, MD, USA

Trends in Immunology: Elsevier Science Ltd. The Boulevard. Langford Lane, Kidlington, Oxford, England

Bildnachweis

Die Abbildung auf S. 47B wurde modifiziert nach: P.J. Bjorkman, B. Samraoui, W.S. Bennet, J.L. Strominger, D.C. Wiley: The foreign antigen binding site and T-cell recognition regions of Class I histocompatibility antigens. Nature 329 (1987) 512-516.

Die Abb. A.1 Klasse-II-Antigen auf S. 159 wurde entnommen aus Koolman/Röm, Taschenatlas der Biochemie, Thieme, Stuttgart 1998.

Sachverzeichnis

D

E

F

G

H

I

J

K

M

Q

R

S

T

Thieme